木本油料生物炼制技术

李昌珠　主编

科学出版社

北京

内 容 简 介

本书以李昌珠团队创立的木本油料梯级协同生物炼制技术应用为主线，系统介绍了生物炼制的基本原理、工艺技术、产品和工程化应用实践。通过现代生物技术、化学化工和物理机械技术集成创新，多技术和装备协同制备油脂等大健康产品、材料、平台化合物、能源和基料五大类产品，以大幅提高可再生木本油料资源利用效率、经济效益，扩展产品的应用领域，实现木本油料全资源、高值化利用，使其产业成为经济环境可持续发展转变的样板，以此设计构建梯级协同生物炼制理论和技术体系，作为木本油料产业新型生物产业的基础。还解析了木本油料油脂、蛋白、皂素和油脂伴随物的理化性质，介绍了木本油料生物质资源国内外利用动态，经过物理和生物法绿色预处理高效获得油料籽、果皮初级原料；物理、化学和生物转化协同利用油脂、蛋白、皂素、纤维和油脂伴随物及其衍生产物。

本书适合对木本油料资源利用、生物质工程、环境工程和可持续发展感兴趣的读者阅读。对于希望了解生物质资源如何转化为能源和其他有价值产品的科研人员、学者和学生来说，本书提供了丰富的信息和研究案例。此外，政策制定者和企业决策者也可以从中获得关于如何利用木本油料资源促进经济和环境可持续发展的启发。

图书在版编目（CIP）数据

木本油料生物炼制技术 / 李昌珠主编. -- 北京：科学出版社，2025.3
ISBN 978-7-03-076646-5

Ⅰ.①木… Ⅱ.①李… Ⅲ.①木本油料林–工业微生物学 Ⅳ.①S727.32

中国国家版本馆 CIP 数据核字（2023）第 194355 号

责任编辑：张会格 薛 丽 / 责任校对：邹慧卿
责任印制：肖 兴 / 封面设计：无极书装

科学出版社 出版
北京东黄城根北街 16 号
邮政编码：100717
http://www.sciencep.com
北京市金木堂数码科技有限公司印刷
科学出版社发行 各地新华书店经销
*
2025 年 3 月第 一 版 开本：889×1194 1/16
2025 年 3 月第一次印刷 印张：21 1/4
字数：684 000
定价：198.00 元
（如有印装质量问题，我社负责调换）

前　言

在 21 世纪的今天,生态优先和绿色发展成为全球共识。木本油料作为独特的油料生物资源,因其巨大的市场潜力和快速壮大的产业规模而备受瞩目。国家林业和草原局统计显示,截至 2021 年年底,中国木本油料种植面积已达 2.46 亿亩(1 亩≈667m²),其中核桃占 1.2 亿亩,油茶占 6800 万亩。预计到 2025 年,木本油料种植面积将增至 2.7 亿亩,产油量将达 250 万 t。油茶和核桃等木本油料不仅对国家油料安全、生态安全和乡村振兴战略有着直接贡献,也为实现天更蓝、山更绿、水更清提供了有力支撑。

然而,木本油料产业的发展也面临着诸多挑战,如应用基础研究的薄弱、工艺技术和装备的落后、环境污染存在隐患等。此外,膳食油脂和初级工业原料油的单一产品结构、狭窄的应用领域以及附加值低等问题,也限制了该产业的高质量绿色发展。因此,改进和创新木本油料的物理压榨、溶剂浸提、亚临界和超临界萃取等传统工艺技术,实现油料的全资源高效利用,成为行业发展的重要课题。

生物炼制技术的提出和发展,为解决这些问题提供了新的思路和可能性。自 1982 年生物炼制概念在 *Science* 上首次被提出以来,这一技术在生态保护和可持续发展方面取得了显著进展。木本油脂不仅是人类膳食能量的重要来源,其所含的不同脂肪酸对人体健康也有着深远影响。近二十年的研究使我们对木本植物种子中的不饱和脂肪酸、共轭脂肪酸(CFA)、奇数链脂肪酸(OCFA)和羟基脂肪酸支链脂肪酸酯(FAHFA)等功能性脂肪酸有了更深入的了解。这些研究不仅涉及脂肪酸的结构分析和鉴定,还包括规模化的人工制备技术。

在实际应用方面,木本油料生物炼制的产品广泛应用于日常生产和生活的各个方面。例如,从茶籽饼中提取的油茶皂素,作为一种天然的非离子表面活性剂,在洗涤剂行业中具有显著的应用潜力。此外,随着科学研究的深入,油茶皂素在食品、医药等领域的应用价值也逐渐得到认可和推广。

在航空燃料领域,生物炼制技术为解决行业碳排放问题提供了新的思路。特别是脱氧化处理技术,包括加氢脱氧化(HDO)技术和催化剂脱氧化(CDO)技术,已成为生产航空燃料的重要环节,这些技术的发展和应用对于提高燃料的质量和效率至关重要。

但同时,木本油料生物炼制技术的发展也面临着诸多挑战。例如,功能性脂肪酸的检测和鉴定需要高灵敏度和高通量的方法。新型功能性脂肪酸结构复杂,其天然产量无法满足需求,因此需要通过化学法或微生物发酵法大规模生产。此外,油脂的理化性质检测,如透明度和气味鉴定,对于评定油脂品质至关重要。

在未来,木本油料生物炼制技术的研究和应用将继续深化,这不仅对能源安全和环境保护具有重要意义,还将在食品安全和公共健康领域发挥重要作用。通过技术创新和跨学科合作,木本油料生物炼制将进一步促进经济效益、生态效益和社会效益的协调发展,为全球可持续发展目标的实现作出重要贡献。

本书在系统总结湖南省林业科学院木本油料资源利用创新团队成果的基础上,结合国内外相关领域的研究进展,论述了生物炼制领域的新技术、新方法和新成果应用,其中李昌珠、陈韵竹和方厚智负责第一章和第二章编写,刘强负责第三章编写,肖志红、李昌珠负责第四章编写,刘云负责第五章、第七章和第八章编写,罗嘉负责第六章编写,涂佳负责第九章编写,马江山负责第十章编写,刘思思负责第十一章编写,贺健、邓奇负责第十二章编写,邓奇负责第十三章编写,肖志红、刘汝宽负责第十四章编写,张爱华负责第十五章编写,刘汝宽和肖静晶负责第十六章编写。李昌珠、涂佳、陈景震和杨艳负责全书的汇总和修订工作。

在本书的编写过程中,我们得到了诸多机构和项目的大力支持,在此表示深深的感谢。

首先,我们要感谢省部共建木本油料资源利用国家重点实验室,其提供的专项资助(项目编号:

2019XK2002）对本书的完成起到了至关重要的作用。

其次，我们还要特别感谢国家自然科学基金项目的资助。这些项目包括："改性 SnO_2 中空纤维催化裂解木本植物油制备富烃基燃料油"（项目编号：31470594）、"改性 ZSM-5 分子筛定向催化光皮树油制备高品质富烃生物燃料协同机理"（项目编号：32271822）及"溶剂供氢和自供氢催化转化木质素的选择性调控和机制研究"（项目编号：32201509）。这些项目的资助不仅为我们的研究提供了宝贵的资金支持，而且国家自然科学基金委员会也为我们的科研工作指明了方向。

此外，我们对国家高技术研究发展计划（863 计划）项目"植物油脂绿色转化关键技术及产品"（项目编号：2007AA100703）和国家重点研发计划课题"生物柴油原料连续高效预处理技术集成与创新"（项目编号：2019YFB1504001）的资助表示衷心的感谢。同时，我们也非常感谢湖南省科技重大专项"大宗木本油料全资源高值化分级利用技术及产品"（项目编号：2016NK1001）的支持。

这些资助和支持不仅为我们的研究工作提供了坚实的基础，也为我们深入探讨木本油料生物炼制领域的新技术、新方法和新应用提供了无限的可能性。我们的研究工作得以顺利进行，离不开这些机构和项目的慷慨支持。

最后，我们也感谢所有参与本书编写的合作者、审稿人和技术支持人员。他们的辛勤工作、专业知识和宝贵意见对本书的完成起到了不可或缺的作用。我们期待本书能够为木本油料生物炼制领域的研究与实践提供有益的参考和启示。

李昌珠

2024 年 6 月 24 日

目　　录

1 生物炼制概论

农业、林业、工业和人类居住生活等所产生的有机废弃物涵盖巨大的生物质资源，生物质资源的开发与利用正孕育着新一轮科技革命和产业变革。先进绿色低碳技术和装备的应用，可科学高效地解决生物质资源的利用问题，为未来世界不断地提供大健康产品、可再生能源和材料产品，反之，若使用落后技术装备利用生物资源，其所产生的大量污染物将是一场危机。生物质资源绿色低碳技术事关国家"双碳"目标、乡村振兴战略和可持续发展战略的实施。

1.1 生物质资源特点

广义生物质概念，生物质包括所有的植物、微生物及以植物、微生物为食物的动物及其生产的废弃物。代表性的生物质如农作物及其废弃物、木材及其废弃物和动物排泄物。

狭义生物质概念，生物质主要是指农林业生产过程中除粮食、果实以外的如秸秆、果壳等木质纤维素、农产品加工业下脚料、农林废弃物及畜牧业生产过程中的畜禽粪便和废弃物等物质。

从上述概念描述可以看出，"生物质"没有严格的定义，环境工程专业聚焦研究固体有机废弃物、农业工程专业关注秸秆、森林工程专业关注林业剩余物，不同专业、不同应用领域都有不同解读。当前学术界、文献所指的生物质，一般是指非粮生物质，从经济开发利用角度讲，是指作物有机固体废弃物。

生物质主要特点如下。

（1）生物质资源可再生（图 1-1）。生物质是指利用大气、水、土壤等通过光合作用而产生的各种有机体，即一切有生命的可以生长的有机物质统称为生物质。

光合作用公式：$6CO_2+6H_2O \longrightarrow C_6H_{12}O_6+6O_2$

植物、微生物通过光合作用形成生物质，将太阳能以化学能形式固定下来。随着植物体的生长，生物质增加，其所蕴含、积累的能量也增多。因此，生物质是可再生资源，生物质能具有可再生性，与风能、水能、电能、太阳能等同属可再生能源，资源丰富，从资源和能源角度可永续利用。

（2）资源贮储量巨大丰富。生物质资源总体资源量约

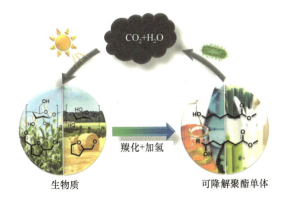

图 1-1 生物质资源可再生模式图

1700 亿 t，其中 70%为糖类物质，25%为木质纤维类物质，5%为油脂、蛋白质等其他物质。据估计，作为植物生物质的最主要成分——木质素和纤维素每年以约 $1.640×10^{11}$ t 的速度不断再生，如以能量换算，相当于目前石油年产量的 15～20 倍。生物质资源巨大，如果这部分资源能得到利用，人类相当于拥有了一个取之不竭、用之不尽的可再生资源宝库。

（3）具有分布广泛性和明显的区域性特征。地球陆地、海洋都分布着大量的生物质，生物质资源分布广泛。根据《环境条件分类 自然环境条件 温度和湿度》（GB/T 4797.1— 2018），中国的气候带主要包括寒冷、寒温Ⅰ、寒温Ⅱ、暖温、干热、湿热和亚湿热等气候带，这些气候带分布了不同种类的生物质，南北跨越近 50 个纬度，东西跨越 60 多个经度，经纬度的大跨越带来了气候的地带性差异，形成了我国得天独厚的多样性自然条件，带来了我国丰富的生物多样性。

我国农业、林业主产区，经济植物生物质资源丰富、类型多样，对经济社会发展影响巨大。我国季风

气候显著,海洋自东往西,对大陆的影响逐渐减弱,造成了从东往西降水量的递减,加上高原、大山及其不同走向的影响,造成各地冷热干湿悬殊,特别是山地垂直高差引起的气候与土壤的变化。这种自然条件和地理景观的多样性及区域环境间的差异,导致我国主要木本油料植物——油茶、核桃和山苍子分布区域性特征明显。

(4)资源多样性。①地理分布区域多样性。我国自然条件和地理景观的多样性及区域环境间的差异,也带来了油料植物生产地带性分布。②种类多样性。我国植物资源丰富、类型多样,蕴含着巨大的经济财富,如我国主要木本油料植物分布。大部分木本粮油树种耐瘠薄,适应性比较强,可在我国大面积的荒山荒地和部分疏林地大力发展木本粮油产业。③生物质资源组分、资源化学成分的极端差异。主要是原料来源的极端差异——如草本油料(大豆油、玉米油和菜籽油)、木本油料、森林残留物等,其资源特征、资源组分、资源化学成分差异巨大。

(5)具有生态环境修复功能特性。生物质生产、收获、贮运和加工利用过程是生态价值实现的过程,相对于工程生态修复,成本低廉,其生态价值意义重大。植物类生物质具有水土保持生态价值,可减少地表径流量,减少泥沙流失量,增强土壤的蓄水能力。据朱建新等(2012)、黄田盛(2018)报道,采用多举措相结合模式,相较于常规种植,地表径流量减少 36.04%,泥沙流失量减少 51.24%,效果显著。

木本油料副产物和衍生产品是良好的环境修复材料。油茶果蒲制备氨基磺酸改性生物炭对四环素的去除效果显著,热解温度越高,吸附性能越强,对四环素的最大吸附量高达 412.95mg/g。茶皂素(TS)对污泥与湿地芦苇共堆肥的理化参数、有机质生物降解及相关细菌群落结构的影响进行了研究,研究结果表明,TS 的加入提高了堆肥的最高温度,延长了堆肥的嗜热期,其中 5% TS 处理组拥有最高的温度和最长的嗜热期;TS 处理组中总有机碳(TOC)、溶解有机碳(DOC)和木质纤维素的生物降解率显著高于 CK 组;TS 处理组的腐殖化程度明显高于 CK,其中 5% TS 处理组的腐殖化程度最高;TS 处理组中细菌群落的相对丰度发生了变化,其中厚壁菌门(Firmicutes)和放线菌门(Actinobacteria)的丰度增加。

(6)高效低成本的碳中和与减排特性。当前,联合国政府间气候变化专门委员会(IPCC)为应对环境恶化带来的人类社会生存危机,推出了负排放技术,其中生物能源碳捕获和储存技术(bioenergy with carbon capture and storage,BECCS)被认为是最具发展潜力、性价比较高的负减排技术,在碳减排和提高粮食产量、维系粮食安全中发挥着不可或缺的作用。木本油料一部分可作为食用油脂、生物材料和平台化学品,大部分有价值的组分可以作为生物质能原料加以充分利用。BECCS 为我国农村发展生物质能源提供了新的经济增长点,助力应对经济增长与碳减排的双重挑战。据 Alain 和 Serigne(2003)介绍,植物通过光合作用可固定大量的 CO_2,林木每生长 $1m^3$,平均吸收 1.83t CO_2,放出 1.62t O_2。

1.2 生物质资源分类

1.2.1 人工培育生物质资源分类

(1)植物纤维素类生物质资源。
(2)富含高糖、高淀粉等碳水化合物的植物资源。
(3)富含油脂的油料植物资源。
(4)新兴生物质资源——藻类、其他生物资源。

1.2.2 依据资源特征和来源途径分类

依据生物质来源和途径的不同,可以将生物质分为林业生物质资源、农业生物质资源、污水废水、固体废弃生物质和畜禽粪便五大类。

(1)林业生物质资源。林业生物质资源是指在森林生长和林业生产过程中提供生物质能的生物质能源,包括：薪炭林、在森林抚育和间伐作业中的零散木材、残留的树枝、树叶和木屑等；木材采运和加工过程中的枝丫、锯末、木屑、梢头、板皮和截头等；林业副产品的废弃物，如果壳和果核等。

林木的生物质资源量大、组分比较一致、质量密度高、加工利用效率高，被认为是优质的生物质资源。①森林采伐和木材加工的剩余物可用作燃料量按原木产量的 1/3 估算。②薪炭林、用材林、防护林、灌木林、疏林的收取或育林剪枝，按林地面积统计放柴量。③四旁林（田旁、路旁、村旁、河旁的林木）的剪枝，按树木株数统计生物质量。

（2）农业生物质资源。农业生物质资源是指农业生产过程中产生的各种有机物质，包括农业作物（包括能源作物）；农业生产过程中的废弃物，如农作物收获时残留在农田内的农作物秸秆（玉米秸、高粱秸、麦秸、稻草、豆秸和棉秆等）；农业加工业的废弃物，如农业生产过程中剩余的稻壳等。能源植物泛指各种用于提供能源的植物，通常包括草本能源作物、油料作物、制取碳氢化合物的陆生植物和水生植物等几类。农业生物质资源量巨大、质量密度低、能源密度低，需根据区域经济条件和市场需求来确定利用方式。

（3）污水废水。污水主要由城镇居民生活、商业和服务业的各种排放污水和废水组成，如冷却水、洗浴排水、盥洗排水、洗衣排水、厨房排水、粪便污水等。工业有机废水主要是酿酒、制糖、食品、制药、造纸及屠宰等行业生产过程中排出的废水等，其中都富含有机物。

（4）固体废弃生物质。城市固体废物主要由城镇居民生活垃圾、商业、服务业垃圾和少量建筑业垃圾等固体废物构成。其组成成分比较复杂，受当地居民的平均生活水平、能源消费结构、城镇建设、自然条件、传统习惯以及季节变化等因素影响。

（5）畜禽粪便。畜禽粪便是畜禽排泄物的总称，它是其他形态生物质（主要是粮食、农作物秸秆和牧草等）的转化形式，包括畜禽排出的粪便、尿及其与垫草的混合物。

上述生物质资源是废弃生物质资源，主要目的是生产生物质能、生物质材料和平台化学品，木本油料资源是人工培育的经济林资源，主要用途为生产植物膳食油脂及脂类伴随物产品。

1.2.3　依据植物代谢产物分类

植物代谢产物可分为植物初级代谢物和植物次生代谢物两种。

植物初级代谢物是指植物生长、发育和繁殖所需要的代谢物，主要有氨基酸、核酸、糖类，以及为了下一步植物生长和作为次级代谢产物的原料，如植物经过光合作用，固定 CO_2，产生糖类，生成丙酮酸等，丙酮酸等进入下一步糖合成阶段，为植物成长储存能量做准备。

植物次生代谢物有酚酸、萜类、含氮有机物和其他次生物质四大类。植物次生代谢物不参与植物生长、发育和繁殖过程。

1.3　生物质资源利用技术

生物质种类繁多，分别具有不同特点和属性，其利用技术复杂多样。生物质的利用历史，反映了经济社会发展、科技进步和人类对产品需求的变化。

1.3.1　生物质能利用技术

传统的生物质能的利用主要有直接燃烧、生物化学转换、热化学转化、液化、有机垃圾能源化处理等 5 种途径。

生物质的利用方式均是将其转换为固态、液态和气态燃料产品加以高效利用，主要途径如下。

（1）直接燃烧技术。包括户用炉灶燃烧技术、锅炉燃烧技术、生物质与煤的混合燃烧技术，以及与之相关的压缩成型和烘焙技术。

直接燃烧：生物质的直接燃烧在今后相当长的时间内仍将是我国生物质能利用的主要方式。目前，传统烧柴灶的热效率仅为10%左右，而推广节柴灶可以达到20%至30%的热效率，这种技术简单、易于推广、效益明显的节能措施，被国家列为乡村清洁能源建设的重点任务之一。

（2）生物化学转换。生物质的生物化学转换包括生物质、沼气转换和生物质、乙醇转换等。沼气转化是有机物质在厌氧环境中，通过微生物发酵产生一种以甲烷为主要成分的可燃性混合气体，即沼气。生物质、乙醇转换是利用糖类、淀粉和纤维素等原料经发酵制成乙醇。

（3）热化学转化。生物质的热化学转化是指在一定的温度条件下，使生物质气化、碳化、热解和催化液化，以生产气态燃料、液态燃料和化学物质的技术。热化学转化技术包括生物质气化、干馏、快速热解液化技术。

（4）液化技术。包括提炼植物油技术、催化转化制备生物柴油、乙醇、甲醇等技术。

（5）有机垃圾能源化处理技术。

1.3.2　生物质工程和生物质材料利用技术

生物质工程技术。生物工程（bioengineering）是20世纪70年代初兴起的一门综合性应用学科，90年代诞生了基于系统论的生物工程，即系统生物工程的概念。

生物质工程是利用现代科学技术把可再生的农林生物质资源转化成电能、运输燃料、生物燃气、固体燃料、生物塑料、生物材料、药物等各种产品的新兴产业。

生物质材料利用技术对木本油料资源利用有指导意义。生物质材料利用技术以热化学转化、物理转化、化学转化、生化转化系列技术及集成技术为手段，实现生活垃圾、畜禽粪便、农林废弃物的能源化与资源化高值利用。

1.3.3　生物质资源生物炼制技术

现代农业技术的创新突破，为生物炼制技术工业化奠定了坚实的基础。生物炼制技术可发展绿色农业，开发农业废弃物生物制剂、天然农业生物药物、精准多靶标生物农药、土壤改良生物制品等农业制品。推动前沿生物技术与农业深度融合意义重大。其促使饲用抗生素替代品、木本饲料、动物基因工程疫苗等一系列技术的创制，并加速产业化进程，有效提高土地和资源利用效率，助力农业可持续发展。

石油像煤和天然气一样，是古代有机物通过漫长的压缩和加热后逐渐形成的。按照这个理论，石油是由史前的海洋动物和藻类尸体变化形成的（陆上植物则一般形成煤）。有机物经过漫长的地质年代与淤泥混合，被埋在厚厚的沉积岩下。在地下的高温和高压下它们逐渐转化，首先形成油页岩，然后退化成液态石油和气态（天然气）的碳氢化合物。

石油中碳、氢是主要组成元素。碳一般占83%～87%，氢占11%～14%，原子比介于5.7～8.5，其他元素，如氧、氮、硫元素约占1%，很少达到2%～3%。还有磷、钒等微量元素和矿物质，这些元素或以游离状或以化合物的形式存在于重质油的组分中。

构成石油的碳氢化合物，从其对石油性质的影响和存在的广泛性来看，烷烃、环烷烃、芳香烃这三大系列的结构最为重要，也最为普遍。从溶有天然气的石油平均成分看，大体上烷烃占53%，环烷烃占31%，芳香烃占16%。

石油炼制的基本工艺技术较多，对生物质资源利用具有借鉴意义的主要炼制技术有以下几种。

（1）蒸馏。利用气化和冷凝的原理，将石油分割成沸点范围不同的各个组分，这种加工过程叫作石油的蒸馏。蒸馏通常分为常压蒸馏和减压蒸馏。在常压下进行的蒸馏叫常压蒸馏，在减压下进行的蒸馏叫减压蒸馏，减压蒸馏可降低碳氢化合物的沸点，以防重质组分在高温下裂解。

（2）裂化。在一定条件下，使重质油的分子结构发生变化，以增加轻质成分比例的加工过程叫裂化。裂化通常分为热裂化、减黏裂化、催化裂化、加氢裂化等。

（3）重整。用加热或催化的方法，使轻馏分中的烃类分子改变结构的过程称为重整。重整分为热重整和催化重整，催化重整又因催化剂不同，分为铂重整、铂铼重整、多金属重整等。

（4）异构化。异构化是提高汽油辛烷值的重要手段，即将直馏汽油、气体汽油中的戊烷、己烷转化成异构烷烃；也可将正丁烷转变为异丁烷，用作烷基化原料。经过石油炼制的基本方法得到的只是成品油的馏分，还要通过精制和调和等程序，加入添加剂，改善其性能，以达到产品的指标要求，最后才能得到的成品油料，出厂供使用。

石油炼制技术是将原油加工精制成燃料油和润滑油等产品的工艺方法，亦称石油精制方法或石油加工方法。值得生物炼制技术借鉴学习的包括一次加工过程和二次加工过程工艺技术及产品多联产方案，前者指原油的直接蒸馏过程；后者指直馏产物（如重油、渣油）的再次加工，工艺技术可以相互借鉴、相互支撑。

1.3.4　生物炼制技术发展动态

生物炼制体系技术构建。生物质资源利用，需要正确协同原料资源、工艺技术、装备和市场对目标产品需求等多方面因素。发达国家规模加工利用的原料如玉米、甘蔗、微藻，不同程度地用到生物质能技术、生物质工程技术、生物合成技术，相关技术有共性，也有差异性专用技术。目标是将生物质资源绿色转化，把可再生的农林生物质资源转化成能源（电能、运输燃料、生物燃气、固体燃料）、材料（生物塑料、生物材料）、药品（药物）等各类新兴产物。经济发展、科技进步和人类社会保护环境意识的增强都会影响生物质资源利用技术发展的研究方向和产业化发展。

1）生物质原料供应体系

（1）构建持续稳定高效的原料供应体系。玉米作物秸秆、大豆和油菜秸秆、森林采伐剩余物等，资源特征、资源组分、资源化学成分差异巨大。在美国，秸秆是最大量的生物质废弃物，每年约有 2.2 亿 t，其中 30%~60%（0.66 亿~1.32 亿 t）可以利用，其组分是 70%纤维素和半纤维素，15%~20%木质素。美国为农业生物质原料供应而开发的实施计划的总体目标是能以 30 美元/t 的价格售予生物炼制。

（2）先进、高效的原料预处理技术装备。作物秸秆及森林残留物收集、预处理、贮存需要比较先进的自动化技术设计、建造和运营。欧美发达国家的生产商依靠先进的自动化技术和行业知识来设计、建造和运营生物精炼厂，以满足各种原料需求的灵活性和适应性。自动化技术有助于优化不同原料下的操作，以改进预处理、提高产量并减少下游设备损坏。

美国能源部提出到 2030 年生物质要为美国提供 5%的电力、20%的运输燃料和 25%的化学品，相当于当前石油消耗量的 30%，每年需要用 10 亿 t 干生物质原料，是当前消耗量的 5 倍。要达到此目标，廉价原料的持续供应是关键。农作物废弃物生物质可作为近期生产燃料和化学品的纤维素原料。但是，必须要开发一个综合的原料供应系统，以合理的价格提供原料。

（3）科学、精准的成本和收益的经济学估算。斯坦福国际咨询研究所(SRI)的 *Process Economics Program*（PEP 报告）对新型生物炼制的工艺过程经济学进行了估算。

从整体概念看，全玉米生物炼制生产工艺是充分利用原料，生产高附加值的产品。玉米作物在收获时即进行分离，将秸秆与玉米分别送至炼厂，秸秆用稀酸预处理，使大部分半纤维素水解成糖，水解物料再进行纤维素糖化生成葡萄糖，葡萄糖与其他糖一起发酵生成乙醇，用蒸馏法和分子筛吸附法将乙醇纯度提高到 99.5%。

2）生物质利用工艺技术

玉米加工厂转为全玉米生物炼制的主要技术变化在于增加加工木质纤维素材料的可能性。生物炼制模型是用稀酸预处理，再用过量石灰中和，此工艺产生大量废渣，美国国家可再生能源实验室（NREL）有中试厂改进了此工艺过程。还有一些玉米转化技术可望组合到全玉米生物炼制模式中，其中有些技术已在工业规模上实施，处于不同的技术阶段，全玉米生物炼制相关技术大致有以下几种。

（1）糖平台技术。从木质纤维素生物质分离出糖。用稀酸水解半木质素纤维生成五碳糖和六碳糖，但其副产品对发酵微生物有毒。

（2）发酵技术。将糖或混合糖转化生成燃料和化学品，目前已开发了转化混合糖为乙醇的酶，用基因组合方法可以有效地转化水解玉米淀粉并在有氧条件下生成1,3-丙二醇（1,3-PDO）。

（3）研磨技术。研磨技术可以粉碎玉米芯生成糖，同时开发了淀粉液化和糖化技术。

（4）产品多样性。生物质炼厂是以化学品为主产品，其中生产乙醇亦只作为主产品的副产物，因此，在炼厂效益评估中，只做了经济效益的评测，以及副产品回收对主产品成本的影响。如果要从能源的层次上考虑，用可再生能源替代不可再生的矿物能源，则必须要考虑将可再生资源转换成替代能源时，需要投入多少矿物能源，即可再生资源转换成能源材料的能源效益、投入能源与产出能源的能效比。作物秸秆、森林残留物生物炼制对木本油料生物炼制具有现实的借鉴意义。

3）生物质生物炼制产品和产品链

全玉米生物炼制产品组成：对玉米棒及芯进行干磨后，再进行糖化，所得水解玉米淀粉进行有氧发酵生成1,3-PDO，再经回收和加氢精馏进行纯化，而干酒糟回收后可作为副产品销售。1,3-PDO是玉米生物炼制的主要产品，乙醇和干酒糟则是重要的联产物，按当前价格计，可从中取得13美分/lb（磅）（1lb=0.45359237kg）的回报。

热能、电能和CO_2等发酵副产品可作为补偿机制进行探索。木质素产量虽大，但价值很低，只能用其发电和生产蒸汽以取得相当补偿，CO_2是发酵的副产品。

4）生物质资源利用的商业模式和投资

全玉米生物炼厂规模：此类炼厂与同规模的玉米湿法加工厂装置相比属于投资集约型装置，日处理2000t玉米秸秆和2000t玉米的全玉米生物炼制装置投资约4.5亿美元，60%是界区内投资，玉米秸秆预处理和调节系统投资大，因为需要用稀酸进行预水解，同时用过量石灰处理水解产物进行解毒，由于过程中的腐蚀性，需要用特殊结构材料，1,3-PDO的回收和纯化过程也需要较大的投资。界区外投资约占总投资的40%，包括冷却水、蒸汽装置、洁净水、包装和废物处理等公用工程，还应有用作焚烧固体木质素副产物的焚烧炉，可用透平发电机生产蒸汽和电力，过剩的电力可以销售。

玉米全资源生物炼制投资组成：回收及纯化27%、预处理和调节系统26%、蒸馏和脱水17%、有氧发酵14%、糖化及发酵11%、干磨及糖化3%、干酒糟回收2%。

1,3-PDO是由葡萄糖发酵制备的，葡萄糖是湿法玉米加工厂产品，而全玉米炼厂中则用部分水解玉米淀粉发酵生产，原料既较便宜又省去了葡萄糖纯化工序，如果生物炼制与相关的公用工程和废料处理系统协调同步建设，生物炼制将展现其经济上的优势。据估算，在生物炼厂中1座2.4亿lb/a的1,3-PDO装置投资只相当于同等规模下用葡萄糖作原料的3/4。

产品多联产案例：玉米是美国工业应用的主要生物原料。2003年美国玉米生产量1.7亿t，玉米炼制产品量约560亿lb。其中0.3亿t玉米（相当于玉米作物的17%）用于生产淀粉、甜味剂、乙醇、饲料添加剂、植物油、有机酸、氨基酸和多元醇。在2004/2005年度，美国用0.2亿t（12%）玉米生产乙醇34亿加仑（1加仑=3.7854L），是2000年产量的2倍多。

1.4 木本油料资源利用现状

我国是世界油脂消费第一大国，油料油脂生产第二大国，油料种业、油料规模种植、油脂和油料高值化利用、油料副产物饲料蛋白自主创新面临许多挑战。建立自立自强的科技创新体系，才能与我们的油脂大国相称，使我国既是油脂大国又是油脂强国。

木本油料是潜力巨大的绿色产业，产业关联粮油安全、生态安全和林农致富，各级政府高度重视木本油料发展。油茶、核桃、油橄榄和油棕是世界四大食用木本油料树种，其中油茶是中国所特有。油茶、核桃、油桐、乌桕并称为我国四大木本油料植物。大部分木本油料树种耐瘠薄，适应性比较强，因此我国大面积的荒山荒地和部分疏林地可用以发展木本粮油产业。

1.4.1 木本油料资源分类利用体系探索

木本油料是优质的食用油脂资源来源。科技工作者和企业已逐步接受对木本油料资源进行分类研究、分类进行资源工业化利用,以油茶、核桃、油橄榄为代表的食用特色木本油料和食用油脂来源得到空前加强。大力发展食用木本油料树种,不仅可增产油脂,确保粮油安全、生态安全,也是加快山区经济发展、促进乡村产业振兴,实现绿水青山就是金山银山的重要途径。木本油料作为新型工业用能源资源,需要进一步深化认知,并开发符合中国木本油料特色的技术与装备,为国家做出应有贡献。

1.4.1.1 食用木本油料资源

食用木本油料是指种子含油量高、榨油主要供食用的树种。我国食用木本油料树种有 50 多种。按其分布区域,亚热带以南地区有 17 种;亚热带地区有 26 种;温带地区有 14 种。亚热带以南地区分布有油棕、椰子、腰果、油梨、油瓜、瓜栗、猪油果、榄仁树、梭子果、木花生、蝴蝶果、破布木等;亚热带地区分布有油茶类(包括油茶、红皮糙果茶、山梨、宛田红花油茶、浙江红花油茶、广宁油茶、浙江红花油茶、山茶、细叶短柱茶、怒江山茶、茶梅、茶、腾冲红花油茶、陆川大果油茶、攸县油茶等)、竹柏类(包括长叶竹柏、肉托竹柏等)、油橄榄、榅树类(包括香榅、榅、巴山榅、长叶榅、云南榅等)、核桃类(包括核桃、野核桃、漾濞核桃、山核桃等)、光皮树、白檀;温带地区分布有文冠果、巴旦杏、阿月浑子、榛子类(包括榛子、华榛、刺榛、毛榛等)、松子类(包括东北红松等)、油树、翅果油树、刺山柑、元宝枫、仁用杏、毛梾等。

1.4.1.2 工业用木本油料资源

木本油料树种有多种工业用途。在工业生产上,许多木本油料能满足工业用脂肪酸的特殊要求,如油桐籽所榨的油,桐酸含量 77% 以上,为干性油脂,是理想的天然油漆原料,具有易氧化、快干等特性,所成油膜光亮持久;葵酸和月桂酸含量占脂肪酸总量 70% 以上的石山樟、阴香、山胡椒等树种是生产月桂酸或月桂酸酯的较理想的香精原料,而且具有高泡沫和去污能力,是牙膏和洗发香波及多种洗涤剂等不可缺少的原料;乌桕油料的脂肪酸以棕榈酸为主,能满足肥皂工业对长链分子的要求,是制皂的好原料,竹叶椒、梧桐、山乌桕、圆叶乌桕、黄连木以及人面果、东京桐、冬杙果等也是制皂的好原料;此外,桑种子油、毛梾油以及山桃种仁油都可作为制油漆的原料;可用来作润滑油的木本油料树种有毛梾、多花山竹子、竹柏、山杏、油松、三桠乌药、山核桃等;花生烯酸含量高的无患子科植物,如毛叶栾树、茶条木和蒜头果等可作增塑剂和尼龙原料;可以用于工业用材的树种有华山松、油松、红松、马尾松、杉木、侧柏等。

1.4.1.3 芳香类木本油料资源

芳香油是具有特殊香气的挥发性油,以植物为原料的天然香料生产在香料工业中占有重要地位,被广泛应用于食品、日用品、化妆品和药品上。例如,从山花椒中提取的芳香油,含量一般在 0.17%~3.00%,可提取天然香精,为食品工业、卷烟、化妆品或油漆等工业原料。从紫穗槐种子中提取的芳香油调制的香精香气宜人、留香时间长,并有抑菌、止痒、驱蚊等作用。

根据芳香油提取部位的不同,可将芳香油料植物分为以下几类:从果皮或果实、种子、枝、叶中提取芳香油的有花椒、枫香树、柠檬桉、黄荆、亮叶桦、钻天杨、杏、橙、白兰花、紫穗槐、柠檬、八角、鸡皮果、五味子、小黄皮、野黄皮、黄皮、广西九里香、土沉香、广东松、半枫荷、沉水樟、天竺葵、九里香、飞龙掌血、竹叶椒、两面针、搜山虎、潺槁树、黔桂黄肉楠、石山楠、黑壳楠、石山樟、垂柏、侧柏、圆柏、红松、油松、华山松、马尾松、百里香、地枫皮和黄连木等;从花中提取香料的有单果阿芳、茉莉、香港鹰爪、假鹰爪、阔叶瓜馥木、田方骨、黄山木兰、密榴木、山蜡梅等。杜鹃花科、天女木兰、山花椒、丁香等的花、果、茎、叶均可提取芳香油。松科、柏科中很多植物根部也不同程度地含有芳香油。

1.4.2 木本油料油脂加工利用

我国草本油料油脂加工设备制造业有了长足的发展，通过引进国外的先进技术和设备，再进行消化吸收，并进行国产化开发，使我国油脂加工工艺设计水平、油脂加工设备设计和制造水平有了很大提高，以较快的速度接近和赶上世界油脂加工设备制造业的先进水平，且多年的国产化开发使很多方面的工艺和设备更适合我国的实际情况。对国外技术进行引进、消化吸收，对我国油脂加工技术在短期内迅速缩短与国外先进技术水平间的差距起到了十分积极的作用。但木本油料技术创新相对滞后，需要不断增强自主开发能力，才能使我国的油脂加工业不受制于"卡脖子"技术。

1.4.3 木本油料加工剩余物绿色转化技术取得实质性进步

以市场为导向，推动加工剩余物全资源高值化利用技术发展和产品创新。木本油料产业重点是围绕食用油脂供应、生物基材料、新型发酵产品、生物质能等方向，构建生物质循环利用技术体系，推动生物资源严格保护、高效开发、永续利用，加快规模化生产与应用，打造具有自主知识产权的工业菌种与蛋白元件库，推动生物工艺在化工、医药、轻纺、食品等行业推广应用。

1.4.4 先进工艺技术和装备应用

我国油脂加工还是以油脂初产品加工为主，高附加值产品少，导致市场竞争力弱。

目前，我国对木本油料资源的利用范围十分有限、利用程度低下，尤其对野生木本油料来说更是如此，资源的丰富与山区农民的收入形成强烈反差。花椒加工产品应用案例值得借鉴，目前以超临界 CO_2 萃取和喷雾干燥为主要技术研发的微胶囊产品开始在市场上露面，这类产品技术含量高、产品质量稳定、使用方便，颇受消费者欢迎，这代表了花椒深加工产品的发展趋势。对花椒副产品的综合利用研究也已经进行，特别是花椒籽的开发，花椒籽外皮油是半干性油，可以作为无公害的天然绿色油漆使用，解决了花椒籽仁油资源利用程度低下、资源浪费严重的难题。

1.5 木本油料资源利用技术体系和发展路径探索

木本油料资源主要分布在丘陵山地。规模化集约经营面临诸多挑战。前端原料的生产、采收、采后预处理、初级加工和中间农产品、精深加工与现代食品、油脂加工物流、后端餐饮食品市场消费供应，只有与现代技术融合，推动科技创新突破才能实现降低产业成本、提高效率和效益，适应现代生物经济产业要求。

1.5.1 先进理念指导木本油料资源匹配的理论体系

首先，木本油料原料资源、初级加工产品和终端产品协同发展；其次，工艺技术和装备协同配合；最后，生态效益、社会效益和经济效益合理体现。这些客观要求，侧重木本油料生物炼制技术体系创新。木本油料主要成分是油脂、蛋白质、纤维和功能活性成分，是一类特殊的生物质资源，主导产品是食用油脂。由于产业整体发展处于初级阶段，工艺技术长期跟踪模仿草本油料植物利用技术，整体利用率低、效益差，由于资源主要分布在丘陵山区，经济落后、基础设施落后，因此引入生物炼制技术作为共性技术是必要和科学的。

1.5.2 共性技术体系创新

木本油料产业有着巨大的资源优势、广阔的市场发展前景，也有着巨大的多样化市场需求，同时又是连接现代林业产业、生物材料、现代食品产业的重要产业，也是促进乡村振兴与培育新兴产业及新经济增长点的重要产业。

创新油料资源共性利用技术。油脂装备是油脂加工业发展的基础，随着我国油脂工业向国际化、大型化、自动化方面的发展，加快我国木本油料油脂装备业科学技术的进步，提高我国油脂装备业的水平至关重要。从我国现有的油脂工业的实际情况出发，重点解决油料收获后的干燥、清选、挤压膨化、低温脱溶、植物蛋白质、油脂精深加工等重点油脂加工工艺和装备大型化问题，并重点发展油脂食品安全生产技术和装备制造等。

1.5.3 中国特色的木本油料资源利用的道路探索

1.5.3.1 走生态优先、绿色发展道路

木本油料产业发展与土地林地生态环境修复、乡村振兴战略实施高度密切相关，顺应"追求产能产效"转向"坚持生态优先"的新趋势，发展面向绿色低碳的木本油料生物质替代应用，满足人民群众对生产方式更可持续的新期待。着眼加快建设美丽中国目标，重点围绕膳食油脂、生物基材料、新型医药产品、生物质能等方向，构建生物质循环利用技术体系，推动生物资源严格保护、高效开发、永续利用，加快规模化生产与应用，打造具有自主知识产权的工业菌种与蛋白元件库，推动木本油料技术和产品在食品、化工、医药等行业的推广应用。构建木本油料生物质生产和消费体系，推动环境污染生物修复和废弃物资源化利用，确保生态安全和能源安全。

1.5.3.2 积极推进木本油料资源利用和高质量发展

围绕"创新技术体系、打通产业链、完善供给链、升级消费链、连接市场链、提升价值链"的现代农业与现代大健康产业融合发展模式，通过"创新打造木本油料产品标准化，推动木本油品品质化、标准化、品牌化，倒逼形成木本油料资源培育定制化、集约化、高效化"，从而实现木本油料产业与农业产业的需求侧与供给侧的同步升级，推动产业快速发展。

1.5.3.3 加快推进产业全环节的高质量发展和产品品质提升

"高质量创新发展"是木本油料产业发展的核心。当前木本油料产业大量油脂生产企业与项目上马，油脂加工企业加工能力趋于过剩，这必将带来产品供应规模的快速膨胀，未来油脂生产企业竞争也必将加剧。在这种形势下，木本油料企业应该重视油脂伴随物、皮壳饼资源精深加工产品开发和品质提升，把品质提升作为市场核心竞争力去打造，着力抢占产业发展制高点。

1.5.3.4 创建木本油料生物炼制的经济形态

生物经济既是一种绿色思维方式和发展理念，也是可持续的生产方式，能够改变产品生产方式、回收方式及消费模式，促进产业向生物基产业转型，利于资源和废弃物的"正循环"利用、碳捕获与碳储存及生态环境保护。

（1）木本油料生物产业发展。林业生物产业是以森林生物资源为基础，建立在生命科学和生物技术创新与突破基础上的新兴产业和高技术产业。木本油料生物产业的发展思路为：根据国家生物产业发展的总体规划，结合林业生物产业的资源优势、技术基础以及未来的发展趋势，以强化自主创新为核心，以森林资源培育为基础，以森林生物产品精深加工为突破口，加快形成先导性、支柱性产业，全面提高产业的核心竞争力和综合效益，把林业生物产业培育成为林业产业新的经济增长点，促进地方经济和国民经济健康、稳定和可持续发展。

（2）木本油料生物炼制经济形态。生物经济是指通过可持续的方式，利用可再生自然资源来生产食品、能源、生物技术产品和服务的一切经济活动的总和。生物经济已成为一种全新的经济形态，引领人类经济

社会发展。生物经济是建立在生物资源、生物技术基础上，是一种在农业经济、工业经济、信息经济充分发展基础上产生的全新的经济形态，以生物技术产品的生产、分配、使用为基础的经济。我国《"十四五"生物经济发展规划》中提出的生物经济是继农业经济、工业经济、信息经济之后，人类经济社会发展的第四次浪潮。

2000年初，美国政府率先提出的《促进生物经济革命：基于生物的产品和生物能源》战略计划，标志着生物经济概念开始兴起，并引发了"生物经济能否取代信息经济"的大讨论。欧盟、经济合作与发展组织（OECD）相继提出有关生物经济的战略及会后报告，美国于2012年发布的《国家生物经济蓝图》，再次强调了生物经济对未来社会的影响力，提升了生物经济的地位。

生物经济为人类应对环境污染、气候变化、粮食安全、能源危机等重大挑战提供了崭新的解决方案，在推动经济社会发展方面发挥了重要的引领作用。近年来，随着生命科学的高速发展，生物科技领域进一步展现出了巨大的发展潜力，木本油料作为一种巨大的高品质的生物资源不断在医药、农业、化工、材料、能源等方面获得新的应用。

现代生物技术的突破，推动了生物经济技术和产业演进升级。随着现代生命科学快速发展，以及生物技术与信息、材料、能源等技术的加速融合，高通量测序、基因组编辑和生物信息分析等现代生物技术的突破与产业化快速演进，生物经济时代即将来临，人类经济生产与生活方式将发生根本性变革。

（3）构建现代版木本油料经济形态。木本油料产业和传统农业产业一样，长期定位于资源培育和油脂加工，顺应"解决温饱"转向"营养多元"的新趋势，发展面向现代化农业的生物农业，满足人民群众对食品消费更高层次的新期待，是必须重视的方向性问题。我国"十二五""十三五""十四五"规划中有关生物经济产业的产业政策发生了重大变化，"十四五"规划《纲要》明确提出，推动生物技术和信息技术融合创新，加快发展生物医药、生物育种、生物材料、生物能源等产业，做大做强生物经济。木本油料产业需要主动服务国家大局，优化培育高品质资源，创新资源利用方式，重点围绕生物油脂、生物医药、生物饲料、生物农药等方向，建立木本油料生物农业示范推广体系，构建更加完善的全链条食品安全监管制度，以更好地保障国家油料安全、满足居民消费升级需求和支撑农业可持续发展。

参 考 文 献

常侠, 聂小安, 戴伟娣, 等. 2008. 黄连木油脂基生物柴油的合成及其性能分析[J]. 现代化工, (S2): 117-119.

陈学恒. 2002. 我国山苍子油产业化技术浅评和利用对策[J]. 香料香精化妆品, (4): 31-37.

程树棋. 2005. 燃料植物选择和应用[M]. 长沙: 中南大学出版社.

丁敏, 曹栋, 陈璐, 等. 2015. 固体酸 SiO₂-Ti(SO₄)₂-Zr(SO₄)₂ 催化麻疯树籽油醇解反应的研究[J]. 中国油脂, 40(4): 55-59.

符瑜, 潘学标. 2006. 中国主要野生木本油料能源植物的地理分布与生境气候特征分析[C]//中国气象学会农业气象与生态学委员会, 江西省气象学会. 全国农业气象与生态环境学术年会论文集: 11-15.

龚慧颖, 郑志锋, 黄元波, 等. 2016. Ti-SBA-15 介孔分子筛催化制备环氧橡胶籽油的研究[J]. 生物质化学工程, 50(2): 1-5.

何磊. 2012. 黄连木油生物柴油副产物甘油发酵转化 1,3-丙二醇的研究[D]. 南昌: 江西农业大学硕士学位论文.

胡小泓, 倪武松, 周艺, 等. 2007. 黄连木籽油的理化特性及其脂肪酸组成分析[J]. 武汉工业学院学报, (3):4-5, 20.

黄田盛. 2018. 紫色土区油茶林不同水土流失治理措施对地表径流和土壤养分的影响[D]. 福州: 福建农林大学硕士学位论文.

黄元波, 郑志锋, 马焕, 等. 2017. 橡胶籽油基多元醇的制备与表征[J]. 生物质化学工程, 51(3): 21-26.

靳爱仙, 周国英, 李河. 2009. 油茶炭疽病的研究现状、问题与方向[J]. 中国森林病虫, 28(2): 27-31.

孔令义. 2019. 天然药物化学[M]. 北京: 中国医药科技出版社.

赖鹏英, 肖志红, 黎继烈, 等. 2019. 山苍子果实制备精油与核仁油的研究进展[J]. 湖南林业科技, 46(1): 65-69.

李昌珠, 蒋丽娟. 2018. 油料植物资源培育与工业利用新技术[M]. 北京: 中国林业出版社: 185-201.

李俊玉, 胥治杰. 1990. 环氧黄连木油增塑剂合成研究[J]. 陕西化工, (4): 17-18.

李良厚, 肖志红, 张爱华, 等. 2019. Fe/C-SO3H 中空纤维催化黄连木油制备生物柴油[J]. 科学技术与工程, 19(28): 264-269.

李胜男, 程贤, 毕良武, 等. 2021. 茶皂素的生物活性及毒性研究进展[J]. 天然产物研究与开发, 33(增刊 2): 149.

李司政, 李河. 2020. 果生刺盘孢 CfHAC1 调控应答二硫苏糖醇胁迫的转录组分析[J]. 菌物学报, 39(10): 1886-1896.

李司政, 姚权, 李河. 2021. 果生炭疽菌转录因子 CfHac1 的 BRLZ 结构域生物学功能研究[J]. 北京林业大学学报, 43(9): 70-76.

李穗敏, 杨谦, 赵闯, 等. 2018. 光响应茶皂苷元纳米囊的制备及其抗耐药菌活性研究[J]. 高校化学工程学报, 32(1): 193-199.

李子明, 相海, 周海军. 2003. 我国油脂加工装备业的现状和发展要点[J]. 粮油加工与食品机械, (8): 9-13.

梁杰, 杨鹭生. 2012. 黄连木油物理化学特性分析与评价[J]. 广东化工, 39(18): 29-31.

廖阳, 李昌珠, 于凌一丹, 等. 2021. 我国主要木本油料油脂资源研究进展[J]. 中国粮油学报, 36(8): 151-160.

刘强, 孙海萍, 鲁厚芳. 2009. 麻疯树籽油生产生物柴油产业化[J]. 化工设计, 19(4): 1, 3-8.

刘玄启. 2009. 桐油用途变化与近代国际桐油市场的勃兴[J]. 广西师范大学学报(哲学社会科学版), 45(1): 114-118.

吕微, 蒋剑春, 徐俊明. 2012. 小桐子油脂提取工艺研究及脂肪酸组成分析[J]. 太阳能学报, 32(10): 1050-1055.

牟洪香, 菅永忠. 2010. 能源植物黄连木油脂及其脂肪酸含量的地理变化规律[J]. 生态环境学报, 19(12): 2773-2777.

齐景杰. 2011. 我国基础油脂化工工艺[J]. 河南化工, 28(4): 13-14.

齐苗, 李曼曼. 2018. 油茶炭疽病防治研究进展[J]. 安徽农业科学, 46(3): 13-14.

祁鲲. 1993. 液化石油气浸出油脂工艺: 中国, 90108660[P].

佘世望, 张桂珍, 王桂林. 1987. 山苍子核仁油的精炼[J]. 江西教育学院学刊(自然科学版), (2): 80-81.

佘珠花, 刘大川, 刘金波, 等. 2005. 麻疯树籽油理化特性和脂肪酸组成分析[J]. 中国油脂, (5): 30-31.

田漫漫. 2018. 油茶饼粕中茶皂素、油茶多酚、油茶多糖连续提取纯化工艺及中试的研究[D]. 贵阳: 贵州大学硕士学位论文.

王海, 胡青霞. 2013. 我国的油脂市场及未来趋势[J]. 日用化学品科学, 36(5): 4-9.

王菊华, 陈玉保, 郝亚杰, 等. 2019. 响应面法优化麻疯树籽油加氢催化制备生物航空燃料工艺[J]. 中国油脂, 44(9): 81-85.

王朋, 胡慧林, 赵昌俊, 等. 2014. 复合洗衣皂中阴离子表面活性剂的分析[J]. 中国洗涤用品工业, (2): 68-70.

王延芳. 2012. 油茶皂素及其水解产物的分离及降血脂抗氧化活性研究[D]. 广州: 华南理工大学硕士学位论文.

魏婷婷, 崔晓芳, 文旭, 等. 2011. 油茶粕中茶皂素纯化方法与抗菌活性研究[J]. 中国油料作物学报, 33(6): 616-621.

吴鹏飞. 2019. 普通油茶抗炭疽病资源筛选及抗病机制初探[D]. 北京: 中国林业科学研究院硕士学位论文.

吴秋娟. 2011. 我国油脂行业发展现状及未来方向探讨[N]. 期货日报, 2011-06-08(004).

吴雪辉, 龙婷. 2019. 不同压榨方式对油茶籽油品质的影响研究[J]. 中国油脂, 44(3): 36-40.

喻锦秀, 何振, 李密, 等. 2019. 油茶炭疽病拮抗细菌 P-14 的拮抗物质分析[J]. 林业科学研究, 32(1): 118.

喻锦秀. 2019. 油茶炭疽病生物防治途径探讨[D]. 长沙: 湖南农业大学博士学位论文.

袁先友. 2008. 山苍籽核仁油应用研究进展[J]. 湖南科技学院学报, (8): 35-37.

袁振宏, 吴创之, 马隆龙. 2005. 生物质能利用原理与技术[M]. 北京: 化学工业出版社.

曾峰, 赵坤, 韩伟伟, 等. 2011. 食品生物技术在农产品副产物综合利用中的应用[J]. 食品科学, 32(S1): 29-32.

张东阳. 2014. 改性纤维素基固载化杂多酸催化体系的构建、表征及其在文冠果油转化生物柴油中的应用[D]. 哈尔滨: 东北林业大学博士学位论文.

张籹, 龚宽俊, 向诚, 等. 2014. 过氧化氢脱毒前后小桐子油饼营养成分分析[J]. 植物资源与环境学报, 23(1): 113-115.

张勇. 2008. 油脂化学工业市场分析[J]. 日用化学品科学, 31(12): 4-9.

张玉锋, 王挥, 宋菲, 等. 2018. 棕榈油加工技术研究进展[J]. 粮油食品科技, 26(1): 30-34.

张志宏. 2012. 益海嘉里集团小包装食用油多品牌战略案例研究[D]. 南宁: 广西大学硕士学位论文.

钟昌勇. 2012. 山苍子油高效提取和单离柠檬醛技术研究[D]. 南宁: 广西大学硕士学位论文.

周绍绳. 1986. 十六、桐油小史[J]. 涂料工业, (2): 58.

朱建新, 邹文政, 蒋而康, 等. 2012. 油茶种植与水土保持结合模式探索[J]. 中国科技成果, (15): 21-25.

庄静, 周熙荣, 孙超才, 等. 2006. 利用植物油脂生产生物柴油技术和方法的研究进展[J]. 上海农业学报, 22(4): 136-139.

Alain A, Serigne T K. 2003. Carbon sequestration in tropical agroforestry systems[J]. Agriculture, Ecosystems and Environment, 99(1-3): 15-27.

Cardoso K C, da Silva M J, Grimaldi R, et al. 2012. TAG profiles of *Jatropha curcas* L. seed oil by easy ambient sonic-spray ionization mass spectrometry[J]. Journal of the American Oil Chemists' Society, 89(1): 67-71.

Edwin G V, Nagaajan G, Nagalingam B. 2010. Studies on improving the performance of rubber seed oil fuel for diesel engine with DEE port injection[J]. Fuel, 89: 3559-3567.

Egbuchunam T O, Balköse D, Okieimen F E. 2007. Effect of zinc soaps of rubber seed oil (RSO) and / or epoxidised rubber seed oil (ERSO) on the thermal stability of PVC plastigels[J]. Polymer Degradation and Stability, 92 (8): 1572-1582.

Goffman F D, Alonso A P, Schwender J, et al. 2005. Light enables a very high efficiency of carbon storage in developing embryos of rapeseed[J]. Plant Physiology, 138: 2269-2279.

Ikhuoria E U, Aigbodion A I, Okieimen F E. 2005. Preparation and characterisation of water-reducible alkyds with fumarized rubber seed oil[J]. Progress in Organic Coatings, 52: 238-240.

Joseph R, Madhusoodhanan K N, Alex R. 2004. Studies on epoxidised rubber seed oil as secondary plasticizer/stabiliser for polyvinyl chloride[J]. Plastics Rubber and Composition, 33(5): 217-222.

Karaj S, Müller J. 2011. Optimizing mechanical oil extraction of *Jatropha curcas* L. seeds with respect to press capacity, oil recovery and energy efficiency[J]. Industrial Crops & Products, 34(1): 1010-1016.

Lizandra G M, Julia M S, Kamila A L W, et al. *In vitro* efficacy of the essential oil of *Piper cubeba* L. (Piperaceae) against *Schistosoma mansoni*[J]. Parasitology Research, 110(5): 1747-1754.

Mario B, Elena B, Claudio F. 2014. Seed processing and oil quality of *Jatropha curcas* L. on farm scale: a comparison with other energy crops[J]. Energy for Sustainable Development, 19: 7-14.

Meiorin C, Mosiewichi M A, Aranguren M I. 2013. Aging of thermosets based on tun oil/styrene/divinylbenzene[J]. Polyner Testing, 32(2): 249.

Park J Y, Kim D K, Wang Z M. 2008. Production and characterization of biodiesel from tung Oil[J]. Applied Biochemistry and Biotechnology, 148: 109-117.

Vincent C J, Shamsudin R, Baharuddin A S. 2014. Pre-treatment of oil palm fruits: a review[J]. Journal of Food Engineering, 143(6): 123-163.

2 木本油料梯级协同生物炼制技术体系

木本油料不仅含有丰富的油脂，还含有蛋白质、纤维、多糖和特征产物成分（如皂素等）等多种有机大分子物质，不仅可以提供优质食用油脂资源，也是医药、能源和轻工等行业的重要原料。利用我国广阔的丘陵山地资源大力发展木本油料产业，在发挥上述优势的同时，还可以做到"不与人争粮，不与粮争地"，对发展山区区域经济具有重大的现实意义。

油茶、核桃、油橄榄、油棕是世界四大食用木本油料树种，其中油茶为中国所特有。以油茶和核桃为代表的食用木本油料，以油桐、山苍子为代表的工业用油料分布广、面积大、资源量大，兼具生态效益、经济效益和社会效益，具有广阔的商业化前景和发展空间。

《中国林业和草原统计年鉴 2018》显示，截至 2018 年底，油茶种植面积 6000 多万亩（1 亩≈0.0667hm²），年产油茶籽 240 多万吨，产值 770 亿元。核桃种植面积约 1.2 亿亩，核桃产量 416t，产值 950 亿元。据光明网报道，截至 2020 年底，中国油茶面积 6800 万亩，茶油产量 62.7t，产值达到 1160 亿元。说明油茶等木本油料种植面积、产量和油料资源总量增长迅速。年产油茶果蒲 611 万 t（鲜料），茶粕 68.39 万 t，茶皂素 1.86 万 t，但传统技术和单一产品无法实现全资源高值化利用，急需技术创新和装备创制以打破产业发展的瓶颈。

2017 年、2019 年，中央 1 号文件特别强调"大力发展木本粮油等特色经济林、珍贵树种用材林、花卉竹藤、森林食品等绿色产业""积极发展木本油料"，在国家政策的引导下，以油茶、核桃、油橄榄等为代表的木本油料正呈现快速发展的新趋势。大力发展木本油料产业，不仅可增产油脂，确保粮油安全、生态安全，也是加快山区经济发展、促进乡村产业振兴，实现绿水青山就是金山银山的重要途径。

木本油料产业高质量发展进入新阶段，资源培育、资源利用、经营和发展木本油料产业，不仅需要先进的技术体系，还关系到政策、社会和投入等诸多问题。我国油脂产业总体面临优质食用油脂资源短缺、环境污染和劳动力价格提升的挑战，充分利用好木本油料资源、培育现代木本油料生物经济产业对服务国家油料安全和乡村振兴战略，保护生态环境意义重大。

2.1 木本油料资源特征

2.1.1 木本油料资源形态特征多样性

我国是木本油料资源大国，资源丰富、类型多样，蕴含着巨大的经济财富（李昌珠和蒋丽娟，2013）。现已查明的油料植物种类有 151 科 697 属 1553 种，占全国种子植物的 5%，其中种子含油量在 40% 以上的植物有 154 种。

木本油料果实形态多样性：①蒴果：山茶科（山茶属如油茶）、无患子科（栾属、文冠果属）、大戟科（油桐属）；②核果：漆树科（黄连木属、南酸枣属、黄栌属、盐肤木属、漆树属等）、冬青科（冬青属冬青、枸骨等）、山茱萸科（四照花属、山茱萸属）、丝缨花科（桃叶珊瑚属）、棕榈、银杏；③坚果：胡桃科（枫杨属、化香树属）；④荚果：豆科（合欢属、紫荆属、羊蹄甲属、凤凰木属、皂荚属、决明属、黄檀属、刺桐属、紫藤属、刺槐属、槐属等）；⑤翅果：槭树科（槭属三角枫、元宝枫等）；⑥蓇葖果：芸香科（花椒属）；⑦聚合蓇葖果：芍药科（芍药属牡丹等）、木兰科（北美木兰属、木莲属、含笑属）、五味子科（八角属等）。

2.1.2 木本油料资源组分特征

油茶、核桃、油桐、乌桕并称为我国四大木本油料植物（刘玉兰，1999），而主要草本油料有大豆、油菜荚果，油料籽粒径、单粒重、含油率和主要目标组分差异十分明显。

油料资源的共性特征是皮壳资源比重大，以油茶油料为例，皮壳资源占鲜果的 65% 左右。油脂、蛋白质、皂素集中分布在种仁中，纤维素分布在果蒲、种皮不同部位和组织中。

由表 2-1 可以看出，油茶果蒲以木质素为主，还富含纤维素、半纤维素、皂素和鞣质等活性成分，几乎不含油脂。

表 2-1　木质素、纤维素和半纤维素等在不同原料中的百分比（%）

原料种类	纤维素	半纤维素	木质素	皂素	鞣质
油茶果蒲	13.9～21.0	23.5～31.6	31.3～44.8	2.8～5.0	11.2～14.1
大麦壳	36	34	13～19	—	—
玉米芯	33～40	31～36	6.1～15	—	—
阔叶树树皮	22～40	20～38	30～55	—	—
松木	39～46	23～24	20～28	—	—

注："—"表示未检测出，下同

图 2-1 为油茶籽细胞显微结构的苏丹Ⅲ染色和碘液染色。从显微镜中看到油茶籽细胞呈椭圆形、圆形以及多边形。用 10×40 倍镜不仅可较清楚地看到油茶籽细胞中的脂体、液泡和淀粉粒等，还可看到两个细胞壁间莲藕状的胞间连丝。在 10×10 倍镜中的照片（图 2-1）可看出油茶籽细胞排列不太规则，边缘有些凹凸，不够圆滑。

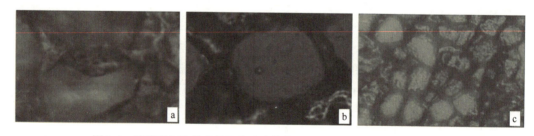

图 2-1　油茶籽细胞的苏丹Ⅲ和碘液染色显微结构图（郭华等，2007）
a. 油茶籽细胞的 10×40 苏丹Ⅲ染色；b. 油茶籽细胞的 10×40 碘液染色；c. 油茶籽细胞的 10×10 碘液染色

2.1.2.1　主要木本油料内含物组分特征

大宗木本油料果实特征：油料果实可以划分为蒴果（油茶、油桐）和核果（油橄榄、山苍子等）。油茶、油桐和山苍子果实油脂、蛋白质、纤维类等主要内含物的占比详见饼形图 2-2。

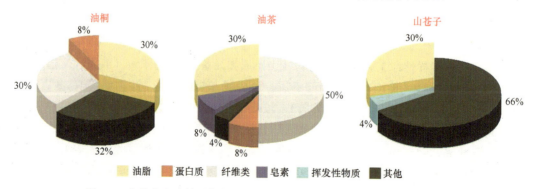

图 2-2　几种木本油料果实中油脂、蛋白质、纤维类等主要内含物的占比

2.1.2.2　木本油料脂肪酸组成

油脂是油料种子在成熟过程中由糖转化而形成的一种复杂的混合物，是油料种子中主要的化学成分，油脂是由 1 分子甘油和 3 分子高级脂肪酸形成的中性酯，又称为甘油三酸酯。在甘油三酸酯中脂肪酸的相对含量占 90% 以上，甘油仅占 10%，构成油脂的脂肪酸性质及脂肪酸与甘油的结合形式，决定了油脂的物理状态和性质（武汉粮食工业学院，1983）。

木本油料中的油脂组分呈现出多样性，具体如表 2-2～表 2-4 所示。

表 2-2　油茶籽油的化学成分

序号	化合物名称	百分含量/%
1	棕榈酸（C16:0）	4.6612
2	棕榈烯酸（C16:1）	0.0973
3	硬脂酸（C18:0）	1.7505
4	油酸（C18:1）	87.2125
5	亚油酸（C18:2）	4.8903
6	亚麻酸（C18:3）	0.2742
7	花生酸（C20:0）	0.0335
8	花生一烯酸（C20:1）	0.4783
9	二十四碳烯酸（C24:1）	0.0635

表 2-3　山苍子果皮精油的主要化学成分

组分名称	相对含量/%	分子式	组分名称	相对含量/%	分子式
α-蒎烯（α-pinene）	4.62	$C_{10}H_{16}$	1,8-桉叶素（1,8-cineol）	0.60	$C_{10}H_{18}O$
莰烯（camphene）	1.00	$C_{10}H_{16}$	β-罗勒烯（β-ocimene）	0.45	$C_{10}H_{16}$
桧烯（sabinene）	6.70	$C_{10}H_{16}$	γ-松油烯（γ-terpinen）	0.399	$C_{10}H_{16}$
β-蒎烯（β-pinene）	4.64	$C_{10}H_{16}$	芳樟醇（linalool）	1.648	$C_{10}H_{18}O$
甲基庚烯酮（methyheptenone）	7.52	$C_8H_{14}O$	香茅醛（citronellal）	1.85	$C_{10}H_{18}O$
月桂烯（myrcene）	1.06	$C_{10}H_{16}$	胡薄荷酮（menthone）	0.88	$C_{10}H_{16}O$
3-蒈烯（3-caren）	0.082	$C_{10}H_{16}$	β-柠檬醛（β-citral）	0.95	$C_{10}H_{16}O$
α-松油烯（α-terpinen）	0.815	$C_{10}H_{16}$	α-柠檬醛（α-citral）	1.82	$C_{10}H_{16}O$
L-苧烯（L-limonene）	56.95	$C_{10}H_{16}$	β-石竹烯（β-caryophllene）	0.07	$C_{15}H_{24}$

表 2-4　光皮树果实油的化学成分

保留时间/min	化合物名称	分子式	分子量	相对含量 SFE	相对含量 Ultra	相对含量 Micro
7.588	环辛烯（cyclooctene）	C_8H_{14}	110	2.032	0.383	—
8.870	己酸（hexanoic acid）	$C_6H_{12}O_2$	116	—	—	1.522
9.626	1-甲基-2-吡咯酮（1-methyl-2-pyrrolidinone）	C_5H_9NO	99	—	1.449	0.431
13.949	辛酸（octanoic acid）	$C_8H_{16}O_2$	144	—	—	0.707
15.795	E-2-癸烯醛[2-decenal,（E）-]	$C_{10}H_{18}O$	154	0.301	0.452	0.894
16.649	E,E-2,4 癸二烯醛[2,4-decadien,（E,E）-]	$C_{10}H_{16}O$	152	—	0.531	0.431
17.321	2,4-壬二烯醛（2,4-nonadienal）	$C_9H_{14}O$	138	0.332	—	0.716
20.024	3-甲基-2-环己烯-1-酮（2-cyclohexen 1-one,3-methyl-）	$C_7H_{10}O$	110	3.844		
27.923	十四酸（tetradecanoicacid）	$C_{14}H_{28}O_2$	228	—	0.126	—
31.620	9-十六碳烯酸乙酯（9-hexadecenoic ethyl acid）	$C_{16}H_{30}O_2$	254	38.201	1.768	2.452
32.356	软脂酸（hexadecenoic acid）	$C_{16}H_{32}O_2$	256	49.259	39.281	16.672
35.534	顺-9-十八烯酸（9-octadecenoic acid）	$C_{18}H_{34}O_2$	282	—	0.811	
36.048	亚油酸[linoleic acid,（9Z,12Z）-9,12-octadecadienoic acid]	$C_{18}H_{32}O_2$	280	—	53.180	66.811

续表

保留时间/min	化合物名称	分子式	分子量	相对含量		
				SFE	Ultra	Micro
36.900	硬脂酸（stearic acid）	$C_{18}H_{36}O_2$	284	—	—	7.191
41.632	双（2-乙基己基）-1,2-苯二甲酸[1,2-benzenedicarboxylic acid,bis（2-ethylhexyl）]	$C_{24}H_{38}O_4$	390	0.905	—	—
44.208	二十四烷酸（tetracosanoic acid）	$C_{24}H_{48}O_2$	368	0.318	0.239	—
46.453	三十二烷（dotriacontane）	$C_{32}H_{66}$	451	—	0.201	—
52.084	十八醛（octadecanal）	$C_{18}H_{36}O$	268	—	0.365	—

注：SFE 表示超临界 CO_2；Ultra 表示超声波；Micro 表示微波；SFE、Ultra、Micro 中已鉴定物占油成分的比例分别为 97.70%、97.83%、98.99%；—表示未知

山苍子精油呈透明状、淡黄色。主要成分为 α-柠檬醛与 β-柠檬醛，二者占精油总量的 70%～80%。次要成分为 β-甲基庚烯酮、芳樟醇、柠檬烯、α-蒎烯、β-蒎烯、莰烯、对-伞花烃、香茅醛、樟脑、乙酸香叶酯、α-松油醇、香叶醇、黄樟油素、α-蛇麻烯等。山苍子叶含油量低（0.01%～0.02%），主要成分为桉叶油素（20%～35%），无生产价值；雄花含油量 1.6%～1.7%，油中含柠檬醛 54%～61%。山苍子核仁油主要成分为月桂酸甘油酯、癸酸和十四碳/十六碳酸单甘油酯。山苍子精油采用水蒸气蒸馏法进行生产，山苍子核仁油则通过压榨法或溶剂萃取法从蒸过精油的核仁渣中获得。

在湖南，山苍子 6～7 月果实成熟，开始采收，华东、华中收获期较湖南大约晚 1 个月。新鲜山苍子果出油率高（约占原料 4%～6%，少数高达 10% 以上），含醛量也高（70% 以上）。如不能及时加工，可将果实置于通风处晾干到 7 成，可保存一段时间，且出油率不致明显下降，精油含醛量为 55%～70%。柠檬醛可用于合成世界上最昂贵香料之一的紫罗兰酮系列香料，可配制龙眼、树莓、草莓、樱桃等型的香精、香料，供日用、化妆、食品等部门生产香皂、牙膏、香水、糖果等产品。

蒸去山苍子油后的果核，再经过剥壳、压榨或浸出可得山苍子仁粕。

2.1.2.3 主要油料特征组分

主要油料特征组分以油茶为例。

1）油茶皂素

油茶产业在快速发展过程中，需要高度重视并及时应对的新挑战有：皂素等次生代谢产物绿色高值化利用率低，影响产业整体经济效益。长期以来，油茶籽资源利用主要集中在初级代谢产物，如油脂、木质素、纤维素和半纤维素利用，皂素在油茶饼粕中含量可达 12%～15%，长期停留在初级产品利用（Liu et al., 2022）。

（1）油茶皂素资源特点。油茶皂素是次生代谢产物，也是油茶籽特征产物。茶油年产量达 200 万 t，按皂素在油茶饼粕中含量可达 12%～15% 测算，油茶皂素产量可达 100 万～125 万 t，资源利用潜力巨大。皂素高值化利用可以培育生物医药、食品保鲜等新兴产业，实现皂素资源的经济价值和生态价值。反之，油茶皂素如果不能实现高值化利用，不仅造成环境污染，而且造成严重的资源浪费。油茶皂素的生物合成机制及其对炭疽病菌生化抑制机理的研究，使其替代化学制品服务生态大健康产业的科学价值举足轻重，为后续生物合成创新和新产品创制及应用领域拓展提供了可能。

（2）油茶皂素组分分子结构及其功能活性。油茶皂素是齐墩果烷型五环三萜与低聚糖连接而成的一类生物活性物质（图 2-3），由皂苷元（糖苷配基，通常是三萜）、糖基（低聚糖）和有机酸组成。据报道，从山茶属植物的根、茎、叶、花和种子中共分离鉴定出 188 个油茶皂苷单体，其中 37 个单体分离自油茶（*Camellia oleifera*）（Cui et al., 2018）。油茶皂苷单体基本碳骨架是多羟基的五面体核，环的空间构型为 A/B 反式、B/C 反式、C/D 反式和 D/E 顺式。12 号和 13 号位置的碳形成不饱和双键，作为核母体（李继新等，2019）（图 2-4）。所含的糖苷包括葡萄糖醛酸、阿拉伯糖、木糖、葡萄糖、半乳糖和鼠李糖。

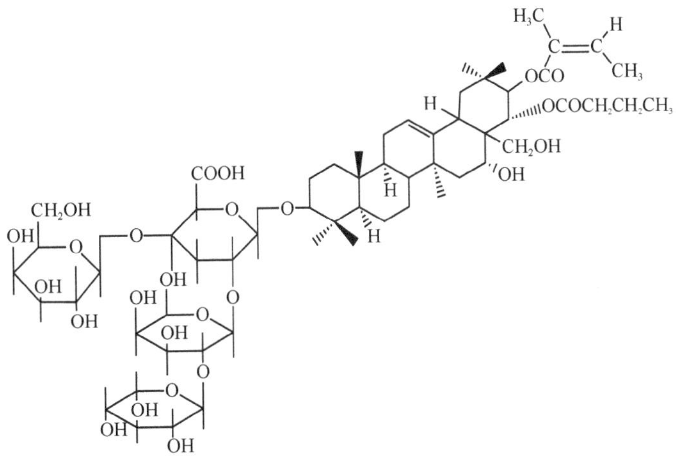

图 2-3 油茶皂素（单体茶皂素 E_1）分子结构式

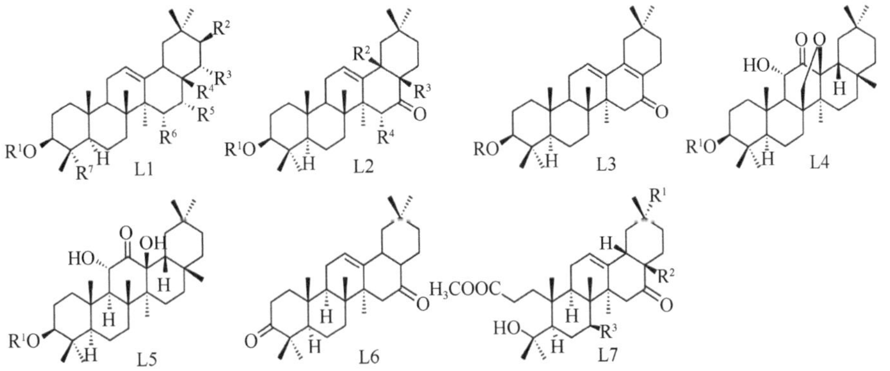

图 2-4 油茶皂素母核结构式

糖苷配基包括 β-D-galactopyranosyl(1→2)[β-D-xylopyranosyl(1→2)-α-L-arabinopyranosyl(1→3)]-β-D-glucuronic acid、β-D-galactopyranosyl(1→2)[α-L-arabinopyranosyl(1→3)]-β-D-glucuronic acid、α-L-arabinopyranosyl(1→3)-β-D-glucuronic acid 等在内的 26 种。有机酸则包括当归酸（angelic acid）、乙酸（acetic acid）、马来酰胺酸（maleamic acid）、肉桂酸（cinnamic acid）和己烯酸（hexenoic acid），与配基上的羟基缩合后形成酯（Guo et al.，2018）。

油茶皂素及其单体具有抗菌、消炎、药理等活性特征（段彦等，2021），传统用途主要有表面活性剂、天然洗涤剂、清塘剂和生物农药。但因其分子量大、结构复杂、难以分离纯化等限制了其高值化应用。茶皂素经碱水解、酸水解可以得到茶皂苷元。

2）蛋白质

蛋白质是由多种氨基酸组成的高分子复杂化合物，根据蛋白质的分子形状可以将其分为线蛋白和球蛋白两种。油脂中的蛋白质基本上都是球蛋白。按照蛋白质的化学结构，通常又将其分为简单蛋白质和复杂蛋白质（或简称朊族化合物）两类，其中重要的简单蛋白质有白朊、球朊、谷朊和醇溶朊等几种，而重要的复杂蛋白质则有核朊、糖朊、磷朊、色朊和脂朊等几种（罗学刚，1997）。

3）磷脂

磷酸甘油酯简称磷脂。磷脂是一类含有磷酸的脂类，机体中主要含有两大类磷脂，由甘油构成的磷脂称为甘油磷脂（glycerophosphatide）；由神经鞘氨醇构成的磷脂，称为鞘磷脂（sphingomyelin）。其结构特点是：具有由磷酸相连的取代基团（含氨碱或醇类）构成的亲水头（hydrophilic head）和由脂肪酸链构成的疏水尾（hydrophobic tail）。

4）色素

纯净的甘油三酸酯是无色的液体。但植物油脂带有色泽，有的毛油甚至颜色很深，这主要是各种脂溶性色素引起的。油脂中的色素一般有叶绿素、类胡萝卜素、类黄酮色素及花色苷等。个别油脂中还含有棉籽特有的色素，如棉籽中的棉酚等。油脂中的色素能够被活性白土或活性炭吸附除去，也可以在碱炼过程中被皂角吸附除去。

2.2 木本油料资源利用存在的共性问题剖析

木本油料资源巨大、产业发展前景良好，产业体系有待完善，技术链、产品链有待建立。长期以来，木本油料科研创新工作偏重育种与栽培，压榨制油加工工艺多由草本油料改进而来，而草本油料属于小籽油料植物，即使同一木本油料植物，因品种与栽种区域不同，结果率、出油率、油料形态和目标组分等内外特性方面也表现出巨大差异，目前，缺乏对资源特性充分的科学认识，采用同质化技术，既浪费资源又增加了成本。从自然资源禀赋和木本油料资源培育条件而论，我国木本油料与美国的核桃、地中海沿岸国家的油橄榄在地理、气候等客观因素方面存在较大差异，如油橄榄在地中海一带主要种植于平原地区，且以低矮植株为主，而我国主要种植于山地丘陵，植株也发生了较大变异，所以，虽然国外已经有较为先进的机械化设备，我们也无法直接沿用。

目前木本油料产业发展面临的挑战有：①种植面积和油料产量快速增长，资源利用共性技术体系有待建立。②传统的油料采收、油料采后预处理和油料加工技术已经不适应现代产业体系的要求。③整体经营成本增加，效益下降，种植者、加工企业市场获利难。④作为中国特色的木本油料进入国际价值链，出口贸易竞争力弱。⑤高品质资源、产品和创新链体系不完善，促进木本油料产业高质量发展的科技创新动力不足。

木本油料资源特征和组分基础研究相对薄弱。应将木本油料资源学、栽培学、植物化学、药理学、遗传学和分析化学等学科密切结合、互相渗透、互相交叉，以推动我国木本油料产业发展。

我国木本油料资源十分丰富，科技工作者已在其基础性研究方面做了一些工作，但研究范围窄、层次浅，如对木本油料的生态生物学特性、形态结构、营养成分、生理活性物质及其与健康关系的研究较少，尤其是对化学生态习性及生理活性物质等高科技、高附加值物质的研究较少，且不够深入。目前，对良种选育、高效栽培技术、低产林改造的研究及油脂加工企业的建设投入大，但对高品质性状遗传机制、油料资源催化转化的机理等应用基础研究投入不足。此外，平台运行、人才引进和长周期应用基础研究的研究方向投入不足。

近年来，针对上述问题开展了有关生理生化、遗传育种、生物技术在木本油料中的应用、油料粗提物自由基清除活性的比较等方面的研究工作。总体而言，木本油料产业仍然面临效益差、效率低、损耗大的问题。木本油料资源利用平台、理念、理论和技术体系需要系统设计，形成中国特色的木本油料资源利用技术体系。

2.2.1 木本油料资源特征特性与全组分高值化利用障碍

木本油料油脂转化和加工剩余物资源的高值化利用是木本油料产业高质量发展和产业现代化体系建设的重要基础。当前，原料资源特征特性和组分物质基础研究不系统、采收脱壳烘干等处理成本偏高、油脂和油脂伴随物生物化学加工技术装备不匹配、整体资源利用率低等问题制约了木本油料产业的进一步高质量发展。

2.2.2 缺乏与木本油料资源匹配的系统、成熟的理论和技术体系

（1）木本油料资源利用以油脂初级加工为主，产品以膳食油脂和少量工业油脂初级加工产品为主。工艺技术简单、工程装备落后、原料加工过程损耗大、产生有环境污染的产物多。

（2）与木本油料资源特征相适应的共性技术缺乏，自主研发能力薄弱。国外技术的引进消化吸收，对我国油脂加工技术在短期内迅速缩短与国外先进技术水平间的差距起到了十分积极的作用。木本油料资源

利用需要进行技术创新，不断增强自主开发能力，才能使我国的油脂加工业不受制于"卡脖子"技术，才能使我国油脂加工设备制造业真正赶超世界先进水平。

2.2.3 油料工程装备整体落后，资源利用率低、经济效益低

木本油料油脂加工设备产业以模仿草本油料为主体，存在企业数量多、规模小、水平低等问题。

我国目前主要以小规模高温炒籽、单螺旋或液压压榨工艺为主，饼残油率高达 8%～10%，部分液压式榨油机压榨饼残油率高达 12%，部分桐油聚合或残留在饼中导致总体得率偏低。油桐籽仁中还含有丰富的蛋白质，榨油过程中高温会导致压榨饼中蛋白质受到破坏，导致饼粕未能得到高值化利用。油料资源利用以传统技术为主，资源利用率低、损耗大。木本油料产业产品均以油脂初级产品为主，油脂化工产品、衍生物产品研发刚刚起步，资源利用率均不到 30%（油桐 20%，油茶 10%，山苍子 5%）。

油茶果壳、种壳和种仁中还含有多糖、皂素、多酚等活性成分，具有很好的开发潜力。山苍子是具有特色的木本油料资源，但有效利用率也不到 5%。从山苍子果皮中提取的山苍子精油经精制后柠檬醛含量为 60%～80%，最高可达 90%，具有很高的商业价值，是开发利用的热点。但山苍子中精油含量只占全果质量的 5%，提取精油后的山苍子种子（含核油 30%）尚未得到有效利用而成为一种废弃资源，既降低了行业经济效益，也造成了巨大的环境污染。总而言之，当前我国木本油料资源利用率低、工艺技术与装备落后，产品单一且整体经济效益差的难题一直制约着木本油料产业的升级和整体经济效益的提升。随着经济发展、劳动力价格迅速上涨，经营成本大幅度提高，与同类植物油脂市场竞争压力加剧，木本油料产业面临的产业技术瓶颈急需突破。

综上所述，木本油料行业以初级油脂产品为主，多处于产业链低端，科技支撑薄弱，生物催化转化、绿色化学改性、活性物提取等高值化利用薄弱，高附加值产品开发滞后，资源综合利用率不足 30%。

2.2.4 工艺技术、装备和产品协同脱节，产品单一

有些木本油料资源加工手段十分粗糙，其原材料价格仅是制成品价格的 1%～10%，有的产区甚至将其作为原料外卖，忽视了多功能综合利用和新产品的开发。大多数木本油料植物都有多种特殊有效成分，但生产中开发利用的仅局限于其中的 1～2 种。

例如，花椒籽仁油资源利用程度低下，资源浪费严重。目前，我国对木本油料资源的利用范围十分有限、利用程度低下，尤其对野生木本油料来说更是如此，资源的丰富与山区农民的收入形成强烈反差。在开发利用山核桃时，主要用其成熟果仁，其他部位尚未得到有效利用，综合利用率较低。

2.3 木本油料梯级协同生物炼制技术原理

木本油料生物炼制的原料是木本油料果实、种子，目标是全资源全组分高值化利用，重点是组分、化学成分单体的二次转化利用。目前，对于我国的植物资源利用，特别是木本油料资源利用，由于政策环境、经济和科技水平有了重大变化，建立与传统的木本油料产业经济体系不同的现代化木本油料技术体系、产品体系、产业体系条件已经具备。现代化木本油料产业体系需要整合先进的资源培育技术、工程化利用技术及大数据技术等颠覆性创新技术，以弥补劳动力价格上涨的不利因素。

构建木本油料资源利用基础理论技术体系，阐明木本油料中大分子的结构生物学特征，构建木本油料精准适度加工和绿色转化模式，开发和创新系列高附加值产品。

2.3.1 生物炼制技术迭代更新

生物炼制（biorefinery）是一种将生物质转化技术和设备集成在一起的过程，用于从废弃物、植物基

淀粉、木质纤维素等生物质原料中，生产生物质能源（沼气、乙醇汽油、生物柴油），生物质化学品（乙烯、乙醇、丙烯酸、丙烯酰胺、1,3-丙二醇、1,4-丁二醇、琥珀酸）、生产生物质材料[聚乳酸（PLA）、聚对苯二甲酸丁二醇酯（PTT）、尼龙工程塑料]及生物可再生原料的修饰（大豆蛋白改性纤维）的过程（图2-5）（陈合等，1999）。

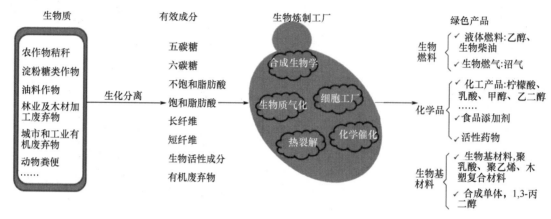

图 2-5　生物炼制产业全过程

2.3.2　经典植物资源生物炼制原理概述

1）原料供应和技术路线

植物资源生物炼制原料。相当长时间内生物炼制是利用农业废弃物、植物基淀粉、木质纤维素等生物基原料，生产各种化学品、燃料和生物基材料的过程。植物植株整体全资源生物炼制。植物资源生物炼制体系基于以下方面的工作：①植物资源收获、原料预处理和贮运体系的建立；②全植物资源利用和高附加值复杂成分利用；③传统工艺技术和现代加工工艺技术融合利用生物质资源。

2）生物炼制工艺技术

生物炼制已被设想作为新型生物产业的理论和技术基础。通过开发新的化学、生物和机械工程技术，生物炼制工艺可大幅扩展可再生植物基原材料的应用，使其成为环境可持续发展的化学和能源经济转变的手段，未来的生物炼制将是生物转化技术和化学裂解技术的组合，包括改进的木质纤维素分级和预处理方法、可再生原料转化的反应器的优化设计、合成生物催化剂及催化工艺的改进。由木质素纤维制取工业乙醇的生物炼厂正在开发上述技术，乙醇将成为高级生物炼制的主产品。

A. 物理转化

植物生物质原料准备阶段可通过各类大中型仪器进行切割、破断、研磨、粉碎等物理工艺进行前处理，并进行混合、分离、筛分、过滤、加工和运输。植物生物质原料预处理改变了生物质的形态，要得到高密度的原料、初级产品（如固体成型燃料），还需借助外力作用。

木质纤维素原料的预处理方法有很多，大致可分为酸预处理、碱预处理、离子液体预处理、蒸汽爆破预处理、物理研磨预处理、生物降解预处理以及两种或多种方法组合的预处理方法等。

例如，农林剩余物原料固体成型燃料通过高温/高压作用将疏松的生物质原料压缩成具有一定形状和密度的成型物，以减少运输成本，提高燃烧效率。固化利用技术，即把生物质粉碎成细小颗粒，然后在特定的温度、湿度和压力下，压缩成型，使其热值高、密度大，能很好地弥补生物质本身的缺点。颗粒燃料的热值接近煤热值的60%，可以替代煤和天然气等。例如，通过物理方式破坏生物质的细胞壁结构，使纤维素暴露出来，从而提高纤维素的可利用性。物理法预处理包括研磨粉碎、β-射线和微波处理等。机械预挤压处理方法是物理法中最常用的一种预处理方法，这种预处理方法在较高温度下（>300℃）对生物质进行机械剪切研磨，能够有效地破坏生物质细胞结构，扰乱纤维素的结晶区，从而提高纤维素的酶解效率。

B. 生物转化

生物转化原理。在生物炼制流程工艺的过程控制中，整合生物加工、新酶发现和利用、体外合成生物学（如多酶分子机器）、基因工程等生物技术，对生物炼制的发展有着举足轻重的意义。微生物有着自己独特的作用，尤其是在反应过程有着快速和准确的选择性要求时，准确的温度控制是必不可少的。除厌氧反应之外，反应过程应时刻保证有足够的供氧，并通过不停地搅拌保证均匀的氧分布、温度分布和 pH 梯度。通过木质纤维素预处理技术将纤维素和半纤维素转化为糖类物质，进而以微生物或者酶等催化过程大规模生产人类所需的化学品、医药、能源、材料等。目前已经发掘了部分微生物共生系统的纤维素酶的功能基因，期望通过彻底阐明微生物利用纤维素的理化途径，以及纤维素酶在微生物体内的分泌机制和纤维素类物质的降解机制，为人类高效利用木质纤维素开辟一条新途径。统合生物处理技术（CBP）即将作物秸秆中的纤维素成分通过某些微生物的直接发酵转换为乙醇，是纤维素乙醇发酵技术的发展方向。这些微生物既能产生纤维素酶系水解纤维素又能发酵糖产生乙醇（Tano-Debran and Ohta, 1995）。目前，广泛采用的分步水解和发酵（SHF）、同时糖化和发酵（SSF）两种方法都要求有独立的纤维素酶生产（Hanmoungjai et al., 2001; Shankar et al., 1997; Sosulski and Sosulski, 1993）。

油料蛋白质原料的生物转化。我国非常规蛋白质资源非常丰富，但大宗非粮蛋白质资源利用率极低。木本油料植物含有丰富的药用成分和极具开发价值的蛋白质。例如，油桐种仁榨油后的饼粕含粗蛋白 28.9%，是一种很好的饲料蛋白和氨基酸资源，也可用作农用有机肥（祁鲲，1993）。文冠果蛋白质含有药用皂苷成分，可以开发用于治疗遗尿症、智力低下和阿尔茨海默病的药物；麻风树种子中富含蛋白质(约占干重 19%～27%)，且蛋白质具有生物活性，从麻风树中分离出的生物碱类成分具有较强的抗微生物、抗寄生虫、抗肿瘤等药理作用；黄连木种子经榨取油脂后的渣粕含有蛋白质和大量粗纤维，是优良的动物饲料，同时饼粕中含有的植物多酚具有抗氧化、止血消炎、解毒、抗病毒等作用。

蛋白质水解成小分子肽。蛋白质是营养的重要组成成分，木本蛋白质原料在蛋白质酶解后能得到小分子肽段和游离氨基酸。而多种蛋白质资源含有毒素或抗营养因子，需要进行水解，将蛋白质大分子水解成小分子肽。主要工艺是蛋白粉经特有蛋白酶水解，再经特定的分离纯化技术得到生理活性小分子多肽物质，主要包括疏水性肽、降血压肽、醒酒肽、谷氨酰胺肽、抗氧化肽、高 F 值低聚肽（曾峰等，2011）。小分子肽和蛋白质都是由氨基酸和肽链组成的，小分子肽是蛋白质的片段，蛋白质是复杂的小分子肽，所以，两者是相互联系的，它们的结构也是相互联系的。目前水解蛋白质常用的方法有化学降解法和酶降解法。化学降解法反应剧烈，蛋白质营养损失大，且易产生有毒物质；而酶降解法反应条件温和、专一性强、安全可靠、无副作用，但应用领域较为狭小。

油料纤维和淀粉原料的生物转化（唐勇，2014）。木质纤维生物质中的主要组成成分为木质素，木质纤维素生物精炼厂使用的原料木材，其主要由木质纤维素（木质素和纤维素结构）和半纤维素组成。木质素主要由芳香族化合物苯酚的衍生物组成，其可用于化学工业。纤维素是来自单体葡萄糖（己糖）的多糖（多元糖），可用来合成各种基本化学品。以乙醇和乙烯为原料，用于生产聚乙烯（PE）和聚氯乙烯（PVC）或以羟甲基糠醛为原料生产尼龙，进一步加工。此外，葡萄糖是发酵生物技术生产的底物。半纤维素也是多糖，但是由不同的戊糖单体组成，其发酵产生的特定的糠醛及其衍生物可用于开发尼龙等产品。预处理操作，无论是在酸性、中性、碱性条件下，还是在离子液体中进行，都会溶解或水解半纤维素组分，并去除 10%至 50%的木质素。

木质纤维素是世界上最丰富的生物质资源，如稻梗、木屑、蔗渣之类均属此类，通过催化加氢可高效地转化为生物质基气液体燃料和各种精细化学品。相比于其他可再生能源，生物质平台化合物具有极高的可再生性、环境友好性、总量巨大、分布广泛、种类丰富等巨大优势。从木质纤维素生物质中分离出糖，如用稀酸水解半纤维素生成五碳糖和六碳糖，但其副产品对发酵微生物有毒。加工处理方式有些是在液化糖化过程中将玉米淀粉和玉米纤维同时水解，以释放出更多的可发酵糖。

C. 化学转化

生物质化学催化转化的途径主要包括生物质原料热解为生物油或合成气及其提质，催化降解生物质为平台分子后进一步制备高附加值的产品等方式。生物质原料热解是在完全无氧或低氧情况下的生物质热降解反应,其中化学过程复杂,在反应过程中,有化学键断裂、异构化和小分子聚合等反应发生,最终形成生物油、焦炭、气体等。其中,焙烧后的生物炭或焦炭可作为固体燃料、吸附剂、肥料添加剂等使用。生物油可以进一步提质制备燃料、溶剂和其他产品(张建,2017)。生物质气态热解产物除直接利用外,还可通过费-托合成技术,转化为环境友好型的脱硫烯烃。相比低选择性热化学转化路线,生物质转化为高附加值平台分子的主要手段是在相对温和的催化环境下制备平台分子并实现转化。不同于石油化工中的氧化、还原、加成等反应,生物质平台分子通常具有较高的氧含量和大量的官能团,需要通过加氢、脱水等反应脱除多余官能团。因此,用于生物质化学转化的催化剂往往存在选择性与活性不高、稳定性低等问题,在实际应用中必须打破产物的分离和纯化、催化材料的再生等技术局限,开发高效、低成本的化学催化剂用于生物质平台分子的化学转化具有重要的意义。

目前,生物质分子的光/电催化转化研究多处于实验室阶段,研究以含碳气体的催化还原和固定为主(孔燕,2022)。典型的含碳气体电化学还原在双室电解槽中进行,在阳极室发生水的氧释放反应(OER),阴极室实现 CO_2 等的电化学还原。在阳极室,除普通电极外,亦可通过生物电极或光电电极,分别实现牺牲剂的氧化或产生价带(VB)空穴和导带(CB)电子促进水的电解。光催化转化主要通过半导体在光辐射条件下进行人工光合作用,当光催化剂接收到等于或大于半导体带隙的光子能量时,通过光激发引发氧化还原反应,电子从价带(VB)激发到导带(CB)。电子和空穴经历带内跃迁,通过辐射或非辐射途径在捕获位点以结合的方式还原碳质原料。目前,除传统的 CO_2 等含碳气体的光/电催化还原外,部分研究利用光/电催化平台,实现生物质的化学能和电能的衔接与转化,并利用光/电催化平台实现生物基平台化合物的生产,如羟甲基糠醛(HMF)和木质素。

2.3.3 木本油料梯级协同生物炼制技术集成与工艺

2.3.3.1 资源形态特征特性、组分和功能成分解析

相对于草本油料(如大豆、油菜籽)而言,木本油料资源原料粒径大、目标组分和水分含量差异巨大。资源特征、资源组分、资源化学成分差异明显,单一的热化学转化、物理转化、化学转化是无法实现目标产品高效生产的,需要以集成手段推动生物质资源的全资源高值化利用,现代工程技术与物理转化、化学转化、生化转化系列技术协同是正确发展方向。

需要构建木本油料资源利用基础理论技术体系,阐明木本油料资源特征、组分理化性质和中大分子的结构生物学特征,构建木本油料精准适度加工和绿色转化模式,开发和创新系列高附加值产品。

木本油料资源制备食品、药品、能源化学品和材料产品的优点:①多样化木本油料资源的特征特性,具有经济价值高的健康营养组分、理化性质和物质分子结构,可以提供多样的产品原材料生产食品、药品、能源化学品和材料产品;②木本油料资源结构单元比石油结构复杂,富含氧和特征物质(如酚类物质),与现代生物化工工艺技术装备具有匹配性,同时大幅度减少了环境污染物产生;③可以生产气相、液相和固相目标产品,这是一般石油资源难以具备的巨大优势;④利用好木本油料资源,可减少对石油资源的过度依赖,缓解木材等森林资源过度消耗,实现资源循环利用,推动经济社会的可持续发展;⑤提高资源利用效率、生产多样化的产品,可合理实现经济效益和产品生态环境效益,针对技术难题和装备落后问题,各学科方向的科学家通过长期的艰苦研究探索,实现一系列技术突破。

木本油料资源工业化规模利用的缺点:①木本油料资源分散、种类资源多样化,其原料加工必然对工艺技术和装备提出更多、更高的要求;②木本油料资源产业与石油工业相比经济竞争性比较差,生物质质量密度低、能源密度低,收获、贮运、原料预处理、原料转化成目标产品成本高,具体原料需要个性化系统设计,总体预处理成本较高;③木本油料资源供应季节性强,低成本、资源可持续规模供应困难,建立生物质炼制工厂,投入比较大、工艺技术比较复杂,选址一般在原料集中产业,有经济半径的要求;④现

有的装备技术不符合中国国情、不适合中国特色木本油料生物质的加工利用。

生物炼制（biorefinery）是一种将生物质转化技术和设备集成在一起的过程。针对普通生物质资源，生物炼制用于从废弃物、植物基淀粉、木质纤维素等生物质原料中，通过生物质转化和设备集成制备生物质能、生物质材料和平台化合物。

2.3.3.2　木本油料资源组分和功能成分理化性质与转化机理

1)液相、固相和气相组分油料中同存组分特点与梯级协同转化关系

木本油料中脂质的熔点较低，常温下是液相。三酸甘油酯在干油料中占比一般为25%~35%，脂质分子在一般体温条件下呈液态，即脂质有某种程度的流动性。油料中的磷脂是一种营养价值很高的物质，其含量在不同的油料种子中各不相同。以大豆和棉籽中的磷脂含量最多。磷脂不溶于水，可溶于油脂和一些有机溶剂中；磷脂不溶于丙酮。磷脂有很强的吸水性，吸水膨胀形成胶体物质，从而在油脂中的溶解度大大降低。磷脂容易被氧化，在空气中或阳光下会变成褐色至黑色物质。另外，磷脂还具有乳化性和吸附作用。

蛋白质主要存在于种仁的凝胶部分，蛋白质在油料中是固相。但蛋白质和糖一样，可以是固体，也可以是溶解在水中的。因此，蛋白质的性质对油料的加工影响很大。蛋白质除醇溶朊外都不溶于有机溶剂；蛋白质在加热、干燥、压力以及有机溶剂等作用下会发生变性；蛋白质可以和糖类发生作用，生成颜色很深的不溶于水的化合物，也可以和棉籽中的棉酚作用，生成结合棉酚；蛋白质在酸、碱或酶的作用下能发生水解作用，最后得到各种氨基酸。

木本油料皮壳资源纤维素、半纤维素和木质素含量高，常温下是固相。油茶皮壳资源纤维素含量、纤维素品质一般，但半纤维素和木质素含量高、品质好，如油茶果蒲，半纤维素含量 23.5%~31.6%，木质素含量31.3%~44.8%。目前研究较多的平台化合物有糠醛、乙酰丙酸、纤维素、琥珀酸、5-羟基甲基糠醛、木质纤维素等。糠醛一般由废弃的玉米芯作为原料生产获得，进一步加氢可生成糠醇及呋喃类化合物。糠醛是重要的生物质平台化合物，自身有多种官能团（醚、醛、碳碳双键、呋喃环等），所以化学性质较为活泼，这也导致其衍生物种类繁多。

油料中液相、固相和气相组分的共存特点决定了木本油料资源高值化利用必须实行梯级协同转化，木本油料脂质三酸甘油酯和磷脂的熔点较低，而且常温下是液相，可通过物理法获得。植物精油芳香物质复杂多样，可通过物理法蒸馏、精馏分离提纯获得。

木本油料富含油脂、皂素（油茶特征产物、双性物质）、蛋白质、纤维素、半纤维素和木质素等组分，物理、生物和化学转化技术协同是木本油料资源高值化利用的技术核心。当前木本油脂加工主要沿用草本油脂的加工技术，以最大程度获取油脂初级产品为目标，且仅局限于膳食油脂这一基本功能，其本身独特的营养、健康价值及功能材料等特性尚未被有效挖掘，急需开发出针对其绿色高值化定向转化利用的技术体系。此外，加工剩余物（果皮、种壳和饼粕）占油料生物质总量的80%以上，使加工剩余物通过综合利用变为高附加值产品是实现木本油料产业产品链和价值链延伸的重要方面。加工剩余物富含有经济价值的蛋白质、淀粉、多糖和其他活性成分等一系列复杂的生物大分子物质，要实现其高值化功能深度挖掘和利用，需要从结构生物学入手，深入解析活性生物大分子的三级结构特征，明晰特征成分与分子构效关系。

2）木本油料疏水亲水特殊理化性质与目标组分成分二次分离提纯

不同油料中的内含物组成不同，这些不同的物质具有不同的结构特点，这在一定程度上影响了油料的物理强度，尤其是水分、油脂、蛋白质、纤维素等含量对其影响最大。在这些因素中，水分含量是唯一方便可调的因素，很大程度上影响着油料的加工强度。因此，近期主要开展油茶籽中水分、油脂、皂素和磷脂等天然物质的组成影响及其在微通道结构中的分布规律研究。

油茶籽中天然组分在细胞中的分布及迁移微通道结构表征表明，柔性溶剂的极性调节可提升其对关键组分的萃取能力。柔性溶剂是保障同步萃取的关键要素，具有双亲特性的低碳醇是核心，若引入极性调节溶剂，改变混合溶剂的极性，则能实现对油茶籽中脂溶性和水溶性天然组分的同步萃取；同时，柔性溶剂在浸提的过程中对油茶籽细胞壁具有溶胀粉碎作用，可辅助强化破壁形成物质迁移通道。因此，开展温度、

配比等因素对柔性溶剂极性的影响研究，考察茶籽中天然组分在柔性溶剂的溶剂析出能力，可显著提升出油率和产品活性物质含量。

尽管采用常规物理、化学或生物等方法可以实现油脂的制取，但受限于其过程中的极端条件（如高温、高压等），采用基于柔性溶剂的协同萃取技术可以实现温和氛围条件下油茶籽中不同溶解特性物质的同步萃取分离，增加了油脂的营养特性，实现了资源深度利用，具有广泛的拓展应用前景。因此，明晰机械式研磨粉碎对油料颗粒微通道的影响规律，掌握柔性萃取溶剂对复杂组成油料中极性不同关键组分的萃取机制是解决油料绿色加工、资源深度利用过程中关键组分同步提取问题的重要基础。同时，基于柔性溶剂的协同萃取机制研究可为固液相萃取技术的应用提供新思路。

茶籽油、皂素和水分疏水亲水微乳化模型揭示了微乳化同步萃取茶籽油、皂素产品的机理（图 2-6）。

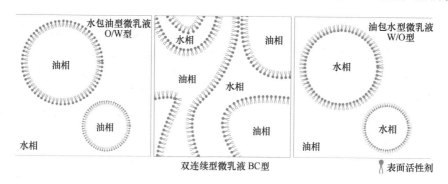

图 2-6　茶籽油、皂素和水分疏水亲水微乳化模型

微乳体系实际上是纳米级别的小液滴，是由水相、油相、表面活性剂（双性物质）在适当的比例下自发形成的一种透明或者半透明的、低黏度的、各向同性且热力学稳定的油水混合体系。微乳液的结构可分为不同的类型：油包水（W/O）型（亦称反相微乳液）、双连续（BC）型和水包油（O/W）型。

3）木本油料生物质的目标组分二次转化和再分离提纯

木本油料生物质的目标组分二次转化和分离再分离、再加工过程机理和主要规律。生物炼制过程的本质就是将生物质通过物理、化学、生物方法或这几种方法集成的方法进行成分分离和加工，使其转化成基础原料糖、脂肪、蛋白质等，其中，糖类化合物可以通过生物催化的方法生产各种不同碳链长度的平台化合物，这些平台化合物可以进一步通过现代的化学工业体系合成纤维、塑料、橡胶、医药产品、化肥、农药等；脂肪可以通过酶催化的方法合成生物柴油等能源化学品；蛋白质既可以直接作为营养产品，也可以通过进一步的聚合工艺合成高分子材料；当然生物质也可以直接通过热电处理，直接进行发电。生物炼制的发展需要将生物、化学、化工以及工程的技术充分地结合起来，实现对原料高效、低成本的转化（Li et al., 2020）。

2.3.3.3　木本油料资源组分循环利用生态学原理

木本油料产业是一个系统工程，木本油料的化学物质和能源循环，不仅仅在同一生态系统内部循环，还会在不同生态系统间循环（如种植环境的水体、土壤、空气、植物群落、加工过程中）。生物炼制是一个可循环的生态工业过程，是解决能源与环境危机的重要技术手段。

加工剩余物（皮壳饼）资源全组分高值化绿色循环利用。除油以外的剩余物以质量计，大约占了油料本身的 70% 以上。针对加工剩余物组分复杂的特点，创新热化学转化及发酵工程技术，深度挖掘这一资源，并将其材料化、基料化、能源化、肥料化，生产有效活性成分、成型燃料和生物肥料，可以极大地提升产业竞争力。以梯级协同木本油料生物炼制为基础的低碳技术的研发、推广和实施，对补充和优化我国清洁能源和负碳技术，促进实现碳中和、减缓全球气候变暖有现实意义。

木本油料生物炼制利于低碳、零碳和负碳技术替代原有的高碳技术应用。绿色高效利用新技术主要运用化学转化、物理转化、生化转化系列技术推进绿色转型。绿色转型在根本上转换技术，实际上是技术的系统性替代，低碳、零碳和负碳技术替代原有的高碳技术是必选项。如一台反应式成型燃料挤出机，它能破坏碳氢化合物中聚合物的结晶结构。如发酵过程中产生的二氧化碳也在生物炼制过程中被收集起来，通过管道输送到邻近的温室、暖房之中，供生长时需要大量碳的番茄类植物生长使用。木本油料生物炼制技术的绿色转型需要木本油料化学品多联产基础研究、关键装备等有待进一步开发，低碳、零碳和负碳一系列共性难题和关键技术需要突破。

木本油料油脂制备生物柴油温室气体减排放——根据美国国家可再生能源实验室（National Renewable Energy Laboratory）发布的液体燃料替代报告（NREL/TP-580-24772），使用木本油料油脂制备的生物柴油可减少温室气体排放：生物柴油可替代部分石化燃料（替代 10%），使用 1t 能实现 2.97t 的 CO_2 减排量。

木本油料固体成型燃料温室气体减排：颗粒成型燃料可替代煤，使用 1t 能实现 1.38t 的 CO_2 减排量。同时达到固碳和减排的效果，有利于应对气候变化。

促进资源循环利用、高值化利用。生物炼制技术体系可以从根本上避免由于木本油料资源利用不合理而造成的资源浪费，减少环境污染物的产生，降低生产成本，缓解资源压力，提高产品的附加值和竞争力，有利于对环境的保护并创造良好的环境效益，同时也是建立健全绿色低碳循环发展经济体系的重要内容，对节约资源、减污降碳具有重要意义，具有显著的经济效益和社会效益。

2.3.3.4 木本油料资源与生物炼制技术构架

1）木本油料梯级协同生物炼制技术体系构建

木本油料产业具有"连一（木本油料资源产业）接六（油脂、大健康产品、化学品、肥料、基料、材料）"的特性，即有经济林全产业链的特点，构建木本油料梯级协同生物炼制技术体系。加快现代技术协同应用，推动科技创新突破。木本油料资源主要分布在丘陵山地，规模化集约经营面临诸多挑战。从前端原料的生产、采收、采后预处理及初级加工，到中间农产品的精深加工，再到现代食品加工物流，直至后端餐饮食品市场的消费供应，整个产业链条需借助现代技术与工程装备的深度融合，推动科技创新突破，以此降低产业成本，提升效率与效益，满足现代生物经济产业的发展需求（图 2-7）。

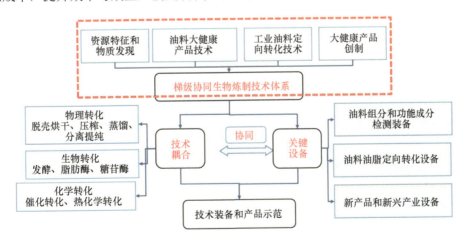

图 2-7 木本油料梯级协同生物炼制技术体系构建

2）梯级协同生物炼制技术耦合

生物炼制过程的本质就是将生物质通过物理、化学、生物方法或这几种方法集成的方法进行成分分离和加工，使其转化成基础原料糖、脂肪、蛋白质等产品或者衍生产品，其中，糖类化合物可以通过生物催化的方法生产各种不同碳链长度的平台化合物，这些平台化合物可以进一步通过现代的化学工业体系合成纤维、塑料、橡胶、医药品、化肥、农药等；主要体现在物理法（压榨，利用沸点差异蒸馏精馏）、化学（热化学转化、催化转化）和生物法（微生物、酶制剂）梯级协同生物炼制木本油料。工艺技术体系上原料、初级产品和脂质衍生产品中下游产品协同，工艺技术协同，产品链多联产协同。制备脂质衍生品，为多个领域带来变革。在健康与环境领域,其拓展至功能油脂、脂肪族衍生品浮选矿、环境治理、抗生素替代等方面,通过提质、增效、降损发挥作用。木本油料梯级协同生物炼制技术,有效解决产业技术难题,推动经济效益提升,实现木本油料产值数量级增长。油脂类可以通过物理、化学、生物催化转化的方法合成生物柴油等能源化学品和材料产品。

木本油料资源利用领域的共性底盘技术创新是解决基础研究、应用技术和推广研究脱节难题的正确出路。突破木本油料提质加工与高效转化、加工剩余物生物炼制及资源化领域的共性难题和关键技术瓶颈,拓展油料产品在食品、生物医药、生物材料、护肤化妆、材料和能源化工领域的应用实现木本油料相关产业高质量发展,为社会提供充足的优质油脂资源及多样化功能产品。

3)梯级协同生物炼制技术可实现绿色高效和提高产品附加值

木本油料从鲜果采摘到有效成分的提取利用须经过鲜果采收、采后预处理、专用装备烘干和储存、高效协同提取油脂和活性物质的绿色生产技术的利用、皮壳资源高效利用、蛋白质资源利用以及功能活性成分利用等一系列流程,涉及物理转化、油脂绿色化学催化和生物催化转化单一技术或者技术协同梯级炼制技术。木本油料油脂制备以物理转化为主,占比80%,以油脂绿色化学催化和生物催化转化协同为辅,占比20%;油脂绿色催化转化脂质衍生产品,以化学法工艺技术为主,占比80%,物理和生物催化转化为辅,占比20%;皮壳和饼粕资源转化成材料、基料、肥料、能源和平台化合物,以生物催化转化为主,占比80%,物理转化为辅,占比20%(李昌珠等,2014)。

4)梯级协同生物炼制技术和装备协同

生物炼制的核心是关键的专业设备。木本油料产业具有"连一(木本油料资源)接六(油脂、大健康产品、化学品、肥料、基料、材料)"的特性,探索资源梯级协同,"收集-储存-初级产品-衍生产品-消费-固体废弃物处理-剩余物再利用"关键专业设备创制非常重要。

在当下油脂产品精深加工领域,各类先进工艺技术与装备层出不穷。像膜分离技术,能高效分离不同成分;分子蒸馏可实现高纯度物质提取;尿素包合法用于分离特定脂肪酸;超临界流体浸出、柱层析等技术也各显神通。此外,微胶囊化保护油脂成分,酯交换改变油脂结构,挤压膨化、冷冻干燥等用于加工处理;还有化学及生物改性、生物分离、高压、冷榨以及现代生物工程等技术。通过这些技术,能够进行酯交换、脂肪酸酰胺化、氨化制腈、不饱和脂肪酸聚合等一系列反应,极大推动了油脂加工行业的发展。但目前,我国油脂加工还是油脂初产品加工为主,高附加值产品少,与梯级协同生物炼制技术体系相适应的装备更少,市场竞争力弱。

5)木本油料物料和中下游梯级产品协同

生物炼制工艺技术体系上原料、初级产品与脂质、皂素、纤维类衍生产品中下游协同,工艺技术协同,产品链多联产协同。木本油料协同梯级生物炼制技术体系是为了通过初级、二级和三级生物炼制获得高附加值的产品。油脂、蛋白质、皂素纤维及酚类等油脂伴随物,在器官组织中分布,兼具极性与非极性,有疏水、亲水基团特性。

组分梯级协同转化。木本油料富含油脂、皂素(油茶特征产物,双性物质),物理转化技术、生物转化技术和化学转化技术协同是木本油料资源高值化利用的技术核心。

当前木本油脂加工主要沿用草本油脂的加工技术,以初级油脂产品为主,缺少高附加值产品,整体产业链低效、低值,亟须基础技术的突破与升级。而国外的以油橄榄(南欧洲)和油棕(马来西亚)为代表的木本油料产业已经形成了国际化产业链、技术链和价值链,产业总体发展趋势是原料品种的良种化,油脂转化技术的绿色化,副产物利用的高值化。

第一级物理转化和热化学烘焙预处理高效获得油料籽、果皮初级原料。

第二级生物转化结合化学催化转化油脂为油脂衍生产品,拓展应用领域,实现增值。

第三级物理、化学和生物转化协同转化、分离提纯油脂、蛋白质、皂素纤维和油脂伴随物,拓展木本油料在工业设备和技术领用中的用途,高效利用木本油料原料中的油脂、蛋白质、皂素纤维和油脂伴随物。

2.3.3.5 木本油料生物炼制技术构建推动资源绿色循环利用

产品品质调控与皮壳籽粕梯级协同生物炼制技术。皮壳和饼粕资源生物炼制协同转化主要体现在三个方面（邹宽生，2004）：一是资源协同，通过物理方法破碎皮壳和饼粕，实现了皮壳和饼粕资源的同步转化；二是工艺技术协同，基于具有自主知识产权的菌株 LYT-4，辅以淀粉芽孢杆菌、枯草芽孢杆菌等，建立了多功能菌群协同固态发酵木本油料饼粕技术体系，通过该技术体系，发酵 5 天后的氨基态氮含量达到 41.1mg/g，相比自然发酵的饼粕增加了 45%，游离氨基酸的含量从自然发酵的 46.5% 增加到 55.5%（尹东阳等，2015）；三是产品功效验证和联产协同，采用本项目开发的相关生物肥料产品还兼具土壤改良和病虫害防治等多种功效。

建立木本油料梯级协同生物炼制先进模式。发展木本油料生物资源循环利用新技术，探索资源"收集—储存—初级产品—衍生产品—消费—固体废弃物处理—剩余物再利用"一体化模式，提升木本油料资源现代化生产利用水平。分区域建立木本油料生物质利用规模示范基地，推进商业化推广应用。

2.3.3.6 梯级协同木本油料生物炼制技术展望

我国长期面临人口众多、食用油资源依赖进口与环境修复的挑战。在此背景下，梯级协同木本油料生物炼制技术的不断发展和新兴技术的应用，是反映经济社会发展、科技进步现状和人类对产品需求变化的必然选择。

1）先进理论和共性技术体系引领木本油料技术创新

木本油料产业有着巨大的资源优势、广阔的市场发展前景，也有着巨大的多样化市场需求，同时又是连接现代油脂食品、林业、生物材料、现代食品产业的重要产业，也是促进乡村振兴与培育新兴产业及新经济增长点的重要产业。

2）强化油料特征特性和物质发现基础研究，推动理论和技术体系创新

油脂加工业的调整也促进了油脂加工设备制造业向着综合性、专业化、大型化方向的调整和发展进程。

从学科发展和产业培育的角度，生物炼制和木本油料生物炼制产业离规模化工业化生产有一定距离。许多基础理论、基本概念需要深入研究去回答，通过基础理论、关键技术、区域集成示范三个维度进行全链条布局和一体化设计，开展产品和品质的调控机理研究、高效利用关键技术研发、全产业链增值增效技术集成与示范，突破木本油料全资源高效利用关键技术，开发和创新高附加值产品，延长产业链和促进产业结构调整和转型升级，形成产业集群发展新模式，实现木本油料全资源利用率由 20% 提高到 50% 以上，产业整体价值提高 30%。

3）促进多学科技术融合发展，理论和技术体系创新

带动合成生物学在木本油料医药产品开发方面的应用。合成生物学是生物学、工程学、物理学、化学、计算机等学科交叉融合的产物，有望形成颠覆性生物技术创新，为破解人类社会面临的资源与环境不足的重大挑战提供全新的解决方案。应用于生物医药、生物制造、生物健康三个领域内，合成生物学每个领域都有不同侧重。生物医药合成更多是基因层面，生物制造更多是物质层面，生物健康更聚焦于后续作用。

4）促进生态效益、经济效益和社会效益合理体现

在我国丘陵山地立地条件下，需了解油茶、核桃、油橄榄和新型油料资源的品质特征，需要阐明油料采后的生理机理，创新采收及预处理关键技术和装备，实现油料种实采摘及预处理过程的机械化和智能化，整体提高工艺技术和装备水平，大幅度提高加工生产效率，为后续利用环节控制油料储存褐变、霉变，壳/籽精准分离、油品品质调控、油料综合利用提供技术支撑，构建油茶、核桃、油橄榄种实采收、干燥、分级、贮运及防褐变腐技术与装备标准化体系。

5）加快推进木本油料全产业链设计、一体化经营

高质量融合化发展是木本油料产业发展的根本。单就木本油料油脂产品加工来说，草本油料作物油脂加工趋于成熟，而木本油料产业则具有"连一接六"的特性，既有经济林全产业链的特点，也有餐饮食品

全供应链的特征。因此，融合化发展是产业发展的关键，前端木本油料原料性食材的生产、中间农产品深精加工与餐饮食品加工物流、后端餐饮食品市场消费供应，只有实现全产业链的深度融合，才能实现木本油料产业健康发展。

6）重构木本油料产业链价值链，提高产业竞争力

木本油料全资源利用产业价值重构化是木本油料产业持续高质量绿色发展的保证。当前木本油料产业包括初级原料生产、初级产品利用，低附加值产品增值生产等产业体系。从价值实现到价值分配，都存在产品单一及同质化严重、资源整体利用率低、整体效益低、各个环节效益严重失衡问题。产区木本油料生产企业多属于油脂加工生产企业，是木本油料产业价值的单元产品实现者，但因为一是缺少全产业链发展意识，二是缺乏科学合理的产业链组合机制，造成产业价值无法向前端原材料供应环节传导与分配，造成原料生产环节，也就是生产端价值分配比重过小、利润过低，这必将造成供应链的不稳定与产品质量的不稳定。因此，木本油料产业发展必须要解决好全产业各流程的资源、技术、产品和价值的科学分配，制定产业链各环节价值分配占比，尤其是前端原材料供应环节和木本油料生产农户、农民合作社等主体，要建立稳定科学合作的供应体系与价值分配体系。

7）促进木本油料产业全流程的标准化

工业化的根本特征就是标准化，只有实现标准化，才能实现工业化与规模化。从木本油料产业初期阶段来说，木本油料就是木本油料通过现代工业化加工成为油脂产品，因此，木本油料产业发展就要实现标准化生产，而且要全流程的标准化。

首先，要依据不同产品种类制定原料生产标准、产品供应标准、加工标准、品质标准与食品营养及功能标准等。

其次，要严格按照标准组织生产及原料采购，尤其是对于前端农产品的生产，要从生产环境（土壤、水、气）、生产条件（肥料营养、农药、植保防疫）、生产技术（设施建设、管理技术）等方面实施标准，在油料加工环节要从食品安全、卫生条件、营养搭配等方面实现标准化。在制定产品品质质量标准的同时，要严格把控油脂和油脂伴随物生产品质与质量，并加强全流程检验检测、全流程监控追溯实现产业链的全流程品质化。

8）木本油料产业发展展望

木本油料采收及预处理向工程化智能化发展。目前木本油料的采收和采后预处理已经成为产业发展的瓶颈之一。现有木本油料的采收及预处理主要依靠人工，干燥主要靠日晒等方式，存在劳动强度大、烘干效率低等问题，同时还存在果壳分离等技术难点。率先突破木本油料的采收及采后预处理技术将会有效加快木本油料产业的发展。

木本油料制备技术的绿色化、规模化和多联产。木本油料的油脂制备技术已经从传统的土榨或以6号溶剂油浸提等方式，正在向清洁化、绿色化、规模化发展。针对高含油特色木本油料研制低温榨油、绿色溶剂体系及近临界流体等技术实现其绿色高效制油是当前的热点。同时，在提取油脂中联产高附加值产物也是当前制油技术的重要发展趋势之一。

木本油脂衍生物产品的功能化、高值化。木本油脂转化为油脂基能源、材料和日用化学品的研究在近期也得到了极大的发展。基于木本油脂分子结构特点，集成现代油脂分子修饰技术，创新木本油料清洁高效转化技术，实现油脂基液体燃料、润滑油和油脂基多功能性产品生产已成为当前研究热点。

目前木本油料加工业正走向以油料采摘的智能化、油料资源利用高值化，加工环节低碳、低能耗、低污染的绿色化，因此，以多联产高附加值产品为主的环境友好型新技术体系正在逐步形成。

9）加快推进生产全流程的标准化

"标准化发展"是木本油料产业发展的关键。当前阶段，木本油料就是初期农产品通过现代工业化加工成为产品，而工业化的根本特征就是标准化，只有实现标准化，才能实现工业化与规模化。因此，木本油料产业发展就要实现标准化生产，而且要全流程的标准化。

参 考 文 献

陈合, 杨辉, 贺小贤, 等. 1999. 超临界流体萃取方法的研究及应用[J]. 西北轻工业学院学报, 17(3): 66-72.

程能林. 2008. 溶剂手册[M]. 北京: 化学工业出版社.

段彦, 周炎辉, 李顺祥, 等. 2021. 油茶化学成分及其抗菌抗炎活性的研究进展[J]. 天然产物研究与开发, 33: 1603-1615.

郭华, 周建平, 廖晓燕. 2007. 油茶籽的细胞形态和成分及水酶法提取工艺[J]. 湖南农业大学学报(自然科学版), 33(1): 83-86.

孔燕. 2022. 氮掺杂碳基纳米纤维的可控合成及电催化合成氨性能研究[D]. 杭州: 浙江大学博士学位论文.

李昌珠, 蒋丽娟. 2013. 工业油料植物资源利用新技术[M]. 北京: 中国林业出版社.

李昌珠, 吴红, 肖志红, 等. 2014. 工业油料植物资源高值化利用研究进展[J]. 湖南林业科技, 41(6): 106-111.

李继新, 李艺冉, 孔令义, 等. 2019. 2018 年中国天然产物研究亮点[J]. 药学学报, 54(8): 1333-1347.

李元. 2007. 油桐桐酸合成酶基因(fadx)的克隆、反义表达载体的构建及对烟草的初步转化[D]. 呼和浩特: 内蒙古农业大学硕士学位论文.

李元, 汪阳东, 李鹏, 等. 2008. 油桐种子 FADX 基因的克隆和序列分析[J]. 安徽农业科学, (11): 4753-4755.

刘玉兰. 1999. 植物油脂生产与综合利用[M]. 北京: 中国轻工业出版社.

罗学刚. 1997. 农产品加工[M]. 北京: 经济科学出版社.

祁鲲. 1993. 液化石油气浸出油脂工艺: 中国, 90108660[P].

唐勇. 2014. 纤维素乙醇及乳酸耦合炼制过程与机理研究[D]. 北京: 北京林业大学博士学位论文.

武汉粮食工业学院. 1983. 油脂制取工艺与设备[M]. 北京: 中国财经出版社.

徐卫东. 2005. 四号溶剂浸出工艺影响溶剂消耗因素[J]. 粮食与油脂, (6): 35-36.

尹东阳, 王姗姗, 张群正. 2015. 高酸值油脂制备生物柴油的方法研究现状[J]. 化工技术与开发, 44(4): 36-40.

曾峰, 赵坤, 韩伟伟, 等. 2011. 食品生物技术在农产品副产物综合利用中的应用[J]. 食品科学, 32(S1): 29-32.

张建. 2017. 设计制备催化材料用于生物质平台分子的高效转化[D]. 杭州: 浙江大学博士学位论文.

邹宽生. 2004. 入世后江西油茶产业发展对策分析[J]. 农村经济与科技, (5): 23-24.

Cui C, Zong J, Sun Y, et al. 2018. Triterpenoid saponins from the genus *Camellia*: structures, biological activities, and molecular simulation for structure-activity relationship[J]. Food Funct, 9(6): 3069-3091.

Guo N, Tong T, Ren N, et al. 2018. Saponins from seeds of genus Camellia: phytochemistry and bioactivity[J]. Phytochemistry, 149: 42-55.

Hanmoungjai P, Pyle D L, Niranjan K. 2001. Enzymatic process for extracting oil and protein from rice bran[J]. J Am Oil Chem Soc, 78(8): 817-821.

Li C Z, Xiao Z H, He L N, et al. 2020. Industrial oil plant-application principles and green technologies[M]. USA: Springer Nature.

Liu X, Xie M, Hu Y, et al. 2022. Facile preparation of lignin nanoparticles from waste *Camellia oleifera* shell: the solvent effect on the structural characteristic of lignin nanoparticles[J]. Industrial Crops and Products, 183: 114943.

Shankar D, Agrawal Y C, Sarkar B C, et al. 1997. Enzymatic hydrolysis in conjunction with conventional pretreatments to soybean for enhanced oil availability and recovery[J]. J Am Oil Chem Soc, 74(12): 1543-1547.

Sosulski K, Sosulski F W. 1993. Enzyme-aided vs. two-stage processing of canola: technology, product quality and cost evaluation[J]. J Am Oil Chem Soc, 70(9): 825-829.

Tano-Debran K, Ohta Y. 1995. Application of enzyme-assited aqueous fat extraction to cocoa fat[J]. J Am Oil Chem Soc, 72(11): 1409-1411.

3 油脂和油脂伴随物生物合成

3.1 油脂生物合成的遗传基础

3.1.1 油脂组成特性

油脂是植物种子储藏能量最高效的形式，单位质量的油脂可以提供比糖类或蛋白质代谢所释放的两倍还要多的能量，而且比这两者有着更强的还原性。种子中储藏的油脂可为种子日后萌发和幼苗生长发育提供所需营养（Buchanan et al., 2001）。油脂主要成分为脂肪酸（fatty acid，FA），根据脂肪酸中烃链的饱和程度，可将脂肪酸分为饱和脂肪酸（SFA）和不饱和脂肪酸（UFA），根据烃链的长短，又可将脂肪酸分为短链脂肪酸（C4～7）、中长链脂肪酸（C8～18）以及超长链脂肪酸（C≥19）。有氧情况下，脂肪酸氧化并分解为 CO_2 和 H_2O，释放大量机体所需的 ATP，因此，脂肪酸是植物体内主要的能量来源之一，并执行着多种重要的生理功能。它们作为组成生物膜的主要成分，不仅可以将细胞与环境隔开，而且还是其他重要生化组分的前体，也可与其他物质结合在一起，如蜡质层（由高级脂肪酸和高级一元醇构成）分布于植物表面，可起到防止机械损伤和热量过度散发等作用（卢善发，2000）。此外，脂肪酸对人体具有重要的保健作用，尤其是不饱和脂肪酸对人体激素代谢和其他生理活动具有调控作用，如亚油酸和亚麻酸可以抑制胆固醇在体内的吸收并软化血管，同时亚油酸还是合成前列腺素的前体，对高血压、心血管疾病、糖尿病等疾病防治均有重要作用。油酸可以预防和治疗动脉硬化，而且在稳定性高的产品加工过程中不易被氧化。不饱和脂肪酸在工业上也具有重要的作用，比如岩芹酸（油酸同分异构体）广泛用于奶油和酥油的制作，蓖麻酸（油酸的羟化脂肪酸）可以生产增塑剂、尼龙和防水剂，斑鸠菊酸（油酸的环氧产物）广泛应用于环氧涂层和增塑剂的工业生产；同时，不饱和脂肪酸在油漆、润滑剂、胶黏剂等生产上也有极大的潜在应用价值（Reitzel and Nielsen, 1976；Mohna and Kekwick, 1980；Nagano et al., 1991）。

3.1.2 油脂生物合成过程

在植物种子组织和细胞中，脂肪酸主要以甘油三酯（TAG）的形式存在，极少数以游离形式存在，TAG 生物合成主要涉及脂肪酸生物合成、脂肪酸延长、脂肪酸去饱和、TAG 合成和 TAG 代谢等途径（图 3-1）。脂肪酸生物合成途径相关酶包括：乙酰辅酶 A 羧化酶（ACC），ACC 作为脂肪酸合成途径的一种重要限速酶，调节着整个脂肪酸合成途径的速率，其主要的作用是催化乙酰辅酶 A（acetyl-CoA）转化成丙二酰辅酶 A（malonyl-CoA）；丙二酰辅酶 A 酰基转移酶（MAT），丙二酰辅酶 A 合成后在 MAT 的作用下与酰基载体蛋白（ACP）结合形成丙二酰 ACP。丙二酰 ACP 作为前体物质在一系列脂肪酶催化下进入缩合反应循环。这些脂肪酶分别是酮脂酰 ACP 合成酶Ⅲ（KAS Ⅲ）、酮脂酰 ACP 还原酶（KAR）、羟脂酰 CoA 脱氢酶（HAD）、烯脂酰 ACP 还原酶Ⅰ（EAR Ⅰ）和酮脂酰 ACP 合成酶Ⅱ（KAS Ⅱ）；KAS Ⅲ催化丙二酰 ACP 中的 C2 进攻乙酰辅酶 A 的 C1 反应缩合形成酮脂酰 ACP（3-ketoacyl-ACP）；KAR 催化还原酮脂酰 ACP 形成羟基丁酰 ACP（3-hydroxybutyryl-ACP）；随后羟基丁酰 ACP 在 HAD 的催化作用下脱水形成烯酰 ACP（enoyl-ACP）；EAR 催化还原烯酰 ACP 形成丁酰 ACP（butyryl-ACP）；丁酰 ACP 在 KAS Ⅱ催化下与丙二酰辅酶 A 缩合生成增加 2 个碳的酮脂酰 ACP，到此完成一个增加 2 个碳的乙酰化循环然后再进入下一个缩合反应循环。酮脂酰 ACP 再经过 6～7 循环增加 12～14 个 C 分别形成棕榈酰 ACP（16:0-ACP）和硬脂酰 ACP（18:0-ACP）（Schulte et al.,1997；Shorrosh et al.,1995）。

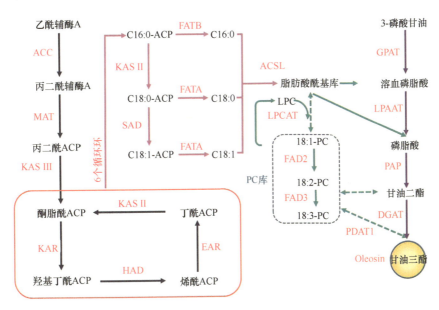

图 3-1　TAG 合成途径

　　在脂肪酸去饱和途径中，硬脂酰 ACP（18:0-ACP）在硬脂酰去饱和酶 SAD 的作用下脱水形成具有双键的油酰 ACP（18:1-ACP）；脂肪酸去饱和酶 FAD2 主要作用是催化油酰 ACP 去饱和形成亚油酰 ACP；FAD3 进一步催化亚油酰 ACP 形成亚麻酰 ACP，与此同时，在脂肪酸延长途径中，酰基 ACP 硫脂酶 A（FATA）主要是催化释放硬脂酰 ACP 和油酰 ACP（18:0/1-ACP）上的 ACP 分别形成硬脂酸和油酸（18:0/1）；接着酰基 ACP 硫脂酶 B（FATB）催化释放棕榈酰 ACP 上的 ACP 基团从而形成棕榈酸；棕榈酰辅酶 A 水解酶（PCH）催化释放亚油酰 ACP 和亚麻酰 ACP 上的 ACP 分别形成亚油酸和亚麻酸。

　　在植物细胞中合成的脂肪酸几乎不以游离的形式存在。脂肪酸羧基部位在长链酰基辅酶 A 合成酶（ACSL）作用下酯酰化供下一步三酰甘油（TAG）合成所需。三酰甘油（TAG）作为一种终产物在植物的特定组织中储存，亦可作为软木脂、几丁质和脂蛋白等生物合成的底物，在植物生长发育以及新陈代谢过程中起着非常重要的作用。随后在 3-磷酸甘油酰基转移酶系（GPAT）的催化作用下将酰基从酰基 ACP 或酰基辅酶 A 转移到 G3P 的 sn-1 位置上合成溶血磷脂酸，这是 TAG 生物合成的第一步。GPAT 酶系因所在的细胞器位置不同而呈现不同的亚型，这些 GPAT 基因编码的酶主要分为三类，它们在细胞中分别定位于质体（ATS1）、线粒体（GPAT1/2/3）和内质网上（GPAT4/5/6/7/8/9）。第二步，形成的溶血磷脂酸（LPA）和乙酰辅酶 A 在溶血磷脂酸酰基转移酶（LPAT）的作用下形成磷脂酸（PA）。与 GPAT 酶系一样，LPAT 酶在不同亚细胞定位呈现不同的亚型。紧接着 PA 在磷脂酸磷酸酶 PAP 的作用下脱去磷酸基团形成二酰甘油（DAG）；最后 DAG 经二酰甘油酰基转移酶（DGAT）的催化作用最终产生 TAG，与此同时，TAG 还可以通过卵磷脂（PC）在磷脂二酰甘油酰基转移酶（PDAT）催化反应下获得。最终 TAG 以油体的方式储存在组织细胞中，同时油质蛋白（oleosin）、油体钙蛋白（caleosin）和油体固醇蛋白（steroleosin）也与油体形成密切相关（Chapman and Ohlrogge, 2012）。

3.1.3　油脂储存形式

　　植物合成的油脂（TAG）主要以油体（oil body）与特化的油细胞（oil cell）储存。油体的形成过程是：TAG 在内质网合成后，在磷脂双分子层内累积，单层磷脂分子逐渐向外突出形成芽体，同时油质蛋白结合油体，随后从内质网释放到细胞质中（Hsieh and Huang, 2004），所以普遍认为油体是单层磷脂膜包裹的液态三酰甘油球体（Tzen et al.,1993; Frandsen et al., 2001; Huang, 1992）。油体表面成分磷脂占 80%，油体蛋白占 20%。磷脂分子的亲水头部基团与细胞液接触位于油体外侧，2 个疏水酰基位于油体的内侧（图 3-2），它的作用是增加空间位阻和电荷斥力，阻止油体融合，使油体无论在细胞中还是在离体状态下都非常稳定，在干燥种子细胞内或在体外离心分离的上浮液中，油体之间不会发生融合或聚合，并且经过长时间的贮存

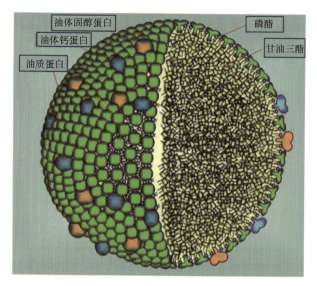

图 3-2　油体模型（单层磷脂膜包裹液态三酰甘油球体）

也能保持稳定（Frandsen et al., 2001）。油料植物果实的果皮组织细胞中油体由于不含油质蛋白，所以油体会发生融合，形成大油体（Ross et al., 1993）。

植物根、茎、叶和果实细胞中均含有油体（Platt-Aloia and Thomson,1981），动物、真菌和藻类细胞中也发现有油体的存在（Hu et al., 2009）。在植物种子中，油体主要存在于子叶（无胚乳种子）、胚乳（Huang, 1996）（胚乳种子）和盾片（Aalen et al.,1994）（单子叶植物）中。油体大小会因植物种类或品种的不同而异，研究两个不同含油率油菜品种种子显微结构时发现，大的油体出现在低油品种中（直径＞5μm），油体蛋白相关基因表达被抑制，产生大油体（Siloto et al., 2006; Schmidt and Herman, 2008）。在同一植物器官的不同组织细胞中，油体的大小也不尽相同，并且受营养和环境的影响（Kaushik et al., 2009）。由于油体合成最主要的部位在细胞的内质网上，油体在细胞中形成时会首先出现于细胞质的边缘紧贴细胞膜处，之后油体会逐渐增多且细胞质基质逐渐减少，最后油体充满整个细胞（He and Wu,2009）。

油脂的另一储存形式是油细胞。油细胞是普遍存在于木本植物组织中的一类储存和分泌的特殊细胞（Platt-Aloia et al., 1983），成熟油细胞结构为三层细胞壁包围的大液泡（Platt and Thomson, 1992），液泡内富含挥发油脂、色素等植物细胞代谢混合物（Maron and Fahn, 1979）。油细胞通常存在于一些双子叶植物中（Baas and Gregory, 1985），是木兰科[如鹅掌楸（*Liriodendron chinense*）（蔡霞等，2002）和玉兰（*Yulania denudata*）（蔡霞等，2011）]、樟科[如木姜子（*Litsea pungens*）（初庆刚和胡正海，2001）和宝兴木姜子（*Litsea moupinensis*）（韩俊等，2001）]植物的解剖学特征之一；油细胞在植物的根、茎、叶和果实中均有分布（图 3-3）。

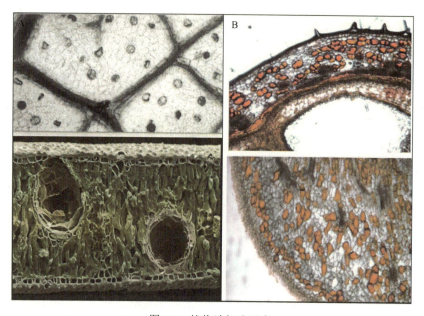

图 3-3　植物油细胞形态
A. 叶中油细胞；B. 果实中油细胞

不同组织中油细胞在大小、数量和其内含物成分方面均存在着一定差异，其中油质果实中油细胞含量最多，含油量最高，根部的油细胞油脂含量最少。在植物不同器官中，油细胞的分布亦存在差异，根部的油细胞主要分布在皮层和次生韧皮部，茎部的油细胞主要分布在皮层和次生木质部，叶中油细胞主要分布在叶柄和叶肉中，果实中的油细胞则主要分布在果皮。典型的油细胞因其含有大量的油滴，在透明处理下不透明，而不同于周围的细胞（Fahn,1979）。

3.1.4 油脂与其他代谢物的关系

植物果实和种子中的主要贮藏物质包括脂类、蛋白质和糖类等。在油脂累积过程中，同时伴随着可溶性糖、淀粉、蛋白质等物质的合成与累积，在油料植物中，种子以储存油脂为主，其次为蛋白质，淀粉少或无。其种子在发育过程中首先会累积淀粉，淀粉在种子发育后期全部或部分分解，用于合成油脂和蛋白质。可溶性糖和淀粉都属于糖类，是高等植物的主要代谢产物之一，在植物体内的数量和种类极其丰富，在细胞中作为代谢的中间产物或终产物参与了植物生长、发育、抗性形成等多个生理过程，同时参与了胞内信号调节或转导过程（赵江涛等，2006）。曾丽等（2000）研究一串红（*Salvia splendens*）种子发育规律时发现，随着种子中的油脂含量逐渐增加，可溶性糖含量却逐渐下降，由此推断可溶性糖在种子发育过程中可转化为油脂。在油料植物油橄榄中也发现，随着油脂含量不断增加，糖类的总量不断减少，说明油脂是由糖类转化而来的（程子彰等，2014）。糖类转化为油脂的原理主要是通过糖分解代谢提供脂肪酸合成能量 ATP、合成前体和 NADPH，糖分解主要有两条途径，一条是糖酵解途径及三羧酸循环，另一条是戊糖磷酸途径。糖酵解可以为油脂的合成提供乙酰辅酶 A、磷酸二羟丙酮（3-磷酸甘油的合成前体）、ATP 和 NADH，三羧酸循环主要提供 ATP，戊糖磷酸途径主要为脂肪酸合成提供所需的 NADH（图 3-4）。

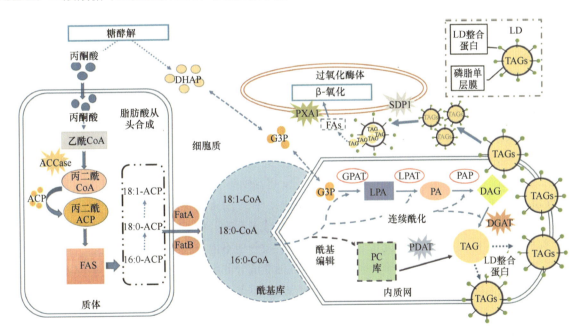

图 3-4　糖代谢与油脂生物合成过程（Xu et al., 2018）
G3P. 甘油酸-3-磷酸；DHAP. 二羟丙酮磷酸；PXA1. 过氧化物酶体 ABC 转运蛋白 1；SDP1. 糖依赖性脂肪酶 1；LD. 脂滴

蛋白质在植物果实发育过程中发挥着非常重要的生理功能。首先，蛋白质可以供给植物生长发育所需的能量，由于蛋白质中含碳、氢和氧元素，可以被代谢分解，从而释放出能量，1g 食物蛋白质在体内约产生 16.7kJ 的热能。其次，蛋白质可构成植物体内各种生化反应的酶，催化植物内各种代谢与合成反应，调节机体生长、发育。最后，蛋白质是体内很多重要代谢物质、营养素的载体，如多种脂类、维生素、矿物质与微量元素都需要蛋白质携带和运转至所需部位，还可转化为脂肪来贮藏。有学者认为，油脂与蛋白质相互转化是由种子类型决定的（Xu et al., 2018），由于氨基酸合成的前体也大部分来自糖类代谢途径的中间产物，如草酰乙酸、α-酮戊二酸、甘油酸-3-磷酸（G3P）、丙酮酸（PA）、磷酸烯醇式丙酮酸（PEP）等，同时也需要消耗大量 ATP。所以从理论上分析蛋白质合成与油脂累积会有一定的底物竞争和转化。贮藏物质油脂、蛋白质均来自葡萄糖酵解产物——丙酮酸，而丙酮酸进入油脂还是蛋白质代谢途径取决于催化两者合成的关键酶：丙酮酸羧化酶（PEPCase）和乙酰辅酶 A 羧化酶（ACCase），通过这两种酶的催化，丙酮酸进入不同的代谢。故推测油脂和蛋白质中某一种物质合成的减少可能会促进另一种物质合成的增加；同时，蛋白质也可以分解转化成油脂，氨基酸会以苹果酸和丙酮酸的形式进入质体，为质体中的脂类合成提供 10%的碳源（Allen et al., 2009）。欧洲油菜（*Brassica napus*）种子中油脂和蛋白质含量变化的相关研究表明，其种子含油量与蛋白质呈显著负相关（梁颖，2004）。尽管理论上有很多中间代谢产物把蛋白质和脂肪酸代谢连接在一起，实际中，更多的研究发现油脂累积和蛋白质累积同时发生，转化关系不是很大，造成这种现象的原因可能是两种贮藏物质累积的空间不同。对文冠果种子生长发育过程的研究发现：两种物质相互之间的影响并不大，蛋白质含量与油脂含量呈正相关，空间阻隔或其他障碍阻止了它们之间的联系，油脂和蛋白质合成在一定程度上具有相对独立性（赵娜等，2015）。

3.1.5 油脂合成与主要矿质元素的关系

作为植物生长发育的重要物质基础，矿质元素与油料作物油脂累积密切相关。研究果实生长发育期间矿质元素含量的变化、了解果实对矿质元素的吸收、分配与利用特性，弄清植物果实油脂累积过程中植物对营养元素的需求，可为采用理化手段调控油脂累积提供基础理论。

氮是构成蛋白质的主要成分，对茎叶的生长和果实的发育有重要作用，是影响植物果实产量最关键的营养元素。对胡桃（*Juglans regia*）的研究表明，在幼果迅速膨大前，植株对氮素的吸收量逐渐增加；在以后的整个生育期中，特别是结果盛期，吸收量达到最高峰（于冬梅和盖素芬，2006）。土壤缺氮时，植株矮小、坐果率低、果实小、产量低、品质差，甚至无果。氮素过多时，植株徒长、枝繁叶茂，容易造成坐果少、果实发育迟缓、植株抗病力不强等。田间管理上建议，植物苗期氮不可缺少，但也需要适当控制，防止徒长；结果期应勤施多施，确保果实发育的需要（李合生，2006）。有研究表明，施氮水平的高低能显著影响作物油脂合成累积和组分构成，氮胁迫促进了微藻细胞中的油脂累积（王辉等，2012），供氮水平下降能促进其油脂的累积，这可能与氮含量下降使蛋白质合成受限，从而促进淀粉、糖分转化为油脂有关。

磷元素是磷脂的基本构成元素，与作物体内脂肪代谢密切相关，是脂肪合成不可缺少的营养元素，直接参与了油脂的合成。施用磷肥能降低油菜籽的芥酸含量，提高油酸和亚油酸含量，改善品质（胡霭堂，2003）。对油茶（*Camellia oleifera*）的研究发现（申巍等，2008），种子的磷元素含量远远高于果皮，这在一定程度上说明了磷元素在油茶油脂合成过程中的重要性。在果实成熟后期，种子中磷元素含量下降，可能与油脂合成消耗了部分磷元素有关。此外，磷元素含量与种子油脂成分中不饱和脂肪酸含量呈明显负相关关系，与饱和脂肪酸含量呈正相关关系。可见，磷元素影响了油茶油脂成分的组成。磷还能够促进植物花芽分化，使花期和结果期提前，促进根系的快速生长和果实风味的改善。缺磷会导致幼苗生长缓慢，植株整体矮小。

钾元素作为多种酶的活化辅助因子，往往集中在植物生长最活跃的部位，能够促进植物氨基酸和蛋白质的合成以及糖类代谢、合成与运输，缺钾导致淀粉和脂肪酸不能合成，但是对延迟植株衰老、延长结果期、增加后期产量有良好的作用。钾还是叶绿素分子的重要组成元素，能促进植株茎秆健壮，提高果实的含糖量，增强抗寒性。当钾元素供应不足时，植株抗逆性降低，易发病，糖代谢及光合作用受到干扰和抑制，但呼吸作用加强导致果实品质下降。对核桃的研究发现，钾元素与油脂累积具有显著相关性（张志华等，2001a）。果树的正常生长需要大量的钾，缺钾使淀粉与脂肪酸都不能合成（吕忠恕，1982）。张志华等（2001b）的研究也表明，核桃果实中钾元素含量的变化与种仁中脂肪含量的变化呈现极显著的正相关。曹永庆等（2013）发现油茶种子中油脂的累积和氮钾元素含量的变化呈明显负相关关系。在油茶果实成熟后期，种子中钾元素含量下降，果皮中钾元素含量升高。可见，种子中的钾元素向果皮中发生了转运，这与在核桃上的研究结果一致（张志华等，2001c）。这可能是因为，果皮在油脂累积合成期是较为活跃的生理部位，钾元素含量的增加，促进了糖分的转化运输，使营养物质迅速转运至种子中，转化为油脂。

采用合理的栽培措施提高油料植物的油脂产量与品质是油料植物研究关注的重点。史瑞和（1989）发现，随着钾肥用量的增加，大豆（*Glycine max*）的产量及油分含量均增加，而蛋白质含量则降低。高同雨等（2007）、何萍等（2005）、王海泉等（2005）在油料植物栽培实践中发现，施加适量钾肥可以提高种子的油脂含量。王秋霞等（2010）发现，适当的施肥措施能明显增加文冠果的油脂含量。通过对黄连木油脂合成与氮钾元素吸收的关系研究发现，黄连木叶片氮钾元素含量与种子油脂含量变化密切相关（王文浩等，2014），表明氮钾元素在果实油脂的生物合成中起着十分重要的作用，同时，弄清了黄连木需钾量最多的时期，并提出了钾肥最好作为基肥施用以提高果实品质的建议。

3.1.6　油脂合成关键基因调控

植物体的脂肪代谢是维系其生命活动的基本代谢之一，也为人类提供了重要的能量来源。随着生活水平的日益提高，人们对植物脂肪酸的组成和含量也有了新的、更高的要求。培育含油量更高、各种脂肪酸比例更健康的油料植物新品种是作物育种的任务之一。随着分子生物学与基因工程的飞速发展，以及大量植物功能基因的分离克隆、表达调控方式和分子机制的阐明，从分子水平上对油料作物进行有目的、有针对性的品质改良已成为传统育种方法的重要补充，并发挥着越来越重要的作用。脂肪酸生物合成途径及其调控的研究不仅具有重要的理论意义，还有广泛的应用前景，如利用基因工程生产对人体有益的脂肪酸、改善油和脂肪的品质、增加机体的抗逆性等。

3.1.6.1　乙酰辅酶 A 羧化酶

乙酰辅酶 A 羧化酶是脂肪酸生物合成的关键酶之一，其催化依赖 ATP 的羧化反应，即催化乙酰辅酶 A 生成丙二酸单酰辅酶 A，该步骤是从头合成脂肪酸的第一步反应（Schulte et al., 1997）。在高等植物中存在 2 种结构显著不同的乙酰辅酶 A 羧化酶，即多亚基乙酰辅酶 A 羧化酶（multi-subunit ACCase，MS-ACCase）和多功能域乙酰辅酶 A 羧化酶（multifunctional ACCase，MF-ACCase）。多亚基乙酰辅酶 A 羧化酶是一个复合体，由生物素羧基载体蛋白（biotin carboxyl carrier protein，BCCP）、生物素羧化酶（biotin carboxylase，BC）及羧基转移酶（carboxyl transferase，CT）α-和 β-亚基组成（Shorrosh et al., 1995）。其中，生物素羧基载体蛋白、生物素羧化酶和羧基转移酶 α-亚基由核基因编码，而羧基转移酶 β-亚基由叶绿体基因组编码（Cronan，2003）。多功能域乙酰辅酶 A 羧化酶是一个具有生物素羧基载体蛋白、生物素羧化酶和羧基转移酶 3 个结构域的多功能肽链，分子质量高于 200kDa（Schulte et al., 1994）。

两种乙酰辅酶 A 羧化酶在细胞中的定位不同，如玉米、小麦、稻等禾本科植物的质体和细胞质中均为多功能域乙酰辅酶 A 羧化酶（Ashton et al., 1994；Chalupska et al., 2008；Konishi and Sasaki, 1994）。除禾本科植物外，绝大多数植物具有这 2 种类型乙酰辅酶 A 羧化酶，其中多亚基乙酰辅酶 A 羧化酶定位于质体中，而多功能域乙酰辅酶 A 羧化酶定位于细胞质中。而在欧洲油菜（*Brassica napus*）（Schulte et al., 1997）和拟南芥（*Arabidopsis thaliana*）（Yanai et al., 1995）的质体中可能同时含有多亚基乙酰辅酶 A 羧化酶和多功能域乙酰辅酶 A 羧化酶。乙酰辅酶 A 在细胞内不同区域的羧化反应导致物理隔离的丙二酸单酰辅酶 A 池。质体丙二酸单酰辅酶 A 池是从头合成脂肪酸反应中产生 C16 和 C18 脂肪酸的前体。细胞质丙二酸单酰辅酶 A 池用于产生 C20 以上的脂肪酸。除此以外，细胞质丙二酸单酰辅酶 A 还是产生黄酮类化合物、芪类化合物、丙二酸及丙二酸单酰衍生物（Ke et al., 2000）的前体。植物 ACCase 受光和脂酰 CoA 调节。光可能通过改变基质 pH、ATP、ADP 和镁离子等参数来调节酶活性，增加叶片脂类形成（Page et al., 1994），从而影响脂肪酸合成（Post-Beittenmiller et al., 1992）。将叶绿体转运肽与拟南芥的多功能域 ACCase 基因融合，以种子特异性启动子驱动 ACCase 在油菜种子中过量表达，能使 ACCase 活性提高 10～20 倍，油菜种子含油量提高 5%，超长链脂肪酸含量增加（Roesler et al., 1997）。有研究表明，将羧基转移酶 β 亚基（accD）在各种组织的质体中过量表达导致转基因植株叶子中脂肪酸含量增加，植株的叶片明显增长，虽然转基因后代种子中的脂肪酸含量与野生型没有显著差异，但种子产量提高了近 2 倍，从而提高了单株种子的产油量（Madoka et al., 2002）。

3.1.6.2 脂肪酸合成酶

生物界中存在 2 种类型的脂肪酸合成酶（fatty acid synthase，FAS）。Ⅰ型脂肪酸合成酶（type Ⅰ FAS）在 1 条或 2 条多亚基肽链上含有全部活性位点，主要存在于脊椎动物、酵母和一些细菌中。Ⅱ型脂肪酸合成酶（type Ⅱ FAS）的活性位点分布在不同基因产物上，主要存在于多数细菌、植物质体和线粒体中。植物质体型 FAS 为Ⅱ型脂肪酸合成酶复合体，由酰基载体蛋白（ACP）、丙二酸单酰 CoA-ACP 转移酶（MCAT）、β-酮脂酰-ACP 合酶（KAS Ⅰ、KAS Ⅱ、KAS Ⅲ）、β-酮脂酰 ACP 还原酶（KAR）、β-羟脂酰-ACP 脱水酶（HAD）和烯脂酰-ACP 还原酶（ER）等部分构成。酰基载体蛋白（ACP）携带着结合于 4′-磷酸泛酰巯基乙胺辅基上的不断伸长的酰基链在Ⅱ型脂肪酸合成酶复合体的 2 个单体之间穿梭（Zhang et al.，2003）。乙酰辅酶 A 羧化酶和 MCAT 催化形成丙二酰 ACP。β-酮脂酰-ACP 合酶家族成员催化丙二酰 ACP 和酰基-ACP 缩合形成 β-酮脂酰-ACP。KAR 催化 β-酮脂酰-ACP 还原为 β-羟脂酰-ACP 是脂肪酸合成中的第一个还原步骤。HAD 催化 β-羟脂酰-ACP 脱氢形成烯酰 ACP。脂肪酸合成每一循环的还原步骤均由 EAR 催化，脂酰-ACP 硫酯酶（fatty acyl-ACP thioesterase）能够催化 FAS 循环的终止。

有关植物质体 type Ⅱ FAS 的大部分基因工程改良工作集中在酰基载体蛋白和 β-酮脂酰-ACP 合酶上。植物酰基载体蛋白由多基因家族编码，在植物中组成型表达（Hloušek-Radojčić et al.，1992）或组织特异性表达（Bonaventure and Ohlrogge，2002）。在芥菜（*Brassica juncea*）中表达巴西固氮螺菌（*Azospirillum brasilense*）的酰基载体蛋白，提高了叶片中 C18:3 的含量和种子中脂肪酸 C18:1 和 C18:2 的含量，并提高了种子中不饱和脂肪酸（C18:1）/饱和脂肪酸以及亚油酸（C18:2）/亚麻酸（C18:3）的值，降低了芥酸（erucic acid，C22:1）的含量（Jha et al.，2007）。KAS Ⅲ可催化乙酰基 CoA 和丙二酰 ACP 形成 4:0-ACP，KAS Ⅰ可催化 4:0-ACP 延长形成 16:0-ACP，KAS Ⅱ可催化 16:0-ACP 延长形成 18:0-ACP。KAS Ⅱ和 KAS Ⅲ表达水平的改变可以引起植物种子含油量和脂肪酸组成的改变。Dehesh 等（2001）在油菜中过量表达萼距花（*Cuphea hookeriana*）的 KAS Ⅲ基因，提高了油菜种子中 16:0 软脂酸的含量，同时伴随着脂肪合成速率和种子含油量的降低，这暗示着植物体内 KAS Ⅲ活性的提高导致 FAS 复合体活性的变化。利用 RNAi 技术降低拟南芥中 KAS Ⅱ的表达量可以显著提高 16:0 软脂酸含量，转基因后代在胚胎发育早期有致死现象，成活的植株种子中软脂酸含量可达到 53%（Pidkowich et al.，2007）。不同的脂酰-ACP 硫酯酶对脂酰链长度具有选择偏好，月桂（*Laurus nobilis*）树和椰子（*Cocos nucifera*）中的硫酯酶对 12:0-ACP 具有偏好，因此，通过基因工程的方法可以在植物中富集具有重要工业价值的中链脂肪酸。将月桂树和椰子中的硫酯酶基因转入油菜，转基因油菜籽中月桂酸含量达到 40%（Voelker et al.，1996）。

3.1.6.3 脂肪酸去饱和酶

棕榈油酸和油酸分别由软脂酸与硬脂酸在Δ9-脂肪酸去饱和酶的催化下在碳链的第 9 位和第 10 位碳之间引入双键而形成。单不饱和脂肪酸可进一步形成多不饱和脂肪酸，如油酸在Δ12-脂肪酸去饱和酶的催化下形成亚油酸，亚油酸在 ω3 Δ15-和（或）ω6 Δ6-脂肪酸去饱和酶的催化下可分别形成 α-亚麻酸和（或）γ-亚麻酸。植物脂肪酸去饱和酶可分为脂酰-ACP 去饱和酶（acyl-ACP desaturase）和脂酰去饱和酶（acyl-lipid desaturase）两类。脂酰-ACP 去饱和酶存在于植物细胞质体的基质中，以脂酰-ACP 为底物催化饱和脂肪酸形成单不饱和脂肪酸。脂酰去饱和酶存在于植物细胞的内质网和叶绿体膜上，以甘油酯中酯化的脂肪酸为底物进行去饱和反应（Damude et al.，2006）。

Δ9-硬脂酰去饱和酶和Δ12-油酸去饱和酶是脂肪酸去饱和途径的关键酶。Δ9-硬脂酰 ACP 去饱和酶催化 18 碳的硬脂酸转变为油酸，反义抑制油菜中硬脂酸-ACP 去饱和酶基因，不同转基因株系种子中硬脂酸含量从 2%到 40%不等（Knutzon et al.，1992）。抑制油菜中的Δ12-油酸去饱和酶基因可将油菜中油酸的含量提高到 89%（Stoutjesdijk et al.，2000）。利用 RNAi 的方法抑制棉花（*Gossypium hirsutum*）中的Δ9-硬脂酰 ACP 去饱和酶，可使棉籽中硬脂酸含量从 2%～3%提高到 40%；抑制 ω6 途径上的Δ12 油酸去饱和酶，可将油酸含量从对照的 15% 提高到 77%；同时，软脂酸含量在高硬脂酸和高油酸转基因株系中明显降低（Liu et al.，2002）。同样，抑制大豆中 Δ12-油酸去饱和酶，可使大豆油酸含量从不到 10% 提高到 86%（Thelen and Ohlrogge，2002）。

调节 γ-亚麻酸的组成也是脂肪酸基因工程的重要目标，Δ6-脂肪酸去饱和酶在其中起到关键作用。在烟草中过量表达蓝藻（Cyanophyta）的 Δ6-脂肪酸去饱和酶可导致 γ-亚麻酸的积累。琉璃苣（Borago officinalis）Δ6-脂肪酸去饱和酶在烟草中表达，转基因烟草叶中 γ-亚麻酸含量达到总脂肪酸含量的 3.2%（Sayanova et al.，1997）。ω-3 系列多不饱和脂肪酸主要包括 α-亚麻酸、二十碳五烯酸（EPA，20：5）、二十二碳六烯酸（DHA，22：6），对人体的正常发育具有重要功能并有降低心脏病风险的特殊作用。近年来，这些多不饱和脂肪酸的需求日益增加，目前人们主要从深海鱼类中提取这些脂肪酸，这不仅严重破坏了生态平衡，且费用日益增长。Δ15-脂肪酸去饱和酶是亚油酸转化成 ω-3 系列多不饱和脂肪酸的关键酶，十八碳四烯酸（SDA）是 ω-3 类长链多不饱和脂肪酸的前体，在人体内易转化成 EPA 和 DHA，将玻璃苣中的 Δ6-脂肪酸去饱和酶和拟南芥中的 Δ15-脂肪酸去饱和酶共同转入大豆，可以使大豆中 SDA 含量提高到脂肪酸总量的 29% 以上，ω-3 类多不饱和脂肪酸含量高达 60%（Eckert et al.，2006）。将水稻恶苗病菌（Fusarium moniliforme）中的 Δ12/15 双功能脂肪酸去饱和酶转入大豆，转基因 T1 代种子中 α-亚麻酸/亚油酸的值大大提高，最高的达到对照的 7 倍（Damude et al.，2006），高水平 α-亚麻酸的积累为 EPA 和 DHA 等脂肪酸合成提供了充足的前体。在微生物变形虫（Acanthamoeba castellanii）中克隆的 Δ12/15 双功能去饱和酶能使酵母中积累罕见的十六碳三烯酸 16：3Δ（9,12,15）ω-1，进而可以积累只在深海微生物中报道过的十六碳四烯酸（Sayanova et al.，2006），这对阐明脂肪酸脱氢酶系的进化具有重要意义。

3.1.6.4 三酰甘油组装酶系

利用储存在胞质中的酰基 CoA 池，在内质网上通过 3 种不同的酰基转移酶的作用合成三酰甘油（triacylglycerol，TAG）。这 3 种酶分别是作用于 sn-1 位置上的甘油 3-磷酸酰基转移酶（glyceral3-phosphate acyltransferase，GPAT）、作用于 sn-2 位置上的溶血磷脂酸酰基转移酶（lysophosphatidic acid acyltransferase，LPAT）和作用于 sn-3 位置上的二酰甘油酰基转移酶（diacyl-glycerol acyltransferase，DGAT）（周奕华和陈正华，1998）。3 种酰基转移酶常具有对脂肪酸的选择性，饱和脂肪酸通常位于三酰甘油的 sn-1 和 sn-3 位置上，sn-2 位置上通常被不饱和脂肪酸占据。

研究表明，在拟南芥中过量表达红花和大肠杆菌的 GPAT 基因可以增加种子含油量和种子重量，含油量可增加 8%～29%（Jain et al.，2000）。在拟南芥和油菜中过量表达酵母的 LPAT 基因，种子含油量提高了 8%～48%，同时增加了长链脂肪酸的比例和含量（Zou et al.，1997）。椰子中含有高水平月桂酸，月桂酸在椰子中三酰甘油的 3 个位置均能找到。将从椰子果分离的 LPAT 基因和从加利福尼亚月桂树获得的硫酯酶基因在菜籽中共同表达会使菜籽油中月桂酸含量提高到 70%（Knutzon et al.，1999）。近年来，随着全基因组序列的获得，在拟南芥中至少发现了 9 个类型的 GPAT 和 9 个类型的 LPAT（Gidda et al.，2009）基因，它们虽然基本功能相似，但分别作用于不同的底物，表达特性和亚细胞定位差异非常大，这与磷脂广泛参与细胞构架和各种生命代谢相关，人们试图寻找与储藏三酰甘油密切相关的 GPAT 和 LPAT 类型。

利用种子特异性启动子在拟南芥中过量表达油菜的两种微粒体 LPAT 基因，其转基因后代种子的重量和脂肪酸含量分别较对照平均增加 6% 和 13%（Maisonneuve et al.，2010）。DGAT 催化 TAG 合成的最后一步反应，通过图位克隆的方法从高油玉米中分离到一个 DGAT1-2 蛋白，其 469 位置上因苯丙氨酸的插入导致含油量的增加，在常规玉米中表达此基因可使含油量提高 41%，使油酸含量提高 107%（Zheng et al.，2008）。Ohlrogge 和 Jaworski（1997）认为在 TAG 合成中存在一个供需调节关系，脂肪酸作为"供方"，而提高三酰甘油组装酶的活性即提高了"需求"，从而大幅提高了种子含油量。芯片分析表明，DGAT 的过量表达不仅引起了 TAG 生物合成的改变，同时引起了种子发育过程中其他基因转录水平和激素水平的改变（Sharma et al.，2008）。

另外，通过抑制磷酸烯醇式丙酮酸羧化酶（PEPCase）基因的表达，减少用于蛋白质合成的碳源，使更多的光合作用产物用于脂肪酸合成，可以提高种子含油量。陈锦清等（1999）通过反义抑制油菜 *PEP* 基因的表达，成功获得多个籽粒含油量比受体品种提高 25%以上的转基因油菜新品种，蛋白质含量与油脂含量呈显著负相关。线粒体型丙酮酸脱氢酶复合体 （PDC）可将丙酮酸转化成脂肪酸合成的底物乙酰辅酶 A，而丙酮酸脱氢酶复合体激酶（PDHK）是 PDC 的负调控因子，利用反义 RNA 方法降低 PDHK 的活性，减少其对 PDC 的抑制作用，可提高丙酮酸转化成乙酰辅酶 A 的能力，最终能显著提高转基因植物种子的含油量（Marillia et al.，2003）。TAG 在细胞中的最终储存场所是油体，这个细胞中最小的细胞器由油体蛋白和磷脂单分子层包围三酰甘油组成。研究表明，抑制油体蛋白的表达可使油体体积增大，导致油脂含量降低（Siloto et al.，2006）。对油菜栽培种中低油和高油品种的油体分析表明，高油品种的油体体积普遍小于低油品种的油体体积，且在种子发育早期、萌发和成熟不同时期有不同的表现（Hu et al.，2009）。

3.2 油脂伴随物特性及分类

油脂伴随物是指伴随在油脂中的非三酰甘油成分，是在制油过程中伴随着油脂一起从油料中提取出来的一些微量物质，包括类脂物和非类脂物，但主要是类脂物。人们日常食用的菜籽油、大豆油、猪油等动植物油脂，以脂肪为主要成分，也含少量类脂等物质，后者即为脂肪伴随物。所谓类脂，就是类似脂肪的意思，是油料中除脂肪外的溶于脂肪溶剂的天然化合物的总称。关于油脂伴随物，有几点需要明确，一是油脂伴随物的化学结构与三酰甘油可以有较大差异，但它们往往与脂肪有生源关系，同时也具有脂肪类似的物态及物理特性，即极性小，易溶于非极性溶剂中，与油脂"形影不离"，常常共存一起；二是脂肪伴随物是植物油中的次要和少量成分，其总量随油料品种、制炼油工艺而变化，同一品种的油，精制程度越高，油脂伴随物含量往往越低，在精制油中一般不到总量的 1%；三是脂肪伴随物有些是有益的，并具有特殊的生理活性（而且几乎所有的食用植物油都天然含有有益于人体健康的脂肪伴随物，只是不同油脂中脂肪伴随物的种类和含量不同而已，有些成分的差别是非常悬殊的），有些是无益的，有些甚至是有害的；四是油脂中存在的多种脂肪伴随物至今尚未完全探明，一旦油脂中的某种脂肪伴随物得以探明，则其可作为该油脂的特征指标之一。

植物油中富含各种油脂伴随物，遵循分子结构差异的原则，可以将油脂伴随物大致分为以下三类。

（1）简单脂肪伴随物。简单脂肪伴随物是由酸和醇形成的酯，根据酸和醇分子形式的不同，又可以再细分为以甘油为骨架形成的脂肪酸酯（包括甘油一酯、甘油二酯等甘油酯）和其他醇类与酸形成的酯（如蜡酯、维生素 A 酯、阿魏酸甾醇酯和谷维素等）。

（2）复杂脂肪伴随物。复杂脂肪伴随物除含脂肪酸和醇外，尚有其他非脂分子的成分，因此按非脂成分的不同可分为以下几类：磷脂、糖脂、醚脂、硫脂及其他。

（3）衍生的脂肪伴随物。衍生的脂肪伴随物是由简单脂质和复杂脂质衍生而来或与之关系密切但也具有脂质一般性质的物质，如类固醇（甾醇类）、维生素 A、维生素 D、维生素 K 以及多酚、酚酸、角鲨烯等。衍生的脂肪伴随物通常构成了植物油中的不皂化物（油脂等样品中不能与氢氧化钠或氢氧化钾起皂化反应的物质）。不同油中的不皂化物含量、组成和特征也有较大差异，其中的特殊成分常常可以作为某种植物油的特征指标，如棉籽油中的棉酚、橄榄油中的角鲨烯、花生油中的白藜芦醇、芝麻油中的芝麻林素和米糠油中的谷维素等。

研究证明，大部分植物油脂伴随物对油脂本身具有保护作用，进入人体则起到改善生理功能、预防慢性病等各种有益作用。一般这些油脂伴随物在食用油中均是微量物质，每一种成分的量不必追求过高，而其种类则越丰富越好。这样，食用油具有多样性营养，消费者可以从中适度且均衡地获得各种有益成分，天然又不过量，有利于促进膳食合理平衡。下面将重点介绍一些常见的油脂伴随物。

3.2.1　维生素 E

3.2.1.1　维生素 E 的特性

维生素 E（VE），又名抗不育维生素，是生育酚、生育三烯酚以及能够或多或少显示 d-α-生育酚生物活性的衍生物的总称。VE 分为天然 VE 和合成 VE 两种。天然 VE 包括 4 种生育酚（α，β，γ，δ）和 4 种生育三烯酚（α，β，γ，δ）共 8 种类似物；合成 VE 指的是 DL-α-醋酸生育酚（图 3-5），存在 8 种旋光异构体，每种异构体占 12.5%，α-生育酚生理活性最高，但就抗氧化作用而言，δ-生育酚的作用最强，α-生育酚最弱。它

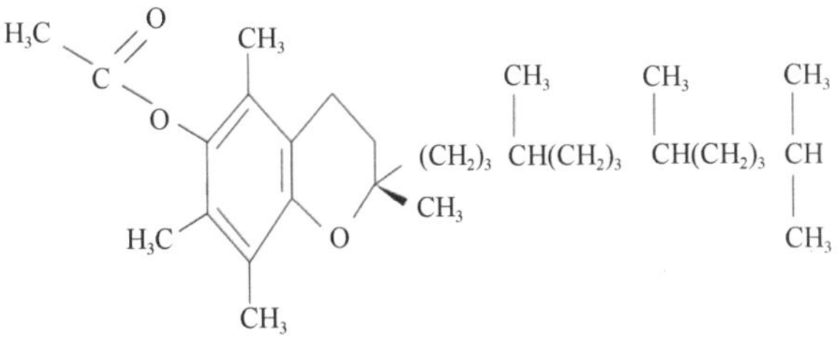

图 3-5　维生素 E（DL-α-醋酸生育酚）的化学结构式

们都是浅黄色的黏性油状物，溶于脂肪和乙醇等有机溶剂中，不溶于水，对氧敏感，对碱不稳定，对热和酸稳定，暴露于氧、紫外线、碱、铁盐和铅盐中会遭到破坏。天然 VE 来源于植物，生物活性较高，但产量低，价格高，远不能满足市场需求。而合成 VE 可大批量进行生产，产品结构易于调控，价格低。目前人们获得 VE 的 80% 来自合成产品，天然 VE 只占 20% 左右（褚遵华等，2005）。

3.2.1.2　维生素 E 的分布

天然维生素 E 广泛存在于植物的绿色部分及禾本科种子的胚芽里，在植物油中含量丰富。另外，维生素 E 在水果、蔬菜及粮食中均有存在。在动物体内，维生素 E 存在于肝、多脂肪组织、心脏、肌肉、睾丸、子宫、血液、垂体等器官或组织中。

3.2.1.3　生物学功能

1）自由基的清除剂

维生素 E 的主要生理学功能是作为自由基的清除剂防止自由基或氧化剂对细胞膜中的多不饱和脂肪酸、膜的富含巯基的蛋白质成分以及细胞骨架和核酸的损伤。自由基的去毒作用是一个抗氧化系统，维生素 E 是其中重要的组成成分，它常和硒协同作用（尤新，2000）。

2）抗氧化活性

维生素 E 可以预防重金属、产生自由基的肝毒素和可以引起氧化剂致伤的各种药物损害，其机制如下：一是酚环中的氢可以由于共振而被释放提供电子给自由基使之稳定，其本身变为脱氢维生素 E，后者在维生素 C 的作用下又可以还原为维生素 E；二是作用于脂质过氧化物，打断链式反应抑制不饱和脂肪酸过氧化；三是抑制磷脂酶 A2 以及脂氧化酶活性，减少自由基的形成（孙月婷，2011）。

3）免疫功能

维生素 E 对正常免疫功能特别是 T 淋巴细胞的功能很重要，这一点已经在动物模型和美国老年人群中得到证实。流行病学的数据提示维生素 E 摄入量低和血浆水平低的人患某些癌症的危险性增高，特别是肺癌和乳腺癌。

4）对胰岛功能的影响

有关维生素 E 对胰岛功能的影响的研究较多，维生素 E 主要和硒协同作用，维生素 E 可以增加血清胰岛素水平及其分泌，硒可以提高 GSH-Px 的活力，增加胰岛素分泌及其储备。另外，膳食硒和维生素 E 的水平与胰岛 β 细胞的合成及其分泌胰岛素的功能有很大关系，并且对胰岛细胞具有一定的保护作用。

5）维生素 E 与预防肿瘤

体内外试验表明，维生素 E 具有控制肿瘤细胞生长、增强机体对癌细胞的抵抗力、降低或延缓体内肿

瘤发生的作用。有研究显示，维生素 E 能激活诱导小鼠乳腺癌细胞凋亡。流行病学资料也显示，人体维生素 E 摄入量与肿瘤呈负相关关系，维生素 E 在预防肿瘤方面起着重要作用。

3.2.1.4 维生素 E 的合成和提取

维生素 E 早期是由 2,3,5-三甲基氢醌直接与植醇（叶绿醇）、植基卤化物或植二烯缩合而得，目前主要是以 2,3,5-三甲基氢醌和由丙酮合成的异植醇（异叶绿醇）为原料，在催化剂存在下进行反应制得。由人工合成的植醇或异植醇制备的维生素 E 是 8 种异构体的混合物。由天然植醇合成的维生素 E 只是 2 种异构体的混合物，并且二者可以通过结晶而分离开来。

天然维生素 E 一般均是从天然植物原料中提取的，一般是从植物油精炼脱臭时的蒸馏冷凝液中提取。因植物油中所含维生素 E 在脱臭过程中可随着可挥发部分一起被蒸出，最后蒸出的维生素 E 被冷凝下来，所以从蒸馏冷凝液中回收天然维生素 E 是比较廉价的方法。另外，还可通过溶剂萃取、酯化、分子蒸馏及吸附分离从馏出物中提取维生素 E。萃取后用甲醇或乙醇，使脂肪酸酯化，用蒸馏法除去脂肪酸酯，可得到 50%维生素 E 粗品，然后经分子蒸馏获取 70%以上的维生素 E。豆油提取的维生素 E 含 α 型 10%、γ 型 67%、δ 型 23%。

3.2.1.5 维生素 E 的应用现状

维生素 E 可作为降低心脏病发生、减轻肠道慢性炎症、抗衰老的药物使用，同时还可避免人体肺大出血、肝坏死、肾病变和肌酐尿素偏高等病症，增强免疫力。医药行业对维生素 E 的需求量近年来增长较快（崔旭海，2009）。

维生素 E 添加到食品中可以起到防腐保鲜的作用，作为食品抗氧化剂，维生素 E 具有很多优点，如沸点高、热稳定好，因此特别适用于需要加热保存的食品，如方便面、人造奶油、奶粉等。维生素 E 更适合生产各种保健食品，特别是用作婴幼儿食品营养强化剂。维生素 E 能保持加工食品的新鲜风味，并能使之稳定持久。在鱼肉加工中添加 0.04%维生素 E，可改善鱼臭并提高产品风味。在加工香肠的原料肉中加入 0.05%维生素 E，可保持香肠新鲜（周筱丹等，2010）。

环境污染及紫外线照射会产生自由基，造成皮肤、细胞及组织的损伤，加速老化过程，研究证实，维生素 E 对皮肤免受自由基损害有决定性作用。同时，维生素 E 作为抗氧化剂可以延长化妆品使用时间。维生素 E 能促进皮肤的新陈代谢和防止色素沉积，改善皮肤弹性，具有美容、护肤、防衰老等性能，已成为国际市场营养性系列化妆品的主流。

常态的维生素 E 很难透过皮肤被细胞吸收，但当维生素 E 被纳米技术处理后，在数分钟内就可以透过真皮层，迅速被皮肤细胞吸收，且具有祛斑功能，这种纳米维生素化妆品比一般含氢醌类化合物的祛斑产品效果还好、还快，而且安全、无毒副作用。这样，纳米化妆品在解决祛斑问题的道路上迈出了一大步（侯文彬和许艳萍，2015）。

随着对维生素 E 的研究越来越多，因其广泛的作用其市场的需求量也越来越大。虽然化学合成维生素 E 的技术已经很成熟，但由于其无法合成特定立体构型的维生素 E 单体从而影响维生素 E 的活性，而被广泛地应用于动物饲料添加剂，在保健、医疗、美容等方面，人们更趋向于选择天然维生素 E。

在提高天然生物合成维生素 E 的产量方面，学者主要集中于通过代谢工程改造植物来增加其产量，如过表达与中间体 HGA 和 GGDP/PDP 的供应相关的酶，对通过体外培养植物愈伤组织和植物细胞的方法来获得维生素 E 也进行了一些尝试。据了解，利用高科技从大豆油中分离提纯出天然维生素 E 的技术已经实现。这种天然维生素 E 由于在生产过程中没有产生化学反应，保持了维生素 E 原有的生理活性和天然属性，更容易被人体吸收利用，而且安全性也高于合成维生素 E，更适于长期服用。实验还证明，天然维生素 E 的抗氧化和抗衰老性能指标都高出合成维生素 E 数十倍。

随着人们生活水平的提高和保健意识的增强，保健食品将更广泛地进入公众的日常生活，维生素 E 保健食品基于其抗氧化、保护心脑血管等功能必将广受消费者重视和青睐。其中，天然维生素 E 的功能活性和安全性都优于合成维生素 E，而我国已注册的维生素 E 保健食品中只有 212 个产品为天然维生素 E 类，今后需要加大天然维生素 E 原材料的生产，同时优化合成维生素 E 的生产工艺，不断提高保健食品的安全性。此外，不断创新，充分利用我国中草药资源的丰富优势，研制新产品，开发新剂型，提高保健食品的营养价值和经济价值，为我国维生素 E 保健食品健康发展奠定基础。

3.2.2　植物甾醇

3.2.2.1　植物甾醇的特性

植物甾醇又称植物固醇，属于具有植物活性成分的甾体类化合物，是植物细胞的重要组成成分，为无臭无味的三萜类白色结晶粉末，不溶于水，易溶于多种有机溶剂，熔点为 130～140℃。其分子含 28～29 个碳原子，C-3 位羟基是重要的活性基团，可与羧酸化合形成植物甾醇酯而具有比甾醇更好的脂溶性和生物活性。

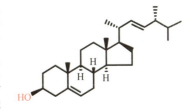

图 3-6　菜籽甾醇分子结构式

植物甾醇有游离型和酯化型两种，酯化型植物甾醇更易溶于有机溶剂，其吸收利用率与游离型相比约提高 5 倍，其功能作用也更加广泛。游离型植物甾醇在油脂中含量较多，最常见的包括：β-谷甾醇、谷甾醇、菜油甾醇、菜籽甾醇、豆甾醇、燕麦甾醇、芦竹甾醇、甲基甾醇和异岩藻甾醇等。而在谷类食物中以酯化型植物甾醇为主，常见的有 β-谷甾醇阿魏酸酯、豆甾醇阿魏酸酯等。在已发现的 40 种较为主要的植物甾醇中，含量较大的是谷甾醇、豆甾醇、菜油甾醇和菜籽甾醇（图 3-6）。

3.2.2.2　植物甾醇的来源与分布

据测定，所有植物性食物中都含有植物甾醇，但含量较高的是植物油类、豆类、坚果类等，虽说谷类、水果、蔬菜中植物甾醇含量相对较低，但由于日常食用量较大，也为人类提供了不少植物甾醇。谷类植物甾醇含量较高的植物食物包括植物油类、坚果种子类、豆类等。植物油中植物甾醇含量以玉米胚芽油最高，其次为芝麻油；坚果种子类中开心果含量最高，其次为黑芝麻；豆类中以黄豆含量最高，其次为青豆；蔬菜水果及薯类中植物甾醇含量较低（表 3-1）。吸收后的植物甾醇与脂蛋白一起在血液中运输，然后选择性地分布到身体各部位，一般肝、肾上腺、卵巢、睾丸等器官中植物甾醇含量很高，这一分布也许提示其可能被用来做甾醇激素的前体（杨振强等，2006）。

表 3-1　常见食物中植物甾醇的含量（mg/100g）

名称	含量	名称	含量
马铃薯	5	杏仁	143
番茄	7	腰果	158
梨	8	花生	220
莴苣	10	花生油	207
胡萝卜	12	橄榄油	221
苹果	12	大豆油	250
洋葱	15	棉籽油	324
香蕉	16	红花籽油	444
无花果	31	芝麻油	865
鹰嘴豆	35	玉米油	968
菜豆	127	米糠油	1190
黄豆	161	胡桃	108

3.2.2.3 生物学功能

1）降低胆固醇作用

诸多研究表明，摄入一定水平植物甾醇可有效改善机体胆固醇代谢，降低血液总胆固醇（TC）和低密度脂蛋白胆固醇（LDL-C）含量，且不影响高密度脂蛋白胆固醇（HDL-C）或脂溶性维生素浓度。具有抑制人体对胆固醇的吸收、促进胆固醇的降解代谢、抑制胆固醇的生化合成等作用（耿敬章等，2006）。

2）抗癌作用

研究表明，谷甾醇、豆甾醇和菜油甾醇的摄入量与胃癌的发生率呈负相关。食用高植物性脂肪的日本人群乳腺癌的发病率较低，而食用高动物性脂肪的西方人群乳腺癌发病率较高。且由于亚洲男性日常生活中摄入大量的植物甾醇，其前列腺癌发病率低于食用大量动物胆固醇的西方人。人们对于植物甾醇的抗癌机制进行了大量的研究。但是其具体作用机制尚不清楚，可能的机制是植物甾醇对细胞膜的作用、对细胞信号转导途径、细胞凋亡以及免疫反应的影响。植物甾醇可能通过降低细胞膜表面流动性来达到抑制肿瘤的作用。

3）抗氧化作用

β-谷甾醇具有清除羟自由基和抑制超氧阴离子产生的作用，被认为是一种温和的自由基清除剂。在油脂中加入 0.08%植物甾醇能最大程度降低油脂的氧化，并且其抗氧化能力随着浓度的上升而增强，尤其是与维生素 E 或其他抗氧化药物联合应用时，其抗氧化效果可与之协同，产生更强的叠加效果。植物甾醇的抗氧化作用在煎炸过程的初始阶段最明显，表明其具有良好的热稳定性。因此，添加植物甾醇的高级菜籽油在高温条件下的抗氧化、抗聚合性能增强。

4）抗炎与免疫调节作用

植物甾醇具有抗炎、抗感染以及抑制细菌和真菌繁殖等作用，其抗炎作用是较早被发现的功能之一。研究证明，β-谷甾醇有类似于氢化可的松和强的松等的较强的抗炎作用，豆甾醇也有一定的消炎功能，且均无可的松类的副作用，类似于阿司匹林类的退热镇痛作用。

5）类激素作用

植物甾醇作为一种甾体化合物，其化学结构与类固醇相似，是类固醇激素的合成前体，在体内表现出一定的激素活性。植物甾醇可能通过改变胆固醇的生物利用率或调节某些代谢酶活性，从而影响性腺组织合成类固醇激素的能力。另外，植物甾醇可诱导甲状腺活动的增加，明显升高血清总甲状腺素、总三碘甲腺原氨酸和游离三碘甲腺原氨酸水平（吴素萍和章中，2007）。

6）皮肤保健、美容及其他作用

植物甾醇具较强表面活性，特别是 β-谷甾醇对皮肤具有很高的渗透性，可促进皮脂分泌，保持皮肤湿润和柔软，并能使干燥和硬化皮肤角质恢复柔软；防止皮肤晒伤，甚至可防止和抑制鸡眼形成。谷甾醇等植物甾醇与植物生长激素在机体内可与水中形成分子膜的脂质结合，生成植物激素-植物甾醇-核糖核蛋白，使原植物激素对环境温度、动物体温和体内分解的稳定性增加，激发 DNA 的转录活性，生成新的 mRNA，诱导蛋白质合成，影响激素-受体-靶基因调控方式的作用，从而达到调节生长及相应的生物效应。

3.2.2.4 植物甾醇的生物合成途径

植物甾醇的生物合成途径可分为 3 个阶段：乙酰辅酶 A 到环阿屯醇的合成、环阿屯醇到 4-甲基-24-亚甲基胆甾-7-烯醇的合成和 24-亚甲基胆甾-7-烯醇到菜油甾醇、β-谷甾醇和豆甾醇的合成（图 3-7）。前两个阶段是所有植物甾醇合成的共有部分，植物中以环阿屯醇为节点，一部分代谢流通往 C24-烷基植物甾醇通路，另一部分代谢流则走向胆固醇合成通路。第 3 个阶段以 24-亚甲基胆甾-7-烯醇为节点，分为 C24-甲基甾醇合成途径（合成菜油甾醇）和 C24-乙基甾醇合成途径（合成 β-谷甾醇和豆甾醇）。

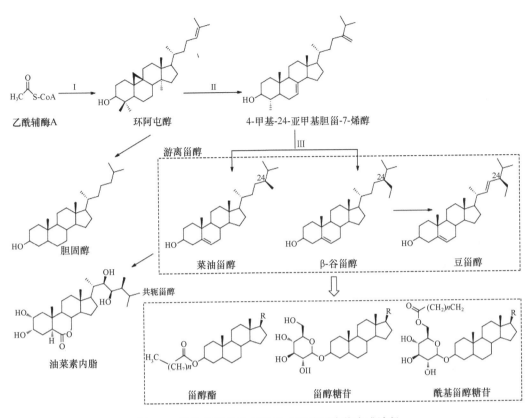

图 3-7 植物甾醇的化学结构式及简要生物合成途径

3.2.2.5 植物甾醇的提取与分离

植物油精炼脱臭的馏出物是植物甾醇的重要来源，脱臭馏出物中一般含有 10%～30%不皂化物，其中约 40%是植物甾醇，15%是生育酚。在脱臭馏出物中，植物甾醇以游离形式和脂肪酸酯化的形式存在。提取方法有：溶剂结晶法、络合物法、干式皂化法、分子蒸馏法、超临界流体萃取法等。从脱臭馏出物中提取植物甾醇包括三步：①皂化使植物甾醇脂肪酸酯转化成游离植物甾醇；②游离脂肪酸酯化；③通过蒸馏回收植物甾醇或植物甾醇浓缩物（寇明钰等，2004）。

目前，植物甾醇的分离方法主要有：①利用个别甾醇蒸汽压力不同，真空蒸馏分段富集，但纯度较低；②在层析柱中利用个别甾醇在洗脱液与吸附剂之间的分配差异，达到分离目的；③溶剂结晶法，利用个别甾醇在溶剂中的溶解度差异，进行多级分步结晶，利用有机酸与甾醇羟基发生脂化反应生成相应衍生物，增大物理性质差异，然后重结晶分离。

3.2.2.6 植物甾醇的应用现状

1）临床医学

β-谷甾醇可用来治疗高胆固醇、高甘油三酯血症。给高胆固醇症病人每天摄入 1.84g 甾醇酯或甾烷醇酯，可使其血浆 TC 水平和 LDL-C 水平降低。在阻止回肠造口术病人小肠吸收胆固醇的效果上，甾醇酯和甾烷醇酯的作用基本相同（盛漪，2006）。

2）合成药物

植物甾醇可用于合成调节水、蛋白质、糖和盐代谢的甾醇激素，这一特点可用于制作高血压药和口服避孕药等几乎所有的甾体类药物。豆甾醇可用于多种甾体皮质激素药物的制造，由于其具有降胆固醇、抗炎退热及拮抗肠癌、宫颈癌、皮肤癌、肺癌、前列腺癌等的功能而被广泛应用于临床医学。

3）保健食品

膳食中植物甾醇含量最高可达 400mg。每天 2～3g 的剂量可最大程度地降低胆固醇。植物甾醇在食品上广泛应用于制备预防心血管疾病的功能性活性成分，以其为主要成分的片剂、咀嚼片等已有出售。现已开发出添加 1%植物甾醇的植物油及 0.4%的植物甾醇酯的酸牛奶，此外，用配方预乳化油和植物甾醇制成的低脂肪汉堡包也是潜在的功能食品（鲁海龙等，2017）。

4）其他应用

植物甾醇目前已经广泛应用于家蚕养殖，在不同家畜家禽养殖中也有不错的效果。另外，植物甾醇以及氢化植物甾醇等已在化妆品中得到广泛应用，在增溶剂、乳化剂、软化剂、分散剂、增稠剂和护发剂中均已有添加（左玉，2012）。

我国是油料生产和消费大国，油脂工业副产物中蕴藏着极为丰富的植物甾醇资源。随着人民生活水平的提高，油脂精炼工业飞速发展，按精炼能力与植物甾醇含量估算，我国油脂生产厂家仅脱臭馏出物中蕴藏的植物甾醇总量就近 1000t。目前，国际上植物甾醇的 70%以上来源于大豆油脱臭馏出物。在植物甾醇的应用研究方面，迄今已发表了大量著作，领域涉及医药、化妆品、食品（包括航空食品）、光学产品、饲料、油漆、颜料、树脂、造纸、纺织、杀虫剂及除草剂等（左玉，2012）。

但在目前的植物甾醇研究中也发现了一些问题，如植物甾醇妨碍类胡萝卜素的生物利用程度。此外，植物甾醇应用于非洲爪蟾（Xenopus laevis）时使其基础代谢率下降，活动减少，肌肉脂肪酶和糖原磷酸化酶的活性降低；应用于人时可导致组织甾醇浓度增加而促使早期冠心病的发生且可能对动物体内脂肪进行重新分配；应用于小鼠时，会损害血管内皮功能，加重缺血性脑损伤，引起小鼠动脉粥样硬化。这些问题需要人们重新开始审视这种药物，今后应该在相关领域进行深入的研究，以完善其作为新的功能性饲料添加剂的使用方法。

3.2.3 酚类物质

酚类物质是植物油中的主要油脂伴随次生代谢产物之一，广泛分布于蔬菜、水果、香辛料、谷物、豆类和果仁等各种高等植物器官中，对植物的品质、色泽、风味等有一定的影响，同时，还具有抗氧化、抗癌、抗逆等重要作用，因而成为国内外研究热点（王玲平等，2010）。

3.2.3.1 酚类物质的定义和结构

多酚类化合物是植物中一组化学物质的统称，因含有多个酚基团而得名（图 3-8）。多酚类化合物可作为优良的抗氧化剂资源，整个植物界有多酚或酚类化合物及其衍生物达 6500 种以上，这些都是植物代谢过程中的次生副产物，存在于许多普通水果、蔬菜中，是人们每天从食物中摄取数量最多的抗氧化物质。

多酚类化合物除具有良好的抗氧化功能外，还具有强化血管壁、促进肠胃消化、降血脂、增强人体免疫力、预防动脉硬化和血栓形成，以及利尿、降血压、抑制细菌与癌细胞生长等作用（左玉，2013）。

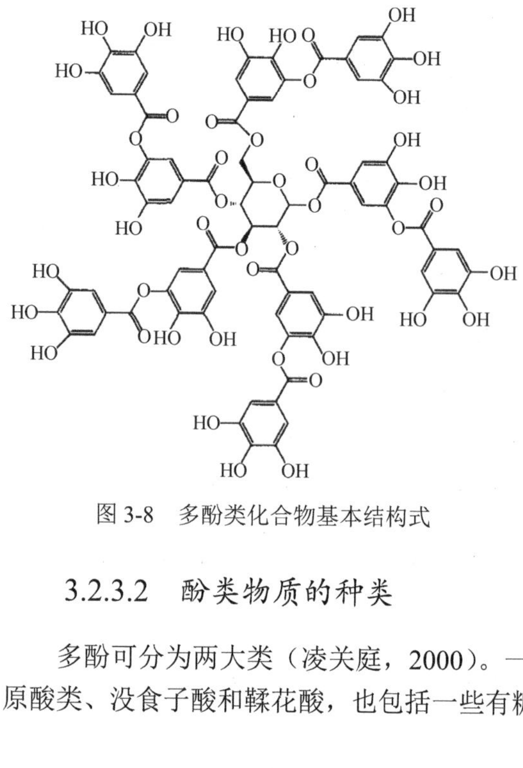

图 3-8 多酚类化合物基本结构式

3.2.3.2 酚类物质的种类

多酚可分为两大类（凌关庭，2000）。一类是多酚的单体，即非聚合物，包括各种黄酮类化合物、绿原酸类、没食子酸和鞣花酸，也包括一些有糖苷基的复合类多酚化合物，如芸香苷等。另一类则是由单体聚合而成的低聚或多聚体，统称单宁类物质，包括缩合型单宁中的原花青素和加水分解型单宁中的没食子单宁和鞣花单宁等（表3-2）。

表3-2 多酚类及其提取物商品

多酚类名称	代表商品
多酚单体 黄酮类化合物（flavonoid） 黄酮（flavone） 异黄酮（isoflavone） 黄酮醇（flavonol） 黄烷酮（flavanone） 黄烷醇（flavanol） 黄烷酮醇（Flavanonol） 花青素苷（anthocyanin） 查耳酮（chalcone） 绿原酸（chlorogenic acid） 没食子酸（gallic acid） 鞣花酸（ellagic acid）	甘草油性提取物；洋葱提取物；芸香苷分解物 大豆异黄酮；芸香苷酶解物；油菜籽油提取物 可可多酚；杨梅提取物；荞麦提取物 柑橘皮提取物 绿茶提取物 松树提取物 蓝莓提取物 花红素 生咖啡豆提取物；向日葵提取物 月见草提取物 紫花地丁提取物
低聚和多聚多酚 （单宁） 综合型单宁 原花青素（proanthocyanidin） 加水分解型单宁 没食子单宁（gallotannin） 鞣花单宁（ellagitannin）	乌龙茶提取物；葡萄籽提取物；生苹果提取物 甜菜提取物；儿茶树提取物 桉树提取物

3.2.3.3 酚类物质的生物学功能

1）抗氧化作用

现代医学研究证明，很多疾病和组织器官老化等都与自由基有关。而植物多酚具有较强的抗氧化能力，能有效清除体内过剩的自由基，抑制脂质过氧化对自由基诱发的生物大分子的损伤，对机体起到保护作用。

2）抗动脉硬化、防治冠心病与中风等心血管疾病

血液流变性降低、血脂浓度增高、血小板功能异常是诱发心脑血管疾病的重要原因。据报道，植物多酚物质能抑制血小板的聚集粘连，诱发血管舒张，并抑制脂类新陈代谢中酶的作用，有助于防止冠心病、动脉粥样硬化和中风等常见的心脑血管疾病的发生（石碧和狄莹，2002）。

3）抗肿瘤作用

癌症是世界上第二大致死性疾病，严重危害着人类的健康和生命。大量的流行病学研究及动物试验都证明，多酚类物质可以阻止和抑制癌症发病。多酚的抗肿瘤作用是多方面的，可以对癌变的不同阶段进行多方面的抑制。同时也是有效的抗诱变剂，能减少诱变剂的致癌作用，提高染色体精确修复能力，进而提高体细胞的免疫力，抑制肿瘤细胞的生长（陈曾三，2000）。

4）抑菌消炎、抗病毒

植物多酚对多种细菌和真菌都有明显的抑制作用，而且在相应的抑制浓度下不影响动植物体细胞的正常生长。茶多酚可作为胃炎和溃疡药物成分抑制幽门螺杆菌的生长。钝化的柿子单宁可以抑制破伤风杆菌、白喉棒状杆菌、葡萄球菌等病菌的生长。

5）护肝益肾

多酚改善了血液状况，降低了血糖浓度，减少了肝线粒体中的自由基，从而对肝脂质过氧化起到了抑制作用。据报道，朝鲜蓟叶提取物（ALE）能有效促进胆汁分泌，显著增加总胆酸浓度，保护肝。临床上ALE对肝胆疾病和上腹胀满、食欲不振、恶心、腹痛等治疗效果较好，并具有良好的安全性，其主要有效成分是黄酮类化合物和绿原酸。

6）抗老化和防晒美白

植物多酚独特的化学结构使它在紫外光区有强吸收因而被添加到护肤品中起到防护作用。茶多酚、柿子单宁等从植物中提取的多酚已经被证实对人体无毒性（冯丽等，2007）。

3.2.3.4 植物酚类化合物的合成与提取

植物酚类化合物是通过多条途径合成的，其中以莽草酸途径和丙二酸途径为主，高等植物大多通过前一种途径将初生物质转化成次生物质。在酚类代谢途径中涉及许多酶的催化反应，其中苯丙氨酸解氨酶（phenylalanine ammonia-lyase，PAL）、查耳酮合成酶（chalconesynthase，CHS）、花青素合成酶（anthocyanidin synthase，ANS）、苯甲酸 2-羟化酶（benzoate2-hydroxylase，BA2H）和无色花青素还原酶（leucocyanidin reductase，LAR）分别是酚类化合物、类黄酮、花青素、水杨酸和单宁形成最为关键的限速酶。

PAL 催化 L-苯丙氨酸脱氨生成反式肉桂酸和氨，引导碳素流向酚类物质，是植物大部分酚类物质形成的第一个关键限速酶，为其他酚类代谢反应提供代谢底物，形成木质素、植保素、类黄酮、花青素、羟基肉桂酸酯、木脂体类、木聚素等次生物质，与植物的生长发育、品质、抗病虫害、抗 UV 辐射等密切相关。

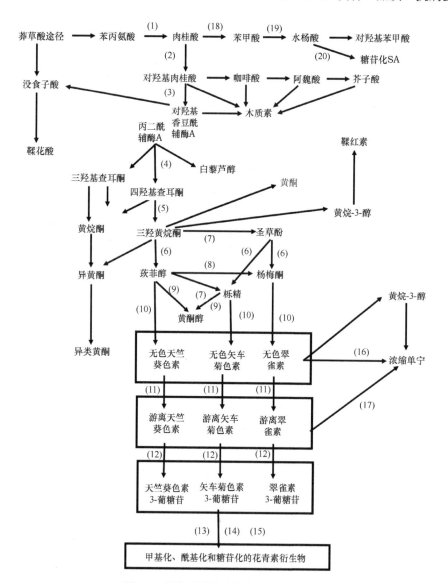

CHS 是类黄酮合成的第一个关键酶，催化 3 个分子的丙二酰 CoA 与 1 个分子的香豆酰 CoA，生成 4,5,7-三羟基黄烷酮，为其他类黄酮的合成所用。ANS 是花青素生物合成的第一个关键酶，酶的活性通常和花青素含量呈正相关。ANS 属于依赖 2-酮戊二酸的双加氧酶类，ANS 与类黄酮途径中其他两个双加氧酶类的黄烷酮-3β-羟化酶（flavanone-3β-hydroxyalse，F3H）和黄酮醇合成酶（flavonol synthase，FLS）有一致的同源性。

PAL、CHS 和 ANS 是酚类物质合成途径中研究最多的酶基因，其他的如 DFR，F3H 等也有相关的研究报道。PAL、CHS、ANS 和大多数酚类物质合成相关酶一样位于细胞质中，但是常常在内质网上形成酶复合体，共同对酚类物质的合成起催化作用，这些酶活性及其编码基因的表达都易受到外界环境因子的诱导，尤其是光照，同时对蔗糖具有正向响应。到目前为止，酚类物质合成相关基因的表达都是在转录水平上受到调控（图3-9）。

图 3-9 植物酚类化合物生物合成途径

（1）苯丙氨酸裂解酶；（2）肉桂酸 4-羟化酶；（3）4-香豆酸 CoA 连接酶；（4）查耳酮合成酶；（5）查耳酮异构酶；（6）黄烷酮 3-羟化酶；（7）黄烷酮 3′-羟化酶；（8）黄烷酮 3′5′-羟化酶；（9）黄酮醇合成酶；（10）二氢黄酮醇 4-还原酶；（11）花青素合成酶；（12）类黄酮-3-葡糖基转移酶；（13）花青素甲基转移酶；（14）花青素酰基转移酶；（15）花青素糖基转移酶；（16）无色花青素还原酶；（17）花青素还原酶；（18）肉桂酸脱羧酶；（19）苯甲酸 2-羟化酶；（20）尿苷二磷酸-葡萄糖基转移酶

3.2.3.5 植物酚类化合物应用现状

1）在食品工业中的应用

目前，植物多酚常作为天然的食品添加剂来改善食品质量，这方面最突出的就是对茶叶、葡萄、柿子、苹果等天然水果和蔬菜中提取的多酚物质的利用，如其在防腐方面的性质。

植物多酚在中性和弱酸性 pH 下对于大多数微生物具有普遍抑制能力，这一性质对于通常呈中性或酸性的食品防腐非常有利。例如，苹果多酚以及从橄榄中提取的没食子酸及黄酮类等物质对食品加工和储藏中常见的腐败菌均有一定的抑制作用。虽然和传统的食品防腐剂，如苯甲酸钠、山梨酸钾相比，植物多酚抑菌浓度较大；但作为天然的防腐剂，其毒副作用小且不影响食品风味，具较高的医疗保健价值。植物多酚还可作为酒类和饮料的澄清剂，这主要是利用酚羟基通过氢键与蛋白质的酰胺基连接后，能使明胶、单宁（植物多酚）形成复合物而聚集沉淀，同时捕集和清除其他悬浮固体。

卫生部《保健食品注册管理办法》（2016）规定：保健食品系指表明具有特定保健功能的食品。即适宜于特定人群食用，具有调节机体功能，不以治疗疾病为目的的食品。植物多酚多方面的生物活性使人们认识到可以将植物多酚加入食品中以达到某种保健目的。综上所述，植物多酚的多重性质决定了其在食品方面应用的可行性。由于植物多酚分布广泛，且我国有大量的植物富含多酚，如五倍子（*Thus chinensis*）、老鹳草（*Geranium wilfordii*）等。这为植物多酚的开发提供了丰富的天然资源，使其在保健食品方面的应用前景十分广阔。

2）在日用化妆品中的应用

植物多酚具有独特的化学与生理活性，在以含有黄酮和多酚物质的中草药为原料的化妆品中，兼具抗衰老、抗紫外线、抗氧化、祛斑、防皱、保湿、防止皮肤粗糙等功效。因此对多种因素造成的皮肤老化的治疗，如皱纹和色素沉着，都有独到的功效。

3）在医药中的应用

人们发现多酚不仅是多种传统草药，如五倍子、大黄、土茯苓、杜仲、肉桂等中的活性成分，而且其生理活性具有独特性和多样性，如抗病菌、抗肿瘤、抗心血管病、抗炎和抗衰老方面等，体外和活体药物实验结果都证明了这一点。此外，植物多酚还可以作为水质稳定剂、絮凝剂、离子交换剂与吸附树脂等应用于水处理方面。

酚类物质是植物中研究最广泛的次生代谢物质，由于其具有天然抗氧化活性，所以在医药、化工、染料、制革等领域都得到了广泛的应用。随着基因组学、蛋白质组学等现代生物技术的快速发展，各个植物中酚类物质的种类、含量、结构及其代谢途径、互作方式、基因调控模式等的研究将逐步得以深入，这将有助于未来酚类物质的定向合成和利用。同时，随着现代提取工艺技术的不断改进，如超声萃取、超临界萃取、膜技术和电化学技术等的发展，必将为植物酚类物质的提取提供更加简便、快速及高效的工艺，从而大大提高植物酚类物质的提取效率和纯度，进而使植物酚类物质呈现出更加广阔的应用前景。

3.2.4 角鲨烯

3.2.4.1 角鲨烯的定义和结构

角鲨烯（Squalene）是一种含 6 个异戊二烯双键的开链三萜烯类化合物（官波和郑文诚，2010），结构如图 3-10 所示，属于高不饱和的脂肪族烃类化合物。角鲨烯是类固醇生物合成前体，是对人类健康非常有用的生物活性化合物之一。角鲨烯能够在人体皮肤和肝中合成，可通过低密度脂蛋白和极低密度脂蛋白在代谢系统中运输，强化机体新陈代谢、更新细胞及促进组织生长；可以通过猝灭单线态氧来保护皮肤免受脂质过氧化损伤，保护细胞免受 DNA 氧化损伤；此外，还具有预防心血管疾病、增强人体免疫力、抗肿瘤等多种

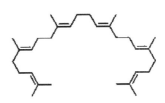

图 3-10　角鲨烯的化学结构式

生理功能。角鲨烯在功能性食品、营养补充剂及医药等领域的应用引起了人们的极大关注。同时，角鲨烯也是《中国好粮油 食用植物油》（LS/T 3249—2017）中营养伴随物的评价指标之一。角鲨烯最开始是从鲨肝油中获得的。然而，鉴于动物来源角鲨烯研究的种种限制及物种生态多样性的保护，探索新的角鲨烯天然来源十分必要。自然界植物系种属繁多、品种多样、形态不一，角鲨烯既存在于一些植物原料中，如种子、果实、根、茎叶等，也存在于植物油脂中，如橄榄油、米糠油、油茶籽油等，且在植物油加工后的残余物中也大量存在，如橄榄油脱臭馏出物。研究发现，角鲨烯在不同植物油中的含量各不相同，在同种植物油中的含量差异也较显著。

3.2.4.2 角鲨烯的来源

植物油种类丰富、来源广泛，其含有多种饱和脂肪酸和不饱和脂肪酸，如硬脂酸、油酸、亚油酸、亚麻酸、花生酸等，以及多种维生素和钙、铁、磷、钾等矿物质与多种微量营养成分。食用植物油是日常生活中必不可少的一类物质，其含有的角鲨烯成分对人体健康有重要作用。不同种类植物油角鲨烯含量不同，其中橄榄油、苋菜籽油、南瓜籽油角鲨烯含量丰富，是目前植物源角鲨烯的重要来源；菜籽油、大豆油、葵花籽油、亚麻籽油等常见食用植物油角鲨烯含量较低，在 200mg/kg 以内。此外，部分植物油角鲨烯含量差异显著，如油茶籽油、橄榄油、米糠油和南瓜籽油等。

不同植物油角鲨烯含量存在差异，而植物油种类是由提取的植物原料决定的。有研究表明，植物原料中含有角鲨烯成分且含量不同，因此，不同原料经过制油工艺提取后，所制得的植物油角鲨烯含量各异（表 3-3）。植物基因是植物内在属性，控制着植物种类和植物生长发育全过程，因此，不同植物基因种类决定着植物油中角鲨烯的含量。有报道称，植物基因和酶对植物发育过程中的角鲨烯含量起调控合成与转化作用，通过转基因技术改变植物属性可以达到高产角鲨烯的目的。不同植物油中角鲨烯的含量见表 3-3。

表 3-3　不同植物油中角鲨烯的含量（mg/kg）

植物油名称	角鲨烯含量	植物油名称	角鲨烯含量
菜籽油	9.8～124.5	玉米油	38.4～2568.4
大豆油	16.3～184.0	玉米胚芽油	68.0～90.7
葵花籽油	43.9～179.0	亚麻籽油	18.1～113.7
花生油	41.6～1343.0	米糠油	18.3～3189.0
芝麻油	14.7～607.0	南瓜籽油	310.0～4446.0
油茶籽油	29.2～2083.0	苹果籽油	10.0～340.0
茶籽油	4.1～251.0	葡萄籽油	60.2～170.0
橄榄油	100.0～10 200.0	牛油果油	190.0～258.0
苋菜籽油	42 000.0	杏仁油	30.0～439.0
核桃油	6.4～320.0	榛子油	186.0～431.7
棕榈油	68.3～487.0	澳洲坚果油	80.0～304.0
胡椒油	65.4～172.0	香榧油	13.0～72.0
小麦胚芽油	69.2	牡丹籽油	66.3
青刺果油	72.0	紫苏油	67.5
火麻籽油	97.0	沙棘油	20.4
月见草油	77.1	牡丹籽油	64.1
米糠胚芽油	131.4	芫荽籽油	451.0

3.2.4.3 角鲨烯的生物学功能

鲨能在无阳光的、氧含量甚微、压力高的深海处（有的达到 500～1000m）生存，具有抵御恶劣环境的强大生命力，是以巨大的肝作为能源支柱，肝的活力据推断与高含量的角鲨烯密切相关。还有一点令人感兴趣的是，鲨肝中角鲨烯的含量高，则维生素的含量就低。角鲨烯也存在于人体肝中，在人体脂肪细胞内，角鲨烯的浓度极高，人的表皮脂质成分中有 6%～14% 为角鲨烯。角鲨烯在油脂中具有抗氧化作用，这也是含有较高角鲨烯的橄榄油和米糠油具有较好贮存稳定性的原因之一。但角鲨烯被氧化后，生成物即有促氧化作用。

角鲨烯在人体内参与胆固醇的生物合成及多种生化反应。同位素标记角鲨烯的动物试验证明，角鲨烯可在肠道被迅速吸收，并沉积于肝和体脂中，成为不皂化物组分。连续两周在大鼠饲料中添加 0.5g 角鲨烯，会发现烃类化合物在毛发、皮肤、肌肉和肠组织脂质中的含量为对照组的 2～10 倍。角鲨烯在肝内转化成胆酸；此外，它还能与载体蛋白和 7α-羟基-4-胆甾烯结合，显著增加 12α-羟化酶的活性，促进胆固醇的转化，并能提高血清铜蓝蛋白与转铁蛋白以及超氧化物歧化酶与乳酸脱氢酶的活性。

新近研究表明，角鲨烯具有类似红细胞那样摄取氧的功能，生成活化的氧化角鲨烯，在血液循环中被输送到机体末端细胞后释放氧，从而增加机体组织对氧的利用能力，促进胆汁分泌、强化肝功能，达到增进食欲，加速消除因缺氧所致的各种疾病的目的（吴时敏，2001）。

3.2.4.4 合成与提取

从肝油中提取角鲨烯有将原料直接进行减压蒸馏或者对肝油进行皂化，分离得到不皂化物后再进行减压蒸馏、脱酸，接着与金属钠减压蒸馏或者将氧化或溴化法呢基（farnesyl）用金属镁或金属钙缩合而成等方法，最后可采用溶剂（乙醇）处理，经减压蒸馏，得到角鲨烯精制品。也有采用氧化铝层析，获取高纯度的角鲨烯。应用于工业生产的提取方法有如城野钟昊提取法、浜屋通泰提取法、一次减压蒸馏法等。必须指出，由于角鲨烯化学性质活泼，制品应充氮密封或胶囊化后遮光，并于阴凉干燥处储存。至于以鲨肝油为原料制取化学性质较稳定的角鲨烷（用作冷冻机和飞机等的高级润滑剂），则通常在工艺过程中的减压蒸馏之前预先氢化，再进行蒸馏。

自 1931 年用化学合成法合成角鲨烯后，人们又研究出许多合成角鲨烯的工艺，其中金合欢基卤素间的偶合合成法是一种具有工业价值的合成方法，以碘化钡和锂的联苯内鎓盐为原料，将制备的活性钡作为偶合催化剂时角鲨烯的收率达 98%。随着生物技术的发展，人们开始利用发酵工程生产角鲨烯，如利用市售压榨后的面包酵母和从糖蜜中分离出的孢圆酵母在厌氧条件下发酵生产角鲨烯，其生成量分别为 41.16μg/g 和 237.25μg/g 干酵母细胞（许瑞波等，2005）。

3.2.4.5 应用现状

1）化妆品工业

角鲨烯为无色或淡黄色油状液体，在化妆品标准配方（如乳油、软膏、防晒霜）中很容易乳化，因此，可用于膏霜（冷霜、洁肤霜、润肤霜）、乳液、发油、发乳、唇膏、芳香油和香粉等化妆品中作保湿剂，同时具有抗氧化剂和自由基清除剂的作用。另外，也用作高级香皂的多脂剂。角鲨烯的生物活性也被十分广泛地应用在美容药物中。含有角鲨烯的制剂对痤疮等皮肤病有很显著的疗效，且没有副作用。例如，一种以角鲨烯、十二烷和十四烷组成的制剂用于治疗痤疮等皮肤病，在施用后几小时见效，几天内可治愈。

2）医药工业

癌症是人类的大敌，迄今为止还没有很好的特效药物可以治疗。许多研究结果表明，角鲨烯对于肿瘤的治疗具有一定的生物活性，如角鲨烯单独使用于鼠类时即有抗肿瘤的效果，其作用机理是角鲨烯可以抑制肿瘤细胞的生长，并增强机体的免疫力，从而增强对肿瘤的抵抗力。同时，角鲨烯能抑制致癌物亚硝胺的生成，从而起到抗肿瘤的作用。另外，临床试验发现，角鲨烯可与其他抗肿瘤药物同时使用，使这些药物的药效得到较大的提升，这适用于淋巴肿瘤等多种肿瘤。除了较好的抗肿瘤作用外，角鲨烯对溃疡、痔疮、皮炎和皮肤烫伤等症状也有一定的疗效，并可治疗或辅助治疗高脂血症。

3）食品工业

角鲨烯因其具有提高血红蛋白的携氧能力、促进新陈代谢、提高机体免疫力和降低血清总胆固醇、防止动脉粥样硬化等功能，常作为功效成分添加于保健食品中。在美国、欧洲以及澳大利亚的市场上出现了一种保健品软胶囊，每100粒为一单位包装，其中每粒含有角鲨烯500~1000mg，深受消费者欢迎。近年来，由于明确角鲨烯具有渗透、扩散、杀菌作用，无论是口服或涂敷于皮肤上，都能摄取大量的氧，加强细胞新陈代谢，消除疲劳，因而已成为功能明确的活性成分在功能性食品中应用广泛。

4）其他工业

食品加工机械中使用的润滑油要求很高，既要性能好又要符合卫生及安全要求。以角鲨烯制成的润滑油，可用于食品加工机械，有安全卫生、热稳定性高、抗氧化性强及润滑作用良好等特点。用含有角鲨烯的乳液处理纤维，可使织物手感好、保湿性强、易于洗涤、洗后保持原有性能并易于熨烫处理。角鲨烯还可以用于农药，可作为杀虫剂，尤其对红火蚁和蚊子有效。

角鲨烯作为一种具有多种生理功能的生物活性物质，它的应用日益受到人们的重视，市场需求量越来越大。但是由于资源有限，寻找和开发角鲨烯的新资源是我们目前面临的一个问题。相信随着科学技术的发展，角鲨烯的开发和利用水平将进一步提高，其应用将更加广泛。

参 考 文 献

蔡霞, 何一, 胡正海. 2011. 玉兰油细胞发育和挥发油产生的超微结构[J]. 西北植物学报, 31(4): 351-354.

蔡霞, 胡正海, 何一. 2002. 鹅掌楸油细胞发育过程中超微结构的变化与挥发油产生的关系[J]. 西北植物学报, 22(2): 327-332.

曹永庆, 姚小华, 任华东, 等. 2013. 油茶果实矿质元素含量和油脂累积的相关性[J]. 中南林业科技大学学报, 33(10): 38-41.

陈锦清, 郎春秀, 胡张华, 等. 1999. 反义 PEP 基因调控油菜籽粒蛋白质/油脂含量比率的研究[J]. 农业生物技术学报, 7(4): 316-320.

陈曾三. 2000. 第 7 营养素——植物多酚功能性及其开发利用[J]. 粮食与油脂, (3): 40-42.

程子彰, 贺靖舒, 占明明, 等. 2014. 油橄榄果生长与成熟过程中油脂的合成[J]. 林业科学, 50(5): 123-131.

初庆刚, 胡正海. 2001. 木姜子油细胞发育的超微结构研究[J]. 植物学报, 43(4): 339-347.

褚遵华, 巩怀证, 李国荣, 等. 2005. 维生素 E 的研究进展[J]. 职业与健康, (12): 35-36.

崔旭海. 2009. 维生素 E 的最新研究进展及应用前景[J]. 食品工程, (1): 8-10, 14.

冯丽, 宋曙辉, 赵霖, 等. 2007. 植物多酚种类及其生理功能的研究进展[J]. 江西农业学报, 19(10): 105-107.

高同雨, 李天红, 张永, 等. 2007. 施钾对核桃钾素营养及粗脂肪含量的影响[J]. 北方园艺, (11): 4-6.

耿敬章, 梁加敏, 许璐璐, 等. 2006. 植物甾醇的生理功能及其开发前景[J]. 饮料工业, 18(5): 70-73.

官波, 郑文诚. 2010. 功能性脂质——角鲨烯提取纯化及其应用[J]. 粮油食品科技, 18(4): 27-30.

韩俊, 周云波, 张葵, 等. 2001. 马木姜子油细胞的分布及结构研究[J]. 文山师范高等专科学校学报, 21(3): 110-112.

何萍, 金继运, 李文娟, 等. 2005. 施钾对高油玉米和普通玉米吸钾特性及子粒产量和品质的影响[J]. 植物营养与肥料学报, 11(5): 620-626.

侯文彬, 许艳萍. 2015. 维生素 E 功能研究进展[J]. 中国医学工程, 23(2): 199, 201.

胡霭堂. 2003. 植物营养学. 2 版[M]. 北京: 中国农业大学出版社.

寇明钰, 阚健全, 赵国华, 等. 2004. 植物甾醇来源、提取、分析技术及其食品开发[J]. 粮食与油脂, (8): 9-13.

李合生. 2006. 现代植物生理学[M]. 北京: 高等教育出版社.

梁颖. 2004. 甘蓝型黄籽油菜油份与色素、蛋白质及糖代谢间关系研究[D]. 重庆: 西南农业

凌关庭. 2000. 有"第七类营养素"之称的多酚类物质[J]. 中国食品添加剂, (1): 28-37.

卢善发. 2000. 植物脂肪酸的生物合成与基因工程[J]. 植物学通报, 17(6): 481-491.

鲁海龙, 史宣明, 张旋, 等. 2017. 植物甾醇制取及应用研究进展[J]. 中国油脂, 42(10): 134-137.

吕忠恕. 1982. 果树生理[M]. 上海: 上海科学技术出版社.

申巍, 杨水平, 姚小华, 等. 2008. 施肥对油茶生长和结实特性的影响[J]. 林业科学研究, 21(2): 239-242.

盛漪. 2006. 植物甾醇生理功能及其研究进展[C]//提高全民科学素质、建设创新型国家——2006 中国科协年会论文集: 4123-4127.

石碧, 狄莹. 2002. 植物多酚[M]. 北京: 科学出版社.

史瑞和. 1989. 植物营养原理[M]. 南京: 江苏科学技术出版社.

孙月婷. 2011. 维生素 E 的合成与分析研究现状[J]. 广州化工, 39(6): 34-35.

王海泉, 朱继强, 汪建学. 2005. 钾对高油大豆产量和品质的影响[J]. 黑龙江农业科学, (6): 19-21.

王辉, 陈来喜, 肖爱凤, 等. 2012. 氮和铁对小球藻和微拟球藻油脂积累的影响[J]. 海南师范大学学报(自然科学版), 25(1): 86-89.

王玲平, 周生茂, 戴丹丽, 等. 2010. 植物酚类物质研究进展[J]. 浙江农业学报, 22(5): 696-701.

王秋霞, 翟文继, 方占莹, 等. 2010. 文冠果脂肪累积规律及提高油脂产量的技术措施[J]. 安徽农业科学, 38(9): 4503-4504.

王文浩, 苏淑钗, 白倩, 等. 2014. 中国黄连木不同枝营养元素含量动态变化差异[J]. 中南林业科技大学学报, 34(8): 59-63.

吴时敏. 2001. 角鲨烯开发利用[J]. 粮食与油脂, (1): 36.

吴素萍, 章中. 2007. 植物甾醇的研究现状[J]. 中国食物与营养, (9):20-22.

许瑞波, 刘玮炜, 王明艳, 等. 2005. 角鲨烯的制备及应用进展[J]. 山东医药,45 (35): 69-70.

杨振强, 谢文磊, 李海涛, 等. 2006. 植物甾醇的开发与应用研究进展[J]. 粮油加工, (1): 53-56.

尤新. 2000. 天然维生素 E 的功能和开发前景[J]. 食品工业科技, 21(4): 5-6.

于冬梅, 盖素芬. 2006. 核桃主要器官氮素含量及分配的动态变化规律[J]. 经济林研究, 24(1): 49-51.

曾丽, 赵梁军, 苏立峰. 2000. 一串红种子发育及内含物对种子萌发的影响[J]. 中国农业大学学报, 5(1): 35-38.

张志华, 高仪, 王文江, 等. 2001a. 核桃成熟期果实中的钾分布及变化[J]. 园艺学报, 28(6): 509-511.

张志华, 高仪, 王文江, 等. 2001b. 核桃果实成熟期间主要营养成分的变化[J]. 园艺学报, 28(6): 509-511.

赵江涛, 李晓峰, 李航, 等. 2006. 可溶性糖在高等植物代谢调节中的生理作用[J]. 安徽农业科学, 34(24): 6423-6427.

赵娜, 张媛, 王静, 等. 2015. 文冠果种子发育及油脂积累与糖类、蛋白质累积之间的关系研究[J]. 植物研究, 35(1): 133-140.

周筱丹, 董晓芳, 佟建明. 2010. 维生素 E 的生物学功能和安全性评价研究进展[J]. 动物营养学报, 22(4): 817-822.

周奕华, 陈正华. 1998. 植物种子中脂肪酸代谢途径的遗传调控与基因工程[J]. 植物学通报, 15(5): 16-23.

左玉. 2012. 植物甾醇研究与应用[J]. 粮食与油脂, 25(7): 1-4.

左玉. 2013. 多酚类化合物研究进展[J]. 粮食与油脂, 26(4): 6-10.

Aalen R B, Opsahl-ferstad H G, Linnestad C, et al. 1994. Transcripts encoding an oleosin and a dormancy-related protein are present in both the aleurone layer and the embryo of developing barley (*Hordeum vulgare* L.) seeds[J]. The Plant Journal, 5(3): 385-396.

Allen D K, Ohlrogge J B, Shachar H Y. 2009. The role of light in soybean seed filling metabolism[J]. Plant Journal, 58(2): 220-234.

Ashton A R, Jenkins C L, Whitfield P R. 1994. Molecular cloning of two different cDNAs for maize acetyl CoA carboxlylase[J]. Plant Molecular Biology, 24(1): 35-49.

Baas P, Gregory M. 1985. A survey of oil cells in the dicotyledons with comments on their replacement by and joint occurrence with mucilage cells[J]. Israel Journal of Botany, 34(2-4): 167-186.

Bonaventure G, Ohlrogge J B. 2002. Differential regulation of mRNA levels of acyl carrier protein isoforms in *Arabidopsis*[J]. Plant Physiology, 128(1): 223-235.

Buchanan B B, Gruissem W, Jones R L. 2001. Biochemistry & molecular biology of plants[J]. Plant Growth Regulation, 35: 105-106.

Chalupska D, Lee H Y, Faris J D, et al. 2008. Acc homologic and the evolution of wheat genomes[J]. Biological Science, 105(28): 9691-9696.

Chapman K D, Ohlrogge J B. 2012. Compartmentation of triacylglycerol accumulation in plants[J]. Journal of Biological Chemistry, 287(4): 2288-2294.

Cronan J E. 2003. Bacterial membrane lipids: where do we stand[J]? Annual Review of Microbiology, 57: 203-224.

Damude H G, Zhang H X, Farrall L, et al. 2006. Identification o bifunctional $\Delta 12/\omega 3$ fatty acid desaturases for improving the ratio of $\omega 3$ to $\omega 6$ fatty acids in microbes and plants[J]. Applied biological Sciences, 103(25): 9446-9451.

Dehesh K, Tai H, Edwards P, et al. 2001. Overexpression of 3-ketoacyl-acyl-carrier protein synthase IIIs in plants reduces the rate of lipid synthesis[J]. Plant Physiology, 125(2): 1103-1114.

Eckert H, Vallee B L, Schweiger B, et al. 2006. Co-expression of the borage delta 6 desaturase and the *Arabidopsis* Delta15 desaturase results in high accumulation of stearidonic acid in the seeds of transgenic soybean[J]. Planta, 224(5): 1050-1057.

Fahn A. 1979. Secretory tissues in plants[M]. London: Academic Press: 209-216.

Frandsen G I, Mundy J, Tzen J T C. 2001. Oil bodies and their associated proteins, oleosin and caleosin[J]. Physiologia Plantarum, 112(3): 301-307.

Gidda S K, Shockey J M, Rothstein S J, et al. 2009. *Arabidopsis thaliana* GPAT8 and GPAT9 are localized to the ER and possess distinct ER retrieval signals: functional divergence of the diglycine ER retrieval motif in plant cells[J]. Plant Physiology and Biochemistry, 47(10): 867-879.

He Y Q, Wu Y. 2009. Oil body biogenesis during *Brassica napus* embryogenesis[J]. Journal of Integrative Plant Biology, 51(8): 792-799.

Hloušek-Radojčić A, Post-Beittenmiller D, Ohlrogge J B. 1992. Expression of constitutive and tissue-specific acyl carrier protein isoforms in *Arabidopsis*[J]. Plant Physiology, 98(1): 206-214.

Hsieh K, Huang A H C. 2004. Endoplasmic reticulum, oleosins, and oils in seeds and tapetumcells[J]. Plant Physiology, 136(3): 3427-3434.

Hu Z Y, Wang X F, Zhan G M, et al. 2009. Unusually large oil bodies are highly correlated with lower oil content in *Brassica napus*[J]. Plant Cell Reports, 28(4): 541-549.

Huang A H. 1996. Oleosins and oilbodies in seeds and other organs[J]. Plant Physiology, 110(4): 1055-1061.

Huang A H C. 1992. Oil bodies and oleosins in seeds[J]. Plant Molecular Biology, 43: 177-200.

Jain R K, Coffey M, Lai K, et al. 2000. Enhancement of seed oil content by expression of glycerol-3-phosphate acyltransferase genes[J]. Biochemical Society Transactions, 28(6): 958-961.

Jha J K, Sinha S, Maiti M K, et al. 2007. Functional expression of an acyl carrier protein (ACP) from *Azospirillum brasilense* alters fatty acid profiles in *Escherichia coli* and *Brassica juncea*[J]. Plant Physiology Biochemistry, 45(6-7): 490-500.

Kaushik V, Yadav M K, Bhatal S C. 2009. Temporal and spatial analysis of lipid accumulation, oleosin expression and fatty acid partitioning during seed development in sunflower (*Helianthus annuus* L.)[J]. Acta Physiologiae Plantarum, 32: 199-204.

Ke J, Wen T N, Nikolau B J, et al. 2000. Coordinate regulation of the nuclear and plastidic genes coding for the subunits of the heteromeric acetyl-coenzyme A carboxylase[J]. Plant Physiology, 122(4): 1057-1071.

Knutzon D S, Hayes T R, Wyrick A, et al. 1999. Lysophosphatidic acid acyltransferase from coconut endosperm mediates the insertion of laurate at the sn-2 position of triacylglycerolsin lauric rapeseed oil and can increase total laurate levels[J]. Plant Physiology, 120(3): 739-746.

Knutzon D S, Thompson G A, Radke S E, et al. 1992. Modification of Brassica seed oil by antisense expression of a stearoyl-acyl carrier protein desaturase gene[J]. Proceedings of the National Academy of Sciences of the USA, 89(7): 2624-2628.

Konishi T, Sasaki Y. 1994. Compartmentalization of two forms of acetyl-CoA carboxylase in plants and the origin of their tolerance toward herbicides[J]. Proceedings of the National Academy of Sciences of the USA, 91(1): 3598-3601.

Liu Q, Singh S P, Green A G. 2002. High-stearic and high-oleic cotton seed oils produced by hairpin RNA-mediated post-transcriptional gene silencing[J]. Plant Physiology, 129(4): 1732-1743.

Madoka Y, Tomizawa K, Mizoi J, et al. 2002. Chloroplast transformation with modified accD operon increases acetyl-CoA carboxylase and causes extension of leaf longevity and increase in seed yield in tobacco[J]. Plant and Cell Physiology, 43(12): 1518-1525.

Maisonneuve S, Bessoule J J, Lessire R, et al. 2010. Expression of rapeseed microsomal lysophosphatidic acid acyltransferase isozymes enhances seed oil content in *Arabidopsis*[J]. Plant Physiology, 152(2): 670-684.

Marillia E F, Micallef B J, Micallef M, et al. 2003. Biochemical and physiological studies of *Arabidopsis thaliana* transgenic lines with repressed expression of the mitochondrial pyruvate dehydrogenase kinase[J]. Journal of Experimental Botany, 54(381): 259-270.

Maron R, Fahn A. 1979. Ultrastructure and development of oil cells in *Laurus nobilis* L. leaves[J]. Botanical Journal of the Linnean Society, 78(1): 31-40.

Mohna S B, Kekwick R G. 1980. Acetyl-coenzyme A carboxylase from avocado (*Persea americana*) plastids and spinach (*Spinacia oleracea*) chloroplasts[J]. The Biochemical Journal, 187(3): 667-676.

Nagano Y, Matsuno R, Sasaki Y. 1991. Sequence and transcriptional analysis of the gene *trnQ-zpfA-psaI*-ORF231-*petA* in pea chloroplasts[J]. Current Genetics, 20: 431-436.

Ohlrogge J B, Jaworski J G. 1997. Regulation of fatty acid synthesis[J]. Annual Review of Plant Physiolgy and Plant Molecular Biology, 48: 109-136.

Page R A, Okada S, Harwood J L. 1994. Acetyl-CoA carboxylase exerts strong flux control over lipid synthesis in plants[J]. Biochimica et Biophysica Acta, 1210(3): 369-372.

Pidkowich M S, Nguyen H T, Heilmann I, et al. 2007. Modulating seed beta-ketoacyl-acyl carrier protein synthase II level converts the composition of a temperate seed oil to that of a palm-like tropical oil[J]. Proceedings of the National Academy of Sciences of the USA,104(11): 4742-4747.

Platt K A, Thomson W W. 1992. Idioblast oil cells of avocado: distribution, isolation, ultrastructure, histochemistry and biochemistry[J]. International Journal of Plant Science, 153(3): 301-310.

Platt-Aloia K A, Oross J W, Thomson W W. 1983. Ultrastructural study of the development of oil cells in the mesocarp of avocado fruit[J]. Botanical Gazette, 144(1): 49-55.

Platt-Aloia K A, Thomson W W. 1981. Ultrastructure of mesocarp of mature avocado fruit and changes associated with ripening[J]. Annals of Botany, 48(4): 451-466.

Post-Beittenmiller D, Roughan G, Ohlrogge J B. 1992. Regulation of plant fatty acid biosynthesis:analysis of acyl-coenzyme a and acyl-acyl carrier protein substrate pools in spinach and pea chloroplasts[J]. Plant Physiology, 100(2): 923-930.

Reitzel L, Nielsen N C. 1976. Acetyl-CoA carboxylase during development of plastids in wild-type and mutant barley seedlings[J]. European Journal of Biochemistry, 65(1): 131-138.

Roesler K, Shintani D, Savage L, et al. 1997. Targeting of the *Arabidopsis* homomeric acetyl-Coenzyme A carboxylase toplastids of rapeseeds[J]. Plant Physiology, 100(2): 923-930.

Ross J H E, Sanchez J, Millan F, et al. 1993. Differential presence of oleosins in oligogenic seed and mesocarp tissues in olive (*Oleaeuropea*) and avocado (*Persea americana*)[J]. Plant Science, 93(1-2): 203-210.

Sayanova O, Haslam R, Guschina I, et al. 2006. A bifunctional delta12, delta15-desaturase from *Acanthamoeba castellanii* directs the synthesis of highly unusual n-1series unsaturated fattyacids[J]. Journal of Biological Chemistry, 281(48): 36533-36541.

Sayanova O, Smith M A, Lapinskas P, et al. 1997. Expression of a borage desaturase cDNA containing an *N*-terminal cytochrome b$_5$ domain results in the accumulation of high levels of delta 6-desaturated fatty acids in transgenic tobacco[J]. Proceedings of the National Academy of Sciences of the USA, 94(8): 4211-4216.

Schmidt M A, Herman E M. 2008. Suppression of soybean oleosin produces micro oil bodies that aggregate into oil body/ER complexes[J]. Molecular Plant, 1(6): 910-924.

Schulte W, Schell J, Töpfer R. 1994. A gene encoding acetyl-coenzyme A carboxylase from *Brassica napus*[J]. Plant Physiology, 106(2): 793-794.

Schulte W, Töpfer R, Stracke R, et al. 1997. Multi-functional acetyl-CoA carboxylase from *Brassica napus* is encoded by a multi-gene family: indication for plastidic localization of at least one isoform[J]. Proceedings of the National Academy of Sciences of the USA, 94(7): 3465-3470.

Sharma N, Anderson M, Kumar A, et al. 2008.Transgenic increases in seed oil content are associated with the differential expression of novel *Brassica*-specific transcripts[J]. BMC Genomics, 9: 619.

Shorrosh B S, Roesler K R, Shintani D, et al. 1995. Structural analysis, plastid localization, and expression of the biotin carboxylase subunit of acetyl-coenzyme A carboxylase from tobacco[J]. Plant Physiology, 108(2): 805-812.

Siloto R M P, Findlay K, Lo Pez-Villalobos A, et al. 2006. The accumulation of oleosins determines the size of seed oil bodies in *Arabidopsis*[J]. The Plant Cell, 18(8): 1961-1974.

Stoutjesdijk P A, Hurlestone C, Singh S P, et al. 2000. High-oleic acid Australian *Brassica napus* and *B. juncea* varieties produced by co-suppression of endogenous delta12-desaturases[J]. Biochemical Society Transactions, 28(6): 938-940.

Thelen J J, Ohlrogge J B. 2002. Metabolic engineering of fatty acid biosynthesis in plants[J]. Metabolic Engineering, 4(1): 12-21.

Tzen J T C, Cao Y Z, Laurent P, et al. 1993. Lipids, proteins, and structure of seed oil bodies from diverse species[J]. Plant Physiology, 101(1): 267-276.

Voelker T A, Hayes T R, Cranmer A M, et al. 1996. Genetic engineering of a quantitative trait: metabolic and genetic parameters influencing the accumulation of laurate in rapeseed[J]. The Plant Journal, 9(2): 229-241.

Xu X Y, Yang H K, Singh S P, et al. 2018. Genetic manipulation of non-classic oilseed plants for enhancement of their potential as a biofactory for triacylglycerol production[J]. Engineering, 4(4): 523-533.

Yanai Y, Kawasaki T, Shimada H, et al. 1995. Genomic organization of 251kDa acetyl-CoA carboxylase genes in *Arabidopsis*: tandem gene duplication has made two differentiallym expressed isozymes[J]. Plant and Cell Physiology, 36(5): 779-787.

Yang Y, Yu X C, Song L F, et al. 2011. ABI4 activates expression in seedlings during nitrogen deficiency[J]. Plant Physiology, 156(2): 873-883.

Zhang Y M, Wu B N, Zheng J, et al. 2003. Key residues responsible for acyl carrier protein and β-ketoacyl-acylcarrier protein reductase (FabG) interaction[J]. Journal of Biological Chemistry, 278(52): 52935-52943.

Zheng P Z, Allen W B, Roesler K, et al. 2008. A phenylalanine in DGAT is a key determinant of oil content and composition in maize[J]. Nature Genetics, 40(3): 367-372.

Zou J, Katavic V, Giblin E M, et al. 1997. Modification of seed oil content and acyl composition in the brassicaceae by expression of a yeast sn-2 acyltransferase gene[J]. Plant Cell, 9(6): 909-923.

4 木本油料采后商品化预处理技术

鲜果采收后的预处理、烘干、储存等商品化预处理过程对于木本油料资源的有效利用非常重要。由于木本油料资源特征、组分差异巨大，根据果实特征可以分为蒴果（油茶、油桐等）、核果（油橄榄、光皮梾木等）、坚果（核桃、银杏果等）和荚果（牡丹、元宝枫等）等多种类型，因此，采后商品化预处理技术各有特点，需要系统分析整理。采后商品化预处理技术体系的构建，可以有效减少环境污染物产生，降低生产成本，缓解资源压力，提高产品附加值和竞争力。

4.1 剥壳和清选

4.1.1 木本油料剥壳技术

带壳油籽的剥壳清选是油料加工前期处理的第一个环节，在整个油料产业链中起着承上启下的作用，具有十分重要的地位。油料果实采摘后必须及时进行剥壳、清选及烘干，否则易导致油茶籽腐烂、霉变，不但降低了油料品质，还会导致出油率降低，给生产造成损失。果皮和种壳的主要成分为粗纤维，不含油脂，占整个鲜果的45%~65%，带壳压榨会带走油分，影响出油率，对加工油脂不利，因此，油料加工利用前需作脱壳清选处理。

核果（drupe）是果实的一种类型，属于单果，是由一个心皮发育而成的肉质果，一般内果皮木质化形成核，在木本油料领域常见的有油橄榄、光皮梾木、山苍子等，一般该类果实全果含油。以光皮梾木果实为例，肖志红等（2014）对光皮梾木果实不同部位油脂组成进行了分析，结果表明光皮梾木果实全果含油，果肉含油占全果60%以上，核仁含油占全果30%以上，光皮梾木干果含油率在30%左右。目前，核果类果实主要采用直接压榨制油或者清杂烘干后制油，无须进行剥壳处理。

剥壳的主要意义有以下几点。

（1）剥壳后制坯提油能提高出油率、减少油分损失。油料果壳吸油力强，直接影响机榨法的出油率。如用预榨、浸出则有大量的腊脂被提取出来，影响精炼。

（2）剥壳后提取的油脂品质高、色泽浅、酸价低、含蜡量低。

（3）可降低加工过程中的设备磨损、节省动力，使单机处理量相应提高。

（4）分离出来的皮壳，还可以利用其有效成分加以综合利用，增加经济效益，如油茶壳提取糠醛、制活性炭、培养食用菌、生产纤维板等。

4.1.1.1 蒴果类剥壳技术

蒴果（capsule）是干果的一种类型，成熟时有各种裂开的方式，分为室间开裂、室背开裂和室轴开裂。油茶果是蒴果类的典型代表之一，后续剥壳清选技术以油茶果作为原料进行阐述。传统剥壳清选作业流程为：首先，自然晾晒堆沤3~5d；然后，人工剥壳，挑选出籽；最后，将籽储存或后续加工。整个过程耗费大量人力、物力，效率低下，不能满足油料籽产业化加工的要求，因此机械化剥壳清选设备的应用迫在眉睫。衡量剥壳、脱皮效果的主要指标和要求为，剥壳率是指油籽经剥壳后剥出的仁占油籽总质量的百分比。一般要求剥壳率（即破壳率）越高越好（约100%）。但是这一指标还必须同时与仁中含壳率以及壳中含碎仁率指标相互联系，即对剥壳与壳和仁的分离效率相关联。

剥壳过程中还需要注意调节油籽在剥壳前的最佳水分含量，以保证外壳与仁之间具有最大的弹性和塑性差异，即一方面使壳达到最大程度破碎的低水分脆性；另一方面又不能使仁的水分含量太低而容易形成细仁粉。欲兼得提高剥壳效率与减少粉末度之要求，可参考表 4-1 所列的一些带壳油籽在剥壳前要求的合理水分含量。

表 4-1　主要带壳油籽的水分含量及剥壳分离法对剥壳（脱皮）效率的影响 (倪培德, 2007)

	葵花籽	油菜籽	油桐籽	红花籽	花生果	大豆	蓖麻籽	棉籽	芥籽
水分含量/%	6.7~8.0	7.0~8.0	9.0~15.0	8.0~8.5	9.0~10.0	8.0~9.5	7.0~8.0	10.0~12.0	5.8~7.0
剥壳分离法	离心撞击，壳仁筛后风选	摩擦搓碾风选或者高电场分选	摩擦搓碾或撞击，筛后风选	离心撞击，壳仁筛分离	撞击剪切，分级筛选壳风选	离心撞击，筛选皮分选	挤压破壳，仁壳风选分离	摩擦搓碾、剪切，筛选分级	挤压破壳，分三级筛选分离
剥皮壳率/%	94~97	80~90	90~95	80~92	95~99	80~95	70~85	80~93	80~90
仁含壳率/%	10.0~20.0	10.0~20.0	10.0~15.0	15.0~20.0	约1.0	5.0~20.0	8.0~35.0	10.0~25.0	10.0~20.0

机械代替人工剥壳清选成为众多油茶种植大户、油脂加工企业的普遍需求。油茶在国外只有东南亚等地区有零星种植，还未形成一定规模，尚无油茶果脱壳清选技术方面的报道；国内油茶机械加工近几年刚起步，还没形成规范的采后处理技术。目前，常见的机械脱壳方法包括撞击法、剪切法、挤压法、碾搓法、搓撕法。以搓擦原理设计的油茶果剥壳机，采用螺纹钢条焊成的内外笼式剥壳装置，茶果在内外笼之间受搓挤实现剥壳。由于螺纹钢条间隙不能调整，螺纹钢条间隙大于碎果尺寸外，另外油茶果大小不一，茶籽和碎果也有可能挤入外笼或内笼，因此该装置不能很好地清选茶籽和果壳，对不同大小的油茶果适应性较差。以剪切原理设计的油茶果剥壳机，能利用刀片对茶果进行切割剥壳，剥壳速度较快，但果仁极易被刀片挤碎。以挤压原理设计的油茶果脱皮机，能将果壳挤裂去皮，脱壳效率较高，但对油茶果大小的适应性差，果仁容易被挤碎。以撞击、挤压和揉搓原理设计的油茶果脱壳清选机，采用回转半径不同的脱壳杆，脱壳杆呈一定锥角和扭角，在滚筒里形成楔形脱壳室进行撞击、挤压脱壳，能适应不同大小的油茶果，脱壳效率较高，但只适合堆沤摊晒开裂油茶果脱壳，且结构较为复杂，制作成本高。

由于油茶果是天然生长的植物果，其大小形状均不一致，大小差别较大，且茶籽受力不大，在一定的压力下就易破碎，损坏籽仁。目前的处理设备没有对油茶果进行大小分类，而是混合加工，由于脱壳工件均为刚性件，接触果壳籽粒的工件也是刚性硬件，所以在对油茶果进行加工时，很多大籽被挤压破碎，而小果没有达到脱壳、壳和籽分离的目标，故普遍存在籽仁破碎率高、脱壳效果不佳的状况。

4.1.1.2　荚果类剥壳技术

荚果（legume）是由单心皮发育形成的果实，成熟时沿腹缝线和背缝线开裂，果皮裂成两片，牡丹和元宝枫是荚果类木本油料的典型代表。

牡丹籽油生产厂家大多借用其他农业物料的脱壳机对油用牡丹籽粒进行脱壳，脱壳率低、损耗大。本研究在结合油用牡丹籽粒自身的物理特性和力学特性的基础上，对各类脱壳方法进行对比分析，最终确定将撞击法作为油用牡丹籽粒的脱壳方法。油用牡丹籽粒属于农业物料的一种，根据对其物理特性的研究，发现其具有以下特点（陶满，2018）。

（1）油用牡丹籽粒大小不一，尺寸分布范围为长度 5.5~13.34mm，宽度 5.4~10.36mm，厚度 3.94~9.3mm，几何尺寸差异较大。

（2）油用牡丹籽粒形状各异，大致分为椭圆形和扁平形，分级难度较大。

（3）当加载速率超过一定值时，油用牡丹籽粒的破壳力不再增加，在一定范围内加载速率越大，牡丹籽的外壳破裂程度就越充分，越利于壳仁分离，说明油用牡丹籽粒受到的冲击力越大越易破壳。

（4）油用牡丹籽粒在受到外力压缩时，先发生弹性形变，然后弹性形变和塑性形变同时发生，当籽粒外壳变形达到一定值后，籽粒破裂。油用牡丹籽仁含油率较高，若继续施加外力，则牡丹籽仁将会渗油，导致壳与仁相互粘连,难以分离。

鉴于以上油用牡丹籽粒的特点,对各种脱壳方法进行综合考量,所设计的脱壳机应结构简单、操作方便、实用性强。

采用撞击法对油用牡丹籽粒进行脱壳可避免出现壳仁粘连的现象,并无须对物料进行分级处理,脱壳设备和脱壳工艺都较为简单,是小粒径油料作物脱壳较为理想的方法(朱立学等,2000)。

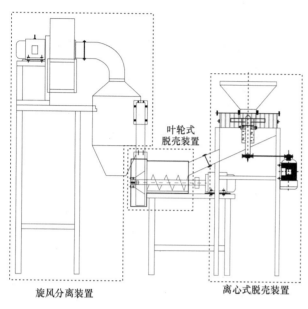

叶轮式
脱壳装置

旋风分离装置　　　　　　离心式脱壳装置

图4-1　油用牡丹籽粒脱壳机总体结构简图

通过对油用牡丹籽粒力学特性的研究发现,油用牡丹籽粒的形状、大小尺寸、加载方向不同,其破壳力不同。对于一批油用牡丹籽粒,其形状和几何尺寸必有一定的差异,不同的油用牡丹籽粒其所能承受的撞击破裂的速度不同,一次撞击不可能同时满足每一粒牡丹籽粒的理想撞击破裂速度。仅依靠提高籽粒的撞击速度是不可行的,因为籽粒的撞击速度必须保持在一定的范围内,高于临界速度则破碎率急剧增加,速度过低则不能脱壳。因此,必须在第一轮脱壳后立即对脱出的混合物进行第二轮脱壳。

河南科技大学结合现有设备,设计了离心-叶轮组合式脱壳机(图4-1),其主要由离心式脱壳装置、叶轮式脱壳装置和旋风分离装置三大部分组成,其中,离心式脱壳装置主要包括机架、喂料斗、导料锥、离心甩盘、碰撞板、旋转部件、出料口等。

通过综合评分法,得到了在一定水平上的较优参数组合,分别是含水率6.95%,喂入量1000kg/h,甩盘转速1375r/min,叶轮转速1439r/min。在最优参数组合下,进行了验证试验,结果表明,油用牡丹籽粒脱壳率为95.14%,破仁率为9.18%。

元宝枫翅果需经过风选除去树叶、细枝、干瘪粒才能进行加工。元宝枫脱壳机通过在主动轴上安装多孔定板式滚筒和主动轴杆进行改进,主动轴杆的形状与多孔定板式滚筒的内腔相吻合,而主动轴上设置多孔定板式滚筒与主动轴轴承连接,元宝枫翅果在多孔定板式滚筒与主动轴杆的相对运动中,进行搓擦、挤压,从而对其杂质进行快速清理并进行脱壳,脱壳率为95%左右,种子破碎率为5%以下。脱壳自动化的实现能提高脱壳效率,降低成本,为元宝枫油产业化生产奠定基础。

4.1.1.3　坚果类剥壳技术

核桃脱壳作为核桃精深加工的一项重要前处理工作,对于核桃产品品质有非常大的影响(申海霞等,2016)。我国核桃种植面积、产量虽居世界首位,但核桃生产技术却远不及欧美国家。欧美国家核桃品种优良,规格统一,农机与农艺融合程度较高,便于实施机械化脱壳(田智辉等,2016;刘瑞等,2019)。目前,欧美等发达国家的核桃加工产业机械化程度和质量具有相当高的水平,已实现机电一体化。近年来,我国核桃机械化加工规模在逐年增加,但是在核桃脱壳方面,国内对于核桃脱壳技术及设备的研究还处于起步阶段,设备发展相对滞后,国内普遍是以人工方式脱壳。人工分选果壳与果仁效率低、劳动强度大,核桃仁质量难以保证(徐国宁等,2015;王斌等,2017)。目前,我国大部分地区核桃采收后主要以初加工为主,产品附加值低,机械化程度低,费时费力,且脱壳环节存在露仁率低、破损率高等问题,已严重影响了我国核桃产业快速发展(申海霞等,2016)。

脱壳是核桃产后处理及初加工环节的重要阶段,直接影响核桃的后续加工质量(辛惠芬,2019)。核桃现有脱壳方式主要有手工、化学腐蚀、真空、超声波及机械脱壳等。手工脱壳主要靠人工砸碎或人工操作单个挤压装置来实现脱壳目的,简单直接,方便操作,但成本高,生产率低,劳动强度大,卫生条件较差。化学腐蚀脱壳通过化学溶液软化核桃硬壳,再利用机械方式实现脱壳目的;因添加化学试剂,果仁有异味，影响核桃品质，易造成环境污染，不宜采用（刘明政等，2016）。真空方式和超声波方式因设备昂贵，成本高，且脱壳效果不佳，极少采用（杨忠强等，2016）。机械脱壳方式主要有挤压法、撞击法、碾搓法和剪切法等，采用机械化手段破碎核桃硬壳，设备结构简单，成本低，效率高，脱壳效果可控，探索研究和应用前景广阔。

目前，核桃脱壳设备主要有挤压式、撞击式、击打式、锥篮式和气动式等几种。其中以挤压式和撞击式最为常见，前者主要利用挤压间隙与核桃外壳尺寸形成的间距差，通过改变间距来使不同尺寸的核桃脱壳，主要有单辊式、双辊式和多辊式几种，该节以多辊式脱壳为例介绍；后者主要采用击打块高速撞击核桃，利用其产生的巨大撞击力来使核桃脱壳（史建新等，2005；何义川和史建新，2009）。国内外现有的主要核桃脱壳设备的脱壳原理、工作过程及优缺点对比见表 4-2。

表 4-2　5 种类型核桃脱壳设备的构成、脱壳原理、工作过程及优缺点对比

类型	构成	脱壳原理	工作过程	优缺点
多辊挤压式核桃脱壳机	由喂料斗、主脱壳辊、辅助脱壳辊、挤压间隙调节机构和出料斗等构成	利用不同脱壳辊之间的间隙变化对核桃进行脱壳	核桃由进料斗进入脱壳区，脱壳辊之间的间距逐渐变小，尺寸小的核桃在上部，不会受到挤压，在自重和主脱壳辊的推送下进入下一个脱壳区，核桃在该区受到轻度挤压之后进入下一个脱壳区，核桃的受力及形变量逐渐加大，致使核桃破裂自动落入出料斗，后经出料口排出	可实现同一品种、尺寸差距不大的核桃脱壳，无须分级处理可一次完成脱壳，脱壳效率高，成本低
离心撞击式核桃脱壳机	由喂料斗、传动轴、转盘、出料口、导向板等构成	利用离心力产生的巨大撞击作用，使核桃与导向板高速撞击，实现核桃脱壳	核桃由进料口进入，在转盘高速旋转下产生离心力，向转盘外转动至边缘后被甩向导向板，核桃与导向板之间产生巨大撞击，进而实现核桃脱壳	生产率高，对核桃仁表面磨损少，结构简单，成本低
锥篮式核桃脱壳机	由传动轴、内脱壳体、外脱壳体、调节装置等构成	利用核桃与其接触面的碾搓摩擦作用产生的剪切力和挤压力进行脱壳	核桃从上方落入脱壳区域，当下落至与内外脱壳体接触后，内脱壳体做高速旋转带动核桃一起滚动并下降，内外脱壳体之间的间隙逐渐减小，核桃受的剪切力和挤压力逐渐增大，在最窄处实现多点破壳后由出料口甩出	整仁率高，生产率高，性价比好，适应性强，在我国西北地区使用较广
气动式核桃脱壳机	由击打进气管、击打头、气缸、活塞等构成	利用气缸带动击打块对核桃进行快速脱壳	由气缸内的气体推动其内部的活塞做往复运动，活塞又推动击打头运动，快速撞击定位凹槽中的核桃，使核桃破碎而实现脱壳	定位准确，脱壳间距便于控制，但逐个脱壳生产率低，成本高，易产生碎仁，应用较少
齿盘挤压式核桃脱壳机	由齿盘和偏心圆弧板构成	利用齿盘不断挤压核桃表面完成脱壳	核桃被喂入脱壳装置，齿盘带动核桃旋转并向内挤入，核桃表面受一定间距尖齿的连续挤压，进而整个圆周都产生裂纹，直至壳完全均匀地破裂，使部分壳、仁分离	省工省力，但适应性、核桃整仁率有待提高

本研究通过对核桃品种进行分类，对核桃壳的物理特性进行测定，将其简化成各向同性的均匀厚度的薄球壳，利用剥壳理论进行内力分析，在此基础上，提出了剥壳取仁原理并研制出了双齿盘-弧齿板式剥壳装置及核桃剥壳取仁机。核桃剥壳取仁机由机架、喂入装置、剥壳装置、调速电机、出料斗等组成。

将圆盘和偏心圆弧板[半径（R）100mm]表面制造成齿纹状（图 4-2），这样作用在壳上的是间距较小的多个压力，所产生的裂纹区域比单个挤压力作用所产生的裂纹区域要大得多，并且裂纹条数也较多。在每个齿盘和弧齿板上，分别车削成两个 45°倒角面，其长度为 8mm，在每盘（板）的两个倒角面上分别制造大齿纹、小齿纹。采用齿纹表面有利于裂纹的产生和扩展，壳的破裂比较完全。剥壳机性能：剥壳率在 90%以上，高露仁率为 70%～90%。

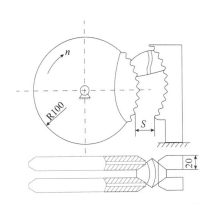

图 4-2　核桃剥壳取仁机械装置示意图
n 为角速度；S 为齿盘和弧齿板间距，单位为 mm

坚果深加工的关键工序是脱壳，传统的方式主要采用手工脱壳，不仅费时费力，效率低，而且不卫生（朱立学等，2006；Nazari et al.，2009；Aydin，2003）。对于花生、栗、银杏果等各种脱壳机，国内外已经有很多学者进行了深入研究（张黎骅等，2010；郑传祥，2003；郭瑞琴和刘竹丽，2004；Rajiv et al.，2009；Omobuwajo et al.，1999）。其中，李建东等（2008）研究了滚筒栅条式和钢齿双辊筒式花生脱壳装置，袁巧霞和刘清生（2002）、朱立学等（2000）研究了轧辊式银杏果脱壳机。轧辊式银杏果脱壳机脱壳

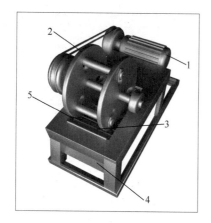

图 4-3 滚筒-栅条式银杏脱壳试验装置
1. 电机；2. 滚筒；3. 栅条；4. 出料口；5. 进料口

效率较低，其挤压间隙要求脱壳前对银杏进行严格的大小分级，而且银杏壳压破后必须增设银杏壳与银杏仁分离的碰撞或振动装置，使脱壳机结构更复杂。为了提高银杏果脱壳品质和效率，张黎骅等（2010）研制了一种滚筒-栅条式银杏脱壳装置，通过对不同含水率银杏果的脱壳对比试验，发现脱壳率和破仁率主要取决于转子转速、滚筒直径、栅条间隙。该研究采用中心组合试验设计方法进行了银杏脱壳试验，建立了银杏脱壳率和破仁率与转子转速、滚筒直径、栅条间隙之间的数学模型，并采用响应面优化分析和多目标优化法，得到了滚筒-栅条式银杏脱壳装置的最佳工作参数。结果表明：当转子转速为 180r/min，滚筒直径为 182mm，栅条间隙为 10.5mm，含水率为 12.6%时，银杏脱壳率为 92.80%，破仁率为 8.10%（图 4-3）。

4.1.2 清选

油料清选是指利用各种清理设备去除油料中所含杂质的工序总称。清除种子中混入的茎、叶、穗和损伤种子的碎片、杂草种子、泥沙、石块等掺杂物，以提高种子纯净度。清选是果实收获后不可缺少的环节，油料经过清选以后，可以获得质量均匀、尺寸一致的种子。

目前，在欧美发达国家已形成多种系列化的种子清选机，具有清选精度高、分级效果好、工艺精良、性能稳定、可靠性强、噪声相对较低的特点，除传统的机械调节外，现已开发出液压调节系统，操作更加灵敏。

我国对油料清选机械的研究、生产起步较晚。20 世纪 50 年代引进首批样机，最早的产品是手动风车、溜筛，生产率低、清选效果不佳；60 年代的产品是电动扬场机，虽提高了生产效率，但清选效果仍不理想；70 年代开始了对粮食振动分选机、滚筒筛选机的研制；80 年代，进入了新的发展阶段，在引进消化国外清选技术的基础上，研制出了具有一定先进水平的油料清选加工机械；进入 90 年代，新技术、新产品、新工艺不断涌现，为油料清选加工业的发展提供了技术保证。

清选工作是以油料与夹杂物的不同物理机械性能为依据进行的，不同清选装备的清选原理各不相同。代表性清选装备具体包括利用空气动力学特性的风选机，利用尺寸特性的如筛选机、窝眼式清选机等，利用表面特性的如螺旋分离机等，综合利用几种特性的如复式清选机、重力清选机等（表 4-3）。

表 4-3 油料清理的主要方法、工作原理及其应用(倪培德，2007)

清理方法	筛选	磁选	风选	水选
主要机型与用途	固定筛、振动平筛、平面回转筛（大豆、葵花籽等多种油料籽）；圆筛、六角筛、锥筒筛、双筒圆打筛（油菜籽）；立式圆打筛（棉籽）；自衡振动筛，筛选去石组合机、网带清洗筛、移动式高频清洗筛（大豆）；蛟笼筛（棉籽壳仁分离）	永久磁铁；电磁转筒除铁装置，带式电磁吸铁机（清理输料管道入口处），永磁滚筒；圆筒磁选器（进设备前）	风力分选器（棉籽）；吸风平筛（棉籽筛后由风力吸入空气室内分出重杂）；除尘、风选系统（由吸尘口、刹克龙、关风器、风机、脉冲式布筒除尘器、集尘箱组成）	油籽清洗机，由蛟笼式开孔滤水筛、水洗槽、出杂与出料蛟笼、传动组成（芝麻、菜籽）
工作原理	利用油籽和杂质颗粒大小、形状、密度等差别，借助筛面开孔大小、长宽比（2～3），上下分层或前后分段组合，并结合相对运动（振幅、转速）、重力分级之原理，将大于和小于孔径的杂质分离	永磁滚筒磁力强，连续回转能自动吸铁排铁；电磁滚筒简单效果好，吸铁机复杂而产量大	根据气体动力学原理，物体在气流中受的力 $[P=0.124KFV^2$（kg）$]$ 与物料性质（K）、气流相对速度（V）成正比（$K=0.27\sim0.53$）	将水与油籽直接接触洗去油籽表面的泥灰，根据在水中的沉降来去除重杂
应用特点	主要工作部件"筛面"，制造简单可更换，能适应处理多种原料油籽的要求；动力省；工作环境差，要求设备必须密闭并与除尘系统相配套	永磁式要求物料流速低（0.15～0.25m/s），须多道把关；带式料层≤15mm	按照物料的悬浮速度（V_0）不同，选择适当的气流速度（V_a）将油料与杂质分离。物料绝对速度（V_t）大于 0 者下沉	适合于芝麻水洗后炒籽去水、磨浆灌浆压榨或水代法制油
典型产品	平面回转（振动）筛选 TQLM125（20t/h）；双筒圆打筛 YELY50×240（2.5t/h）；吸式比重去石机 TQSF126（16t/h）；筛选、去石组合机 TQLQ100（3.3t/h）；JFS-50 型阶梯式棉籽仁壳分离筛（70～100t/d）；TQLZ150×200 自平衡振动筛（24t/h）	磁力分选器 TCXP50（10～15t/h）；永磁滚筒 TCXT30（70t/h）；TCXY25（6.5t/h）；带式吸铁机（23m³/h）	FXC 吹式风力分选器（250 型 30t/h）；TBLM 系列脉冲布筒除尘器（布筒数 10、18、26、39、52、78、104、130，过滤风量 1220～28 200m³/h）；刹克龙 BCX35～60（处理风量 3000～11 700m³/h）	油菜籽（芝麻）湿法脱皮前的去泥设备包括 DML67.125（6.3t/h）；胶辊磨泥机 MLGJ36（4～4.8t/h）

风筛式清选机主要利用种子与夹杂物的几何尺寸和悬浮速度差异进行清选和风选。筛选是根据种子几何尺寸的差异，配置适当规格的筛片，在筛片往复运动下达到分离的目的。筛选同时利用悬浮速度的差异去除轻杂。

比重式清选机主要利用物料中各成分的不同比重进行分离。当具有一定压力的空气流过种子时，种子因空气质量不同而进行升降分层，筛面的振动推动与筛面接触的较重种子从进料端至排料端向高处走，而较轻的种子向低处走，从而达到分离目的。比重式清选机主要用于清选种子中外形尺寸与其相同而比重不同的各类轻杂和重杂，如虫害的种子，发霉、空心、无胚的种子，以及碎砖、土、石块、沙粒等。

窝眼筒式清选机主要利用种子在窝眼筒做旋转运动时，种子、杂质长度尺寸和运动途径不同来达到分离长杂、短杂的目的。喂入筒内的种子进入窝眼筒底部时，要清除的草籽、碎种子等短杂陷入窝眼内并随旋转的筒上升被排出，而未入窝眼的种子则沿筒内壁成螺旋线轨迹向后滑移到另一端排出，长杂沿窝眼筒轴方向移动到另一端排出。在种子加工流程中，窝眼筒式清选机既可作为分离长短杂的精选主机，又可做精选中的种子分级机使用。

复式清选机主要是利用种子的外形尺寸和空气动力学特性进行精选。首先，通过改变吸风道截面积的大小，得到不同的气流速度分离轻重杂质；然后，利用种子和混杂物几何尺寸的差别，通过一定规格的筛孔来分离杂质和瘦弱籽粒；最后，通过窝眼筒按种子的长度不同分离长杂、短杂，达到分离的目的。

4.2 木本油料烘干技术

烘干是油料加工过程中的重要工序之一，是一种被广泛应用于化工、医药、木材、食品等诸多领域的单元操作。近年来，随着科学技术的发展，烘干已不仅仅是对产品实施单元操作的一项技术，它已被视为一种探索新产品、提高产品质量的新方法。

4.2.1 燥干技术类别

干燥通常一般是将采后的油茶籽、核桃、牡丹等木本油料进行干燥，使木本油料的含水率降低至10%左右，在这个水平的水分条件下，既利于脱壳又利于出油率的提高。烘干对油料品质、出油率和油脂的品质有着重要影响，目前，木本油料的干燥大多采用自然摊晒的方式，但是受天气的影响，摊晒干燥的效率并不高，长时间反复的摊晒容易导致物料霉变和引入砂、石、虫、蚊等外来有害物质，对后续榨取的原油品质影响较大（李加兴等，2019）。因此，新鲜油料需要经过干燥降水后才能进入加工环节，或经干燥至安全储存水分含量后经短暂储存再进入加工环节。干燥技术通常分为自然晾晒、热风干燥技术、热泵干燥技术、太阳能干燥技术、微波干燥技术、红外干燥技术、组合式干燥技术等类别。

4.2.1.1 自然晾晒

通过自然晾晒将粮食水分降低至安全储藏水分以下，这是我国传统干燥方法，它具有耗能低、污染低、操作简单及因地制宜等特点，但只适用于少量油料使用，且受天气影响较大，效率低、费时费力。

4.2.1.2 热风干燥技术

热风干燥是传统的机械干燥技术，也是目前使用最广泛的干燥技术，它是通过加热干燥介质（如空气、惰性气体、其他气体等）流动经过料层除去水分的干燥方法，其因设备成本低、易操作、适应性强、干燥速度快等特点而被广泛使用。热风干燥技术的不足：出风温度高、干燥不均匀、干燥速度快等造成干燥后的油料出现变色、变形；干燥能源的利用率和转化率较低造成能源浪费；污染物排放高、环境污染严重，已不符合节能环保的要求；此外，工作中劳动强度大，扬尘严重、环境恶劣，不符合环保、卫生要求。

4.2.1.3 热泵干燥技术

热泵是消耗少量低品位热能来制取大量高品位热能的高效制热系统。热泵与常规的干燥设备一起组成热泵干燥装置,在热泵干燥装置运行过程中,从干燥设备排出的废气先被热泵的蒸发器降温除湿,之后被冷凝器加热升温后再进入干燥设备循环利用,热泵干燥技术具有能源消耗少、环境污染小、烘干品质高和适用范围广等优点,其优异的节能效果已被国内外的各种试验证明(陆桂良等,2018)。

4.2.1.4 太阳能干燥技术

太阳能干燥技术是利用太阳辐射加热某种流体(如空气等),然后将此流体直接或间接与待干燥的高水分原料接触,在热量传递过程使原料中部分水分汽化带走,此技术既能使原料得以干燥,又能循环利用流体中的热能;它采用的太阳能是绿色能源,不仅可以节约成本、降低污染,且由于干燥介质的温度高,还能起到杀虫和灭菌的作用,此外,在干燥品质上与传统的干燥技术相比产品色泽有较大改观。太阳能干燥具有清洁、廉价等特点,属于"绿色"干燥技术,但受气候影响、地域限制,干燥周期长、一次性投资较大等导致其推广受阻。

4.2.1.5 微波干燥技术

微波是一种高频电磁波,频率为300～300 000MHz,波长为1～1000mm。微波干燥是一种新型干燥技术,其原理是高频振荡的电磁波穿透原料,微波被待干燥的原料吸收后,将其所携带的能量在内部转化为热能,从而对原料进行脱水干燥,该技术直接采用电磁波加热,无须传热介质,直接加热到物体内部,并且其热传导方向与水分扩散方向相同,因此具有升温快、干燥均匀及效率高等特点。微波干燥由于能实现精准的自动化控制,其在各个干燥领域的研究及应用越来越受到重视。但是微波干燥投资大、耗能高、成本高、易过度干燥等技术缺陷也限制了其被大规模推广应用。

4.2.1.6 红外干燥技术

红外线干燥技术是利用红外线辐射使干燥原料中的水分汽化的一种干燥技术。它利用水分子对红外线有特别的亲和力的特点,可以直接作用在粮食上,深入粮食内部,使内外同时加热,快速除去粮食中的结合水。红外线干燥具有能量利用率高、干燥时间短、品质效果好、环保等优点。采用红外线技术干燥农作物是近些年的研究成果,不同作物对红外线的吸收具有选择性,只有红外辐射器光谱与被干燥粮食吸收的光谱匹配良好,才能达到较好的干燥品质。

4.2.1.7 组合式干燥技术

为实现保质、高效、节能的干燥效果,根据不同物料的干燥特性,将两种或多种干燥技术进行结合使用,实现不同的干燥技术之间的优势互补,即组合式干燥技术,组合式干燥技术近些年逐步登场,主要包括太阳能-热泵干燥技术、真空-微波干燥技术、真空-热风干燥技术等(赵思孟,2004)。

4.2.2 烘干工序的选择与配置

4.2.2.1 不同原理烘干机的性能特点

按油料与气流相对运动方向,烘干机可分为横流、混流、顺流、逆流及顺逆流、混逆流、顺混流等型式。

1）横流烘干机

横流烘干机是我国最先引进的一种机型，多为圆柱型筛孔式或方塔型筛孔式结构，目前国内仍有很多厂家生产。该机的优点是制造工艺简单，安装方便，成本低，生产率高。缺点是茶籽干燥均匀性差，单位热耗偏高，一机烘干多种茶籽受限，烘后部分油料品质较难达到要求，内外筛孔需经常清理等。但小型的循环式烘干机可以避免上述的一些不足。

2）混流烘干机

混流烘干机多是由三角或五角盒交错（叉）排列组成的塔式结构。国内生产此机型的厂家比横流烘干机的多，与横流烘干机相比它的优点是：①热风供给均匀，烘后油料含水率较均匀；②单位热耗低，为5%～15%；③相同条件下所需风机动力小，干燥介质单位消耗量也小；④烘干茶籽品种广，既能烘油料，又能烘种；⑤便于清理，不易混种。缺点是：①结构复杂，相同生产率条件下制造成本略高；②烘干机四个角处的一小部分油料降水偏慢。

3）顺流烘干机

顺流烘干机多为漏斗式进气道与角状盒排气道相结合的塔式结构，它不同于混流烘干机由一个主风管供热风，而是由多个（级）热风管供给不同或部分相同的热风。国内生产厂家数量少于混流烘干机厂家。其优点是：①使用热风温度高，一般一级高温段温度可达150～250℃；②单位热耗低，能保证烘后油料品质；③三级顺流以上的烘干机具有降大水分的优势，并能获得较高的生产率；④连续烘干时一次降水幅度大，一般可达10%～15%；⑤最适合烘干大水分的油料作物和种子。缺点是：①结构比较复杂，制造成本接近或略高于混流烘干机；②油料层厚度大，所需高压风机功率大，价格高。

4）逆流及顺逆流、混逆流和顺混流烘干机

纯逆流烘干机生产和使用的很少，多数与其他气流的烘干机配合使用，即用于顺流或混流烘干机的冷却段，形成顺逆流和混逆流烘干机。逆流冷却的优点是使自然冷风能与油料充分接触，可增加冷却速度，适当降低冷却段高度。顺逆流、混逆流和顺混流烘干机是分别利用了各自的优点，以达到高温快速烘干的目的，提高烘干能力，不增加单位热耗，保证油料品质和含水率均匀。

5）根据当地的能源资源，选择烘干热源

选择烘干机时必须考虑当地的能源资源，以做到合理利用，降低成本。例如，有煤矿的油料产区，热源以用煤、无烟煤或焦炭为宜，其价格经济，但燃煤热风炉一次性投资大。有油田和天然气的油料产区，可用轻柴油、重油或天然气及丙烷等作为热风炉燃料，这类燃料使用成本高，但热风炉一次性投资小。专用种子烘干机应用燃油或天然气的热风炉为宜，因为其风温稳定，易控制，能够保证烘干种子发芽率。

6）以服务半径确定烘干机的生产能力

烘干机的配备宜大不宜小，因为多数情况下在收获季节遇上雨季时，才需要发挥烘干机的作用。国家及地方的储备库，油料集中的产区应建大、中型烘干机。固定式烘干机的服务半径宜小不宜大，以减少运输距离，降低成本，提高效益。移动式烘干机可用于农村产油料不集中地区和南方小产油料区，生产率一般为2～5t/h为宜；过小，不受用户欢迎。最好一机多用，不但适用于油料，还适用于一些经济作物，服务半径应大些，才能发挥移动式烘干机的作用。

7）附属设备的配备

烘干机要完成好烘干作业，必须配备一些附属设备。连续式烘干机在储油料段应设上下料位器（或溢流管等），流程中的暂存仓应设满仓料位器，提升机应有自动停机及堵塞报警装置等。电机应设有过载保护装置，并能实现手动和自动连锁控制。排油料机构应能实现调速或无级变速。温控仪表应能显示热风温度及各段粮温，并能高温报警。为测试油料的含水率，应配备快速水分测试仪。

4.2.2.2 塔式油茶籽干燥及工艺计算

以油茶烘干为例，目前大型油茶籽加工企业多配备塔式烘干设备。烘干塔是一种塔式烘干设备，形如高塔，内装有角状气道，故又称气道分布式干燥机。塔式烘干机最大的优点是占地面积小、内部容积大、干燥效果好，可以较大幅度降水，一次降水可达 5%～6%，适合需要大幅度降水的油茶籽等木本油料。不同干燥方式对油茶籽营养物质影响不同详见表 4-4。

表 4-4　烘干方式对油茶籽营养物质的影响

指标	自然干燥	热风干燥	微波干燥	热风-微波干燥
过氧化值/(g/100g)	0.41±0.02	0.47±0.04	1.47±0.03	1.12±0.03
酸价(以 KOH 计)/(mg/g)	0.66±0.05	0.52±0.02	0.56±0.01	0.41±0.01
碘值/g/100g	81.3±0.11	83.63±0.08	80.96±0.10	82.34±0.09
磷脂/μg/g	1.51±0.05	1.88±0.04	2.56±0.03	2.25±0.10
类胡萝卜素/%	1.30±0.01	1.27±0.02	1.11±0.01	1.44±0.03
甾醇/%	2802.45±0.21	2849.28±0.32	3369.59±0.15	3956.07±0.34
多酚/%	14.74±0.12	24.91±0.05	35.88±0.14	45.82±0.22
黄酮/%	152.66±0.34	163.80±0.25	278.40±0.31	303.98±0.34

油茶籽烘干塔的产量一般在 50～500t/d，有些甚至更高。目前关于油茶籽烘干塔的设计还缺少理论依据，许多现有的结构尺寸多是根据经验公式计算确定。干燥段的设计计算是烘干塔设计中非常重要的一部分。一般干燥段所需要的热量主要包括三部分，即水分汽化热、物料升温所需要的热量和干燥排出废气带走的热量。以干燥初始水分含量为 W_1，干燥后水分含量为 W_2，降水量为 W 的新鲜油茶籽为例，设计能力每天干燥量为 x。

1）干燥段设计计算

干燥机生产能力 P（每日工作时间按 20h 估算）为

$$P = x/20 \tag{4-1}$$

式中，x 为每天干燥量。

降水量 W 为

$$W = P(W_1-W_2)/(1-W_2) \tag{4-2}$$

干燥蒸发掉这些水分所需要的汽化热 $Q_汽$ 为

$$Q_汽 = W \times H_水 （H_水 为水的焓） \tag{4-3}$$

此外，物料升温所需热量 $Q_{物料}$ 需要根据环境温度及干燥塔中物料所达到的温度确定。

废气带走的热量 $Q_废$ 与废气的温度、质量风量及环境温度有关。

综上，物料干燥消耗的总热量 $Q_总$ 为

$$Q_总 = Q_汽 + Q_{物料} + Q_废 \tag{4-4}$$

根据物料量和热量平衡计算，选配的热介质质量风量所载热量需要满足以上干燥段的热量需求，选配的热介质质量风量可以采用试差法确定。烘干设备配备风机选型除了考虑以上问题外，还要考虑物料层阻力 $H_{物料层}$、换热器阻力 $H_换$ 和风管阻力 $H_管$ 的计算，总阻力 $H_总$ 为

$$H_总 = H_{物料层} + H_换 + H_管 \tag{4-5}$$

2）冷却段设计计算

物料进入冷却段后往往会继续降低一部分水分含量，因此冷风机的选型需要考虑蒸发水分汽化热、物料降温需要放出的热量、管道阻力等因素。此外，整个烘干设备的设计还包括烘干塔尺寸的确定和热风炉的选型问题，相关设备原理图详见图 4-4 和图 4-5。

针对某一种物料的塔式烘干设备的设计计算，往往需要综合考虑多方面的因素以及一些经验数据和公式（表 4-4）。

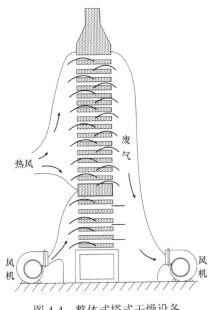

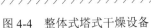

图 4-4　整体式塔式干燥设备

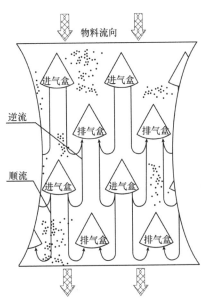

图 4-5　混流进排气角状结构排列图

4.3　木本油料储藏

　　油料原料的储藏是制取优质油重要的一环。原料在储藏期间，若能采用合理的储藏条件，并能妥善管理，能保证油料不受损失或只有最低程度的损失。影响油料安全储藏的因素主要有水分、温度、相对湿度、害虫和微生物等，国内常采用以下 4 种方式储藏油料。

　　干控：通过控制谷物水分，创造一个不利于虫霉生长的干燥环境的储藏技术。

　　温控：指控制谷物储藏温度，创造一个不利于虫霉生长的低温环境的储藏技术。

　　气控：通过改变储藏环境的气体配比，达到杀虫、抑霉，保持油料品质目的的技术。

　　化控：指利用药剂产生的毒气阻断虫霉正常的代谢过程，达到杀虫抑菌目的的防治技术。

　　世界粮仓的演变历程是库容量趋向超大型，装卸、输送、处理设备趋向超大型化，采购网点布局趋向集中，建造大容量的钢板或砼筒仓、浅圆仓，采用低温储藏、气调储藏等多种储藏技术，采用先进的计算机自动管理技术。其中，机械通风是应用最多的储藏技术，干燥是最经济最基本的降水技术，环流熏蒸是治理害虫的主要方法，气调储藏和低温储藏是绿色储藏技术。木本油料在常温下的储藏安全与其临界水分含量密切相关。油料的水分含量直接影响其储存过程中的安全性、品质以及腐败程度。通常，木本油料的临界水分含量指的是能够保持油料稳定存储的最大水分含量（表 4-5）。

表 4-5　常温下油料的安全与临界水分含量（%）（倪培德，2007）

油料	安全水分含量	临界水分含量（平衡水分含量，相对湿度 78.7%）
花生仁	8~9	10~11（16℃）
花生果	9~10	11~12
大豆	11.5~12.5	13.5~14；（13.97）
棉籽	8~10	11~13；（11.57）
油菜籽	7~10	11~12
芝麻	5~8	9~10
葵花籽	6~8.5	9~10.5；（8.37）
油桐籽	7~9	9.5~11
油茶籽	8~9.5	10~11
乌桕籽	7~10	11~12
亚麻籽	9~10.5	11~12；（9.43）

油料	安全水分含量	临界水分含量（平衡水分含量，相对湿度78.7%）
红花籽	9～11	12～13
蓖麻籽	7～9	10～11；(6.6)
椰子干	6～8	9～11
油棕籽	6～9	10～11
白芥籽	7～9	10～11；(10.19)

4.3.1 油料原料储存过程中的物理性质

油料原料储存过程中主要存在以下重要物性参数需要明确和注意。

（1）散落性：油料颗粒自然成堆时的散落程度，也称流动性，由油料内各组分之间的摩擦力决定。常用静止角、自流角表示散落性的好坏。

（2）孔隙度和密度：影响孔隙度和密度的因素主要为油料颗粒的形态大小、含水和含杂量以及堆积高度等。

（3）油料的导热性：指油料传递热量的能力，用导热系数衡量。

（4）油料堆保温性与储藏的关系：对储藏有利（利用油料堆既不容易升温，也不容易降温的特性，进行低温储藏），对储藏不利（积热难散，滋生虫霉，危害茶籽品质）；采取加快湿热气体散发，缩小油料堆各层（点）温差的措施，以利于油料安全保管。

（5）吸附性：指油料吸附（解吸）各种气体、异味或水蒸汽的能力。

（6）吸湿性：指油料颗粒吸附或解吸水汽的特性，是油料吸附特性的一种具体表现。

（7）平衡水分：油料颗粒具有吸湿与解吸能力；在一定条件下，油料达到的最终水分值就是平衡水分。

（8）吸湿性与储藏过程的关系：油料储藏期间采取的措施要有利于油料水分解吸，而不利于吸湿，使茶籽处于较干燥的状态；利用吸湿平衡原理，判断茶籽水分的变化趋势或判断通风的可能性，是确定常规保管、通风与密闭的依据；由于吸附滞后现象的存在，在同一粮仓或油料堆中干湿粮混装后，油料的水分很难达到均匀分布，会给储藏带来麻烦；干燥要符合降水规律，因此需调整工艺条件，保持油料原有品质。

（9）油料堆的微气流运动：指油料堆生态系统中的气体流动，气体流速一般为0.1～1mm/s，速度极其缓慢，故称为微气流。

（10）湿热扩散：指在温差作用下，水分沿热流方向而移动的现象。

（11）微气流、湿热扩散与储藏的关系：通风降温散湿，提高储藏稳定性，但每次操作要彻底，否则会造成局部结露，导致油料变质；利用气流扩散原理进行药剂熏蒸；在不利条件时原则上应密封或压盖粮面，抑制茶籽堆内外的空气对流，减少外界气流的危害，并在隔流的基础上进行双低、三低储藏；湿热扩散所带来的油料堆内的水分转移也是一个缓慢的过程，在储藏过程中不能掉以轻心。

4.3.2 油料储存生理活动

油料颗粒是具有生命的活体，其生理活动是油料新陈代谢的基础，可直接影响油料的储藏稳定性。其生理活动主要包括呼吸、后熟、发芽等。

4.3.2.1 油料的呼吸作用

呼吸是生物吸进氧气，呼出二氧化碳的一种生理现象，是维持生命活动的基础。油料的呼吸作用是指在氧和酶的参与下，油料颗粒内进行复杂的生物化学变化，分解贮备物质，消耗 O_2 产生 CO_2 和水，同时释放出能量维持自身的生命活动。影响呼吸作用的因素主要有水分、温度、氧气含量及籽粒本身状况。

有氧呼吸：$C_6H_{12}O_6$（淀粉）$+6O_2 \longrightarrow 6CO_2+6H_2O+2822kJ$。特点：有机物氧化较彻底，同时释放出较多的能量，从维持生理活动看是必需的，但对粮油储藏则是不利的，这就是呼吸作用造成茶籽发热的重要原因之一。因此，在储藏期间应人为地把有氧呼吸控制到最低水平。

无氧呼吸：$C_6H_{12}O_6$（淀粉）$\longrightarrow 2C_2H_5OH+2CO_2+117kJ$。特点：籽粒的生命活动依靠内部的氧化与还原作用来取得能量，在无氧条件下基质氧化不完全，会产生乙醇，影响油籽粒的品质。水分越高，影响越大。

呼吸强度表示呼吸能力及强弱的大小，指在单位时间内，单位重量的粮粒在呼吸作用过程中所放出的 CO_2 量（Q_{CO_2}）或吸收的 O_2 量（Q_{O_2}）。

呼吸系数表示呼吸作用的性质，即呼吸时放出的 CO_2 体积与同时吸入的氧 O_2 体积两者的比值。为了解储藏条件是否适宜，常需要了解在储藏期间的生理状态，需要测定储藏的呼吸系数。

4.3.2.2 油料的后熟作用

油料离开母体植物后，继续发生生理上的成熟过程，所经历的时间为后熟期，在该过程中油料颗粒含水率降低，呼吸强度和新陈代谢能力减弱，以发芽率超过80%为完成后熟的标志。后熟期间的生化变化是油料籽粒在母株上发育成熟时期生物化学变化的继续，合成作用与分解作用相并进行。但以合成作用为主，分解作用为次，即氨基酸减少，蛋白质增加；脂肪酸减少，脂肪增加；可溶性糖减少，淀粉增加。后熟期长短随品种、储藏条件而异。

后熟有利于油料的安全贮藏。通过后熟，油料籽粒的胚进一步成熟，具有提高出油率、防止发热变质等意义。通常温度、湿度、通气状况和籽粒的成熟度是影响后熟的主要因素。

由于后熟期中的油料颗粒呼吸旺盛，易"乱温""出汗"，储藏稳定性较差，保管员需不断翻动粮面，通风降温散湿。因此有"新粮入库，保管员忙"的说法。

4.3.2.3 休眠与萌发生理

一般只要满足萌发所需的外界条件（温度、水分和氧气），籽粒就能正常萌发。但是有些具有生命活力的籽粒即使在合适的萌发条件下仍不能萌发，此种状态称为休眠。

休眠分为深休眠、次生休眠、强迫休眠和相对休眠4种类型，引起休眠的原因很多，有的属于解剖学上的特性，即被覆盖物对胚作用的结果；有的属于代谢方面的特性，如发芽抑制物的存在；或是由胚本身的特性所引起等。休眠是对环境条件和季节性变化的生物学适应性，籽粒休眠期间内部的生理代谢及各种生化反应处于不活跃状态，干物质损耗较低，对保持籽粒品质、安全储藏是有利的。

籽粒在生理成熟完成后，具有有生命的胚。在适宜的条件下开始生长，幼根与幼芽突破种皮向外延伸，这种现象称为籽粒的萌发。萌发过程，发生了一系列的生理生化变化，既有分解代谢，也有合成代谢。油料籽粒发芽能力的高低，说明了其在储藏过程中的劣变程度。

影响发芽的因素有温度、氧气、水分。防止发芽的最有效手段是控制水分，发芽是茶籽质量严重劣变现象，即责任事故。

4.3.2.4 陈化

油料籽粒随储藏时间延长，自身生理衰退、籽粒内部的酶活力下降、生活力减弱、利用品质逐渐下降的现象称为陈化。

籽粒陈化的生理变化主要体现为酶活力的降低和代谢水平的下降。特别是过氧化氢酶随储藏时间的延长其活力逐渐下降，因此，过氧化氢酶活性的高低可作为籽粒陈化的指标之一；陈化的组成变化表现为脂肪易被水解为游离的脂肪酸，碳水化合物中的淀粉被活跃的淀粉酶水解；随着储藏时间的延长，糊精和麦芽糖继续水解，导致还原糖含量增加，直至还原糖氧化形成二氧化碳和水，甚至在氧气不足时产生乙醇或乙酸；陈化对籽粒的物理性质有明显的影响，主要表现为油料籽粒组织硬化，吸水率、持水率下降。高温高湿环境都会加快陈化速度。因此，一般采用低温干燥密闭储藏可在一定程度上延缓陈化。陈化是不可抗拒的，随着储藏时间的延长，陈化程度加重；储藏条件不同，陈化的程度也会有明显差异。

4.3.3 油料储藏技术

常见的油料储藏技术有干燥储藏技术、通风储藏技术、低温储藏技术、气调储藏技术、化学储藏技术等。机械通风是应用最多的通风储藏技术，干燥是最经济最基本的降水技术，气调储藏和低温储藏是绿色环保的储藏技术。

4.3.3.1 干燥储藏技术

水分决定着呼吸、生物活性、生热，因此控制水分，可控制上述造成油料变质的主要因素。迄今常用的干燥技术如自然晾晒、热风干燥、气流干燥、红外干燥、微波干燥、冷冻干燥等。对于干燥技术，有三项指标是公认的，即干燥操作要保证产品质量、干燥作业对环境无污染、干燥必须节能。

4.3.3.2 通风储藏技术

机械通风是利用风机产生的动力将仓外低温、低湿的空气送入料堆，促使料堆内外气体进行湿热交换，降低原料料堆的温度与水分，增加料堆稳定性的一种储藏技术。通风是为改善储存油料性能而向料堆压入或抽出经选择或温度调节的空气的操作。通风系统主要由风机、供风导管、通风管道及风机控制器等组成。机械通风具有以下五大作用：①创造低温环境，改善储存油料性能；②均衡温度，防止水分结露；③制止料堆发热和降低油料颗粒水分；④排除料堆异味，进行环流熏蒸或冷却；⑤增湿调质，改进油料加工品质。不同条件下，通风的目的各不相同，如新入仓的平衡通风，秋季的防结露通风，冬季冷却通风，夏季排积热通风，高水分油料的降水通风，低水分油料的调质通风。

单（多）管通风是由一台风机与一根或多根风管组成的移动式通风系统。

机械通风系统按通风网的型式可分为地槽通风、地上笼通风、移动式通风、箱式通风、径向通风、夹底通风；按送风方式可分为压入式通风、吸出式通风、压入与吸出相结合通风、环流通风；按气流方向可分为上行式通风、下行式通风、横流式通风；按空气温度调节方式可分为自然空气通风、加热空气通风、冷却空气通风；按通风机械设备类型可分为离心通风机通风、轴流式通风机通风、混流式通风机通风、冷却机通风。

地槽通风系统适用于多种仓型，目前浅圆仓全部采用该通风系统；地上笼通风系统风道布置灵活，不破坏原有地坪结构，通风气流分布均匀，但不便机械作业，占据一定的仓容；移动式通风系统常用来处理局部有问题的料堆，移动灵活，可多仓共用，又分为单管道和多管道通风；箱式通风适用于小型房式仓的整体通风或局部通风。压入式通风用于房式仓远离风道处的中、上层粮温高时通风；吸出式通风用于房式仓靠近风道处的中、下层粮温高时通风；环流通风用于熏蒸杀虫或均衡料堆的温度、水分；混合式通风用于厚油料堆的降温或降水通风。

一般而言，要选用布置对称，简洁美观，通风阻力小，气流分布均匀，施工或安装、操作管理方便的风道。通风途径比指气流由风道出来到达油料堆表面所经过的最短途径与最长途径的比值，用于确定风道间距的大小。盖板应开关快捷、方便，能在风道内投药进行熏蒸；与风机、冷却机等设备对接方便；通风口结构应气密性好，有隔热保温措施。在储存油料过程中风道表面出现油料霉坏现象都与其隔热与密闭性能较差有关。

通风机械的风机安装，降仓温可选用轴流风机，每仓廒一般选用两台，建议安装在单侧的山墙或南墙上，其位置尽可能要高。降粮温可选用离心风机或轴流风机。单侧通风仓房，应将通风进风口设在仓房北侧，使风机把温度最低的冷风送入油料堆，以获取最大的油料堆通风的降温效果。同时，冷却机、环流熏蒸设备等在工作时也要避免阳光的直接照射。

在满足通风的前提下，尽可能选择小风量通风；增大出风面，减少通风阻力，提高降温速率；合理选用风机，组合通风，减少耗电量，节约储存油料费用；合理选择通风时机，取得事半功倍的效果；适当提高通风的温差值，提高通风效率；及时密闭或压盖冷却粮。

此外，针对不同发热原因采取相应措施。后熟作用引起的"乱温""出汗"现象，应进行通风降温散湿，并促进油料后熟过程；干热是大量害虫积聚造成的，需先杀虫后通风降温才行；杂质积聚发热是入粮时杂质分级形成局部通风死角造成的，需清理杂质或加导风管解决。湿热是局部水分升高、微生物活动造成的，需先降低水分，再抓住机会大剂量熏蒸杀虫；然后利用晚间低温时机，降低油料堆温度，使油料进入稳定储藏状态。

4.3.3.3 低温储藏技术

低温储藏技术是公认的绿色储存技术，也是现代储藏技术中很有发展前途的一种储存技术，其利用低温季节的自然冷源或冷却机等对仓房内的料堆进行冷却，使料温处于一个较低的状态，这样可以保持和改善储存品质，达到有效储藏的目的。低温可以抑制油料颗粒的呼吸作用，减少干物质损耗、延缓粮食陈化和品质劣变速度；低温可以控制虫霉的生长发育，减少虫害，防止油料颗粒发热、结露。

在低温季节组织油料入仓，有风道的仓房采用机械通风方式，无风道的仓房、包装油料采取自然通风方式，对小量油料还可翻动、扒沟等；在夏季进行应急处理或对无低温季节的粮库采用制冷设备冷却油料；结合油料质量评估，在低温季节采取倒仓或出仓方式冷却油料；利用地（水）下较低的恒温条件，进行低温储藏，也能较好地保持油料的品质。并应用保温材料，减少外温对建筑物内温度的影响。

4.3.3.4 气调储藏技术

气调储藏是指人为地改变正常大气的气体成分或调节原有气体的配比，将一定的气体浓度控制在一定范围内，并维持一定的时间，从而达到杀虫或抑霉延缓品质变化的储藏技术。气调储藏具有不用或少用化学药剂达到杀虫防虫、防霉止热、延缓品质劣变的优点，避免或减少粮食的化学污染、害虫抗药性的产生，可改善工作环境，提高油料稳定性。

凡利用密闭粮仓或塑料薄膜帐幕进行气控储藏油料时，密闭设施应符合气密要求；为达到杀虫目的，油料堆内氧浓度应控制在 2%以下；为达到抑制霉菌的目的，油料堆内氧浓度应控制在 0.2%以下；根据特殊需要，成品粮、油料、小杂粮等均可采用复合薄膜负压或真空小包装储藏；油脂应采用密闭储藏，有条件的可以在容器内空间充氮、充 CO_2 或负压储藏。生物降氧是目前我国应用最普遍的一类气调技术，以生物学因素为理论依据，即通过生物体的呼吸，将薄膜帐幕或气密库中的氧气消耗殆尽，并积累相应高的二氧化碳，达到低氧、缺氧的储存环境。常用的生物降氧主要是自然密闭缺氧和微生物降氧两大类。人工气调是采用催化高温燃料、变压循环吸附、充入或置换等方式改变油料堆原有气体成分，强化密封系统，使环境气体含有高浓度的氮、CO_2 或其他气体。空调与气调的区别在于前者只改变空气的状态参数不改变成分的组成比例，而后者只改变空气成分的组成比例而不改变状态参数。

气调储藏油料要求仓房具有高度的气密性，当仓房达不到气密要求时，再考虑选用具有一定气密性能的材料来密封油料堆，如采用柔性气囊密封粮面，保证油料堆、仓门和孔洞部分达到气密要求。主要装置由供气配气系统（集中供气方式）、仓内气体浓度自动监测系统、智能通风控制系统及仓房压力平衡装置等组成。缺氧状态会对人员造成危害，为确保人员入仓工作安全，需配置氧呼吸器。防毒面具只能过滤有毒气体，不能用于缺氧的场合。

4.3.3.5 化学储藏技术

利用化学药剂抑制油料颗粒本身和微生物的生命活动，消灭油料储存过程中的害虫，从而防止油料发热霉变和遭受虫害的储存油料的方法，称为化学储藏。

化学储藏技术最突出的缺点是用药量大，有时需要补充施药 2~3 次，不仅费用高，而且会对油料造成化学药剂污染。从 20 世纪 70 年代初化学储藏技术就已逐步被取代。化学储藏一般只作为特定条件下的短期储藏措施或临时抢救措施。

参 考 文 献

郭瑞琴, 刘竹丽. 2004. 新型食用杏核脱壳装置[J]. 机械设计与研究, 24(4): 83-85.

何义川, 史建新. 2009. 核桃壳力学特性分析与试验[J]. 新疆农业大学学报, 32(6): 70-75.

黄武强, 吴韶棠, 陈永嘉, 等. 2009. 手动银杏脱壳机的设计与试验[J]. 仲恺农业工程学院学报, 22(1): 24-27.

李加兴, 陈双平, 黄诚, 等. 2019. 木本油料高效干燥系统: 中国: CN208920814U[P].

李建东, 梁宝忠, 郝新明, 等. 2008. 钢齿双辊筒式花生脱壳装置的试验研究[J]. 农业技术与装备, (6): 33-35.

刘明政, 李长河, 张彦彬. 2016. 柔性带差速挤压核桃脱壳性能试验[J]. 农业机械学报, 47(9): 99-107.

刘瑞, 谢辰阳, 吴水霞, 等. 2019. 核桃青皮不同极性酚类物质组成分析[J]. 食品科学技术学报, 37(6): 88-93.

陆桂良, 张飞, 高晋宇. 2018. 2017 年江苏省粮食烘干技术应用情况浅析[J]. 江苏农机化, (1): 26-30.

倪培德. 2007. 油脂加工技术[M]. 北京: 化学工业出版社: 1-18.

申海霞, 张淑娟, 刘德华, 等. 2016. 核桃分级破壳机的试验分析与参数优化[J]. 农产品加工, (10): 29-33.

史建新, 赵海军, 辛动军. 2005. 基于有限元分析的核桃脱壳技术研究[J]. 农业工程学报, 21(3): 185-188.

陶满. 2018. 油用牡丹籽粒力学特性及脱壳试验研究[D]. 洛阳: 河南科技大学硕士学位论文.

田智辉, 卢军党, 王亚妮, 等. 2016. 一种核桃分级破壳设备的设计与试验研究[J]. 农产品加工, (6): 61-62.

王斌, 李丽丽, 刘德华, 等. 2017. 6HT-100 型核桃分级破壳机机架的有限元分析[J]. 山西农业大学学报(自然科学版), 37(5): 376-380.

吴萍. 2020. 谷物联合收割机清选技术与适应性分析[J]. 农机使用与维修, (9): 36-37.

肖志红, 刘汝宽, 李昌珠, 等. 2014. 光皮树果实高效制油的低温压榨与正丁醇研磨浸提技术[J]. 中国粮油学报, 29(12): 54-59.

辛惠芬. 2019. 全自动核桃砸壳机的设计与研究[J]. 农产品加工, (10): 94-96.

徐国宁, 陈婵娟, 贺功民. 2015. 核桃破壳设备研究进展[J]. 食品工业, 36(5): 229-232.

杨忠强, 杨莉玲, 闫圣坤, 等. 2016. 杏核破壳技术及装备研究进展[J]. 食品与机械, 32(10): 230-236.

袁巧霞, 刘清生. 2002. 干燥和冷冻处理对银杏核脱壳效果的影响[J]. 华中农业大学学报, 21(1): 88-90.

张黎骅, 张文, 秦文, 等. 2010. 花生脱壳力学特性的实验研究[J]. 食品科学, 31(13): 52-55.

赵思孟. 2004. 粮食干燥技术简述(续十一)[J]. 粮食流通技术, (2): 24-27.

郑传祥. 2003. 锥栗脱壳去衣技术及设备的开发[J]. 农业工程学报, 19(1): 165-167.

朱立学, 刘少达, 刘清生. 2006. 银杏脱壳技术与设备研究[J]. 仲恺农业工程学院学报, 19(3): 5-8.

朱立学, 吴雪君, 余礼明. 2000. 小粒径油料种子去壳方法比较研究[J]. 粮油加工与食品机械, (5): 18-19.

Aydin C. 2003. Physical properties of almond nut and kernel[J]. Journal of Food Engineering, 3(60): 315-320.

Nazari M, Galedar S, Mohtasebi S, et al. 2009. Mechanical behavior of pistachio nut and its kernel under compression loading[J]. Journal of Food Engineering, 3(95): 499-504.

Omobuwajo T O, Ikegwuoha H C, Koya O A, et al. 1999. Design, construction and testing of a dehuller for African breadfruit (*Treculia africana*) seeds[J]. Journal of Food Engineering, 42(3): 173-176.

Rajiv S, Sogi D S, Saxena D C. 2009. Dehulling performance and textural characteristics of unshelled and shelled sunflower (*Helianthus annuus* L.) seeds[J]. Journal of Food Engineering, 92(1): 1-7.

5　油脂检测、提取与精炼工艺技术

5.1　油脂理化性质及其检测技术

5.1.1　油脂的理化性质

油脂的熔点、沸点、折光指数、溶解度等物理化学性质，与其分子结构和化学性质密切相关。因此，油脂的理化性质是由其脂肪酸的组成和结构所决定的。甘油三酯是天然动植物油脂的主要成分，其分子结构中含有非极性的长碳链以及极性的羧基和酯基。油脂的碳链长度和不饱和键的数量对其物理化学特性起着决定性作用。下面将分别从油脂的物理性质和化学性质进行阐述。

5.1.1.1　油脂的物理性质

1）色泽与气味

油脂在熔融状态下呈无色、无味的液体，而在凝固状态下呈蜡状白色固体。大部分天然油脂呈浅黄色至棕黄色，这是因为天然油脂中含有少量色素，如类胡萝卜素、玉米黄素等。毛油中含有各种杂质，导致其色泽较深，但通过精炼技术可以去除其中的杂质和部分色素，获得色泽较浅的成品油脂。成品油的颜色因油料种类、新鲜度和油脂品质等因素而有所差异。

油脂的气味是影响食用者喜好程度的重要因素之一，而影响油脂气味的成分通常含量较少。含有不饱和脂肪酸的油脂更容易氧化变质，产生臭味。毛油中含有硫代葡萄糖苷会带有臭味或辛辣味，如菜籽油和芥籽油，在油脂精炼过程中需要进行脱臭和脱味处理。而花生油、芝麻油等具有香味的油脂在加工生产中需要保护和保留其特有成分。然而，对于木本油脂，如茶籽油的风味成分，目前的研究尚不充分。

2）密度、比容和黏度

绝对密度是指单位体积物质的质量，通常以 g/cm^3 表示。相对密度则是一种物质的绝对密度与水在 4℃下的绝对密度的比值，也被称为比重。比容则是密度的倒数。

油脂的密度和比重与脂肪酸碳链的长度成反比，与脂肪酸碳链不饱和度成正比。共轭脂肪酸的密度大于同样碳数的非共轭脂肪酸，而含有羟基和羧基取代的脂肪酸的密度较大。油脂的比重与温度成反比。在15℃下，液态油脂的比重范围为 0.910～0.976g/mL。在实际生产中，可以通过油脂比重和体积来计算油脂重量。

黏度是衡量液体分子间内摩擦力的指标，能够反映出液体的流动性。油脂的黏度会随着温度升高而迅速降低。因此，通过加热蒸炒料胚可以降低油脂的黏度，提高料胚的出油率和油脂的流动性。此外，加热油脂还有助于过滤、搅拌混合和输送等操作。

3）熔点和凝固点

熔点是物质从固态变为液态的温度，对于纯净化合物来说，熔点与凝固点相同。油脂中脂肪酸的熔点遵循以下规律。

A. 饱和脂肪酸的熔点随着碳链长度的增加而增加。偶数碳原子链的饱和脂肪酸的熔点曲线和奇数碳原子链的饱和脂肪酸的熔点曲线，在碳数增加时逐渐接近。奇数碳原子链的饱和脂肪酸的熔点比相邻的偶数碳原子链的饱和脂肪酸低。例如，十七酸的熔点（61.3℃）低于十八酸（69.6℃）和十六酸（62.7℃）。支链脂肪酸的熔点比同样碳数的直链脂肪酸低。

B. 饱和脂肪酸的熔点通常比不饱和脂肪酸高，并随着不饱和键（不包括共轭双键）数目的增加而降低。双键越靠近碳链两端熔点越高。当双键数目和位置相同时，反式脂肪酸的熔点一般高于对应的顺式脂肪酸。炔酸的熔点与其对应的反式烯酸接近。氢化、反式化和共轭化等过程可以提高脂肪酸的熔点。

C. 当向脂肪酸碳链引入羟基时，形成氢键，熔点会升高。引入取代基到脂肪酸碳链中可以改变熔点。将甲基引入脂肪酸碳链会降低熔点，引入的甲基与碳链中部的距离越近，熔点降低程度越大。在引入相同的取代基的情况下，引入的数目越多，熔点的变化就越大。混合脂肪酸的熔点理论上低于其中任何单一成分的熔点。

油脂的凝固点是指在冷却或冷冻过程中液态油开始凝固形成固态脂肪晶体的温度。油脂中不饱和脂肪酸和饱和脂肪酸的比例是其凝固点的主要影响因素。然而，油脂的凝固点并非一个确定的温度，而是一个温度范围。一方面，油脂会在某个温度开始出现固态结晶，但并不完全凝固。另一方面，即使是相同原料的油脂，其脂肪酸组成相同，其凝固特性仍然存在差异。不同的冷却方式会形成不同类型的油脂结晶体，从而导致固-液分离效果有明显的差异。

4）光学性质

折光率是液态有机化合物的最重要物理常数之一，可以通过阿贝折射仪进行精确测定。与沸点相比，折光率更适合作为液体物质纯度的指标。利用折光率不仅可以鉴定未知化合物，还可以确定沸点和结构相似的混合液体的组成。折光率还可作为鉴定油脂掺假的指标。一旦掺入其他不同的食用油，折光率会随着不同掺混油脂及其掺入量的增加而发生变化（刘振华等，2018）。

化合物的折光率不仅取决于分子的原子种类、数量、分子结构和官能团等因素，还受到光线波长、温度和压力等因素的影响。随着温度的升高，折光率会降低，每升高 $1\,^\circ\mathrm{C}$，有机化合物的折光率通常会降低 $3.5\times10^{-4}\sim4.0\times10^{-4}$。测量时必须注明所用的光线和测定温度，通常以钠光的 D 线（$\lambda=5893\text{Å}$）为标准。大气压对折光率的影响通常不明显，只有在进行精密测定时才需要考虑压力的影响。

随着脂肪酸分子量的增加，其折光率也会逐渐增大，但在同一系列中，相邻化合物之间的折光率差异会随着分子量的增加而越来越小。脂肪酸分子中双键的数量增加会导致折光率增大，而存在共轭双键的化合物则具有更高的折光率。例如，椰子油以十二酸为主要成分，其折光率低于其他油脂；棕榈油以十六酸为主要成分，其折光率低于以十八碳酸为主要成分的油脂；含亚油酸较多的棉子油比以油酸为主要成分的橄榄油具有更高的折光率，而含大量亚麻酸的亚麻仁油的折光率最高。脂肪酸及其一元醇的酯的折光率也遵循相同的规律。

纯净的油脂或脂肪酸在可见光区域没有特征吸收现象且无色。天然油脂中可能含有色素，这些色素会吸收部分可见光波长，导致油脂呈现不同的颜色。此外，脂肪酸中的共轭结构具有紫外吸收，吸收强度与样品浓度成正比。因此，通过检测脂肪酸在紫外区的特征吸收，可以对共轭多烯酸进行定性和定量分析。

5）溶解度

油脂的溶解度遵循相似相溶原理，即结构和极性相近的油脂相互溶解的能力更大。乙醇、正丁醇、异丙醇、己烷、环己烷、三氯甲烷、乙醚、苯、烃、丙酮、乙酸甲酯、四氯化碳、二硫化碳等非极性或弱极性溶剂均可溶解油脂和脂肪酸。蓖麻油中含有大量蓖麻油酸，易溶于乙醇，难溶于石油醚，可用此特性来区分蓖麻油和其他油脂。随着温度升高，脂肪酸和油脂与水的互溶性增强，而像甘油这样极性较强的溶剂则与水的溶解特性相近。碳链较短且不饱和度较高的油脂和脂肪酸在水中的溶解度较大，而 C_{10} 至 C_{18} 的饱和脂肪酸在水中溶解度较小。油脂与水互溶的能力小于脂肪酸和水互溶的能力，但油脂溶于水的能力大于水溶于油脂的能力。脂肪酸或脂肪在溶剂中呈透明状态，但随着降温，脂肪晶体会逐渐析出。

随着碳链长度的减少和不饱和度的增加，油脂和脂肪酸在水中的溶解度增加。低级饱和脂肪酸（$<C_{10}$）易于溶于水，而 C_{10} 到 C_{18} 的饱和脂肪酸在水中的溶解度很小。相比之下，油脂和水的互溶能力不及脂肪酸和水。脂肪酸和油脂与水的互溶能力随着温度升高而增强。极性较强的甘油对脂肪酸和油脂的溶解特性与水相近。

6）塑性脂肪的膨胀特性

一般来说，只有当温度低于 $-38\,^\circ\mathrm{C}$ 时，油脂才会完全凝固，这是由许多微小的脂肪晶体被液体油包围而形成的。在室温下，像猪油、起酥油等固体油脂通常是由液体油和固态脂肪组成的塑性脂肪。塑性脂肪的一个显著特点是，在一定的外力作用下具有抗形变的能力，一旦发生形变，恢复原状就变得不容易了。

形成塑性脂肪需要适宜的条件。它由固体脂和液体油两相组成，其中液体油中分散着固态成分，通过共聚力结合形成整体。固/液两相的比例应适度，过多的固体颗粒会形成刚性交联结构，而过少的固体颗粒则无法提供骨架支撑，导致脂肪整体流动。塑性脂肪的塑性大小受到多个因素影响，如固/液两相的比例、固态甘油三酯的结构、结晶形态、晶粒大小、液体油的黏度、加工条件和方法等。其中，固/液两相的比例对于塑性脂肪的塑性影响最为显著。

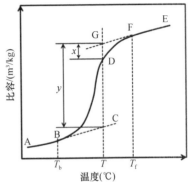

塑性脂肪的膨胀现象是指当固态脂肪经过加热熔化成为液体油时，相态的转变使原子之间的排列变得混乱，间隔增大，导致体积增大的现象，也被称为熔化膨胀。图 5-1 为塑性脂肪的理论膨胀曲线，可用于计算固态脂肪的含量。

图 5-1 中，AB 表示固相线，FE 表示液相线，BF 表示固/液两相共存线。T_b 到 T_f 是开始熔化到完全熔化的温度区间，也是固/液两相共存的相变区间。假设 AB 与 FE 平行，将 AB 延长至 C，将 FE 延长至 G，可以估算出在任意温度 T 时，T_b 和 T_f 之间的膨胀数值为 x 和 y。其中，x 表示该温度下固体脂的膨胀数值，y 表示该温度下完全熔化的膨胀数值，固体脂含量为 $x/y \times 100\%$。

图 5-1 塑性脂肪的理论膨胀曲线

通过膨胀曲线，我们可以了解塑性脂肪的塑性程度。当塑性范围较宽时，曲线 BF 之间的变化相对平缓；相反，当塑性范围较窄时，曲线 BF 之间的变化较为迅速。根据膨胀曲线，我们可以分析和利用塑性脂肪，确定其具体的塑性范围。如果塑性范围较宽，适合用于制作起酥油，如猪油；而塑性范围较窄，则更适合用于糖果制作，如可可脂。目前，国内外对塑性脂肪的研究热点集中于开发具有高营养价值和低胆固醇含量的健康塑性脂肪产品。通过添加植物油脂，可以降低产品的饱和度并增加其塑性。常用植物油脂包括大豆油、玉米油、菜籽油和橄榄油等，这些植物油脂具有较低的胆固醇含量（张超然等，2015）。

7）同质多晶现象

研究发现，硬脂酸甘油三酯具有三个熔点，分别为 52℃、64.2℃ 和 69.7℃。最高熔点（69.7℃）与自溶剂中结晶出来的硬脂酸甘油三酯的熔点相同，而最低熔点（52℃）与凝固点相同。进一步的研究发现，其他脂肪酸甘油三酯也同样存在两个或三个熔点。通过显微镜观察，可以发现硬脂酸甘油三酯在不同熔点下的结晶形态也不同，这表明多个熔点与硬脂酸甘油三酯的晶体形态有关。同一物质在不同的结晶条件下具有不同的晶体形态，这种现象称为同质多晶现象。同质多晶现象不仅存在于长链脂肪酸、脂肪酸酯和脂肪酸甘油酯，而且在长链烃、醇、酮等化合物中也普遍存在。长碳链是导致同质多晶现象产生的原因之一。

射线衍射测定结果显示，脂肪酸分子在结晶状态下呈现双分子层排列。两个脂肪酸分子的羧基是通过一个分子的羰基氧与另一个分子的羧基氢形成氢键相连，组成一个双分子。层间作用力是由双分子甲基端的弱范德瓦耳斯力（范德华力）产生的。由于层间作用力较弱，双分子层间易于滑动，因此脂肪酸通常具有滑腻的触感。结晶态的脂肪酸呈长柱形状，晶体中每条棱上都有一对脂肪酸分子，而柱的中心也有一对这样的脂肪酸分子。中心的一对与一条棱上的一对共同组成一个晶胞单位，而其他三条棱上的三对分子则与其他中心的三对分子组成另外三个晶胞。图 5-2 为单位晶胞示意图，长间隔和短间隔的大小取决于脂肪链的堆积方式。

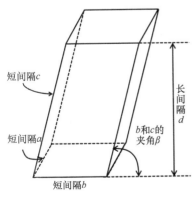

图 5-2 单位晶胞示意图

高级脂肪酸甘油三酯有 4 种晶型，分别是 α、β、β′ 和 γ。这些晶型的稳定性依次为 γ<α<β′<β。其中，γ 并非真正的晶体，α 晶型的晶胞是垂直排列的，而 β 和 β′ 晶型则具有不同的倾斜角度。在 β 晶型的甘油三酯晶体中，分子通常以双倍链长的方式排布，而在 β′ 晶型中则以三倍链长的方式排列。对于相同的脂肪酸甘油三酯，最稳定的晶型是 β 晶型，其具有最

高的熔点。然而，混合脂肪酸甘油三酯较难形成 β 晶型，因此其最稳定的晶型通常是 β′晶型。对称脂肪酸甘油三酯更容易形成 β 晶型，而非对称脂肪酸甘油三酯更容易形成 β′晶型。在 α、β、β′晶型之间存在单向变化，其中，α 晶型向 β′晶型的转变速度比 β′晶型向 α 晶型的转变速度快。因此，β 和 β′晶型相对较为稳定，而 α 晶型则不稳定。一般来说，由长度相近且不饱和度相似的脂肪酸构成的油脂更容易形成 β 晶型，而相反情况则容易形成 β′晶型。这些晶型的形成和稳定性受到脂肪酸链长度和饱和度的影响（李万平等，2014）。

8）沸点、蒸汽压、烟点、闪点、着火点等热性质

沸点是指液体在特定气压下转变为气态的温度。不同种类的食用油具有不同的沸点，一般都高于 200℃。例如，花生油和菜籽油的沸点为 335℃，豆油的沸点为 230℃。脂肪酸及其酯类的沸点从高到低为甘油三酯＞甘油二酯＞甘油一酯＞脂肪酸＞脂肪酸的低级一元醇。它们的蒸汽压大小则是相反的。脂肪酸的碳链越长，沸点越高。饱和脂肪酸和不饱和脂肪酸的沸点在相同碳数时相近，无法通过简单的蒸馏实现完全分离，通常需要先进行酯化反应后再进行分馏。

烟点、闪点和着火点是用来评估油脂在加热过程中的稳定性的指标。油脂的烟点是指在无通风条件下，加热油脂时开始产生可见烟雾的温度，一般约为 240℃。油脂的闪点是指在加热过程中，油脂中的挥发性成分能够被点燃，但不能维持燃烧的温度，一般约为 340℃。油脂的着火点是指在加热过程中，油脂中的挥发性成分能够被点燃，并且能够持续燃烧至少五秒钟的温度，一般约为 370℃。这些特性值可以用来反映油脂的精炼程度，如果油脂精炼程度不够或者含有较多杂质，这些特性值将会降低。

5.1.1.2 油脂的化学性质

脂肪酸含有羧基，因此可以发生多种反应，如生成盐、酰卤、脱水、还原、过氧化、α-卤代、α-磺化等反应。不饱和脂肪酸中的双键非常活泼，可以与多种试剂发生加成反应，如加氢、加卤素、加硫氰、双烯合成等反应。油脂和脂肪酸的加氢反应对于生产人造奶油、起酥油和工业用固体脂肪非常重要。此外，油脂还可以发生氧化、环化、聚合、异构化、水解、酯化和酯交换等反应，以生产不同工业用途的衍生物。

1）油脂水解反应和酸值

油脂水解反应的通式如

$$C_3H_5(COOR)_3 + 3H_2O \longrightarrow C_3H_5(OH)_3 + 3RCOOH$$

该水解反应是在高温高压条件下进行的，并通过催化剂的作用加速反应。首先，油脂中的脂肪酸与水发生酯水解反应，形成甘油二酯。接着，甘油二酯进一步水解，生成甘油一酯。最终，甘油一酯再次水解，生成甘油和游离脂肪酸。这个反应过程是分步进行的，每一步都是脂肪酸与水的酯水解反应，逐步将油脂分解成甘油和游离脂肪酸。水解反应的实际条件会根据具体的反应系统和催化剂的选择而有所变化。

油脂水解和脂肪酸酯化是互为逆反应的。使用无机酸、碱、酶或金属氧化物作为催化剂可以加快油脂水解的速度。提高温度或存在一些杂质会促进油脂的水解反应。在油脂的储存和加工过程中，需要注意防止或减缓油脂水解的发生。因此，在油脂生产过程中通常不允许长时间高温处理。

油脂水解反应会产生脂肪酸。当酸值升高时，表明油脂发生了水解反应。酸值的定义为中和 1g 油脂中游离脂肪酸所需氢氧化钾的毫克数。酸值是评价油脂质量的重要指标之一，油脂酸值高通常意味着油脂品质较差或贮存时间较长。在油脂精炼生产中，可以根据毛油的酸值计算出中和所需碱的理论消耗量，通过碱炼的方法实现脱酸。

2）油脂皂化反应和皂化值

油脂与碱发生的水解反应被称作皂化反应。当使用过量的碱时，油脂可以完全水解并转化为脂肪酸盐和甘油。皂化反应是一个不可逆的过程，其反应通式如下所示。

$$C_3H_5(COOR)_3 + 3NaOH \longrightarrow C_3H_5(OH)_3 + 3RCOONa$$

皂化值是指皂化 1g 油脂所需氢氧化钾的毫克数。通过皂化值可以推断脂肪酸的平均相对分子质量，进而了解油脂内脂肪酸碳链的平均长度。因此，皂化值可用于鉴定油脂的类型和品质。

3）油脂的碘值

油脂的碘值是指在特定条件下，100g 油脂能够吸收的碘的量（以 g 为单位）。它是衡量油脂中不饱和度的重要指标，不饱和度越高，碘值越大。油脂的碘值对于评估油脂的品质和稳定性非常关键。碘值高的油脂容易发生氧化反应和聚合反应，从而导致酸败，降低油脂的质量。因此，在油脂的生产和储存过程中，需要控制油脂的不饱和度和碘值，以确保油脂的品质和稳定性。

4）不皂化物

不皂化物是指油脂中不与碘发生反应且不溶于水的物质，包括甾醇、高级醇、色素、生育酚和烃类化合物等。不同种类和提取方法的毛油中的不皂化物含量也有所不同。精炼后的油脂不皂化物含量较低，但仍保留少量有益成分。适量的不皂化物可提升油脂的营养价值，过高可能影响品质。

5）油脂氧化

油脂不仅会因为水解反应而变质，还会因氧化反应引起变质。这是因为油脂中的不饱和脂肪酸会受到空气中的氧气氧化，导致油脂的酸价升高。氧化和水解都可以引起油脂的变质，而这些变质过程受到多种因素的影响。除了与包装形式和长时间储存有关外，油脂中含有某些微量杂质以及精炼程度也与变质相关。

油脂氧化反应可分为化学氧化和空气氧化两种形式。化学氧化可用于生产油脂化合物产品，而空气氧化则会导致油脂酸败，使油脂的酸值升高，黏度和色泽等指标发生变化，从而影响油脂的品质和应用。新鲜的油脂中不含有氢过氧化物，但经过空气氧化后，油脂中会出现氢过氧化物。

油脂还可以通过自动氧化、光氧化和酶促氧化等多种途径生成氢过氧化物。自动氧化是指活性含烯底物（不饱和油脂）与基态氧发生的自由基反应；光氧化是指不饱和双键与单线态氧直接发生的反应；酶促氧化是指脂氧酶参与的氧化反应。不同的氧化反应机制也不同。油脂中氢过氧化物的含量越高，表示油脂的氧化程度越严重。因此，过氧化值可以用来评估油脂的氧化程度。氢过氧化物可以继续氧化（针对其他双键）产生二级氧化产物，也可以直接聚合、分解或脱水形成酮基酸酯。

油脂在空气氧化过程中产生的分解产物，如低分子醛、酮、酸和烃类化合物，通常具有特殊的刺激性气味，俗称为哈喇味或酸败味。这些分解产物会降低油脂的营养价值和品质，并且人体无法吸收和代谢这些分解产物，对肝造成负担，对身体健康有害。油脂氧化产生的聚合物具有致癌作用，对人体健康更为有害。

为了防止油脂的酸败，需要采取措施来防止油脂的氧化和水解。通常对油脂进行以下处理：降低油脂中的水分和金属离子含量，去除叶绿素等光敏物质，除去亲水杂质和可能存在的游离脂肪酸及相关微生物，同时添加抗氧化剂和增效剂，以提高油脂的稳定性和延缓氧化反应的发生。此外，在储存油脂时，应该避免直接暴露在光线下，避免高温环境，以防止进一步的氧化和质量下降。

6）油脂高温裂解

在高温条件下，油脂的大分子脂肪酸组分会被裂解成多种小分子物质，这种现象被称为油脂高温裂解。这种裂解现象会导致油脂的品质下降。在高温下，油脂的分子结构会受到热能的影响，导致脂肪酸链断裂，生成游离脂肪酸、短链酸、醛、酮和其他挥发性化合物。这些小分子物质可能会对油脂的营养价值、口感、气味和稳定性产生不利影响。因此，在油脂的生产、储存和加工过程中，需要注意控制温度，避免高温条件下的油脂高温裂解，以保持油脂的品质和稳定性。

7）油脂加成

油脂加成是一种将油脂中的不饱和脂肪酸双键进行饱和反应的方法，常见的方法包括加氢、加卤素或使用硫酸等。其中，油脂氢化是一种常用的油脂改性技术。在高温高压条件下，通过催化剂的作用，油脂中的不饱和双键与氢发生加成反应，使其饱和化。氢化可以提高油脂的熔点，改变其塑性特性，增加其抗氧化能力，消除油脂的异味和改善其色泽，具有很高的经济价值。

油脂氢化可以改善油脂的物理性质和稳定性，延长其保质期，并增加其在食品加工和工业应用中的适用性。经过氢化处理后的油脂具有更高的熔点和更好的硬度，使其更适合制作食品中需要固态脂肪的产品，如巧克力、饼干和面包。此外，氢化还可以降低油脂中的不饱和脂肪酸含量，从而提高其抗氧化能力，延缓氧化反应的发生，有助于延长油脂的使用寿命。

然而，需要注意的是，油脂氢化也可能产生反式脂肪酸，其与心血管疾病的风险有关。因此，在油脂氢化过程中需要控制反式脂肪酸的生成，并在食品和工业应用中合理氢化油脂。

5.1.2　油脂检测技术

油脂的质量与油脂工业的发展以及人们的健康密切相关。如今，油脂行业采用了许多先进的检测技术，这些技术具备简便的检测程序、优秀的选择性和高精度，并能够实现在线检测。这些技术的应用带来了众多优势，如减少对人体和环境的危害、实现无损伤检测等。

5.1.2.1　油脂色泽和气味检测技术

测定油脂色泽常用的方法是罗维朋目视比色法，其操作简单快速，但该方法容易受到操作者主观因素和周围环境客观因素的影响。钟海雁等（2000）对茶油的吸收光谱进行了研究，并采用罗维朋比色法对茶油的色泽进行了测定，研究结果表明，茶油的罗维朋红片吸收峰波长为535nm，最大相对误差为13.30%，平均相对误差为5.57%。较浅色的油脂误差大。相比罗维朋目视比色法，罗维朋自动比色计能更客观准确地测定油脂的色泽，并具有更好的重现性。此外，在罗维朋比色法的基础上，Sun 等（2001）开发了一种计算机图像处理方法，可避免操作者主观误差，且重复测定同一油脂色泽的重现性和重复性均较好。

气味指纹分析技术利用多种检测手段，并通过集成的高端指纹分析软件直接判断检测结果。在油脂气味检测领域，这种技术具有广阔的应用前景。

5.1.2.2　油脂碘值、过氧化值、酸值等指标检测技术

目前，化学分析法是常用于检测油脂指标的方法，但它存在时间长、操作烦琐和耗材多等缺点。其中，碘量法是测定油脂过氧化值的国家标准方法之一。该方法在三氯甲烷/冰乙酸溶剂中，油脂中的过氧化物与碘化钾反应生成碘单质。通过将生成的碘单质稀释到一定浓度并与淀粉反应产生蓝色，从而测定油脂的过氧化值。另外，分光光度法也可用于批量检测油脂指标，具有灵敏和快速的优点。

亚甲基蓝流动注射分光光度法通过检测波长为 660nm 的样品吸光度，线性测定样品中的过氧化物含量，因此可用于测定油脂的过氧化值。而近红外光谱扫描法则是利用三苯磷与过氧化物反应生成三苯基氧化磷，并通过偏最小二乘法建立校正模型来测定油脂过氧化值（相朝清等，2010）。该方法精度高，决定系数 R^2 达到 0.99 以上，相对标准偏差小于 5%，因此，可实现油脂质量控制的自动化（陈悦，2018）。

茶籽油是一种成分复杂的木本油脂，使用红外光谱法测定其氧化品质指标时存在谱峰重叠等问题。然而，人工神经网络具有非线性自适应信息处理能力，因此，使用人工神经网络处理茶籽油的红外光谱更为便捷。

5.1.2.3　油脂中反式脂肪酸检测技术

反式脂肪酸是一种含有一个或多个反式双键的非共轭不饱和脂肪酸。主要食物来源是氢化植物油。在氢化处理过程中，加压和镍等催化剂的作用下，天然植物油中的一部分不饱和脂肪酸会转变为反式构型。与普通植物油相比，氢化植物油具有更高的熔点和烟点，产生的油烟较少，氧化稳定性更好，便于运输和储存，并且可以改善食品的风味。此外，在油脂精炼的脱臭处理过程中，多不饱和脂肪酸中的二烯酸酯和三烯酸酯会发生热聚合反应，产生反式异构化，生成反式脂肪酸。在高温条件下的日常烹调过程中，如油炸、煎烤等，部分顺式脂肪酸也可能转变为反式脂肪酸。

然而，反式脂肪酸摄入可能增加患糖尿病、肥胖症、高血压等慢性病的风险。因此，世界卫生组织、美国食品药品监督管理局等多个机构已经发布了关于限制反式脂肪酸摄入量的建议和指导。许多国家和地区已经立法或制定政策限制食品中反式脂肪酸的含量，以促进健康饮食和生活方式的推广。

目前，检测反式脂肪酸含量的主要方法包括红外色谱法、气相色谱法和银离子薄层色谱法三种。其中，红外色谱法和银离子薄层色谱法主要用于反式脂肪酸的定性检测，而气相色谱法则可用于反式脂肪酸的定

量检测。气相色谱法的原理是通过检测反式双键在波数 900～1050cm^{-1} 处的吸收来进行定量检测。Fritsche 等（1998）曾建立了反式脂肪酸的气相色谱检测方法，具体条件为，固定液为 15% OV-275 或 15% SP-2340，色谱柱为 Chromosorb P AW-DMCS（100～120 目），柱长 6m、内径 3mm，柱温 220℃，载气为高纯氮气，载气流速为 10mL/min。反式脂肪酸的标准品为 C18:1 甲酯顺异构体和反异构体，浓度均为 10mg/mL，溶剂为异辛烷，进样量为 0.5μL。此外，Kandhro 等（2008）还使用 GC/MS 方法测定了人造黄油中反式脂肪酸的含量，发现其含量范围为 2.2%～34.8%。

5.1.2.4 油脂中残留溶剂检测技术

在制备食用油脂时，常常会使用溶剂浸出法，但会导致少量有机溶剂残留，即残溶问题。检测残留溶剂的方法主要采用气相色谱法（刘颖沙等，2020）。随着国际油脂行业的发展以及国家对油脂的法律法规要求日益严格，对油料和油脂质量的要求也更为全面。因此，需要更全面的检测方法，单个指标的检测技术已经不能满足大批量油料和油脂检测的需求（杨冬燕等，2014）。因此，多指标检测技术，特别是绿色环保的多指标检测技术，将成为油脂工业检测技术未来的发展趋势。

5.1.2.5 转基因油料加工油脂检测技术

聚合酶链式反应（PCR）技术是目前最常用、最先进的检测油脂中转基因成分的技术之一。该技术能够从基因水平上检测油脂中是否存在转基因成分。其原理是在 PCR 中利用特定引物扩增目标基因的特异性序列，从而检测样品中是否存在该基因（陈翔和范磊，2020）。PCR 技术具有高灵敏度、高特异性、高重复性和快速等特点，能够在较短时间内得到准确的结果（王德莲等，2014）。然而，需要注意的是，PCR 技术虽然可以检测油脂中的转基因成分，但也存在一些局限性。例如，可能存在 PCR 失效、杂交特异性、检测结果可能会受到检测物的纯度和样品处理等因素的影响等问题。因此，在进行综合分析和判断时，需要结合其他技术和方法。

除了 PCR 技术，还有一些其他技术可以用于检测油脂中的转基因成分，如环介导等温扩增技术（LAMP）、依赖核酸序列的扩增技术（NASBA）和微芯片等。这些技术都有其优缺点，选择哪种技术应根据具体情况而定。此外，为解决油脂样品中的 PCR 抑制因子问题，可以采用纯化、稀释、酶处理等方法消除干扰。因此，在检测油脂中的转基因成分时，需要综合考虑样品特点、检测方法、PCR 抑制因子等因素，并选择合适的方法进行检测。

5.1.2.6 非食用劣质油检测技术

非食用劣质油通常被称作地沟油，含有许多致病和致癌物质，不能用作食用油的原料进行加工利用（石允生等，2002）。在加工过程中，这些油脂会发生氧化和聚合反应，改变其理化指标。因此，通过测定油脂的碘值、电导率、过氧化值、重金属含量、掺水量和酸值等理化指标，可以定性和定量判定非食用劣质油的质量。目前，可用的检测方法包括光谱方法（如紫外光谱、原子光谱、红外光谱、高光谱透射）、色谱法（如液相色谱、气相色谱）以及电子鼻、核磁共振和电子舌等方法。

这些方法的原理各不相同，但都可以用于检测非食用劣质油的特征指标。光谱方法通过测量油脂在特定波长下的吸光度或发射光强，来分析油脂中的特定成分或特征。色谱法则利用油脂成分在色谱柱中的分离和检测，通过分析色谱峰的保留时间和峰面积，以确定其组分和含量。电子鼻、核磁共振和电子舌等方法则通过检测油脂的气味、分子振动或电化学特性来评估其质量。

综合运用这些理化分析方法，可以全面评估油脂的质量，并判定其是否为非食用劣质油。这些方法在油脂行业中已得到广泛应用，有助于保障食品安全和人们的健康。

5.1.3 油脂掺混鉴伪技术

近年来，由于一些生产经营者为了牟取暴利，油脂行业的掺假事件越来越多。尽管现在油脂生产多为机械自动化工厂，但仍存在手工作坊，其产品质量参差不齐。掺低价油、非食用油等为牟利以次充好的行为不仅损害了消费者的利益，而且危害到消费者的身体健康。因此，建立一套准确、简便的油脂掺混鉴伪技术是至关重要的。感官检验可从油脂的色泽、透明度、气味、滋味等方面对其进行初步评定。对于不同种类的食用油，可使用不同的定性检验方法，如对于芝麻油可采用硫酸反应法、蔗糖反应法、荧光反应法等。

5.1.3.1 色谱技术

色谱技术主要用于分析比对掺伪植物油和纯植物油中的各种成分差异，以进行掺伪定性鉴别和定量分析。不同种类的食用油，如花生油、芝麻油和大豆油，营养成分和价格略有不同。因此，不法分子常常采用将低价油掺入高价油的方式进行掺假。使用色谱技术测定食用油中脂肪酸等成分的分布情况，可以判断食用油是否被掺假（王江蓉，2010）。

Guo 等（2010）通过气相色谱-同位素比值质谱法测定茶油、紫苏籽油和亚麻籽油中脂肪酸的稳定碳同位素比值，发现亚油酸可以作为检测三者掺假玉米油（C_4 植物油）的标记物；而亚麻酸、硬脂酸和亚油酸则分别可用于检测茶油、紫苏籽油和亚麻籽油掺假大豆油（C_3 植物油）的标记物。尽管气相色谱-质谱联用技术能够进行精准定量，但由于不同样品中特征成分含量存在差异，因此在掺伪检测时还需要结合化学计量学等分析方法，以提高判定的准确性。

色谱法具有分离能力强、检测灵敏度高、结果准确可靠等优点。然而，使用色谱法进行分析的样品前处理较为复杂，所需试剂量较大。此外，某些油脂的脂肪酸含量相似，仅靠单一的脂肪酸组成变化情况进行鉴别不够准确。为了提高鉴别准确性，还需要进一步检测甘油三酯结构或其他指标。

5.1.3.2 光谱技术

相对于色谱技术，光谱技术在油脂鉴伪中应用更广泛，因为它具有样品前处理简单、分析速度快等优点。红外光谱根据波长范围分为近红外（0.75~2.5μm）、中红外（2.5~25μm）和远红外（25~300μm）三个区域，其中近红外光谱技术集光谱测量、计算机、化学计量学和基础测试等方法于一体，被认为是最具潜力的快速检测技术之一，成为国内外的研究热点。例如，荣菡等（2019b）基于近红外光谱技术，采用反向传播神经网络、马氏距离聚类分析法、自组织映射神经网络等模式识别方法，建立了茶油与掺有菜籽油、棕榈油、橄榄果籽油、花生油的茶油的模式识别模型，用于快速鉴别茶油掺伪。红外光谱技术具有样品破坏性小、制取简单、样品用量少、分析速度快、可对多组样品同时进行分析等优点（荣菡等，2019a）。但是，红外光谱易受样品状态和测量条件等影响，灵敏度相对较低，不适用于油脂痕量掺伪分析。

紫外-可见分光光度法在油脂鉴别中的应用具有优势，但也存在着一些限制。例如，不同油脂的紫外吸收光谱差异较小，因此需要采用多种分析手段进行综合鉴别。此外，在样品含有色素、悬浮物等杂质时，也会影响到光的透射和吸收，从而导致测量结果的不准确性。因此，在使用紫外-可见分光光度法进行油脂鉴别时，需要充分考虑样品状态和样品前处理等因素，并结合其他分析手段进行综合分析（郑艳艳等，2014）。

拉曼光谱法的优点包括无须样品前处理、适用于不同种类的样品、不受水分影响、检测速度快等。相比红外光谱，拉曼光谱在结构细微变化方面更加敏感，能够更准确地鉴别掺杂物质。因此，将拉曼光谱技术应用于植物油脂的掺伪检测具有重要意义。

为了提高光谱学掺伪检测的准确性和可靠性，需要建立一个包含大量样品信息的光谱数据库，并且采用多种分析手段进行复合分析。这样可以增加样品特征的区分度，提高检测的准确性和可靠性。另外，便携式拉曼光谱仪的使用也使得实时快速检测成为可能，为掺伪检测提供了更便捷的手段。

综上所述，拉曼光谱技术是一种具有潜力的植物油脂掺伪检测手段，需要结合其他分析手段进行复合分析，并建立大型光谱数据库，以提高检测的准确性和可靠性。随着便携式拉曼光谱仪的发展和推广，拉曼光谱技术在植物油脂掺伪检测领域的应用将会越来越广泛。

5.1.3.3 其他检测技术

除了光谱法和色谱法之外，还有其他技术可以用于鉴别油脂掺伪（陈燕等，2022）。以下是一些常用的方法。

差示扫描量热法：通过测量样品在加热或冷却过程中与对照样品的热力学差异，来判断样品中是否掺杂了其他物质。

皂化法：通过将油脂样品与碱溶液反应，使脂肪酸形成皂，而掺杂的其他物质则不会形成皂，从而可以鉴别油脂中是否掺杂了其他油脂或杂质。

溶剂溶解法：通过将油脂样品与特定的溶剂混合，观察样品的溶解度，来判断样品中是否掺杂了其他油脂或杂质。

不同检测方法各有优缺点，多种方法联用可以提高检测的准确性和可靠性。

5.2 油脂制取工艺技术

5.2.1 传统制油技术

5.2.1.1 油料预处理

油料是用来制取油脂的原材料。通常油脂工业将含油率高于10%的植物性原料都称为油料。我国的油料资源非常丰富，包括大豆、油菜籽、花生、芝麻、向日葵、棉籽、蓖麻、米糠等草本油料，茶籽、核桃、棕榈、椰子、橄榄、文冠果、油桐、乌桕等木本油料，以及多种野生油料。油料作物种子中含有20%~60%脂肪，可以用于制造食用油、工业油和医药原料。在榨油过程中，所剩油粕中含有大量的蛋白质和营养物质，可以用于生产副食品，也可以作为精饲料和肥料。

油脂加工的能耗、生产成本、产品和副产品的质量与得率等方面，都与油料预处理直接相关。油料预处理的好坏不仅直接影响浸出过程中的渗透性、浸出后饼粕残油等指标，还会影响油料中的各种成分、毛油品质、精炼效能、最终产品质量及生产过程中的能耗等。因此，油料预处理需要根据不同的油脂产品来进行调整，优化工艺和设备选型。对于木本油料，预处理的工序包括油料清理、剥壳、干燥、破碎、软化、轧胚和蒸炒等。

1）清理

油料在收获、晾晒、运输和贮藏等过程中会混进一些砂石、泥土、茎叶及金属等杂质，如果生产前不予清除，对生产过程非常不利。油料所含杂质可分为三大类：无机杂质，如泥土、砂石及灰尘等；有机杂质，如茎叶、绳索、皮壳及其他种子等；含油杂质，如不成熟粒、异种油料，规定筛目以下的破损油料和病虫害粒等。油料清理是指除去油料中所含杂质的工序总称。油料清理工序能提高油脂和饼粕质量，减少损失。比如，清理去除油料中的有色和有味杂质，可以避免成品油颜色加深，避免产生异常气味。清除油料中不含油的杂质或含油很少的杂质，可以避免出油率低。油料清理工序还可以增加设备处理量，减轻设备损耗，提高生产安全。

油料清理方法主要包括筛选、风选、磁选和水选等。筛选是利用油料与杂质粒度（宽度、厚度、长度）的物理差异，通过筛孔将杂质分离出来。常用的筛选设备包括固定筛、振动筛和旋转筛等。风选是利用油料与杂质之间悬浮速度的差异，通过风力将杂质除去。这种方法主要用于清除轻杂质和灰尘，并可去除部分较重的石子和土块等杂质，适用于棉籽和葵花籽等油料的清理。风力分选器主要有吹式和吸式两种。磁选是利用磁力清除油料中的磁性金属杂质，油厂通常使用永磁滚筒和永磁筒两种磁选装置。水选是利用水与油料直接接触，以洗去附着在油料表面的泥灰，并根据不同原料比重在水中沉降速度不相等的原理，将油料中的石子、砂粒、金属等重杂质除去（林恒善和李耀明，2005）。泥土杂质在水浸润作用下松散成细粒，可被水冲洗掉。水洗可有效防止灰尘飞扬，是一种除杂效率很高的清理杂质的方法。经过水选处理后，油料中的杂质含量可降低至 0.5%以下，但水分含量则会上升 3%~4%或更高。因此，油料经过水选处理后，常需增加烘干设备，消耗大量热能，这也是水选方法未被广泛采用的主要原因（柏云爱和张春辉，2005）。

2）剥壳

剥壳是带壳油料在制油之前的重要工序，因为油料种子都含有一定量的皮壳，这些皮壳中的粗纤维及其他成分直接影响饼粕的口感和营养价值。对于油茶果、桐油籽、乌桕籽、棕榈油果等一些带壳油料，必须经过剥壳才能进行制油。剥壳工序不仅能够提高出油率和毛油、饼粕的质量，而且还能减轻设备的磨损，增加设备的有效生产量，并有利于后续的轧胚等工序，同时也有利于皮壳的综合利用。剥壳工序要求剥壳率高、漏籽少、粉末度小，且便于剥壳后的仁壳分离。目前，含壳油料的剥壳和壳仁分离技术已经较为成熟，相应的工艺和设备也比较完善。

油茶是我国独有的一种木本油料植物，拥有两千多年的栽培和利用历史，油茶果油营养价值高，常被称为"东方橄榄油"。油茶果实包括果壳（皮）和茶籽两部分，其中茶籽由茶籽壳和茶果仁构成，果壳并不含有油脂，而是含有木质素、多缩戊糖、鞣质和皂素等成分，这些成分会影响油脂加工，因此需要进行脱壳处理。

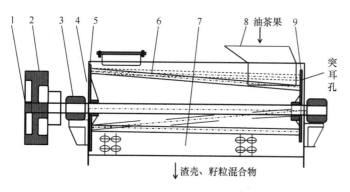

图 5-3 脱壳清选机结构图（蓝峰等，2012）
1. 脱壳主轴；2. 皮带轮；3. 轴承座；4. 上滚筒焊接件；5. 大脱壳盘；
6. 脱壳杆；7. 下滚筒筛板；8. 切向进料斗座；9. 小脱壳盘

机械脱壳相比于人工脱壳具有效率高、成本低、稳定性好等优点，因此在油茶产业中得到了广泛应用。油茶果的机械脱壳方法可以根据不同的原理和结构分为多种类型。其中，撞击法是利用高速旋转的钢球或者钢棒冲击油茶果实，使果壳裂开，茶籽与果壳分离；剪切法是利用带有锯齿或切割辊的设备对油茶果进行剪切，从而达到脱壳的目的；挤压法是通过将油茶果放置在两个压辊之间，施加一定的压力，使壳和茶籽相对移动，从而实现脱壳；碾搓法是利用两个相对转动的滚轮，对油茶果进行碾搓，使壳破裂，茶籽与果壳分离；搓撕法是利用两个相对转动的滚轮，对油茶果进行搓揉和撕裂，使果壳破裂，茶籽与果壳分离。

油茶果脱壳清选机是一种应用于机械脱壳的设备，其结构巧妙、性能稳定可靠，能够快速地完成油茶果的脱壳和壳籽分离。蓝峰等（2012）根据油茶果的生物特性，采用撞击、挤压和揉搓原理研发了油茶果脱壳清选机，其结构如图 5-3 所示。该设备的脱壳杆结构采用一定扭角和锥角的设计，形成一楔形脱壳室，适应大小不同的油茶果；而齿光辊对辊清选机构则利用了果壳和茶籽粒的外形差异，通过弧形齿光辊的设计，实现了脱壳和清选的一体化处理。该设备的工艺条件为脱壳杆转速 350~400r/min，脱壳杆锥角 3°，齿光辊间隙 1.0~1.5mm，筛孔直径 24mm，处理量可达到 1000kg/h，脱净率≥99%、清选率≥95%、碎籽率≤3%、损耗率≤2%。该设备具有脱壳清选效果好、对原料含水率要求低、结构简单、性能稳定等优点，因此也可以用于其他木本油料的脱壳清选，具有一定的普适性。

廖配等（2019）设计了一种破壳装置，成功解决了撞击式油茶果破壳装置破壳率低和碎籽率高等问题。该装置由破壳组件、加料装置、动力及驱动装置、机架等部件组成，其结构如图 5-4 所示。破壳组件主要由外壳体、

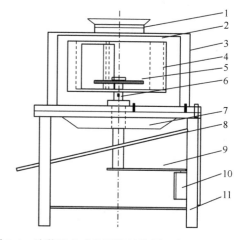

图 5-4 油茶果破壳装置的结构图（廖配等，2019）
1. 喂料装置；2. 导轨；3. 外壳体；4. 转子；5. 叶轮；6. 主轴；
7. 出料斗；8. 卸料板；9. 皮带传动机构；10. 电机；11. 机架

转子和叶轮三部分同轴安装而成，形成破壳空腔。在运动过程中，通过转子和叶轮的高速旋转，油茶果与转子及外壳体内壁相撞，从而完成破壳的过程。为确保足够大的撞击力，提高破壳率，圆弧面导料板被采用，可有效降低碎籽率。经过实验验证，最佳破壳效果的条件为：油茶果含水率 60%~70%，主轴转速 375~525r/min，导料板安装角度 70°~80°。在最佳破壳条件下，油茶果的破壳为 95.37%，而破籽率仅为 4.27%。

汤晶宇等（2021）针对油茶成熟鲜果在脱壳过程中脱净率低和茶籽破损率高等问题，对全自动油茶成熟鲜果脱壳机样机进行了结构优化。设计了一种四通道全自动油茶成熟鲜果脱壳机，其结构如图 5-5 所示，主要由分级装置、脱壳装置、壳籽输出装置、传动机构、电控柜和机架等组成。通过对油茶果进行四通道分级，不同大小的油茶果进入相应的脱壳滚筒内，通过油茶果与脱壳套筒的相互撞击及油茶果之间的碰撞、挤压、搓擦等综合作用实现脱壳。在茶果喂入量为 1500kg/h，脱壳杆扭度为 30°，脱壳杆直径为 23mm 时，脱壳机脱壳效果最佳，油茶成熟鲜果的脱净率为 98.85%，茶籽破损率为 3.24%。

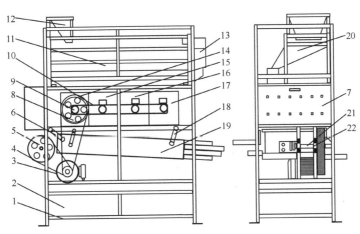

图 5-5　四通道全自动油茶成熟鲜果脱壳机结构图（汤晶宇等，2021）

1. 机架；2. 机座；3. 主电机；4. 传动带；5. 振动筛带轮；6. 传动带张紧轮；7. 主机电控柜；8. 脱壳带轮；9. 链轮；10. 链条；11. 分级装置；12. 进料口；13. 导板；14. 一级脱壳滚筒；15. 二级脱壳滚筒；16. 三级脱壳滚筒；17. 四级脱壳滚筒；18. 摇杆；19. 壳籽输出装置；20. 分级底板；21. 振动筛传动轴；22. 轴承座

3）干燥

油料干燥是油料加工过程中非常重要的一个环节。除了便于安全贮藏和后续榨油工序外，还可以提高出油率和脱壳率。干燥设备采用热传导和对流的原理，通过加热油料和强制通入热风进行干燥，使油料中的水分不断汽化，从而实现油料的脱水。在干燥过程中，油料周围空气中的湿度必须小于油料在该温度下的表面湿度，才能形成湿度差，加速油料中水分的汽化。常用的热媒有蒸汽和热空气（薛雅琳等，2019）。常见的大型设备有烘干塔、振动流化床、滚筒烘干机、平板烘干机等。干燥过程中还要控制油料的含水率，油茶籽的含水率控制在 5% 以下可以提高出油率和脱壳率（罗凡等，2016）。

4）破碎

破碎是一种机械方法，用于将油料颗粒细化。破碎的主要作用如下：首先，使油料具有一定的粒度，以符合轧制的要求，并使预榨饼块的大小适中；其次，破碎后油料的表面积增大，有利于软化时的温度和水分传递，软化效果更好；最后，破碎后的油料成为较小的饼块，更便于浸出取油。破碎要求破碎后的油料粒度均匀，不出油，不成团，尽可能避免过多的粉末。为了满足破碎的要求，必须控制破碎时油料的水分含量。水分含量过高，油料不易破碎，容易被压扁、出油、成团，还可能造成破碎设备难以进料；水分含量过低，则会增加粉末度，过多的粉末也容易成团。

在油料加工过程中，破碎机广泛应用于破碎颗粒油料、剥壳带壳油料等。油料的破碎方法包括撞击、剪切、挤压和碾磨等。国内油料加工厂主要使用齿辊破碎机、圆盘破碎机和锤片式粉碎机等破碎机械，它们的主要技术性能如表 5-1 所示（马传国，2005）。

表5-1 破碎机械的主要技术性能

	型号	处理量/（t/d）	辊直径/mm	辊长度/mm	动力/kW
齿辊破碎机	YPSG25×80	300	250	800	90
	YPSG25×100	350	250	1000	110
	YPSG40×100	280～350	400	1000	30.55
	YPSG40×150	400～500	400	1500	44.55
	YPSG25×80	500	813	2134	132
	型号	处理量/（t/d）	磨片直径/mm	主轴转速/（r/min）	动力/kW
圆盘破碎机	BKY-71	35	710	1200	18.5
	BKY-91	50～60	915	910	30
	BKY-127	120～170	1～270	870	37
	型号	处理量/（t/h）	锤片数量/mm	主轴转速/（r/min）	动力/kW
锤片式粉碎机	968-Ⅱ	12～22	44	1480	75/90/110
	968-Ⅲ	25～35	64	1480	110/132/160
	968-Ⅳ	38～50	84	1480	200/220/250

油茶籽的粉碎可以通过干法和湿法两种方法进行。干法粉碎采用刀片式粉碎机（中药粉碎机），对脱壳后的油茶籽仁进行撞击和剪切式粉碎，可以得到不同粒径的油茶籽粉。湿法粉碎则是利用胶体磨设备，将油茶籽仁与去离子水按比例混合后进行粉碎，可以得到不同粒径的油茶籽仁浆料。不同的粉碎程度对油茶籽的产油率、清油率、乳状液含油率和残渣残油率等有影响。粒径越小，油茶籽油的产率越高，但当粒径减小到一定程度时，总产油率会达到极限。同时，随着物料粒径的减小，提油后茶籽残渣中残油率也会降低。然而，过度粉碎可能会导致清油率下降（谢斌等，2016）。

5）软化

软化是一种工艺流程，通过调节油料的水分和温度来增加其塑性，使其变得柔软。软化的目的是调节温度和水分，使油料具有适宜的弹塑性，减少轧胚时的粉末度和黏辊现象，提高坯片质量。此外，软化还可以减少轧辊磨损所引起的机器振动，有利于轧胚操作的正常进行。

为了达到理想的轧胚效果，对于含油量较低、含水量较少、质地坚硬且可塑性差的油料，软化是不可或缺的。对于含油量和含水量较高的油料，一般不进行软化处理，否则会导致黏辊面，操作难度大。根据不同的油料种类和含水量，需要设定软化温度，进行加热去水操作或加热湿润操作。当油料含水量高时，软化温度应设置低一些，反之则需要设置高一些。同时，还需要根据轧胚效果，调整软化条件，确保软化后的料粒具有适宜的弹塑性和均匀透彻性等特征。只有正确掌握软化操作，才能为轧胚和蒸炒创造良好的条件。

软化设备主要分为4种类型，分别是软化箱（又称暖豆箱）、立式软化锅、卧式滚筒软化锅和调质塔。在工艺装备简单、规模小的油脂企业中，暖豆箱和立式软化锅较为常见，单机处理量不超过300t/d。表5-2中列出了卧式滚筒软化锅的主要技术性能。

表5-2 卧式滚筒软化锅的主要技术性能

型号	生产能力/（t/d）	配备功率/kW	蒸汽压力/MPa	滚筒转速/（r/min）	换热面积/m²
RHG-180	200～250	7.5～11.0	0.45～0.50	3～5	195
RHG-200	300～400	15.0～18.5	0.45～0.50	3～5	280
RHG-220	450～500	18.5	0.45～0.50	3～5	360
RHG-240	600～650	22.0	0.45～0.50	3～5	450
RHG-260	700～750	30.0	0.45～0.50	2～4	515
RHG-280	800～900	37.0	0.45～0.50	2～4	570
RHG-300	1000	45.0	0.45～0.50	2～4	635

6）轧胚

轧胚是指利用机械力作用将油料压成薄片的工序，俗称"压片"或"轧片"。这一工序能破坏油料细胞组织，为后续的压榨或浸出过程创造有利条件，使油脂顺利分离出来。油料的导热率较小、热容量较低，如果不将其轧成薄片，则很难将表面吸收的热量传递到中心，表面温度会迅速升高，难以实现均匀加热，从而导致蒸炒时生熟不匀、里生外熟等现象。轧胚能够增大料胚表面积，有利于加热，也有利于润湿和挥发水分。

在轧胚过程中，油籽会受到轧辊施加的外力作用，从颗粒状变成片状。这个作用力的大小取决于轧辊形式以及两轧辊间的圆周速度。被轧物料的颗粒会落入两个轧辊之间的工作缝隙，由于颗粒与旋转辊面的摩擦作用，被拉入并通过轧辊的工作缝隙，完成轧胚过程。当采用光面辊时，如果两轧辊的圆周速度相同，物料只受到挤压作用，产生弹性和塑性变形，形成薄片；如果两轧辊的圆周速度不同，物料不仅受到挤压作用，而且还会受到碾碎和剪切作用，使颗粒在某一平面或某些平面发生位移，可使生坯强度减弱并容易碎裂。两轧辊的圆周速度差异越大，颗粒所受剪切作用越强烈，粉碎颗粒也会越多。如果轧辊表面带有槽纹，轧胚时槽纹尖端会对被轧物料产生劈裂、挤压、剪切和冲击作用，从而破碎颗粒。实际上，用于油料轧胚的轧辊通常是光面辊，槽纹辊仅用于协助轧胚机进料和要求有一定破碎作用的场合。

油脂加工厂用的轧胚设备可分为平列式轧胚机和直列式轧胚机两种。由于直列式轧胚机的辊面压力和生产能力较小，因此新建的油厂已很少使用该设备。目前，在油厂中应用最广泛的是平列式对辊轧胚机。国产轧胚机基本上能够满足国内油厂的生产需求。大中型轧胚机已经实现了标准化和系列化生产，其主要机型的技术性能详见表 5-3。

表 5-3 国产大中型平列式对辊轧胚机系列产品的主要技术性能

型号	辊直径/mm	辊长度/mm	动力/kW	处理量/（t/d）
YYPY2×60×100	600	1000	44	80～100
YYPY2×60×125	600	1250	60	100～130
YYPY2×80×100	800	1000	60	120～150
YYPY2×80×125	800	1250	74	180～200
YYPY2×80×150	800	1500	90	240～260
YYPY2×80×200	800	2000	110	300～350

7）蒸炒

蒸炒是一种工艺过程，将生的油料经过加水、加热蒸坯、干燥炒坯等处理，使其转化为适合于压榨或浸出的熟坯。蒸炒可以利用水分和温度的作用，使油料的内部结构发生重大变化。例如，细胞进一步破坏，蛋白质发生凝固变性，磷脂和棉酚离析与结合等。这些变化不仅有利于从油料中分离油脂，而且有利于提高毛油的质量。炒制预处理可以明显降低油茶籽中的含水量，提高压榨效率，增加出油率。而蒸制预处理可以降低油茶籽压榨油饼中的残油率。蒸炒效果的好坏对整个制油生产过程的顺利进行、出油率高低以及油品和饼粕质量都有直接影响。由于油脂加工厂采用不同种类的榨油机和辅助设备，因此料胚蒸炒方法也不尽相同。

蒸炒方法可分为湿润蒸炒法、高水分蒸炒法和加热-蒸坯法。其中，加热-蒸坯法属于小型加工作坊的土法操作，现已基本淘汰。目前，应用最广泛的蒸炒方法是湿润蒸炒法和高水分蒸炒法。湿润蒸炒法包括湿润、蒸坯、炒坯三个环节，指在热处理开始前，将生坯进行湿润处理，并在温度不断升高、湿度不断降低的条件下，进行较长时间的蒸坯和炒坯，以使熟坯达到一定入榨（浸）条件。高水分蒸炒法和湿润蒸炒法的主要区别在于湿润环节中加水量不同，前者的加水量要比后者多得多。湿润蒸炒法适用于大多数油料的处理（李殿宝，2013）。

5.2.1.2 压榨制油

压榨制油是指利用机械外力，将油脂从榨料中挤压出来的过程。在这个过程中，主要发生物理变化，如物料变形、油脂分离、摩擦发热、水分蒸发等。但同时，由于温度、水分、微生物等因素的影响，也会发生一些生物化学方面的变化，如蛋白质变性、酶的钝化和破坏，以及某些物质的结合等。在压榨过程中，榨料粒子在压力作用下内外表面相互挤紧，从而使其液体部分和凝胶部分产生两个不同的过程。这两个过程分别是油脂从榨料空隙中被挤压出来，以及榨料粒子变形，形成坚硬的油饼。

在压榨的主要阶段，油脂流动的平均速度主要取决于孔隙中的液层黏度和压力大小。此外，液层的厚度和油路的长度也是影响这一阶段排油速度的重要因素。一般来说，油脂黏度越小，压力越大，则油脂从孔隙中流出越快。但是，流油路程越长，孔隙越小，则会降低油脂流速，使压榨进行得更慢。在压力作用下，榨料粒子间随着油脂排出而不断挤紧，直接接触的榨料粒子相互间产生压力，造成榨料的塑性变形。尤其是在油膜破裂处，榨料粒子将会相互结合成一体。这样，在压榨结束时，榨料已不再是松散的形态，而是形成一种完整的可塑体，被称为油饼。

压榨法可分为热榨和冷榨两种方法。热榨法出油率高，油脂风味突出，但油脂色泽较深且含异味，需要进一步精炼才能得到高品质的茶油产品。由于热榨温度较高，油脂易氧化和酸败，因此其酸值和过氧化值明显高于其他方法。相比之下，冷榨法不对原料进行加热或蒸炒预处理，能有效保存油脂中的各种营养成分和天然风味，并可避免高温使蛋白质破坏（陈颖慧，2019）。冷榨茶油呈天然绿色，色浅，滋味柔和，气味清香，基本上具备脱胶或中和后油的品质，无须精炼即可食用，避免了与任何化学物质接触，并能得到高品质的饼粕。但是，冷榨法存在残油率高的缺点，残油率约为常规压榨的 2～3 倍，另外，冷榨法的能耗也比较高，在相同的装机容量下，其处理量只有常规压榨的一半（刘学，2011）。

榨油机械设备可以分为螺旋式榨油机和液压式榨油机两类。螺旋式榨油机是一种传统设备，具有结构简单、价格便宜、处理量大、压榨时间短、出油率高、劳动强度低等优点。但是，过高的温度会破坏油脂中的营养成分，榨出的油质较差，呈现浑浊状态，口感欠佳，需要经过深加工才能食用。液压式榨油机是使用较为广泛的设备，分为立式和卧式两种。立式液压榨油机结构简单，易于操作，但装料和卸饼难以实现自动化，人工劳动强度大，生产效率低，不适合大规模连续化生产。

5.2.1.3 浸出法制油

油料浸出可视为固-液萃取，利用溶剂极性和相溶性原理将固体物料中有关成分分离，通过分子扩散和对流扩散两种方式完成。浸出法制油具有低的饼粕残油率和高的出油率，劳动强度低，工作环境好，易于实现生产自动化和大规模生产，饼粕质量好等优点。浸出法制油不需要高温加工，保护了油料中的水溶性蛋白质不受破坏。但是，浸出法制油存在成本高、浸出溶剂不安全、生产安全性差，以及制得的毛油含有非脂成分多、色泽深、质量差等缺点。

在油脂浸出中应选用易溶解油脂的溶剂。从理论上说，用于油脂浸出的溶剂应满足以下条件：来源充足，化学性质稳定且不会与油脂和饼粕发生化学反应，对机械设备腐蚀较小；安全无毒，不易着火和爆炸；介电常数与油脂相近，能够以任何比例溶解油脂，能够在常温或不太高的温度下将油脂从油料中萃取出来；只溶解油料中的油脂，对于油料中的非油物质溶解性小；挥发性好，浸出油脂后容易与油脂分离，在较低温度下能够从饼粕中除去；沸点范围小，易于蒸馏；在水中溶解度小。

在进行溶剂浸油前，料胚细胞组织应该被最大限度地破坏。这样做会减小扩散阻力，提高浸出效率。为了使粒子内油脂的扩散路程最短，应该尽可能地缩小被浸出原料的胚径。此外，增加料胚单位重量的表面积也有利于提高浸出效率。料胚必须具有足够和均匀的渗透性，以便溶剂在浸出过程中能够顺畅地通过，并均匀地冲洗全部料胚。料胚对溶剂和混合油的吸附能力应该尽可能小，而浸出料胚的可塑性应该适当，料胚厚度也应该适宜。

在进行浸出时，浸出温度原则上应尽可能高，因为这样可以减少粕中残留的油脂量。但是，浸出温度不能超过所用溶剂的沸点。不同的油料都有适宜的浸出水分，应控制在合适的范围内。如果水分太高，会影响溶剂对油脂的溶解，也会影响溶剂对料胚或预榨饼的渗透，同时还会使料胚和预榨饼结块膨胀，出现"搭桥"现象。对于大豆料胚，水分应控制在 5%～6%，而棉籽仁和米糠则应控制在 5% 左右。油料预榨饼的水分应该控制在 2%～5%。

在单位时间内，加快溶剂渗透料胚的速度对提高浸出效果有很大作用。溶剂渗透量可以以每小时内每平方米的金属网或料胚面流过多少千克溶剂来计算。根据实际经验，渗透量应该控制在 10 000kg/(h·m²) 以上。根据油脂生产实践，料层的厚度应该控制在 800~1500mm。在实际生产中，通常采用逆流方式进行油料浸出，这样可以同时实现两个目标：一方面可以获得较浓的混合油，另一方面可以将粕中的残油率降至理想范围，混合油的浓度通常在 10%~27%。

浸出法制油工艺可以根据操作方式分为间歇式浸出和连续式浸出。浸出产能与操作工艺方式密切相关。选择工艺流程的依据包括原料品种和性质、原料含油率、对产品和副产品的要求，以及工厂的生产能力等因素。对于高含油原料（如油菜籽、棉籽仁等），应采用预榨浸出工艺。而对于含油量较低的原料（如大豆），应采用一次浸出工艺。

5.2.1.4 油脂精炼

毛油是由各种脂肪酸甘油酯的混合物组成的，其中含有少量的悬浮杂质，如泥沙、饼渣等，以及胶溶性杂质，如磷脂、蛋白质、糖等，还有脂溶性杂质，如游离脂肪酸、甾醇、生育酚、色素、脂肪醇和蜡。此外，毛油中还包括水分、毒素和农药等其他杂质。尽管这些杂质含量很少，但它们对毛油的品质和稳定性影响很大。为了达到食用或工业用的标准，毛油必须进行精炼。油脂精炼也被称为"炼油"，包括油脂过滤、脱胶、脱酸、脱色、脱臭、冬化、脱蜡等工序。经过过滤、脱胶和脱酸处理的油被称为半炼油。再经过脱色、脱臭、冬化和脱蜡处理的油被称为精炼油。油脂精炼可以增强油脂的储存稳定性，改善油脂的风味和色泽，并为油脂深加工制品提供原料。常见的油脂精炼方法包括化学和物理精炼。需要注意的是，精炼并不是将所有杂质都完全去除，而是有选择地除去它们。

1）去除不溶性杂质

毛油中的不溶性杂质主要通过沉降、过滤和离心分离来去除。沉降法是一种利用油和杂质的不同比重，依靠重力作用自然分离的方法。沉淀设备包括油池、油槽、油罐、油箱和油桶等容器。在沉降过程中，将毛油置于沉淀设备中，在 20~30℃下静置足够时间，使悬浮的机械杂质自然沉淀。这种方法不仅可以分离机械杂质，还可以进一步去除油中的水溶性杂质等。杂质粒子的沉降速度取决于颗粒大小、黏度、密度和温度等因素。沉降法的优点是设备简单，操作方便，但需要的时间较长，有时需要超过 10d。毛油中的磷脂等胶体杂质易于与水发生乳化，因此不能完全去除。此外，在油脂静置时容易发生氧化和水解反应，增加毛油的酸值，影响油脂质量。因此，单独使用沉降法只适用于小规模生产。

过滤是一种按照颗粒度大小，利用设定的开孔滤网将杂质进行分离的方法，可以采用重力、压力、真空或离心过滤等方式。过滤时，滤油速度和过滤后净油中的杂质含量取决于滤网孔隙大小、油脂种类、毛油所含杂质数量和性质、过滤温度、过滤推动力、滤饼和过滤介质的总压降等因素。一般来说，过滤时温度低，油黏度大，含杂质多和压力小时，过滤速度较慢，反之过滤速度较快。过滤设备有厢式压滤机、板框式压滤机、叶片过滤机等。

离心分离是利用离心力分离悬浮杂质的一种方法，通常与沉降和过滤联用。离心分离设备有许多不同的型式，油脂工业中常用的沉降式离心设备包括管式、碟式和螺旋型离心机。图 5-6 展示了卧式螺旋卸料沉降式离心机的结构构造。

2）脱胶

存在胶溶性杂质不仅会影响油脂的品质和储藏稳定性，而且还会影响后续的精炼工序。脱胶是指脱除毛油中胶溶性杂质的过程，其中主要的胶质是磷脂，因此脱胶也被称为脱磷。植物油脱胶的实质是利用胶溶性杂质

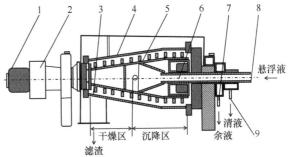

图 5-6 卧式螺旋卸料沉降式离心机的结构

1. 离心离合器；2. 摆线针轮减速器；3. 转鼓；4. 螺旋推料器；
5. 进出料装置；6. 悬浮液进口；7. 净油出口；8. 余液出口；
9. 出渣口

的亲水性,在其他介质作用下将不可水化的胶质转化为可水化的胶质,从而使胶溶性杂质因吸水而膨胀、凝聚并最终分离出来。在茶油的精制过程中,由于茶油本身的磷脂含量较低,因此不需要进行单独的脱胶工艺。然而,对于医用和化妆品用的无色茶油,必须进行脱胶工序,因为磷脂是影响油脂色泽的主要因素之一。脱胶效果的好坏直接影响到后续脱色工艺中吸附剂的吸附效果和用量。目前存在多种脱胶方法,包括化学法脱胶、酶法脱胶和膜技术脱胶等。

脱胶的化学方法包括水化脱胶、酸炼脱胶、干法脱胶和 Unilever 脱胶等。在油脂工艺中,普遍采用水化脱胶和酸炼脱胶。对于磷脂含量高或将磷脂作为副产品提取的毛油,在脱酸之前通常需要进行水化脱胶。若要达到较高的脱胶要求,则需要使用酸炼脱胶。

水化脱胶是利用磷脂等胶溶性杂质的亲水性,向毛油中加入一定量的水或电解质稀溶液,使胶质吸水膨胀,并凝聚成密度比油大的水合物,从而利用重力沉降或者离心分离。水化脱胶过程中,主要被沉降分离的是磷脂,与磷脂结合的蛋白质、黏液和微量金属元素也会一起被去除。影响水化脱胶的因素包括毛油质量、温度、加水量、混合强度、作用时间和电解质等。根据生产过程的连续性,水化工艺可分为间歇式、半连续式和连续式。水化脱胶只能去除亲水性强、易与水结合的水化磷脂,而极性较弱、疏水性的非水化磷脂则难以除去,因此,经过水化脱胶处理后的油品中一般仍会含有 80～200mg/kg 的磷脂。

酸炼脱胶是国内油脂加工厂普遍使用的植物油精炼脱胶方法,其工艺简单易行。相比水化脱胶,酸法脱胶效果更好,可以将大量的非水化磷脂转化为水化磷脂。常用的酸包括磷酸、柠檬酸、草酸、硫酸和醋酸等。在动植物油脂脱胶中,最常用的是柠檬酸和磷酸。尽管柠檬酸脱胶效果更好,但由于其价格较磷酸高,增加了脱胶成本,所以酸法脱胶普遍使用的是磷酸。

酸法脱胶过程是将毛油加热,在搅拌下加入一定量的酸,经过 10～40min 的搅拌处理后,加入比油温稍高的去离子水进行水化,然后进行离心分离,并通过常压或减压干燥,得到脱胶油。然而,该法受原料油品质影响较大,比较适合磷脂含量低(<200mg/kg)的油脂,如棕榈油、椰子油等(李兴勇等,2018)。

酶法脱胶工艺利用磷脂酶在一定的反应条件下催化水解,将油脂中的非水化磷脂转换为水化磷脂,再使用水化脱胶法去除这些胶质。相比化学脱胶法,酶法脱胶具有许多优点,如脱胶效果好、磷脂含量降低幅度大、酶用量少、油损耗少、生产成本低等。从脱胶效果来看,酶法脱胶完全可能成为一种新的替代化学脱胶的方法。在生产中,只需使用一台离心机即可达到良好的分离效果,具有潜在的推广价值。然而,酶法脱胶也存在一些缺陷。例如,磷脂酶用于毛油脱胶时,无法进行回收再利用。与常规水化脱胶相比,其经济成本更高,这也是目前酶法脱胶没有被广泛应用的最主要原因。因此,需要进一步研究磷脂酶固定化方法,以加强脱胶酶的回收利用,降低脱胶成本。酶法脱胶效果好、污染小,但是,脱胶时间较长,脱胶酶稳定性一般,贮藏困难(刘雄等,2002)。因此,研究如何缩短酶法脱胶时间、提高脱胶酶稳定性和保藏性,以及解决酶法脱胶酸值升高的问题,都是很有价值的研究课题。

近年来,出现了多种新型的脱胶技术,如膜过滤脱胶、微生物脱胶、吸附脱胶、超临界 CO_2 脱胶、超滤脱胶等。其中,膜过滤脱胶是在一定压力下,利用磷脂相对分子质量或粒子大小与其他物质不同的特性,将这些物质通过膜时截留下来,达到分离的目的。膜技术在脱胶工艺中的应用不仅能够取得良好的脱胶效果,而且还可以简化后续的工艺流程。然而,由于膜材料开发成本较高,目前难以在工业应用中得到推广。因此,如何降低膜材料生产成本是膜过滤脱胶实现产业化的关键。

3)脱酸

植物油脂中含有游离脂肪酸,导致其酸值升高,这对油脂的保存非常不利。脱酸是一种精炼方法,包括蒸馏法和碱炼法。蒸馏法又称为物理精炼法,适用于高酸值、低胶质油脂的精炼。碱炼法则是一种通过使用碱来中和游离脂肪酸,并除去部分其他杂质的精炼方法。常用的碱包括石灰、有机碱、纯碱和烧碱等。烧碱是最广泛应用的碱,它能中和粗油中绝大部分游离脂肪酸,生成的钠盐不易溶解在油中,起到表面活性剂的作用,可以使蛋白质、色素、磷脂、带有羟基和酚羟基的物质以及悬浮固体杂质形成絮状沉淀。因此,碱炼具有脱酸、脱胶、脱固体杂质和脱色等综合效应。

在碱炼过程中,理论碱量的计算公式为 $NaOH(kg) = 7.13 \times 10^{-4} \times$ 油重$\times$酸值。然而,由于反应的消耗和皂膜包裹等原因可能会出现逆向反应，因此实际碱量需要超出理论碱量。对于间歇碱炼工艺，超碱量占理论碱量的 0.05%～0.25%；对于连续碱炼工艺，超碱量占理论碱量的 10%～50%。在选择适当的碱液浓度时，需要考虑粗油的酸价、制油方法、中性油皂化损失、皂脚稠度、皂脚含油损耗、操作温度和粗油脱色程度等因素，可在实验室进行小样试验，比较不同浓度的碱液后，选择最佳浓度。此外，在选择温度时，需要考虑初温、终温和加温速度。初温是指中和反应开始时的温度，终温是碱炼过程中为促进油皂分离所达到的最高加热温度。为了防止产生乳浊液以致油皂难以分离，中和过程中的温度必须保持不变。初温高低和使用碱液浓度密切相关，浓碱用低温，淡碱用高温。搅拌是为了达到碱液与油充分混合的目的，以使中和反应完全。在间歇碱炼过程中，中和时搅拌速度以 50～70r/min 为宜。升温时，搅拌速度要放慢，一般为 30r/min，使皂粒和凝聚的杂质逐渐集聚成较大颗粒，直到油皂呈显著的分裂现象为止。除了碱炼法外，还有其他脱酸方法，如溶剂法、酯化法和膜分离法等。

4）脱色

油脂中含有复杂的色素成分，主要包括叶绿素、胡萝卜素、黄酮色素、花青素以及某些糖类、蛋白质的分解产物等，这些成分会使油脂呈现出不同的颜色。对于生产高档油脂产品，如色拉油、化妆品用油、浅色油漆、浅色肥皂以及人造奶油用的油脂，颜色必须浅，因此需要经过脱色处理才能达到产品色泽的要求。

目前，油脂脱色方法有很多种，如吸附脱色法、膜脱色法、光能脱色法、超声辅助脱色法等（张振山等，2018）。在油脂企业中，最广泛应用的方法是吸附脱色法。这种方法利用吸附剂的强力吸附能力，将热油中的色素和其他杂质吸附，然后通过过滤除去吸附剂，同时也除去了被吸附的色素和杂质，达到了脱色净化的目的。常用的吸附剂有活性白土、凹凸棒土、漂土、活性炭等。

酸性白土具有很强的吸附能力，尤其对于带有盐基性原子团或极性原子团的色素和胶类物质。但是，在水溶液和乙醇溶液中，酸性白土不能吸附色素和其他杂质。这是因为白土会先吸附水和乙醇中的羟基，从而失去吸附色素的活性。相反，在不含羟基的溶剂中，如苯、煤油和油脂分子中，酸性白土能保持吸附活性。活性白土可以通过无机酸处理、水洗和干燥来提高其吸附性。但是，需要注意的是，在油脂脱色过程中，白土与油的接触时间不宜过长，否则可能会使油的酸值升高。脱色后的油脂通常会有泥土气味，如果用于食品加工，还需要进行脱臭处理。

活性炭具有细密多孔的结构，具有很强的吸附能力。通常不单独用于脱色，而是与酸性白土等混合使用，以提高脱色效果。与单独使用酸性白土或活性炭相比，联合使用效果更好。活性炭可以去除植物油中的矿物油污染物。与酸性白土不同的是，经过活性炭脱色后的油脂没有异味。然而，使用活性炭的成本较高，因为其售价昂贵。

凹凸棒土是一种富镁纤维矿物，主要成分是二氧化硅。由于它的表面物理化学结构、离子状态及所具有的较大内表面积，因此也常应用于油脂脱色中。

在进行油脂脱色时，应该根据油脂的种类、色素及其他杂质的含量和类型，以及对精炼油质量的要求等因素来决定所用脱色剂的数量和种类。为了避免脱色油与空气接触而发生氧化，以及因脱色时间过长而造成泥土味，脱色过程应该在真空条件下进行。

5）脱臭

纯净的油脂通常是无色、无味的，而天然的油脂则通常具有自己独特的气味（通常被称为臭味）。这些气味是油脂中氧化产物进一步氧化生成过氧化物，分解为醛和酮所产生的。另外，制取油脂的过程中也会产生臭味，如溶剂味、肥皂味和泥土味等。除去油脂中特有气味的工艺过程称为油脂脱臭。在进行脱臭之前，必须先进行水化、碱炼和脱色等步骤，以创造良好的脱臭条件，有利于去除油脂中残留的溶剂和其他气味物质。脱臭不仅能够去除油脂中的臭味物质，还可以改善油脂的口感。

目前，脱臭的方法有很多种，包括真空蒸汽脱臭法、气体吹入法、加氢法和聚合法等。而最广泛应用、效果最好的方法是真空蒸汽脱臭法。真空蒸汽脱臭法是一种工艺过程，通过在真空条件下使用过热蒸汽将油脂中的味道物质去除。其原理是水蒸气通过含有味道物质的油脂时，气体和液体相互接触，水蒸气将饱和的味道物质逸出，并按照分压比率逸出去。

6）脱蜡

油脂脱蜡是一种工序，通过冷却和结晶使高熔点蜡与高熔点固体脂从油脂中析出，并采用过滤或离心分离操作将其除去。这个工序实际上包括两个方面的意义：第一，除去油脂中含有的高熔点蜡，这些蜡的主要成分是高级脂肪酸与高级脂肪酸醇形成的酯；第二，除去油脂在贮藏中导致浑浊的所有固体成分。这些固体成分既包括蜡的成分，也常常含有油的聚合物、饱和甘油三酯等成分。因此，严格来说，前者应称为脱蜡，后者应称为冬化。

油脂脱蜡有三种方法：压滤机过滤法、布袋吊滤法和离心分离法。布袋吊滤法先将脱臭油泵入冷凝结晶罐中进行冷却结晶，然后将冷却好的油倒入布袋中，再将布袋悬挂起来。通过重力作用，油从布袋孔眼中流出，而蜡留在布袋内，从而实现油蜡分离。这种方法所得成品油质量好，但劳动强度大，设备占地面积也大，成品油得率低，目前工业化应用较少。离心分离法又称低温碱炼，它是将毛油冷却，使蜡结晶析出，然后加入一定量的碱液，中和部分游离脂肪酸，生成肥皂。肥皂能吸附结晶好的蜡，然后将混合物泵入离心机进行分离，蜡随着肥皂一起被脱除。这种方法劳动强度不大，设备占地面积小。但对于含蜡量大的油脂，其黏度在脱蜡温度时很高，分离难度很大。如果只分离油中的蜡，则脱蜡油得率大大降低，目前采用离心分离法的实例也不多见。

压滤机过滤法是目前油脂加工企业最常用、也是较为理想的脱蜡方法。一般采用两道程序，第一道程序脱蜡时油温较高，只有部分蜡析出，过滤时只去除已结晶析出的部分蜡。第二道程序脱蜡时油温降得较低，残留在油中的蜡全部析出，通过压滤可几乎全部去除。

7）脱硬脂

油脂是由各种脂肪酸甘油三酯混合而成的。脂肪酸的不同组合导致油脂的熔点不同，饱和度高的甘油三酯熔点很高，而饱和度低的甘油三酯熔点较低。因为油脂在不同的用途中有不同的要求，如色拉油不允许含有固体脂肪（也称为硬脂肪），所以对油脂的要求也因此有所不同。以米糠油为例，经过脱胶、脱酸、脱色、脱臭、脱蜡等多道工序后，即可食用，但仍然含有一些硬脂肪，不符合色拉油的质量标准。为了得到符合要求的米糠色拉油，必须去除这些硬脂肪。这个工艺过程称为脱硬脂。生产色拉油时，使用棕榈油、花生油或棉籽油也需要进行脱硬脂。

硬脂肪在液体油中的溶解度随着温度升高而增大，当温度逐渐降至某一点时，硬脂肪开始呈晶粒析出，此时的温度称为饱和温度。硬脂肪的浓度越大，饱和温度越高。

脱除硬脂的方法称为冬化，这种工艺利用蜡和饱和脂与液体油脂之间的凝固点差异，在降低油温的同时促使饱和脂和蜡结晶析出，然后通过机械或溶剂法将固体脂（蜡）和液体油分离，使成品油符合冷冻试验标准。油脂冬化的方法有多种，其中溶剂法较为先进，用这种方法生产米糠色拉油的得率可达97%。但由于生产中需要使用溶剂，设备投资大，能耗高，不适合小规模生产。目前，国内采用的米糠油冬化方法为板框过滤机法，该方法与脱蜡工艺基本相同，分为结晶和分离两个步骤。具体的冬化工艺流程为：脱酸、脱臭油→预冷却→结晶养晶→过滤→冬化油、蜡及固体脂。

5.2.2 新型制油技术

5.2.2.1 油料预处理方法

1）膨化挤压预处理

膨化是指利用膨化机的非标准螺旋系统，通过不等距的挤压推进，使气体从油料间隙中挤出并被物料迅速填充。这时，油料受到剪切作用而产生回流，使得机膛内压力增大。随着螺旋系统与机膛之间的摩擦，油料晶体得到充分混合、挤压、加热、胶合和糊化，从而产生组织变化，脂肪层结构遭到破坏。同时，机械能被转化为热能，使机膛内的温度很快升高到约125℃。在挤压膨化机出口处，高温高压物料在压力突然下降的作用下迅速出来，水分也随即从组织结构中蒸发，物料急剧膨胀形成组织疏松的膨化料粒。

通过短时间的加热和挤压等强烈作用，膨化挤压预处理可以迅速彻底地破坏油籽细胞，使油微粒均匀扩散并凝聚，有利于后续用溶剂浸泡取油。此外，膨化挤压还可以改善油料渗浸性状，抑制或钝化油籽中一些酶的活性，稳定油料储存与加工过程。同时，膨化挤压还可以降低油脂中非水化磷脂的含量，提高副产品中磷脂得率，从而有效地起到脱毒作用。

挤压膨化预处理省略了传统的浸油工艺中的干燥、破碎、轧胚、蒸炒和预榨等烦琐工序，从而大大简化了生产工艺流程。只需将传统工艺中的破碎机更换为粉碎机，另外再添加一台单螺杆挤压膨化机，就可以完成预处理过程。这种设备投入成本低，经济效益很高。与传统工艺相比，挤压膨化预处理工艺可显著缩短浸提时间，提高浸出效率。通过挤压膨化处理后，饼粕中的纤维部分被降解，淀粉被糊化，蛋白质的消化率明显提高，从而大大提高了饼粕的营养价值。膨化粕可用作膨化饲料的基础原料，经过简单加工即可制成优质的膨化饲料。

油料挤压膨化机是油料挤压膨化浸出技术中最关键的设备之一，然而目前市面上使用的膨化机存在设计缺陷。其中，轴承座内储油腔容量较小，导致储油量有限，难以有效降低油温并改善冷却效果。同时，现有膨化机的蒸汽系统只设有调质腔体内蒸汽系统，使用蒸汽分配器向调质腔体内喷射蒸汽。然而，控制蒸汽量非常困难，当膨化机腔体内温度过高时，腔体内表面物料容易烧焦。此外，在运行初期，物料进入腔体时，腔体处于常温状态，而物料本身经过前道工序处理后已经具有一定料温，因此物料容易在腔体内冷却凝结，形成堵塞现象。

陆俐俐等（2015）对油料挤压膨化机的结构进行了改造设计。首先，在轴承座设计上，他们增加了储油箱容量，并增设了油箱循环冷却系统，包括油路管件、冷却器、独立油箱、油泵和电机等，以确保进入轴承座储油腔的润滑油是冷油，有效控制轴承座内的油温。在蒸汽系统的设计上，他们采用带夹套层的调质腔体，并增设了夹套层蒸汽系统。这样，在设备运行前，可以预热调质腔体，避免热物料遇到冷腔体时容易出现冷凝凝结现象，从而使物料在腔体内顺畅运行，有效地解决了当前存在的物料易堵塞的问题。同时，他们还增设了夹套层冷凝水回收系统，可以及时排除夹套层中的冷凝水并进行回收。

现有膨化机的出料端模头采用组合式衬套镶嵌模板结构。尽管该结构具有工作原理简单、结构简单和生产制造成本低的优点，但在实际生产过程中，若用户需要调节膨化机腔体内的压力以改善膨化效果或更改产量，必须将膨化机停机，拆卸模板并根据生产需要增减模孔堵头，费时费力。因此，任嘉嘉等（2015）对挤压膨化机的出料模头进行了改进，设计了液压锥环模出料机构，主要由模头架和防护罩采用焊合方式组成的液压模头箱体，由液压站、软管、液压缸、接头和活塞杆组成的液压驱动机构，以及由环模和锥环模组成的模头系统三部分组成。该设备通过加大锥磨和环模之间的间隙来降低膨化机腔体内的压力。由于锥磨和环模均匀分布着相同数量的圆弧槽，通过调节它们之间的间隙大小，可以控制膨化机腔体内的压力，确保油料膨化效果。

2）酶预处理

自20世纪80年代以来，随着酶制剂成本的降低和酶种类的增加，植物油料的酶预处理研究和应用逐渐展开并深入发展。酶预处理的原理是利用酶降解植物细胞壁的纤维素骨架，使包裹在细胞壁内的油脂被释放出来，并破坏与其他碳水化合物、蛋白质等分子结合的油脂复合体，从而实现油脂的充分释放。酶预处理的主要优点包括：处理条件温和，生产安全；油脂得率高，质量好；饼粕中蛋白质变性小，可利用价值高；此外，与传统工艺相比，酶预处理工艺生产的工业废水污染较小，有利于环境保护和降低处理费用。随着生物工程技术和价格优惠的酶制剂的不断发展，酶预处理技术在油脂工业中的应用前景将非常广阔。

3）超声波预处理

超声波技术利用超声波的空化效应，伴随强大的冲击波和微声流，瞬间破裂细胞壁结构，使植物细胞内油脂得以充分释放，提高出油率（谷盼盼等，2019）。超声波辅助提取油脂可以显著缩短提取时间，提高有效成分提取率，节约物料和溶剂，并提高经济效益。超声波提取不需要加热，有利于保护特种油脂中的热敏性活性成分，同时还能增加提取物中生物活性成分的含量。因此，超声波提取用于特种油脂的提取是一种具有极高应用前景的方法。

4）微波预处理

微波萃取的原理是利用微波直接作用于被分离物，激活样品基体内不同成分反应差异，使被萃取物与基体快速分离并达到较高的产率。在植物油加工中，选择微波干燥，微波的加热作用能够提高水的介电系数和介电损失系数，使水分被选择性蒸发。此外，微波预处理还可以提高饼粕蛋白质的利用价值。微波预处理的优点包括节能、低溶剂消耗、少废物生成以及生产时间短等，同时还能提高产物的得率和纯度。对于一些以油脂为载体的香精油提取，微波萃取可以发挥其选择性优点，尤其是对萜烯成分的提取更为有效。研究表明，在压榨制油前对油籽进行微波预处理，能显著提高压榨出油率并改善油的氧化稳定性（郑畅等，2016）。对于低挥发性或非挥发性有效成分，微波萃取可以大幅度提高其提取效率，增加油中微量营养成分的含量。

5）蒸汽爆破预处理

蒸汽爆破技术是一种将高温蒸煮的热化学作用与瞬时爆破的物理撕裂作用相耦合的物料预处理技术，能有效改善生物质大分子物化特性，提高后续利用中的传质和反应可及性。其作用原理主要包括以下方面：原料类酸性水解及热降解作用、蒸汽瞬间释放的类机械断裂作用、纤维素分子内和分子间氢键破坏作用，以及纤维素分子链断裂并发生结构重排作用。蒸汽爆破处理能改变物料表面结构，加速细胞内物质释放速度，因此在油脂提取方面具有潜在的应用前景（张善英等，2019b）。

5.2.2.2 油脂制取新技术

1）水代法

水代法又称水剂法，是一种利用油料中非油成分与油和水的亲和力差异以及油水比重不同，将油脂与亲水性蛋白质和碳水化合物等分离出来的方法。水代法通过机械或自然方法，不需要使用化学方法进行精炼、漂白和脱臭等处理，保留了更多的天然油脂生物活性成分。水代法一般适用于高油油料，并具有以下优点：以水作为溶剂，食品安全性高；在提取油脂的同时，还可以得到变性较低的蛋白质和淀粉渣等副产品；提取出来的油脂颜色浅、酸价低、品质好。水代法广泛应用于芝麻油、花生油和玉米油等制取中。

2）超临界流体萃取法

超临界流体萃取是一种利用超临界流体作为萃取剂从基质中分离萃取物的技术，其中二氧化碳（CO_2）是最常用的超临界流体。当 CO_2 临界温度为 31.06℃ 且临界压力为 7.39MPa 时，即处于超临界状态，具备液体的渗透性和较强的溶解能力，同时也具备气体的流动性和良好的传递性，能够将物料中的目标组分溶解到 CO_2 流体中。接着通过减压和升温的方法，超临界 CO_2 流体转变为普通 CO_2 气体，从而使目标组分脱离，达到萃取和分离的目的。

超临界 CO_2 流体萃取技术克服了有机溶剂提取法在分离过程中需蒸馏加热、油脂易氧化酸败以及有机溶剂残留等缺陷，同时也克服了压榨法产率低、精制工艺烦琐以及油品色泽不理想等缺点。超临界 CO_2 流体萃取技术具有诸多优点，如无燃性、无化学反应、无毒无污染、无致癌物、安全性高、萃取和分离两步一体、操作简单省时省能等。此外，该技术能够完整保留提取物中的生物活性成分，保证其纯天然性，实现了生产过程绿色化。

超临界 CO_2 萃取技术广泛应用于油脂工业中，可以用于提取多种植物油脂，如大豆油、蓖麻油、棕榈油、可可脂、玉米油、米糠油、小麦胚芽油等；同时也可用于提取动物油脂，如鱼油、鱼肝油、各种水产油等。此外，该技术还可以用于食品原料的脱脂，如米、面、禽蛋等；脂质混合物的分离和精制，如甘油酯、脂肪酸、卵磷脂等；油脂的脱色和脱臭；提取植物或菌体中的高级脂肪酸，如 γ-亚麻酸等。此外，超临界 CO_2 萃取技术还可用于提取鱼油中的高级脂肪酸，如二十碳五烯酸（EPA）、二十二碳六烯酸（DHA）、脱氢抗坏血酸等。

5.2.2.3 油脂精炼新技术

1）膜分离技术

膜分离技术是一种新兴技术，利用天然或人工合成的高分子半透膜来实现物质的分离、浓缩和提纯。该技术在常温下通过施加膜两侧的压力差或电位差，对溶质和溶剂进行分离、浓缩和纯化。在食品工业中，常用的膜分离技术包括微孔过滤、超滤和反渗透三种。膜分离技术已广泛应用于油脂工艺中的脱胶、脱酸和脱色等过程。其应用可以简化脱胶和脱色工序，并且良好的脱胶效果有利于物理精炼。因此，在茶籽油、大豆油、棉籽油和棕榈油等油脂加工中得到广泛应用。膜分离技术的应用还可以回收混合油中的溶剂和溶剂蒸汽，从而节省蒸发和气提工序成本，具有安全性和经济性的优势。另外，采用气体渗透膜技术可以直接从混合气中回收溶剂，并通过净化的热空气在工艺中进行循环使用。此外，应用膜分离技术还可以减少化学精炼脱酸过程中的中性油损失和皂脚量，同时降低脱色活性白土的用量，减少脱色废白土对环境的污染和被吸附油的损失。

2）分子蒸馏技术

分子蒸馏是一种特殊的液-液分离技术，利用不同物质分子运动平均自由程的差异来实现分离。该技术具有操作温度低、受热时间短、分离程度高等优点。当液体混合物沿加热板流动时，轻重分子会逸出液面并进入气相。由于不同物质分子的平均自由程不同，它们在逸出液面后移动的距离也不同。通过适当设置冷凝板，轻分子可以先达到冷凝板并被冷凝排出，而重分子则无法达到冷凝板并从混合液中排出，从而实现物质的分离。由于轻分子仅走了很短距离就被冷凝，因此分子蒸馏也被称为短程蒸馏（孙月娥等，2010）。

分子蒸馏是一种在低于物料沸点的操作温度下进行的蒸馏技术，因此其蒸馏温度低于常规真空蒸馏。该技术要求高真空度，使整个物料系统处于真空状态，蒸馏过程中最低压力必须低于 0.1～1Pa，以防止物料的氧化和损伤。在分子蒸馏过程中，物料受热时间很短，通常只有 20～30s，冷凝速度快，避免了受热时间过长导致混合物中某些组分分解或聚合的情况。由于分子蒸馏的加热面积受设备结构限制生产能力较小，而且该技术在低于沸点的条件下进行操作，因此相对于常规沸腾蒸馏，其汽化量要小得多。

分子蒸馏主要应用于混合物中各组分分子的平均自由程相差较大的情况下。如果混合物中各组分分子的平均自由程相近，则可能无法实现有效分离。因此，该技术适用于一些热敏感、沸点较低、生产量较小且价值较高的物料。相反，对于产量大、价值较低、热敏性要求不高且沸点较低的物料，常规真空蒸馏技术更为适用。

5.3　通用型程控高强度液压预榨制油技术

压榨法取油是一种古老而实用的制油方法，主要使用液压榨油机和螺旋榨油机这两种机械设备。目前，国内外主要采用螺旋榨油机进行压榨制油，螺旋榨油机可分为压榨机和预榨机，具体使用取决于工艺需求（周瑞宝，2010）。

螺旋压榨机的特点在于通过一次挤压尽量将油料中的油脂压榨出，压榨后的干饼残油率可控制在5%～7%。对于高含油油料，常采用预榨-浸出制油工艺，先使用预榨机将油料中约60%的油脂挤出，然后进行浸出制油，以确保粕残油率小于1%。国产预榨机的型号通常包括 ZY24、ZY28 和 ZY32，其中 ZY 系列预榨机产量大，单位处理量下的动力消耗比一次压榨小。然而，由于榨料在榨膛中停留时间短，压缩比小，因此干饼残油率较高，特别是大型预榨机 ZY32 型的干饼残油率高达 16%～20%。

然而，螺旋榨油机在使用过程中存在共性技术问题，包括维修率高和能耗高等问题。主要原因是设备设计缺乏严密的科学方法，不能针对油料特性和工况条件进行合理的机械部件设计。

液压榨油机是利用帕斯卡定律的机械设备，通过施加液体压力于密闭系统中，将不变的压力传递到系统内部的任何部分。图 5-7 展示了液压榨油机的工作原理（刘大良等，2015）。在手柄上施加较小压力 P_1，但在榨油机活塞上能产生很大的压力 P_2，从而将油料油脂榨出。

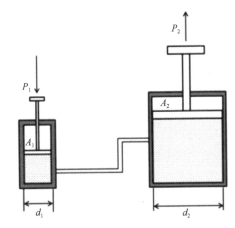

图 5-7　液压榨油设备工作原理示意图（刘大良等，2015）

A_1. 液压盘直径；d_1. 液压缸直径；A_2. 压油盘直径；d_2. 油缸直径

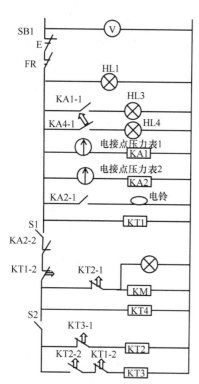

图 5-8　卧式液压榨油机自动控制系统电路图（陈勇，2008）

SB1. 停止按钮；S1. 启动开关；S2. 控制开关；KT1、KT2、KT3、KT4. 时间继电器；KA1、KA2. 中间继电器；FR. 热继电器；HL1、HL2、HL3、HL4. 两个电接点压力表，电铃，工作指示灯；V. 电压表；M. 电动机；Q. 刀闸；KM. 熔断器 5.4 低温节能压榨耦合正丁醇多级逆流浸提新工艺

目前，液压榨油机主要分为立式、一般卧式和全自动卧式三种类型。

液压榨油机采用缓慢施压和保压的方式提取油脂，在压榨过程中产生的热量会散失，不易积聚，从而可以保持低温冷榨，确保出油的品质较高。其酸值、过氧化值、色泽等指标通常优于国家标准，并且出油的品质远优于螺旋榨油机。特别是对于核桃、油藤、长柄扁桃、牡丹籽等高端油料的加工，液压榨油机具有其他油脂制取方式无法比拟的优势。

然而，液压榨油机存在一些缺点，如机械化程度低、劳动强度大和干饼残油率高等。由于这些缺点，液压榨油机需要多次反复压榨，限制了其进一步推广和应用。目前，液压榨油机主要应用于高含油油料和高端小品种油料的加工。对于含油量高达 50% 以上的核桃、芝麻、油藤等油料，可先使用液压榨油机压榨出大部分油脂，然后再使用螺旋榨油机进行二次压榨。而对于加工规模小、产品品质要求高的小品种油料，如核桃、茶籽、亚麻籽等，则首选液压榨油设备。

为了提高工作效率和减轻劳动强度，可以采用自动控制系统对液压榨油机进行改进。陈勇（2008）利用时间继电器、中间继电器、交流接触器和电接点压力表等器件，设计了一套卧式液压榨油机自动控制系统（图 5-8）。操作者可以通过时间继电器设定总工作时间，在系统运行时间达到设定时间时，系统会停止工作。该控制系统还能控制榨油机进行多次间歇循环榨油，并具有电动机过载、断相保护和过压报警保护等功能。该系统操作简单、运行可靠、经济实用，能有效提高工作效率和自动化程度。此外，如果将手动换向阀改为电磁阀，还可以实现换向阀的自动操作，进一步减轻操作者的劳动强度。

根据毛油精炼程度的不同，我国的膳食用油国家标准将其分为四个等级：一级、二级、三级和四级油。等级越低，精炼程度越高，杂质含量越低。一级油的脂肪酸甘油三酯含量接近 100%，适合食用、储存和使用。油脂精炼过程中，一些对人体非常有益的活性成分，如脂溶性维生素、角鲨烯、固醇酯等，会随着精炼而被去除。精炼程度越高，这些成分去除得越彻底。为了更好地减少高温压榨对油品的不利影响以及减少活性成分在精炼中的损失，低温压榨制油已成为国内外的研究热点。压榨温度在 65℃ 以下的过程通常被称为低温压榨（或冷榨），用此技术制得的特种优质食用油和医药用油被称为冷榨油。低温压榨通常是一个全机械化的过程，有些情况下，为了提高出油率，原料会先经过纤维素酶和果胶酶的处理，经过螺旋压榨机压榨后再经过板式过滤机过滤。低温压榨避免了高温压榨过程中可能产生的对人体有害的化合物，同时保持了油料的天然风味。冷榨油味道独特、柔和且带有坚果味，消除了叶绿素和单宁可能导致的苦味。

近年来，茶油的加工过程中提倡采用冷榨技术，通常可以提取出原料中 86%～92% 的油脂。通过冷榨后，油茶饼粕中仍含有不低于 8% 的茶油和 9%～14% 的茶皂素。然而，油脂生产企业通常使用 6# 溶剂（正己烷）来提取油茶饼粕中的残余茶油，而茶皂素则很少被利用。因此，安全高效地提取油茶饼粕中残余的茶油和茶皂素，是油茶加工产业实现增值和提高效益的关键技术之一。正丁醇是一种闪点为 35℃、比 6# 溶剂（闪点为 –23℃）更安全的有机溶剂。正丁醇对维生素 E、角鲨烯、麦角甾醇和卵磷脂等有很强的溶解能力。易笑生等（2016）采用正丁醇来提取冷榨饼粕中的茶油和茶皂素，并对浸提时间、浸提次数、温度及料液比等进行了单因素实验。结果表明，在浸提次数为 4 次、料液比为 1∶1.36、温度为 80℃、浸提时间为 2.57h 的条件下，茶油提取率为（92.88±1.41）%，茶皂素提取率为（43.2±0.94）%。通过使用正丁醇提取的茶油和冷榨茶油的化学成分相似，表明正丁醇法提取茶油能够很好地保持茶油原有的品质。

肖志红等（2014）报道了一种低温预榨-浸出联合制油技术，用于提取光皮树果实油。首先，将除杂后的光皮树果实直接干燥，使其水分含量达到要求。然后，将其放入螺旋冷榨机中进行低温压榨制油，等到出饼温度稳定后，走空榨膛内的物料并及时加入待压榨油料。得到的饼粕通过连续多级浸提研磨后，进行一次磨料浸提，然后使用压力式过滤器进行过滤，收集滤液。滤渣补加正丁醇溶液后，进行二次磨料浸提，经过三次磨料浸提后，将三次提取得到的滤液合并，进行减压蒸馏去除水分，回收正丁醇，最终得到油脂。整个工艺过程温度不超过80℃。该工艺中的低温压榨和正丁醇研磨浸提工序分别实现了76.30%和86.20%的油脂提取率，总油脂提取率达到96.73%。此外，该工艺还能将光皮树果实饼粕残油降至0.93%，磷脂提取率达到81.38%。这种"低温压榨-正丁醇研磨浸提"绿色工艺适用于高效提取光皮树果实油和磷脂。

在螺旋冷榨机中，单螺杆榨油机和双螺杆榨油机是常用的两种冷榨设备。双螺杆榨油机具有强制性压榨的特点，以及较高压缩比和较高出油率的优点，在油脂加工企业中应用越来越广泛。目前，设计能耗低、原料水分适应性强、操作便捷、出油率高的双螺杆榨油机是该行业的一个难题。

近年来，武汉轻工大学和武汉粮农机械制造股份有限公司在双螺杆榨油机（冷榨机）的研究方面取得了显著成果。例如，他们开发的SSYZ-B系列节能型双螺杆冷榨机能够在保证出油率的前提下，适用于多种植物油原料，如菜籽、花生、芝麻、亚麻和油茶籽等，且对植物油原料的水分和温度不敏感，可满足市场对冷榨机的应用要求（张永林等，2015）。该系列榨油机产能广泛，尤其是小型化的双螺杆榨油机填补了市场空缺，满足了不同产能需求。同时，张学军（2021）改进了原有的低温榨油机，将其升级为冷榨油滤灌一体机，能够实现自动喂料、均匀压榨、真空过滤和冷却灌装等多项功能。该技术在原有低温榨油机的基础上，增加了滤油和灌装系统，使得油料能够快速转化为食用油。

5.4　植物精油蒸馏技术

植物精油是一类易挥发、具有强烈香味、可通过水蒸气蒸馏等方法提取的油状液体总称。由于人们对合成香料香精安全性的顾虑和对天然香料的偏爱，天然植物精油及其衍生物难以被合成香料替代，因此在市场上拥有稳固的地位。植物精油主要含有醇类、醛类、酸类、酚类、丙酮类、单萜、倍半萜和某些芳香族化合物。通常使用水蒸气蒸馏法来提取植物精油。根据来源和用途，精油可以大致分为香料精油、工业精油、食用精油、药用精油、芳香精油和芳疗精油6类。根据化学成分和含量，精油可以分为萜烯类衍生物、芳香族化合物、含氮和含硫化合物等。在日化产品中，常见的植物精油包括茴香油、茉莉油、玫瑰油和橘皮油等。接下来简要介绍几种最新的植物精油提取方法。

5.4.1　超（亚）临界萃取油料精油

5.4.1.1　超临界萃取技术

由于天然植物精油活性物质具有热敏性，目前使用的水蒸气蒸馏法、溶剂浸提法和压榨法等传统方法，使得其功能成分受到严重破坏，难以满足日化工业对高质量精油的要求。近年来，超临界流体萃取技术在植物精油制取方面表现出独特的优势。与水蒸气蒸馏法相比，超临界流体萃取法能够避免某些热敏性组分在精油中分解或流失，因为其操作温度低，热敏性组分不会因高温而发生分解，同时能够防止可能存在的水解和水溶作用导致的精油组分流失。特别值得一提的是，超临界 CO_2 溶解能力和选择性可以通过温度、压力及夹带剂的加入来调节。目前，超临界 CO_2 流体萃取技术广泛应用于玫瑰、百里香、薰衣草、迷迭香、茴香籽、洋葱、姜、花椒等香料精油的制取（Yousefi et al., 2019）。

5.4.1.2　亚临界萃取技术

亚临界状态溶剂萃取植物精油是一种新的萃取方法，与超临界流体萃取相比，具有诸多优点，如产能大、可工业化大规模生产、节能、运行成本低等。在此方法中，溶剂物质的温度高于其沸点时以气态存在，通过施加一定压力使其液化，利用相似相溶的物理性质作为萃取溶剂，称之为亚临界萃取工艺

（Gámiz-Gracia and de Castro, 2000）。该工艺适用于亚临界萃取溶剂沸点一般在 0℃以下，20℃时液化压力在 0.8MPa 以下的物质。在常温和一定压力下，使用液化亚临界溶剂进行逆流萃取，然后在常温下减压蒸发萃取液，使溶剂气化与萃取出的目标成分分离，得到产品，再将气化溶剂压缩液化后循环使用。整个萃取过程可以在室温或更低的温度下进行，不会破坏物料中的热敏性成分，这是亚临界萃取工艺的最大优点。在该工艺中，溶剂从物料中气化时需要吸收热量（气化潜热），蒸发脱溶时需要向物料中补充热量，而溶剂气体被压缩液化时会放出热量（液化潜热），因此，该工艺中大部分热量可以通过气化与液化溶剂之间的热交换达到节能的目的。

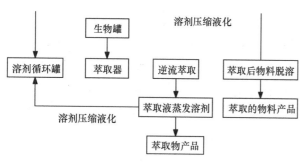

图 5-9　亚临界溶剂萃取工艺流程

常用的亚临界流体溶剂包括丙烷、丁烷、液氮、高纯度异丁烷、四氟乙烷、二甲醚、液化石油气和六氟化硫等。其中，丙烷和丁烷价格低廉，具有易挥发、溶解性强、临界压力低等优点，对于热敏性强的物质，可以使用亚临界丙烷进行萃取。亚临界溶剂萃取工艺流程如图 5-9 所示（刘月蓉等，2011），主要包括以下步骤。

（1）装料：使用输送机将待萃取物料送入萃取器中，关闭进料器，然后抽出萃取器中的大部分空气。

（2）萃取：使用泵将液化的萃取溶剂进行多次逆流萃取。

（3）物料脱溶：萃取完成后，将萃取器中的液体溶剂抽出后，打开萃取器出气阀，使吸附在物料中的溶剂气化与物料分离，并将其排出萃取器。

（4）萃取液蒸发：将萃取液泵入蒸发系统，经过连续（用于大产量）或罐式间歇（用于小产量）蒸发，以分离溶剂和萃取物，并得到萃取物。接下来，可以通过提纯得到目标产品。

（5）溶剂回收：溶剂中的组分沸点大多在 0℃以下，其中丙烷沸点为-42.07℃，丁烷沸点为-0.50℃，常温常压下为气体，加压后为液态。从物料和萃取液中蒸发出的溶剂气体，通过压缩液化后，回流至溶剂循环罐中，以实现溶剂的循环使用。

（6）热量的利用：在萃取工艺中，溶剂气化吸热与液化放热是相等的。通过热交换，可以最大限度地进行节能。在脱溶过程中，溶剂气化所需吸收的热量一部分来自系统本身，而另一部分由供热系统提供。

魏铻佶（2020）研制了一种精油提取设备，包括蒸馏釜、冷却装置和分离器三个部分。该设备能够将天然植物置于亚临界状态下，利用微小的温度和压力变化来改变溶剂的密度，从混合物原料中分离出精油。通过内外冷却水对精油进行冷却，提高了冷却效果，方便后续分离，使得精油能够成功分离成轻油、纯露和重油。通过设置过滤器，能够有效提高精油的质量，并实现高浓度精油的提纯。

5.4.2　酶法制取植物精油

酶法辅助提取精油是利用酶反应的高度专一性特点。通过选择适当的酶，将细胞壁组分（如纤维素、半纤维素和果胶）水解或降解，破坏细胞壁结构，将细胞内成分溶解、混悬或溶于溶剂中，以达到提取精油的目的，提高精油提取率。样品经酶处理时间越长，精油的产率越高（Chávez-gonzález et al., 2016）。

于功明等（2012）使用纤维素酶酶解迷迭香干叶，研究了精油的提取工艺。经过单因素实验和正交实验，确定最佳的酶解工艺为：酶用量为 0.4%，pH 为 3，酶解温度为 30℃，酶解时间为 2h。与未经过酶处理的直接提取精油相比，经过纤维素酶预处理后，用水蒸气蒸馏法提取迷迭香干叶的精油，出油率提高了69.2%。

谢永芳等（2013）使用重组膨胀素酶和纤维素酶对山苍子进行破壁处理，然后在常压下提取山苍子精油。常规蒸馏法提取的山苍子精油含量为 4.58mg/kg；经过纤维素酶解破壁的山苍子提取的精油含量为12.35mg/kg；而经过纤维素酶和膨胀素酶联合破壁的山苍子，提取的精油含量最高，约比纤维素酶解法高

1/3。因此，复合酶法是提取山苍子精油效果最好的方法。

张雪松等（2017）使用响应面法，优化了酶法处理桂花以制取桂花精油的条件。结果表明，当 β-葡萄糖苷酶-果胶酶添加量为 50.7U/g，β-葡萄糖苷酶占总酶活 48.3%，液料比为 20.3∶1，在 pH 为 4.6 的条件下水解 2.7h 时，桂花精油得率从不添加酶时的 1.77% 提高到 2.75%，提高了 55.37%。复配酶处理桂花可以使精油中的芳樟醇、β-紫罗兰醇、γ-癸内酯、香叶醇、紫苏醇和橙花醇等成分含量显著增加，邻苯二甲酸酯类含量减少。这表明，复配酶处理不仅可以提高桂花精油的得率，还可以提高其主要香气物质含量，降低有害物质含量，从而提高桂花精油的品质。

考虑到酶的成本问题，联合多种方法提取植物精油备受关注。探索一种高效、简便、环保的提取方法，适用于所有植物精油的提取，将成为未来的一个重要研究课题。

5.5　油脂伴随物产品的同步提取与分离提纯技术

在植物油脂生产过程中，除了油脂产品，还会产生油脚、饼粕、皮壳等副产品。这些副产品富含蛋白质、糖类、游离脂肪酸、磷脂、甾醇等物质。通过充分利用植物油料资源并提高植物油副产品的附加值，可以实现资源的最大化利用。因此，研究油脂伴随物产品的同步提取与分离提纯技术对于植物油脂工厂具有重要意义。

5.5.1　磷脂

5.5.1.1　磷脂的性质、来源及应用

磷脂是构成生物膜的主要成分之一，通常与蛋白质、糖类、胆固醇等分子组成磷脂双分子层，即细胞膜结构。磷脂在生物体内扮演着非常重要的生理作用，可以促进细胞代谢过程中所生成各种物质的溶解，参与氧化及将脂肪转化为糖类的过程，以及参与细胞内部的渗透过程。植物磷脂主要存在于油料种子中，大部分存在于胶体相内，与蛋白质、糖类、脂肪酸、甾醇、维生素等物质以结合状态存在，是一类重要的油脂伴随物。磷脂具有重要的理化特性和营养价值，在食品、医药、饲料等领域都有广泛的应用。

植物油中的磷脂是甘油三酯的一个脂肪酸被磷酸取代生成磷脂酸，然后再与其他基团酯化形成的物质。磷脂酸酯化最常见的基团是胆碱、胆胺、肌醇等，脂化后分别形成磷脂酰胆碱（俗称卵磷脂）、磷脂酰乙醇胺（俗称脑磷脂）、磷脂酰肌醇（俗称肌醇磷脂）等。纯净的磷脂无色无味，常温下为白色固体，但由于制取方法、产品种类、储存条件等的差异，磷脂产品常常呈淡黄色甚至棕色。

磷脂可以溶于脂肪烃、芳香烃、卤化烃等有机溶剂，以及部分脂肪族醇类，如乙醚、苯、三氯甲烷、石油醚、乙醇等，但不溶于极性溶剂。当油脂存在时，磷脂在丙酮和乙酸甲酯中的溶解度会增加。利用磷脂在上述溶剂中溶解度的差异，可以作为分离、提纯和定量磷脂的依据。磷脂具有明显的亲水性，当与适量的水混合时，可以从油脂中分离出来。磷脂的这种吸水膨胀产生胶体特性，是毛油水化脱胶的基础。

在制取油脂过程中，磷脂随着油脂一起溶出。毛油中磷脂的含量主要取决于油料中磷脂的含量，也受制取油脂技术和工艺条件的影响。例如，浸出毛油中磷脂含量较高，因为在浸出过程中，溶剂会破坏结合键，使磷脂从复合体中游离并被溶剂溶解出来。螺旋榨油机热榨制油时，料胚在高温高压作用下，结合的磷脂部分会游离出来，因此热榨毛油中磷脂含量也较高。而冷榨毛油中磷脂含量较少，这是因为冷榨毛油在水化脱胶时，大部分磷脂都转移到水化油脚中。

5.5.1.2　磷脂分离纯化

使用脱胶后的水化油脚作为原料，可以制造多种磷脂产品，如浓缩磷脂、流动磷脂、漂白流质磷脂、粉状磷脂和分提磷脂。

1）浓缩磷脂

磷脂分子同时具有亲水基团（如磷酸、胆碱、离解的甘油部分）和疏水基团（如脂肪酸的烃基），因此可以乳化于水并溶解于有机溶剂中。磷脂在不同有机溶剂中的溶解度差异很大，如能溶于氯仿、乙醚、石油醚、四氯化碳，但不溶于丙酮。

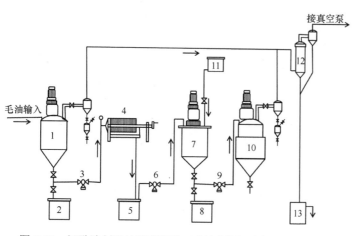

图5-10　间歇法制取浓缩磷脂的工艺流程图（刘玉兰，1999）
1. 毛油储罐；2. 储油罐；3. 油泵；4. 过滤机；5. 储油罐；6. 油泵；7. 水化锅；8. 油脚罐；9. 油泵；10. 磷脂浓缩器；11. 水箱；12. 混合冷凝器；13. 水封池

利用这种性质，可以有效地分离和提纯磷脂。间歇法制取浓缩磷脂的工艺流程如图5-10所示（刘玉兰，1999）。首先，将热水池内的水加热，开启热水循环泵。当浓缩器内温度达到70℃以上时，开启真空泵，将残压降至10kPa以下。然后打开自进料管道，将水化油脚吸入浓缩器中，并启动搅拌器。当进料完成后，关闭进料阀门，开始进行浓缩干燥。在浓缩过程中，保持夹套温度在90℃左右。如果超过90℃，磷脂的颜色会变深，甚至会变成焦糊的颜色。在正常操作中，保持残压在8kPa以下，浓缩时间为10~14h，当物料外观呈现出流体状态，并且略微有丝光时，说明水分已符合要求。这时停止加热，通入冷水，冷却至80℃以下，将产品取出装入容器中。

连续法制取浓缩磷脂的工艺流程如图5-11所示。水化油脚从水化脱胶工段输入储罐内，该储罐内装有搅拌装置及夹层加热装置。油脚首先在该储罐内进行预热，然后被真空泵吸入磷脂浓缩器内，由针形阀来控制供料速度。浓缩器的工作温度大约为105℃，残压大约为80kPa。水化油脚中的水分很快在磷脂浓缩器中蒸发，然后进入汽液分离器并被真空排出。浓缩后的磷脂进入接收器，当接收器内装满物料时，关闭旋转阀并更换另一个接收器，这样可以交替使用两个接收器，以确保磷脂连续浓缩器正常工作。可以采用高位安装方法，利用位差来实现连续出料。浓缩后的磷脂在常温下可以存放一年，且质量基本上不会发生明显变化。

2）流动磷脂

为了提高磷脂的流动性、防止分层并保持质量的稳定，加入一定量的混合脂肪酸或混合脂肪酸乙酯作为流化剂是真空浓缩磷脂时的一种常见方法，从而得到流质磷脂。流质磷脂的生产工艺与浓缩磷脂基本相同，在水化油脚浓缩到水分约10%时加入流化剂，并继续浓缩至适当水分。混合脂肪酸的加入量通常为浓缩磷脂量的2.5%~3%，过少则无法实现流质化，过多则可能导致磷脂酸值升高并产生异味。若使用混合脂肪酸乙酯，则可以保持产品的质量与口感，但成本相对较高，加入量为浓缩磷脂量的3%~5%。流质磷脂的丙酮不溶物含量通常在60%~63%，水分含量不超过1%，20℃下具有良好的流动性。

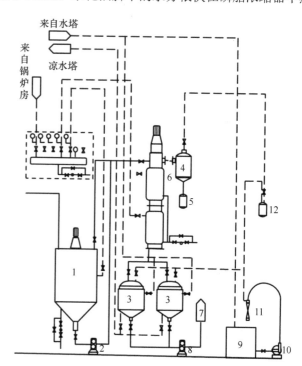

图5-11　连续法制取浓缩磷脂的工艺流程图（刘玉兰，1999）
1. 油脚储罐；2. 磷脂进料泵；3、5. 收集罐；4. 分离器；6. 薄膜蒸发器；7. 安全阀；8. 磷脂出料泵；9. 循环水池；10. 循环水泵；11. 真空泵；12. 平衡罐

3）漂白流质磷脂

为了满足浅色食品的需求，可使用漂白磷脂产品，该产品是在油脚浓缩后期加入氧化剂进行处理，使磷脂颜色变淡，形成淡黄色可塑性磷脂。在制备漂白流质磷脂时，通常采用间歇法，首先将油脚浓缩到水分约 10% 后停止加热，然后通过夹套通冷却水，使磷脂降温至 55~65℃。接着，在残压为 80kPa 的条件下，吸入浓度为 30% 的双氧水，加入量为磷脂量的 15%。保持温度和残压不变的情况下，密闭搅拌 40~60min。接下来，开启真空系统，将残压降至 80kPa 以下，加热至 90℃，在搅拌下浓缩至含水量为 1% 时，停止加热、搅拌和抽真空，通冷水降温至 80℃ 以下，将磷脂放出罐内，并存放于干净容器内。若需要深度漂白磷脂以获得更浅的颜色，可进行二次脱色。

4）粉状磷脂

浓缩磷脂通常含有较多的油脂和脂肪酸，因此其黏度较大。为了得到高纯度的磷脂，通常采用丙酮萃取油脂和脂肪酸的方法。在这个过程中，将浓缩磷脂加入丙酮中，使其溶解并去除油脂和脂肪酸，然后进行喷雾干燥，最终得到黄色或淡黄色粉末状的粉末磷脂。在该磷脂中，丙酮不溶物的含量通常高达 95% 以上，而苯不溶物的含量为 0.3%，乙醚不溶物的含量则低于 0.4%。

5）分提磷脂

分提磷脂是一种通过利用磷脂在不同溶剂中的溶解度差异来进行分离和提纯磷脂组分的产品。常见的分离方法是采用乙醇萃取，可以得到含有较高卵磷脂成分的分提磷脂产品。

此外，从大豆粉末磷脂中分离提取高纯度脑磷脂的方法是采用氯仿溶剂提取法和柱层析法。脑磷脂也称磷脂酰乙醇胺，是一种由甘油、脂肪酸、磷酸和乙醇胺组成的磷脂。脑磷脂被广泛应用于医学和食品工业，因为其具有抗氧化剂的作用。在医学领域中，脑磷脂常被用作止血药和肝功能检查试剂。

5.5.2　脂肪酸

5.5.2.1　脂肪酸的性质、来源及应用

脂肪酸是中性脂肪、磷脂和糖脂的主要成分之一，可分为饱和脂肪酸和不饱和脂肪酸两类。含有较多饱和脂肪酸的甘油三酯在常温下通常为固体，如牛油、羊油等大多数动物脂肪。含有较多不饱和脂肪酸的甘油三酯在常温下通常为液体，如各种植物油和鱼油。脂肪酸通常与其他物质结合形成酯，游离脂肪酸在自然界中很罕见。

纯净的脂肪酸是无色的，某些脂肪酸具有自己特有的气味。低级脂肪酸易溶于水，但随着相对分子质量的增加，水中溶解度减小，甚至可能会微溶或不溶于水，但会溶于有机溶剂。一般而言，脂肪酸越低级，不饱和度越高，在有机溶剂中的溶解度越大，温度越高溶解度越大，碳链越长溶解度越小。脂肪酸可进行水解、酯化、转酯化、皂化等反应。脂肪酸羧基可进行氢化、氮衍化、干燥生成酐、烷氧基化等反应。脂肪酸碳链可发生氢化和脱氢、加成、氧化、聚合、异构化、环化等一系列化学反应。

脂肪酸在轻工、化工、纺织和食品等行业具有广泛应用。例如，它们可以作为丁苯橡胶的乳化剂、润滑剂和光泽剂等生产原料。此外，脂肪酸还可以作为高级香皂、透明皂、硬脂酸和各种表面活性剂的中间体。一些不饱和功能性脂肪酸在预防和治疗高血压、心脏病、癌症和糖尿病方面发挥着积极作用。例如，亚油酸具有降低血清胆固醇水平的功能。在我国，《中华人民共和国药典》仍然使用亚油酸乙酯丸剂和滴剂预防与治疗高血压、动脉粥样硬化和冠心病。

5.5.2.2　脂肪酸分离提纯

以皂脚或油脚为原料，制取混合脂肪酸的工艺基本相同，可以采用皂化酸解法或酸化水解法两种制取方法。

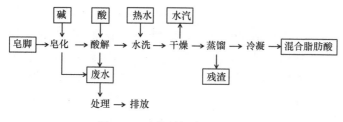

图 5-12 皂化酸解法工艺流程

1）皂化酸解法

皂化酸解法工艺流程如图 5-12 所示，将油脚或皂脚中的油脂加入碱进行皂化反应，生成肥皂，然后再与有机酸或无机酸反应，置换出脂肪酸。

皂化是将原料中的油脂加入碱，使其转变为肥皂，并将皂脚中的蛋白质、色素和其他杂质排出，要求皂化率达到 97% 以上。一般情况下，氢氧化钠被用作皂化的碱。酸解所用的硫酸量可以通过滴定计算。水洗的目的是去除黑脂酸中的杂质和硫酸。蒸馏的目的是将粗脂肪酸中低沸点和高沸点物质与脂肪酸分开，从而提高脂肪酸的纯度。

2）酸化水解法

酸化水解法工艺流程如图 5-13 所示，它是利用无机酸将皂脚中的肥皂酸解，将脂肪酸置换出来，然后通过水解皂脚中的油脂，释放出脂肪酸。酸化的目的是将皂脚中的脂肪酸置换出来，同时去除杂质和大部分水分。水解的目的是将皂脚中的油脂水解，生成脂肪酸和甘油。与皂化酸解法类似，水洗和蒸馏的作用也是为了去除黑脂酸中的杂质和提高脂肪酸的纯度。

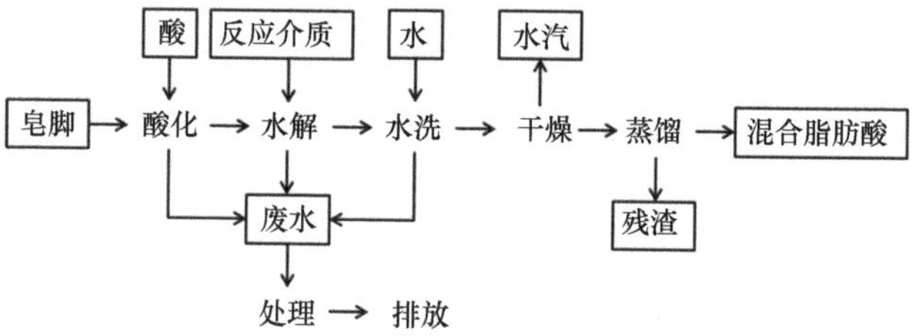

图 5-13 酸化水解法工艺流程

3）混合脂肪酸的分离

油脂碱炼皂脚或水化油脚所生产的脂肪酸成分基本上与同来源的油料油脂脂肪酸成分相同，但不同来源的油脂的脂肪酸组成往往存在较大差异。用皂脚生产的混合脂肪酸可以分离成固体脂肪酸和液体脂肪酸两类产品。固体脂肪酸以棕榈酸为主，含有部分硬脂酸和少量的不饱和脂肪酸，常温下呈固态，工厂通常称其为硬酸。液体脂肪酸以油酸和亚油酸为主，含有少量的饱和脂肪酸，常温下呈液态，工厂通常称其为油酸。

饱和脂肪酸和不饱和脂肪酸的分离技术包括减压精馏法、溶剂萃取法、低温结晶法、尿素包合法和吸附分离法等。减压精馏法利用不同脂肪酸沸点的差异进行分离，其工艺流程简单，设备投资低，产品色泽好、纯度高，但在高温下操作容易引起热敏性物料的变质，适用于饱和脂肪酸含量较高的混合脂肪酸分离。溶剂萃取法根据脂肪酸的溶解度差异进行分离，分离产品纯度高，溶剂费用低，可以防止脂肪酸降解，应用范围广，但存在溶剂回收和安全性问题。低温结晶法是根据脂肪酸的熔点不同进行分离，其操作简单、设备费用低、溶剂廉价易得，且在低温条件下不饱和脂肪酸不易变质，但其结晶温度一般较低，冷耗较大，需要回收大量溶剂且分离效率不高，适用于饱和脂肪酸与不饱和脂肪酸分离（程瑾等，2018）。

近年来，新型脂肪酸分离技术不断发展，包括高速逆流色谱法、分子蒸馏法、超临界 CO_2 萃取法和脂肪酶辅助法等。其中，高速逆流色谱是一种液液分配色谱，固定相和流动相均为液体，因此不会出现固体载体所带来的吸附损耗问题。该技术成本低廉、操作简单、易于放大，并且采用液体溶剂作固定相，在目标成分高纯度分离纯化和制备方面有巨大优势。不过，高速逆流色谱法需要多次实验筛选出合适的溶剂系统，溶剂消耗量大，灵敏度不高。高速逆流色谱基于分析化学基础，pH 区带精制逆流色谱技术得以开发，具有进样量高、分离纯化后所得物质纯度高、溶剂系统较容易优化等特点。随着液相色谱理论研究的深入以及技术的不断发展，高速逆流色谱将在脂肪酸等生物大分子的分离纯化领域发挥更加重要的作用。

分子蒸馏法是一种利用混合物组分的分子运动平均自由程不同的精馏分离方法，可以在远低于液体沸点温度下进行操作。该方法属于物理方法，操作温度低且受热时间短，因此可以有效防止多不饱和脂肪酸的受热氧化分解。相比其他方法，分子蒸馏法在热敏性脂肪酸分离方面具有天然优势。然而，分子蒸馏需要高真空设备，能耗相对较高，生产成本也比较高，而且难以分离相对分子质量相近的脂肪酸，因此应用有一定的局限性。

脂肪酶辅助法主要利用脂肪酶的专一性、位置选择性或酰基选择性，通过水解、酯交换和酯化等化学反应得到高浓度脂肪酸，再借助其他分离纯化技术进行产品分离富集。饱和及低不饱和脂肪酸的直链结构不存在位阻作用或位阻较低，因此容易被水解。在脂肪酶的作用下，甘油三酯中的饱和及低不饱和脂肪酸会被水解下来，从而提高甘油三酯中多不饱和脂肪酸（如 EPA 和 DHA）的含量。脂肪酶辅助法反应条件温和，产品质量稳定，是一种具有发展前景的脂肪酸分离方法。然而，该方法的反应环境相对复杂，反应进程较难控制，产物一般为多种甘油三酯的混合物。因此，需要结合其他分离纯化技术，对酯化产物进行分离，以获得高纯度的产品。

5.5.3　蛋白质

5.5.3.1　蛋白质的性质、来源及应用

蛋白质是由氨基酸以"脱水缩合"的方式组成的多肽链，通过盘曲折叠形成具有一定空间结构的生物大分子，是构成细胞的基本有机物，也是生命活动的主要承担者。氨基酸是组成蛋白质的基本单位，它们通过脱水缩合连接形成肽链。蛋白质由一条或多条多肽链组成的生物大分子构成，每条多肽链由二十至数百个氨基酸残基组成，这些氨基酸残基按一定的顺序排列。蛋白质的氨基酸序列由对应基因编码。除了遗传密码编码的 20 种基本氨基酸，某些氨基酸残基在翻译后还可发生化学修饰，从而对蛋白质进行激活或调控。多个蛋白质通过结合在一起形成稳定的蛋白质复合物，折叠或螺旋构成一定的空间结构，从而发挥某一特定功能。

油茶籽、油桐籽、核桃等油料饼粕含有丰富的蛋白质，产量巨大，是潜在营养价值很高的植物蛋白资源。从饼粕中提取蛋白质可作为食用植物蛋白、营养强化剂或食品添加剂，具有广泛的应用前景。然而，一些饼粕中的氨基酸组成不理想，或者含有一些抗营养因子，食用后会产生腹泻等负面效应，影响营养吸收，从而限制了饼粕资源的应用。

5.5.3.2　蛋白质的分离提纯

油茶饼粕含有丰富的蛋白质，茶籽蛋白质包含 17 种氨基酸，其中 8 种是人体必需的氨基酸，是功能蛋白的理想来源（梅方炜等，2021）。仅采用以酸性水-乙醇混合溶液沉淀油茶饼粕蛋白来作为畜禽饲料，显然不能充分开发这种植物蛋白新资源（伍晓春等，2008）。

等电点法是目前最常用的植物蛋白提取方法。等电点法有很多优点，如可以避免蛋白质变性、减少杂质、缩短工艺流程以及降低生产成本等。对于油茶饼粕的蛋白质提取，首先需要对油茶饼粕进行脱脂处理并去除茶皂素。然后，用碱液提取蛋白质，并通过调节 pH 来达到蛋白质的等电点（油茶饼粕蛋白的等电点为 4.3）。通过离心，可以将沉淀的蛋白质干燥制成蛋白质产品。张善英等（2019a）采用蒸汽爆破预处理的方法提取油茶蛋白，并分析其功能性质，实验结果表明，最佳的提取条件是蒸汽爆破时间 30～120s、爆破压力 0.8～2.3MPa、pH 为 10、提取温度为 40℃、提取时间为 50min。经过蒸汽爆破处理后，油茶蛋白的吸油性、吸水性、乳化性和乳化稳定性都得到了提高。Li 等（2020）则采用柱层析法从油茶种子中分离出一种生物活性糖蛋白（COG2a）。体内外的抗氧化研究表明，COG2a 在小鼠体内具有显著的抗氧化活性，可以增强抗氧化酶活性、降低氧化毒性产物的含量，保护机体免受氧化损伤。

5.6　油脂制取过程中危险物的产生与控制技术

5.6.1　苯并芘

5.6.1.1　油脂制取过程中苯并芘的产生与来源

苯并芘属于芳香烃化合物，是一种强致癌类物质，还具有致畸性、基因毒性和免疫毒性，对人体健康造成了巨大威胁。Badger 和 Moritz（1959）报道了苯并芘的形成机理：在高温缺氧环境下，有机化合物可

能会发生裂解，形成烃类自由基并生成乙炔，乙炔通过聚合反应形成 1, 3-丁二烯，然后通过环化反应形成苯乙烯，进一步形成丁基苯和四氢化萘，最终通过中间体丁基苯和四氢化萘生成苯并芘。

浓香菜籽油、芝麻油和亚麻籽油等的制油过程中，通常需要高温炒籽或炒坯。油料经过高温蒸炒会发生多种复杂的化学反应，如碳水化合物、蛋白质、油脂及其裂解产物发生美拉德（Maillard）反应，产生呋喃、吡咯、噻吩、吡嗪等环状化合物。非酶褐变反应得到的 α-二羰基化合物与氨基酸进行 Strecker 降解反应。糖受热发生焦糖化反应。氨基酸尤其是含硫氨基酸和杂环氨基酸受热降解。硫胺素热解，产生呋喃、嘧啶、噻吩等杂环类化合物。脂肪氧化，磷脂受热分解。油料皮壳的主要成分粗纤维高温热解。高温蒸炒可以提高出油率，但如果温度控制不当，会促进料胚中碳水化合物、蛋白质、脂类等成分的热解和聚合，产生大量苯并芘。特别是破碎产生的小颗粒碎料沉积在炒炉底部，更容易受热过度烧焦炭化，从而产生苯并芘（袁向星等，2012）。高温长时间蒸炒除了能够提高出油率，还会导致有害物质的产生，苯并芘就是其中代表性的一种。

油脂制取过程中，苯并芘的产生和来源主要有以下几种方式：在机械压榨制油过程中，当油料被输送到榨油机时，瞬间内膛压力显著增加，导致油料和榨膛之间产生严重摩擦，同时释放大量热量。内膛高温高压环境可能会促进油料作物各组分间发生复杂的反应，从而生成苯并芘。油脂浸出工艺常用溶剂为 6 号溶剂，其主要成分是正己烷。一方面，浸出溶剂可能含有多环芳烃类物质；另一方面，在浸出过程中，亲脂性苯并芘会在油相中富集，从而致使油脂中的苯并芘含量超标。食用油脂储藏和运输过程中，机械密封不严，润滑油和导热油泄漏，也有可能导致油脂被污染。此外，食用油脂生产设备管道材料本身可能含有苯并芘。在通过这些管道运输油脂时，被苯并芘污染的风险很大。

5.6.1.2 苯并芘控制技术

（1）预防措施：应确保油料作物种植环境安全无污染，保证食品油脂生产过程中原材料的安全性。在油脂加工过程中，应控制温度在合适范围内，使用符合标准并定期检修的生产设备等。在油脂储藏和运输过程中，应确保工具卫生安全，避免储藏和运输工具被废气、烟气污染。

（2）去除措施：油脂制取过程中产生的苯并芘可通过物理方法、氧化法、和微生物法进行去除。

物理方法包括吸附法、低温沉降法和溶剂萃取法等。其中，吸附法是通过选择适当的吸附剂去除食用油脂中的苯并芘，成本低、高效、简便、后处理简单。常用的吸附剂包括活性炭、活性白土、硅藻土和人造纤维等。活性炭是应用最广泛的一种吸附剂。同时，可采用多种吸附剂配合使用，如活性炭和活性白土，以提高苯并芘的去除效果。在吸附过程中，活性白土能优先去除油茶籽油中的色素和其他杂质，配合活性炭吸附苯并芘的能力，提高去除效果。低温沉降法是通过降温，利用植物油中高熔点成分（如苯并芘）凝固点较高的特性，使其结晶析出，再通过过滤或自然沉降实现分离的方法。虽然可以在高效去除苯并芘的同时保留油脂营养成分，但是该方法耗能高、成本高。溶剂萃取法利用苯并芘在溶剂中溶解度远大于在植物油中的溶解度，可以用少量溶剂实现油脂中苯并芘的浓缩分离。然而，溶剂萃取法使用的有机溶剂容易出现二次污染，因此在油脂生产中应用较少。未来，开发高效低毒甚至无毒的萃取剂，如超临界流体萃取剂等，值得进行深入研究。

氧化法是利用光氧化或化学氧化的方法降解和除去苯并芘。例如，单线态氧、羟基自由基和臭氧等可通过光氧化降解苯并芘；而化学氧化通常使用臭氧和氯化物来降解苯并芘。但是，该技术会促进食用油脂氧化，降低油脂品质，并且还可能导致油脂二次污染，不适用于工业化生产。

微生物法具有降解或吸附苯并芘的能力，利用微生物去除食用油脂中的苯并芘是油脂工业的研究重点。微生物来源广泛，生长繁殖快，降解速率较高，但培养微生物需要特定的生长环境，筛选出适应植物油环境生长的菌种是未来研究的重点和难点。

酶催化反应法具有高效和温和的特点，通过生物工程筛选出相应的微生物，研究高效降解苯并芘的生物酶，是一种绿色降解途径（朱婷婷等，2018）。

5.6.2　油脂酸败

5.6.2.1　酸败的产生和危害

在油脂加工和储藏过程中，常常会受到光、热、空气中的氧、油脂中的水分和酶的作用，从而导致各种复杂的氧化酸败，不仅会降低油脂的营养价值，还会降低其安全性。例如，油脂可能会水解成甘油和游离脂肪酸，而游离脂肪酸会进一步氧化，生成过氧化物和氢过氧化物。过氧化物是油脂酸败过程中形成的一种不稳定中间产物，会继续分解成醛类、酮类化合物和其他氧化物，导致油脂品质下降，降低食用价值。

油脂酸败会首先改变油脂的感官性状，酸败后的油脂会散发出强烈的劣变气味。其次，油脂中的营养素如不饱和脂肪酸、维生素等会被氧化破坏，营养价值下降。酸败产生的二羰基化合物还会在蛋白质肽链之间发生交联作用，阻碍消化道酶的消化。此外，油脂氧化产物如酮、醛等，会对人体产生毒害作用，大量或长期食用酸败油脂食品，可引起中毒，出现恶心、呕吐、腹泻、腹痛等症状。更为危险的是，酸败食品中的过氧化脂自由基能与人体细胞中的核酸碱基发生反应，诱发细胞遗传基因突变，引起癌变。研究表明，食用酸败油脂还会促进衰老、引起动脉粥样硬化、心脑血管阻塞性疾病等，因此，预防酸败非常重要。

5.6.2.2　油脂酸败的预防

在油脂加工过程中，应尽量避免植物组织残渣的混入，以确保油脂的纯度并钝化脂肪氧化酶的活性。同时，在加工过程中应严格控制水分活性，过高或过低的水分活性都会加速油脂酸败速度。较高的水分活性为微生物提供了生长的环境，微生物的繁殖加剧了油脂酸败。我国规定油脂中的水分及挥发物含量不得超过 0.2%。

在油脂加工和储存过程中，应避免金属离子的污染。铜、铁、镍、钴、钡、锰、钛等金属催化的氧化反应，是导致油脂自动氧化的主要因素。应避免油罐中的油脂与金属罐体直接接触，以防止金属催化氧化反应发生（侯景芳等，2013）。

油脂应储存于干燥、避光、低温的环境中，并密封保存。温度过高也会加快氧化速度，因此应将油脂放置在阴凉低温处保藏，油脂储存温度以 20℃ 为宜。温度升高，油脂氧化速度加快，一般情况下，温度每降低 10℃，诱导期延长 1 倍左右，温度每升高 10℃，氧化速度增加 1 倍左右。真空环境充氮气或二氧化碳贮油，可防止油脂与氧气接触而被氧化，减少油脂氧化，延长保存期。油脂微囊化使油脂因壁材包埋作用与空气和水分隔绝，防止油脂氧化酸败。在储油容器方面，应尽量使用深颜色金属容器，同时避免阳光直接照射，因为强光环境下油脂氧化速度会加快。密封是为了阻隔空气，减少油脂氧化。

为了增强油脂的储存稳定性、减少氧化和延缓或避免油脂酸败，可以添加适量的天然抗氧化剂或人工合成的抗氧化剂。天然抗氧化剂包括生育酚（VE）、柠檬酸、类胡萝卜素、抗坏血酸、芝麻酚和谷维素等，人工合成抗氧化剂则包括丁基羟基茴香醚（BHA）、二丁基羟基甲苯（BHT）、没食子酸丙酯（PG）和特丁基对苯二酚（TBHQ）等。这些抗氧化剂无毒，不会影响油脂的色泽、气味和滋味，具有良好的油溶性和热稳定性，并且不会与产品和包装材料产生不良反应。通过将抗氧化剂添加到油脂中，可以避免或延缓油脂的氧化，从而确保油脂安全地储存。这种储藏方法被称为抗氧化剂储藏。在新鲜油脂中添加抗氧化剂时，先使用柠檬酸等金属钝化剂钝化铁桶和油罐金属，再加入抗氧化剂可以获得最好的效果。如果油脂中的过氧化值已经升高到一定程度，再添加抗氧化剂就难以获得预期的效果（王亚萍，2010）。

参 考 文 献

柏云爱，张春辉. 2005. 我国油料预处理技术的现状及发展趋势[J]. 中国油脂，7: 12-17.

陈翔，范磊. 2020. 转基因食品检测技术在食品检测工程中的应用[J]. 粮食科技与经济，45(8): 100-101.

陈燕，张笑，邱思慧，等. 2022. 茶油掺伪检测技术研究进展[J]. 中国粮油学报，8: 1-15.

陈颖慧. 2019. 5 种提取方法对茶油品质的影响[J]. 粮食与油脂, 32(2): 33-37.

陈勇. 2008. 液压榨油机自动控制系统的设计[J]. 农机化研究, 2: 194-195.

陈悦. 2018. 近红外光谱快速测定大豆油脂含量[J]. 现代畜牧科技, 3: 16-17.

程瑾, 李澜鹏, 罗中, 等. 2018. 脂肪酸分离技术研究进展[J]. 中国油脂, 43(11): 49-53.

谷盼盼, 王芳梅, 张鑫, 等. 2019. 超声波辅助提取黑果枸杞中油脂的工艺研究[J]. 中国食品添加剂, 30(3): 120-126.

侯景芳, 李桂霞, 李奕然, 等. 2013. 浅谈油脂酸败及储存[J]. 农产品加工(学刊), 12: 60-62.

蓝峰, 崔勇, 苏子昊, 等. 2012. 油茶果脱壳清选机的研制与试验[J]. 农业工程学报, 28(15): 33-39.

李殿宝. 2013. 料坯蒸炒的作用及其对制油工艺的意义[J]. 沈阳师范大学学报(自然科学版), 31(2): 210-213.

李双, 王成忠, 唐晓璇. 2014. 植物精油提取技术的研究进展及应用现状[J]. 江苏调味副食品, (4): 7-9.

李万平, 严有兵, 金俊. 2014. 甘三酯晶型转变及 β′ 晶型稳定性的影响因素[J]. 粮油加工(电子版), 3: 40-43.

李兴勇, 陈玉保, 杨顺平, 等. 2018. 脱胶在植物油精炼中的研究进展[J]. 中外能源, 23(4): 19-26.

廖配, 全腊珍, 肖旭, 等. 2019. 撞击式油茶果破壳装置的设计及试验[J]. 湖南农业大学学报(自然科学版), 45(1): 108-112.

林恒善, 李耀明. 2005. 风力因素对风筛式清选效果影响的试验研究[J]. 中国农机化学报, 1: 62-64.

刘大良, 曹万新, 苗永军, 等. 2015. 液压榨油设备的研究及应用[J]. 粮食与食品工业, 22(6): 34-37.

刘雄, 阚健全, 陈宗道. 2002. 高酸值植物油脱酸工艺探讨[J]. 中国油脂, (3): 24-26.

刘学. 2011. 油茶籽油加工的研究进展[J]. 粮食科技与经济, 36(4): 50-53.

刘颖沙, 刘颖楠, 雷琼. 2020. 地沟油甄别技术研究进展[J]. 农产品加工, 10: 82-84.

刘玉兰. 1999. 植物油脂生产与综合利用[M]. 北京: 中国轻工业出版社.

刘月蓉, 牟大庆, 陈涵, 等. 2011. 天然植物精油提取技术——亚临界流体萃取[J]. 莆田学院学报, 18(2): 67-70.

刘振华, 宋欣, 陈琳. 2018. 折光仪在橄榄油掺假检验中的应用[J]. 科学技术创新, 32: 11-13.

陆俐俐, 陈俊强, 王世宾, 等. 2015. 油料挤压膨化机的结构改造设计[J]. 粮食与食品工业, 22(1): 72-73.

罗凡, 费学谦, 李康雄, 等. 2016. 预处理条件对油茶籽液压榨油效率和品质的影响研究[J]. 中国粮油学报, 31(4): 94-99.

马传国. 2005. 油料预处理加工机械设备的现状与发展趋势[J]. 中国油脂, 4: 5-11.

梅方炜, 胡静, 欧天山, 等. 2021. 油茶深精加工研究进展[J]. 粮食与油脂, 34(11): 6-8, 40.

任嘉嘉, 张杰, 李鸿印, 等. 2015. 油料挤压膨化机出料模头的改造[J]. 粮油加工(电子版), 11: 24-25.

荣菡, 甘露菁, 王磊. 2019a. 基于近红外光谱的茶油掺伪快速检测方法的研究[J]. 中国调味品, 44(12): 144-147, 154.

荣菡, 罗懿, 黄镘淳. 2019b. 近红外光谱技术法快速鉴别茶油掺伪[J]. 安徽农业科学, 47(19): 204-206, 219.

石允生, 刘向华, 李士勇. 2002. 石油醚顶空气相色谱法测定食用植物油中残留溶剂的研究[J]. 预防医学文献信息, 8: 201-202.

孙月娥, 李超, 王卫东. 2010. 分子蒸馏技术及其应用[J]. 粮油加工, 2: 91-95.

汤晶宇, 王东, 寇欣, 等. 2021. 四通道全自动油茶成熟鲜果脱壳机设计与试验[J]. 农业机械学报, 52(4): 109-116, 229.

王德莲, 刘冬虹, 黄宇锋, 等. 2014. 大豆油中 DNA 提取方法及 PCR 检测技术研究[J]. 检验检疫学刊, 24(1): 34-37.

王江蓉. 2010. 毛细管气相色谱法在山茶籽油掺伪检测中实际应用[J]. 粮食与油脂, 4: 36-39.

王亚萍. 2010. 几种抗氧化剂对山茶油的氧化抑制作用研究[J]. 中国油脂, 35(1): 47-50.

伍晓春, 熊筱娟, 陈武. 2008. 油茶饼粕中植物蛋白的提取分析[J]. 宜春学院学报, 4: 29-30.

相朝清, 焦健, 侯利霞, 等. 2010. 油脂检测技术的发展现状[J]. 农产品加工(学刊), 2: 88-91.

肖志红, 刘汝宽, 李昌珠, 等. 2014. 光皮树果实高效制油的低温压榨与正丁醇研磨浸提技术[J]. 中国粮油学报, 29(12): 54-59.

谢斌, 杨瑞金, 顾姣. 2016. 油茶籽粉碎程度对水酶法提油效果的影响[J]. 食品与机械, 32(3): 174-177.

谢永芳, 梁亦龙, 王芳霞. 2013. 酶法提取山苍子精油研究[J]. 食品研究与开发, 34(14): 57-59.

薛雅琳, 潘俊升, 段章群, 等. 2019. 油茶籽油安全质量标准的修订研究[J]. 粮油食品科技, 27(6): 75-80.

杨冬燕, 李浩, 杨永存, 等. 2014. 基于电子鼻技术的地沟油鉴别研究[J]. 食品科学, 39(6): 311-315.

易笑生, 刘汝宽, 肖志红, 等. 2016. 正丁醇提取油茶饼粕中茶油和茶皂素的研究[J]. 中国粮油学报, 31(4): 67-71.

于功明, 刘克胜, 秦大伟, 等. 2012. 酶法辅助提取对迷迭香精油出油率的影响[J]. 山东轻工业学院学报(自然科学版), 26(4): 58-60.

袁向星, 杜京霖, 宁晖, 等. 2012. 油茶籽油中苯并(a)芘的产生[J]. 中国油脂, 37(2): 58-61.

张超然, 李杨, 孙晓洋, 等. 2015. 酶法酯交换制备塑性脂肪工艺优化及氧化稳定性研究[J]. 食品工业科技, (8): 114-118.

张善英, 徐鲁平, 郑丽丽, 等. 2019a. 蒸汽爆破辅助提取油茶籽蛋白及其功能性质分析[J]. 中国油脂, 9: 47-53.

张善英, 郑丽丽, 艾斌凌, 等. 2019b. 蒸汽爆破预处理对油茶籽水代法提油品质的影响[J]. 食品科学, 40(11): 124-130.

张学军. 2021. 冷榨油滤灌一体机技术研究[J]. 农业技术与装备, 12: 43-44.

张雪松, 裴建军, 赵林果, 等. 2017. 酶法辅助提取桂花精油工艺优化[J]. 食品工业科技, 38(20): 90-97.

张永林, 顾强华, 曹梅丽, 等. 2016. SSYZ-B 系列节能型双螺杆冷榨机[EB/OL]. https://cxyc.whpu.edu.cn/info/1011/1031.htm

[2025-2-10].

张振山, 康媛解, 刘玉兰. 2018. 植物油脂脱色技术研究进展[J]. 河南工业大学学报(自然科学版), 39(1): 121-126.

郑畅, 杨湄, 周琦, 等. 2016. 微波预处理对葵花籽油和红花籽油品质的影响[J]. 中国油脂, 41(7): 39-42.

郑艳艳, 吴雪辉, 侯真真. 2014. 紫外光谱法对油茶籽油掺伪的检测[J]. 中国油脂, 39(1): 46-49.

钟海雁, 王承南, 谢碧霞, 等. 2000. 茶油色泽测定及脱色工艺的研究[J]. 中南林学院学报, 4: 25-29.

周瑞宝. 2010. 特种植物油料加工工艺[M]. 北京: 化学工业出版社.

朱婷婷, 倪晋仁, 彭盛华. 2018. 苯并[a]芘降解菌 Acinetobacter sp.Bap30 菌株的分离、鉴定及降解特性研究[J]. 北京大学学报(自然科学版), 54(1): 189-196.

Badger G M, Moritz A G. 1959. The C-H stretching bands of methyl groups attached to polycyclic aromatic hydrocarbons[J]. Spectrochimica Acta, 15(9): 672-678.

Chávez-gonzález M L, López L I, Rodríguez-herrera R. 2016. Enzyme-assisted extraction of citrus essential oil[J]. Chemical Papers, 70: 412-417.

Fritsche J, Steinhart H, Mossoba M M, et al. 1998. Rapid determination of trans -fatty acids in humanAdipo set issue comparison of attenuated total reflection infrar edspectroscopy and gas chromatography[J]. Journal of Chromatography B, Biomedical Sciences and Applications, 705(2): 177-182.

Gámiz-gracia L, de Castro M D. 2000. Continuous subcritical water extraction of plant essential oil: comparison with conventional techniques[J]. Talanta, 51: 1179-1185.

Guo L X, Xu X M, Yuan J P, et al. 2010. Characterization and authentication of significant Chinese edible oilseed oils by stable carbon isotope analysis[J]. Journal of the American Oil Chemists Society, 87(8): 839-848.

Kandhro A, Sherazi S T H, Mahesaar S A, et al. 2008. GC-MS quantification of fatty acid profile including trans FA in the locally manufactured margarines of Pakistan[J]. Food Chemistry, 109: 207-211.

Li T T, Wu C F, Meng X Y, et al. 2020. Structural characterization and antioxidant activity of a glycoprotein isolated from Camellia oleifera Abel. seeds against D-galactose-induced oxidative stress in mice[J]. Journal of Functional FIods, 64(4): 103594.

Sun F X, Zhao D H, Zhou Z M. 2001. Determination of oil color by image analysis[J]. Ournal of the American Oil Chemists Society, 78: 749-752.

Yousefi M, Rahimi-nasrabadi M, Pourmortazavi S M, et al. 2019. Supercritical fluid extraction of essential oils[J]. TrAC Trends in Analytical Chemistry, 118: 182-193.

6 木本油料脂肪酸的生物炼制与健康应用

众所周知，人类的生存和生活离不开油脂和脂肪酸。它与蛋白质和碳水化合物一样，都是人类日常膳食的重要组成部分。无论是植物性的草本或者木本油脂，还是动物性的猪牛羊肉及鱼肉、海洋哺乳动物脂肪，都是由不同的脂肪酸及多酚、甾醇、烃质、蛋白质等脂质伴随物所构成的。其中，脂肪酸占据着油脂化学组成的绝大比例，因此也与人类因为膳食引发的健康问题有着最为密切的关系。

具体而言，随着生活水平的逐步提高和油脂供给的充足，我国居民对油脂的需求量在不断增长，人均一年的油脂消费量从 1978 年的 1.6kg 迅猛增长至 2017 年的 26.6kg（马丽媛等，2019）。与之相伴，普遍表现出脂肪酸摄取过量，饱和脂肪酸摄取比例过高等问题，严重地影响到人民群众的生命健康。全国约 80% 的家庭摄入油脂量超标 50% 左右，以心血管疾病（cardiovascular disease，CVD）为首的慢性疾病患病率因而迅速攀升（马丽媛等，2019）。在中国，年龄大于 18 岁的成人中，血脂异常的比例从 2002 年的 18.6% 大幅提高至 2012 年的 40.4%（马丽媛等，2019）。平均每 5 例死亡中就有 2 例死于 CVD，高于肿瘤或者其他疾病。

此外，随着研究的深入，多种特殊的、新型的脂肪酸在人体代谢调控和生理发育中的贡献被逐渐挖掘并为人所熟知，继而在高血压、心脑血管疾病、精神疾病、体重控制、炎症和肿瘤等疾病的预防和治疗中得到了广泛应用。以 "plant oil"、"fatty acids" 和 "health" 为主题词在 Web of Science 网站中进行检索，可以看到近十年发表了 6000 多份相关的出版物（Web of Science, August 31, 2022），超过 10 万次的引用。2020 年，国际权威的 *Bailey's Industrial Oil and Fat Products*（中文译名《贝雷油脂化学与工艺学》）在新修订的版本中增加了第七卷 "Lipids and health"（Shahidi, 2020），专门且系统地总结了多种植物源脂肪酸对包括婴幼儿在内各年龄层人群的营养供给、代谢调控、促进发育，以及肥胖症、CVD、动脉粥样硬化、关节炎、糖尿病、代谢综合征、癌症、神经退行性变性疾病、精神障碍等疾病症状的干预和影响。这些都反映出科学界和公众对本领域的高度关注。

从油脂的来源分析，相比于动物性油脂，木本植物来源的油脂明显得到了人们更多的兴趣和关注。这是因为，首先，大多数木本油脂都含有不饱和脂肪酸及植物甾醇、生育酚、角鲨烯等微量健康促进成分，相比于饱和脂肪酸为主的猪牛羊脂肪更为健康。其次，人类的生活给海洋和其他水体带来了严重的污染，也对食用鱼肉或者海洋哺乳动物的脂肪带来了相当的风险，如较高的重金属含量。相比之下，木本油料的生产和供应更加稳定可靠、更可持续，同时也减少了对鱼类、海洋哺乳动物的过滥捕杀和对江河湖海生态的破坏。最后，木本油料树种繁多，资源十分丰富，种子含油量在 40% 以上的木本油料仅在我国就有 150 多种（何东平和张效忠，2016）。有些木本油脂还含有包括 Δ5 多不饱和脂肪酸、共轭多烯酸、多不饱和的羟基脂肪酸支链脂肪酸酯在内的对健康有特殊贡献的脂肪酸。因此，伴随着健康和饮食领域的科学进步，公众对从木本植物中开发功能性脂肪酸和功能性油脂食品产生了浓厚的兴趣。

在世界各国，木本油脂占据着油脂生产和消费链的重要位置。从全球来看，棕榈油、棕榈仁油、椰子油和橄榄油排进了全球植物油产量和消费量的前十位，其总产量和总消费量均超过世界植物油脂总量的四成（王兴国，2017）。在中国，由于地形和气候的复杂性，人均耕地面积严重不足，开发和利用木本油料的意义尤显突出（廖阳等，2021）。以油茶籽油、核桃油和牡丹籽油为代表，2020 年的产量分别达到了 72.1 万 t、3.12 万 t 和 5.3 万 t，在世界各国中遥遥领先（路子显，2023）。而且，根据国家规划《林草产业发展规划（2021—2025 年）》，（国家林业和草原局，2022 年 1 月 28 日），到 2025 年，木本油料种植面积要发展到 2.7 亿亩左右（1 亩≈667m²，下同），年产木本食用油达 250 万 t，其中，油茶的种植面积和食用油年产量分别要达到 0.9 亿亩和 200 万 t。

化合物的化学结构决定了它在人体健康管理中的功能。可食用脂肪酸之所以能够对人体的健康产生积极或者消极的影响，主要体现在碳链、不饱和双键、羟基官能团的引入和位置以及羧基的酯化4个部分的结构特征。具体而言：①碳链的长短、奇偶及分支与否，短链脂肪酸（short-chain fatty acid，SCFA，碳原子数<6）、中链脂肪酸（medium-chain fatty acid，MCFA，6~12）、长链脂肪酸（long-chain fatty acid，LCFA，12-18）和超长链脂肪酸（very long-chain fatty acid，VLCFA，＞18）在物理化学性质方面差别很大，因而在吸收代谢行为以及对人体健康的影响上有显著不同的表现（Wang et al.，2020）。越来越多的临床案例证明，奇数链（Jenkins et al.，2015）和带有支链（王秀文等，2018）的脂肪酸分别对心脏疾病、癌症/炎症的发生具有显著的抑制作用。②不饱和双键的结构、数量和位置，包括顺式烯键位于Δ9位置的油酸，位于Δ5位置的松油酸和金松酸等脂肪酸（Baker et al.，2021），在神经发育和神经退行性变性疾病治疗中起重要作用的、在Δ15处存在顺式烯键的神经酸（Li et al.，2019），带孤立反式烯键的、具有严重负面效应和致癌风险的脂肪酸，非共轭的多不饱和亚油酸、α-亚麻酸，以及多烯键的共轭脂肪酸（Dhar et al.，2019；Kim et al.，2016；Hennessy et al.，2011）。③羟基官能团的引入使得脂肪酸分子之间聚合并生成交内酯成为可能，如羟基脂肪酸支链脂肪酸酯（Brejchova et al.，2020）。④羧基的游离或者酯化形态，一是不同结构的甘油酯，包括三酰甘油（triacylglycerol，TAG）、二酰甘油（diacylglycerol，DAG）和单酰甘油（monoacylglycerol，MAG），二是羧基连接在甘油骨架的不同位置而产生的特异选择性或立体效应，三是不具有立体结构的结合酯类，如甲酯、乙酯、磷脂，以及脂肪酸和植物甾醇、糖、酚的酯化结合形态等。

本章将从木本油脂常见的脂肪酸入手，介绍代表性的中长链饱和脂肪酸、单不饱和脂肪酸、多不饱和脂肪酸，以及其在甘油骨架上的立体分布对人体健康的积极的或者是负面的影响。此外，考虑到本领域的研究趋势，引入并介绍了奇数链脂肪酸、Δ5多不饱和脂肪酸、共轭脂肪酸和羟基脂肪酸支链脂肪酸酯这4类木本油料中已发现的或者未发现但是存在潜在可能的新型脂肪酸的植物来源、生理功能、化学性质与结构，以及如何利用化学/微生物学手段从植物源油脂、脂肪酸中规模化地积累或者制备这些特殊脂肪酸。

6.1 木本油料中常见的脂肪酸及其对人体健康的影响

虽然自然界的木本油料种类繁多，但是，对于大多数的木本油脂而言，棕榈酸（palmitic acid，PA，C16：0）、硬脂酸（stearic acid，SA，C18：0）、油酸（oleic acid，OA，C18：1ω9或C18：1Δ9c）、α-亚油酸（α-linoleic acid，LA，C18：2ω6,9或C18：2Δ9c,12c）和α-亚麻酸（α-linolenic acid，ALA，C18：3,6,9或C18：2Δ9c,12c,15c）这5种成分显然占据了脂肪酸组成的绝大多数甚至90%以上，如棕榈油、橄榄油、核桃油、油茶籽油等（何东平和张效忠，2016）。因此，这5种脂肪酸也构成了影响人体发育和维持人体健康状况的主力军。其他常见的脂肪酸则主要包括超长链的山嵛酸（behenic acid，BhA，C22：0）、芥酸（erucic acid，EA，C22：1）和C8-C14饱和脂肪酸。比如，棕榈仁和椰子肉的油脂中含有丰富的月桂酸(lauric acid，C12：0)、癸酸（capric acid，C10：0）和辛酸（caprylic acid，C8：0），其C8-C14脂肪酸总量分别占到其脂肪酸组成的70%和85%以上（何东平和张效忠，2016）。因此，我们将分别从长链饱和脂肪酸（long-chain saturated fatty acid，LCSFA）、单不饱和脂肪酸（monounsaturated fatty acid，MUFA）、植物源多不饱和脂肪酸（polyunsaturated fatty acid，PUFA）、中链饱和脂肪酸（medium-chain saturated fatty acid，MCSFA）四大分类，简要剖析这些脂肪酸在人体内的代谢规律及其对人体健康的影响。

6.1.1 长链饱和脂肪酸

一直以来，人们都认为长期摄取LCSFA（C14-C18）含量高的膳食与人类罹患慢性疾病的风险呈现直接的正向关联。这首先反映在餐后较高的血脂水平（postprandial hyperlipemia）和血浆中低密度脂蛋白胆固醇（low-density lipoprotein cholesterol，LDL-C）的浓度上。血浆中的LDL颗粒能够穿透动脉壁的内皮，继而通过被氧化来激活炎症响应，诱发上覆内皮（overlying endothelium）和周围平滑肌细胞的损伤，以此成为加剧动脉粥样硬化和血栓形成、放大 CVD 风险的元凶（Wadhera et al., 2016）。多项研究结果均显示，摄入 SFA 确实提高了血浆中的 LDL-C 水平（Astrup et al., 2020；Khaw et al., 2018）。LCSFA 的过量摄入还可能通过多个器官和系统影响身体的代谢行为，包括恶化胰岛素抵抗效应（Kennedy et al., 2008；Riccardi et al., 2004），创造环境以促成或者加剧炎症的发生（Zhou et al., 2020；Kennedy et al., 2008）等。

然而，近年来随着研究的深入，人们对 LCSFA 与 CVD 风险的直接关联产生了怀疑和争论。丹麦的 Astrup 等（2020）认为，限制高含量 SFA 膳食确实会导致 LDL-C 水平下降，但是实际削弱的不是小而密的 LDL 颗粒的水平，而是更大 LDL 颗粒的水平。后者与 CVD 风险的关联程度要弱很多。同时，减少 SFA 的摄入也会降低高密度脂蛋白胆固醇（high-density lipoprotein cholesterol, HDL-C）的水平及其占总胆固醇（total cholesterol, TC）的比例。证据是在饱和脂肪摄入量更多的人群中，载脂蛋白 B（apolipoprotein B，apo B）相较于载脂蛋白 A1（apo A1）的比例更低。一般认为，apo B 存在于 LDL 和极低密度脂蛋白（very low-density lipoprotein, VLDL）颗粒中，而 apo A1 存在于 HDL 颗粒中，两者的比例被视为与致动脉粥样硬化颗粒浓度相关的一项指标。因此，越来越多的文献认为，摄入 SFA 对心血管事件造成的死亡新增或者全因死亡率影响不明显或者没有影响（Astrup et al., 2020；Hooper et al., 2015）。还有文献认为，减少 SFA 的膳食摄入也不会对减少罹患冠心病（coronary heart disease, CHD）、2 型糖尿病（type 2 diabete，T2D）、缺血性中风等疾病发生带来帮助（Souza et al., 2015）。文献还建议用总胆固醇与 HDL 的比例（TC/HDL）来取代 LDL 水平，以更恰当地评估限制饱和脂肪膳食能够带来的潜在好处（Astrup et al., 2020）。

具体地分析，不同碳链的 SFA 对血浆中胆固醇、脂蛋白水平和心血管疾病风险的影响可能是不相同的。通过 20 世纪的研究，人们认为，硬脂酸和碳原子数小于 12 的 SFA 不会提高血清中的胆固醇和 LDL-C 水平，能够明显起到作用的仅有月桂酸、豆蔻酸（myristic acid，C14∶0）和棕榈酸（Nicolosi, 1997；Mensink et al., 1994）。月桂酸能够明显提高血清中的胆固醇水平，而豆蔻酸更甚（分别为月桂酸和棕榈酸的 4.8 倍和 1.3 倍）（Mensink et al., 1994）。新的研究则更新了这一认识，与碳水化合物相比，摄入豆蔻酸和棕榈酸不会对血浆中的 TC/HDL 产生影响，硬脂酸会略微降低 TC/HDL，而富含月桂酸的油大大增加了 HDL-C 的水平，因而显著降低了 TC/HDL（Micha and Mozaffarian, 2010；Mensink et al., 2003）。

6.1.2　中链饱和脂肪酸

一般情况下，MCSFA 包括碳原子数在 6～12 的 4 种脂肪酸，即己酸、辛酸、癸酸和月桂酸（Marten et al., 2006）。但是，相关的健康效应以辛酸和癸酸表现最为强烈，它们在人体内的代谢吸收表现以及对人体健康管理产生的影响与长链的棕榈酸、硬脂酸，甚至是月桂酸都有很大的不同。首先，MCSFA 的三酰甘油（medium-chain triglyceride, MCT）在胃肠道消化系统中只需要 30min 就能够完全转化为游离脂肪酸（free fatty acid, FFA）和少量 MAG，速率和程度均远优于 LCSFA 的三酰甘油，同时还不会受到胆盐浓度的影响（Sek et al., 2010）。其次，从肠腔吸收的 MCSFA 在体内的运输方式和效率与 LCSFA 完全不同（Bach and Babayan, 1982）。被吸收的 LCSFA 需要通过酯化反应先被纳入不溶性的 TAG 乳糜微粒，并结合到脂肪酸结合蛋白上，然后通过淋巴系统（lymphatic system）的流动作用到达全身。在通过肝外组织移动的过程中，部分 LCSFA 会被截留下来，比如出现在外周血液（peripheral blood）中。与之相反，被吸收的 MCSFA 以可溶性脂肪酸的形式，或者与血清白蛋白结合，然后通过门静脉系统（venous portal system）直接从肠黏膜输送至肝。因此，MCSFA 总是会比 LCSFA 先到达肝，而且到达的数量也更多。当同时摄入 MCSFA 和 LCSFA 的 TAG 时，前者会优先被吸收，并部分抑制后者的吸收（Bach and Babayan, 1982）。最后，MCSFA 在肝中的代谢也远比 LCSFA 迅速（Schönfeld and Wojtczak, 2016）。MCSFA 在肝细胞以及其他细胞中的酯化是有限的，因此，游离的 MCSFA 具有更高的氧化倾向，其行为更像葡萄糖而不是脂肪（Babayan, 1987）。MCSFA 的细胞代谢不像 LCSFA 一样，需要肉碱棕榈酰转移酶（carnitine palmitoyl transferase, CPT）进行线粒体内运输。相反，它们很容易穿过线粒体膜，在线粒体内被中链酰基 CoA 合酶（medium-chain acyl CoA synthase）激活，并被迅速氧化，因而表现出远高于 LCSFA 的代谢效率（Marten et al., 2006）。

MCSFA 不仅在吸收代谢上表现出上述独特的行为，而且还具有与 LCSFA 差异明显的物理化学性质，比如：在水溶液中更易溶解；渗透性强，包括突破血脑屏障（blood-brain barrier）（Schönfeld and Wojtczak, 2016）；对与脂肪酸结合蛋白、脂肪酸转运蛋白或脂肪酸转运酶结合的依赖程度很低，影响到 MCSFA 参与细胞和组织代谢调节的途径选择（Marten et al., 2006）等。由于以上特点，当它被用于部分取代膳食中的 LCSFA 时，会对人体健康产生一些积极效应，研究较多的包括血浆脂质和胆固醇、脂蛋白的状况、肥胖和体重管理（Mumme and Stonehouse, 2015；Nagao and Yanagita, 2010）、糖代谢和胰岛素敏感性（Nagao and Yanagita, 2010）、癫痫和其他神经系统疾病（Roopashree et al., 2021）、炎症和氧化应激表现（Li et al., 2016）、癌症风险（Roopashree et al., 2021）等。用 MCSFA 部分代替 LCSFA，还提高了人体特别是婴幼儿对其他油溶性营养成分的吸收效率（王兴国，2017）。

迄今，人们对于 MCSFA 影响血浆脂质和胆固醇的状况仍然争论不已，众多的研究并不能给出清晰或者确定的答案。健康年轻男性每天用 70g MCT（66%辛酸和34%癸酸）完全取代习惯的膳食脂肪。干预 21 天后，与高油酸葵花籽油对照组相比，摄入 MCT 导致血浆中的 TC、LDL-C、VLDL-C 和总 TAG 水平分别高出 11%、12%、32%和 22%，还使得 LDL-C/HDL-C 增加 12%及血浆中葡萄糖浓度上升（Tholstrup et al., 2004；Cater et al., 1997）。但是，如果与月桂酸的 TAG 相比，TC 和 LDL-C 水平这种程度的增加并不明显，同时，服用 MCT 还明显增加了低密度脂蛋白受体（LDL receptor，LDLr）的活性（Tsai et al., 1999）。食用 MCSFA 导致的胆固醇水平的增加普遍被归因于其对血浆中 LCFA 重新合成的增强作用（Wang et al., 2020）。另一个关键的原因可能出在剂量问题上（St-Onge et al., 2008；Nosaka et al., 2003）。比如，将每天替代膳食脂肪的 MCT（55%辛酸和 45%癸酸）减少到 18～24g（占膳食能量的 12%），8～16 周后男女受试者血浆中的 TC 和 LDL-C 水平与高油酸橄榄油对照组的水平相当，甚至更低（St-Onge et al., 2008）。

越来越多的证据表明，用 MCSFA 替代膳食 LCSFA 有助于减少脂肪在人体内的沉积，控制身体体重，并改善肥胖症状。比如，超重的男女每天食用 18～24g MCT（主要为辛酸和癸酸），并维持 16 周，其体重下降量远多于食用橄榄油的对照组（−3.2kg vs. −1.4kg），同时，躯干和腹部皮下沉积的脂肪也被检测到更大的损失（St-Onge and Bosarge, 2008）。造成这一现象的原因包括 MCSFA 在肝中的更快氧化导致能量消耗增加（Nagao and Yanagita, 2010），食欲的下降和饱腹感的增强等（Wang et al., 2020）。

MCSFA 在葡萄糖代谢和糖尿病治疗方面发挥着有益的功能，表现为胰岛素敏感性得到改善（Wein et al., 2009；Takeuchi et al., 2006；Han et al., 2003），葡萄糖耐受性提高（Takeuchi et al., 2006；Han et al., 2003；Eckel et al., 1992）等。含 MCT 的饮食在糖尿病患者和非糖尿病的受试者中都明显增加了胰岛素介导的葡萄糖代谢（Eckel et al., 1992）。迄今，对 MCSFA 改善糖代谢的分子机制仍在研究当中，已经被报道的可能机制包括：①胰岛 β 细胞中特殊因子的激活导致 β 细胞的去极化，促进胰岛素和肠促胰岛素（incretin）分泌的增加，继而降低了血糖水平（Roopashree et al., 2021）；②摄入 MCT 增强了脂联素（adiponectin）的 mRNA 在肾周脂肪组织中的表达，升高了血浆和脂肪细胞内的脂联素水平，继而促使人体内的胰岛素敏感性和葡萄糖耐受性水平得以改善（Takeuchi et al., 2006）；③辛酸和癸酸混合组成的 TAG 在保护 β 细胞功能方面体现出治疗优势（Pujol et al., 2018）。在 β 细胞中，癸酸激活脂肪酸受体 1 FFAR1/GPR40，而辛酸负责诱导线粒体生酮作用（mitochondrial ketogenesis）。两者协同作用，改善线粒体功能，增加参与 β 细胞功能和胰岛素生物合成的基因的表达，从而帮助 β 细胞从脂肪毒性施加的胁迫下恢复（Pujol et al., 2018）。

最后，需要指出，过量食用 MCSFA 可能会引起胃肠道的不适反应，包括恶心、呕吐、腹胀、腹绞痛和渗透性腹泻等（Jeukendrup and Aldred, 2004）。但是，在眼部和皮肤刺激、致癌、致突变、致畸等多项测试中，MCSFA 均未表现出不良反应。在膳食中摄入 1g/kg 体重或者膳食总能量 15%的 MCT 对人类健康是安全的（Traul et al., 2000）。

6.1.3 油酸

一直以来，油酸就被认为是地中海健康饮食的重要组成部分。在日常膳食中，用油酸取代 LCSFA，会促使血浆中的血脂和胆固醇状况向有益的方向发生改变，包括 TC、LDL-C 水平的显著降低，TC/HDL-C 和 apo B/apo A1 值的下降（Bowen et al., 2019；Jenkins et al., 2010；Mensink and Katan, 1992）。同时，罹患心血管疾病的风险也被观察到下降，而且以植物源的 MUFA 最为显著（相对于 SFA 和碳水化合物分别下降了 17% 和 14%）（Zong et al., 2018；Bermudez et al., 2011；Hu et al., 1997）。美国马萨诸塞大学洛厄尔分校 Nicolosi 的研究组对比了富油酸饮食和富亚油酸饮食对高胆固醇仓鼠体内动脉硬化趋势发展的影响（Nicolosi et al., 2004; Nicolosi et al., 2002）。研究结果显示，相比于富亚油酸饮食，采用富油酸饮食明显升高了血浆中的 TAG 水平，但是，主动脉胆固醇酯的水平反而更低，还延缓了胆固醇被氧化的行为和程度，最终表明采用富油酸饮食更能减少早期动脉粥样硬化以及相关的氧化应激风险（Nicolosi et al., 2004；Nicolosi et al., 2002）。富含油酸的饮食可以通过刺激 AMP 活化蛋白激酶（adenosine 5′-monophosphate-activated protein kinase，AMPK）的信号来参与调节食物摄入量和能量消耗，从而改善人的体重，减少腹部和躯干的脂肪量或降低体脂率（Tutunchi et al., 2020）。同时，可激活有益的抗炎机制，包括 M2 巨噬细胞的极化、脂肪细胞中白细胞介素-10（interleukin-10，IL-10）的分泌、NLRP3 炎症小体（NLRP3 inflammasome）的抑制，并可逆转 LCSFA 对脂肪组织、肝组织和 β 细胞的有害影响（Ravaut et al., 2021）。

6.1.4 植物源多不饱和脂肪酸 ω-3 和 ω-6

与油酸一样，亚油酸（Marangoni et al., 2020）和 α-亚麻酸（Barceló and Murphy, 2009）也因为其对血浆中血脂和胆固醇状况的良性贡献以及对心血管系统的保护作用而受人关注。当膳食中 1% 的碳水化合物被以等能量的形式分别替换为 LCSFA（C12-18）、油酸和 PUFA（亚油酸和 α-亚麻酸）后，预计 TC 水平分别上升 39μmol/L、下降 3μmol/L 和下降 15μmol/L，LDL-C 水平分别上升 33μmol/L、下降 6μmol/L 和下降 14μmol/L，HDL-C 水平分别上升 12μmol/L、9μmol/L 和 7μmol/L，表明亚油酸和 α-亚麻酸的摄入在保留 HDL-C 水平的同时，更大幅度地降低了血浆中的 LDL-C 浓度，推动血浆中的胆固醇状况向更加良性的状况发展（Mensink and Katan, 1992）。一份 8 万多名、年龄 34～59 岁的健康妇女参与的研究表明，与摄入同等能量的碳水化合物相比，SFA 摄入每增加 5%，CHD 的风险就会增加 17%，而 MUFA 和亚油酸的能量每增加 5%，CHD 的风险就分别下降 19% 和 38%（Hu et al., 1997）。脂肪酸总的摄入量与 CHD 风险没有显著关系，但是用不饱和脂肪的能量取代 5% 的饱和脂肪会使风险降低 42%。与没有摄入过 α-亚麻酸的人相比，α-亚麻酸摄入量与致命性 CHD 风险的下降呈线性关系，摄入量每增加 1g/d，风险就会降低 12%（Wei et al., 2018）。

众所周知，亚油酸和 α-亚麻酸被视为日常膳食必须补充的脂肪酸。这是因为人类和大多数高等哺乳动物的体内缺乏 Δ12 和 Δ15-去饱和酶，并不能通过内源性从头合成的方式获得这两种脂肪酸。而摄入人体的亚油酸和 α-亚麻酸除了主要通过 β-氧化反应转化为能量之外，还有很小一部分会在人体内通过代谢生成其他脂肪酸。通过 Δ5 和 Δ6 去饱和酶、脂肪酸延长酶和过氧化物酶体的一系列组合作用（图 6-1），前者最终生成二十碳四烯酸（花生四烯酸，arachidonic acid，ARA，C20:4Δ5c,8c,11c,14c），而后者则转化为二十碳五烯酸（eicosapentaenoic acid，EPA，C20:5Δ5c,8c,11c,14c,17c）和二十二碳六烯酸（docosahexaenoic acid，DHA，C22:6Δ4c,7c,10c,13c,16c,19c）。由于两条代谢路径使用相同的酶，因此，α-亚麻酸转化为 EPA 的过程与亚油酸转化为 ARA 的过程存在竞争。

迄今，ARA、DHA 和 EPA 在天然植物中未观察到分布。但是，在鱼肉以及一些生活在海洋中的哺乳动物的脂肪组织中存在高丰度的 DHA 和 EPA，ARA 则是动物细胞脂质的重要组成部分。从亚油酸转化为 ARA 的路径（图 6-1）上，可以看出，代谢产生的所有中间化合物都有一个特点，就是从脂肪酸的端甲基开始数起，从第 6 个碳原子开始出现不饱和烯键，因此，这些脂肪酸都被称作 ω-6 脂肪酸。类似地，在 α-亚麻酸转化为 EPA 和 DHA 的路径（图 6-1）上，所有中间过程得到的脂肪酸都是从端甲基起的第 3 个碳原子上就开始出现不饱和烯键，因此，这些脂肪酸都被称作 ω-3 脂肪酸。

众所周知，作为许多重要的代谢性类二十烷酸（eicosanoids）的前体，ω-6 脂肪酸和 ω-3 脂肪酸对人体的健康起着全面、显著的影响作用（Saini and Keum, 2018）。ARA 通过环氧合酶（cyclooxygenase，COX），可以

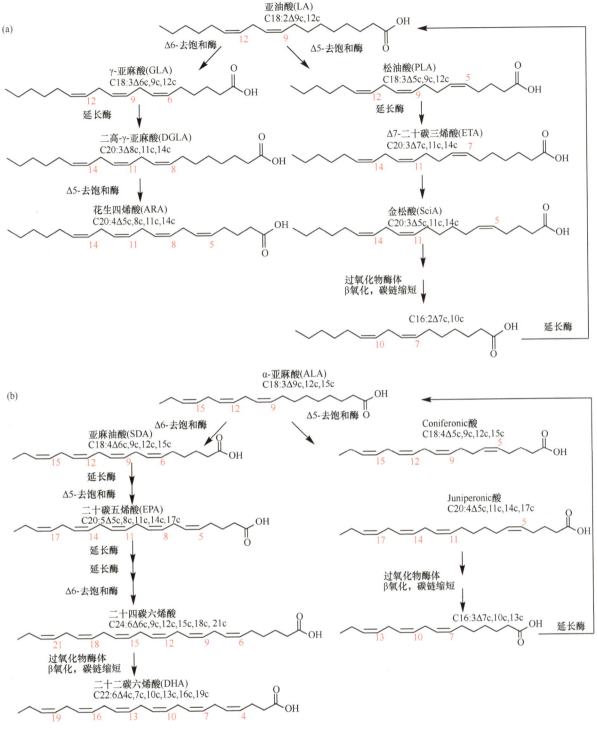

图 6-1　Δ9 和 Δ5 脂肪酸的代谢途径及其在积累代谢过程中的交互关系
（Baker et al., 2021; Tanaka et al., 2007; Kajikawa et al., 2006）

转化为第 2 系列的前列腺素（prostaglandin，PG），包括 A₂、E₂、I₂ 和血栓素（thromboxane，TX）A₂；通过脂氧合酶（lipoxygenase，LOX），可以转化为第 4 系列的白三烯（leukotriene，LT）B₄、C₄ 和 E₄；利用细胞色素 P450（cytochrome P450，CYP）中的表氧合酶（epoxygenase）和环氧化物水解酶（epoxide hydrolase），合成环氧二十碳三烯酸（epoxyeicosatrienoic acid，EET）和二羟基二十碳三烯酸（dihydroxyeicosatrienoic acid，DHET）等（Saini and Keum, 2018; Dennis and Norris, 2015）。这些活性分子均具备重要的代谢调节功能，大多数起到促进炎症的作用（Dennis and Norris, 2015）。例如，TXA₂ 使血小板聚集、血管收缩，促进凝血，PGI₂ 则抗凝血。

在人体健康状态下，两者通过双向调节机制相互制约以求平衡，共同促成副肾上腺皮质激素的正常分泌，提高抵御外部多种刺激的能力。白三烯能够影响白细胞功能，有促进支气管平滑肌收缩及增加毛细血管通透性等作用。事实上，ARA 同时也是一些重要的、具有抗炎症作用的类二十烷酸[如前列环素（prostacyclin）、脂氧素（lipoxin，LX）A_4 和 EET]的合成底物，并且以依赖或独立于介质的方式表现出抗炎特性，从而平衡炎症响应，推动其从消除到解决的过程（Wang et al., 2020；Tallima and El Ridi, 2018；Dennis and Norris, 2015）。

相对应地，从 ω-3 脂肪酸衍生出的多为具有抵抗炎症作用的活性类二十烷酸分子。其中，EPA 在 COX-2 和 5-LOX 的帮助下分别代谢为第 3 系列的前列腺素（PGB_3、PGD_3、PGE_3、PGI_3 和血栓素 TXA_3）和第 5 系列白三烯（LTB_5、LTC_5 和 LTD_6），DHA 在 12-LOX 和 15-LOX 的帮助下代谢成局部激素（autacoid），包括 D 系列的消退素（resolvins，Rvs）D_1-D_6、神经保护素（neuroprotectin，NP）D_1 和巨噬细胞消炎素（maresin，Ma）R_1 及 R_2 等（Saini and Keum, 2018；Dennis and Norris, 2015）。研究普遍认为，来自 EPA 的类二十烷酸分子的生物活性低于来自 ARA 的分子，但是，EPA 与 DHA 结合，可以减少 *COX-2* 基因的表达，抑制 ARA 在细胞膜上的代谢，以及竞争前列腺素和白三烯的酶合成，从而减少炎症因子的生成（Calder, 2013）。ω-3 脂肪酸还利用降低人类中性粒细胞和单核细胞的趋化性、减少巨噬细胞、单核细胞和内皮细胞表面黏附分子的表达等机制，在抗炎、抑制心血管疾病风险等方面发挥积极作用（Wang et al., 2020）。

由于以上原因，DHA 和 EPA 除了表现出明显而广泛的抗炎作用之外，还在以下方面表现出积极作用和治疗功能（Saini and Keum, 2018；Shahidi and Ambigaipalan, 2018）：①维护心血管健康方面，有助于降低血压和心率，减少心律不齐和血栓生成。红细胞膜中 EPA 和 DHA 的总含量相对于总脂肪酸的比例被定义为 ω3 指数，并作为判断心脏猝死和其他心血管疾病风险的一项重要标准（Punia et al., 2019）；②治疗代谢综合征方面，可以调节胆固醇水平、脂肪细胞代谢和脂肪生成等，减少肥胖和相关代谢紊乱，改善糖代谢机能；③肿瘤预防方面，可抑制前列腺癌、乳腺癌、胰腺癌和结肠癌细胞系等肿瘤细胞的发展或降低其风险，并可诱导肿瘤细胞的凋亡；④神经发育与神经退行性变性疾病的治疗方面，改变神经元膜的脂肪酸组成和理化特性，增强神经元膜的流动性，有助于调节神经递质，进而促进婴幼儿的大脑发育和智力发展，降低中老年认知功能受到损害的风险，抑制引发抑郁症的细胞激素的合成；⑤影响儿童的视网膜发育和功能保持；等等。

相比之下，ARA 因为其在促炎症、促进癌症发展等方面的表现而被长期视为"坏"分子。然而，这一认识是简单的、片面的。新的研究结果表明，为了维持人体正常的健康状态，ARA 的补充同样不可或缺。通过改善细胞膜的流动性，激活或抑制离子通道、受体和酶等机制，ARA 主要在以下方面表现出积极作用和治疗功能（Tallima and El Ridi, 2018）：①促进婴幼儿的中枢神经系统和视网膜发育，促进视力、视觉注意力和认知能力的发展，改善老年人的认知能力。在哺乳期，补充 ARA 和 DHA 对幼儿大脑或中枢神经系统的正常生长发育都是必不可少，缺一不可（Harauma et al., 2017）；②影响力量训练者的身体组成、肌肉功能和能量消耗，调节神经肌肉信号，增加神经细胞发射神经递质；③引起细胞表面脂质的过氧化，从而选择性地杀死肿瘤细胞；等等。

考虑到 ω-3 脂肪酸和 ω-6 脂肪酸在代谢调节上的功能和对立作用，人们不仅需要通过日常膳食来确保它们在人体内的绝对含量，而且还需要关注两者的比例应当维持在合理的范围。文献推荐的 ω-6/ω-3 的膳食比例为 1～2/1（Simopoulos, 2002），而世界大多数国家和国际组织建议的比例则是 4～6/1。

如上所述，植物源的亚油酸和 α-亚麻酸对人体健康的影响和意义其实可以归结于两个方面：一是脂肪酸自身独立发挥的功能；二是不能直接形成影响，而必须先转化为 ARA、EPA 和 DHA 等衍生分子，然后产生新的健康功能。如何区分这两个方面呢？最好的方法是敲除掉模型动物体内的 Δ6-去饱和酶基因，然后进行实验观察和临床研究。研究表明，亚油酸和 ARA 都对心血管疾病具有相似的保护作用，但是亚油酸不会直接促发炎症，而是主要经由 ARA 生成炎症因子（Burns et al., 2018；Monk et al., 2016）。类似地，尽管有学者认为 α-亚麻酸能够发挥独立于 EPA 或 DHA 的免疫调节作用，如增加脂多糖刺激生成 IL-10（Monk et al., 2016；Monteiro et al., 2012）。然而，从这些学者的研究数据以及更多的文献（Baker et al., 2020a）来看，α-亚麻酸在抵抗炎症上的表现远逊于 DHA 和 EPA。在高剂量下，某些案例中的 α-亚麻酸也表现出抗炎、降低胆固醇等功能，但是普遍认为是通过转化生成 EPA 而发挥作用（Baker et al., 2016）。

进而,当我们考虑亚油酸和α-亚麻酸通过内源性转化发挥健康作用的时候,就涉及转化过程的效率问题,然而,这个效率在人和其他哺乳动物的体内相当低。根据同位素示踪研究的结果,人们估计从亚油酸生物合成 ARA 的比例在 0.2%的范围内,并随合成前体浓度的变化而变化(Hussein et al., 2005)。但是,当摄入量超过日摄入总能量的 4%时,超量摄入的亚油酸并不能被人体组织所利用,也不会刺激类二十烷酸的生物合成或者氧化反应(Adam et al., 2008)。同样的情况也发生在 α-亚麻酸的代谢路径上。最理想的情况下,α-亚麻酸转化为 EPA 和 DHA 的效率在健康年轻女性的体内分别有 21%和 9%,而在年轻男性的体内则分别为 8%和 0~4%(Baker et al., 2016)。然而,在日常的健康状况和膳食水平下,由于代谢通路的竞争关系、底物抑制及代谢过程影响因素的复杂性,α-亚麻酸真实转化为 DHA 的水平甚至低于 0.01%(Hussein et al., 2005)。

正因为如此,人们从植物来源寻找到 γ-亚麻酸(γ-linolenic acid, GLA, C18:3Δ6c,9c,12c)(Kapoor and Nair, 2020)和亚麻油酸(stearidonic acid, SDA, C18:4Δ6c,9c,12c,15c)(Prasad et al., 2021),分别作为亚油酸和 α-亚麻酸的替代品。这两个化合物分别是亚油酸和 α-亚麻酸体内代谢通路的第一个反应(也是限速反应)生成的中间体,因而提高了转化为 ARA 和 EPA 的效率,尽管 SDA 转化为 DHA 的效率同样不容乐观(Baker et al., 2016)。GLA 和 SDA 主要的天然来源可能出现在紫草科(Boraginaceae)、大麻科(Cannabaceae)、报春花科(Primulaceae)、虎耳草科(Saxifragaceae)、玄参科(Scrophulariaceae)、槭树科(Aceraceae)、百合科(Liliaceae)、毛茛科(Ranunculaceae)、柳叶菜科(Onagraceae)等植物中(Prasad et al., 2021; Kapoor and Nair, 2020)。比如,紫草科多个属种的种子油脂中含有高达 10%~20%的 GLA 和 SDA(Kapoor and Nair, 2020; Guil-Guerrero et al., 2001),大麻(*Cannabis sativa*)的种子中含有 1%~3%的 GLA(Kapoor and Nair, 2020)和 SDA(Prasad et al., 2021; Kapoor and Nair, 2020),报春花科三个种(*Primula florindae*、*Primula sikkimensis* 和 *Primula alpicola*)的种子油脂也被报道检出 3%~4%的 GLA 和 11%~14%的 SDA(Aitzetmüller and Werner, 1991)。在木本植物中,虎耳草属的黑茶藨子(*Ribes nigrum*)籽油含有 10%~15%的 GLA 和 1%~4%的 SDA(Prasad et al., 2021; Aitzetmüller and Werner, 1991)。在这些植物的花、根、茎、叶及其他器官或者组织中也检测出 GLA 和 SDA 的分布(Guil-Guerrero et al., 2001)。利用基因工程技术改良油料作物生产是采用人工方法从植物中获得高价值 ω-3 脂肪酸和 ω-6 脂肪酸最有前景的一种手段,如在荠菜的基因中引入新的迭代构建体,可实现 EPA 和 DHA 在植物体内的积累浓度分别超过 20%和 8%(Han et al., 2022)。

6.1.5 脂肪酸在甘油酯中的位置特异性分布及其对脂肪酸吸收和人体健康的影响

本章,我们讨论了植物源不同脂肪酸的健康功能,然而,在实际的木本油脂中,脂肪酸主要不是以游离形态存在,而是同甘油分子相结合,92%~98%结合为 TAG,同时生成 1%~6%的 DAG 和<0.3%的 MAG(Satriana et al., 2016)。不同的脂肪酸分子与甘油骨架三个位置的羟基发生酯化结合,从而衍生出脂肪酸的立体分布问题。其中,与甘油骨架内的叔甲基相连的羟基位置被称为 β 位或 sn-2 位,而对于与外头两个亚甲基相连的两个羟基,其位置被称为 α 位,或 sn-1 和 sn-3 位。当 sn-1 和 sn-3 位上连接着相同的脂肪酸分子时,这两个位置是等同的,而当这两个脂肪酸不同的时候,这两个位置被区分开来,整个甘油酯分子将被赋予手性特征。众所周知,没有一种木本油脂会由单一的脂肪酸种类所构成。研究表明,不同脂肪酸在甘油骨架上的结合与分布既不是完全随机的,也不是概率均等的,而是带有特定的偏好或倾向性。天然的动物脂肪中,所有的脂肪酸在三个位置上各自独立地进行分布,而天然的植物油则更加接近于 sn-1,3-随机-sn-2-随机假设,即脂肪酸随机、等概率地分布在 sn-1 和 sn-3 位上,但是与脂肪酸在 sn-2 位的分布互相独立(Litchfield, 1972)。植物油中,SFA 和超过 18 个碳原子的脂肪酸优先分布在 sn-1 和 sn-3 位,而不饱和的油酸、亚油酸和亚麻酸更集中地分布在 sn-2 位置(Mannina et al., 1999; Mattson and Volpenhein, 1961)。

业已证明,脂肪酸在甘油酯上的位置特异性分布会影响到人体对脂肪酸的吸收,而这一点首先表现为不同脂肪酸在甘油酯不同位置发生或完成水解反应的速率和程度的差异。尽管人体的消化系统有时也可以接受完整的 TAG 或者 DAG(至少是 MCSFA 的 TAG 和 DAG),但是大多数的甘油酯都需要先在胃肠道系统中水解转化为 FFA 和 MAG,然后才会被人体所吸收。在胃中,胃脂肪酶优先水解掉 TAG 在 sn-3 位的脂肪酸(速率是 sn-1 位脂肪酸水解速率的两倍），并且更加偏好于中链的脂肪酸（速率是长链脂肪酸水解速率的 3 倍）（Mu and Høy, 2004）。胃脂肪酶的主要消化产物是 FFA 和 sn-1, 2-DAG。之后，在肠道中，胰脂肪酶继续水解掉 TAG 分子 sn-1 和 sn-3 位的脂肪酸，最终释放出 2-MAG 和 FFA。胰脂肪酶偏好于 sn-1 位置的脂肪酸，但是对 sn-3 位置的超长链 ω-3 脂肪酸的水解活性较低（Mu and Høy, 2004）。在部分甘油酯中，当脂肪酸连接在 sn-2 位置时，所衍生的分子在热力学上是非常不稳定的，因此，很容易自动发生酰基的迁移重排反应，即 2-MAG 转变为 1-MAG。这一反应的速率受脂肪酸不饱和度的影响不明显（Compton et al., 2012），而随脂肪酸链长的延长而变快（Boswinkel et al., 1996）。尽管如此，在消化过程中，2-MAG 的异构化速率相比于其从肠道中摄取的速率仍然较低，因此，被肠黏膜上皮细胞所吸收的主要脂质成分为 FFA 和 2-MAG。当 100mol 的 TAG 进入消化系统后，最终的吸收物组成如下：72mol 2-MAG，6mol 1-MAG（由 2-MAG 通过酰基迁移生成），200mol 从 sn-1 和 sn-3 位水解下来的 FFA 以及 22mol 从 sn-2 位水解下来的 FFA（Mattson and Volpenhein, 1964）。

进一步地，脂肪酸在甘油酯上的位置特异性分布也影响到脂肪酸对人体健康的干预效果（Karupaiah and Sundram, 2007；Hunter, 2001）。植物油之所以比动物性油脂更为健康，除了不饱和脂肪酸（UFA）的含量更高之外，另一个重要原因是相比于动物性油脂，植物油的 UFA 更多地分布在 TAG 的 sn-2 位，它们中的大多数都被纳入 2-MAG，结合进乳糜微粒，并被最后送往肝参与代谢反应，而不是被送进脂肪组织或者直接被排泄掉。从 TAG 的 sn-1 和 sn-3 位水解下来的 FFA 还容易在肠道中与钙反应生成金属皂，进一步妨碍人体对这些脂肪酸的吸收与利用。业已证明，棕榈酸集中分布在甘油酯的 sn-2 位会导致更高的致动脉粥样硬化风险（Afonso et al., 2016）。类似地，给小鼠饲喂植物性和动物性两种油脂，两种油脂的 UFA 总含量接近，而饲喂 UFA 集中酯化于 sn-2 位的植物性油脂对肝和血浆中的降胆固醇作用更为显著（Elson et al., 1966）。通过棕榈油和猪脂在化学酯交换改性前后的比较实验，Renaud 等（1995）指出，处在 TAG 的 sn-2 位置的脂肪酸（无论饱和抑或不饱和）在这些脂肪酸的代谢和生物效应中起着更为关键的作用。比如，亚油酸和 α-亚麻酸被酯化到 sn-2 位后，其向 ARA 和 DHA 的转化率更高。而且，当这些超长链 PUFA 分布于 sn-2 位时，其生物利用率，也就是在血液红细胞和肝、脑部等体内组织中的积累浓度也显著增加 23.5%～35.0%（Bandarra et al., 2016）。当然，具体在实际的消化和代谢过程中，特定脂肪酸的健康作用不仅取决于该脂肪酸本身的性质及其在酰基甘油中的位置，而且还要考虑到摄入其他脂肪酸带来的竞争性影响以及来自膳食中其他营养成分的影响。

此外，人们也在研究通过化学或者酶催化改性的方法，人为地设计或合成新型结构的脂质分子，以替代 TAG 进行健康管理，进一步增强健康干预效果。用 1,3-DAG 代替 TAG 作为膳食中油脂的补充，可以显著减少脂肪酸在体内的无用积累，治疗肥胖症，并改善植物甾醇等其他营养成分在食物中的溶解以及肠道的吸收效率（Lee et al., 2020；Lo et al., 2008）。MAG 被作为食品中的乳化剂、结构稳定剂和抗菌成分而广泛使用。在体内脂肪酶分解不足的情况下，用 sn-2-MAG 代替 TAG 可能有利于超长链 PUFA 更好地被人体所吸收（Cruz-Hernandez et al., 2012），在健康状况下，摄入超长链 PUFA 的 sn-1(3)-MAG 可能在餐后较短的时间（≤6h）内快速地提升血浆中对应脂肪酸的浓度，但是，延长观察时间（>24h），可以发现，其最终吸收效果与摄入 TAG 没有明显区别（Cuenoud et al., 2020）。因此，用 1-MAG 代替 TAG 补充脂肪酸的意义不大。对厌食症和完成喉切除手术后的患者，用红花油脂肪酸通过商业技术合成的 Myverol 单酰甘油代替葵花籽油从胃管进行饲喂，一至四个星期后患者血清中的 TC 水平下降了 19%～42%，而 TAG 浓度升高了 33%～149%（Christophe and Verdonk, 1977）。对天然的动物或者植物脂质进行结构变化，在 TAG 上引入新的脂肪酸或者改变脂肪酸在 TAG 上原有的分布位置，可以有目的地开发出具有所需物理、化学和营养特性或健康结果的新产品，即结构脂质（structural lipid, SL）（Zam, 2020）。比如，在甘油酯的 sn-2 位有针对性地引入超长链 PUFA 或其他功能性 UFA，合成低热量的中链-长链-中链 TAG（Lee et al., 2022），以及 1,3-二油酰-2-棕榈酰甘油（OPO）以作为婴幼儿奶粉的脂质配方（Innis et al., 1994）等。

6.2 奇数链脂肪酸与冠心病、2 型糖尿病的治疗

一直以来，人们都认为天然植物油脂中的脂肪酸都带着偶数链，而出现奇数链脂肪酸（odd-chain fatty

acid，OCFA）的概率是罕见的。然而，随着二维气相色谱（2D gas chromatography，GC×GC）等仪器分析技术的进步，对脂肪酸结构的分离鉴定能力和分析技术的灵敏度有了很大提高，在乳制品和大多数的植物油（Tranchida et al., 2008; Rui and Beatriz, 2004）中都发现了带 15 个碳原子或 17 个碳原子的饱和和不饱和的直链 OCFA，含量普遍小于 1%。这说明，在大多数的天然植物油脂中，OCFA 很可能作为偶数链脂肪酸的伴生成分而存在。在棉籽油（Dowd, 2012）、棕榈油（Puah et al., 2006）和海檀木籽油（Řezanka and Sigler, 2007）中，已检测到超长链或者具有多个不饱和双键的 OCFA（表 6-1）。在一些针叶乔木的种子油脂中，检测到含量约 0.1%～1.0%的 OCFA 异构体 anteiso-C17:0[即 14(S)-甲基十六烷酸]（Wolff et al., 2002）。有些文献在讨论到棉籽油时，往往将带环丙烯结构的锦葵酸（8,9-亚甲基-9-十七碳烯酸）也归属为 OCFA，而这类脂肪酸大多具有一定的毒性。

表 6-1　部分木本油料中的奇数链脂肪酸

木本油脂	主要 OCFA 的种类及含量	参考文献
特级初榨橄榄油	C15:0, 0.007%; C17:0, 0.13%; C19:0, 0.009%; C21:0, 0.011%; C23:0, 0.02%; C23:0, 0.01%; C15:0, 0.01%; C17:1ω7, 0.30%; C19:1, 0.04%	Tranchida et al., 2008
精制榛子油	C15:0, 0.008%; C17:0, 0.04%; C19:0, 0.003%; C21:0, 0.005%; C23:0, 0.006%; C23:0, 0.001%; C15:0, 0.003%; C17:1ω7, 0.07%; C19:1, 0.01%; C17:2, 0.001%; C17:3, 0.003%	Tranchida et al., 2008
桐棉(*Thespesia populnea*)籽油	C17:0, 0.094%; C17:1ω9, 0.49%; C17:2ω6,9, 1.45%	Dowd, 2012
转酯化的棕榈油	C23:0, 0.36%; C25:0, 1.02%; C27:0, 0.48%	Puah et al., 2006
海檀木(*Ximenia*)籽油	C17:1ω9, 0.0855%; C17:1ω7, 0.0045%; C19:0, 0.12%; C19:1ω9, 0.1034%; C19:1ω7, 0.0066%; C21:1ω9, 2.26%; C21:1ω7, 0.17%; C23:1ω9, 0.171%; C23:1ω7, 0.009%; C25:1ω9, 0.2944%; C25:1ω7, 0.0256%; C27:1ω9, 0.2457%; C27:1ω7, 0.0243%; C29:1ω9, 0.0854%; C29:1ω7, 0.0106%; C31:1ω9, 0.0454%; C31:1ω7, 0.00076%	Řezanka and Sigler, 2007
苍山冷杉(*Abies delavayi* var. *delavayi*)籽油	anteiso-C17:0, 0.90%	Wolff et al., 2002
北非雪松(*Cedrus atlantica*)籽油	anteiso-C17:0, 0.98%	Wolff et al., 2002

由于来源和产量的原因，目前关注最多的 OCFA 还是十五烷酸（C15:0）和十七烷酸（C17:0）。在欧洲，对 1595 名 CHD 和 12 403 名 T2D 病例的血浆成分进行了分析。结果表明，CHD 和 T2D 的发病率与患者饱和血浆中磷脂的浓度，以及 C14:0、C16:0、C18:0 脂肪酸的浓度的增加明显相关，而与十五烷酸和十七烷酸的浓度呈现强烈的反向关系（Jenkins et al., 2015）。这表明 OCFA 具有降低罹患心脏疾病和肥胖症风险的功能。然而，迄今为止，相关的直接证据仍然缺乏，对 OCFA 的治疗机制并没有明确的答案。近两年，更多的报道表明，十五烷酸和十七烷酸可能与关键的代谢因子产生结合，修复线粒体，从而起到减轻炎症、贫血、血脂异常和纤维化等症状的作用（Venn-Watson et al., 2020）。内源性和外部添加的丙酸盐含量则可能对 OCFA 的内源性合成和功效带来影响（Weitkunat et al., 2021）。

由于直链 OCFA 不容易在人和其他哺乳动物的体内自行合成，外源性补充是必要的。根据文献（Venn-Watson et al., 2020）建议，直链 OCFA 的日均膳食摄入量应在 200mg/kg 的水平，从而保证直链 OCFA 的体内循环浓度达到 10～50 μmol/L。到目前为止，人工生产直链 OCFA 主要有两种方式：第一种是 *Yarrowia lipolytica* 等微生物利用葡萄糖、甘油、丙酸盐、甲醇等为碳源进行发酵生产；第二种是对大肠杆菌、沙门氏菌等工程化菌株进行基因改造（Zhang et al., 2020）。但是，在提高油脂产量和 OCFA 占总油脂的比例方面仍然有非常大的提高空间。

6.3　Δ5 不饱和脂肪酸及其抗炎、脂质调控作用

众所周知，大多数木本油脂所含的 UFA 都是从 Δ9 位置才开始出现不饱和双键的，包括油酸、棕榈油酸、亚油酸和 α-亚麻酸等。然而，自然界的一些植物油料含有一系列第一个不饱和双键出现在 Δ5 位置的脂肪酸。代表性的有单不饱和的 Δ5-二十碳烯酸（Δ5-eicosenoic acid，C20:1Δ5c）和多不饱和的松油酸（或称为皮诺敛酸，pinolenic acid，PLA，C18:3Δ5c,9c,12c）、金松酸（sciadonic acid，SciA，C20:3Δ5c,11c,14c）等。表 6-2

表 6-2　一些植物籽油中的 Δ5 不饱和脂肪酸

植物	主要 Δ5 脂肪酸的种类及其含量（质量分数/%）										参考文献
	C18:1Δ5c	C18:2Δ5c,9c taxoleic酸	C18:3Δ5c,9c,12c 松油酸	C18:4Δ5c,9c,12c,15c coniferonic酸	C20:1Δ5c	C20:2Δ5c,11c keteleeronic酸	C20:3Δ5c,11c,14c 金松酸	C20:4Δ5c,11c,14c,17c juniperonic酸	C22:1Δ5c	C22:2Δ5c,13c	
白花沼沫花（Limnanthes alba）	微量				63.16				4.17	16.37	Zielińska et al., 2020
香脂冷杉（Abies balsamea var. balsamea）		5.93	14.94			0.24	2.73				Wolff et al., 2002
毛果冷杉（原变种）（Abies lasiocarpa var. lasiocarpa）		4.45	17.11	痕量		0.14	1.67				Wolff et al., 2002
西班牙冷杉（Abies pinsapo var. pinsapo）		8.20	10.39			0.40	2.29				Wolff et al., 2002
异叶铁杉（Tsuga heterophylla）		1.48	24.11	0.09		0.07	1.26				Wolff et al., 2002
长果铁杉（Hesperopeuce mertensiana）		2.24	19.40			0.07	1.31				Wolff et al., 2002
北非雪松（Cedrus atlantica var. glauca）		7.32	9.94			0.13	0.48				Wolff et al., 2002
金钱松（Pseudolarix amabilis）		7.75	7.35	1.78		1.19	3.57				Wolff et al., 2002
北美乔松（Pinus strobus）		1.74	25.29	0.05		0.21	1.93				Wolff et al., 2000
樟子松（Pinus sylvestris var. mongolica）		2.65	22.82	0.04		0.33	3.57				Wolff et al., 2000
卡西松（Pinus szemaoensis）		2.60	18.92	0.03		0.53	6.02				Wolff et al., 2000
镰叶罗汉松（Podocarpus falcatus）						1.1	9.7	6.0			Hammann et al., 2015
东北红豆杉（Taxus cuspidata）		16.16	2.66	0.25		0.21	2.16	0.08			Wolff et al., 1998
红豆杉（Taxus chinensis）		16.08	3.31	0.28		痕量	2.13	痕量			Wolff et al., 1998
香榧（Torreya grandis）		0.04~0.41					8.91~14.50	0.09~0.44			Meng et al., 2020; Wolff et al., 1998

列出了这些脂肪酸在一些植物油料中的分布与含量，其中，沼沫花（Limnanthes，俗名 Meadowfoam）籽油 80%以上都是 C20:1Δ5c、C22:2Δ5c,13c 等 Δ5 脂肪酸（Zielińska et al., 2020），可广泛应用于生活和工业领域。比如，Δ5-二十碳烯酸通过温和酸催化下的二聚反应生成交内酯（estolide），可用于润滑、护肤等方面（Isbell and Cermak, 2004）。松油酸和金松酸等 Δ5-多亚甲基隔断的脂肪酸(delta-5-polymethylene-interrupted fatty acid, Δ5-PMIFA）则主要从针叶乔木种子的油脂中检测得到（Hammann et al., 2015；Meng et al., 2020；Wolff et al., 2002；Wolff et al., 2000；Wolff et al.,1998），总含量一般为 10%~30%。与其他 UFA 不一样，85%以上的天然 Δ5 脂肪酸都分布在甘油酯骨架的 sn-3 位置，只有不到 10%分布在内部的 sn-2 位置，这成为了针叶乔木种子油脂的一个普遍特征（Meng et al., 2020；Wolff et al., 1998；Wolff et al., 1997）。

如前所述，由于亚油酸和 α-亚麻酸在人体内的生物利用率过低，以及长期食用鱼和海洋动物脂肪的潜在风险，人们需要从植物来源寻找到新的功能性脂肪酸，以替代海洋来源的 DHA 和 EPA。Δ5-PUFA 被认为有希望成为 SDA 之外的另一组候选者（Baker et al., 2021）。有意思的是，Δ5 脂肪酸与 ω-6、ω-3 系列的脂肪酸在结构上差异并不大，有时可能仅在于一个不饱和双键从远离羧基头的一端迁移到了 Δ5 位置（Xie et al., 2016）。这意味着，Δ5-PUFA 可能依循与 ω-6、ω-3 脂肪酸相类似的机制在植物体内积累，或者在动物体内共享一些代谢路径和酶资源。比如，松油酸和 coniferonic 酸（C18:4Δ5c,9c,12c,15c）可以分别由亚油酸和 α-亚麻酸通过 Δ5-去饱和酶介导的代谢机制获得（图 6-1）（Kajikawa et al., 2006）。Kajikawa 等（2006）从单细胞的绿色微藻（Chlamydomonas reinhardtii）的表达序列标签（expressed sequence tag）中分离得到一个带 CrDES 编码序列的 cDNA 克隆片段。该编码序列具有显著的 ω13 去饱和酶活性，能够在油酸、松油酸和 coniferonic 酸中第五个碳原子的位置及在 C20:2Δ11,14 和 C20:3Δ11,14,17 中第七个碳原子的位置生成新的双键。Kajikawa 等（2006）将该编码序列在转基因烟草植株中进行表达，检测到了松油酸和 coniferonic 酸在转基因烟草叶片中的积累，综合产率达到总脂肪酸的 44.7%。这一结果验证了从亚油酸和 α-亚麻酸代谢生成松油酸和 coniferonic 酸通路的可能性。越来越多的证据表明，松油酸容易通过脂肪酸延长酶转化为 Δ7-二十碳三烯酸（Δ7-eicosatrienoic acid，ETA，C20:3Δ7c,11c,14c）（图 6-1）（Baker et al., 2020b；Chuang et al., 2009）。这一过程既可能发生在松籽油中，也可能在哺乳动物体内通过代谢完成。前者的依据是在 Pinus sylvestris 中检测到 0.7%水平的 ETA（Wolff et al., 2002；Wolff et al., 2000），而后者的依据是小鼠巨噬细胞 RAW264.7 在吸收松油酸后，细胞磷脂中的 ETA 水平从 0%升高到 19%（Chuang et al., 2009）。Tanaka 等（2007，2014）通过研究指出，另外两种 Δ5-PUFA，即金松酸和 juniperonic 酸，在啮齿动物和人类的细胞中能够分别转化为亚油酸和 α-亚麻酸。过氧化物酶体通过 β-氧化反应首先消除两种脂肪酸 Δ5 位置的双键，同时缩短碳链，分别生成 C16:2Δ7c,10c 和 C16:3Δ7c,10c,13c。随后，两种中间体在微粒体中延长两个碳，分别得到亚油酸和 α-亚麻酸（图 6-1）。

遵循与 DHA、EPA 等 ω-3 脂肪酸类似的机制（Calder, 2017），Δ5-PUFA 的生理功能首先体现在抗炎作用上。具体而言，通过改变细胞膜磷脂的脂肪酸组成，以及抑制激活促炎症的核因子 κB（nuclear factor kappa-B，NF-κB），松油酸、金松酸及其代谢得到的 ETA 分子减少了促炎症基因的表达。例如，利用 50μmol/L 的松油酸培养小鼠小胶质 BV-2 细胞（Chen et al., 2015）和人 THP-1 巨噬细胞（Chen et al., 2020），然后注入脂多糖以刺激炎症发生。研究发现，经过松油酸预处理后，一氧化氮（NO）、IL-6、肿瘤坏死因子 α（tumor necrosis factor-α，TNF-α）和前列腺素 PGE2 等促炎症因子的生成水平均显著下调。同时，观察到诱导型一氧化氮合酶（inducible nitric oxide synthase，iNOS，负责增加 NO 的生成）和 2 型环氧合酶（COX-2，负责增加 PGE2 的生成）蛋白的过度表达受到抑制。多数情况下，松油酸抑制促炎症因子表达的效果要优于金松酸，或者两者相当（Chen et al., 2015）。将 EPA、DHA、SDA、松油酸和 α-亚麻酸的抗炎效果进行横向比较发现（Baker et al., 2020a, 2020b），EPA 和 DHA 下调 IL-6、IL-8 等促炎症因子表达的效果最明显，松油酸、GLA 和 SDA 有效果但是不明显；在降低细胞间黏附分子 1（intercelluar adhesion molecule-1，ICAM-1，与 TNF-α 表达的外在表现有关）、单核细胞趋化蛋白 1（monocyte chemoattractant protein-1，MCP-1）、受激活调节正常 T 细胞表达和分泌因子（regulated on activation, normal T cell expressed and secreted，RANTES）等与炎症因子表达相关的表型的水平上，DHA 优于 EPA，也优于松油酸、GLA 和 SDA；

而在抑制 NF-κB 的激活上，松油酸和 EPA 的表现明显强于 DHA、GLA 和 SDA。综合来说，松油酸的抗炎效果弱于 DHA 和 EPA，与 GLA 和 SDA 接近或稍优，明显高于 α-亚麻酸。

胆囊收缩素 8（cholecystokinin-8，CCK-8）和胰高血糖素样肽 1（glucagon-like peptide-1，GLP-1）是肠道分泌产生的两种激素，负责诱导饱腹感。Δ5-PUFA 通过增强胃肠道分泌这些激素，可以起到抑制食欲、减少摄入食物能量的目的。用 50μmol/L 浓度的红松（Pinus koraiensis）脂肪酸（含松油酸 15%）浸泡小鼠小肠内分泌细胞 STC-1，1h 后 CCK-8 的分泌水平达到 493pg/mL，远高于油酸（145pg/mL）、亚油酸（138pg/mL）、α-亚麻酸（124pg/mL）和仅含 1%松油酸的意大利五针松（Italian stone pine）脂肪酸（62pg/mL）（Pasman et al., 2008）。18 名超重的绝经妇女随后参与了一项随机、双盲、交叉试验。试验结果表明，在服用 3g 红松籽脂肪酸后 30min 和 60min，分别观察到 CCK-8 和 GLP-1 的分泌水平显著上升，4h 后血浆中的 CCK-8 和 GLP-1 的总水平比安慰剂（橄榄油）组分别提高了 60%和 25%（Pasman et al., 2008）。在服用 3g 红松籽油（TAG）后 60min，观察到 CCK-8 分泌水平的上升，4h 后血浆中的 CCK-8 总水平比安慰剂组提高了 22%。服食红松籽脂肪酸让受试者感觉食欲下降，预期食物摄入量与安慰剂组相比下降了 36%（Pasman et al., 2008）。

不仅如此，Δ5-PUFA 还直接参与了对人和其他哺乳动物体内脂质代谢过程的调控。具体表现为，减少脂质和胆固醇的体内合成，促进脂肪酸在线粒体和肌肉组织中的氧化代谢和能量消耗，从而有助于改善肝的脂质代谢。Zhang 等（2019）通过研究指出，用 25μmol/L 的松油酸处理人肝癌细胞 HepG2 12h，能够有效地恢复激活 AMPK/SIRT1（silent information regulator of transcription 1，转录沉默信息调节因子 1）原本在油酸存在下受到抑制的信号通路，增加过氧化物酶体增殖物激活受体 α（peroxisome proliferator-activated receptor-α，PPARα）蛋白的表达，从而减少与脂肪生成相关的转录因子的表达，如甾醇调节元件结合蛋白 1c（sterol regulatory element-binding protein 1c，SREBP1c）、脂肪酸合成酶（fatty acid synthase，FAS）和硬脂酰-CoA 去饱和酶（stearoyl-CoA desaturase，SCD）。最终，补充松油酸证明了可以将油酸诱导下升高 1～2 倍的细胞内 TAG 和总胆固醇拉回到正常的水平（Zhang et al., 2019）。Lee 等（2016）的研究也表明，与脂肪酸生物合成（SREBP1c、FAS、SCD1 和 ACC1）、胆固醇生物合成（SREBP2 和 HMGR）、脂蛋白吸收（LDLr）和可能参与生脂途径（ACSL3、ACSL4 和 ACSL5）相关的 mRNA 水平在添加松油酸后均明显下降（Lee and Han, 2016）。与油酸相比，用 50μmol/L 的松油酸处理 HepG2 细胞 24h，SREBP1c、FAS、SCD1 和 ACC1 的 mRNA 水平分别下降了 25%、29%、31%和 27%，SREBP2 和 HMGR 的 mRNA 水平分别下降了 25%和 10%，LDLr 的 mRNA 水平下降了 32%。

Δ5-PUFA 还上调了油脂和脂肪酸在骨骼肌（Le et al., 2012）、脂肪组织和肝线粒体（Zhu et al., 2016）中发生 β-氧化的水平。例如，向含 15%猪油的高脂肪膳食添加 30%的红松籽油，促使参与脂肪酸在骨骼肌线粒体中氧化代谢的多个基因被显著上调（Le et al., 2012），如参与调控脂肪酸氧化的 PPARα 上调了 132%，将酰基辅酶 A 运输到线粒体所必需的 Cpt1b 和 Cpt2 分别上调 52%和 67%，参与线粒体 β-氧化的 Acadm 和 Acadl 分别上调 97%和 66%。具有高氧化能力的慢肌（slow-twitch）纤维（I 型）的特异性基因的 mRNA 水平更高，Myl2、肌红蛋白、Myh7、Tnni1 和 Tnnt1 分别上调 110%、96%、140%、75%和 135%（Le et al., 2012）。在脂质氧化代谢中发挥关键调节作用的核受体 PPARα 和 PPARδ 被同时激活，棕色脂肪组织的产热反应增加，磷酸化 AMPK 水平上升，从而加快了骨骼肌和脂肪组织中的能量消耗。结合以上三方面的作用，可以看出，在日常膳食中摄入 Δ5-PUFA 有助于控制油脂的过量摄取，减少脂肪在人体内的沉积特别是异位沉积（ectopic fat deposition），从而有助于降低血清中 TAG、VLDL 和胆固醇的含量（Ferramosca et al., 2008b；Asset et al., 1999），减轻体重、肝重量和白色脂肪组织的重量（Zhu et al., 2016；Ferramosca et al., 2008b），以维持更加健康的代谢状态。

鉴于对肝功能的保护作用，Δ5-PUFA 被进一步用于克服其他药物在疾病治疗过程中对肝可能造成的副作用。例如，向 1%共轭亚油酸的膳食中添加 7.5%的松籽油，可以在降低组织、器官中脂肪堆积、治疗肥胖症的同时，防止共轭亚油酸诱发的肝脂肪变性和高胰岛素血症等不良反应（Ferramosca et al., 2008a）。此外，Δ5-PUFA 在抵抗动脉粥样硬化（Kang et al., 2015；Takala et al., 2022）、克服胰岛素敏感性与 T2D 的治疗（Christiansen et al., 2015）、免疫响应（Matsuo et al., 1996）、抑制人类乳腺癌细胞的转移（Chen et al., 2011）、抵抗氧化应激（Zhao et al., 2021；Zhang et al., 2019）等方面可能的应用也受到了广泛的关注。

由于油脂的多不饱和特性，针叶乔木种子油及其所含的特征 Δ5 脂肪酸的氧化稳定性也被检验。以香榧（*Torreya grandis*）籽油（Huang et al., 2022）为例，在长时间氧化加热的过程中仍然表现出卓越的稳定性。在 120℃加热，香榧籽油的氧化稳定性指数比大豆油对照组甚至高出 11.24%。通过 Rancimat 测试，预测香榧籽油的保质期为 135～195d，比大豆油长 10～15d。140～180℃炒制 3～5min，香榧籽油所含金松酸只损失了 2.48%～5.73%，在过氧化值和酸值等指标上的表现也比大豆油更好。但是，对于含有多个不饱和双键的 Δ5 脂肪酸以及其他富含这些脂肪酸的木本油脂而言，人们对长时间高温加热和紫外辐射引发油脂的氧化损失和变质仍然存在顾虑。针对这一问题，向油脂中添加天然的抗氧化剂，比如 0.2mg/g 的鼠尾草酸（Wang et al., 2011b），可能是最佳的选择。

6.4 共轭多烯脂肪酸及其抗癌、脂质调控功能

共轭脂肪酸从开始发现迄今已有 90 多年。1933 年，研究人员发现热碱溶液处理的 PUFA 出现了紫外吸收增强的现象。两年后，英国的 Dann 等（1935）观察到相比于冬天的牛奶样品，夏天的样品对 230nm 的紫外光具有更强的吸收能力，随后将其归因于夏天放牧收集的牛奶含有更多的共轭脂肪酸（conjugated fatty acid, CFA）。1987 年，威斯康星大学麦迪逊分校的 Pariza 博士发现牛肉提取物中存在有机成分，对多环芳烃致癌物具有抗诱变活性（Pariza and Hargraves, 1985），并很快鉴定为共轭亚油酸（conjugated linoleic acid, CLA）。自此，CFA 在抗癌、减肥等方面的功能逐渐为人所熟知。

目前，研究最多的是带两个或三个不饱和双键的 CFA，分别为共轭亚油酸（CLA）和共轭亚麻酸（conjugated linolenic acid，CLnA）。CLA 主要存在于反刍动物的肉制品和乳制品中。反刍动物食用富含亚油酸的牧草后，利用体内的瘤胃细菌对亚油酸实施生物加氢，将其转化为饱和的硬脂酸，而 c9,t11-CLA 正是这一反应过程的中间体。CLA 主要有四种同分异构体，即 c9,t11、t10,c12、c9,c11 和 t9,t11，前两个是常见的成分，也是抗癌活性的主要成分。CLnA 则主要分布在木本植物的种子油及牛奶、牛肉和山羊肉等乳肉制品中（α-瘤胃酸，α-rumelenic acid，C18:3Δ9c,11t,15c，及其异构体 C18:3Δ9c,11t,15t 等）。本章主要介绍植物来源的 CLnA。

表 6-3 列举了常见的 CLnA 以及它们在植物种子油中的分布与含量（Goldschmidt and Byrdwell, 2021；Jiang et al., 2016；Özgül-Yücel, 2005；Gaydou et al., 1987；Tulloch, 1982；Takagi and Itabashi, 1981；Tulloch and Bergter, 1979）。还有一些共轭四烯酸，比如凤仙花（*Impatiens balsamina*）的籽油中含有 22%～30%的 C18:4Δ9c,11t,13t,15c（α-共轭十八碳四烯酸，α-parinaric acid）以及含量不低的 C18:4Δ9c,11t,13t,15t 和 C18:4Δ9t,11t,13t,15c 等异构体（Goldschmidt and Byrdwell, 2021；Tulloch, 1982）。2019 年，Tobias 和 Brenna 的团队（Wang et al., 2019a）利用溶剂介导化学电离技术结合质谱方法分析了 50 多种常见水果的果籽，并从 20 多种甜瓜（summer kiss melon、honeydew、cantaloupe 和 homed melon 等）的果籽中检测到含量 1.7～3.5mg/g 的 CLnA（Wang et al., 2019a），主要为石榴酸、β-金盏酸和 β-桐酸等。尽管这些废弃果籽的 CLnA 含量没法与苦瓜籽（107.1mg/g）、石榴籽（88.0mg/g）和樱桃籽（12.8mg/g）相比，然而，考虑到食用水果后剩余废籽的量，仍然不失为 CLnA 可靠的植物来源。

需要特别指出的是，由于 CFA 的结构中往往含有一个或者多个反式不饱和双键，因此，对于是否将 CFA 归类于臭名昭著的反式脂肪酸，国际上尚无定论。美国食品和药物管理局将反式脂肪酸定义为"含有一个或者更多孤立双键（即非共轭）处于反式构型的不饱和脂肪酸"（Kim et al., 2016），从而在食品管理中将大部分天然的 CFA 结构排除在外。截至目前，文献研究和临床报告均反映 CFA 的食用是安全的，不良反应并不高于对照组。以石榴籽油（Meerts et al., 2009）为例，无论是否存在代谢激活，石榴籽油在埃姆斯试验（Ames test），5000μg/板的水平或染色体畸变试验，333μg/mL 的水平下均未观察到诱变性。石榴籽油的急性口服毒性，即 LD_{50} 截断值（cut-off value），被认为高于 5g/kg 体重，而无可观测不良影响的水平（no observable adverse effect level，NOAEL）相当于 4.3g/（kg 体重·d）。尽管如此，对于 CFA 的反式不饱和双键可能诱致的健康风险还是需要在未来更谨慎地予以评估。

表 6-3 常见的共轭三烯酸 CLnA 及其在植物中的来源和含量

命名	缩写	分子结构式	来源和含量
α-桐酸	C18:3Δ9c,11t,13t		(1)桐油（Tung oil）55.6%，石榴（Punica granatum）籽3.06%，苦瓜（Momordica charantia）籽60.88%，梓树（Catalpa bignonioides）籽1.74%（Goldschmidt and Byrdwell, 2021） (2)石榴（Punica granatum）籽21.1%，苦瓜（Momordica charantia）籽21.0%，美国梓树（Catalpa ovata）籽49.9%，凤仙花（Impatiens balsamina）籽0.06%，圆叶樱桃（Prunus mahaleb）籽4.1%，欧鼠李（Rhamnus frangula）籽3.1%，北美十大功劳（俄勒冈葡萄）籽4.1%，穗藜麦（Smilax aspera）籽2.2%，Mahonia aquifolium 籽1.0%（Özgül-Yücel, 2005） (3)桐油（Tung oil）67.69%，石榴（Punica granatum）籽3.16%，苦瓜（Momordica charantia）籽56.24%，樱桃（Prunus sp.）籽10.63%，蛇瓜（Trichosanthes anguina）籽3.43%（Takagi and Itabashi, 1981） (4)距药草（Centranthus ruber）籽25%（Tulloch, 1982），苦瓜（Momordica balsamina）籽16.8%（Gaydou et al., 1987），栝楼（Trichosanthes kirilowii）籽0.46%~4.50%（Jiang et al., 2016），Fevillea trilobata 籽9%（Tulloch and Bergter, 1979）
β-桐酸	C18:3Δ9t,11t,13t		(1)桐油17.64%，石榴籽0.2%，苦瓜籽0.61%，梓树籽0.37%，凤仙花籽0.01%（Goldschmidt and Byrdwell, 2021） (2)苦瓜籽7.9%，梓树籽8.5%，圆叶樱桃籽5.2%，欧鼠李籽1.4%，北美十大功劳籽5.2%，穗藜麦籽0.2%（Özgül-Yücel, 2005） (3)桐油11.27%，苦瓜籽0.32%，梓树（Catalpa ovata）籽0.55%（Gaydou et al., 1987） (4)距药草籽17%（Tulloch, 1982），苦瓜籽9.5%（Gaydou et al., 1987）
石榴酸	C18:3Δ9c,11t,13c		(1)桐油2.14%，石榴籽73.97%，苦瓜籽0.79%，梓树籽0.06%，凤仙花籽0.01%（Goldschmidt and Byrdwell, 2021） (2)石榴籽57.3%，欧鼠李籽0.8%，圆叶樱桃籽48.48%（Takagi and Itabashi, 1981） (3)桐油1.33%，石榴籽82.99%，苦瓜籽0.5%，蛇瓜籽17%（Tulloch, 1982），苦瓜籽27.2%（Gaydou et al., 1987），栝楼籽3.01%~33.54% (4)南瓜（Cucurbita palmate）籽17%（Tulloch, 1982），葫芦籽30%（Tulloch and Bergter, 1979）（Jiang et al., 2016）
梓树酸	C18:3Δ9t,11t,13c		(1)石榴籽0.79%，苦瓜籽0.02%，梓树籽41.64%（Goldschmidt and Byrdwell, 2021） (2)石榴籽7.6%，苦瓜籽2.2%，梓树籽14.9%，圆叶樱桃籽41.9%，欧鼠李籽1.3%，北美十大功劳籽0.9%，穗藜麦籽0.8%（Takagi and Itabashi, 1981） (3)石榴籽0.2%，梓树（Catalpa ovata）籽42.25%，蛇瓜籽0.41%，苦瓜籽27.2%（Gaydou et al., 1987），栝楼籽9.2%（Gaydou et al., 1987），栝楼籽0.82%~4.05% (4)沙漠藏（Chilopsis linearis）籽22%（Tulloch, 1982）（Jiang et al., 2016）
α-金盏酸	C18:3Δ8t,10t,12c		(1)金盏菊（Calendula officinalis）籽56.97%，蓝花楹（Jacaranda mimosifolia）籽1.08%（Goldschmidt and Byrdwell, 2021） (2)金盏菊（Calendula officinalis）籽18.3%（Özgül-Yücel, 2005） (3)金盏菊（Calendula officinalis）籽62.17%（Takagi and Itabashi, 1981）
β-金盏酸	C18:3Δ8t,10t,12t		(1)金盏菊籽0.45%，蓝花楹籽0.24%（Goldschmidt and Byrdwell, 2021） (2)金盏菊籽11.2%（Özgül-Yücel, 2005） (3)金盏菊籽0.24%（Takagi and Itabashi, 1981）
蓝花楹酸	C18:3Δ8c,10t,12c		(1)金盏菊籽0.09%，蓝花楹籽33.48%（Goldschmidt and Byrdwell, 2021） (2)欧鼠李籽3.1%（Özgül-Yücel, 2005）

从植物中提取是 CLnA 等共轭多烯酸的主要来源（Paul and Radhakrishnan, 2020；Gong et al., 2019）。植物油常规的提取技术，包括螺杆挤压和小分子烷烃萃取，都在提取 CLnA 的工艺中得到了应用。为了粉碎植物的种子壳等物理障碍，往往需要采用超声、微波、超临界 CO_2（de O. Silva et al., 2019; Wang et al., 2016）等强化手段，或者通过水酶法，在温和的条件下破坏种子细胞的细胞壁，并释放出更多的 CLnA。所得的油脂或者脂肪酸通过水解、分子蒸馏（余瑶盼等，2018）、尿素包合、液相色谱和逆流色谱（Vetter et al., 2017）等手段，进一步富集和提纯 CLnA 在产品中的浓度。

根据不饱和双键位置的排列和顺反构型的不同组合，同一分子式的 CFA 可以有多个不同的区域异构体，共同存在于所提取的植物油脂中或者人工合成的富 CFA 产物中。有理由认为，CFA 的不同区域异构体在其生理活性的有无和程度上可能有比较显著的差异性。有些异构体可能诱发或加剧炎症基因在白色脂肪组织中的表达（Poirier et al., 2006），或者出现 HDL-C 下降、LDL-C 上升的不良状况（Plourde et al., 2007），或者引发脂肪沉积导致的肝变性和高胰岛素血症风险（Ferramosca et al., 2008a）。因此，需要对浓缩 CLnA 产品中不同的异构体进行高效的拆分，以期望得到高浓度的目标异构体（Gong et al., 2020）。色谱是最常用的技术工具。Pojjanapornpun 等（2017）通过 KOH 在 40℃的催化酯交换，将蓝花楹籽油中的 CLnA 转化为 2-乙基-1-己基酯衍生物，然后在 230℃、恒温条件下进行气相色谱分析，利用 60m 长的 Supelcowax 10 极性柱将 α-蓝花楹酸和 β-蓝花楹酸从富石榴酸的样品中分离出来，分辨率达到 1.01。在传统的高效液相色谱（high performance liquid chromatography，HPLC）方法中，通过浸渍法让色谱柱吸附上一定数量的银离子，可以促使双键化合物的 π 电子与银离子之间发生弱的可逆的电荷转移反应，生成极性复合物。继而，利用化合物中双键的数量以及位置分布的差异，可以影响极性复合物的生成能力，高效地对双键化合物实施分离（Nikolova-Damyanova, 2009）。Cao 等（2006）通过连续两次的 Ag^+-HPLC 操作，将包含 α-桐酸、β-桐酸、石榴酸、β-金盏酸等 8 个异构体在内的 CLnA 的甲酯衍生化样品完全分离开来，这一能力是传统的气相色谱或者反相 HPLC 技术所不具备的。截至目前，Ag^+-HPLC 与气相色谱-质谱联用（gas chromatography-mass spectrometry，GC-MS）相结合仍然是拆分 CFA 异构体最有效的方法，尽管尚不能实现所有顺/反式结构的完全分离（Gong et al., 2020）。此外，利用酶催化反应的动力学差异也可以实现对 CFA 不同区域异构体的初步分离（刘峥等，2018）。

考虑到来源和产量的问题，从植物中提取共轭多烯酸并不能完全满足需要。人工制备成为 CFA 商业化的另一个主要来源（Gong et al., 2019）。很多文献都详细地描述了通过化学或者微生物学手段从 α-亚油酸出发制备 CLA 的路径和策略，包括均相和非均相碱作用下的异构化、过渡金属催化异构化、碘作用下的光催化以及利用双歧杆菌（Bifidobacteria）、乳酸杆菌（Lactobacilli）和丙酸杆菌（Propionibacteria）等细菌进行发酵生产（Gong et al., 2019；Shinn et al., 2017；Gorissen et al., 2015）。理论上，这些方法也都可以用于 CLnA 的外源性合成。但是，在实际的合成反应中仍然体现出不小的差别。以碱催化异构化为例，6.6%（W/W）的 KOH 在 180℃、乙二醇溶剂、氮气保护下催化 α-亚麻酸的异构化反应 15min，共轭三烯的产率只有 17.0%（Igarashi and Miyazawa, 2000）。相比之下，同样浓度的 KOH 在同样的温度下催化 α-亚油酸，几乎选择性地生成 CLA 的两种异构体，产率 90%。这使得通过碱催化异构化工艺生产 CLA 可以较为容易地实现商用水平，从而诞生出欧洲 BASF 的 Tonalin® 和美国 California Gold Nutrition 的 Clarinol® 等品牌（Gong et al., 2019）。相对的是，化学法制备 CLnA 的工艺一直受困于产物收率低、异构体和副产物多、产物化学稳定性差等瓶颈。

使用双歧杆菌、乳酸菌等微生物进行发酵生产是人工制备 CLnA 更为合适的选择。Park 等（2012）从人体肠道获得双歧杆菌 Bifidobacterium breve LMC520，然后使用含 0.05% l-半胱氨酸-HCl 的 MRS 培养基在 37℃、厌氧、宽泛的 pH（pH5～9）条件下进行处理，24h 内将超过 90% 的 α-亚麻酸转化为 CLnA。底物的可用浓度为 2～8mmol/L，而 CLnA 在终产物中的浓度最高超过了 1.4g/L，主要为 c9,t11,c15 异构体。Yang 等（2017）从新生儿粪便中分离出 25 个双歧杆菌菌株，分别鉴定为 Bifidobacterium adolescentis、B. breve、B. longum 和 B. pseudocatenulatum 家族，其中 21 个菌株表现出生产 CLnA 的潜力。特别是 B. pseudocatenulatum，以 0.37g/L 的 α-亚麻酸为底物，在 37℃、厌氧条件下，72h 内产出 86.9% 的 c9,t11,c15

和3.6%的t9,t11,c15。相较之下，乳酸菌（lactic acid bacteria）也显示出同样的能力，但是表现远远不如双歧杆菌，CLnA产率仅有2%～3%（Terán et al.，2015）。细菌发酵法生产CLnA的主要挑战来自发酵过程的底物抑制。例如，*Bifidobacterium animalis* subsp. *lactis* INL2在0.8～1.0g/L的α-亚麻酸浓度下生产CLnA，总转化率与0.5g/L的底物浓度相比下降了19%～28%（Terán et al.，2015）。一般认为，底物抑制现象的原因在于PUFA浓度的升高引起细胞毒性，反映在大量的不饱和双键扭曲了PUFA分子的形状，使其在结合到细胞膜上时破坏了脂质双分子层结构，扰乱了膜电位，导致膜表面化学渗透及反应上的困难等（Gorissen et al.，2015）。

从长远看，基因工程势必成为未来提供高活性、高耐受菌株，获得更高的CLnA产率和选择性的重要路径（Yang et al.，2020；Salsinha et al.，2018）。特别是，通过对工程化菌株的基因编辑，可以生产传统细菌发酵法无法获得的一些异构体。比如，通过改造模型酵母菌株 *Saccharomyces cerevisiae*，将前体供给和酰基通道过程中选定基因的共同表达相结合，可以高效地生产石榴酸（Wang et al.，2021）。

如前所述，CFA普遍表现出抗氧化、减肥、抗炎和抗癌等生理活性，并能调节人体内的糖类和脂质代谢，以及提升免疫应答的功能。与CLA相比，CLnA增加了一个不饱和双键，分子的化学性质也随之更显活泼，在人和其他哺乳动物体内的代谢利用速率更快（Tsuzuki et al.，2006），在生理活性上的表现更为强烈或显著。首先，通过更剧烈的脂肪酸β-氧化和线粒体生物发生学，增加能量消耗、自发运动，提高肌肉的脂肪利用率和耐受能力，并用于预防及治疗肥胖（Yuan et al.，2015）和肌肉萎缩等症状。比如，用α-亚麻酸通过碱异构化制备CLnA，然后以1%的浓度掺杂进饲料中饲喂大鼠4周，能够导致肾周和附睾的脂肪组织减少，促进肝线粒体和过氧化物酶体的β-氧化增加（Koba et al.，2002）。同时，从膳食补充CLnA也被证明可以调节与肥胖症相关的糖类代谢和胰岛素敏感性（Vroegrijk et al.，2011），从而为糖尿病的治疗提供帮助。在脂蛋白的代谢与心脏疾病的预防控制上，Hennessy等（2011）和Dhar等（2006）指出，c9,t11,t13异构体能够显著地降低糖尿病大鼠体内的总胆固醇、非HDL-C的含量，有效地减少LDL-C和红细胞膜脂质的氧化。但是，对于CLnA是否具有抵抗动脉粥样硬化等心脏疾病的活性，各方仍在争论当中（Franczyk-Żarów et al.，2015）。

CLnA分子对多种癌症和肿瘤细胞具有预防与抵抗活性，这一结论在大量的体外培养和动物模型实验中均得到验证（Dhar et al.，2019；Suzuki et al.，2001；Igarashi and Miyazawa，2000），包括桐油、苦瓜籽油、石榴籽油、蓝花楹籽油、梓树籽油以及提取纯化后的α-桐酸、β-桐酸、石榴酸、蓝花楹酸、金盏酸等，也包括人工通过化学或者微生物制备获得的CLnA。以石榴籽油为例，用5%的石榴籽油进行外搽处理，明显降低了小鼠因为接触化学致癌物而罹患皮肤癌的风险，表现为肿瘤发病率显著下降和化学刺激下鸟氨酸脱羧酶（ornithine decarboxylase）活性的明显受抑制（Hora et al.，2003）。另一个例子是在大鼠的膳食中补充0.01%～1%的石榴籽油（Kohno et al.，2004a）或苦瓜籽油（Kohno et al.，2004b），结果表明能够使得偶氮甲烷诱发结肠腺癌的发生率下降17%～53%，增殖率下降48%～73%，效果好于饲喂1%CLA的样品组。大部分文献均将CLnA抗肿瘤的机制指向肿瘤细胞脂质的加速过氧化和DNA被破坏，最终导致肿瘤细胞在内源和外源因素的共同作用下加速凋亡。

氧化应激被认为是导致人体衰老和疾病的一个重要因素。Saha和Ghosh（2013，2009）通过研究指出，大鼠因为口服亚砷酸钠而诱发出氧化应激，这一水平在喂食0.5%和1.0%的α-桐酸和石榴酸后受到了抑制，表现为抗氧化酶的活性明显得到恢复，脂质过氧化重新下降，肾等器官组织的脂肪酸比例参数也恢复到正常水平。研究还表明，两种CLnA异构体在肾氧化应激保护上具有协同的活性。

文献还显示，以石榴酸和蓝花楹酸为代表的CLnA能够调节人体的免疫应答功能，从而有助于对抗炎症，为增强免疫提供帮助。主要表现在：①提高人类和其他动物关键免疫球蛋白G和M的内源性生成[如石榴酸（Yamasaki et al.，2006）]；②石榴酸、蓝花楹酸和苦瓜中的CLnA通过PPARγ、干扰素-γ（interferon-γ）、IL-4等机制调节巨噬细胞和T细胞的功能，从而对上述细胞因子介导的抗炎反应起到改善作用（Yuan et al.，2015；Liu and Leung，2015b；Ike et al.，2005）；③减少促炎症蛋白的表达，如蓝花楹酸对人类肥大细胞（mast cell）的过敏反应表现出抑制作用（Liu and Leung，2015a）等。此外，针对CLnA应用于神经退行性变性疾病治疗（Guerra-Vázquez et al., 2022）等方面的功效，研究人员也进行了广泛的研究与讨论。

需要提及的是，在人类和其他哺乳动物中，CLnA 可以通过生物加氢过程代谢转化为 CLA（Dhar et al., 2019；Tsuzuki et al., 2006），而且，不同 CLnA 摄入并转化为 CLA 的效率也不一样。这可能会影响到摄入 CLnA 的生理活性水平。

对于共轭四烯酸如 α-parinaric 酸的生理活性，目前文献研究不多。已知，α-parinaric 酸（Zaheer et al., 2007）及其甲酯化衍生物加工得到的聚合物薄膜（Wang et al., 2011a）对正常细胞和肿瘤细胞具有选择的敏感性。例如，α-parinaric 酸能够有选择地在恶性胶质细胞的 RNA 和蛋白水平上持续激活 c-Jun N 端蛋白激酶，同时促成叉头框转录因子 3a（forkhead box transcription factor 3a, FTF-3a）的磷酸化失活，从而急剧地降低线粒体超氧化物歧化酶的活性，脱除对恶性细胞的氧化应激保护。最终，α-parinaric 酸在恶性胶质细胞中表现出远高于正常星形胶质细胞的毒性（Zaheer et al., 2007）。

由于含有多个共轭的不饱和双键，CLnA 对热和氧化极其敏感。以暴露在 37℃ 的自氧化反应为例，6 天后桐油的氧化变质率超过了 96%，α-桐酸更是在不到 24h 即完全变质（Tsuzuki et al., 2004）。相比之下，α-亚麻酸的 24h 氧化率为 55%，富含 α-亚麻酸的紫苏籽油 6 天后的氧化率为 25%。添加外源性的抗氧化剂是解决 CLnA 和富 CLnA 油脂的氧化稳定性问题的最佳策略。比如，向桐油添加 0.1% 的 α-生育酚，可以将桐油的 6 天后氧化率降低到 4.5%（Tsuzuki et al., 2004）。另一个策略是将 CLnA 进行酯化或者将其结合到 TAG 的不同位置。Yamamoto 等（2014）研究了桐油脂肪酸位于 TAG 骨架的不同位置对油脂氧化稳定性的影响。研究考察了 sn-1 位有一个 CLnA（mono-CLN-TAG-1）、sn-2 位有一个 CLnA（mono-CLN-TAG-2）、sn-1 和 sn-3 位各有一个 CLnA（di-CLN-TAG-13）以及 sn-1 和 sn-2 位各有一个 CLnA（di-CLN-TAG-12）4 种结构的 TAG。结果表明，sn-2 位 CLnA 的稳定性远远高于在 sn-1 或 sn-3 位。经过 90℃ 空气中加热 24h，CLnA 的保留率依次为 mono-CLN-TAG-2（54.6%）＞di-CLN-TAG-12（40.3%）＞mono-CLN-TAG-1（29.1%）＞di-CLN-TAG-13（13.2%）。而且，从油脂的过氧化值、茴香胺值、油脂聚合变干、极性化合物含量等指标上看，sn-1/3 位 CLnA 的恶化变质速率也是远远快于 sn-2 位的 CLnA。第二，可以构建高效的递送体系，以有效地对 CLnA 的氧化稳定性加以保护，比如利用环糊精（Cao et al., 2011）或者乳液（Liu et al., 2021）对 CLnA 或富 CLnA 油脂实施封装等。

6.5 羟基脂肪酸支链脂肪酸酯与炎症、糖尿病的治疗

羟基脂肪酸支链脂肪酸酯（branched fatty acid esters of hydroxy fatty acid，FAHFA）是新发现的一类生物活性脂肪酸分子，广泛分布于植物、细菌、昆虫及哺乳动物的脂肪组织、器官和分泌物（如母乳）中（Brejchova et al., 2020；朱泉霏等，2021）。2014 年，美国哈佛医学院 Yore 等（2014）在 *Cell* 上发文，通过脂质组学技术从过表达葡萄糖转运体的转基因小鼠体内检测到了水平上调达 16～18 倍的棕榈酸羟基硬脂酸酯（PAHSA），并第一次揭示了这类分子被开发成为治疗 T2D 和对抗炎症的新型药物的潜力。

FAHFA 的化学结构可以被描述为两个饱和或者不饱和的脂肪酸分子通过低程度聚合生成的单交内酯。理论上，自然界可能存在超过 1000 个 FAHFA 分子结构，而文献实际报道的仅约 100 个（朱泉霏等，2021）。更多的 FAHFA 分子由于极低丰度、检测技术限制等原因尚未被发现。迄今为止，报道检测出 FAHFA 的植物材料有籼稻叶（Zhu et al., 2018）、拟南芥（Zhu et al., 2018）、发酵的砖茶叶（Zhu et al., 2022）、南瓜籽、燕麦油（Kolar et al., 2019）、核桃油（Takumi et al., 2021）以及燕麦片等植物性食品（Liberati-Čizmek et al., 2019）。表 6-4 列出了从植物油料中检测到的 FAHFA 分子（表 6-5）的种类及其含量水平。可以看出，FAHFA 在燕麦油为代表的谷物类胚芽油和核桃油为代表的坚果仁油中有可观的分布，大部分为 PUFA 构建的二聚分子（如 LAHLA、OAHLA、LAHOA、OAHOA 等），含量达到 10～300pmol/mg。之所以说含量可观，是因为即使在哺乳动物体内，FAHFA 的水平也非常低，如血清中的含量为 0.2～15pmol/mL，小鼠组织中为 0.01～2.5pmol/mg（Zhu et al., 2018）。

表 6-4　植物油中主要的 FAHFA 含量（pmol/mg）

主要 FAHFA	生杏仁油	熟杏仁油	核桃油	花生油	橄榄油	棕榈油	大豆油	菜籽油	燕麦油固相萃取所得中性脂质
PAHPO	0.53	0.65	0.49	0.31	0.53	0.26	0.30	0.34	
10-PAHSA	n.d.	0.39	0.14	0.22	0.23	0.19	n.d.	0.03	～1
OAHPA	0.08	0.19	0.44	0.07	0.15	n.d.	n.d.	n.d.	
PAHOA	0.28	0.38	0.97	0.30	0.63	0.03	n.d.	n.d.	
PAHLA	0.36	0.26	2.37	0.46	0.10	n.d.	n.d.	n.d.	
12/13-SAHSA	n.d.	0.05	0.24	0.21	0.16	0.05	0.06	0.24	
9-OAHSA、10-OAHSA	0.10	1.13	0.32	0.93	0.39	0.20	n.d.	n.d.	～1
OAHOA	1.62	2.33	3.08	2.37	1.48	0.06	n.d.	0.05	
LAHSA	0.10	0.38	0.30	0.18	0.05	n.d.	n.d.	n.d.	
LAHOA	0.92	0.96	4.60	0.96	0.17	0.09	0.04	n.d.	
OAHLA	2.32	1.98	6.15	2.08	0.35	n.d.	n.d.	0.06	
9-LAHLA、13-LAHLA、15- LAHLA	1.22	1.1	8.46	0.99	0.05	0.04	n.d.	0.01	～300
总 FAHFA	11.31	8.30	29.34	11.56	4.90	1.24	0.44	0.86	
参考文献				Takumi et al., 2021					Kolar et al., 2019

注：n.d.表示未检出

表 6-5　植物油中主要的 FAHFA 名称与结构

化合物	简称	结构式缩写	分子结构式
棕榈酸羟基棕榈油酸酯	PAHPO	16:0-O-16:1	略
棕榈酸-10-羟基硬脂酸酯	10-PAHSA	16:0-10-O-18:0	
油酸羟基棕榈酸酯	OAHPA	18:1-O-16:0	略
棕榈酸羟基油酸酯	PAHOA	16:0-O-18:1	略
棕榈酸羟基亚油酸酯	PAHLA	16:0-O-18:2	略
硬脂酸-12-羟基硬脂酸酯	12-SAHSA	18:0-12-O-18:0	
硬脂酸-13-羟基硬脂酸酯	13-SAHSA	18:0-13-O-18:0	
油酸-9-羟基硬脂酸酯	9-OAHSA	18:1(9Z)-9-O-18:0	
油酸-10-羟基硬脂酸酯	10-OAHSA	18:1(9Z)-10-O-18:0	
油酸羟基油酸酯	OAHOA	18:1-O-18:1	略
亚油酸羟基硬脂酸酯	LAHSA	18:2-O-18:0	略
亚油酸羟基油酸酯	LAHOA	18:2-O-18:1	略
油酸羟基亚油酸酯	OAHLA	18:1-O-18:2	略

化合物	简称	结构式缩写	分子结构式
亚油酸-9-羟基亚油酸酯	9-LAHLA	18:2(9Z,12Z)- [9-O-18:2(10E, 12Z)]	
亚油酸-13-羟基亚油酸酯	13-LAHLA	18:2(9Z,12Z)- [13-O-18:2(9Z, 11E)]	
亚油酸-15-羟基亚油酸酯	15-LAHLA	18:2(9Z,12Z)- [15-O-18:2(9Z,12Z)]	

由上可知，FAHFA 在大部分的生物样品中都只有阿摩尔（10^{-18}mol）到纳摩尔（10^{-9}mol）的丰度水平。它们分子质量相同或者非常接近，寡聚组合方式灵活，酯键位置变化多，手性对映体组成复杂，化学性质也很相似。因此，需要对生物样品进行繁复的前处理操作，以富集 FAHFA 成分，同时通过新技术或者对现有技术的改进来提高仪器的分析灵敏度和分辨能力，减少生物样品中高丰度组分带来的干扰（Kokotou，2020）。这些都对 FAHFA 的分析技术提出了高度挑战。比如，在样品的前处理方面，需要先用溶剂（如 Bligh-Dyer 法）对样品中的脂质进行提取，然后通过固相萃取方法来富集 FAHFA 成分（Zhang et al.，2016）。具体操作是：先用正己烷清洗固相萃取柱（如 HyperSep 硅胶柱），然后将样品的三氯甲烷溶液装载到柱上，用体积比 95 : 5 的正己烷加乙酸乙酯混合溶剂作为第一道洗脱溶剂，除去大部分中性脂质杂质，如 TAG 和 DAG 等，再用纯的乙酸乙酯作为第二道洗脱溶剂，收集 FAHFA 成待测样品。值得提及的是，FAHFA 在甲醇中的溶解度似乎比常见脂肪酸的 TAG 大得多，这意味着可以通过氮吹法去除溶剂，然后在甲醇（而不是三氯甲烷）中对所得的 FAHFA 干馏分实施重悬，增加样品浓度或者进样体积，从而有利于对 FAHFA 的分析。以上操作针对的是游离的 FAHFA 分子。

然而，随着研究的深入，人们逐渐认识到 FAHFA 在生物体或者生物组织内更多地以结合态的形式存在，即使 FAHFA 分子尺寸的增大带来了空间位阻效应。比如，Saghatelian 等（Tan et al.，2019）在检查小鼠脂肪组织中的 FAHFA 时发现，大部分的 FAHFA 结合在 TAG 的骨架上，其浓度是非酯化 FAHFA 的 100 倍以上。在固相萃取操作中，这些酯化的 FAHFA 随着普通的 TAG 一起被洗脱。为此，采用化学选择性皂化与固相萃取富集的方法，即样品在装载到萃取柱之前先用 1mol/L LiOH 进行处理。该方法可以选择性地断裂掉脂肪酸与甘油骨架之间的酯键连接，却不会破坏 FAHFA 分子内的交内酯键。

液相色谱与质谱的结合是鉴定 FAHFA 结构、分析其在样品中浓度的主要工具。通过超高效液相色谱-四极杆飞行时间质谱（ultra-HPLC-quadrupole time-of-flight MS，UHPLC-QTOF MS）、电喷雾电离质谱（electrospray ionization MS，ESI-MS）、多级质谱串联（tandem MS）、离子阱质谱（ion trap MS）等方法，可以很好地鉴别 FAHFA 异构体的结构，特别是确定酯键的位置（朱泉霏等，2021；Kokotou，2020）。同时，计算机模拟方法得到了广泛的应用，建立起涵盖上千个 FAHFA 可能分子的串联质谱（MS/MS）库，以提供对 FAHFA 分子结构的识别与鉴定（Ding et al.，2020）。灵敏度不足是 FAHFA 分子检测与定量的主要瓶颈，而主要原因则被认为是 FAHFA 含有羧酸基团，通常在 ESI-MS 的负离子模式下进行分析，电离效率较低（朱泉霏等，2021）。为此，在 ESI-MS 分析前对含 FAHFA 的样品进行化学衍生化或者柱后溶剂增敏操作是普遍的选择（朱泉霏等，2021）。比如，武汉大学的冯钰锜团队（Zhu et al.，2017）利用 N,N-二甲基乙二胺（2-dimethylaminoethylamine，DMED）对 FAHFA 分子进行衍生化操作，然后在正离子模式下完成 ESI-MS 分析，将检测的灵敏度提高约两个数量级。冯钰锜团队（Zhu et al.，2018）还提出了化学同位素标记辅助液相色谱-质谱联用（chemical isotope labeling-assisted LC-MS，CIL-LC-MS）的策略，对水稻（Zhu et al.，2018）、拟南芥（Zhu et al.，2018）和发酵的砖茶（Zhu et al.，2022）中可能存在的 FAHFA 进行了全面的筛查分析。具体地，用 DMED 和氘代的 d_4-DMED 试剂分别对分析样品进行衍生化处理，然后将标记和不标记的样品按照 1∶1 进行混合，最后送入液相色谱-三重四极杆（triple quadruple）质谱联用分析。通过选择具有规律性质量差异的标记/不标记成对峰，进行多重反应监测（multiple reaction monitoring，MRM）模式下的扫描跟踪，极大地提高了检测的灵敏度和选择性。Randolph 等（2020）改进了三重四级杆-离子阱质谱仪。FAHFA 通过电喷雾离子化发射器并生成脂质阴离子[FAHFA-H]$^-$，然后经过质量选择进入气相高压碰撞池。在碰撞池中，[FAHFA-H]$^-$ 与特意注入的三菲咯啉镁络合物的二价阳离子（tris-phenanthroline magnesium complex dication，Mg(Phen)$_3$$^{2+}$）发生电荷反转离子/离子反应（charge inversion ion/ion reaction），选择性地被衍生成带固定正电荷的离子[FAHFA-H+Mg(Phen)$_2$]$^+$，之后进行多级质谱分析。通过这种方法，可以在没有标准样品的情况下对 FAHFA 分子的结构信息进行几乎完整的识别，包括对位于支链的脂肪酸和位于主链的羟基脂肪酸（hydroxy fatty acid，HFA）加以区分，确认脂肪酸不饱和双键的位置以及二聚体酯键连接的位置等。

　　为了鉴定 FAHFA 分子的结构并研究它们的生物活性，通过化学或者生物化学的方法选择性地合成 FAHFA 很有必要（Brejchova et al.，2020）。迄今为止，主要的人工 FAHFA 都是通过有机化学方法合成的，合成的关键在于选择适当碳链长度的前体，并且在预期的碳链位置引入仲醇基官能团。实现这一步骤的方法很多，这里介绍几条代表性的合成路径（图 6-2）。第一条路径是从饱和醛出发，合成饱和的 FAHFA。该法最早由 Yore 等（2014）在 2014 年在 *Cell* 发表的文章中提出，核心在于先利用廉价饱和醛的烯丙基化反应构造出烯烃醇羟基，然后通过少数几步获得目标产物，产率只有 15% 左右。之后，多个团队对该反应路线进行了优化，旨在进一步提高产物收率，构建对映体选择性。比如，Pflimlin 等（2018）用烯丙基三丁基锡取代 4-戊烯基溴化镁，在光学活性配体(*R*)-或(*S*)-BINOL（1,1′-bi-2-naphthol，1,1′-联二萘酚）的诱导下完成癸醛的 Keck 自由基烯丙基反应，并得到具有高度对映选择性的烯烃醇（96%～98% ee）（图 6-2A）。之后，烯烃醇结合一分子的棕榈酸生成交内酯，所得交内酯再通过与 6-庚烯酸苄基酯或丙烯酸苄基酯之间的烯烃交叉复分解反应，获得主链上的酯基官能团，最后在 Pd 基催化剂的作用下对剩余的不饱和双键实施加氢并脱去苄基酯的保护。经过上述五步，得到了对映纯的 9(*R*)-PAHSA 或 9(*S*)-PAHSA，并且产率有很大提高（32%）。

　　通过环氧化物的开环来构造出仲醇官能团（Nelson et al.，2017；Wang et al.，2019b；Vik et al.，2019）是更经常采用的合成方法，可以制备出对映纯的不饱和 FAHFA。图 6-2B 即采用该策略合成了高对映纯度的 15(*R*)-LAHLA 或 15(*S*)-LAHLA（Wang et al.，2019b）。该路线以具有光学活性的环氧氯丙烷为原料，通过环氧化物的两次开环，构造出对映纯的仲醇结构。即环氧氯丙烷与四氢吡喃保护羟基的丙炔醇[2-(prop-2-yn-1-yloxy)tetrahydro-2H-pyran]首先发生区域选择性的开环反应，然后通过碱性条件下的重排再次形成环氧化物。最后，在碘化亚铜的存在下，通过乙基格氏试剂的亲核加成，新的环氧化物在较少取代的位置进行第二次开环，得到所需的对映纯的仲醇。通过溴化丙炔端与带末端炔基的脂肪酸酯发生 Sonogashira 偶联反应，生成带亚甲基隔断的二炔结构，并在随后的 Brown's P-2 Ni 催化剂（NaBH$_4$ 还原乙酸镍所得，Ni$_2$B 为活性位点）的作用下通过不完全加氢获得 LAHLA 分子主链所需的两个顺式不饱和双键。

　　(*R*)-甘油醛缩丙酮和来自 *D*-葡萄糖的 α-*D*-呋喃核糖衍生物的手性也可以用于构造 FAHFA 分子的对映体选择性。Weibel 等（2002）通过该策略合成了 Mayolene-16 和 Mayolene-18，即 11(*R*)-PAHLnA 和 11(*R*)-SAHLnA，欧洲菜粉蝶释放的一种防御性脂质。该合成利用两个连续的维蒂希反应（Wittig reaction）来构建主链 α-亚麻酸位于 Δ9 和 Δ12 的两个顺式双键。通过简单改变两个维蒂希反应的顺序，可以选择性地将产物从(*R*)-对映体转换为(*S*)-对映体。

　　在 FAHFA 分子中构造主链 HFA 的羧基有两种策略：一是在完成仲醇酰化形成交内酯结构后再生成主链 HFA，如图 6-2A 那样；二是先在主链 HFA 上引入羧基，然后再完成主链 HFA 和支链 FA 之间的 Steglich 酯化，在此过程中需要注意对 HFA 羧基的化学选择性保护和去保护，如图 6-2B 那样。更多的有机合成路径和方法可以参考 Brejchova 等（2020）发表的综述。

A 从饱和醛出发，合成具对映体选择性的 9-PAHSA (Pflimlin et al., 2018)

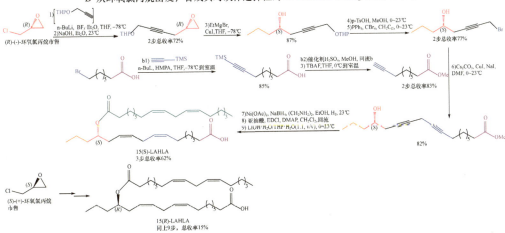

B 从环氧氯丙烷出发，合成具对映体选择性的 15-LAHLA (Wang et al., 2019b)

C 利用甘油醛缩丙酮的手性，合成具对映体选择性的 11-SAHLnA (Weibel et al., 2002)

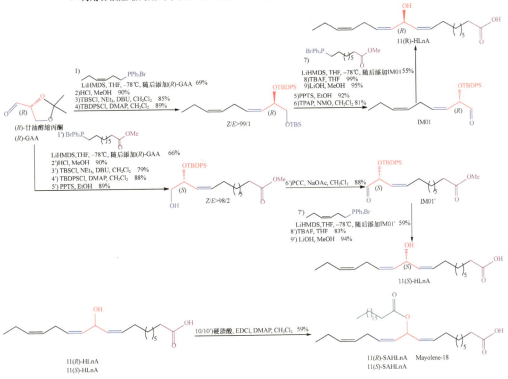

图 6-2　手性 FAHFA 分子的有机合成

最近，丹麦奥胡斯大学的 Zhang 等（2021）利用来自嗜酸乳杆菌（*Lactobacillus acidophilus*）的两种水解酶（FA-HY1 和 FA-HY2）和南极假丝酵母脂肪酶 A（*Candida antarctica* lipase A，CALA），开发了通过体外级联催化的方式一锅两步合成光学纯 FAHFA 分子的方法。以 13(*R*)-PAHODA[16:0-13(*R*)-*O*-18:1(9*Z*)]的合成为例，FA-HY1 先在磷酸钾缓冲液中几乎完全将 α-亚油酸转化为 13-羟基油酸，反应用时 8h。然后，向反应体系加入 CALA、棕榈酸和甲苯，CALA 催化 13-羟基油酸与棕榈酸的酯化步骤，并在总时间约 72h 之后进入平台期。此时，交内酯产物的水解和 13-羟基油酸的酯化之间达成可逆的平衡，13(*R*)-PAHODA 在反应体系中的最终浓度达到 56%。FA-HY2 只能在 Δ9 双键上水合产生 10-OH 的产物，而 FA-HY1 则偏好于在其他位置的双键诱发水合生成 12-OH、13-OH、14-OH 和 15-OH 的产物，从而获得具有不同酯键位置的 FAHFA 分子（图 6-3）。应用在动物模式上的实验表明，FAHFA 分子具有调节糖类代谢、治疗糖尿病和减少脂肪组织炎症等作用，而且没有重大的负面效应。这种积极的效应在组成 FAHFA 分子的主链 HFA 或者支链位置的脂肪酸上观察不到，只有两者通过二聚生成交内酯之后才能发挥作用（Aryal et al., 2021）。例如，PAHSA 通过改善葡萄糖耐受性、促进 GLP-1 和胰岛素的分泌、提高胰岛素刺激下 GLUT4 转运葡萄糖和葡萄糖的摄取，显著地降低了小鼠体内的血糖水平，对 T2D 的治疗起到积极作用（Yore et al., 2014；Riecan et al., 2022）。Syed 等（2019）每天给非肥胖糖尿病的小鼠饲喂 5-PAHSA 和 9-PAHSA，发现 PAHSA 减弱了小鼠自身的免疫反应，有效地防止了葡萄糖刺激的胰岛素分泌受损，从而促进了 β 细胞的存活和增殖，推迟了 1 型糖尿病（T1D）的发病时间，并明显降低了发病率。但是，在低葡萄糖浓度（2.5mmol/L）下，PAHSA 并不会增强胰岛素的分泌，因而也不会引发低血糖的严重后果（Aryal et al., 2021）。

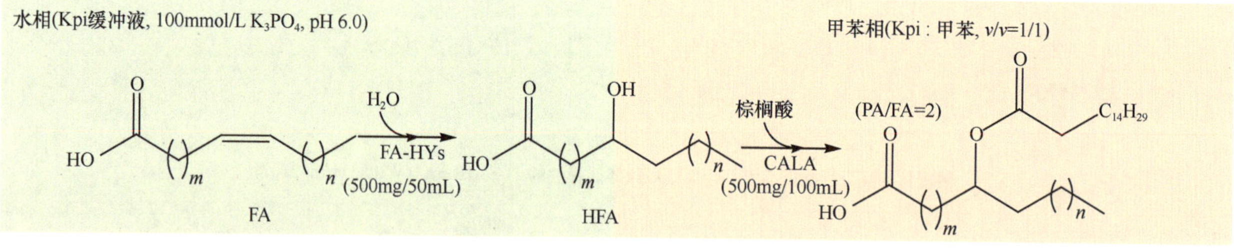

1) 油酸 (18:1(9*Z*)) $\xrightarrow{\text{FA-HY2}}$ →10-HSA (10-OH-18:0) → 10-PAHSA (16:0-10-*O*-18:0)　　转化率48.0%，产率23.1%

2) cis-异油酸 (18:1(11*Z*)) $\xrightarrow{\text{FA-HY1}}$ →12-HSA (12-OH-18:0) → 12-PAHSA (16:0-12-*O*-18:0)　　转化率67.1%，产率41.9%

3) α-亚油酸 (18:2(9*Z*, 12*Z*)) $\xrightarrow{\text{FA-HY2}}$ →10(*S*)-HODA (10(*S*)-OH-18:1(12*Z*)) → 10(*S*)-PAHODA (16:0-10(*S*)-*O*-18:1(12*Z*))　　转化率28.1%，产率 10.8%

4) α-亚油酸 (18:2(9*Z*, 12*Z*)) $\xrightarrow{\text{FA-HY1}}$ →13(*R*)-HODA (13(*R*)-OH-18:1(9*Z*)) → 13(*R*)-PAHODA (16:0-13(*R*)-*O*-18:1(9*Z*))　　转化率55.9%，产率34.3%

5) α-亚麻酸 (18:3(9*Z*, 12*Z*, 15*Z*)) $\xrightarrow{\text{FA-HY2}}$ →10-HODDA (10-OH-18:2(12*Z*, 15*Z*)) → 10-PAHODDA (16:0-10-*O*-18:2(12*Z*, 15*Z*))　　转化率48.6%，产率 20.9%

6) α-亚麻酸 (18:3(9*Z*, 12*Z*, 15*Z*)) $\xrightarrow{\text{FA-HY1}}$ →13(*S*)-HODDA (13(*S*)-OH-18:2(9*Z*, 15*Z*)) → 13(*S*)-PAHODDA (16:0-10(*S*)-*O*-18:2(9*Z*, 15*Z*))　　转化率30.1%，产率12.6%

图 6-3　级联酶催化生成具有不同酯键位置的 FAHFA 分子（Zhang et al., 2021）

FA-HY1 和 FA-HY2 为嗜酸乳杆菌（*Lactobacillus acidophilus*）的两种水解酶；CALA 表示南极假丝酵母脂肪酶 A（*Candida antarctica* lipase A）；Kpi 缓冲液表示磷酸钾缓冲液

抗炎症作用是 PAHSA 分子的第二个重要功能。例如，向小鼠饲喂 5～10mg/kg 的 5-PAHSA 和 9-PAHSA 后观察到结肠 T 细胞的活性减弱，促炎症因子和趋化因子的表达下调，从而展示出 PAHSA 在预防溃疡性结肠炎上的潜在应用（Lee et al., 2016）。长期的 PAHSA 治疗减少了小鼠的白色脂肪组织中 CD11c[+]（促炎症）巨噬细胞的总数，下调了促炎症 IL-1β 和 TNF-α 巨噬细胞的数量，而对 CD206[+]（抗炎症）巨噬细胞没有影响，因而可以减少脂肪组织的炎症（Yore et al., 2014；Syed et al., 2018）。

近年的研究表明，不只是 PAHSA，其他 FAHFA 分子如 OAHSA、POHSA（棕榈油酸羟基硬脂酸酯）和 SAHSA 也显示出增强葡萄糖刺激的胰岛素分泌，激活 G 蛋白偶联受体 40，减弱脂多糖诱导的化学因子、细胞因子的表达和分泌，以及免疫细胞的吞噬作用等效应（Aryal et al., 2021）。但是，FAHFA 分子家族中不同的酯键位置和手性对映结构可能显示出不一样的生理功能和活性水平（Aryal et al., 2021）。比如，在含有不饱和酰基链的 OAHSA 家族中，5-OAHSA 和 9-OAHSA 的交内酯键位置更接近主链 HFA 的羧基头，因而更强烈地减弱了细胞分泌促炎症因子的活性水平。而 13-OAHSA 则相反，它能够积极地增强葡萄糖刺激的胰岛素分泌，但是在抗炎活性上毫无作为。又如，9-PAHSA 的 R-对映体和 S-对映体都有很好的抗炎效果，但是在立体特异性的生理活性上表现有差别。9(S)-PAHSA 能够激活 G 蛋白偶联受体 40，增强胰岛素刺激的葡萄糖转运和摄取，但是 9(R)-对映体不行。类似地，无论是燕麦油所含的 LAHLA（Kolar et al., 2019），还是海洋动物脂肪组织中提取的 13-DHAHLA（13-二十二碳六烯酸羟基亚油酸酯）（Kuda et al., 2016），这些 PUFA 的交内酯分子都显著地抑制了脂多糖刺激下细胞因子的分泌和 RAW 264.7 巨噬细胞中促炎症因子的表达，而且比 9-PAHSA 的抗炎活性更为强烈。

　　FAHFA 分子的其他生理作用也在被广泛地研究和讨论。比如，通过分析人体结直肠肿瘤中 9-羟基硬脂酸（9-HSA）和 FAHFA 的变化关系，Rodríguez 等（2019）指出，肿瘤中 9-HSA 的水平明显低于邻近的正常组织，而相应地，FAHFA 的水平升高。向结肠癌细胞系添加 9-HSA，观察到不同 FAHFA 的合成水平在细胞进入凋亡前明显增强，表明 FAHFA 作为缓冲系统，将有毒的羟基脂肪酸封存为非活化的形式，从而限制了细胞的凋亡。

　　最后，需要再次强调，作为新兴发现的脂肪酸，FAHFA 的研究和应用在未来一段时间仍然有着无穷的吸引力，特别是植物和木本油料来源的 FAHFA。由于开始受到关注的时间较晚和相关文献的不足，大量的研究仍然集中在 FAHFA 在哺乳动物体内的代谢调控和疾病治疗方面的研究，但是这些研究的方法和结果对从木本油料乃至其他植物来源挖掘和利用 FAHFA 资源带来了很多的启发。需要提醒的是，正如本节的正文和表 6-4 所示，FAHFA 的结构很可能受到油料来源中主要脂肪酸含量的影响。陆生哺乳动物体内固体脂肪含量较高，因而对 PAHSA 的生理作用观察和研究较多；海洋哺乳动物的脂肪组织富含超长链的 ω-3-PUFA，因而可以提取到高丰度的 13-DHAHLA；而燕麦油和核桃油中能检测到高含量的 LAHLA 等分子，不能不说与植物性油脂中高比例的不饱和油酸和亚油酸有着密切的联系。这预示着，对植物和木本油料来源的 FAHFA 分子的结构及其功能的研究将与陆生哺乳动物来源的 PAHSA 等分子既有联系又有区别。前者可能具有比后者更明显或者更强烈的抗炎等活性（这一点已经有文献证明），而且还可能提供后者目前表现出来的抗炎、抗糖尿病之外其他的生理功能。

6.6　本　章　小　结

　　木本油脂是人类膳食能量的重要来源。作为主要成分，其所含的不同脂肪酸对人体维持身体发育和机能及正常的健康状况带来了正面或者负面的影响。同时，研究人员也在致力于从木本油料植物和其他植物的组织中挖掘和开发新的不同结构的可食用脂肪酸，并积极评估它们在提供膳食营养、干预疾病治疗方面的功能和影响。正如本章所介绍，经过最近二十多年的研究，人们对于传统常见的饱和、单不饱和和多不饱和的脂肪酸在人体内的代谢行为特点和功能作用有了更多、更深入的理解，对木本植物种子所含 Δ5 脂肪酸和共轭脂肪酸（CFA）等特殊的功能性脂肪酸的来源、性质、功能及其在植物体内的积累机制有了进一步的、更清晰的认识，还从木本植物的种子或者叶片等组织中检测到以奇数链脂肪酸（OCFA）和羟基脂肪酸支链脂肪酸酯（FAHFA）为代表的新型功能性脂肪酸。人们在多种脂肪酸的结构分析、鉴定以及规模化的人工制备等方面取得了相当的进展。

　　综合梳理到目前为止的研究结果，木本植物源脂肪酸的健康意义可以被总结为以下认识。

　　（1）长期食用 LCSFA 以及棕榈仁油、椰子油中高含量的月桂酸，可能会显著恶化血浆中 TAG、胆固醇和脂蛋白的含量与特性，放大罹患心血管疾病的风险，加剧糖代谢异常和多种炎症的发生，尽管 LCSFA 与死亡风险的直接关联仍然存在争议。以辛酸和癸酸为代表的 MCSFA 不仅在物理化学性质上与 LCSFA 存在差别，而且在吸收代谢方面表现出完全不同的行为。这使得 MCSFA 被成功用于改善人体的血脂和胆固醇状况、控制肥胖、恢复和改善葡萄糖代谢功能，并在抗炎和神经系统疾病的治疗中产生了积极作用。OCFA则被发现在治疗冠心病和2型糖尿病方面具有积极意义。

（2）在日常膳食中用单不饱和的油酸和多不饱和的脂肪酸（PUFA）代替LCSFA，有利于改善人体血浆中的血脂和胆固醇状况，降低罹患心血管疾病的风险，给治疗肥胖症带来积极影响。多不饱和的亚油酸和α-亚麻酸在人体内可以代谢转化为ARA、EPA和DHA等超长链的PUFA，进而在调节人体代谢、维护心血管健康、消除炎症反应、抑制癌症风险和发展、改善神经系统功能以及治疗精神疾病、保障婴幼儿正常发育等多个方面发挥全面、广泛而且重要的健康功能。但是，植物源的脂肪酸通过代谢途径合成超长链PUFA的水平极为受限，不能满足人体需要。因此，在可能的情况下，建议用松油酸、金松酸等Δ5脂肪酸或亚麻油酸代替α-亚麻酸，用γ-亚麻酸代替亚油酸。在许多植物的种子中，还发现有三烯键或者四烯键的CFA。它们只能从植物中提取或利用基因工程技术获得，而无法通过传统的化学或者酶催化途径制备。这些脂肪酸普遍表现出较为强烈的抗氧化、减肥、抗炎和抗癌等生理活性，还能调节人体内的糖类和脂质代谢，以及提升免疫应答的功能。但是，这些脂肪酸对热和氧化极其敏感，需要通过多方面的技术手段解决氧化稳定性问题。

（3）作为最近七八年挖掘出来的新型脂质分子，FAHFA因为在糖尿病治疗和抗炎症方面的显著表现而备受关注。FAHFA在几乎所有富含脂肪酸的生物体组织中都有存在或分布，只是因为发现较晚、技术限制等原因而暂时不为人知。从木本植物中有望开发出新型的多不饱和的FAHFA，将具有比动物源饱和FAHFA更强烈的生物活性和健康效果，而且在抗癌等其他健康功能方面可望有新的发现。

（4）在木本油脂中，不同脂肪酸结合在甘油酯骨架的不同位置，对脂肪酸在人体内的分解与吸收带来了立体效应。PUFA位于甘油酯骨架的sn-2位置被认为更有利于人体的吸收，并且对健康效应产生更为积极的影响。

此外，相关的研究仍然有很大的空间，主要表现在以下几个方面。

（1）随着研究的深入，关注焦点从主要的、高含量的成分进展到微量级乃至痕量级的成分。FAHFA等新挖掘出来的脂肪酸表现出含量极低、理论的化学结构成百上千以及异构体形态复杂等普遍特点，迫切需要开发高灵敏度、高通量的手段来完成脂肪酸含量的检测和脂肪酸结构的分析鉴定。

（2）由于以上特点，从植物中提取这些脂肪酸是非常困难的，需要结合超声、微波、超临界和酶处理等多种手段。而且，有些脂肪酸的天然产量并不能满足人类需要，只能通过人工进行合成，对应用带来限制。

（3）由于底物抑制和技术制约，通过化学法或者传统的微生物发酵法大规模地生产功能性脂肪酸仍然存在局限性，油脂的产量以及目标脂肪酸的结构选择性仍然存在很大的提高空间。而基因工程和合成生物学等新兴技术为高产率、高选择性地制造特殊的功能性脂肪酸提供了新的选择和希望。

（4）考虑到功能性脂肪酸的区域及手性异构体数量，以及某些异构体对健康没有意义或者可能带来较为严重的负面效应，对脂肪酸的异构体进行拆分尤显必要。在色谱等常规分离方法中，功能脂肪酸的异构体结构高度相似，而且对高温、pH变化和氧化有着高度的敏感性，给识别、拆分工作带来了极大的困难。

（5）由于来源和产量等原因，很多特殊结构的脂肪酸尚未进行生理学或临床试验研究。即使已经开展了功能研究与验证的脂肪酸，也大多面临着临床案例不足、直接的代谢调控证据无法拿到，以及作用干预机制不清楚等问题。

（6）以PUFA和CFA为代表，脂肪酸的抗氧化稳定性问题还需要更加有效的解决方案。

（7）针对不同的脂肪酸，对于其结合形态如何影响生物利用还需要进一步的观察与研究。同时，也迫切需要针对功能性脂肪酸进入人体不同组织的渗透性特点，开发新的体系以高效递送脂肪酸分子及其酯化衍生物，进一步提高这些活性分子在靶标组织中的生物利用度，更好地发挥局部的功效或功能（Guerra-Vázquez et al.，2022）。

术　语　表

（按英文名称拼写排序）

中文名称	英文名称	英文缩写
乙酰辅酶 A 羧化酶	acetyl coenzyme A carboxylase	ACC
5′-单磷酸腺苷活化蛋白激酶	adenosine 5′-monophosphate-activated protein kinase	AMPK
脂联素	adiponectin	
埃姆斯试验	Ames test	
载脂蛋白	apolipoprotein	apo
二十碳四烯酸(花生四烯酸)	arachidonic acid	ARA
关节炎	arthritis	
动脉粥样硬化	atherosclerosis	
局部激素	autacoid	
山萮酸	behenic acid	BhA
1,1′-联二萘酚	1,1′-bi-2-naphthol	BINOL
血脑屏障	blood-brain barrier	
羟基脂肪酸支链脂肪酸酯	branched fatty acid esters of hydroxy fatty acid	FAHFA
癌症	cancer	
南极假丝酵母脂肪酶 A	*Candida antarctica* lipase A	CALA
癸酸	capric acid	
心血管疾病	cardiovascular disease	CVD
肉碱棕榈酰转移酶	carnitine palmitoyl transferase	CPT
电荷反转离子/离子反应	charge inversion ion/ion reaction	
化学同位素标记辅助	chemical isotope labeling-assisted CIL 胆囊收缩素	cholecystokinin CCK
共轭脂肪酸	conjugated fatty acid	CFA
共轭亚油酸	conjugated linoleic acid	CLA
冠心病	coronary heart disease	CHD
截断值	cut-off value	
环氧合酶	cyclooxygenase	COX
细胞色素 P450	cytochrome P450	CYP
糖尿病	diabete	
二酰甘油	diacylglycerol	DAG
二羟基二十碳三烯酸	dihydroxyeicosatrienoic acid	DHET
N,N-二甲基乙二胺	N,N-2-dimethylaminoethylamine	DMED
1,3-二油酰-2-棕榈酰甘油	1,3-dioleoyl-2-palmitoylglycerol	OPO
二十二碳六烯酸	docosahexaenoic acid	DHA
脂肪异位沉积	ectopic fat deposition	
类二十烷酸	eicosanoids	
二十碳五烯酸	eicosapentaenoic acid	EPA
Δ7-二十碳三烯酸	Δ7-eicosatrienoic acid	ETA
Δ5-二十碳烯酸	Δ5-eicosenoic acid	
电喷雾电离	electrospray ionization	ESI
环氧化物水解酶	epoxide hydrolase	
环氧二十碳三烯酸	epoxyeicosatrienoic acid	EET

续表

中文名称	英文名称	英文缩写
表氧合酶	epoxygenase	
芥酸	erucic acid	EA
交内酯	estolide	
表达序列标签	expressed sequence tag	
脂肪酸合成酶	fatty acid synthase	FAS
叉头框转录因子	forkhead box transcription factor	FTF
游离脂肪酸	free fatty acid	FFA
气相色谱	gas chromatography	GC
气相色谱-质谱联用	gas chromatography-mass spectrometry	GC-MS
胰高血糖素样肽	glucagon-like peptide	GLP
高效液相色谱	high performance liquid chromatography	HPLC
高密度脂蛋白胆固醇	high-density lipoprotein cholesterol	HDL-C
羟基脂肪酸	hydroxy fatty acid	HFA
3-羟基-3-甲基戊二酸单酰辅酶 A 还原酶	3-hydroxy-3-methyl-glutaryl-CoA reductase	HMGR
肠促胰岛素	incretin	
诱导型一氧化氮合酶	inducible nitric oxide synthase	iNOS
炎症小体	inflammasome	
细胞间黏附分子	intercellular adhesion molecule	ICAM
干扰素	interferon	
白细胞介素	interleukin	IL
离子阱	ion trap	
嗜酸乳杆菌	*Lactobacillus acidophilus*	
月桂酸	lauric acid	
白三烯	leukotriene	LT
亚油酸	linoleic acid	LA
α-亚麻酸	α-linolenic acid	ALA
γ-亚麻酸	γ-linolenic acid	GLA
脂氧素	lipoxin	LX
脂氧合酶	lipoxygenase	LOX
长链酰基辅酶 A 合酶	long chain acyl coenzyme A synthase	ACSL
长链脂肪酸	long-chain fatty acid	LCFA
长链饱和脂肪酸	long-chain saturated fatty acid	LCSFA
低密度脂蛋白胆固醇	low-density lipoprotein cholesterol	LDL-C
淋巴系统	lymphatic system	
巨噬细胞消炎素	maresin	Ma
肥大细胞	mast cell	
中链酰基 CoA 合酶	medium-chain acyl CoA synthase	
中链脂肪酸	medium-chain fatty acid	MCFA
中链饱和脂肪酸	medium-chain saturated fatty acid	MCSFA
中链甘油三酯	medium-chain triglyceride	MCT
精神障碍	mental disorder	
代谢综合征	metabolic syndrome	
线粒体生酮作用	mitochondrial ketogenesis	
单酰甘油	monoacylglycerol	MAG
单核细胞趋化蛋白	monocyte chemoattractant protein	MCP
单不饱和脂肪酸	monousaturated fatty acid	MUFA
多重反应监测	multiple reaction monitoring	MRM

续表

中文名称	英文名称	英文缩写
豆蔻酸	myristic acid	
神经退行性变性疾病	neurodegenerative disease	
神经保护素	neuroprotectin	NP
无可观测不良影响的水平	no observable adverse effect level	NOAEL
核因子 κB	nuclear factor kappa-B	NF-κB
肥胖症	obesity	
奇数链脂肪酸	odd-chain fatty acid	OCFA
油酸	oleic acid	OA
鸟氨酸脱羧酶	ornithine decarboxylase	
上覆内皮	overlying endothelium	
棕榈酸	palmitic acid	PA
外周血液	peripheral blood	
过氧化物酶体增殖物激活受体 α	peroxisome proliferator-activated receptor-α	PPARα
松油酸(皮诺敛酸)	pinolenic acid	PLA
Δ5-多亚甲基隔断的脂肪酸	delta-5-polymethylene-interrupted fatty acid	Δ5-PMIFA
多不饱和脂肪酸	polyunsaturated fatty acid	PUFA
门静脉系统	venous portal system	
餐后高脂血症	postprandial hyperlipidemia	
前列环素	prostacyclin	
前列腺素	prostaglandin	PG
四极杆飞行时间质谱	quadrupole time-of-flight mass spectrometry	QTOF MS
受激活调节正常 T 细胞表达和分泌因子	regulated on activation, normal T cell expressed and secreted	RANTES
消退素	resolvin	Rv
α-瘤胃酸	α-rumelenic acid	
饱和脂肪酸	saturated fatty acid	SFA
金松酸	sciadonic acid	SciA
短链脂肪酸	short-chain fatty acid	SCFA
转录沉默信息调节因子	silent information regulator of transcription	SIRT
慢肌	slow-twitch	
硬脂酸	stearic acid	SA
亚麻油酸	stearidonic acid	SDA
硬脂酰-CoA 去饱和酶	stearoyl-CoA desaturase	SCD
甾醇调节元件结合蛋白	sterol regulatory element-binding protein	SREBP
结构脂质	structural lipid	SL
多级质谱串联	tandem MS	
血栓素	thromboxane	TX
总胆固醇	total cholesterol	TC
三酰甘油	triacylglycerol	TAG
三重四极杆	triple quadrupole	
三菲咯啉镁络合物的二价阳离子	tris-phenanthroline magnesium complex dication,	$Mg(Phen)_3^{2+}$
肿瘤坏死因子	tumor necrosis factor	TNF
1 型糖尿病	type 1 diabete	T1D
2 型糖尿病	type 2 diabete	T2D
不饱和脂肪酸	usaturated fatty acid	UFA
超长链脂肪酸	very long-chain fatty acid	VLCFA
极低密度脂蛋白	very low-density lipoprotein	VLDL
维蒂希反应	Wittig reaction	

参 考 文 献

何东平, 张效忠. 2016. 木本油料加工技术[M]. 北京: 中国轻工业出版社.

廖阳, 李昌珠, 于凌一丹, 等. 2021. 我国主要木本油料油脂资源研究进展[J]. 中国粮油学报, 36(8): 151-160.

刘峥, 陈华勇, 王永华, 等. 2018. 酶法拆分制备共轭亚油酸功能单体[J]. 中国油脂, 43(5): 54-57.

路子显. 2023. 加速发展食用木本油料产业, 提高我国植物油脂自主能力(上篇)[J]. 黑龙江粮食, 236(1): 18-21.

马丽媛, 吴亚哲, 陈伟伟. 2019.《中国心血管病报告2018》要点介绍[J]. 中华高血压杂志, 27(8): 712-716.

王兴国. 2017. 油料科学原理[M]. 2版. 北京: 中国轻工业出版社.

王秀文, 韦伟, 王兴国, 等. 2018. 支链脂肪酸的来源与功能研究进展[J]. 中国油脂, 43(12): 88-92.

余瑶盼, 赵晨伟, 唐年初. 2018. 分子蒸馏富集石榴籽油脂肪酸乙酯中共轭亚麻酸乙酯的研究[J]. 中国油脂, 43(1): 4-7.

朱泉霏, 郝俊迪, 严靖雯, 等. 2021. FAHFAs: 生物功能、分析及合成[J]. 化学进展, 33(7): 1115-1125.

Adam O, Tesche A, Wolfram G. 2008. Impact of linoleic acid intake on arachidonic acid formation and eicosanoid biosynthesis in humans[J]. Prostaglandins, Leukotrienes and Essential Fatty Acids, 79(3): 177-181.

Afonso M S, Lavrador M S F, Koike M K, et al. 2016. Dietary interesterified fat enriched with palmitic acid induces atherosclerosis by impairing macrophage cholesterol efflux and eliciting inflammation[J]. The Journal of Nutritional Biochemistry, 32: 91-100.

Aitzetmüller K, Werner G. 1991. Stearidonic acid (18:4ω3) in *Primula florindae*[J]. Phytochemistry, 30(12): 4011-4013.

Aryal P, Syed I, Lee J, et al. 2021. Distinct biological activities of isomers from several families of branched fatty acid esters of hydroxy fatty acids (FAHFAs)[J]. Journal of Lipid Research, 62: 100108.

Asset G, Staels B, Wolff R L, et al. 1999. Effects of *Pinus pinaster* and *Pinus koraiensis* seed oil supplementation on lipoprotein metabolism in the rat[J]. Lipids, 34(1): 39-44.

Astrup A, Magkos F, Bier D M, et al. 2020. Saturated fats and health: a reassessment and proposal for food-based recommendations: JACC state-of-the-art review[J]. Journal of the American College of Cardiology, 76(7): 844-857.

Babayan V K. 1987. Medium chain triglycerides and structured lipids[J]. Lipids, 22(6): 417-420.

Bach A C, Babayan V K. 1982. Medium-chain triglycerides: an update[J]. The American Journal of Clinical Nutrition, 36(5): 950-962.

Baker E J, Miles E A, Burdge G C, et al. 2016. Metabolism and functional effects of plant-derived omega-3 fatty acids in humans[J]. Progress in Lipid Research, 64: 30-56.

Baker E J, Miles E A, Calder P C. 2021. A review of the functional effects of pine nut oil, pinolenic acid and its derivative eicosatrienoic acid and their potential health benefits[J]. Progress in Lipid Research, 82: 101097.

Baker E J, Valenzuela C A, de Souza C O, et al. 2020a. Comparative anti-inflammatory effects of plant- and marine-derived omega-3 fatty acids explored in an endothelial cell line[J]. Biochimica et Biophysica Acta (BBA) - Molecular and Cell Biology of Lipids, 1865(6): 158662.

Baker E J, Valenzuela C A, van Dooremalen W T M, et al. 2020b. Gamma-linolenic and pinolenic acids exert anti-inflammatory effects in cultured human endothelial cells through their elongation products[J]. Molecular Nutrition & Food Research, 64(20): 2000382.

Bandarra N M, Lopes P A, Martins S V, et al. 2016. Docosahexaenoic acid at the sn-2 position of structured triacylglycerols improved n-3 polyunsaturated fatty acid assimilation in tissues of hamsters[J]. Nutrition Research, 36(5): 452-463.

Barceló-coblijn G, Murphy E J. 2009. Alpha-linolenic acid and its conversion to longer chain n-3 fatty acids: Benefits for human health and a role in maintaining tissue n-3 fatty acid levels[J]. Progress in Lipid Research, 48(6): 355-374.

Bermudez B, Lopez S, Ortega A, et al. 2011. Oleic acid in olive oil: From a metabolic framework toward a clinical perspective[J]. Current Pharmaceutical Design, 17(8): 831-843.

Boswinkel G, Derksen J T P, Van't Riet K, et al. 1996. Kinetics of acyl migration in monoglycerides and dependence on acyl chainlength[J]. Journal of the American Oil Chemists' Society, 73(6): 707-711.

Bowen K J, Kris-etherton P M, West S G, et al. 2019. Diets enriched with conventional or high-oleic acid canola oils lower atherogenic lipids and lipoproteins compared to a diet with a western fatty acid profile in adults with central adiposity[J]. The Journal of Nutrition, 149(3): 471-478.

Brejchova K, Balas L, Paluchova V, et al. 2020. Understanding FAHFAs: From structure to metabolic regulation[J]. Progress in Lipid Research, 79: 101053.

Burns J L, Nakamura M T, Ma D W L. 2018. Differentiating the biological effects of linoleic acid from arachidonic acid in health and disease[J]. Prostaglandins, Leukotrienes and Essential Fatty Acids, 135: 1-4.

Calder P C. 2013. Omega-3 polyunsaturated fatty acids and inflammatory processes: nutrition or pharmacology[J]. British Journal of Clinical Pharmacology, 75(3): 645-662.

Calder P C. 2017. Omega-3 fatty acids and inflammatory processes: From molecules to man[J]. Biochemical Society Transactions,

45(5): 1105-1115.

Cao Y, Gao H L, Chen J N, et al. 2006. Identification and characterization of conjugated linolenic acid isomers by Ag⁺-HPLC and NMR[J]. Journal of Agricultural and Food Chemistry, 54(24): 9004-9009.

Cao Y, He M L, Zhang Y H, et al. 2011. Improvement of oxidative stability of conjugated linolenic acid by complexation with β-cyclodextrin[J]. Micro & Nano Letters, 6(10): 874-877.

Cater N B, Heller H J, Denke M A. 1997. Comparison of the effects of medium-chain triacylglycerols, palm oil, and high oleic acid sunflower oil on plasma triacylglycerol fatty acids and lipid and lipoprotein concentrations in humans[J]. The American Journal of Clinical Nutrition, 65(1): 41-45.

Chen S J, Chuang L T, Liao J S, et al. 2015. Phospholipid incorporation of non-methylene-interrupted fatty acids (NMIFA) in murine microglial BV-2 cells reduces pro-inflammatory mediator production[J]. Inflammation, 38(6): 2133-2145.

Chen S J, Hsu C P, Li C W, et al. 2011. Pinolenic acid inhibits human breast cancer MDA-MB-231 cell metastasis in vitro[J]. Food Chemistry, 126(4): 1708-1715.

Chen S J, Huang W C, Shen H J, et al. 2020. Investigation of modulatory effect of pinolenic acid (PNA) on inflammatory responses in human THP-1 macrophage-like cell and mouse models[J]. Inflammation, 43(2): 518-531.

Christiansen E, Watterson K R, Stocker C J, et al. 2015. Activity of dietary fatty acids on FFA1 and FFA4 and characterisation of pinolenic acid as a dual FFA1/FFA4 agonist with potential effect against metabolic diseases[J]. British Journal of Nutrition, 113(11): 1677-1688.

Christophe A, Verdonk G. 1977. Effects of substituting monoglycerides for natural fats in the diet on serum lipids in fasting man[J]. Biochemical Society Transactions, 5(4): 1041-1043.

Chuang L T, Tsai P J, Lee C L, et al. 2009. Uptake and incorporation of pinolenic acid reduces n-6 polyunsaturated fatty acid and downstream prostaglandin formation in murine macrophage[J]. Lipids, 44(3): 217-224.

Compton D L, Laszlo J A, Appell M, et al. 2012. Influence of fatty acid desaturation on spontaneous acyl migration in 2-monoacylglycerols[J]. Journal of the American Oil Chemists' Society, 89(12): 2259-2267.

Cruz-hernandez C, Thakkar S K, Moulin J, et al. 2012. Benefits of structured and free monoacylglycerols to deliver eicosapentaenoic (EPA) in a model of lipid malabsorption[J]. Nutrients, 4(11): 1781-1793.

Cuenoud B, Rochat I, Gosoniu M L, et al. 2020. Monoacylglycerol form of omega-3s improves its bioavailability in humans compared to other forms[J]. Nutrients, 12(4): 1014.

Dann W J, Moore T, Booth R G, et al. 1935. A new spectroscopic phenomenon in fatty acid metabolism. The conversion of "pro-absorptive" to "absorptive" acids in the cow[J]. Biochemical Journal, 29(1): 138-146.

de O. Silva L, Ranquine L G, Monteiro M, et al. 2019. Pomegranate (*Punica granatum* L.) seed oil enriched with conjugated linolenic acid (cLnA), phenolic compounds and tocopherols: Improved extraction of a specialty oil by supercritical CO_2[J]. The Journal of Supercritical Fluids, 147: 126-137.

de Souza R J, Mente A, Maroleanu A, et al. 2015. Intake of saturated and *trans* unsaturated fatty acids and risk of all cause mortality, cardiovascular disease, and type 2 diabetes: systematic review and meta-analysis of observational studies[J]. BMJ, 351: h3978.

Dennis E A, Norris P C. 2015. Eicosanoid storm in infection and inflammation[J]. Nature Reviews Immunology, 15(8): 511-523.

Dhar D K K, Sharma G, Kumar A. 2019. Conjugated linolenic acids: implication in cancer[J]. Journal of Agricultural and Food Chemistry, 67(22): 6091-6101.

Dhar P, Bhattacharyya D, Bhattacharyya D K, et al. 2006. Dietary comparison of conjugated linolenic acid (9 *cis*, 11 *trans*, 13 *trans*) and α-tocopherol effects on blood lipids and lipid peroxidation in alloxan-induced diabetes mellitus in rats[J]. Lipids, 41: 49-54.

Ding J, Kind T, Zhu Q F, et al. 2020. In-silico-generated library for sensitive detection of 2-dimethylaminoethylamine derivatized FAHFA lipids using high-resolution tandem mass spectrometry[J]. Analytical Chemistry, 92(8): 5960-5968.

Dowd M K. 2012. Identification of the unsaturated heptadecyl fatty acids in the seed oils of *Thespesia populnea* and *Gossypium hirsutum*[J]. Journal of the American Oil Chemists' Society, 89(9): 1599-1609.

Eckel R H, Hanson A S, Chen A Y, et al. 1992. Dietary substitution of medium-chain triglycerides improves insulin-mediated glucose metabolism in NIDDM subjects[J]. Diabetes, 41(5): 641-647.

Elson C E, Dugan L R, Brafzler L J, et al. 1966. Effect of isoessential fatty acid lipids from animal and plant sources on cholesterol levels in mature male rats[J]. Lipids, 1(5): 322-324.

Ferramosca A, Savy V, Conte L, et al. 2008a. Dietary combination of conjugated linoleic acid (CLA) and pine nut oil prevents CLA-induced fatty liver in mice[J]. Journal of Agricultural and Food Chemistry, 56(17): 8148-8158.

Ferramosca A, Savy V, Einerhand A W C, et al. 2008b. *Pinus koraiensis* seed oil (PinnoThin™) supplementation reduces body weight gain and lipid concentration in liver and plasma of mice[J]. Journal of Animal and Feed Sciences, 17(4): 621-630.

Franczyk-żarów M, Czyżyńska I, Drahun A, et al. 2015. Margarine supplemented with conjugated linolenic acid (CLnA) has no effect on atherosclerosis but alleviates the liver steatosis and affects the expression of lipid metabolism genes in apoE/LDLR⁻/⁻ mice[J]. European Journal of Lipid Science and Technology, 117(5): 589-600.

Gaydou E M, Miralles J, Rasoazanakolona V. 1987. Analysis of conjugated octadecatrienoic acids inmomordica balsamina seed oil by GLC and ¹³C NMR spectroscopy[J]. Journal of the American Oil Chemists' Society, 64(7): 997-1000.

Goldschmidt R, Byrdwell W. 2021. GC analysis of seven seed oils containing conjugated fatty acids[J]. Separations, 8(4): 51.

Gong M Y, Hu Y L, Wei W, et al. 2019. Production of conjugated fatty acids: a review of recent advances[J]. Biotechnology Advances, 37(8): 107454.

Gong M Y, Wei W, Hu Y L, et al. 2020. Structure determination of conjugated linoleic and linolenic acids[J]. Journal of Chromatography B, 1153: 122292.

Gorissen L, Leroy F, de Vuyst L, et al. 2015. Bacterial production of conjugated linoleic and linolenic acid in foods: a technological challenge[J]. Critical Reviews in Food Science and Nutrition, 55(11): 1561-1574.

Guerra-vázquez C M, Martínez-ávila M, Guajardo-flores D, et al. 2022. Punicic acid and its role in the prevention of neurological disorders: a review[J]. Foods (Basel, Switzerland), 11(3): 252.

Guil-guerrero J L, García M F F, Giménez A. 2001. Fatty acid profiles from forty-nine plant species that are potential new sources of γ-linolenic acid[J]. Journal of the American Oil Chemists' Society, 78(7): 677-684.

Hammann S, Schröder M, Schmidt C, et al. 2015. Isolation of two Δ5 polymethylene interrupted fatty acids from *Podocarpus falcatus* by countercurrent chromatography[J]. Journal of Chromatography A, 1394: 89-94.

Han J R, Hamilton J A, Kirkland J L, et al. 2003. Medium-chain oil reduces fat mass and down-regulates expression of adipogenic genes in rats[J]. Obesity Research, 11(6): 734-744.

Han L H, Silvestre S, Sayanova O, et al. 2022. Using field evaluation and systematic iteration to rationalize the accumulation of omega-3 long-chain polyunsaturated fatty acids in transgenic *Camelina sativa*[J]. Plant Biotechnology Journal, 20(9): 1833-1852.

Harauma A, Yasuda H, Hatanaka E, et al. 2017. The essentiality of arachidonic acid in addition to docosahexaenoic acid for brain growth and function[J]. Prostaglandins, Leukotrienes and Essential Fatty Acids, 116: 9-18.

Hennessy A A, Ross R P, Devery R, et al. 2011. The health promoting properties of the conjugated isomers of α-linolenic acid[J]. Lipids, 46(2): 105-119.

Hooper L, Martin N, Abdelhamid A, et al. 2015. Reduction in saturated fat intake for cardiovascular disease[J]. Cochrane Database of Systematic Reviews, (6): CD011737.

Hora J J, Maydew E R, Lansky E P, et al. 2003. Chemopreventive effects of pomegranate seed oil on skin tumor development in CD1 mice[J]. Journal of Medicinal Food, 6(3): 157-161.

Hu F B, Stampfer M J, Manson J E, et al. 1997. Dietary fat intake and the risk of coronary heart disease in women[J]. New England Journal of Medicine, 337(21): 1491-1499.

Huang Z C, Du M J, Qian X Q, et al. 2022. Oxidative stability, shelf-life and stir-frying application of *Torreya grandis* seed oil[J]. International Journal of Food Science & Technology, 57(3): 1836-1845.

Hunter J E. 2001. Studies on effects of dietary fatty acids as related to their position on triglycerides[J]. Lipids, 36(7): 655-668.

Hussein N, Ah-sing E, Wilkinson P, et al. 2005. Long-chain conversion of [^{13}C]linoleic acid and α-linolenic acid in response to marked changes in their dietary intake in men[J]. Journal of Lipid Research, 46(2): 269-280.

Igarashi M, Miyazawa T. 2000. Newly recognized cytotoxic effect of conjugated trienoic fatty acids on cultured human tumor cells[J]. Cancer Letters, 148(2): 173-179.

Ike K, Uchida Y, Nakamura T, et al. 2005. Induction of interferon-gamma (IFN-γ) and T helper 1 (Th1) immune response by bitter gourd extract[J]. Journal of Veterinary Medical Science, 67(5): 521-524.

Innis S M, Dyer R, Nelson C M. 1994. Evidence that palmitic acid is absorbed as sn-2 monoacylglycerol from human milk by breast-fed infants[J]. Lipids, 29(8): 541-545.

Isbell T A, Cermak S C. 2004. Purification of meadowfoam monoestolide from polyestolide[J]. Industrial Crops and Products, 19(2): 113-118.

Jenkins B, West J A, Koulman A. 2015. A review of odd-chain fatty acid metabolism and the role of pentadecanoic acid (C15:0) and heptadecanoic acid (C17:0) in health and disease[J]. Molecules, 20(2): 2425-2444.

Jenkins D J A, Chiavaroli L, Wong J M W, et al. 2010. Adding monounsaturated fatty acids to a dietary portfolio of cholesterol-lowering foods in hypercholesterolemia[J]. Canadian Medical Association Journal, 182(18): 1961-1967.

Jeukendrup A E, Aldred S. 2004. Fat supplementation, health, and endurance performance[J]. Nutrition, 20(7): 678-688.

Jiang X F, Wu S M, Zhou Z J, et al. 2016. Physicochemical properties and volatile profiles of cold-pressed *Trichosanthes kirilowii* maxim seed oils[J]. International Journal of Food Properties, 19(8): 1765-1775.

Kajikawa M, Yamato K T, Kohzu Y, et al. 2006. A front-end desaturase from *Chlamydomonas Reinhardtii* produces pinolenic and coniferonic acids by ω13 desaturation in methylotrophic yeast and tobacco[J]. Plant and Cell Physiology, 47(1): 64-73.

Kang Y H, Kim K K, Kim T W, et al. 2015. Anti-atherosclerosis effect of pine nut oil in high-cholesterol and high-fat diet fed rats and its mechanism studies in human umbilical vein endothelial cells[J]. Food Science and Biotechnology, 24: 323-332.

Kapoor R, Nair H. 2020. Gamma linolenic acid: Sources and functions(Vol. 3)[C]//Shahidi F. Bailey's Industrial Oil and Fat Products. Newly Revised. Hoboken, New Jersey, USA: John Wiley & Sons Ltd: 1-45.

Karupaiah T, Sundram K. 2007. Effects of stereospecific positioning of fatty acids in triacylglycerol structures in native and randomized fats: a review of their nutritional implications[J]. Nutrition & Metabolism, 4(1): 16.

Kennedy A, Martinez K, Chuang C C, et al. 2008. Saturated fatty acid-mediated inflammation and insulin resistance in adipose tissue: mechanisms of action and implications[J]. The Journal of Nutrition, 139(1): 1-4.

Khaw K T, Sharp S J, Finikarides L, et al. 2018. Randomised trial of coconut oil, olive oil or butter on blood lipids and other cardiovascular risk factors in healthy men and women[J]. BMJ, 8(3): e020167.

Kim J H, Kim Y, Kim Y J, et al. 2016. Conjugated linoleic acid: potential health benefits as a functional food ingredient[J]. Annual Review of Food Science and Technology, 7(1): 221-244.

Koba K, Akahoshi A, Yamasaki M, et al. 2002. Dietary conjugated linolenic acid in relation to CLA differently modifies body fat mass and serum and liver lipid levels in rats[J]. Lipids, 37(4): 343-350.

Kohno H, Suzuki R, Yasui Y, et al. 2004a. Pomegranate seed oil rich in conjugated linolenic acid suppresses chemically induced colon carcinogenesis in rats[J]. Cancer Science, 95(6): 481-486.

Kohno H, Yasui Y, Suzuki R, et al. 2004b. Dietary seed oil rich in conjugated linolenic acid from bitter melon inhibits azoxymethane- induced rat colon carcinogenesis through elevation of colonic PPARγ expression and alteration of lipid composition[J]. International Journal of Cancer, 110(6): 896-901.

Kokotou M G. 2020. Analytical methods for the determination of fatty acid esters of hydroxy fatty acids (FAHFAs) in biological samples, plants and foods[J]. Biomolecules, 10(8): 1092.

Kolar M J, Konduri S, Chang T, et al. 2019. Linoleic acid esters of hydroxy linoleic acids are anti-inflammatory lipids found in plants and mammals[J]. Journal of Biological Chemistry, 294(27): 10698-10707.

Kuda O, Brezinova M, Rombaldova M, et al. 2016. Docosahexaenoic acid-derived fatty acid esters of hydroxy fatty acids (FAHFAs) with anti-inflammatory properties[J]. Diabetes, 65(9): 2580-2590.

Le N H, Shin S, Tu T H, et al. 2012. Diet enriched with korean pine nut oil improves mitochondrial oxidative metabolism in skeletal muscle and brown adipose tissue in diet-induced obesity[J]. Journal of Agricultural and Food Chemistry, 60(48): 11935-11941.

Lee A R, Han S N. 2016. Pinolenic acid downregulates lipid anabolic pathway in HepG2 cells[J]. Lipids, 51(7): 847-855.

Lee J, Moraes-vieira P M, Castoldi A, et al. 2016. Branched fatty acid esters of hydroxy fatty acids (FAHFAs) protect against colitis by regulating gut innate and adaptive immune responses[J]. Journal of Biological Chemistry, 291(42): 22207-22217.

Lee Y Y, Tang T K, Chan E S, et al. 2022. Medium chain triglyceride and medium-and long chain triglyceride: metabolism, production, health impacts and its applications – a review[J]. Critical Reviews in Food Science and Nutrition, 62(15): 4169-4185.

Lee Y Y, Tang T K, Phuah E T, et al. 2020. Production, safety, health effects and applications of diacylglycerol functional oil in food systems: a review[J]. Critical Reviews in Food Science and Nutrition, 60(15): 2509-2525.

Li L M, Wang B G, Yu P, et al. 2016. Medium and long chain fatty acids differentially modulate apoptosis and release of inflammatory cytokines in human liver cells[J]. Journal of Food Science, 81(6): H1546-H1552.

Li Q, Chen J, Yu X Z, et al. 2019. A mini review of nervonic acid: source, production, and biological functions[J]. Food Chemistry, 301: 125286.

Liberati-čizmek A-M, Biluš M, Brkić A L, et al. 2019. Analysis of fatty acid esters of hydroxyl fatty acid in selected plant food[J]. Plant Foods for Human Nutrition, 74(2): 235-240.

Litchfield C. 1972. Distribution of fatty acids in natural triglyceride mixtures(chapter. 12))[C]//Litchfield C. Analysis of Triglycerides. New York, USA and london, UK: Academic Press: 233-264.

Liu G, Li W R, Qin X G, et al. 2021. Flexible protein nanofibrils fabricated in aqueous ethanol: physical characteristics and properties of forming emulsions of conjugated linolenic acid[J]. Food Hydrocolloids, 114: 106573.

Liu W N, Leung K N. 2015a. Anti-allergic effect of the naturally-occurring conjugated linolenic acid isomer, jacaric acid, on the activated human mast cell line-1[J]. Biomedical Reports, 3(6): 839-842.

Liu W N, Leung K N. 2015b. The immunomodulatory activity of jacaric acid, a conjugated linolenic acid isomer, on murine peritoneal macrophages[J]. PLoS ONE, 10(12): e0143684.

Lo S K, Tan C P, Long K, et al. 2008. Diacylglycerol oil - properties, processes and products: a review[J]. Food and Bioprocess Technology, 1(3): 223-233.

Mannina L, Luchinat C, Emanuele M C, et al. 1999. Acyl positional distribution of glycerol tri-esters in vegetable oils: A ^{13}C NMR study[J]. Chemistry and Physics of Lipids, 103(1): 47-55.

Marangoni F, Agostoni C, Borghi C, et al. 2020. Dietary linoleic acid and human health: focus on cardiovascular and cardiometabolic effects[J]. Atherosclerosis, 292: 90-98.

Marten B, Pfeuffer M, Schrezenmeir J. 2006. Medium-chain triglycerides[J]. International Dairy Journal, 16(11): 1374-1382.

Matsuo N, Osada K, Kodama T, et al. 1996. Effects of γ-linolenic acid and its positional isomer pinolenic acid on immune parameters of brown-norway rats[J]. Prostaglandins, Leukotrienes and Essential Fatty Acids, 55(4): 223-229.

Mattson F H, Volpenhein R A. 1961. The specific distribution of fatty acids in the glycerides of vegetable fats[J]. Journal of Biological Chemistry, 236(7): 1891-1894.

Mattson F H, Volpenhein R A. 1964. The digestion and absorption of triglycerides[J]. Journal of Biological Chemistry, 239(9): 2772-2777.

Meerts I A T M, Verspeek-rip C M, Buskens C A F, et al. 2009. Toxicological evaluation of pomegranate seed oil[J]. Food and Chemical Toxicology, 47(6): 1085-1092.

Meng X H, Xiao D, Ye Q, et al. 2020. Positional distribution of $\Delta 5$-olefinic acids in triacylglycerols from Torreya grandis seed oil: Isolation and purification of sciadonic acid[J]. Industrial Crops and Products, 143: 111917.

Mensink R P, Katan M B. 1992. Effect of dietary fatty acids on serum lipids and lipoproteins. a meta-analysis of 27 trials[J]. Arteriosclerosis and Thrombosis: A Journal of Vascular Biology, 12(8): 911-919.

Mensink R P, Temme E H M, Hornstra G. 1994. Dietary saturated and trans fatty acids and lipoprotein metabolism[J]. Annals of Medicine, 26(6): 461-464.

Mensink R P, Zock P L, Kester A D, et al. 2003. Effects of dietary fatty acids and carbohydrates on the ratio of serum total to HDL cholesterol and on serum lipids and apolipoproteins: a meta-analysis of 60 controlled trials[J]. The American Journal of Clinical Nutrition, 77(5): 1146-1155.

Micha R, Mozaffarian D. 2010. Saturated fat and cardiometabolic risk factors, coronary heart disease, stroke, and diabetes: a fresh look at the evidence[J]. Lipids, 45(10): 893-905.

Monk J M, Liddle D M, Cohen D J A, et al. 2016. The delta 6 desaturase knock out mouse reveals that immunomodulatory effects of essential n-6 and n-3 polyunsaturated fatty acids are both independent of and dependent upon conversion[J]. The Journal of Nutritional Biochemistry, 32: 29-38.

Monteiro J, Askarian F, Nakamura M T, et al. 2012. Oils rich in α-linolenic acid independently protect against characteristics of fatty liver disease in the $\Delta 6$-desaturase null mouse[J]. Canadian Journal of Physiology and Pharmacology, 91(6): 469-479.

Mu H L, Høy C E. 2004. The digestion of dietary triacylglycerols[J]. Progress in Lipid Research, 43(2): 105-133.

Mumme K, Stonehouse W. 2015. Effects of medium-chain triglycerides on weight loss and body composition: a meta-analysis of randomized controlled trials[J]. Journal of the Academy of Nutrition and Dietetics, 115(2): 249-263.

Nagao K, Yanagita T. 2010. Medium-chain fatty acids: Functional lipids for the prevention and treatment of the metabolic syndrome[J]. Pharmacological Research, 61(3): 208-212.

Nelson A T, Kolar M J, Chu Q, et al. 2017. Stereochemistry of endogenous palmitic acid ester of 9-hydroxystearic acid and relevance of absolute configuration to regulation[J]. Journal of the American Chemical Society, 139(13): 4943-4947.

Nicolosi R J, Wilson T A, Handelman G, et al. 2002. Decreased aortic early atherosclerosis in hypercholesterolemic hamsters fed oleic acid-rich TriSun oil compared to linoleic acid-rich sunflower oil[J]. The Journal of Nutritional Biochemistry, 13(7): 392-402.

Nicolosi R J, Woolfrey B, Wilson T A, et al. 2004. Decreased aortic early atherosclerosis and associated risk factors in hypercholesterolemic hamsters fed a high- or mid-oleic acid oil compared to a high-linoleic acid oil[J]. The Journal of Nutritional Biochemistry, 15(9): 540-547.

Nicolosi R J. 1997. Dietary fat saturation effects on low-density-lipoprotein concentrations and metabolism in various animal models[J]. The American Journal of Clinical Nutrition, 65(5): 1617S-1627S.

Nikolova-Damyanova B. 2009. Retention of lipids in silver ion high-performance liquid chromatography: facts and assumptions[J]. Journal of Chromatography A, 1216(10): 1815-1824.

Nosaka N, Maki H, Suzuki Y, et al. 2003. Effects of margarine containing medium-chain triacylglycerols on body fat reduction in humans[J]. Journal of Atherosclerosis and Thrombosis, 10(5): 290-298.

Özgül-Yücel S. 2005. Determination of conjugated linolenic acid content of selected oil seeds grown in Turkey[J]. Journal of the American Oil Chemists' Society, 82(12): 893-897.

Pariza M W, Hargraves W A. 1985. A beef-derived mutagenesis modulator inhibits initiation of mouse epidermal tumors by 7,12-dimethylbenz[a]anthracene[J]. Carcinogenesis, 6(4): 591-593.

Park H G, Cho H T, Song M-C, et al. 2012. Production of a conjugated fatty acid by Bifidobacterium breve LMC520 from α-linolenic acid: conjugated linolenic acid (CLnA)[J]. Journal of Agricultural and Food Chemistry, 60(12): 3204-3210.

Pasman W J, Heimerik X J, Rubingh C M, et al. 2008. The effect of Korean pine nut oil on in vitro CCK release, on appetite sensations and on gut hormones in post-menopausal overweight women[J]. Lipids in Health and Disease, 7(1): 10.

Paul A, Radhakrishnan M. 2020. Pomegranate seed oil in food industry: extraction, characterization, and applications[J]. Trends in Food Science & Technology, 105: 273-283.

Pflimlin E, Bielohuby M, Korn M, et al. 2018. Acute and repeated treatment with 5-PAHSA or 9-PAHSA isomers does not improve glucose control in mice[J]. Cell Metabolism, 28(2): 217-227.

Plourde M, Ledoux M, Grégoire S, et al. 2007. Adverse effects of conjugated alpha-linolenic acids (CLnA) on lipoprotein profile on experimental atherosclerosis in hamsters[J]. Animal, 1(6): 905-910.

Poirier H L N, Shapiro J S, Kim R J, et al. 2006. Nutritional supplementation with trans-10, cis-12-conjugated linoleic acid induces inflammation of white adipose tissue[J]. Diabetes, 55(6): 1634-1641.

Pojjanapornpun S, Aryusuk K, Jeyashoke N, et al. 2017. Gas chromatographic separation and identification of jacaric and punicic 2-ethyl-1-hexyl esters[J]. Journal of the American Oil Chemists' Society, 94(4): 511-517.

Prasad P, Anjali P, Sreedhar R V. 2021. Plant-based stearidonic acid as sustainable source of omega-3 fatty acid with functional outcomes on human health[J]. Critical Reviews in Food Science and Nutrition, 61(10): 1725-1737.

Puah C W, Choo Y M, Ma A N, et al. 2006. Very long chain fatty acid methyl esters in transesterified palm oil[J]. Lipids, 41(3): 305-308.

Pujol J B, Christinat N, Ratinaud Y, et al. 2018. Coordination of GPR40 and ketogenesis signaling by medium chain fatty acids regulates beta cell function[J]. Nutrients, 10(4): 473.

Punia S, Sandhu K S, Siroha A K, et al. 2019. Omega 3-metabolism, absorption, bioavailability and health benefits–a review[J]. PharmaNutrition, 10: 100162.

Randolph C E, Marshall D L, Blanksby S J, et al. 2020. Charge-switch derivatization of fatty acid esters of hydroxy fatty acids via gas-phase ion/ion reactions[J]. Analytica Chimica Acta, 1129: 31-39.

Ravaut G, Légiot A, Bergeron K F, et al. 2021. Monounsaturated fatty acids in obesity-related inflammation[J]. International Journal of Molecular Sciences, 22(1): 330.

Renaud S C, Ruf J C, Petithory D. 1995. The positional distribution of fatty acids in palm oil and lard influences their biologic effects in rats[J]. The Journal of Nutrition, 125(2): 229-237.

Řezanka T, Sigler K. 2007. Identification of very long chain unsaturated fatty acids from *Ximenia* oil by atmospheric pressure chemical ionization liquid chromatography-mass spectroscopy[J]. Phytochemistry, 68(6): 925-934.

Riccardi G, Giacco R, Rivellese A A. 2004. Dietary fat, insulin sensitivity and the metabolic syndrome[J]. Clinical Nutrition, 23(4): 447-456.

Riecan M, Paluchova V, Lopes M, et al. 2022. Branched and linear fatty acid esters of hydroxy fatty acids (FAHFA) relevant to human health[J]. Pharmacology & Therapeutics, 231: 107972.

Rodríguez J P, Guijas C, Astudillo A M, et al. 2019. Sequestration of 9-hydroxystearic acid in FAHFA (fatty acid esters of hydroxy fatty acids) as a protective mechanism for colon carcinoma cells to avoid apoptotic cell death[J]. Cancers, 11(4): 524.

Roopashree P G, Shetty S S, Suchetha K N. 2021. Effect of medium chain fatty acid in human health and disease[J]. Journal of Functional Foods, 87: 104724.

Rui A M, Beatriz O M. 2004. Predictive and interpolative biplots applied to canonical variate analysis in the discrimination of vegetable oils by their fatty acid composition[J]. Journal of Chemometrics, 18(9): 393-401.

Saha S S, Ghosh M. 2009. Comparative study of antioxidant activity of α-eleostearic acid and punicic acid against oxidative stress generated by sodium arsenite[J]. Food and Chemical Toxicology, 47(10): 2551-2556.

Saha S S, Ghosh M. 2013. Protective effect of conjugated linolenic acid isomers present in vegetable oils against arsenite-induced renal toxicity in rat model[J]. Nutrition, 29(6): 903-910.

Saini R K, Keum Y S. 2018. Omega-3 and omega-6 polyunsaturated fatty acids: Dietary sources, metabolism, and significance - a review[J]. Life Sciences, 203: 255-267.

Salsinha A S, Pimentel L L, Fontes A L, et al. 2018. Microbial production of conjugated linoleic acid and conjugated linolenic acid relies on a multienzymatic system[J]. Microbiology and Molecular Biology Reviews, 82(4): e00019-18.

Satriana, Arpi N, Lubis Y M, et al. 2016. Diacylglycerol-enriched oil production using chemical glycerolysis[J]. European Journal of Lipid Science and Technology, 118(12): 1880-1890.

Schönfeld P, Wojtczak L. 2016. Short- and medium-chain fatty acids in energy metabolism: the cellular perspective[J]. Journal of Lipid Research, 57(6): 943-954.

Sek L, Porter C J H, Kaukonen A M, et al. 2010. Evaluation of the *in-vitro* digestion profiles of long and medium chain glycerides and the phase behaviour of their lipolytic products[J]. Journal of Pharmacy and Pharmacology, 54(1): 29-41.

Shahidi F, Ambigaipalan P. 2018. Omega-3 polyunsaturated fatty acids and their health benefits[J]. Annual Review of Food Science and Technology, 9(1): 345-381.

Shahidi F. 2020. Bailey's industrial oil and fat products[M]. Newly revised. Hoboken, New Jersey, USA: John Wiley & Sons, Ltd.

Shinn S E, Ruan C M, Proctor A. 2017. Strategies for producing and incorporating conjugated linoleic acid–rich oils in foods[J]. Annual Review of Food Science and Technology, 8(1): 181-204.

Simopoulos A P. 2002. The importance of the ratio of omega-6/omega-3 essential fatty acids[J]. Biomedicine & Pharmacotherapy, 56(8): 365-379.

St-Onge M P, Bosarge A, Goree L L T, et al. 2008. Medium chain triglyceride oil consumption as part of a weight loss diet does not lead to an adverse metabolic profile when compared to olive oil[J]. Journal of the American College of Nutrition, 27(5): 547-552.

St-Onge M P, Bosarge A. 2008. Weight-loss diet that includes consumption of medium-chain triacylglycerol oil leads to a greater rate of weight and fat mass loss than does olive oil[J]. The American Journal of Clinical Nutrition, 87(3): 621-626.

Suzuki R, Noguchi R, Ota T, et al. 2001. Cytotoxic effect of conjugated trienoic fatty acids on mouse tumor and human monocytic leukemia cells[J]. Lipids, 36(5): 477-482.

Syed I, Lee J, Moraes-VieirA P M, et al. 2018. Palmitic acid hydroxystearic acids activate GPR40, which is involved in their beneficial effects on glucose homeostasis[J]. Cell Metabolism, 27(2): 419-427.

Syed I, Rubin D E, Celis M F, et al. 2019. PAHSAs attenuate immune responses and promote β cell survival in autoimmune diabetic mice[J]. The Journal of Clinical Investigation, 129(9): 3717-3731.

Takagi T, Itabashi Y. 1981. Occurrence of mixtures of geometrical isomers of conjugated octadecatrienoic acids in some seed oils: analysis by open-tubular gas liquid chromatography and high performance liquid chromatography[J]. Lipids, 16(7): 546-551.

Takala R, Ramji D P, Andrews R, et al. 2022. Pinolenic acid exhibits anti-inflammatory and anti-atherogenic effects in peripheral blood-derived monocytes from patients with rheumatoid arthritis[J]. Scientific Reports, 12(1): 8807.

Takeuchi H, Noguchi O, Sekine S, et al. 2006. Lower weight gain and higher expression and blood levels of adiponectin in rats fed medium-chain TAG compared with long-chain TAG[J]. Lipids, 41(2): 207-212.

Takumi H, Kato K, Ohto-N T, et al. 2021. Analysis of fatty acid esters of hydroxyl fatty acid in nut oils and other plant oils[J]. Journal of Oleo Science, 70(12): 1707-1717.

Tallima H, El Ridi R. 2018. Arachidonic acid: Physiological roles and potential health benefits - a review[J]. Journal of Advanced Research, 11: 33-41.

Tan D, Ertunc M E, Konduri S, et al. 2019. Discovery of FAHFA-containing triacylglycerols and their metabolic regulation[J]. Journal of the American Chemical Society, 141(22): 8798-8806.

Tanaka T, Morishige J-I, Iwawaki D, et al. 2007. Metabolic pathway that produces essential fatty acids from polymethylene-interrupted polyunsaturated fatty acids in animal cells[J]. The FEBS Journal, 274(11): 2728-2737.

Tanaka T, Uozumi S, Morito K, et al. 2014. Metabolic conversion of C20 polymethylene-interrupted polyunsaturated fatty acids to essential fatty acids[J]. Lipids, 49(5): 423-429.

Terán V, Pizarro P L, Zacarías M F, et al. 2015. Production of conjugated dienoic and trienoic fatty acids by lactic acid bacteria and bifidobacteria[J]. Journal of Functional Foods, 19: 417-425.

Tholstrup T, Ehnholm C, Jauhiainen M, et al. 2004. Effects of medium-chain fatty acids and oleic acid on blood lipids, lipoproteins, glucose, insulin, and lipid transfer protein activities[J]. The American Journal of Clinical Nutrition, 79(4): 564-569.

Tranchida P Q, Giannino A, Mondello M, et al. 2008. Elucidation of fatty acid profiles in vegetable oils exploiting group-type patterning and enhanced sensitivity of comprehensive two-dimensional gas chromatography[J]. Journal of Separation Science, 31(10): 1797-1802.

Traul K A, Driedger A, Ingle D L, et al. 2000. Review of the toxicologic properties of medium-chain triglycerides[J]. Food and Chemical Toxicology, 38(1): 79-98.

Tsai Y H, Park S, Kovacic J, et al. 1999. Mechanisms mediating lipoprotein responses to diets with medium-chain triglyceride and lauric acid[J]. Lipids, 34(9): 895-905.

Tsuzuki T, Igarashi M, Iwata T, et al. 2004. Oxidation rate of conjugated linoleic acid and conjugated linolenic acid is slowed by triacylglycerol esterification and α-tocopherol[J]. Lipids, 39(5): 475-480.

Tsuzuki T, Kawakami Y, Abe R, et al. 2006. Conjugated linolenic acid is slowly absorbed in rat intestine, but quickly converted to conjugated linoleic acid[J]. The Journal of Nutrition, 136(8): 2153-2159.

Tulloch A P, Bergter L. 1979. Analysis of the conjugated trienoic acid containing oil from Fevillea trilobata by ^{13}C nuclear magnetic resonance spectroscopy[J]. Lipids, 14(12): 996-1002.

Tulloch A P. 1982. ^{13}C nuclear magnetic resonance spectroscopic analysis of seed oils containing conjugated unsaturated acids[J]. Lipids, 17(8): 544-550.

Tutunchi H, Ostadrahimi A, Saghafi-asl M. 2020. The Effects of diets enriched in monounsaturated oleic acid on the management and prevention of obesity: a systematic review of human intervention studies[J]. Advances in Nutrition, 11(4): 864-877.

Venn-Watson S, Lumpkin R, Dennis E A. 2020. Efficacy of dietary odd-chain saturated fatty acid pentadecanoic acid parallels broad associated health benefits in humans: could it be essential? [J]. Scientific Reports, 10(1): 8161.

Vetter W, Hammann S, Müller M, et al. 2017. The use of countercurrent chromatography in the separation of nonpolar lipid compounds[J]. Journal of Chromatography A, 1501: 51-60.

Vik A, Hansen T V, Kuda O. 2019. Synthesis of both enantiomers of the docosahexaenoic acid ester of 13-hydroxyoctadecadienoic acid (13-DHAHLA)[J]. Tetrahedron Letters, 60(52): 151331.

Vroegrijk I O C M, van Diepen J A, van Den Berg S, et al. 2011. Pomegranate seed oil, a rich source of punicic acid, prevents diet-induced obesity and insulin resistance in mice[J]. Food and Chemical Toxicology, 49(6): 1426-1430.

Wadhera R K, Steen D L, Khan I, et al. 2016. A review of low-density lipoprotein cholesterol, treatment strategies, and its impact on cardiovascular disease morbidity and mortality[J]. Journal of Clinical Lipidology, 10(3): 472-489.

Wang D H, Wang Z, Le K P, et al. 2019a. Potentially high value conjugated linolenic acids (CLnA) in melon seed waste[J]. Journal of Agricultural and Food Chemistry, 67(37): 10306-10312.

Wang H J, Cao Y, Cao C, et al. 2011a. Parinaric acid methyl ester polymer films with hill-structured features: Fabrication and different sensitivities to normal and tumor cells[J]. ACS Applied Materials & Interfaces, 3(7): 2755-2763.

Wang H J, Kolar M J, Chang T N, et al. 2019b. Stereochemistry of linoleic acid esters of hydroxy linoleic acids[J]. Organic Letters, 21(19): 8080-8084.

Wang H, Zu G, Yang L, et al. 2011b. Effects of heat and ultraviolet radiation on the oxidative stability of pine nut oil supplemented with carnosic acid[J]. Journal of Agricultural and Food Chemistry, 59(24): 13018-13025.

Wang J L, Xu Y, Holic R, et al. 2021. Improving the production of punicic acid in baker's yeast by engineering genes in acyl channeling processes and adjusting precursor supply[J]. Journal of Agricultural and Food Chemistry, 69(33): 9616-9624.

Wang L, Wang X B, Wang P, et al. 2016. Optimization of supercritical carbon dioxide extraction, physicochemical and cytotoxicity properties of *Gynostemma pentaphyllum* seed oil: a potential source of conjugated linolenic acids[J]. Separation and Purification Technology, 159: 147-156.

Wang S Y, Wang Y, Shahidi F, et al. 2020. Health effects of short-chain, medium-chain, and long-chain fatty acids, saturated vs unsaturated and omega-6 vs omega-3 fatty acids and *trans* fats(Vol. 7))[C]//Shahidi F. Bailey's Industrial Oil and Fat Products. Newly revised. Hoboken, New Jersey, USA: John Wiley & Sons, Ltd.

Wei J K, Hou R X, Xi Y Z, et al. 2018. The association and dose–response relationship between dietary intake of α-linolenic acid and risk of CHD: a systematic review and meta-analysis of cohort studies[J]. British Journal of Nutrition, 119(1): 83-89.

Weibel D B, Shevy L E, Schroeder F C, et al. 2002. Synthesis of mayolene-16 and mayolene-18: larval defensive lipids from the european cabbage butterfly[J]. The Journal of Organic Chemistry, 67(17): 5896-5900.

Wein S, Wolffram S, Schrezenmeir J, et al. 2009. Medium-chain fatty acids ameliorate insulin resistance caused by high-fat diets in rats[J]. Diabetes/Metabolism Research and Reviews, 25(2): 185-194.

Weitkunat K, Bishop C A, Wittmüss M, et al. 2021. Effect of microbial status on hepatic odd-chain fatty acids is diet-dependent[J]. Nutrients, 13(5): 1546.

Wolff R L, Dareville E, Martin J C. 1997. Positional distribution of Δ5-olefinic acids in triacylglycerols from conifer seed oils: general and specific enrichment in the sn-3 position[J]. Journal of the American Oil Chemists' Society, 74(5): 515-523.

Wolff R L, Lavialle O, Pédrono F, et al. 2002. Abietoid seed fatty acid composition - a review of the genera *Abies*, *Cedrus*, *Hesperopeuce*, *Keteleeria*, *Pseudolarix*, and *Tsuga* and preliminary inferences on the taxonomy of Pinaceae[J]. Lipids, 37(1): 17-26.

Wolff R L, Pédrono F, Marpeau A M, et al. 1998. The seed fatty acid composition and the distribution of Δ5-olefinic acids in the triacylglycerols of some taxaceae (*Taxus* and *Torreya*)[J]. Journal of the American Oil Chemists' Society, 75(11): 1637-1641.

Wolff R L, Pédrono F, Pasquier E, et al. 2000. General characteristics of *Pinus* spp. seed fatty acid compositions, and importance of Δ5-olefinic acids in the taxonomy and phylogeny of the genus[J]. Lipids, 35(1): 1-22.

Xie K Y, Miles E A, Calder P C. 2016. A review of the potential health benefits of pine nut oil and its characteristic fatty acid pinolenic acid[J]. Journal of Functional Foods, 23: 464-473.

Yamamoto Y, Imori Y, Hara S. 2014. Oxidation behavior of triacylglycerol containing conjugated linolenic acids in sn-1(3) or sn-2 position[J]. Journal of Oleo Science, 63(1): 31-37.

Yamasaki M, KitagaWA T, Koyanagi N, et al. 2006. Dietary effect of pomegranate seed oil on immune function and lipid metabolism in mice[J]. Nutrition, 22(1): 54-59.

Yang B, Chen H Q, Stanton C, et al. 2017. Mining bifidobacteria from the neonatal gastrointestinal tract for conjugated linolenic acid production[J]. Bioengineered, 8(3): 232-238.

Yang B, Chen H, Gao H, et al. 2020. Genetic determinates for conjugated linolenic acid production in *Lactobacillus plantarum* ZS2058[J]. Journal of Applied Microbiology, 128(1): 191-201.

Yore M M, Syed I, Moraes-Vieira P M, et al. 2014. Discovery of a class of endogenous mammalian lipids with anti-diabetic and anti-inflammatory effects[J]. Cell, 159(2): 318-332.

Yuan G F, chen X, Li D. 2015. Modulation of peroxisome proliferator-activated receptor gamma (PPAR γ) by conjugated fatty acid in obesity and inflammatory bowel disease[J]. Journal of Agricultural and Food Chemistry, 63(7): 1883-1895.

Zaheer A, Sahu S K, Ryken T C, et al. 2007. *Cis*-parinaric acid effects, cytotoxicity, c-Jun *N*-terminal protein kinase, forkhead transcription factor and Mn-SOD differentially in malignant and normal astrocytes[J]. Neurochemical Research, 32(1): 115-124.

Zam W. 2020. Structured lipids: synthesis, health effects, and nutraceutical applications(chapter. 8))[C]//Galanakis C M. Lipids and Edible Oils. Salt Lake City, Utah, USA: Academic Press: 289-327.

Zhang J, Zhang S D, Wang P, et al. 2019. Pinolenic acid ameliorates oleic acid-induced lipogenesis and oxidative stress via AMPK/SIRT1 signaling pathway in HepG2 cells[J]. European Journal of Pharmacology, 861: 172618.

Zhang L S, Liang S, Zong M H, et al. 2020. Microbial synthesis of functional odd-chain fatty acids: A review[J]. World Journal of Microbiology and Biotechnology, 36(3): 35.

Zhang T J, Chen S L, Syed I, et al. 2016. A LC-MS-based workflow for measurement of branched fatty acid esters of hydroxy fatty acids[J]. Nature Protocols, 11(4): 747-763.

Zhang Y, Eser B E, Guo Z. 2021. A bi-enzymatic cascade pathway towards optically pure FAHFAs[J]. ChemBioChem, 22(12): 2146-2153.

Zhao Y, Liu S N, Sheng Z L, et al. 2021. Effect of pinolenic acid on oxidative stress injury in HepG2 cells induced by H_2O_2[J]. Food Science & Nutrition, 9(10): 5689-5697.

Zhou H, Urso C J, Jadeja V. 2020. Saturated fatty acids in obesity-associated inflammation[J]. Journal of Inflammation Research, 13: 1-14.

Zhu Q F, Ge Y H, An N, et al. 2022. Profiling of branched fatty acid esters of hydroxy fatty acids in teas and their potential sources in fermented tea[J]. Journal of Agricultural and Food Chemistry, 70(17): 5369-5376.

Zhu Q F, Yan J W, Gao Y, et al. 2017. Highly sensitive determination of fatty acid esters of hydroxyl fatty acids by liquid chromatography- mass spectrometry[J]. Journal of Chromatography B, 1061-1062: 34-40.

Zhu Q F, Yan J W, Zhang T Y, et al. 2018. Comprehensive screening and identification of fatty acid esters of hydroxy fatty acids in plant tissues by chemical isotope labeling assisted liquid chromatography-mass spectrometry[J]. Analytical Chemistry, 90(16): 10056-10063.

Zhu S, Park S, Lim Y, et al. 2016. Korean pine nut oil replacement decreases intestinal lipid uptake while improves hepatic lipid metabolism in mice[J]. Nutrition Research and Practice, 10(5): 477-486.

Zielińska A, Wójcicki K, Klensporf-Pawlik D, et al. 2020. Chemical and physical properties of meadowfoam seed oil and extra virgin olive oil: Focus on vibrational spectroscopy[J]. Journal of Spectroscopy, 2020: 8870170.

Zong G, Li Y P, Sampson L, et al. 2018. Monounsaturated fats from plant and animal sources in relation to risk of coronary heart disease among US men and women[J]. The American Journal of Clinical Nutrition, 107(3): 445-453.

7 脂类物质功能强化技术

7.1 食用油脂脂肪酸种类和人类健康

脂肪酸（fatty acid，FA）是指自然脂肪经水解后生成的脂肪族一元羧酸。羧酸是烃分子中的氢原子被羧基替换后形成的化合物，其含有1个长的碳氢链和1个末端羧基。脂肪酸中的烃基通常含有3~33个碳原子，其中大部分脂肪酸含有12~20个碳原子，被称为高级脂肪酸。自然界中有800多种天然脂肪酸，其中绝大多数为偶数直链的饱和和不饱和脂肪酸，也有极少量的奇数脂肪酸、支链脂肪酸和羟基脂肪酸等（汪东风，2007）。根据脂肪酸碳链的不同，可以大致分为三类：饱和脂肪酸、不饱和脂肪酸和羟基脂肪酸。

1）饱和脂肪酸

饱和脂肪酸的烃链完全被氢饱和，因此其化学性质相对稳定，不易引起化学反应，这种脂肪酸构成的脂质在常温下通常为固态。饱和脂肪酸的分子结构通式为 $C_nH_{2n}O_2$，其中大部分饱和脂肪酸分子中的碳原子数在4个[丁酸（$C_4H_8O_2$）]到38个[三十八碳酸（$C_{38}H_{76}O_2$）]，如含18个碳原子的硬脂酸（stearic acid，用 C_{18} 表示）和含16个碳原子的软脂酸（palmitic acid，用 C_{16} 表示）等。表7-1列出了天然油脂中的主要饱和脂肪酸种类及其理化特性。

表7-1 天然油脂中的主要饱和脂肪酸种类及其理化特性

俗名	分子式	分子量/（g/mol）	酸值/（mgKOH/g油）	熔点/℃	沸点/℃（1.33kPa）
丁酸（酪酸）	C_3H_7COOH	88.11	637.29	−7.9	64
己酸、羊油酸	$C_5H_{11}COOH$	116.10	483.00	−3.5	99
辛酸、亚羊脂酸	$C_7H_{15}COOH$	144.21	389.07	16.5	124
癸酸、羊脂酸	$C_9H_{19}COOH$	172.26	326.71	31.3	152
月桂酸	$C_{11}H_{23}COOH$	200.32	280.08	44.2	170
肉豆蔻酸	$C_{13}H_{27}COOH$	228.37	245.69	53.8	190
棕榈酸	$C_{15}H_{31}COOH$	256.42	218.80	63.1	210
硬脂酸	$C_{17}H_{35}COOH$	284.47	197.23	69.9	226
二十酸、花生酸	$C_{19}H_{39}COOH$	312.53	179.52	75.2	240
山萮酸	$C_{21}H_{43}COOH$	340.58	164.74	80.2	257
木焦油酸	$C_{23}H_{47}COOH$	368.63	152.22	84.2	272

2）不饱和脂肪酸

不饱和脂肪酸在天然油脂中占据了很大一部分，由于其分子中含有双键，因此不饱和脂肪酸的化学性质活泼，容易发生加成、双键转移、氧化、聚合等反应。单烯酸是含有1个双键的脂肪酸，而多烯酸是含有两个及以上双键的脂肪酸。单烯酸的双键通常出现在第9~10碳原子的位置，而多烯酸的双键通常每隔3个碳原子出现一次。例如，油酸（oleic acid）含有1个双键，亚油酸（linoleic acid）含有2个双键，亚麻酸（linolenic acid）含有3个双键，花生四烯酸（arachidonic acid）含有4个双键等。表7-2列出了一些油脂中单烯酸的主要来源与特性，其中最典型的油酸（又称十八碳一烯酸），几乎存在于所有天然油脂中，富含油酸的油脂有优质食用油、发用油、防锈油等。表7-3列出了一些油脂中常见多烯酸的主要来源与特性，二烯脂肪酸中最主要的是亚油酸，三烯脂肪酸以亚麻酸和桐酸为主，多烯脂肪酸的碳链上含有4个或4个以上双键，主要是花生四烯酸（ARA）、二十碳五烯酸（EPA）及二十二碳六烯酸（DHA）等，主要存在于鱼类和其他海产品油脂中。不饱和脂肪酸双键易于氧化，因此存储和加工过程中需要隔氧保护。

表 7-2　油脂中的单烯酸主要来源及其特性

俗称	分子式	系统名称	分子量/(g/mol)	中和值	熔点/℃	主要来源
月桂烯酸	$C_{12}H_{22}O_2$	9-十二碳烯酸	198.30	—	—	动物乳脂
抹香鲸酸	$C_{14}H_{26}O_2$	5-十四碳烯酸	226.35	—	18.5	抹香鲸油（14%）
豆蔻烯酸	$C_{14}H_{26}O_2$	9-十四碳烯酸	226.35	211	18.5	海洋动物油脂、乳脂
棕榈油酸	$C_{16}H_{30}O_2$	9-十六碳烯酸	254.40	220.50	—	海洋动物油脂、乳脂
油酸	$C_{18}H_{24}O_2$	9-十八碳烯酸	282.45	198.64	14.16	橄榄油、山核桃油、动物油脂等
反油酸	$C_{18}H_{24}O_2$	反-十八碳烯酸	282.45	198.64	44	牛脂及多种动物油脂
11-十八碳烯酸	$C_{18}H_{24}O_2$	反-11-十八碳烯酸	282.45	198.64	44	奶油、牛脂
鳕肝油酸	$C_{20}H_{38}O_2$	9-二十碳烯酸	310.50	180.68	—	海洋动物油脂
鲸蜡烯酸	$C_{22}H_{42}O_2$	11-二十二碳烯酸	338.56	165.70	33.4	海洋动物油脂
芥酸、山萮酸	$C_{22}H_{42}O_2$	13-二十二碳烯酸	338.56	165.70	33.5	十字花科芥菜属40%以上
鲨油酸	$C_{24}H_{46}O_2$	15-二十四碳烯酸	366.62	—	—	海洋动物油脂

表 7-3　油脂中常见多烯酸主要来源及其特性

俗称	分子式	系统名称	熔点/℃	主要来源
亚油酸	$C_{18}H_{32}O_2$	顺-顺-9,12-十八碳二烯酸	−6.5	红花籽油（75%）、葵花籽油等
亚麻酸	$C_{18}H_{30}O_2$	顺-顺-顺-9,12,15-十八碳三烯酸	−12.8	亚麻籽油（约50%）、山核桃油
α-桐酸	$C_{18}H_{30}O_2$	顺-反-反-9,11,13-十八碳三烯酸	49	桐油（85%）
β-桐酸	$C_{18}H_{30}O_2$	反-反-反-9,11,13-十八碳三烯酸	72	α-桐酸异构化而成
花生四烯酸（ARA）	$C_{20}H_{32}O_2$	全顺式-5,8,11,14-二十碳四烯酸	～50	动物脂肪、脑磷脂、肝磷脂
二十碳五烯酸（EPA）	$C_{20}H_{30}O_2$	4,8,12,15,19-二十碳五烯酸	—	海洋动物油脂
鱼酸	$C_{22}H_{34}O_2$	4,8,12,15,19-二十二碳五烯酸	—	海洋动物油脂
二十二碳六烯酸（DHA）	$C_{22}H_{32}O_2$	顺式-4,7,10,13,16,19-二十二碳六烯酸	—	海洋鱼油

3）羟基脂肪酸（取代酸）

羟基饱和脂肪酸是一类较为罕见的脂肪酸，常见的羟基饱和脂肪酸包括羊毛脂酸和蜂蜡酸等。羊毛脂酸是一种十八碳的饱和羟基脂肪酸，存在于羊毛脂、羊毛脂油等动物性脂肪中，化学式为 $CH_3\text{-}(CH_2)_5\text{-}CH(OH)\text{-}(CH_2)_{10}\text{-}COOH$。

蜂蜡酸是一种十六碳的饱和羟基脂肪酸，化学式为 $CH_3\text{-}(CH_2)_{14}\text{-}COOH$，存在于蜂蜡等天然产物中。

蓖麻酸是一种含有羟基的不饱和脂肪酸，其羟基位于第 12 碳原子上。蓖麻酸是一种重要的天然脂肪酸，是蓖麻油中的主要成分。蓖麻酸具有活泼的化学特性，可进行氧化、氢化、异构化等反应。蓖麻酸氧化后可以得到壬二酸等产物，氢化后可以得到羟基脂肪酸。蓖麻酸也可以在催化剂存在的条件下发生异构化、脱水等反应，生成共轭二烯酸等化合物。

不同脂肪酸之间的区别主要在于所含碳原子数目、不饱和双键的数量和位置。在一定条件和催化剂作用下，碳链中的不饱和双键可以与氢或卤素原子发生加成反应，生成饱和脂肪酸。这种与卤素原子发生加成反应的过程称为卤化（halogenation）作用，油脂中脂肪酸的不饱和程度可以通过这个性质来推断，而碘值（iodine value, IV）则是衡量油脂不饱和度的指标之一，它是指在油脂卤化作用中，100g 油脂与碘作用所需碘的质量（以克为单位），可用以下公式计算。

$$\text{碘值} = \frac{NV \times \dfrac{127}{1000}}{m} \times 100$$

式中，V 表示滴定时所用去的硫代硫酸钠的体积，单位为 mL；N 表示硫代硫酸钠的浓度，单位为 g/mL；127 为碘的相对原子质量；m 表示样品油脂的质量，单位为 g；1000 表示将克转换为毫克；100 表示将结果转换为每 100 克样品的碘吸收量。

碘值越大，表明油脂中所含的不饱和双键越多，其不饱和程度也就越高。根据碘值的不同，植物油脂可以被分类为不同的类型。当碘值在 100g/g 以下时，该油脂被归类为非干性油；当碘值在 100～130 时，该油脂被归类为半干性油；而当碘值在 140 以上时，该油脂被归类为干性油。不同来源油脂的物理性质如表 7-4 所示。

表 7-4 不同来源油脂的物理性质

名称	碘值/（g/g）	皂化值/[mg（KOH/g 油）]	折射率	相对密度/（g/mL）
亚麻籽油	170～204	188～196	25℃时为 1.477～1.482	15℃时为 0.931～0.943
桐油	160～175	189～195	25℃时为 1.516～1.520	15℃时为 0.938～0.938
胡桃油	138～162	189～197	40℃时为 1.469～1.471	15℃时为 0.925～0.927
红花籽油	140～150	188～194	40℃时为 1.467～1.469	15℃时为 0.919～0.924
葡萄籽油	125～143	176～206	25℃时为 1.470～1.476	15℃时为 0.924～0.928
番茄籽油	112～124	186～194	25℃时为 1.470～1.474	15℃时为 0.920～0.925
棉籽油	90～113	189～198	25℃时为 1.463～1.472	15℃时为 0.922～0.924
米糠油	92～110	183～194	40℃时为 1.465～1.468	15℃时为 0.918～0.928
木棉籽油	86～100	189～197	25℃时为 1.466～1.472	15℃时为 0.920～0.933
杏仁油	102～105	188～197	40℃时为 1.462～1.465	15℃时为 0.911～0.917
蓖麻籽油	81～91	176～187	25℃时为 1.473～1.477	15℃时为 0.958～0.968
油茶籽油	80～90	188～196	25℃时为 1.466～1.470	15℃时为 0.915～0.925
橄榄油	80～88	188～196	25℃时为 1.466～1.468	15℃时为 0.914～0.919
雪里亚果	81～87	185～188	25℃时为 1.467～1.469	15℃时为 0.918～0.918
牛油树脂	56～67	178～190	40℃时为 1.464～1.467	15℃时为 0.917～0.918
棕榈油	44～54	195～205	40℃时为 1.433～1.456	15℃时为 0.921～0.925
可可脂	35～40	190～200	40℃时为 1.453～1.458	15℃时为 0.990～0.998
棕榈仁油	14～33	245～255	40℃时为 1.449～1.452	40℃时为 0.900～0.913
巴巴苏油	14～18	247～251	40℃时为 1.449～1.451	15℃时为 0.916～0.918
椰子油	7.5～10.5	250～264	40℃时为 1.448～1.450	—

在油脂工业中，通常采用加氢的方法将不饱和脂肪酸转化为饱和脂肪酸，这样处理后的产物就称为氢化油（张洪渊和万海清，2006；倪培德，2003）。

7.2 食用油脂的脂肪酸组成

自然界中存在着丰富的木本油料资源，其中 150 多种种子的含油量超过 40%，50 多种可食用。常见的木本油料包括油橄榄、油茶、核桃、星油藤和巴旦杏等（王兴国等，2017）。表 7-5 列出了 7 种主要木本油料油脂脂肪酸的组成及含量。可以看出，不同木本油料的油脂脂肪酸组成存在显著差异。

表 7-5 7 种主要木本油料油脂脂肪酸的组成及含量（%）（陈振超等，2018）

脂肪酸	油茶籽油	红松籽油	茶籽油	核桃油	香榧油	国内橄榄油	进口橄榄油
棕榈酸	8.26d	4.86e	16.22a	4.97e	8.55d	14.38b	10.03c
棕榈烯酸	0.23b	—	0.09b	0.07b	0.07b	1.85a	0.69b
硬脂酸	2.16bc	2.38b	3.15a	2.18bc	3.06a	1.86c	3.40a
油酸	80.55a	26.52e	53.24d	25.82e	27.57e	70.33c	75.69b
亚油酸	8.11d	46.70b	25.92c	59.13a	44.05b	10.12d	7.78d
亚麻酸	0.31c	0.25c	0.27c	6.61a	0.79b	0.90b	0.83b
γ-亚麻酸	—	16.63	—	—	—	—	—
花生酸	—	0.46a	0.09d	0.06d	0.18c	0.28b	0.45a
顺-11-二十碳烯酸	0.52d	1.07a	0.89b	0.21f	0.79c	0.29e	0.31e
11,14-二十碳二烯酸	—	—	—	—	2.99	—	—
二十碳三烯酸	—	—	—	—	12.10	—	—
饱和脂肪酸	10.42e	7.71f	19.45a	7.21g	11.79d	16.51b	13.88c
单不饱和脂肪酸	81.29a	27.58e	54.21d	26.10e	28.43e	72.47c	76.70b
多不饱和脂肪酸	8.43g	63.57b	26.18d	65.74a	59.93c	11.01e	8.61f

注：同一行不同小写字母表示有显著性差异（$P < 0.05$）

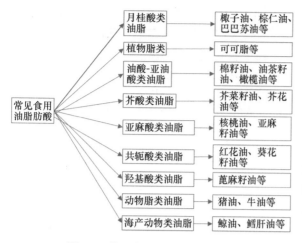

图 7-1 常见食用油脂肪酸示意图

油脂按碘值可以分为三类：非干性油、半干性油和干性油。如图 7-1 所示，按照脂肪酸组成可以将油脂分为十大类：乳脂类、月桂酸类（椰子油、棕仁油、巴巴苏油）、植物脂类（可可脂、牛油树脂、柏脂）、动物脂类（猪油、牛油）、油酸-亚油酸类（橄榄油、棉籽油、油茶籽油等）、芥酸类（芥花油、芥菜籽油）、亚麻酸类（亚麻籽油、核桃油、大豆油、大麻籽油）、共轭酸类（红花油、葵花仔油）、海产动物类油脂（鱼油、肝油、海生哺乳动物油）及羟基酸类（蓖麻籽油）（徐幸莲等，2006；倪培德，2003）。

7.2.1 月桂酸类油脂

月桂酸类油脂含有大量月桂酸（40%～50.4%），这是它们与其他油脂最大的区别。此外，它们含有较少量的 8、10、14、18 个碳的饱和脂肪酸，同时不饱和脂肪酸的含量很低。由于月桂酸分子量低，这些油脂具有非常低的不饱和度和熔点。它们是很有价值的食用脂肪，如用作煎炸油和中链甘油三酯（medium-chain triglyceride，MCT）婴儿食品配方。制取的钠皂硬而不易氧化，溶解性好，泡沫多，是制皂工业上的上好原料。此外，它们还是低分子量脂肪酸的唯一来源，其中己酸（羊油酸）、辛酸（羊脂酸）和癸酸（羊蜡酸）是椰子油氢化和裂解后的精馏产物。这类油脂来自多种多年生木本油料，资源丰富。月桂酸类油脂具体介绍如下具体如下。

1）椰子油

椰子油具有特殊香味，呈白色或浅黄色。在常温下呈凝固状态，熔点为 24～26.7℃，其凝固点低于 5℃。椰子油中含约 90%的饱和脂肪酸，其中月桂酸是主要成分（占 45.9%～50.3%），其次是肉豆蔻酸（占 16.8%～19.2%）、棕榈酸（占 7.9%～9.7%）和硬脂酸（占 3%～3.2%），还含有少量的不饱和脂肪酸，包括中油酸（占 5.4%～7.4%）和亚油酸（占 1.3%～2.1%），但几乎不含磷脂和胶质。

2）棕仁油

棕仁油是从油棕的果仁中提取的（干棕榈仁含油 40%～53%），全球年消费量约为 0.5Mt。该油的饱和脂肪酸含量约为 86.9%，脂肪酸组成（月桂酸 46.9%～51%、肉豆蔻酸约 17.3%、棕榈酸 8.8%）与椰子油非常相似。棕仁油可用于制皂和食品生产（如人造奶油、硬糖果）。与椰子油相比，棕仁油中的不饱和脂肪酸含量略高（13.9%～19.2%），碘值也高（14～22mgKOH/g 油），还含有约 4%的己酸和辛酸。棕仁油的凝固点与椰子油相似，其熔点为 24～26℃。

3）巴巴苏油

巴巴苏油主要来自巴西的一种棕榈树果仁，其果仁含油范围为 63%～70%。该油的脂肪酸组成如下：辛酸含量为 4%～6%，癸酸含量为 6%～7%，月桂酸含量为 44%～46%，肉豆蔻酸含量为 15%～20%，棕榈酸含量为 6%～8%，硬脂酸含量为 3%～5%，油酸含量为 12%～18%，亚油酸含量为 1.4%～2.8%。

7.2.2 植物脂类

植物脂类通常从各种热带树木果实中提取，它们属于饱和脂肪酸含量一般不低于 43%～62.4%的 C_{14}～C_{18} 脂肪酸，并且熔点不高（32～35℃），具有类似月桂酸的软化和熔点范围十分狭窄的特性。这些植物脂类的独特稠度是由其甘油三酯的特殊结构所决定的，主要含有不饱和脂肪酸（如油酸、亚油酸）。

最典型的植物脂类是非洲的可可脂，可可豆的仁含油量为 50%～55%，属于价格较高的油脂之一，主要用于巧克力、糖果和药品的生产。此外，还有云南婆罗脂（Borneo tallow，产自东南亚，云南娑罗双籽仁含油量为45%～70%)、牛油树脂(又名"雪亚脂"，产自西非，乳木果仁含油量为45%～55%)、柏脂(产自中国)、烛果脂(烛果树籽含油量为23%～30%)、雾冰藜脂(仁含油量为50%～60%)、松木硬脂(产自印度)等植物脂类。

可可脂是一种浅黄色的固体，带有可可豆的独特风味。当温度低于27℃时，它是脆硬的，随着温度升高逐渐软化、融化。它的熔点与晶型密切相关，若被急冷或急热处理，则会形成不稳定的晶型，其熔点较低，为25～30℃；但随着加热温度的升高，最终会形成熔点最高的晶型，此时的熔点高达35～36℃，在室温下保持着硬脆且不油腻的感觉。可可脂在一定温度下能融化，散发出独特的香味。可可脂不易氧化和酸败变质，特别适用于糖果涂层和巧克力的生产。

可可脂的脂肪酸成分主要由棕榈酸(占24.4%～26.7%)、硬脂酸(占34.4%～35.4%)、油酸(占37.7%～38.1%)及亚油酸(约占2.1%)组成。其甘油三酯结构中，约77%的甘油三酯由2个饱和脂肪酸基和1个不饱和脂肪酸基构成，其中甘油骨架碳2位上多为油酸，而棕榈酸与硬脂酸一般在碳1和碳3位。15.8%～27%的甘油三酯由1个饱和脂肪酸基和2个不饱和脂肪酸基构成。2%～2.7%的甘油三酯由3个饱和脂肪酸基组成，0.7%～2%的甘油三酯由3个不饱和脂肪酸基组成。因此，可可脂独特的融化性质与多晶型密切相关，而这种多晶型现象又源于其甘油三酯分子的高度有序排列。此外，可可脂中还含有0.3%～0.65%的磷脂和约1%的不皂化物。

7.2.3 油酸-亚油酸类油脂

油酸-亚油酸类油脂是自然界中数量最多，成分与性质差别最大的一类油脂。其主要成分为不饱和脂肪酸，其中油酸和亚油酸占80%以上。这类油脂在常温下呈液体状态，几乎不含饱和甘油三酯，是人类最重要的食用油脂之一。亚麻酸及多不饱和脂肪酸含量较低，不会导致严重的口感变质。油酸-亚油酸类油脂应用十分广泛，适用性最强。除了可以精炼成为供应食用的精制"色拉油"等产品之外，还可以经过各种加工处理，如氢化、分提、酯交换等，制成多种食用塑性脂肪、营养调和油、代可可脂以及肥皂等多种产品。这类油脂主要包括棉籽油、橄榄油、棕榈油、玉米油、葵花籽油、红花籽油、芝麻油、米糠油、茶籽油、烟草籽油、番茄籽油等，部分油脂的主要脂肪酸组成见表7-6。

表7-6 油酸-亚油酸类油脂的主要脂肪酸组成(%)

脂肪酸	烟草籽油	油茶籽油	番茄籽油	葡萄籽油	杏仁油	杏油	山核桃油	高粱油
$C_{18:1}$	12～15.9	74～87	34.1	15.6	44.5	62.0	66.9	24
$C_{18:2}$	73.1～77.3	7～14	27.1	72.2	40.5	28.1	22.2	59
饱和脂肪酸	9.6～12.2	7～11	−15～20	9.6	8.2	4.46	7.97	14～16

1) 油茶籽油

油茶籽油是一种木本油料，被联合国粮食及农业组织(FAO)建议用作保健植物油。油茶籽油是自然界中重要的护肤品原料之一，具有多方面的护肤功能，如保持皮肤水油平衡、延缓皮肤老化、提高皮肤抵抗力，常被用于化妆品中。油茶籽油还具有在重度烫伤治疗中促进伤口痊愈和恢复等方面的不俗功效。除此之外，油茶籽油还有预防心血管疾病、增强身体免疫力、提升肠胃功能等保健功效(蒋霞等，2022)。油茶籽油色泽清澈，味道香浓。相对于北方人，油茶籽油更受南方人的喜爱。油茶籽油与橄榄油的脂肪酸组成十分相似。油茶籽油的理化特性如下：碘值为80～89，皂化值为193～196，脂肪酸凝固点约为22℃，滴度(倾点)为15～18℃，油酸含量为70%～85%。油茶籽油中的脂肪酸包括亚油酸(占7%～14%)、亚麻酸(占0.5%～1%)、棕榈酸(占6%～8%)及硬脂酸(占0.7%～1.5%)。油茶籽油中的不皂化物(0.5%～1%)中含有三萜烯醇(约占0.04%)和甾醇(约占0.6%)。

2) 棉籽油

根据碘值分类，棉籽油属于半干性油。其中，棉酚色素的含量为0.25%～0.47%。棉籽油为毛油，呈红褐色，富含多种生育酚（1000mg/kg）和甾醇（0.375%），油脂酸价较高。棉籽油的脂肪酸组成为：亚油酸44%～53%、油酸 23%～28%、棕榈酸 20%～24%，其他饱和脂肪酸 1%～4%。此外，棉籽油中还存在少量有害的环丙烯脂肪酸（CPFA，0.1%～1%）。相较于同样碘值的其他油脂，棉籽油含有更多的饱和脂肪酸，其凝固点也较高。在低于 10～16℃的温度下，棉籽油即可部分凝固。棉籽油的浊点范围为–1.11～3.33℃，而冬化棉籽油的浊点可达–5.56～–3.33℃，倾点为–3.89～0℃，熔点为 10～15.6℃，凝固点约为 34.5℃（其中含有约 25%的饱和脂肪酸，碘值低于 105）。

3）橄榄油

橄榄油呈黄绿色，并带有特殊的香味，受到地中海国家人民的青睐。其油酸含量较高（55%～83%），同时含有 3.5%～21%的亚油酸、7.5%～20%的棕榈酸、0.5%～5%的硬脂酸以及少量的棕榈油酸（0.3%～3.5%）和亚麻酸（0.9%）等。橄榄油的成分范围广泛，微量成分复杂，富含多种营养物质。例如，其中含有 β-谷甾醇（0.1%～0.2%）、β-胡萝卜素（约 3690μg/kg）和生育酚（300×10^{-6}g/g）等。相较于其他植物油脂，橄榄油的碘值较低（77～94g/g），并且在 0℃时也不会凝固成固体，其浊点和倾点分别为–5.5℃和–10℃，皂化值在165～200。

4）棕榈油

从棕榈果肉中提取得到的棕榈油，也被称为"棕榈酸"类油脂，棕榈果肉含油量为 50%～70%。棕榈油呈深橙红色，这是因为其中含有胡萝卜素（0.05%～0.2%），碱炼方法无法有效脱除，一般需要采用氢化、高温白土脱色或化学氧化脱色法。棕榈油中的饱和脂肪酸与不饱和脂肪酸含量相近。棕榈油的脂肪酸组成主要包括棕榈酸（41.8%～46.8%）、油酸（37.3%～40.8%）和少量亚油酸（9.1%～11%）。棕榈油独特的脂肪酸组成导致其碘值较低（约 53g/100g 油脂），但氧化稳定性很好。棕榈油是一种非干性油，在 21～26.7℃时呈半固态。棕榈毛油富含类胡萝卜素（500×10^{-6}～700×10^{-6}g/g）和生育酚（维生素 E，600×10^{-6}～1000×10^{-5}g/g），胆固醇含量很低，营养价值高。

5）芝麻油

芝麻油呈草黄色，香味浓郁。其含有多种不饱和脂肪酸，根据碘值可将其归为半干性油类。芝麻油的脂肪酸组成为：油酸 35%～50%、亚油酸 35%～50%、棕榈酸 7%～12%、硬脂酸 3.5%～6%、花生酸和亚麻酸含量较少，磷脂含量在 0.03%～0.13%。相比于其他常用的食用油，芝麻油不易氧化酸败。这是因为未经过极度精炼的芝麻油中含有多种抗氧化的特殊不皂化物（1%～1.2%），包括芝麻素（0.07%～0.61%）、芝麻酚林（0.02%～0.48%）、微量的芝麻酚（sesamol）及维生素 E 等。芝麻油是为数不多的可以不经过精炼即可食用的油脂之一。

6）玉米油

玉米油主要来自玉米胚芽（占 83%）和玉米胚乳（占 15%），又被称为"玉米胚芽油"。玉米油属于半干性油，脂肪酸组成包括亚油酸（45.6%～61.1%）、油酸（25.8%～36.7%）、棕榈酸（1.7%～4%）、亚麻酸（1.1%～2.4%）、花生酸（0.6%）等。玉米油是必需脂肪酸（essential fatty acid，EFA）的极佳来源，EFA平均含量约为 60.8%。尽管天然玉米油不饱和度很高（碘值为 127～133g/100g 油脂），但在使用中（包括煎炸）仍然具有极好的稳定性。

玉米油的营养价值很高，其中不饱和脂肪酸、卵磷脂、维生素 E 等对人体健康都有益处。玉米油中含有丰富的亚油酸，这是人体必需的多不饱和脂肪酸之一，对心血管疾病、糖尿病、癌症等疾病有预防和治疗作用。此外，玉米油中含有丰富的维生素 E，具有很好的抗氧化作用，能够减少自由基对细胞的损害，从而保护细胞健康。玉米油也是一种高热量的油脂，每 100g 约含有 900kcal（1cal=4.1868J）的热量，因此在饮食中应适量食用。

7）葵花籽油

葵花籽油呈浅琥珀色，含有少量磷脂（500×10^{-6}g/g）、黏液质和蜡（1.25%）。一般酸值不高，经过精炼后呈淡黄色。葵花籽油中不饱和脂肪酸十分丰富：亚油酸占 61.5%～73.5%，油酸占 15%～26.4%，亚麻酸占 0.1%～0.5%，棕榈酸占 4%～4.6%。葵花籽油的烟点高（252～254℃），风味柔和，外观清亮，已成为人们在焙烤、煎炸和作色拉调味时的常用油品。此外，选择性氢化葵花籽油也被广泛用于制作人造奶油。

8）红花籽油

红花籽油呈淡黄色至金黄色，具有轻微的坚果味。作为一种不饱和度最高的食用油，红花籽油深受消费者欢迎，因为它不含亚麻酸，不会产生异味。红花籽油分为两种类型，分别是亚油酸型和油酸型。前者亚油酸含量高达 75%～79%、油酸含量 12%～16%、棕榈酸含量 4%～6%、硬脂酸含量仅 1%～2%；后者则相反，油酸含量在 75% 以上、亚油酸含量仅为 5% 左右。红花籽油的主要问题是货架期短、贮藏稳定性差[活性氧法（AOM）仅为 9～12h]，使用后要求将油冷藏以保持其新鲜度。从食品营养价值考虑，将亚油酸型与油酸型红花籽油进行混合，调整脂肪酸组成，可以延长货架期。

9）米糠油与高粱油

米糠油、高粱油和玉米油都属于谷物类油脂，它们的组成成分非常复杂，富含不饱和脂肪酸，具有高酸价、高含蜡量等特点。

米糠油由于含有多种色素，如胡萝卜素、叶绿素和美拉德褐变反应产物，所以呈现出深绿色、棕色和浅黄色等多种颜色，这取决于米糠的来源和提取方法。全精炼米糠油则呈现出浅黄色（R3、Y30；碘值 99～108）。典型的米糠油脂肪酸组成与花生油相似，主要成分为油酸（43%）、亚油酸（37.4%）、棕榈酸（15%）和硬脂酸（1.7%），还含有少量的亚麻酸（1.5%）和花生酸（0.6%）。米糠油中含有约 4% 的磷脂，4% 以上的不皂化物，其中主要包括 β-谷甾醇、γ-谷维素（阿魏酸脂类的化合物，含量为 15g/kg）、生育三烯酚以及蜡脂（1%～4%）等。

高粱油是从高粱胚芽中提取的，其胚芽的油脂含量高达 30%～50%，整体而言，高粱籽粒的含油量约为 3.3%。高粱油和玉米油相似，碘值较低（约 115），含蜡较多，不皂化物含量为 1.7%～3.2%。它的脂肪酸组成为油酸（30%～47%）、亚油酸（40%～55%）、亚麻酸（0.1%）、肉豆蔻酸（约 1%）、棕榈酸（6%～10%）和硬脂酸（3%～6%）。表 7-7 列出了部分植物油脂的主要脂肪酸组成。

表 7-7　部分植物油脂的主要脂肪酸组成（%）

脂肪酸	卡诺拉油	高芥酸菜籽油	低亚麻酸卡诺拉油	高油酸卡诺拉油	低亚麻酸亚麻籽油	大豆油	葵花籽油	玉米油
$C_{14:0}$	0.1	—	0.1	0.1	0.1	0.1	—	—
$C_{16:0}$	3.5	4.0	3.9	3.4	6.3	10.8	6.2	11.4
$C_{18:0}$	1.5	1.0	1.2	2.5	4.1	4.0	4.7	1.9
$C_{20:0}$	0.6	1.0	0.6	0.9	0.1	—	0.2	—
$C_{22:0}$	0.3	0.8	0.4	0.5	0.1	—	—	—
饱和脂肪酸	6.0	6.9	6.2	7.4	10.4	14.9	10.9	—
$C_{16:1}$	0.2	0.3	0.2	0.2	0.1	0.2	0.2	13.3
$C_{18:1}$	60.1	15.0	61.1	76.8	16.5	23.8	20.4	0.1
$C_{20:1}$	1.4	10.0	1.5	1.6	0.1	0.2	—	25.3
$C_{22:1}$	0.2	45.1	0.1	0.1	—	—	—	—
单烯脂肪酸	61.9	70.1	62.9	78.7	16.7	24.2	20.6	25.4
$C_{18:2}$	20.1	14.1	27.1	7.8	69.5	53.3	68.8	60.7
$C_{18:3}$	9.6	9.1	2.1	2.6	1.8	7.1	—	—
多烯脂肪酸	29.7	23.2	29.2	10.4	71.4	60.4	68.8	60.7

注："—"表示无

7.2.4　芥酸类油脂

这类油脂含有丰富的芥酸（44%～55%），以及少量的亚麻酸和二十碳烯酸。自然界中只有少数几种商业化的芥酸类油脂，如菜籽油、芥籽油、野菜籽油和海甘蓝籽油等。其中，菜籽油是一种世界性的大宗油脂，广泛用于中国、印度和欧洲大陆的食品加工业中。然而，芥酸被认为对人体健康有害，因此经过品种改良的"双低"卡诺拉油正在不断发展，逐渐有取代菜籽油成为食用油脂的趋势。高芥酸菜籽油具有广泛的工业用途，如可以制造润滑剂、芥酸和芥酸酰胺以及其他脂肪酸衍生物。此外，菜籽油甲酯还可以作为生物柴油等。

7.2.5 亚麻酸类油脂

这类油脂含有丰富的油酸、亚油酸和 α-亚麻酸、γ-亚麻酸等多种必需脂肪酸，尤其是亚麻酸的含量较高。因此这类油脂被归类为干性油，可用于生产油漆和涂料。除了工业用途，这类油脂还具有很高的食用价值，能够有效地维持人体健康。亚麻酸类油脂的主要来源包括核桃油、亚麻籽油、牡丹籽油、星油藤油、苏子油、小麦胚芽油、月见草油、大麻籽油和大豆油等。

1）核桃油

核桃油是一种干性油，呈黄色或金黄色。核桃含油量极高，是所有木本油料中含量最高的，达到 65%～70%。此外，核桃油中还富含一些天然维生素。核桃油可以提供充足的热量，并具有美容美颜、滋润皮肤、促进大脑发育等作用。对于婴幼儿来说，适量摄入核桃油可以有效补充亚麻酸，有利于他们的生长发育。核桃油中脂肪酸成分主要包括：亚油酸（51.21%～68.97%）、油酸（12.56%～39.47%）和亚麻酸（6.82%～15.01%）。此外，核桃油中还富含大量的黄酮、植物甾醇、磷脂、鱼肝油萜、多酚类化合物等，具有预防高血脂和高胆固醇、提高身体免疫力、促进大脑神经发育等作用（蒋霞等，2022）。

2）亚麻籽油

亚麻籽油是一种干性油，呈金黄色并具有独特的气味。由于亚麻籽油富含 α-亚麻酸，碘值高，许多国家主要将其用于制备油漆、油墨、油布等。然而，亚麻籽油具有不良气味，不适合用作人造奶油或起酥油。此外，由于亚麻籽油容易自动氧化和热聚合，因此也不适合用作色拉油或烹调油。毛亚麻籽油中含有大量磷脂和胶质（0.1%～0.5%），在制备油漆、清漆之前需要进行脱胶处理。

3）牡丹籽油

牡丹籽油富含自然界中九成的不饱和脂肪酸，其中亚麻酸含量最高，达到 45%。高含量的亚麻酸对身体健康非常有益，因此牡丹籽油在新型食用油和高档营养保健油市场上具有广阔的前景。此外，牡丹籽油也是一些化妆品中的有效成分，具有防晒、祛痘和平衡油脂等功效。然而，牡丹籽油的价格明显高于其他木本油脂，且保质期短，这些是亟需解决的问题，以加速其发展。

4）星油藤油

星油藤是一种有潜力的新型油料作物，其种子含油量接近 50%。星油藤油中含有多种脂肪酸，如油酸、亚油酸、亚麻酸、棕榈酸、硬脂酸、花生酸、花生一烯酸等。与日常食用的植物油相比，星油藤油中多不饱和脂肪酸含量更高，达到 80%。多不饱和脂肪酸主要由亚麻酸组成，星油藤油脂肪酸中的亚麻酸含量高达 46.38%。食用星油藤油可以帮助调理人体因摄入 α-亚麻酸不足引起的身体不适，改善身体健康。尽管星油藤油具有良好的营养价值，但其价格和保质期等问题需要进一步解决，以促进其在市场上的发展。

7.2.6 共轭酸类油脂

共轭酸类油脂与其他植物类油脂的不同之处在于其脂肪酸具有共轭双键。在商业用途上，常见的共轭酸类油脂包括桐油和奥的锡卡油。桐油含有大量的桐酸（77%～82%），该酸具有顺-9、反-11 和反-13 的化学结构。奥的锡卡油则含有大量的酮基十八碳三烯酸（73.7%～78%）。相较于一般位置上的双键，位于共轭位置上的双键更容易氧化，因此共轭酸类油脂比普通干性油更容易干燥，也不易水解。这类油脂需要经过特殊处理，如桐油需要在 200℃ 的条件下熬制约 30min，经过熟化成为"洪油"或"秀油"，才能防止固化以备使用。这类油脂不适合食用，而主要用于制造各种清漆、瓷漆和涂料等产品。

7.2.7 羟基酸类油脂

这类油脂中，值得特别提及的是蓖麻籽油。蓖麻籽油是唯一含有蓖麻油酸（[R-(Z)]-12-羟基-9-十八碳烯酸，约占 90%）和少量 9,10-羟基硬脂酸甘油三酯成分的油。蓖麻籽油不适合食用，也不适用于肥皂工业，而是许多化学工业和医药产品的重要原材料。在自然界中还存在其他类似的油种，如保加利亚产的草地芸香（Thalictrum）的籽含油量为 23.9%～24.5%，其中大约 60% 的脂肪酸是顺-12,13-位环氧油酸和双键在反-5 位上的；刚果民主共和国产的木本油脂——衣散油（衣散木籽仁含油量为 60%）含有 40% 以上的羟基衣散酸和 50% 的衣散酸；非洲和亚洲产的苹婆树油或爪哇橄榄树油含有 72% 的苹婆酸。这些油脂在自然界中数量非常稀少。将这些油加热到 240℃，就会迅速发生爆炸性聚合反应。

蓖麻籽油与其他油脂的区别主要在于其高乙酰值（也称为羟基值，144～150），蓖麻籽油密度高于相同碘值的其他油类，具有较高的黏度和熔点（86～88℃）。蓖麻籽油能溶于乙醇，但在常温下几乎不溶于石油类溶剂。其脂肪酸组成包括棕榈酸（1.1%～2.0%）、硬脂酸（1.0%～1.8%）、油酸（3.2%～7.0%）、亚油酸（3.0%～6.7%）、蓖麻醇酸（83.6%～95%），以及二羟基硬脂酸（0.4%～1.3%）。蓖麻籽油的脂肪酸凝固点较低（3℃）。此外，还含有约 0.7% 的少量三萜烯与 β-谷甾醇等不皂化物。

7.2.8 动物脂类油脂

动物油脂是由猪、牛、羊的皮下脂肪、肌肉（肠区）脂肪、屠宰脂肪和分割脂肪等部位熬制提炼而成的。针对主要动物原料生产的油脂脂肪酸组成，我国食品法规制定了相应的标准（表 7-8）。

表 7-8 主要动物油脂的脂肪酸组成（%）

脂肪酸	乳脂	猪油和熬制猪油	工业牛油和食用牛油	羊脂	鸡脂肪
$C_{14:0}$	5.4～14.6	0.5～2.5	1.4～7.8	2.1～5.5	
$C_{14:1}$	1.54～1.8	≯0.20	0.5～1.5		
$C_{15:0}$	1.1～1.34	≯0.1	0.5～1.0	0.8	
$C_{16:0}$	22～41	20～32	17～37	23.6～30.5	18.0
$C_{16:1}$	2.29～2.8	1.7～5.0	0.7～8.8	1.2～1.5	
$C_{17:0}$	0.7～1.08	≯0.5	0.5～2.0	1.4	
$C_{17:1}$	约0.37	≯0.5	≯1.0	0.2	
$C_{18:0}$	10.5～14	5.0～24	6.0～40	20.1～31.7	8.0
$C_{18:1}$	18.7～33	35～62 (37.7～44)	26～50 (41.1～41.8)	30.0～41.4	52.0
$C_{18:2}$	0.9～3.7	3.0～16 (5.7～7.8)	0.5～5.0 (1.6～1.8)	1.4～3.9	17.0
$C_{18:3}$	1.23～2.6	≯0.15	≯2.5	0.2	
$C_{20:0}$	约0.03	≯1.0	≯0.5	0.2	
$C_{20:1}$	约0.52	≯1.0	≯0.5	0.1	
$C_{20:2}$	约0.14	≯1.0			
$C_{20:4}$	约0.04	≯1.0	≯0.5		
$C_{22:0}$	0.04	≯0.1			

注：≯表示"不大于"

1）猪油

猪油也称为"猪脂"，是目前最重要的食用动物油脂之一。不同部位的猪油在脂肪酸组成、特性和黏稠度方面存在显著的变化。例如，腹部脂肪层含有 26%的油酸和 10.7%的亚油酸，而肉脂含有 50.7%的棕榈酸和 10%的亚油酸。

除了可以直接食用外，猪油还具有适用于广泛的工业和食品用途的流变特性。通过适当的加工（如氢化、水解）或改性（如酯交换、脱除胆固醇），猪油可以用于制作煎炸油、起酥油、人造奶油、食品级单硬脂酸甘油酯、甘油、硬脂酸等产品。

2）牛油和羊脂

食用牛油主要来自肉用牛，因此其产量有限。牛油中含有 12 种主要脂肪酸。其中，饱和脂肪酸含量较高，约占 47.8%～71.6%，主要是棕榈酸和硬脂酸，不饱和脂肪酸主要是油酸（25.9%～49.6%）。此外，牛油还含有上百种微量的支链、奇数碳原子以及高不饱和脂肪酸。

优质牛油是将牛体腔内的新鲜脂肪经过低温湿法熬制而成的，其色泽浅黄，气味柔和，酸价低于 0.4，碘价为 36～40，凝固点为 44～46℃，熔点为 48℃。

另外，牛脚油是一种特殊非食用脂肪，具有低熔点，常温下呈液体状态。牛脚油的油酸含量高达 48.3%～64.4%，亚油酸含量为 2.3%～12.1%，十六碳一烯酸含量为 3.1%～9.4%。牛脚油是通过熬制牛的去蹄脚骨获得的，产量较小，通常用作皮革修饰的辅助剂。

羊脂通常比牛脂稍硬，且其碘价较低，不饱和度更低，碘值为 32.4～38.6g/g。市场上供应的商品牛脂（一般分为 10 个等级）指的是牛脂、羊脂或两者的混合物，含有的多不饱和脂肪酸比猪油略多一些，但缺少天然的抗氧化剂，因此氧化稳定性差。

3）马脂

马脂与其他陆地动物的脂肪组成有所不同，其碘值约为 95，亚麻酸含量为 16.3%，属于亚麻酸类油脂。相较于其他动物的脂肪，马脂含有较高比例的不饱和脂肪酸，约占 62%（其中油酸占 33.7%，亚油酸占 5.2%）。其固态脂肪的主要成分为棕榈酸（26%）、肉豆蔻酸（4.5%）和硬脂酸（4.7%）。马脂通常不单独使用，而是作为非食用或工业用途的原料与牛油、羊脂等混合使用。

4）乳脂

乳脂是从全脂鲜牛奶或稀奶油中经过离析和分离得到的混合物，其中含有直径为 2～3μm 的脂肪球包裹的脂肪，其组成非常复杂，已经检测到了 500 多种脂肪酸，但主要集中在 15～20 种。乳脂中的饱和脂肪酸占 66%～70.6%（主要为 $C_{16:0}$、$C_{14:0}$、$C_{18:0}$），而不饱和脂肪酸约占 30%（以油酸为主）。此外，乳脂还含有一些奇数链型脂肪酸和支链型脂肪酸，以及具有牛乳风味的乳酸（$C_{4:0}$，占 2.8%～4%）。除了脂肪酸之外，乳脂中还含有微量或痕量成分，如甘油三酯（53.4%）、甘二酯（8.1%）、单甘酯（4.7%）、磷脂（20.4%）、胆固醇（5.2%）和胆固醇酯（0.79%）。乳脂中还含有维生素 A（6～12mg/g）、胡萝卜素（0.45%，2～10mg/g）和角鲨烯（0.61%）。

5）其他乳脂

除了牛之外的其他食草动物，如羊、马和骆驼等，它们的乳脂成分与牛乳脂相似。在它们的脂肪酸组成中，山羊奶、绵羊奶的饱和脂肪酸含量与牛奶相近（64.2%～71.1%），而马奶和骆驼奶的饱和脂肪酸含量较低（41.3%～57.3%）。马奶中亚麻酸的含量高达 16.1%，总不饱和脂肪酸含量达 58.7%。山羊奶中的癸酸含量为 10%。羊奶的特点是颜色较浅、胡萝卜素含量较低，而维生素 A 含量较高。需要注意的是，乳脂的脂肪酸组成受季节影响较大，冬季生产的乳脂中饱和脂肪酸的含量比例较夏季更高。

7.2.9 海产动物类油脂

鱼油是指从海洋哺乳动物鲸类、海洋鱼类和淡水鱼体内提取的油脂。海洋鱼类品种繁多，含油率差异很大，为 0.35%～14%。此外，鱼体不同部位的含油率也存在显著差异，头部的含油率最高，约为中部和尾部的两倍。例如，鳕肝的含油率高达 30%～70%。所有这些因素导致鱼油中脂肪酸成分的复杂性和范围的广泛变化。

海洋环境的特殊条件和鱼类的食物链结构也导致鱼油与陆地动物油脂存在明显的差异。其中最显著的是：①不饱和脂肪酸总含量很高，通常为 60%~90%，鱼油中的不饱和脂肪酸具有复杂的组成，通常含有 12~24 个碳原子，并且具有较高的碘价（110~175）和较低的凝固点（17~25℃），因此，鱼油通常呈液体状态；②ω-3 多不饱和脂肪酸（PUFA）是所有鱼油的重要组成部分，EPA 和 DHA 是鱼油的特征脂肪酸，也被称为 ω-3 高不饱和脂肪酸（HUFA）。它们的含量因鱼种、产地、季节、鱼龄、大小和组织器官的不同而异。例如，鱼眼窝和肝含量最高。大眼金枪鱼中的 DHA 含量为 30.6%，EPA 含量为 7.8%。淡水鱼中通常含量较低（5.6%~14%）。养殖海洋鱼和野生海洋鱼油中的 ω-3 高不饱和脂肪酸（HUFA）总含量均较高，通常为 20%~37%，最高可达 49.31%（如食用野生鳕油）。此外，ω-3/ω-6 值较高，通常为 29~222.9，其中 EPA 占 3%~22%，DHA 占 5%~28%。表 7-9 列举了主要海产鱼油的特性和主要脂肪酸组成。

表 7-9 主要海产鱼油的特性和主要脂肪酸组成

组分	鲸油类	步鱼油	沙丁鱼油	鲱油	鳕肝油	鲹油
碘值	107~167	150~185	170~193	115~160	118~190	184
皂化值	185~198	192~199	188~199	179~194	182~191	
不皂化物/%	0.32~3.5	约 1	0.1~1.25	0.5~1.7	0.9~1.4	约 1
凝固点/℃	17~25	22~28	22~23	约 25	约 10	
饱和脂肪酸/%	10~27.3	26.6~47.7	25.6~28.8	39.6~46.5	14.8~23.3	约 39.51
不饱和脂肪酸/%	73.6~90	52.3~73.4	71.2~74.4	53.5~60.4	76.7~85.2	约 60.49
$C_{14:0}$	4.2~8.3	7.2~12.1	6.6~7.6	3.2~7.6	2.8~3.5	12.4
$C_{15:0}$	0.2~1.0	0.4~2.3	0.6	0.4~1.3	0.3~0.5	0.46
$C_{16:0}$	4.3~12.1	15.3~25.6	15.5~17.0	13~27.2	10.4~14.6	20.5
$C_{16:1}$	8.4~18	9.3~15.8	9.1~9.5	4.9~8.3	5~12.2	11.1
$C_{16:2}$		0.3~2.8				
$C_{16:3}$		0.9~3.5				
$C_{16:4}$		0.5~2.8				
$C_{17:0}$	0.4~0.8	0.2~3.0	约 0.7	0.5~3.0	0.1~1	1.88
$C_{18:0}$	0.9~3.0	2.5~4.1	2.3~3.7	1.8~7.4	1.2~3.7	4.08
$C_{18:1}$	27~32.8	8.3~13.8	11.4~17.3	13.5~22	19.6~39	4.35
$C_{18:2}$	0.1~2	0.7~2.8	1.3~2.7	1~4.3	0.8~2.5	3.56
$C_{18:3}$	0.4~0.8	0.8~2.3	0.8~1.3	0.6~3.4	0.2~1	
$C_{18:4}$	0.5~0.7	1.7~4.0	2.0~2.9	1.8~2.8	0.7~2.6	
$C_{20:0}$ ($C_{20:1}$)	约 0.6	0.1~0.6	(3.2~8.1)	(1.2~15)	(8.8~14.6)	0.27(2.1)
$C_{20:4}$	0.6~11.9	1.5~2.7	1.9~2.5	0.4~3.4	1~2.1	0.5
$C_{20:5}$ (EPA)	0.9~4.1	11.1~16.3	9.6~16.8	4.6~10.2	5~9.3	10.7
$C_{22:1}$ ($C_{22:4}$)	8.6~17.9	0.1~1.4	3.6~7.8	11.6~28	4.6~13.3	1.73(2.19)
$C_{22:5}$	0.7~3.8	1.3~3.8	2.5~2.8	1~3.7	1~2	1.39
$C_{22:6}$ (DHA)	5.2~7.1	4.6~13.8	8.5~12.9	3.8~20.3	8.6~19	4.37
主要产地	南极、北极	美国、大西洋区域	太平洋区域	大西洋区域	大西洋区域	秘鲁、南非
维生素 E 含量/ (μg/g)	220	70	40	140	银鳕鱼油 630	金枪鱼油 160

7.3　人体必需脂肪酸与健康

7.3.1　必需脂肪酸

必需脂肪酸（EFA）是指人体无法自行合成，只能从食物中摄入的脂肪酸。其中包括亚油酸（C18:2，n-6）和 α-亚麻酸（C18:3，n-3）。它们的化学结构式如下所示。

亚油酸：$CH_3(CH_2)_4CH=CHCH_2CH=CH(CH_2)_7COOH$

α-亚麻酸：$CH_3CH_2CH=CHCH_2CH=CHCH_2CH=CH(CH_2)_7COOH$

除了亚油酸和 α-亚麻酸外，还存在许多其他的 ω-3 和 ω-6 系列必需脂肪酸，如花生四烯酸、二十二碳六烯酸等，它们都可以从亚油酸和 α-亚麻酸中合成。

目前，有很多文献报道了必需脂肪酸的生理功能（姜明霞和翟成凯，2015；杨滨，2014；张全军，2013；孙远明和余群力，2010；周才琼和周玉林，2006），具体如下。

（1）作为磷脂的重要组成部分，必需脂肪酸，特别是亚油酸和 α-亚麻酸，在磷脂的合成中扮演着重要的角色。细胞膜的结构和功能取决于磷脂的不饱和脂肪酸含量、链长和不饱和程度。因此，为了维持正常的细胞膜结构和功能，必需脂肪酸的供应尤为重要。如果缺乏必需脂肪酸，磷脂合成受阻，导致膜组织无法正常工作，最终可能引发脂肪肝等疾病。

（2）必需脂肪酸还是合成前列腺素、血栓素和白三烯的重要物质。前列腺素是一种重要的局部激素，具有平衡血液凝固、调节血管张力、影响尿液产生和水代谢平衡等生理功能。血栓素和白三烯参与血小板凝聚、平滑肌收缩和免疫反应等过程。因此，必需脂肪酸的供应充足与否，直接影响前列腺素、血栓素和白三烯等生理过程的正常运作。婴儿需要通过外部摄入来获得前列腺素，以维持消化道的健康。

（3）必需脂肪酸与胆固醇代谢有关。体内近七成的胆固醇不能直接转运和代谢，而需要与脂肪酸结合形成酯的形式，如与亚油酸结合而成高密度脂蛋白，以便在肝中进行代谢和分解。在必需脂肪酸供给不足的情况下，饱和脂肪酸会替代必需脂肪酸与胆固醇结合，导致胆固醇无法被代谢分解，最终积聚并引发疾病。此外，一些 ω-3 和 ω-6 系列的多不饱和脂肪酸也能发挥类似作用。

（4）必需脂肪酸还可以作为前体脂肪酸生成其他重要的多不饱和脂肪酸，如对机体十分重要的花生四烯酸、EPA 和 DHA 等。图 7-2 为 EPA 与 DHA 的生物合成途径。DHA 在体内的合成需要 α-亚麻酸作为前体，而 DHA 含量的丰富程度还取决于视紫红质功能是否正常。因此，充足摄入必需脂肪酸可以有效地保护视力。此外，必需脂肪酸对大脑神经系统的发育和心脏病的预防具有积极作用。

（5）必需脂肪酸具有抗氧化作用。当皮肤受到 X 射线、高温等因素损伤时，必需脂肪酸有助于治疗受伤的皮肤。

（6）必需脂肪酸与动物精子形成有关。必需脂肪酸摄入持续不足会导致动物无法怀孕，并对授乳过程产生不良影响。

长期摄入不足的必需脂肪酸可能导致生长发育不良、不孕症和皮肤受损，同时也可能引发各种器官（包括眼睛在内）的疾病。然而，过量摄入多不饱和脂肪酸可能导致体内不良氧化物和过氧化物的积累，从而对机体造成长期危害。

7.3.2　油脂与健康

随着生活水平的提高，油脂已成为人体的主要能量来源之一。现今的消费者越来越关注人体健康和油脂中营养成分的关系。研究表明，油脂中的许多微量元素对人体健康有利。在许多研究中，学者通常使用油脂的供应量和消费量来评估人们的物质生活水平。然而，随着全球心血管等疾病的发病率不断上升，油脂对人体健康的影响逐渐成为研究的热点。

膳食油脂能够提升食品口感，使食品具有光滑的质感和独特的滋味。脂类化合物具有独特的物理和化学性质，与其化学组成、晶体结构、同质多晶、熔化性能以及与其他非脂物质之间的相互

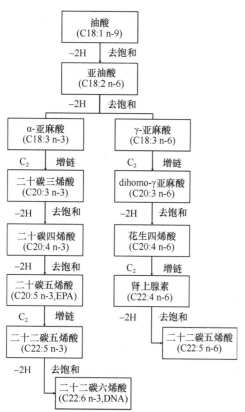

图 7-2　EPA 与 DHA 的生物合成途径

n 代表双键的始起位置，例如，油酸（C18:1, n-9）表示碳链上第 9 个碳原子与第 10 个碳原子之间有一个双键，即双键从第 9 个碳原子开始

作用密切相关。这些特性与食品的外观、质地和色、香、味等密切相关，如巧克力、人造奶油、冰淇淋、烘焙食品等。当然，作为食品添加剂，油脂也存在一些不利的方面，如油脂在食品的运输、储存等过程中容易发生氧化等不良反应，导致食品产生不良的风味。同时，过量摄入油脂也会引发许多健康问题，如肥胖、心血管堵塞等。因此，人们越来越关注常见膳食油脂与人体健康的关系。表 7-10 给出了常见膳食油脂对人体血清胆固醇的影响（吴时敏，2001）。

表 7-10 膳食油脂对人体血清胆固醇的影响

油脂种类	①胆固醇含量变化/%	油脂种类	①胆固醇含量变化/%
混合油②	−26	大豆油	−6
米糠油	−15	茶油	−5
玉米胚芽油	−13	菜籽油	+2
红花籽油	−13	猪油	+2
小麦胚芽油	−13	天然奶油	+30
葵花籽油	−12	花生油	+38

注：①表中"−"号表示减少的百分比，"+"号表示增加的百分比；②混合油为30%的红花籽油和70%的米糠油的混合品

研究结果表明，花生油和天然奶油含有较高量的饱和脂肪酸和胆固醇，因此会显著提高血清中胆固醇水平。膳食油脂的组成十分复杂，因此需要考虑油脂中各组分之间的相容性和相斥作用。除了必需脂肪酸等指标之外，现今人们也关注膳食油脂中其他成分的含量和比例，如饱和脂肪酸和反式脂肪酸等，这些也是影响膳食油脂营养健康的重要指标。

世界卫生组织（WHO）和联合国粮食及农业组织建议，成年人脂肪总摄入量不应超过膳食提供总能量的30%。在欧洲，脂肪摄入量偏高，为40%～45%；在美国，脂肪摄入量为30%～40%，而在一些不发达的亚洲国家，脂肪提供的能量仅占膳食总能量的15%～25%。根据《中国居民营养与慢性病状况报告（2020年）》，随着人们从食物中摄取的脂肪能量的比例不断上升，我国农村地区的摄入量已经超过了30%，家庭日均每人的油盐摄入量也超过了推荐值上限。

脂肪是人体必需的营养成分之一。在研究脂肪时，需要考虑它与其他营养成分的相互作用，并研究它们形成的体系的理化特性。在研究膳食油脂时，需要结合各地的饮食特点，使油脂的含量适宜，既不会导致营养不足，也不会导致过剩，同时还要满足口感和价格等方面的要求。对于膳食油脂与人体健康的关系，需要考虑以下 5 个方面（张全军，2013）。

（1）作为食品营养增强剂，多不饱和脂肪酸经常被添加到许多食品和饮料中，从而有效提高婴儿和青少年对必需脂肪酸的摄入量。目前，不少欧美国家，尤其是美国，已将亚油酸作为运动食品和营养辅助保健食品的原料，研发多不饱和脂肪酸食品以满足那些必需脂肪酸摄入量不足的特殊人群的需求。未来还将研发保护胎儿生长、促进青少年智力发育，以及解决中老年心血管疾病等健康问题的保健食品。在欧洲市场上，已有多种含有多不饱和脂肪酸的饮食制品和乳制品。在日本市场上，已有富含 DHA 的鱼肉香肠、火腿肠等营养增强食品，市场前景广阔。

（2）作为保健食品和功能性饮料的重要原料之一，γ-亚麻酸可以用作功能食品的基料。多不饱和脂肪酸还可以与其他活性物质相结合，制成片剂或胶囊等各种形式的功能食品。巴斯夫日本分公司将食用多不饱和脂肪酸制成微胶囊粉末油脂，并提供了三个等级产品（EPA 和 DHA 比例分别为 6∶4、1∶1、1∶5）。由于粉末油脂具有独特的流动性，更容易作为保健成分添加到婴儿奶粉中。

（3）共轭亚油酸的钠盐和钾盐作为优秀的防腐剂被广泛应用，因为它们无毒副作用且具有防霉变能力，因此添加量没有上限。此外，共轭亚油酸的钠盐还具有对李斯特氏菌的抑制作用。

（4）多不饱和脂肪酸可以用于食用油产品中。如果日常饮食中只摄入单一类型的油脂，可能导致部分脂肪酸的摄入过多或不足，从而引发许多疾病。只有摄入比例适宜的多不饱和脂肪酸，才能维持油脂的功效并保持身体的健康。根据国家标准，食用调和油应以一种大宗食用油为基础，加入其他比例适当具有特

殊功能的食用油，经过调和形成具备完善功能的食用油。市场上研发出了多种调和油，如玉米油、葵花籽油、红花籽油、小麦胚芽油等属于 ω-6 型油类，而亚麻籽油、核桃油、鱼油等属于 ω-3 型油类。这些调和食用油不仅具有合理的脂肪酸比例，同时兼顾了食用营养和保健功能的需求。

（5）用于鱼油微胶囊的生产。鱼油富含大量的不饱和脂肪酸（DHA 和 EPA），经过特殊处理可以制成微胶囊形式，用作营养强化剂或食品添加剂。然而，由于鱼油的供应短缺，人们开始筛选和培育能够高产 DHA 和 EPA 的微生物，并利用生物技术研究生产鱼油类似物的方法，这成为该领域的研究热点。此外，对于 EPA 和 DHA 功能食品的研究也受到广泛关注，这对于提高国民身体素质，追赶国际先进水平具有重要意义。

油脂和健康的关系越来越受到人们的关注。由于油脂过量摄入与多种疾病的关联日益明显，特别是心血管疾病等疾病的增加使得许多国家面临相应的挑战，甚至包括发达国家。因此，深入研究过量脂肪摄入、反式脂肪酸、胆固醇等因素对疾病的影响具有现实意义。这些研究可以为制定健康的膳食指南和食品政策提供重要依据。

油脂的营养和药用价值越来越受到重视，它已被广泛应用于临床药物和营养学中。许多研究已经报道了脂类物质在预防和治疗多种慢性疾病方面的良好效果。例如，油脂具有良好的心血管保护功能，已被用作预防和治疗动脉粥样硬化等心血管疾病的药物。此外，油脂还被广泛应用于美容护肤产品中，它能够维持皮肤的水分含量，提高皮肤对水分的保持能力，使皮肤保持水润和柔软。同时，油脂与其他活性物质的联合使用还能产生协同效应，提升皮肤对其他活性物质的吸收能力（周才琼和周玉林，2006）。随着对膳食和交叉学科研究的不断深入，相信会出现更加健全和科学的标准与指南，以指导人们正确地摄入油脂。

7.4　油脂功能强化及其产品

油脂的提取通常采用压榨、萃取和熬煮等方法（袁世全，1990）。油脂功能强化技术正在快速发展，其中焙炒和压榨已成为油脂前处理的主要发展方向。同时，油脂化学精炼和功能强化工艺也越来越成熟，包括干法脱酸技术、酶法脱胶工艺、低温短时脱臭和填料塔脱臭等技术已得到广泛应用。对于改善油料色泽不佳等问题，板式脱臭塔是一个有效的解决方案，而脱臭真空系统可以通过独特的闭路循环水降低用水量，并防止产生有害的脂肪酸。

除了传统技术，油脂功能强化还涌现出一些高新技术，如微生物油脂生产技术、超临界/亚临界流体提取油脂技术、酶脱胶技术、微波/超声波辅助提取油脂技术等。这些技术已应用于酶改性和高浓度胆碱的高营养价值产品的开发，同时有效降低了传统生产维生素时的污染物排放量。新技术如复合酶解也已被研究报道，可对油脂进行功能强化，提高其附加值。油脂的生理功能主要体现在以下几个方面。

1）供给和储存能量作用

油脂在人体中起着供给和储存能量的作用。作为一种能量的储藏方式，油脂参与人体代谢。由于其特殊的化学结构，每克油脂可以产生 39.7kJ（9.46 千卡）能量，相比蛋白质和碳水化合物，油脂每单位质量提供的能量最高。当摄入的营养物质超过需求时，机体供能超过消耗，多余的能量会以脂肪的形式储存于适宜的器官中。当能量摄入不足时，脂肪会在酯酶的作用下释放甘油和脂肪酸，通过血液运输到需要的部位。随着脂肪储备的增加，脂肪细胞会逐渐膨胀，而在脂肪消耗时则会减小。在日常状态下，脂肪提供了人体所需能量的 60%。在某些特殊情况下，如饥饿或运动时，脂肪供能的比例可以超过 60%。由于脂肪中碳和氢的含量非常高，因此脂肪是能量的主要来源之一。研究表明，成年人在一段时间未进食的休息状态下，葡萄糖和游离脂肪酸分别提供了 15% 和 25% 的热量，其余的能量来自内源性脂肪。因此，内源性脂肪是人体重要的能量来源之一。当能量供应不足时，人体内的脂肪，尤其是皮下白色脂肪组织，会被氧化分解以供能。

在储存和供应能量方面，脂肪细胞有两个特点需要注意：首先，当机体摄入过量能量时，脂肪细胞会持续储存脂肪，没有明确的上限，导致机体可能发展为过度肥胖；其次，机体无法直接将脂肪酸转化为葡萄糖，因此无法为需要葡萄糖供能的细胞提供能量。当碳水化合物摄入不足时，蛋白质会被分解为葡萄糖，以满足脑神经细胞的能量需求，同时也促进了脂肪的完全分解。然而，在饥饿时，除了消耗脂肪，身体还会大量消耗蛋白质，这对身体健康不利。因此，为了维护身体健康，请不要通过节食的方式进行减肥。

2）保温和保护作用

除了直接提供能量外，脂肪还在机体和组织器官的表面起到润滑剂的作用，对内脏器官具有支撑和衬垫的作用，可有效防止机械损伤。此外，皮下脂肪还可以起到隔热保温作用，保持机体在低温环境下的正常温度。正常成年人的脂肪含量占人体质量的10%～20%，而肥胖者的脂肪含量可达30%～60%。

3）起到溶剂的作用

许多生物活性成分需要脂质作为溶剂才能在体内运输到需要的部位发挥作用。维生素A、维生素D等脂溶性微量元素广泛存在于各种油脂中，这些物质在体内发挥着重要的细胞代谢调节作用，而脂质则充当了优秀溶剂的角色（周才琼和周玉林，2006）。

4）内分泌作用

脂肪组织内分泌相关功能的发现为内分泌学领域带来了重要的进展。保持适量的脂肪摄入可以促进胆汁分泌，从而刺激机体对脂溶性维生素的利用。目前已发现许多脂肪组织分泌的因子，如瘦素、肿瘤坏死因子、白细胞介素-6、雌激素、胰岛素样生长因子、IGF结合蛋白3以及抵抗素等（郑建仙，2002）。研究表明，棕色脂肪具有分泌功能，其分泌的因子能在局部或全身发挥作用，可影响能量代谢、血糖和血脂，从而促进内环境的稳态平衡（徐跃洁和潘洁敏，2020）。这些脂肪产生的生物活性因子参与了机体的多个生理活动。

5）结构组分

细胞膜中含有大量的脂质，其中磷脂是一种含有磷酸基团的脂质，在生物界广泛存在，是细胞维持正常结构和功能所必需的重要成分。磷脂由于具有降低表面张力的特性，在各种细胞膜组织中广泛存在，是生物膜的重要组成部分，影响着生物膜的选择透过性等诸多特性。

6）其他

在日常烹饪中，脂肪是不可或缺的调味品，能够赋予食物色、香、味的特点，从而提高食欲。食物中的油脂还可以促进十二指肠分泌肠抑胃素，延长食物在肠道中的停留时间，进而产生饱腹感。这种效应有助于调节食欲和控制进食量。

7.4.1 功能强化食用油

1）弥补天然油脂的营养缺陷

天然食品中的油脂通常不是营养完备的，因此需要进行功能强化以满足人体的营养需求。除了像橄榄油这样的少数油脂可以直接食用外，大多数天然油脂的营养成分单一，且杂质含量较高。一般食用油脂在维生素种类和含量上存在不足，同时也缺乏蛋白质和一些必需氨基酸，这对油脂的营养价值产生了严重影响。目前，混合调和不同种类的食用油已成为广大消费者的选择，因为每种食用油都具有独特的功效。混合调和食用油使得脂肪酸和营养成分更加丰富，同时口感也比单一食用油更好（单素敏，2018）。木本油料油脂可以通过一些特殊的方法来提供营养。例如，在产奶母牛的饲料中添加适量的橡胶籽油和亚麻籽油可以增加牛奶产量，并使牛奶脂肪中功能性脂肪酸（如亚麻酸等）的浓度增加，同时降低饱和脂肪酸的含量（Pi et al.，2016）。这些方法可以为人体提供更多的营养和功能性成分。

2）补充食用油在加工和储运过程中的营养素损失

现在人们对食用油的品质越来越注重，因为食用油可以提供人体所需的一部分脂肪酸。然而，在加工、储存和运输过程中，食用油脂会受到各种因素的影响，导致其中的营养物质降低甚至大量损失。例如，在油料种子的预处理过程中，会失去多种维生素，而加工的精细程度越高，这种损失就越大。此外，储存时间过长或储存环境不适宜，以及不正确的烹饪方式，都会导致食用油的变质，并产生有害物质，如醛类和酮类化合物（赵广杰，2019）。为了提高核桃油在储运过程中的抗氧化性和营养物质含量，研究人员发现，可以加入部分杏仁油进行功能强化，有助于保持其品质和延长储存和运输时间。随着杏仁油含量的增加，混合油的氧化稳定性也会提高（Pan et al.，2020）。同时，微波强化技术也可以改善核桃油的风味和氧化稳定性（Zhou et al.，2016）。这些研究的目的是改善食用油的质量和营养特性，以满足人们对健康食品的需求，并减少油脂在加工和储存过程中的营养损失。表 7-11 列举了一些在食用油中加入的功能性成分，用于对食用油进行功能强化，以预防或延缓慢性疾病的发生（霍军生，2005）。

表 7-11　功能强化食用油降低慢性病危险性的功能性成分

慢性病	功能性成分/功能食品	可能的作用机制
冠心病	亚油酸	降低血清胆固醇
	共轭亚油酸	减少动脉粥样硬化的发生
	α-亚麻酸	—
	VLC ω-3 多不饱和脂肪酸*	降低血甘油三酯
		减少心律失常
	植物甾醇类	降低血胆固醇
	抗氧化剂（维生素 E、胡萝卜素、多酚类、泛醌）	降低低密度脂蛋白（LDL）的氧化
		减少动脉粥样硬化的发生
肥胖	低脂/低能量涂抹食品（改性甘油三酯、凝聚胶、蔗糖聚酯、菊粉）	减少脂肪量
	共轭亚油酸	减少脂肪量
高甘油三酯血症（如 2 型糖尿病）	VLC ω-3 多不饱和脂肪酸	降低血甘油三酯
慢性炎症疾病	γ-亚麻酸	减少廿（烷）类的生成
	硬脂四烯酸	减少廿（烷）类的生成
	VLC ω-3 多不饱和脂肪酸	减少廿（烷）类的生成
肿瘤	维生素 E	清除自由基
白内障	维生素 E	清除自由基
骨质疏松	钙+维生素 D	增加骨质密度
大肠疾病	菊粉	刺激发酵，增加排便量

注：VLC 表示超长链鱼油 ω-3 脂肪酸

3）简化膳食处理，方便摄食

为了获得全面的营养，人们需要摄入多种食物。然而，对于儿童的膳食处理来说，情况更加复杂。研究表明，让儿童食用添加了维生素 A 的食用油，可以改善他们的维生素 A 营养状况，并增强免疫系统的功能（王冬兰等，2006）。我国于 2008 年 1 月 1 日实施的《营养强化　维生素 A 食用油》(GB/T 21123—2007)标准成为我国首个推荐性国家标准，这极大地方便了人们选择营养强化的油脂产品，以提供所需的营养（薛雅琳，2008）。

在欧美国家，人们常常在食用面包时搭配人造奶油，全球大约 80%的人造奶油都进行了营养强化。人造奶油通过添加维生素的方式实现了维生素 A 和维生素 D 的强化效果。大多数国家的维生素 A 添加量范围在 3180～45 000U/kg，维生素 D3（胆钙化醇）添加量在 480～5300U/kg。在这种营养强化水平下，约 15g 人造奶油可以提供给学龄前儿童的维生素 A 和维生素 D 的量分别占其推荐摄入量（RNI）的 4%～51%和 2%～20%。

4）其他作用

从预防医学的角度来看，一些地区出现的地方性营养缺乏病可以通过食品营养强化有效地预防。例如，某些地方易于缺碘，某些地方缺锌，还有一些地区缺硒。根据各地的营养调查结果和地理特征，可以向食用油中添加不同的营养物质，实现对食用油的营养强化作用，有效提高人们的营养摄入量。橄榄油中含有多种酚类物质、胡萝卜素等生物活性物质，而橄榄叶子也含有这些活性物质。将橄榄叶子与橄榄一同榨油，可以得到化学特征与特级初榨橄榄油相似的油品。添加叶子后，油脂的营养价值和生物活性成分得到了加强（Tarchoune et al.，2019）。这种强化油脂的方法提供了一种便捷的途径来改善地方性营养缺乏病，并有效提高了人们对特定营养物质的摄入。通过在食用油中添加合适的营养物质，可以根据当地的营养需求和缺乏情况来定制营养强化措施，从而预防和缓解相关的健康问题。

7.4.2 医药用油

油脂作为重要的药用赋形剂，在医药工业原料中有着广泛的应用。最初，油脂的作用仅仅是提高药物的质量，然而随着研究的深入，人们开始关注油脂的理化特性。近年来，对油脂的研究不断深入，发现油脂作为营养添加剂具有一定的治疗作用。例如，开发了适用于静脉注射的脂肪乳剂（徐铮奎，1992）。为了提高药物的溶解性和利用效果，越来越多的药物选择脂类作为载体，并且它们还具有调控药品作用时间和位点的效果（张敬等，2017）。举例来说，中链甘油三酯（MCT）可以减少药物吸收不良的乳糜尿、脂肪病和相关病征的不适。此外，接受肠切除手术等的患者还可以通过 MCT 获得足够的热量。在预防幼儿癫痫等病征方面，MCT 也显示出令人满意的效果。MCT 的应用有以下几个方面：①MCT 可以有效防止身体肥胖；②MCT 可以降低血清中的胆固醇含量，并防止其积聚；③MCT 可以迅速为机体提供能量；④MCT 可以用作婴幼儿奶粉的主要营养成分之一；⑤MCT 对治疗婴幼儿癫痫有效。此外，MCT 还可以与必需脂肪酸结合生成复杂脂质结构，具有改善脂肪乳化和解决肠道营养问题的功效。表 7-12 列举了静脉注射用油脂的脂肪酸成分和标准数据（常致成，1999）。目前，医药用油脂可用作溶剂或增溶剂、乳化剂、润滑剂、黏合剂、芳香剂、消泡剂和抗静电剂等。

表 7-12　静脉注射用油脂的脂肪酸成分和标准数据

项目指标	810A	810B	810C	810D
亚油酸/%	10	25	35	45
辛酸与癸酸/%	80	60	46	32
其他脂肪酸/%	10	15	19	23
游离脂肪酸/%	0.04	0.04	0.04	0.04
碘值 (g/100g 油脂)	20	51	71	91
颜色（加纳尔法）	1	1	1	1
气味	温和	温和	温和	温和

注：810A、810B、810C、810D 为不同配方的静脉注射油脂产品的代号

油脂在医药行业中的功能主要有以下几个方面（国家药典委员会，2015）。

（1）作为溶剂或增溶剂。许多脂溶性药物，如维生素 E 和黄体酮，需要在植物油中溶解才能进行顺畅的注射（方海顺等，2013）。油可以使药物在目标位点长时间停留，从而提高药效，这得益于甘油独特的黏滞性和吸湿性等特点。甘油的高黏度能缓解药物的刺激性，在黏膜上使用时常常将甘油作为溶剂，以便使药物在其中溶解（胡兴娥和刘素兰，2006）。增溶剂的作用是使不溶于水或难溶于水的药物更容易溶解于水中，并形成澄清透明的溶液。常见的增溶剂包括油酰聚氧乙烯甘油酯和聚氧乙烯蓖麻油等（陈优生，2009）。

（2）作为乳化剂。乳化是指在两种或多种互不混溶或部分混溶液体组成的体系中，一种液体以细小液滴分散在另一种液体中的过程。乳化剂是指具有乳化作用的物质。例如，可以向含有硬脂酸等酸的植物油中加入碱性溶液（如氢氧化钠），通过皂化反应生成的产物可以作为乳化剂。鱼肝油制备的乳化剂常被用作维生素 A、D 缺乏症的辅助剂。

（3）作为润滑剂。在片剂制作的工艺中，添加油脂可以增加片剂和模具之间的润滑性，有效减少摩擦损失。通过催化剂氢化的蓖麻油是一种具有良好润滑性的植物油。使用时，将其溶解于轻质石蜡或己烷中，然后将溶液喷洒在片剂颗粒上，以实现均匀分布。其他具有润滑效果的脂类物质包括山萮酸甘油酯和单硬脂酸甘油酯（高鸿慈等，2015）。

（4）作为黏合剂。油脂具有一定的黏性，可以增强药粉之间的黏合性，使成品更易于制备。单月桂酸酯就是常用的黏合剂。

（5）作为香精溶剂。香精剂可分为天然香料、天然等同香料和人工合成香料。天然香料是从植物中提取的芳香性挥发油，如柠檬、薄荷等。天然等同香料是通过化学方法合成，其结构与天然香精相同。人工合成香料则是使用化学合成方法制得的，没有在自然界中发现相同化学分子。根据化合物分类，香精剂可以包括醇、醛、酮、酯、胺、缩醛等化合物，其中酯类是最常用的成分之一。在药物制剂中，香精剂也被广泛使用。例如，儿童片剂通常会添加水果香精，如水果味钙片，这样的片剂既甜美又香，更容易让儿童接受。某些润喉片（如西瓜霜润喉片）也会加入香精剂，以掩盖不良气味。

（6）作为包衣材料。包衣材料是指能够均匀覆盖片剂表面形成薄膜层的物质。包衣的目的有多个方面：①减少药品的不良口感，使患者更容易服用；②提供药品防潮等储存条件，延长药品的保质期；③控制药品在特定时间和位置的释放速率；④隔离不相容的药品；⑤通过不同的包衣进行药品的区分；⑥使药品表面光滑，更易于吞咽。因此，选择适当的包衣材料至关重要。例如，聚乙烯缩乙醛二乙胺醋酸酯在水中不溶，但在胃液中可溶，因此可用作胃溶性薄膜包衣材料。为防止黏附，少量滑石粉或羟丙基甲基纤维素（HPMC）等物质可与之混合使用。

（7）作为增塑剂。食用油可以增加片剂薄膜的柔软性，降低其脆性和硬度。例如，在制备肠溶性薄膜包衣材料羟丙基甲基纤维素酞酸酯（HPMCP）时，加入少量增塑剂，如二乙酸甘油酯和醋酸甘油酯等，可以避免薄膜的龟裂现象。

（8）作为消泡剂。消泡剂能够与产生泡沫的物质竞争液膜空间，增加表面张力和表面黏度，从而消除或减少泡沫的形成。例如，在药物制剂生产过程中，添加二甲基硅油可以减少气泡的生成。消泡剂常被用于钡餐剂中，以消除胃肠道中的气泡，提高 X 射线胃镜检查的效果，并减轻腹胀等症状。

（9）作为抗静电剂。油脂可用作抗静电剂，主要用于器材清洗。在无菌和灭菌制剂中，添加抗静电剂可减少容器和材料对尘埃的吸附，提高清洗效果。例如，在清洗输液袋的胶塞和隔膜时，适量添加聚乙二醇月桂酸酯可以有效减少静电作用，节约注射用水，并提高清洗效果。

（10）用于皮肤病治疗。木本油料中含有许多具有生物活性的物质，可以提取和浓缩后用于治疗皮肤病。例如，红花籽油具有显著的抗氧化能力和抑制孢子萌发的作用，对急性和慢性皮肤病有一定的治疗效果，并且不会引起不良反应。红花籽油中的生物活性成分也可作为治疗皮肤损伤和预防皮肤感染的天然药物。此外，红花籽油也是亚麻酸的重要来源，含有多种不饱和脂肪酸，可发挥抗衰老作用，有助于恢复皮肤健康和延缓衰老过程（Khémiri et al.，2020；Dakhl et al.，2018）。

7.4.3 化妆品用油

在成千上万种化妆品原料中，有相当大一部分是油脂、蜡类及其衍生物，常被用于制作膏霜乳化体和唇膏等油蜡基型化妆品（刘卉，2009）。油性原料在化妆品中起着重要的作用，通常被称为油、脂和蜡。它们在化妆品中具有以下主要功能（董银卯，2000）：①屏障作用，形成一层疏水膜层，减少水分流失，达到防止刺激的目的；②滋润作用，让使用部位柔顺光滑；③清洁作用，利用相似相溶的原理清洁皮肤表面的污垢；④溶剂作用，溶解营养活性成分，使皮肤更有效地吸收；⑤乳化作用，许多脂肪酸被用作乳化剂，用于化妆品的乳化过程；⑥固化作用，有助于化妆品保持稳定性。

人体表皮含有丰富的脂质，包括脂肪酸类、磷脂、固醇、脂蛋白等，它们是皮肤的重要组成成分。脂肪酸作为皮肤的物质基础和结构基础，具有形成抵御外部刺激的屏障和合成具有生物活性物质的功能。然而，皮肤经常暴露在空气和紫外线中，不饱和脂肪酸容易氧化并受到破坏，导致皮肤中必需脂肪酸的缺乏，进而影响细胞的代谢和活性，使皮肤屏障功能降低，引发各种皮肤问题和皮肤疾病。

外用脂肪酸可以修复由于必需脂肪酸缺乏引起的各种皮肤问题或疾病。例如，湿疹患者在外用必需脂肪酸后，可以看到皮损得到改善；外用不饱和脂肪酸也能显著改善红斑鳞屑性皮疹。研究表明，必需脂肪酸摄入不足会导致皮肤表皮的膜结构发生变异。必需脂肪酸参与神经酰胺的合成，对表皮通透屏障功能的形成起着重要影响。外用必需脂肪酸可以修复由于必需脂肪酸缺乏所引起的动物和人类皮肤屏障功能异常问题（董银卯等，2019）。因此，外源性脂质补充可以调节因脂质缺乏和代谢失衡引起的各种疾病。常用于化妆品中的油脂包括橄榄油和貂油等（颜红侠和张秋禹，2004）。根据来源的不同，油性原料可按表 7-13 所示来分类；根据化学结构的不同，油性原料可按表 7-14 所示来分类。

表 7-13 按来源不同的油性原料分类

油性原料分类	举例	在化妆品中的性质和作用
植物油原料	橄榄油、椰子油、棕榈油、杏仁油、霍霍巴油、月见草油等	植物油不仅具备作为油性原料的共性特点，还保留了天然植物的特性。它们富含丰富的维生素，并且有些植物油还具备天然芳香油的特性，对皮肤具有滋养和保湿的功效。由于其来源天然，植物油容易被皮肤吸收
动物油原料	牛羊油、鲨肝油、水貂油、蜂蜡、鲸蜡等	动物油主要来源于动物的脂肪组织，其分子结构和成分结构更加接近人体皮肤，因此更容易被皮肤吸收，并具有更好的滋润作用
矿物油原料	石蜡油、凡士林	矿物油是一种来源丰富的油类原料，其结构稳定，不容易发生酸败或腐败。它可在皮肤表面形成一层油状膜，可以有效防止皮肤水分的流失。然而，与动植物油相比，矿物油并不被皮肤吸收
合成（半合成）油原料	羊毛脂及其衍生物、硅酮油及其衍生物、高级脂肪酸、脂肪醇、角鲨烷	合成（半合成）油是通过化学合成或改性过程获得的一类油性原料，它们在保持原有油性原料的基本性质的同时，还赋予了新的特性。这些原料的组成非常稳定，并且具有出色的功能，因此在各种领域中有广泛的应用

表 7-14 按化学结构不同的油性原料分类

油性原料分类		化学结构特性	在化妆品中的性质和作用
脂肪酸甘油酯和酯类		脂肪酸甘油酯 CH_2OCOR_1 CH_2OCOR_2 CH_2OCOR_3 R_1、R_2、R_3 为烷烃基 酯类：$RCOOR'$ R、R' 为带有侧链的烃基	酯类化合物具有润肤作用，能够减少化妆品的油腻感。此外，当植物油和矿物油无法相互溶解时，酯类化合物可以充当乳化剂。酯类化合物具有较低的凝固点，涂抹时感觉良好
高级脂肪酸		$RCOOH$ R 为十二碳以上的饱和烃	溶解性能好，可以用作乳化剂，能够增加化妆品膏体黏度
高级脂肪醇		ROH R 为十二碳以上的饱和烃	通常作为化妆品的基质原料，也是合成表面活性剂和酯类的合成原料
烃类		饱和烃类 C_nH_{2n+2} 不饱和烃类 C_nH_{2n}	主要来源于石油，称为矿物性原料。黏度低，优于天然油脂的色泽和气味，能够提供化妆品更好的涂抹感，更易被皮肤吸收
类脂化合物	磷脂	是多元醇与两分子脂肪酸和一分子磷酸缩合而成的复合类脂，天然存在于人体所有细胞和组织中，也存在于植物蛋白、种子和根茎中。	磷脂对提高渗透性和有效成分传递起重要作用
	甾体化合物	属于简单类脂，广泛存在于动植物的组织中。基本结构是环戊烷骈多氢菲的母核和三个侧链，也叫甾体母核	胆固醇、维生素 D 和各类甾体激素都属于这类化合物，可用于治疗皲裂皮肤和受损毛发
	萜类化合物	萜类化合物广泛存在于植物体内，是植物精油的主要成分。是由两个或两个以上异戊二烯分子按不同方式首尾相连而成，结构形式多样	在自然界中，单萜和倍半萜是挥发油的主要成分，而二萜及以上多被用作树脂的主要成分，也是皂苷或色素的主要构成部分。维生素 A 和胡萝卜素等化合物都属于萜类化合物，对皮肤病有治疗作用

强化化妆品中的油类成分具有以下三个主要方面。

（1）通过使用先进的高新技术方法，如离子交换分离法、生物酶法和超临界二氧化碳萃取法等，提取有效成分并将其添加到化妆品中，以最大程度减少有效成分的损失（陈金芳等，2001）。添加生物活性成分可以赋予化妆品多种功效，如酚类化合物可有效抵御蛋白酶对皮肤蛋白质的降解。红花籽油富含酚类物质，具备抗氧化和抗衰老活性，因此适用于化妆品（Zemour et al.，2019）。

（2）开发多种功能性化妆品，如将长链脂肪酸甘油三酯应用于化妆品中，其中辛癸酸甘油酯可以替代白油的使用，其独特的乳化作用和抗氧化性质可以使化妆品更加细腻，延长使用寿命。在护肤品中添加油脂可以增强其被皮肤吸收的能力，有益于皮肤健康。在洗发产品中加入油脂可以使头发更柔顺；在美容品中加入油脂可以掩盖不良气味，提高涂抹功效，延长使用寿命（马晓原等，2021）。

（3）开发新型乳化技术和乳化剂产品，以延长化妆品的保质期，确保活性物质不会损失，提高化妆品的质量。使用纳米技术制作眼药载体可以延长药物在眼睛内停留的时间，减少滴注次数，提高患者的舒适性。杏仁油作为辅助剂，可以增强药物中其他活性化合物的作用，具有广泛的治疗作用，如抗氧化、抗炎和抗微生物活性。通过将杏仁油作为内油相，Hepes 缓冲液作为外水相，并稳定使用非离子表面活性剂（如 Tween 20 或 Tween 80），可以筛选出最佳的纳米乳配方，用于眼病治疗（图 7-3）（Hanieh et al.，2022）。杏仁油也常用于中国传统药物中，如治疗皮肤干燥、银屑病、湿疹以及孕妇出现的妊娠纹等（Hajhashemi et al.，2018）。

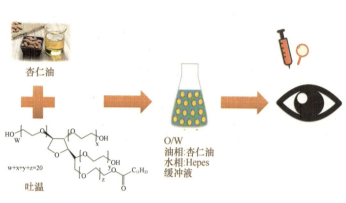

图 7-3 苦杏仁油功能强化用于眼部治疗

7.5 食用油生产的质量保证体系

1）GMP 生产管理

良好生产规范（good manufacturing practice，GMP）是一种自主性管理制度，注重生产过程中对产品质量与卫生安全的管理（张立媛，2010）。作为一项强制性的标准，GMP 要求从事制药和食品生产的企业在原料、人员等各个方面都要符合国家相关法规，以便能够及时发现并改正自身的不足。简而言之，GMP 规定了从事食品生产的工厂需要拥有完善的设备、科学的生产流程和合理的管理检测制度，以确保所生产商品的品质。GMP 所规定的内容是相关生产企业必须遵守的最低标准。

2）SSOP 操作规范

卫生标准操作程序（sanitation standard operating procedure，SSOP）是企业为了达到 GMP 要求而制定的一套减少不良因素的制度，尤其在食用油加工的卫生方面起到指导作用。是否可以制定出合理的 SSOP 决定了能否有效控制食品危害。食品生产工厂可以根据自身特点和相关标准制定特定的 SSOP，主要涵盖以下 8 个方面的卫生控制：确保食品用水和用冰的安全性；避免食品与污垢接触；防止食品、食品制作用具和杂物接触；保证消毒设施在需要消毒的各个空间内完好；严格避免食品及食品制作相关物品与各种化学试剂接触；按规定使用和储存有毒化合物；要求所有工作人员保持个人卫生，避免与食品及食品相关物品接触；定期对工厂内的有害生物进行消灭。

3）HACCP 关键控制点

危害分析和关键控制点（hazard analysis and critical control point，HACCP）是一种通过危害分析（hazard analysis，HA）和关键控制点（critical control point，CCP）的有机结合，科学监管食品生产全过程，确保食品安全并避免潜在危害的方法。建立 HACCP 体系的目的是预防和控制食品生产过程中可能产生的危害，以保证消费者的身体健康。HACCP 体系包括 7 个原则：危害分析、确定关键控制点、确定关键限度值、制定监测措施、建立纠偏措施、建立记录系统和进行程序审核。在 HACCP 体系中，危害分析和确定关键控制点是最基本的原则，而确定关键限度值则是其中最为关键的环节。

4）质量保证体系的相互关系

HACCP 系统中，SSOP 是一个非常重要的组成部分。通过 SSOP，HACCP 能够更精确地聚焦于食品加工中可能出现的危害。在我国，有 19 个类似于 GMP 的国家标准，如《食品安全国家标准 食品生产通用卫生规范》（GB 14881—2013）和《保健食品良好生产规范》（GB 17405—1998）。SSOP 必须以文件形式存在，而 GMP 并没有此要求。GMP 和 SSOP 相互协调，GMP 主要介绍整体的标准和规则。GMP 是实施 SSOP 的先决条件，同时它们也是相互关联的。如果只遵循其中一个而忽略另一个，将会导致严重的后果。

GMP 和 HACCP 系统都是为了确保食品安全和卫生而制定的一系列措施和规定。然而，两者的适用范围不同，前者适用于同类型企业，而后者更多地关注整个食品生产过程。GMP 规范了整个食品行业的管理标准，而 HACCP 则根据每个独特的个体具有不同的特定规则。GMP 的规定更广泛，属于全面的品质标准体系。HACCP 侧重于调控特定环节，通过由点及面的方法确保食品从生产到出厂的品质。从 GMP 和 HACCP 各自的特点来看，GMP 规范了食品行业的生产条件、工艺、行为和卫生，而 HACCP 则是一种动态的食品卫生管理方法。GMP 要求是强制性且不变的，而 HACCP 是动态的。

GMP 和 HACCP 两种标准存在协同关系，通过 HACCP 系统，可以发现 GMP 要求的重要部分，并通过调控关键环节达到这些标准。了解 HACCP 可以帮助企业相关人员提高判断力和评估能力，更有利于顺利实施 GMP。GMP 是食品行业运作的先决条件，必须达到其要求才能保证 HACCP 的顺利实施。

GMP 和 SSOP 是制定和实施 HACCP 计划的基础与前提。HACCP 计划可以将 SSOP 计划中的某些内容加以重点控制。GMP 和 SSOP 主要控制一般食品卫生方面的危害，而 HACCP 则重点控制食品安全方面的显著性危害。GMP、SSOP 和 HACCP 的共同目标是确保食品企业具备完善、科学的卫生安全标准，能够生产出符合质量标准的产品，从而确保消费者的利益和安全。

参 考 文 献

常致成. 1999. 生物工程在油脂化学工业中的应用(Ⅲ)——中链脂肪酸甘油酯在医药和化妆品中的应用[J]. 中国油脂, 6: 50-52.

陈金芳, 陈启明, 成忠兴, 等. 2001. 化妆品工艺学[M]. 武汉: 武汉理工大学出版社: 8.

陈优生. 2009. 药用辅料[M]. 北京: 中国医药科技出版社: 17-33.

陈振超, 倪张林, 莫润宏, 等. 2018. 7 种木本油料油脂品质综合评价[J]. 中国油脂, 43(11): 80-85.

董银卯. 2000. 化妆品[M]. 北京: 中国石化出版社: 11-12.

董银卯, 李丽, 刘宇红, 等. 2019. 化妆品植物原料开发与应用[M]. 北京: 化学工业出版社: 168.

方海顺, 周远华, 苏广海. 2013. 薄层色谱法快速检测注射用脂溶性维生素[J]. 中国医药工业杂志, 5: 483-486.

高鸿慈, 张先洲, 乐智勇, 等. 2015. 实用片剂制备技术[M]. 北京: 化学工业出版社: 12-29.

国家药典委员会. 2015. 中华人民共和国药典[M]. 四部. 北京: 中国医药科技出版社.

胡兴娥, 刘素兰. 2006. 药剂学[M]. 北京: 高等教育出版社: 142-146.

霍军生. 2005. 功能性食品[M]. 北京: 中国轻工业出版社: 163.

姜明霞, 翟成凯. 2015. 人体必需脂肪酸的代谢、功能与应用[C]//达能营养中心第十八届学术年会会议论文集. 达能营养中心(中国): 中国疾病预防控制中心达能营养中心.

蒋霞, 赵佳平, 刘朋, 等. 2022. 木本油料脂肪酸组成、提纯及其应用研究进展[J]. 生物质化学工程, 56(2): 60-68.

刘卉. 2009. 化妆品应用基础[M]. 北京: 中国轻工业出版社: 38-42.

马晓原, 赵永红, 刘慧民. 2021. 天然植物油在防晒化妆品中的功效研究进展[J]. 中国油脂, 46(1): 71-75.

倪培德. 2003. 油脂加工技术[M]. 北京: 化学工业出版社: 230-258.

单素敏. 2018. 食用调和油消费升级[J]. 学习之友, 6: 25-26.

孙远明, 余群力. 2010. 食品营养学[M]. 2 版. 北京: 中国农业大学出版社.

汪东风. 2007. 食品化学[M]. 北京: 化学工业出版社: 82.

王冬兰, 肖庆敏, 洪燕, 等. 2006. 维生素 A 强化食用油干预对少年儿童免疫功能的改善作用[J]. 营养学报, 1: 40-42, 46.

王兴国, 金青哲, 常明. 2017. 木本油料油脂的营养与健康[J]. 粮食与食品工业, 24(1): 8-12.

吴时敏. 2001. 功能性油脂[M]. 北京: 中国轻工业出版社: 4-9.

徐幸莲, 彭增起, 邓尚贵. 2006. 食品原料学[M]. 北京: 中国计量出版社: 134-141.

徐跃洁, 潘洁敏. 2020. 棕色脂肪的分泌功能[J]. 中国医学科学院学报, 42(5): 681-685.

徐铮奎. 1992. 油脂与蜡在医药工业中的应用[J]. 医药导报, 11(5): 40-41.

薛雅琳. 2008. 《营养强化维生素 A 食用油》国家标准实施[J]. 中国油脂, 206(4): 24.

颜红侠, 张秋禹. 2004. 日用化学品制造原理与技术[M]. 北京: 化学工业出版社: 144.

杨滨. 2014. 食品营养学[M]. 昆明: 云南人民出版社: 47-50.

袁世全. 1990. 中国百科大辞典[M]. 北京: 华夏出版社: 460.

张洪渊, 万海清. 2006. 生物化学[M]. 2 版. 北京: 化学工业出版社: 29-30.

张敬, 吴雷, 陈苏菲. 2017. 油、脂类在药物制剂中的研究进展[J]. 广州化工, 45(23): 1-2, 8.

张立媛. 2010. 粮油及制品质量安全与卫生操作规范[M]. 北京: 中国计量出版社: 213-251.

张全军. 2013. 功能性食品技术[M]. 北京: 对外经济贸易大学出版社: 131-142.

赵广杰. 2019. 植物油食用过程中营养成分维生素 E 的损失分析[J]. 食品安全导刊, 21: 94-95.

甄会贤. 2018. 药物检测技术[M]. 北京: 人民卫生出版社: 224.

郑建仙. 2002. 功能性食品[M]. 2 版. 北京: 中国轻工业出版社: 144.

周才琼, 周玉林. 2006. 食品营养学[M]. 北京: 中国计量出版社.

Dakhl I A, Abbas I S, Nidhal K M. 2018. Preparation, evaluation, and clinical appapplication of safflower cream as topical nutritive agent[J]. Asian Journal of Pharmaceutical and Clinical Research, 11(8): 495-497.

Hajhashemi M, Rafieian M, Boroujeni H A R, et al. 2018. The effect of aloe vera gel and sweet almond oil on striae gravidarum in nulliparous women[J]. The Journal of Maternal-Fetal & Neonatal Medicine, 31(13): 1703-1708.

Hanieh P N, Bonaccorso A, Zingale E, et al. 2022. Almond oil O/W nanoemulsions: potential application for ocular delivery[J]. Journal of Drug Delivery Science and Technology, 72: 103424-103433.

Khémiri I, Essghaier B, Sadfizouaoui N, et al. 2020. Antioxidant and antimicrobial potentials of seed oil from *Carthamus tinctorius* L. in the management of skin injuries[J]. Oxidative Medicine and Cellular Longevity, 12: 1-12.

Pan F, Wang X, Wen B, et al. 2020. Development of walnut oil and almond oil blends for improvements in nutritional and oxidative stability[J]. Grasasy Aceites, 17(4): 71.

Pi Y, Gao S T, Ma L, et al. 2016. Effectiveness of rubber seed oil and flaxseed oil to enhance the α-linolenic acid content in milk from dairy cows[J]. Journal of Dairy Science, 16(99): 1-12.

Tarchoune I, Sgherri C, Jamel E, et al. 2019. Olive leaf addition increases olive oil nutraceutical properties[J]. Molecules, 24(3): 545.

Zemour K, Labdelli A, Ahmed A, et al. 2019. Phenol content and antioxidant and antiaging activity of safflower seed oil[J]. Cosmetics, 6(3): 55.

Zhou Y, Fan W, Chu F, et al. 2016. Improvement of the flavor and oxidative stability of walnut oil by microwave pretreatment[J]. The Journal of the American Oil Chemists' Society, 93(11): 1563-1572.

8　工业用油脂生物炼制技术

经过精炼技术处理，动植物毛油可以被加工成符合规定要求的成品油。油脂精炼的主要目的是去除非中性油成分，这一过程通常称为中性油提纯过程。一般情况下，油脂精炼包括油脂过滤、脱酸、脱胶、脱蜡等工序。半炼油是通过过滤、脱胶、脱酸等工序处理而成的油，而精炼油则是经过脱色、脱臭、冬化、脱蜡等工序处理而成的油脂（胡燕和袁晓晴，2017）。接下来将重点介绍中性原料油的脱酸技术。

8.1　中性原料油脱酸技术

粗油是指含有一定量游离脂肪酸的油脂。通过脱酸工艺，可以去除粗油中的游离脂肪酸，得到高品质的油脂。目前常用的脱酸方法包括物理脱酸、化学脱酸和混合油脱酸等。除了传统的脱酸方法，近年来还出现了一些新型脱酸技术，如溶剂萃取脱酸、化学再酯化脱酸和膜分离脱酸等。这些新技术的出现为改进脱酸工艺和提高油脂质量提供了更多选择。

8.1.1　化学脱酸

化学脱酸又称碱炼脱酸，通过使碱液与游离脂肪酸反应，形成皂脚沉淀，利用皂脚的吸附能力，吸附部分沉淀过程中的杂质，最后通过离心分离去除皂脚，这种方法不仅可以实现彻底脱酸，而且可以确保油脂质量稳定。然而，它也存在一定的局限性。例如，在碱的作用下，中性油会发生水解反应，导致油脂损失。此外，皂脚的形成需要进行硫酸酸化处理，会产生大量废水，不仅对环境造成污染，而且浪费资源。

8.1.2　物理脱酸

物理脱酸是一种在真空条件下将水蒸汽通入油脂中，通过蒸发带走游离的不饱和脂肪酸，并消除油脂中的臭味化合物、热敏性色素和不皂化物的方法。与化学脱酸相比，物理脱酸具有以下优点：不易产生皂脚，油脂消耗较少，游离脂肪酸去除率高，操作简便，需要的水和能源较少，投资成本低。然而，物理脱酸也有其局限性，如需要严格的毛油预处理条件，不适用于热敏性油脂，因为在高温条件下容易形成聚合物和反式脂肪酸等物质。

8.1.3　混合油脱酸

混合油脱酸是一种将混合油中的游离脂肪酸与氢氧化钠溶液混合中和，与磷脂反应并脱色，产生皂脚，然后通过离心分离去除皂脚的方法。相比于化学脱酸，混合油脱酸具有以下优点：①所使用的碱液浓度较低；②皂脚夹带中性油脂较少，最少限度损失油脂；③无须水洗；④在蒸发之前，混合油中的皂脚、磷脂等杂质已被除去，从而减轻了蒸发器的负荷。然而，混合油脱酸要求设备较精良，设备成本昂贵，投资成本高。

8.1.4　化学再酯化脱酸

化学再酯化脱酸是一种在高温、高真空条件下使用催化剂催化油脂中的游离脂肪酸与甘油酯化反应生成甘油酯的方法，从而降低油脂中游离脂肪酸含量。常用的催化剂包括对甲苯磺酸、强酸性树脂、$AlCl_3 \cdot 6H_2O$、MnO_2、$SnCl_2$、$CdCl_2$、PbO、$MnCl_2 \cdot 2H_2O$、$ZnCl_2$等。

8.1.5　溶剂萃取脱酸

利用毛油中不同成分的溶解度差异进行脱酸的方法称为溶剂萃取脱酸法。该方法通过溶剂的萃取作用，在一定温度下能够有效地去除油脂中的游离脂肪酸。在选择溶剂时，需要考虑到溶剂的稳定性、分离效果和回收率等因素，并根据不同温度下溶质在溶剂中的溶解度，确定合适的分离温度。此外，必须重视残留溶剂对食用油脂的安全性问题。

乙醇是一种常用的有机溶剂，具有无色、透明、有酒香味等特点，可以与多种有机溶剂混合。在高温条件下，乙醇能够溶解油脂和脂肪酸，但随着温度降低，油脂的溶解度也会降低，而脂肪酸的溶解度仍然较高，因此可以通过控制温度，将脂肪酸与油脂分离并去除。在进行溶剂萃取脱酸时，可以根据实验要求选择不同的工艺，如间歇式或连续式脱酸、单级或多级萃取。

黄彬等（2020）采用无水乙醇作为萃取介质，在15℃下对麻风树籽油进行萃取脱酸，最佳工艺条件为料液比为1∶3.5，萃取时间为30h。在这种条件下，生桐油的脱酸率可达78.7%。脱酸后的桐油酸值（KOH）为0.67mg/g，皂化值（KOH）为198.34mg/g，碘值为168.49g/100g，黏度为309.4MPa·s，均优于桐油行业标准《桐油》（LY/T 2865—2017）。该工艺具有操作简单、油脂损耗低、溶剂易回收和产品质量高等优点，有利于后续工序的开展。

8.1.6　超临界流体萃取脱酸

超临界流体萃取是一种利用处于超临界状态下的流体作为溶剂，用于分离混合物的过程。超临界流体具有扩散性强、黏度低、溶解能力强、流动性能好、传递性能好，同时也具备类似气体黏度和液体密度的特性。超临界流体萃取的溶剂种类包括乙烯、CO_2和甲醇等，其中CO_2是目前常用的萃取剂，因为其临界温度仅为31.1℃，临界压力仅为7.39MPa，因此易于实施萃取。与传统分离技术相比，超临界流体萃取脱酸是一种新型的"绿色分离技术"，具有明显的优势，能够将安全性、萃取和分离集成在一起。然而，其设备昂贵，萃取成本较高。因此，目前超临界流体萃取技术在脱酸方面仍处于实验室研究阶段。

Türkay等（1996）采用两步法对高酸价枯茗籽油进行了超临界CO_2萃取。第一步在60℃和15MPa条件下对高酸价枯茗籽油进行萃取，实现了酸值的降低，萃取后油脂中的游离脂肪酸含量从37.7%降至7.8%。第二步在40℃和20MPa条件下，使用含有10%甲醇的超临界CO_2进行萃取，成功萃取出大量的中性油。陈迎春等（2007）研究发现，在超临界流体的一定温度梯度下进行萃取，提高萃取压力可以获得更高的馏分油收率，超临界流体萃取还可以有效去除游离脂肪酸和过氧化产物，同时具有较高的脱色能力。

8.1.7　分子蒸馏脱酸

分子蒸馏是一种高真空蒸馏技术，其特点是在蒸发面和冷凝面距离小于分子自由程的条件下，加热面上的物料蒸气分子可以通过较短的路程到达冷凝面，实现物料的分离。该技术具有受热温度低、滞留时间短、热稳定性好等优点。Martinello等（2007）采用分子蒸馏技术对葡萄籽油进行脱酸，进料速率为0.5～1.5mL/min，蒸发温度为200～220℃。研究结果表明，在高蒸发温度和所有进料流速下，游离脂肪酸含量低于0.1%。在低进料流速和低温，以及高进料流速和高温两个范围内，有利于生育酚回收。因此，采用高进料流速（1.5mL/min）可以提高产量，采用高温（220℃）可以获得游离脂肪酸含量极低的精炼油，并且生育酚回收率高（约100%）。

8.1.8　酶法脱酸

为了实现降低酸价的目标，可以使用催化剂将游离脂肪酸催化成甲酯。其中脂肪酶是常用的催化剂之一。目前，酶法甲酯化脱酸的研究还相对较少，大部分的研究集中在生物柴油的生产方面。酶法甲酯化脱酸和酶法甲酯化生物柴油生产的共同点是都是利用脂肪酶进行催化反应，不同之处在于甲酯化程度不同。酶法甲酯化脱酸主要针对游离脂肪酸，而酶法甲酯化生物柴油生产则针对总脂肪酸，后者可以视为深度脱酸的一种方法。

Lara 和 Park（2004）研究了酶在有机溶剂系统中催化活性白土上植物油的吸附，并制备了生物柴油。从柱状假丝酵母（*Candida cylindracea*）中提取的酶在正己烷中表现出较高的活性。在反应 4h 的情况下，短链脂肪酸甲酯得率为（78±6）%，而在反应 8h 的情况下，短链脂肪酸甲酯得率达到 96%。宋玉卿等（2008）以油脚脂肪酸为原料，以固定化脂肪酶为催化剂，通过酯化反应制备生物柴油，在反应 36h 的情况下，生物柴油转化率为 82.5%。刘志强等（2008）则以菜籽油和无水乙醇为原料，以 LVK 脂肪酶为催化剂，正己烷为助溶剂，制备乙酯生物柴油。研究结果显示，在反应 36h 的情况下，一次性加醇时乙酯转化率达 86%，而分三步添加乙醇时乙酯转化率达到 93%。

8.1.9 膜分离脱酸

游离脂肪酸的平均分子质量低于 300Da，而甘油三酯的平均分子质量则高于 800Da。因此，可以利用甘油三酯与游离脂肪酸分子质量之间的差异，通过膜分离技术对油脂中的游离脂肪酸进行分离。Keurentjes 等（1991）采用亲水和疏水联合膜，使用 1,2-丁二醇作为萃取剂进行膜分离，以去除游离脂肪酸。该过程分为两个体系：第一个体系是在油脂中加入 NaOH 溶液，反应形成脂肪酸钠盐后加入异丙醇，形成互不相溶的混合溶液，一种溶液含有水、异丙醇和皂脚，另一种溶液含有油脂和少量异丙醇，然后交替使用亲水膜和疏水膜分离混合溶液，最终得到脱酸的油脂；第二个体系则是采用中空纤维膜和 1,2-丁二醇作为选择性萃取剂，在油脂中萃取游离脂肪酸，油相在纤维内循环，而丁二醇则在纤维外循环，最终实现了游离脂肪酸的分离。

8.1.10 酸化原料油脱酸

酸化原料油脱酸是一种将腐败程度较高的油脂，如餐饮业中使用过的煎炸废油以及城市下水道中的废弃物进行脱酸的方法。这些酸化油中含有大量的游离脂肪酸、分解产物和聚合物等。由于其酸价较高，无法使用碱催化剂来制备脂肪酸甲酯（乙酯）。如果采用浓硫酸作为催化剂来处理酸化油，则会面临酸性强、无法回收和对环境造成污染等问题。因此，可以采用固体酸催化剂来催化甲酯化合成混合脂肪酸甲酯。固体酸催化剂具有回收简单、可重复使用、不会污染环境和使用成本较低等优点。因此，固体酸催化剂非常适合工业应用（赵方方和毕玉遂，2010）。

8.2 生物酶催化油脂炼制技术

8.2.1 水酶法制取油脂的原理与工艺特点

油脂通常以脂肪颗粒或脂滴的形式存在于油料细胞内，或与其他大分子物质结合形成脂蛋白和脂多糖。水酶法是一种提取油脂的方法，采用生物酶（如纤维素酶、半纤维素酶、蛋白酶、果胶酶和葡聚糖酶等）分解油料组织细胞结构、脂多糖和脂蛋白超微结构，增加油料中油的流动性，使其从油料中游离出来。随后通过油水不相溶性，利用油和水对其他非油成分（如蛋白质和碳水化合物）亲和力的差异，将油脂分离出来。

水酶法提取油脂的工艺流程为：原料预处理→机械粉碎→调节温度和 pH→酶解→灭酶→破乳→离心→收油→干燥。选择酶种类取决于油料细胞壁成分和结构，不同种类的酶能降解油料中的不同成分。举例来说，使用碱性蛋白酶处理大豆粉可以提高大豆油的提取率，而使用果胶酶处理油菜籽可以提高菜籽油的提取率。使用复合酶更有利于破坏油料细胞壁、复合体结构和脂质聚集体，从而提高油脂的萃取率。水酶法提取油脂的工艺还可以回收提取油脂后的水相多糖、残渣蛋白质等副产物。该工艺具有温和、简单、设备要求低、无有机溶剂残留等优点，是一种绿色环保、具有广阔应用前景的油脂提取技术。

张雅娜等（2019）比较了水酶法与热榨法、冷榨法、水代法提取的芝麻油的品质差异。研究结果表明，水酶法提取的芝麻油含有最高水平的抗氧化成分（如生育酚和芝麻素），色泽浅，外观品质最佳，而其酸值、过氧化值和不皂化物含量均低于其他方法，符合一级成品芝麻油的标准。另一项由李秀娟等（2017）进行的研究分析了水酶法、压榨法和溶剂浸出法制得的汉麻仁油成分，结果显示，水酶法提取的汉麻仁油中多酚含量最高，达到53.86mg/kg。

根据这些研究结果，水酶法提取油脂确实具备一些优点，如能提高油脂的氧化稳定性、营养价值和感官品质并能延长货架期。此外，在水酶法提取过程中，由于水相和乳化层的保护作用，一些蛋白质和酚类物质免受氧化影响。然而，该方法也存在一些局限性，如成本较高、破壁困难、油脂提取率低以及对环境的潜在影响等。

因此，在实际应用中，选择适合的提取方法需要根据具体情况，并综合考虑提取成本、油品品质和环境污染等因素，以确定最佳方案。此外，还需要进一步研究和改进水酶法提取油脂的技术，以克服其限制，提高油脂提取率和经济效益，并减少对环境的影响。

8.2.2 水酶法在植物油脂制取中的应用

植物油脂是人体生命活动和机体代谢过程中不可或缺的营养物质。研究发现，不同的提取方法对植物油脂的功能和品质有显著影响。由于水酶法具有反应条件温和、工艺简单等优点，在植物油脂提取行业备受青睐。刘倩茹等（2011）采用果胶酶提取油茶籽油，在料液比为1∶4、pH为4.5、温度为40℃、加酶量为1%、酶解时间为3h的条件下，提取率达到88.63%，油脂品质达到国家食用油二级标准。罗明亮（2014）采用水酶法提取蓖麻籽油，发现中性蛋白酶是提取蓖麻籽油的最佳酶，蓖麻籽油提取率达到91.34%。向娇（2015）采用响应面法优化水酶法提取油茶籽油的工艺，在最佳工艺参数下，即复合酶（高温淀粉酶、酸性蛋白酶、果胶酶）添加量为0.13%、料水比为1∶3.9、酶作用时间为4h，油茶籽油的提油率达到92.45%。水酶法提取的植物油具有较高的品质，无须经过精炼即可达到国家二级或一级标准。

对于坚硬或细胞壁成分复杂的油料，采用水酶法提取油脂时，提取率相对较低。这可能是由于酶解效率低，无法使油脂充分释放出来。相比之下，对于坚硬度较低且细胞壁成分单一的油料，水酶法提取油脂更为适合，因为其提取率可以基本达到90%以上。与压榨法、溶剂浸出法相比，水酶法提取植物油脂可以获得更丰富的风味物质种类和含量。例如，用水酶法提取花生油可以得到更多种类的风味物质，而使用压榨法提取花生油则会得到更多的醛类和吡嗪类化合物。在相同的烘烤条件下，水酶法提取的花生油中吡嗪类化合物含量较低，但是这些化合物对花生油的特殊烘烤花生风味有贡献。另外，水酶法提取大豆油可以使其风味更浓郁，且无异味，而使用溶剂浸出法提取大豆油可能会导致异味产生，这可能是因为油中游离脂肪酸含量过高，使油脂带有刺激气味。此外，溶剂浸出法中的高温过程可能导致多不饱和脂肪酸氧化裂变，进而产生异味。最后，研究人员发现使用水酶法提取橄榄油可以增强其香气。因此，水酶法提油过程中，如何改善或保留油脂的风味仍需进一步探讨。

8.2.3 水酶法在动物油脂制取中的应用

动物体内的油脂通常与蛋白质结合，形成脂蛋白或被蛋白质包裹，这使得水酶法在动物油脂提取中非常适用。水酶法利用蛋白酶降解蛋白质和脂蛋白等复合体，促进油脂的释放，对油脂品质的影响较小。王庆玲等（2017）使用水酶法提取猪油，比较了4种蛋白酶（Alcalase、Neutrase、Flavourzyme和Protamex）

的作用效果,结果表明,碱性蛋白酶 Alcalase 效果最好,提取率为 96.82%。张立佳等(2010)采用碱性蛋白酶和胰蛋白酶复合水解黄粉虫,提取黄粉虫油的研究结果表明,在酶解温度 50.04℃、加酶量 799.38U/g、pH 为 8.49、液料比为 5∶1 和酶解时间为 120min 的条件下,黄粉虫油提取率为 78.51%,此外,还使用 GC-MS 分析了黄粉虫油的脂肪酸组成,共检出 18 种脂肪酸,其中不饱和脂肪酸含量达 76.22%。李招等(2019)用水酶法从大鲵中提取大鲵油,在酶解温度为 60℃、pH 为 6.5、酶添加量为 0.75% 和酶解时间为 90min 的条件下,提取率为 89.34%,并使用 GC-MS 分析了大鲵油的脂肪酸组成,检出了 20 种脂肪酸,产品品质符合《鱼油》(C/T 3502—2016)二级粗鱼油指标要求。因此,水酶法在动物油脂提取中应用较为普遍,提取率较高,为 80%~90%。

8.2.4 水酶法在微生物油脂制取中的应用

微生物油脂也称为单细胞油脂,是指产油微生物在适宜条件下利用糖或一般性油脂作为碳源来合成油脂。产油微生物主要包括细菌、酵母、霉菌和藻类等,其中,藻类含油量和生物量远高于大豆、玉米等陆生植物。因此,开发快速高效的微生物油脂提取方法对于利用微生物油脂至关重要。目前,微生物油脂提取方法主要包括:超临界 CO_2 萃取法、有机溶剂萃取法、酸热法、超声波辅助萃取法、微波辅助提取法和水酶法等。相比而言,水酶法具有条件温和、机械能耗低、对内源产物损伤小等优点,通过利用酶的专一性作用破坏微生物细胞壁,促进胞内脂肪颗粒和油滴的释放,成为提取微生物油脂的有效方法。

荣辉等(2018)以裂壶藻干藻粉为原料,研究了两步水酶法对裂壶藻油脂提取的影响。结果表明,第一步酶解最适宜的条件为,料液比 1∶7、中性蛋白酶添加量 7%、温度 45℃、时间 3h、pH 6.5;第二步酶解最适宜的条件为,碱性蛋白酶添加量 10%、温度 68℃、时间 6h、pH 9.4。在最适条件下,裂壶藻油脂的提取率为 91.37%。GC-MS 分析表明,裂壶藻油脂的脂肪酸组成中,不饱和脂肪酸的含量为 47.43%,二十二碳六烯酸(DHA)的含量为 35.09%。罗灿选和李耀光(2019)使用水酶法从小球藻中提取油脂。在藻类质量浓度为 2.5g/L、pH 为 3.5 或 4.5、温度为 30℃ 或 50℃,纤维素酶、果胶酶和半纤维素酶的质量比为 1∶1∶1 或 1∶2∶1 的工艺条件下,藻油提取率达到了 86.1%。而徐华等(2018)则采用中性蛋白酶和纤维素酶来提取裂殖壶菌油脂。通过单因素实验和正交实验优化了工艺参数后,油脂提取率达到了 82.47%。

8.2.5 水酶法耦合其他辅助手段制取油脂

水酶法耦合其他辅助手段可以提高油脂提取率和油脂品质。这些辅助手段主要包括超声波辅助、微波辅助、超声波-微波辅助、高压处理和短波红外辅助等。例如,刘蒙佳等(2019)采用微波辅助水酶法提取黑芝麻油,通过正交实验优化工艺参数,在液料比 7∶1、微波处理功率 400W、微波处理时间 4min、碱性蛋白酶添加量 0.10%、pH 为 8.0、酶解温度 50℃ 和酶解时间 2h 的条件下,黑芝麻油得率为 207.43g/kg,所得黑芝麻油气味清香,质地柔滑而不粘手,呈稳定均一的淡黄色液体状态。

Hu 等(2018)采用超声波-微波辅助水酶法提取樱桃籽油,结果表明,在超声波功率 560W、微波功率 323W、提取时间 38min、提取温度 40℃,纤维素酶、半纤维素酶和果胶酶(1∶1∶1)混合酶添加量 2.7%,液固比 12∶1、酶解时间 240min、酶解温度 40℃、pH 3.5 的条件下,樱桃籽油提取率为 83.85%,提取的樱桃籽油具有优良理化性质和较高的生物活性成分。

Yusoff 等(2017)报道了高压处理(HPP)与水酶法结合提取辣木籽油,结果表明,在 50MPa、60℃ 下使用 HPP 预处理 35min,形成的乳液层比单独使用水酶法形成的更薄,油脂提取率达到了 73.02%。

Deng 等(2018)采用短波红外辅助水酶法提取花生油,结果发现油脂提取率显著提高了 8.74%,达到了 83.75%;同时,通过对花生油品质进行分析,发现短波红外辅助水酶法提取的花生油中多酚类物质含量为 2.79mg/kg,比对照组高 62.21%。挥发性化合物的种类和相对含量也大大增加,使得整体风味更佳。

水酶法是一种安全、环保、经济的提取油脂的方法，符合当今社会低碳环保、绿色安全、环境友好的发展趋势。水酶法能够提取高品质油脂，可以在不改变油脂脂肪酸组成的情况下，较大限度地保留有益成分，符合当今社会人们对营养健康的要求。然而，水酶法的缺点包括酶特异性不高、酶制剂价格高导致生产成本偏高，以及水和油之间形成乳化层不利于油脂提取。随着科学技术的发展和酶制剂成本的下降，水酶法在油脂工业化生产中将拥有一定的开发应用潜力。

8.3 油脂加氢脱氧制取生物柴油

8.3.1 油脂加氢脱氧制取生物柴油的技术特点

生物柴油是一种通过动植物油脂加氢脱氧制备的烷烃燃料。其制备过程包括以下步骤。首先，在催化加氢的条件下，甘油三酯中的不饱和脂肪酸会发生加氢饱和反应，生成中间产物（如甘油一酯、甘油二酯等）。接着，经过加氢脱羧基、加氢脱羰基和加氢脱氧反应，最终得到链长为 $C_{12} \sim C_{24}$ 的正构烷烃。在反应过程中会产生少量的副产物，包括丙烷、水和少量的 CO、CO_2。由于其十六烷值可达 $90 \sim 100$，且无硫、无氧、不含芳烃，因此可以与石化柴油以任何比例混合使用。

然而，这种方法存在一些限制。例如，正构烷烃熔点较高，增加了对于温度控制的难度。同时，最终制备出的生物柴油也有浊点偏高的缺点。为了解决这些问题，有研究表明将正构烷烃转化为异构烷烃可以提高生物柴油的低温性能。

动植物油脂的主要成分是链长为 $C_{12} \sim C_{24}$ 的脂肪酸甘油三酯，其中以链长为 C_{16} 和 C_{18} 的脂肪酸居多。典型的脂肪酸包括饱和酸（如棕榈酸）、一元不饱和酸（如油酸）及多元不饱和酸（如亚麻酸）。不同种类的油脂其不饱和程度不同。第一代生物柴油主要使用食用油脂等可食用原料制备，存在竞争性和粮食安全等问题。第二代生物柴油则更多地使用非食用原料，如废弃油脂（如地沟油、酸化油等，国内产量丰富）、非食用木本油脂（如麻风树籽油、棕榈油等，全球棕榈油产量最高，大豆油次之）、动物油脂（如牛油、猪油、羊油等）及微生物油脂（如藻类油脂、酵母菌油脂等）。油桐、核桃、乌桕和油茶是中国四大木本油料。油桐属大戟科油桐属，是落叶乔木，其种仁含油率平均为 60%；核桃是胡桃科落叶乔木，其核仁含油量高达 65%～70%，被称为"树上油库"；乌桕是大戟科落叶乔木，其种仁中提取的油可供油漆、油墨等用；油茶是山茶科山茶属的一种小型常绿灌木或乔木，生长在中国南方亚热带地区，油茶籽的茶油含量超过 40%，茶油具有不易氧化和耐储藏特性。

8.3.2 化学法催化油脂脱氧加氢炼制技术

8.3.2.1 加氢脱氧反应研究现状

加氢脱氧反应是将脂肪酸或甘油三酯中的不饱和键转变为饱和键的过程，同时脱除结构中的氧元素形成水，并生成饱和烷烃。此反应在高温和高压下进行，常伴随加氢脱羧或脱羰反应。加氢脱氧反应生成的饱和直链烷烃十六烷值高，但低温流动性差。采用临氢异构化可降低产品浊点和凝点，提高产品低温流动性。

根据这一反应机理，生物柴油制备主要有两种工艺。第一种是加氢脱氧再异构工艺，其中芬兰的 NexBTL 工艺是典型的生产工艺。该工艺的第一段在 $200 \sim 500$℃和 $2 \sim 15$MPa 下，以 Ni/Mo 或 Co/Mo 为催化剂，对菜籽油、棕榈油等进行加氢脱氧反应，制备正构烷烃，并脱除硫、氮等杂质。第二段使用 Pt 催化剂，催化异构化反应制备异构烷烃，产品低温流动性好，十六烷值高，硫含量低。此外，Ecofining 工艺也是一种热门工艺，该工艺的第一段在 300℃和 $2.8 \sim 4.2$MPa 下，以大豆油、菜籽油等为原料，Ni/Mo 或 Co/Mo 为催化剂，进行加氢脱氧反应。第二段使用 Pt 催化剂将正构烷烃加氢异构化。该产品含有石蜡基煤油，低温流动性好。

第二种工艺是石化柴油掺炼工艺，其中包括动植物油脂和石化柴油混合炼制。这种工艺的特点是可以直接利用柴油加氢精制路线和设备，节省投资，产品密度小，十六烷值高。

大部分加氢脱氧技术采用固定床加氢工艺，少数采用悬浮床加氢工艺。表 8-1 列出了国内外商业化的加氢脱氧工艺及其反应参数。

表 8-1 国内外商业化的加氢脱氧工艺及其反应参数

工艺名称	所属公司	催化剂类型	反应器类型	反应温度/℃	反应压力/MPa	反应空速/h^{-1}
NexBTL	Neste oil	镍钴钼	固定床	200～400	1～15	0.1～10
Ecofining	UOP/ENI	镍钼、钴钼	固定床	290～330	2～10	0.3～2
HDO	Petrobras	镍钼、镍钴	固定床	320～400	4～10	0.5～2
Haldor-Topsoe	Topsoe	钨钼、镍钼	固定床	320～350	3～6	1.2～10
MCT-B	北京三聚环保新材料股份有限公司	复合催化剂	悬浮床	330～350	8～20	1.5～3.0
FHDO	扬州建元生物科技有限公司	JDHO-11/JDHO-12	固定床	330～350	5.0～5.2	—
双重脱氧	易高生物燃料科技有限公司	金属负载催化剂	固定床	200～400	1～6	0.5～4.0
ZKBH 均相加氢	中国科学院青岛生物能源与过程研究所和石家庄常佑生物能源有限公司	均相催化剂	沸腾床-固定床	200～400	2～20	0.3～3.0

8.3.2.2 加氢脱氧催化剂

1）过渡金属催化剂

加氢脱氧催化剂的活性组分主要包括金属氧化物、金属硫化物和贵金属等。常见的过渡金属催化剂及其合金的活性大小详见表 8-2。过渡金属催化剂活性组分主要为 Mo、W、Ni、Co 等金属，采用制备双金属或多金属活性中心的催化剂能够获得更好的催化性能。例如，Srifa 等（2014）采用 NiMoS$_2$/γ-Al$_2$O$_3$ 作为催化剂催化棕榈油反应能够制备出生物柴油，产物收率高达 90.0%，其中正构烷烃含量大于 95.5%。然而，硫化金属催化剂会对生物柴油造成硫污染，并且催化剂中的硫元素容易流失，导致催化剂活性中心结构发生改变。Pstrowska 等（2014）使用 NiMo/Al$_2$O$_3$ 催化油菜籽热解油加氢反应，制备生物柴油，产物收率达 90.0% 以上，其中脱氧反应选择性为 78.8%、脱硫选择性为 71.4%、脱氮选择性为 29.0%。Vonortas 等（2014）利用 NiMo/γ-Al$_2$O$_3$ 催化剂催化棕榈油和酸化植物油的加氢反应，油脂转化率高达 99.5%，脱羧和脱羰的选择性为 52%。另外，Sajkowski 和 Oyama（1996）对 Mo$_2$C/Al$_2$O$_3$ 和 MoS$_2$/Al$_2$O$_3$ 催化剂的活性进行了比较，发现 Mo$_2$C/Al$_2$O$_3$ 表现出更高的活性，理论计算表明，氮化物活性中心数量是硫化物的 5 倍。因此，研究高活性非硫化过渡金属催化剂将是未来发展方向。

表 8-2 不同金属组分加氢活性比较

加氢反应类型	活性大小
加氢饱和	Ni-W＞Ni-Mo＞Co-Mo＞Co-W
加氢脱氧	Ni-Mo＞Co-Mo＞Ni-W＞Co-W
加氢脱氮	Ni-W≈Ni-Mo＞Co-Mo＞Co-W
加氢裂化	Ni-Mo＞Ni-W＞Co-Mo＞Co-W

近年来，为了提高过渡金属活性组分的催化性能，人们开始采用氮化、碳化、磷化等方法对其进行改性，并将其应用于加氢脱氧催化反应。例如，Sousa 等（2012）使用 β-Mo$_2$C/Al$_2$O$_3$ 作为催化剂，催化葵花籽油进行加氢反应，得到的生物柴油转化率达 100%，正构烷烃选择性大于 50%。Wang 等（2013）使用 NiMoC/Al-SBA-15 作为催化剂进行大豆油加氢反应，得到的产物产率为 96%，柴油选择性高达 97%。另外，

Alwan（2014）报道了使用掺杂了 10%（质量分数）Ce 的 NiNbC/Al-SBA-15 作为催化剂制备玉米酒糟油生物柴油，产品收率达到 95%，柴油选择性为 88.4%。

2）贵金属催化剂

在油脂加氢脱氧制备生物柴油反应中，因为贵金属具有极高的催化活性和选择性，贵金属催化剂被广泛应用。例如，Meller 等（2014）使用 Pd/C 作为催化剂，以蓖麻油为原料，在超临界条件下反应，长链烷烃产率超过 95%，正十七烷选择性达 87%。Susanto（2014）等以油酸为模型油，在 Pd/沸石催化下进行催化加氢反应，油酸转化率可达 90% 以上，产生的烷烃产品密度和黏度低于标准 EN-14214 规定值，十六烷值指数满足标准 ASTM D975。

8.3.3 油脂加氢脱氧工程化实例

8.3.3.1 NexBTL 可再生柴油生产技术

NexBTL（next generation biomass-to-liquid）工艺是芬兰能源公司提出的一种生物柴油制备技术。该技术使用脂肪酸加氢脱氧和加氢异构化技术。在预处理过程中，对物料中的 Ca、Mg 磷化物等固体杂质进行去除，然后将原料送入加氢处理反应器中，在一定的温度和压力下使用硫化钼镍催化剂催化不饱和双键加氢饱和。随后，原料油脂肪酸酯和脂肪酸加氢裂解成 $C_6 \sim C_{24}$ 烃类，其中主要是 $C_{12} \sim C_{24}$ 正构烷烃。为了改善产品在低温下的流动性，需要对正构烷烃进行异构化处理。异构化是该技术中的重要步骤，使用 Pt-SAPO-11-Al_2O_3、Pt-ZSM-22-Al_2O_3 或 Pt-ZSM-23-Al_2O_3 催化剂进行加氢异构化反应，从而改善产品在低温下的流动性能。

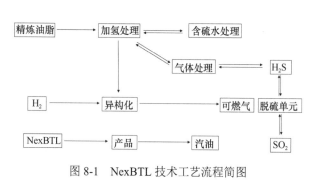

图 8-1 NexBTL 技术工艺流程简图

Neste Oil 公司是第二代生物柴油技术领先者。该公司在 2005 年和 2006 年分别投资 1 亿欧元，利用 NexBTL 技术，于 2007 年在芬兰 Porvoo 炼油厂建了两条生产线，分别是 Porvoo1 和 Porvoo2，产能达到 17 万 t（图 8-1）。此后，该公司陆续在新加坡投资 5.5 亿欧元和荷兰鹿特丹投资 6.7 亿欧元，建立了独立的可再生柴油冶炼厂，年产量为 80 万 t。目前，Neste Oil 公司每年生产的可再生柴油已达到 200 万 t，成为全球最大的生物燃料厂家之一。该公司在 NexBTL 技术中使用的油脂原料主要包括废弃油脂和非食用油。

8.3.3.2 Ecofining 绿色柴油和喷气燃料生产技术

Ecofining 技术是由美国 UOP 和意大利 ENI 公司合作开发的燃料生产技术，利用催化加氢技术将植物油转化为绿色柴油。该技术的加氢处理设备主要包括两个反应器，第一个反应器用于脱氧和分离水、CO_2 和轻组分，生成正构烷烃和氢气；第二个反应器则进行异构化反应。这两个反应器能够保持最高选择性，使得产物的十六烷值高达 80，可以作为石油炼厂掺配油来提高柴油的性能。

2008 年，美国建成了一座产量 1.2 万 t/年的绿色柴油示范装置和一座 64 万 t/年的绿色柴油工业化规模生产线。这些装置和生产线的原料包括多种油脂，如棕榈油、大豆油、菜籽油等食用油脂，以及亚麻油、麻风树油、微藻油等非食用油脂，还有动物油脂和地沟油等废弃油脂。

在绿色柴油的工业应用基础上，UOP 和 ENI 公司计划建立一座 32 万 t/年的航空燃料装置。该装置将使用亚麻籽油、牛油、麻风树油和微藻油等原料进行两段加氢反应，生产喷气燃料。

8.3.3.3 共加氢脱氧工艺

共加氢脱氧工艺是在炼油厂现有柴油加氢精制装置基础上，通过将部分动植物油脂掺入柴油精制进料中，提高柴油产品产量和质量，以及产品的十六烷值，具有设备简化、投资低等优点。巴西国家石油公司开发了 HDO 共加氢脱氧工艺，如图 8-2 所示。该工艺的核心是在一定温度和氢气压力下，通过催化加氢处理柴油和油脂混合组分，将 95% 的甘油三酯转化为直链烃，从而提高柴油的十六烷值，同时降低密度和硫元素含量。英国 BP 公司、美国康菲（COP）公司和日本石油公司均进行了掺炼研究或工业化生产。在国内，清华大学提出了通过集成加氢精制或加氢裂化过程，制备生物柴油的工艺。然而，共加氢脱氧工艺仍存在一些技术问题亟待解决，包括反应热效应、氢气消耗量、游离脂肪酸对反应器和催化剂的腐蚀性、催化剂的稳定性和活性、必须脱出副产物 CO_2 和甲烷，以及正构烷烃对柴油低温使用性能的影响。

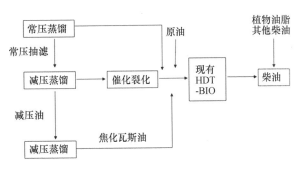

图 8-2 共加氢脱氧 HDO 工艺技术流程简图

8.3.4 木本油料的酯交换反应制备生物柴油

8.3.4.1 木本油脂的脂肪酸组成及其生物柴油理化特性

光皮树果实、麻风树籽、乌桕籽和黄连木籽等木本油料含油率高。它们所含的木本油脂的脂肪酸组成因品种而异（表 8-3）。其中，乌桕籽油含有一定量的特殊脂肪酸——十七烷酸。通过酯交换反应，可将这些木本油脂用于制备生物柴油，其理化指标符合 0#柴油标准，具体指标见表 8-4。使用木本油脂作为生物柴油原料时，应该满足以下要求：低酸值、低水分和杂质含量，脂肪酸组成为长链脂肪酸，无分支结构，直链脂肪酸占多数且 C_{20} 以下的脂肪酸比例较高，同时原料油中含有较少的 N、S 元素、长链烷烃、长链烯烃和苯环等复杂高分子物质。

表 8-3 主要木本油脂的脂肪酸组成（%）

种类	棕榈油	硬脂酸	棕榈烯酸	油酸	亚油酸	亚麻酸	特殊脂肪酸
麻风树籽油	18.20	1.80	NA	47.30	32.70	NA	NA
光皮树果实油	16.54	1.77	0.97	30.50	48.50	1.60	NA
乌桕籽	7.72	2.46	NA	15.93	29.05	39.54	十七烷酸 1.75
黄连木籽	17.50	0.92	0.99	47.32	31.58	1.69	NA

注：NA 代表未检出

表 8-4 木本植物油生产的生物柴油的理化性质

理化指标	麻风树籽油	光皮树果实油	乌桕籽	黄连木籽油	0#柴油
密度（20℃）/（g/cm³）	0.856	0.874	0.890	0.895	0.800～0.900
运动黏度（40℃）/（mm²/s²）	5.24	4.34	6.43	3.70	3.0～8.0
闪点（闭环）/℃	162	130	120	149	55
十六烷值	54.00	52.70	43.00	70.40	>45.00
冷凝点/℃	0	1	<0	0	<4
酸值/（mg/g）	0.15	0.20	0.23	0.16	<7.00
色度/号	1.8	1.6	1.5	2.0	<3.5
水份/%	痕量	痕量	0.2	痕量	痕量
硫/%	0.000 015	0.000 010	0.000 010	0.000 020	<0.2
灰分/%	0.005	0.002	无	无	<0.01

8.3.4.2 酯交换反应制备生物柴油工艺技术

20 世纪 30 年代，中国开始研究利用植物油为原料，通过酯交换反应制备生物柴油，主要包括化学催化和酶催化两种工艺。目前，我国在木本植物油制备生物柴油方面已经进行了大量的研究，并且具备了相对成熟和先进的技术。整个生产过程主要包括以下步骤：原料油预处理、催化剂的筛选（包括固体酸碱催化剂和固定化酶催化剂）、工艺参数优化以及产品质量检测等。杨颖（2007）在研究麻风树油酯化反应中使用固体酸催化剂，开发了一种制备成本低、催化能力强的 ST-Ⅱ 固体酸的技术。李迅等（2008）则对全细胞生物催化麻风树油制备生物柴油进行了研究，采用米根霉（*Rhizopus oryzae*）菌株和聚氨酯泡沫制备固定化细胞生物催化剂。李昌珠等（2011）则研究了碱性离子液体催化光皮树果实油制备生物柴油的方法。周慧等（2006）则以麻风树油为原料，在油醇摩尔比为 1∶6，KOH 为催化剂（用量为油质量的 1.3%），64℃，反应 20min 的条件下，甲酯收率达 98%以上。丁荣（2010）则以光皮树果实油为原料，采用氯化镁饱和溶液反应体系，在醇油摩尔比为 3∶1，固定化酶 Lipozyme TL IM 用量为光皮树果实油质量的 20%，摇床转速 150r/min，反应时间 8h 的条件下，生物柴油转化率最高，为 86.5%。龙川（2008）则研究了乌柏籽油酯交换反应，获得的最佳反应条件为，醇油摩尔比为 7∶1，催化剂用量为油质量的 1.4%，反应温度 55℃，反应时间 60min。张寿鑫（2011）则以黄连木油为原料，在油醇摩尔比为 1∶6、催化剂用量为油质量 1.0%、反应时间 60min、反应温度 65℃的条件下进行反应，油脂转化率高达 96.40%。

生物柴油可分为第一代和第二代两种。第一代生物柴油是通过油脂经过酯交换反应得到的脂肪酸甲酯（或乙酯）生产的；而第二代生物柴油是通过油脂催化加氢脱氧反应得到的烷烃燃料生产的。表 8-5 展示了第二代生物柴油与第一代生物柴油的参数对比。

表 8-5　第二代生物柴油与第一代生物柴油的参数对比

分析项目	第二代生物柴油（烷烃）	第一代生物柴油（脂肪酸甲酯）
密度（$d^{20}4℃$）/（g/cm³）	0.78	0.88
氧含量/%	0	11
硫含量/（μg/g）	<2	<5
总芳烃/%	0	0
热值/（MJ/kg）	44	38
浊点/℃	<0	−5~15
十六烷值	>75	45~55
碘值/（g/100g）	0	105

8.4　油脂生物炼制生产航空燃料

随着航空运输业的迅速发展，航空燃料需求量也随之迅猛增长。为确保现代航空燃料的可持续发展，许多国家已开始重视开发碳排放低、原料可再生的航空燃料。尽管飞机引擎技术的不断提高以及航空公司运营效率的提升，可以提高航空燃烧效率，但无法从根本上减少碳排放，因此难以实现国际航空运输协会应对全球气候变化的承诺。目前，航空公司的主要努力方向是开发原料可再生的航空燃料，特别是第二代生物燃料，这为国际航空业应对气候变化带来了新曙光。因此以油脂为原料，利用生物炼制技术生产航空燃料可以解决该行业所面临的碳排放问题，油脂生物炼制生产航空燃料的技术研发是必不可少的（陈俊英等，2012）。

8.4.1　脱氧化处理制备航空燃料

脱氧化处理是一种常用于制备航空燃料的技术，它的主要作用是去除燃料中的水和氧气等杂质，提高燃料的纯度和稳定性。目前，脱氧化处理技术已经得到广泛应用，是航空燃料生产中不可或缺的一部分。

在脱氧化处理方面，目前主要采用的技术是加氢脱氧化（hydrogen deoxygenation，HDO）技术和催化剂脱氧化（catalytic deoxygenation，CDO）技术。

HDO 技术是一种通过加氢反应将氧化物还原为水和甲烷的技术，通常需要在高压和高温条件下进行。该技术的主要优点是操作简单、反应速度快，但是成本较高，需要消耗大量的氢气。

CDO 技术是一种通过催化剂将氧化物转化为可挥发的化合物的技术，常用的催化剂包括氧化铝、硅钨酸盐等。该技术的优点是反应条件温和、反应过程中不需要消耗氢气，但是催化剂稳定性和活性将影响反应效率和产物纯度。

总体而言，脱氧化处理技术已经成为航空燃料生产中不可或缺的一部分，不断地研究和发展新的脱氧化处理技术和催化剂，以提高燃料的质量和效率，是目前的研究热点之一。

海藻微生物油脂作为一种航空燃料制取的原料，具有许多优点，如可再生、碳排放低、生产成本相对较低等。其所含的中度链长脂肪酸，可以通过脱氧化处理后与少量燃料添加剂混合成为 JP8 或 JetA 喷气燃料，无须采用热裂化过程，从而降低了生产成本。相比于含有长链脂肪酸的原料，如动植物油脂、藻油等，海藻微生物油脂的热裂化成本相对较低，因为其含有的中度链长脂肪酸的链长接近常规煤油烃类链长，无须进行热裂化处理，可以直接用于生产航空燃料。因此，海藻微生物油脂是一种很有潜力的可再生航空燃料原料。

8.4.2 氢化裂解处理制备航空燃料

氢化裂解是一种制备航空燃料的重要工艺，其主要通过加氢作用将高分子量的原料分解为低分子量的烃类物质，以获得更加纯净和高品质的燃料产品。目前，氢化裂解技术已经成为航空燃料生产的重要技术之一。Bezergianni 等（2009）通过将真空汽油（VOG）-植物油混合物氢化裂解处理，得到了生物柴油、煤油/航空煤油和石脑油。Huber 等（2007）在加氢温度为 300~450℃，加氢催化剂为硫化态 Ni-Mo/Al$_2$O$_3$ 的条件下，将植物油和植物油-重真空油（HVO）混合物氢化裂解，得到的产物主要为 C$_{15}$~C$_{18}$ 烷烃。实验研究表明，水分含量、温度高低等条件会对反应产生影响，在催化过程中，水分含量会对催化剂性能产生钝化影响，催化温度低于 350℃时，C$_{15}$~C$_{18}$ 烷烃产量随着植物油量的增加而增加。

氢化裂解制备航空燃料的发展方向将会集中在以下几方面。

（1）催化剂研究：氢化裂解过程中需要催化剂，常用的催化剂包括钌、铂等，研究人员应开发新的催化剂，以提高氢化裂解反应的效率和产物的纯度。例如，一些研究者开发了基于纳米碳的催化剂，以提高氢化裂解反应的选择性和效率。

（2）原料开发：目前，氢化裂解技术主要应用于石油和天然气等化石燃料的加工，但是这些燃料会带来环境和可持续性等问题。因此，研究人员正在寻找可再生和可持续的原料，如生物质、油脂等，以进一步提高氢化裂解技术的环保性和可持续性。

（3）工艺优化：为了提高氢化裂解技术的效率和经济性，研究人员正在优化氢化裂解反应的条件和工艺流程。例如，一些研究者正在研究如何在较低温度和压力下进行氢化裂解反应，以降低能耗和成本。

总的来说，氢化裂解技术在制备航空燃料中具有重要地位，随着科技的不断进步和工艺的不断优化，氢化裂解技术将能够提供更加高效、环保和可持续的航空燃料生产方案。

8.4.3 热解处理制备航空燃料

热解处理是一种通过在高温下将燃料原料分解为小分子烃类化合物以制备航空燃料的技术。该技术操作简单，反应速度快，产物收率高，因此在航空燃料制备领域被广泛应用。以生物质为原料，通过快速热解技术获得烷烃类航空燃油是未来发展方向。在生物质热解过程中，木质素原料中高挥发性成分在热解后会形成生物质油。但是，热解过程中灰分含量高，特别是钾和钙化合物高，则会减少生物质油的产量。Chiaramonti 等（2007）对生物质快速热裂解进行了研究，发现生物质热解液体与石油基燃料在物理性质和化学组成方面显著不同。轻质油主要由饱和石蜡、芳烃化合物（$C_9 \sim C_{25}$）组成，与高极性热解液体不能混合。热解液体是酸性、不稳定、黏稠液体，其物性参数如表 8-6 所示。

表 8-6　热解油和矿物油的物性参数

物性参数	热解油	轻质油	重质油	JP-4（航空煤油）
水分/%	$20 \sim 30$	0.025	0.1	0
灰分/%	<0.2	0.01	0.03	—
碳/%	$32 \sim 48$	86.0	85.6	$80 \sim 83$
氢/%	$7 \sim 8.5$	13.6	10.3	$10 \sim 14$
氮/%	<0.4	0.2	0.6	—
氧/%	$44 \sim 60$	0	0.6	—
硫/t%	<0.05	<0.18	2.5	<0.4
钒/10^{-6}	0.5	<0.05	100	<0.6
钠/10^{-6}	38	<0.01	20	—
钙/10^{-6}	100	—	1	—
钾/10^{-6}	220	<0.02	1	<1.5
固体杂质/%	<0.5	0	$0.2 \sim 1.0$	0
氯化物/10^{-6}	80	—	3	—
稳定性	不稳定	稳定	稳定	稳定
黏度/（mm/s）	$15 \sim 35$（40℃）	$3.0 \sim 7.5$（40℃）	351（50℃）	0.88（40℃）
密度/（kg/dm³）	（15℃）	0.89（40℃）	$0.94 \sim 0.96$（40℃）	0.72（20℃）
闪点/℃	$40 \sim 110$	60	100	−23
凝点/℃	$-10 \sim -35$	−15	+21	<−48
抗拉伸残碳值/%	$14 \sim 23$	9	12.2	—
低热值（LCV）/（MJ/kg）	$13 \sim 18$	40.3	40.7	43.2
pH	$2 \sim 3$	中性	—	—
蒸馏温度/℃	无蒸馏	$160 \sim 400$	—	$95 \sim 195$

8.4.4　费-托合成制备航空燃料

费-托（Fischer-Tropsch）合成是一种将低价值的碳源（如天然气、煤炭、生物质）转化为高价值的燃料的技术，被广泛应用于航空燃料制备领域。该技术的核心是通过气相催化反应将碳源转化为合成气（一种由 CO 和 H_2 组成的气体混合物），然后利用费-托合成反应将合成气转化为长链烃类化合物，最终制备航空燃料。

费-托合成的优点在于可以利用多种碳源，包括天然气、煤炭和生物质等，具有较高的灵活性和可持续性。此外，由于航空燃料需要满足较高的热值、低凝点和低冷凝点等要求，费-托合成可以通过调节反应条件和选择合适的催化剂来实现对燃料性能的调控，具有很大的潜力。

费-托合成是一种包括多种化学反应的合成过程，可以生成多种烃类。费-托合成的反应方程式为（$2n+1$）$H_2 + nCO \longrightarrow C_nH_{2n+2} + nH_2O$，其中 n 通常在 $10 \sim 20$。虽然甲烷（$n=1$）是无用产物，但生成的大部分烷烃都是适合用作柴油燃料的直链烷烃。此外，还会产生少量的副产物，如烯烃、醇类和含氧烃等。Kumabe 等（2010）采用铁基催化剂和合成气作为原料，利用费-托合成反应生产航空代用燃料，该燃料与煤油相当。费-托合成所用反应器为下吸式连续流动型固定床反应器，反应温度为 $533 \sim 573K$，反应压力为 3.0MPa。

费-托合成反应中，合成气体的变化、反应时间、反应温度、铁基催化剂的化学组成等因素对燃料产量有重要影响。在 C_6 以上的烃中，生成相当于蜡的 C_{20} 以上烃的选择性最高，其次是生成相当于煤油（$C_{11}\sim C_{14}$ 烃）的 CO。最大燃料产量的工艺条件是：使用不含其他化学成分的铁基催化剂，气体原料的 H_2：CO：N_2 比例为 $2:1:3$，反应时间为 8h，费-托合成反应温度为 553K。

然而，费-托合成的缺点也很明显，包括生产成本较高、反应条件苛刻、催化剂寿命短等。因此，当前还需要通过改进催化剂和反应工艺等方面的研究来进一步提高费-托合成技术的效率和可行性，以满足航空工业对绿色、高效航空燃料的需求。

8.4.5　生物油催化裂解制备航空燃料

生物油是一种由生物质转化得到的液态燃料，其可以作为一种替代石油燃料的可持续能源。然而，由于其高含氧量、高酸值和低稳定性等特点，生物油的应用范围受到了一定的限制。为了提高生物油的利用效率和降低其对环境的影响，人们研究发现通过催化裂解技术可以将生物油转化为高品质的航空燃料。

催化裂解是指将生物油在催化剂的作用下加热分解，产生低碳烷烃和芳香烃等化合物的反应。在生物油催化裂解制备航空燃料中，常用的催化剂包括贵金属、酸碱双功能催化剂和微孔分子筛等。其中，贵金属催化剂具有活性高、选择性好等优点，但成本较高。酸碱双功能催化剂则是利用酸和碱之间的协同作用，有效地降低催化剂的成本并提高其催化效率。微孔分子筛则能够提高反应的选择性和收率，但需要在高温条件下才能发挥催化作用。表 8-7 展示了利用微型催化反应单元（MAT）催化棕榈原料裂解生产生物燃料所需催化剂、工艺条件和产物组成。

表 8-7　利用微型催化反应单元（MAT）催化棕榈原料裂解生产生物燃料

原料	催化剂	条件			产物产率（最高）/%				
					生物汽油	煤油	柴油	气体	焦炭
棕榈油	MCM-41	压力=101 325Pa	T=450℃	WHSV=2.5h⁻¹	43.3	11	9.6	21.8	12.2
棕榈仁油					50.9	22.2	9.8	10	12.1
棕榈油	HZSM-5	压力=101 325Pa	T=450℃	WHSV=2.5h⁻¹	49.2	26.1	2.6	8.2	1.7
	合成材料				48.4	8.8	7	11.4	5.4
用过的棕榈油	MCM-41/沸石	压力=101 325Pa	T=450℃	WHSV=2.5h⁻¹	28.9	15.9	12.3	13.4	10.7
酸败棕榈油	SBA-15	压力=101 325Pa	T=450℃	WHSV=2.5h⁻¹	20.7	15.5	4.8	9.5	7.2

注：WHSV 代表重量空速催化剂的质量空速

通过催化裂解技术制备的生物油航空燃料具有热值高、燃烧性能好、低排放等优点，可以有效地替代传统石油燃料，降低对环境的影响。同时，生物油来源广泛、可再生性强，也符合可持续发展的要求。虽然生物油催化裂解技术仍然存在一些挑战，如反应温度、催化剂寿命等问题，但是相信通过进一步的研究和改进，生物油催化裂解制备航空燃料的技术将会得到更广泛的应用和推广。

8.5　油脂生物炼制制备工业润滑油

工业润滑油是机械传动中不可或缺的组成部分，可以起到光滑表面、减少摩擦、保护机械、降温、清洁、密封、延长设备使用寿命等多种作用。2016 年，我国润滑油消费量达到了 6.0Mt 以上（《2017～2023 年中国润滑油市场供需态势及未来发展前景评估报告》）。但是，由于润滑油泄漏、蒸发或处理不当等原因，对自然环境造成了严重危害，因此在社会和市场上越来越受到关注。

因此，研发和应用环保型生物基润滑油对于人类社会和生态环境都是非常重要的。近年来，全球范围内不断推出鼓励和支持环保型润滑油的法律和政策，社会对环保型润滑油的需求量也在持续增加，这为生物基润滑油的研发和产业化提供了前所未有的机遇。

图 8-3　生物基润滑油的生命周期示意图（陆交等，2018）

生物基润滑油指的是具有良好的生物降解性、可再生性以及无毒或低毒性的润滑油。与矿物基础油相比，生物基润滑油的降解率通常要高出 2 倍以上。图 8-3 列举了生物基润滑油制备技术的全生命周期过程。

人类早在几千年前就开始使用和开发生物基润滑油。在那个时期，人们使用动植物油来提高机械设备或物体间的工作效率。甚至古埃及人还掌握了以皂化橄榄油作为车辆轴承润滑脂的技术。18 世纪的工业革命进一步推进了动植物油脂型润滑油的应用领域，取代了手工劳动时代。但到了 19 世纪中叶，随着石油工业的迅速崛起，石油产品开始取代生物基润滑油，使其使用规模显著降低。

直到 20 世纪末，随着润滑油制造和应用过程中污染问题的逐渐暴露，一些大型润滑油公司（如 BP、Shell、XOM 等）开始尝试开发可降解润滑油应用于海洋、森林、湖泊等敏感区域。这些可降解润滑油不仅减少了对环境的影响，而且对于润滑油制造和应用行业的可持续发展也起到了积极的推动作用。

植物油具有出色的润滑性能，原料易得且成本低廉，同时具有优良的生物降解性能（生物降解率 70%～100%）。植物油是由甘油三酯组成的，适用于各种润滑情况，包括边界润滑和流体动力润滑。与矿物油相比，植物油具有更好的润滑性能和黏温性能，通常情况下，植物油黏度指数（VI）达到 220 以上，远高于矿物基础油（90～120）。植物油的黏度变化范围较小，在宽温度范围内能够更好地减少摩擦，并且机械能量损失可降低 5%～15%。此外，植物油的闪点较高，蒸发损失较低，能够显著减少高温工况条件下有机气体的排放，使用更加安全。

然而，植物油富含不饱和双键和活泼 β-H 键，导致其氧化稳定性较差。一般情况下，植物油储存温度不能超过 80℃，在调和润滑油时必须加入更多的抗氧剂。此外，植物油中甘油三酯基较长的烷基侧链，特别是饱和结构侧链，在低温条件下容易结晶析出，影响其低温流动性能。上述这些特点直接导致植物油脂在润滑油中的适用范围非常有限。

8.5.1　植物油基润滑油改性技术

植物油的主要成分是脂肪酸甘油酯，而植物油的润滑性能与其中脂肪酸的结构和种类密切相关。表 8-8 列出了植物油的组成结构与润滑性能之间的关系。

表 8-8　常见植物油组成结构及其润滑性能

植物油	含油量/%	黏度/（mm²/s）		黏度指数	油酸含量/%	亚油酸含量/%	亚麻酸含量/%
		40℃	100℃				
玉米油	3～6	30	6	162	26～40	40～55	<1
蓖麻油	50～60	232	17	72	2～3	3～5	痕量
菜籽油	35～40	35	8	210	59～60	19～20	7～8
大豆油	18～20	27.5	6	75	22～31	49～55	6～11
葵花籽油	42～63	28	7	188	14～35	30～75	< 9.1

最新研究表明，将菜籽油与适量的葵花籽油、大豆油和蓖麻油混合后，可用作汽车发动机油。这种润滑油不仅能够降低汽车尾气中有害物质的排放量，使其减少 15%～30%，而且其废油也具有较高的生

物降解率。植物油具有优秀的润滑性能，在金属表面可以形成吸附膜，且脂肪酸也能与金属表面反应形成单层膜，从而减少摩擦。当菜籽油和葵花籽油用作润滑油时，其技术性能与矿物油相当。然而，植物油本身存在一些缺点，如氧化稳定性较差、水解安定性不佳、低温流动性差等，而且植物油的价格也高于矿物油，增加了使用成本。因此，需要对油脂进行改性，以提高植物油的性能。改性的主要技术途径如下。

（1）生物技术改造植物油。植物油中的碳碳双键（C═C）会降低氧化稳定性，因此可以通过植物基因改良来增加一元不饱和脂肪酸含量，减少多元不饱和脂肪酸含量，从而提高植物油的氧化稳定性。国外已经利用现代生物技术培育出了油酸含量高的葵花籽油和菜籽油，其中油酸含量达到 90% 以上。这种植物油具有很强的抗氧化能力。

（2）添加剂改善植物油。抗氧化添加剂和抗压、抗磨添加剂是常用的添加剂。向植物油中加入抗磨剂可以显著改善其润滑性能。由于添加剂的存在增大了接触面积，减小了接触应力，同时能对摩擦的凹凸表面进行填补和修整，使表面变得更加光滑。抗氧化添加剂具有反应活性较高的特点，易与植物油最初生成的自由基发生反应，生成稳定的物质，延缓链反应的进行，从而改善植物油的氧化稳定性。

（3）化学改性改善植物油。通过提高植物油的饱和度和支链化程度来进行化学改性，包括氢化、聚合、酯交换和酯化、异构化等技术。提高油脂支链化程度可以使植物油具有更好的低温性能；提高水解稳定性和降低黏度指数可以提高植物油的黏度系数；低饱和度脂肪酸可以提高植物油的低温性能，而高饱和度脂肪酸可以增强植物油的氧化稳定性。

8.5.2 蓖麻油基润滑油的化学改性

蓖麻油的主要成分是蓖麻酸甘三酯，含量约为 99%。它由三种分子结构混合组成，即单蓖麻酸甘三酯（67.2%）、二蓖麻酸甘三酯（28.7%）、三蓖麻酸甘三酯（3.1%）。蓖麻油可以通过植物基润滑油化学改性技术进行改良，具体方法如下。

（1）氢化蓖麻油：在催化剂催化条件下，蓖麻酸碳链上的不饱和性的双键（C═C）与氢气反应，双键（C═C）会被饱和，蓖麻油会从软性油脂物质过渡成蜡状性质的硬性物质。氢化蓖麻油可以成为光蜡、润滑脂、化妆品、医用软膏等物质的原料，可以代替蜡，成为生活中有经济价值的物品。

（2）环氧化蓖麻油：在中性或碱性条件下，用无水过氧酸进行反应，蓖麻油氧化后会生成环氧键。在 H^+ 存在下，羧酸与双氧水反应生成过氧羧酸，过氧羧酸立即与蓖麻油中的不饱和双键反应，生成环氧蓖麻油。环氧大豆油、环氧棉籽油和环氧菜油等是环氧植物油类良好的增塑剂。

（3）酯化蓖麻油：蓖麻油与马来酸酐进行反应。马来酸酐开环和蓖麻油上的仲羟基发生酯化，此反应容易进行且没有副产物。在一定条件下，马来酸酐开环后生成羧基，与蓖麻油上的羟基进行酯化反应，从而发生双酯化反应。

8.6 植物油脂制备工业基础油

我国制备生物基基础油的主要路径是通过植物油水解-酯化制备多元醇酯法来制备二元酸酯。然而，近年来世界上许多机构和企业对生物质制备基础油的加工路径（图 8-4）进行了创新，包括基因改良、改进性能、植物油脂复分解/糖分解、植物油脂环氧化-开环、制备多支链聚烯烃基础油、提高分子支化度、油酸加成、改善氧化稳定性和低温流动性等。目前，国内环保型生物基润滑油市场份额与西欧、北美等发达国家（>5%）相比存在较大差异，甚至少于润滑油消费量的 1%。因此，寻找能够突破性能缺陷和制备高品质产品的技术，以提升我国生物基基础油和润滑油的制造水平，对我国的生物基基础油产业发展以及经济发展至关重要。

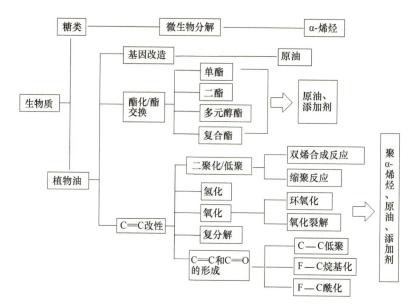

图 8-4 生物质制备基础油的加工路径

高性能润滑油基础油聚 α-烯烃基础油的制备是指将植物油分解后，在催化剂的作用下将 α-烯烃（主要是 $C_8 \sim C_{12}$）齐聚，并通过加氢获得规则异构烷烃的过程。这种基础油具有优异的低温和热氧化稳定性能，同时也具备良好的黏温性能，因此是一种高品质的润滑油调合组分。石蜡裂解和乙烯齐聚工艺是工业上主要用于生产 α-烯烃的方法。然而，我国目前还没有通过乙烯齐聚制备 $C_8 \sim C_{12}$ 烯烃的工业装置，因此需要通过技术研发来开发新的方法和工艺，以满足我国对高性能润滑油基础油的需求，对于促进我国经济发展十分重要。

烯烃复分解反应是在金属催化剂的作用下，烯烃分子中的碳碳双键发生断裂并重新组合的化学反应过程。根据反应过程中分子骨架的变化，可分为开环复分解、开环复分解聚合、无环二烯复分解聚合、关环复分解和交叉复分解反应。烯烃复分解本质上是一种双烯烃之间相互交换的化学反应，可生成新结构的烯烃分子。图 8-5 用"舞伴交换"形象地描述了烯烃复分解反应过程。

图 8-5 似"舞伴交换"烯烃复分解反应

催化剂是烯烃复分解反应中不可或缺的组成部分，主要由有机金属络合物组成，其中包括过渡金属（如钛、钨、钼等）的卡宾络合物，特别是 $[M(Nar)(CHCMe)_3(OR)_2]$ 卡宾化合物。Marinescu 等（2009）通过单芳环-吡咯结构取代的钼络合物，成功制备出高活性的有机钼络合物。该催化剂在油酸甲酯的复分解过程中，表现出优异的催化活性和选择性，在常温条件下，油酸甲酯的转化率可达 95%，而且 1-癸烯和癸烯酸甲酯的选择性可达 99%。为了进一步提高催化剂的稳定性和活性，需要不断改进配体设计，并继续进行实验。目前，金属钼卡宾化合物是已知功能最好的复分解催化剂之一，但它也存在一些局限性，如受氧气和水的影响，这些限制了它在某些应用中的使用。

Grubbs 和 Chang（1998）研发了钌卡宾络合物，其成为了应用最广泛的烯烃复分解催化剂，因为它具有稳定的官能团、易于实验操作、对原料要求低，并且对空气和水不敏感。第一代含三价膦结构的钌络合物在油酸甲酯复分解反应中的选择性很高，1-癸烯和癸烯酸甲酯选择性达到93%，但由于亚甲基结构容易分解，因此第一代钌络合物的寿命受到限制，收率只有54%。通过调整 N-杂环卡宾（NHC）骨架结构中取代基的数量，改变电子性质和空间效应，可以有效地提高目标产物的选择性，并改善催化剂的稳定性。例如，Thomas 等（2011）合成了非对称 N-苯基、N-烷基 NHC 钌化合物，在油酸甲酯复分解反应中，油酸甲酯的转化率达到了89%，选择性达到了88%。

有机钌络合物催化剂存在一定的限制，其中对于 1-癸烯和 9-癸烯酸甲酯的选择性相对较低。此外，产物自身复分解和油酸甲酯自身复分解会与反应竞争，生成如 1,18-二甲基-9-十八烯酸酯和 9-十八烯等副产物，从而降低反应效率。然而，由于有机钌络合物性质稳定，对官能基团稳定性好，更适合于原料纯度相对较低的工业催化过程。

植物油脂复分解反应技术已经完成了产业化。2007 年，美国 Elevance 可再生技术有限公司（以下简称 Elevance）成立，该公司是世界上第一个通过植物油脂复分解反应生产润滑剂、洗涤剂、清洁剂、燃料添加剂和油漆等化学品的公司（图 8-6）。Elevance 已经拥有多套生物炼油设备。第一套设备位于印度尼西亚锦石，生产力为 1.8×10^5 t/a，以棕榈油为原料，生产高附加值化学品和润滑油基础油等。第二套设备位于美国密西西比州，以大豆油和菜籽油为原料，利用烯烃复分解反应制造新型特种化学品，包括多功能酯（如 9-癸烯酸甲酯）、特殊分布的生物基 α-烯烃（如 1-癸烯）和内烯烃，生产能力为 2.8×10^5 t/a。2016 年，Elevance 与 Versalis 公司合作，在匈牙利布达佩斯的 Soneas 工厂运用第二代生物炼油厂烯烃复分解技术，将目标产量在实验室规模基础上放大 4×10^4 倍。第二代技术采用 XiMo 公司生产的 Schrock（钼/钨）催化剂。

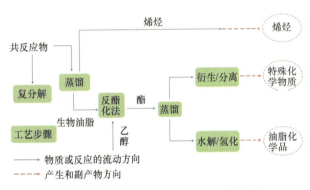

图 8-6 Elevance 植物油脂复分解反应技术

Elevance 使用 1-癸烯和 9-癸烯酸甲酯作为原料，开发出一种名为 Aria™ 的基础油。该反应过程如图 8-7 所示。与聚 α-烯烃基础油（PAO）相比，Aria™ 的黏度指数较高，且不会因稳定性变化而产生较大的变化。此外，该基础油的倾点可达–30℃（表 8-9）。这是因为在基础油分子中加入了长侧链酯基团（图 8-7），这种基团能在润滑接触表面形成吸附力强的吸附膜，减少摩擦，从而降低磨损。如果向基础油中加入极性基团，则可以解决 PAO 存在的橡胶相容性和添加剂溶解性较差的问题，并且可以大幅提高生物降解性。

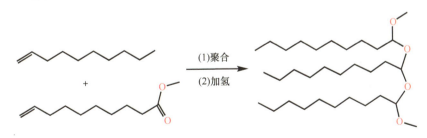

图 8-7 Elevance 润滑剂的合成工艺

表 8-9 Elevance 润滑产品 Aria™WTP40 与 PAO40 的性能对比

	黏度/（mm²/s）		黏度指数	倾点/℃	碘值
	40℃	100℃			
Aria™WTP40	366	40	161	–30	<4
Exxon Mobil PAO40	396	39	147	–36	—
检测方法	ASTM D445	ASTM D445	ASTM D2270	ASTM D975	ASTM D5554

8.7 植物油脂加成制备脂肪酸内酯基础油

除了对植物油不饱和键进行加氢、环氧来改善氧化稳定性之外，通过双键与羧基的加成反应，制备脂肪酸内酯基础油，也可改善产品氧化稳定性。以植物油酸进行加成反应，发现了一种有特殊结构的脂肪酸低聚物，分子结构如图 8-8 所示（结构式 I）。图中 $n \geqslant 0$、$m \geqslant 1$（整数），R_1、R_2、R_3、R_4 是独立直链或支链烷烃。一般条件下，脂肪酸内酯由 2～5 个油酸组成，主链结构较长，黏温性能比油酸单酯好，黏度稳定性得到显著提升。同时，在主链上含有 2 个以上长烷基侧链，低温性能明显提高。在羧基加成条件下，油酸分子中双键饱和，油酸内酯氧化稳定性得到改善。

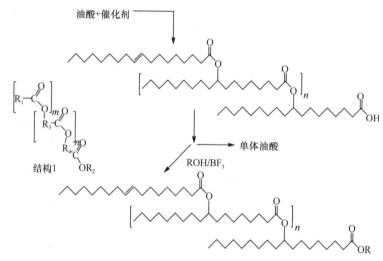

图 8-8　脂肪酸内酯的结构式与合成工艺

如图 8-8 所示，强酸性催化剂会催化油酸发生加成反应，得到 2～5 个结构单元的脂肪酸低聚物，而后经过酯化反应，使尾部羧基酯化。无机酸催化剂是催化油酸加成的主要催化剂，如硫酸、高氯酸等。硫酸催化效率高，但有副反应发生，包括氧化反应和磺化反应，从而导致副产物含量提高，产品无色泽。高氯酸有酸性强、氧化性弱的性质，因此高氯酸催化得到的脂肪酸内酯色泽暗，且脂肪酸内酯收率在 60%～80%。与无机酸相比，固体酸催化剂的优点是能够进行脂肪酸内酯的环保化生产，但固体酸酸强度和酸密度更差，导致油酸加成反应转化率低。

脂肪酸内酯是一类具有特殊结构的生物基液体，其物化性质与化学结构密切相关。研究表明，脂肪酸内酯的运动黏度、黏度指数、倾点、氧化稳定性等物理化学性质与其分子结构有关，具体表现为头部结构和尾部 R 基碳数、支化度、聚合度等参数的变化。

头部结构是脂肪酸内酯分子中的一个重要结构特征，它主要由一个羧基组成。研究表明，头部结构的变化会显著影响脂肪酸内酯的物理化学性质，特别是其运动黏度和黏度指数。

尾部 R 基碳数和支化度也是影响脂肪酸内酯物理化学性质的重要参数。随着 R 基碳数的增加和支化度的减小，脂肪酸内酯的黏度和黏度指数会减小，而倾点会升高。这是因为 R 基碳数和支化度的变化会影响脂肪酸内酯的分子间相互作用和排列方式，从而影响其物理化学性质。

此外，脂肪酸内酯的聚合度（degree of polymerization，DP）也是影响其物理化学性质的重要参数。DP 越大，脂肪酸内酯的黏度和黏度指数就越高，而氧化稳定性则会降低。这是因为 DP 的增加会使脂肪酸内酯的分子量增加，分子间相互作用增强，从而影响其物理化学性质。由图 8-9 可知，油酸内酯的聚合度与其黏度和倾点存在一定关系。具体来说，油酸内酯的聚合度与黏度和倾点之间呈现一定的线性关系，聚合度越小，产品的黏度和倾点就越低。在聚合度为 1.5～2.3 时，可以制备出基础油，其倾点为 $-30 \sim -40^{\circ}\mathrm{C}$，黏度（$40^{\circ}\mathrm{C}$）为 60～140mm²/s。

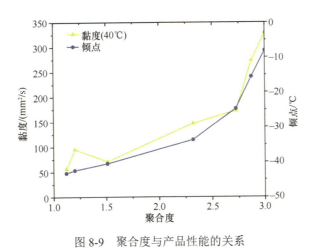

图 8-9 聚合度与产品性能的关系

综上所述，脂肪酸内酯的物理化学性质受到多种结构参数的影响，这些参数包括头部结构、尾部 R 基碳数、支化度、聚合度等。了解这些参数的变化规律，对于控制脂肪酸内酯的物理化学性质具有重要的意义。

8.8 油脂生物炼制制备高值化学品

8.8.1 植物油脂制备环氧化合物

植物油脂制备环氧化合物是利用植物油脂中的不饱和脂肪酸进行环氧化反应，生成环氧基团，从而使植物油脂具有更广泛的应用。常用的环氧化试剂包括过氧化氢、过氧化二苯甲酰和叔丁基过氧化氢等。催化剂也是环氧化反应不可或缺的组成部分，常用的催化剂有无机酸、有机酸、金属盐和杂多酸等。此外，还可以通过调整反应条件、改变催化剂种类和含量以及采用新型催化剂等方式来提高环氧值和产物性能。

植物油脂是环氧化合物生产中常用的原料，其制备过程是通过打开油脂分子结构中的双键结构并引入氧元素，形成环氧环，从而制备出植物油脂基环氧化合物。这类化合物是绿色化合物，可用作塑料制品的增塑剂，因其具有无毒、无味和环保等特点而备受青睐。

工业化生产通常采用过氧化氢与有机酸作为环氧化试剂，并利用硫酸作为催化剂进行反应，从而制备出环氧化合物。这种方法制得的环氧化合物的环氧值能够达到国家标准的要求。但是，这种工业化生产方法存在一定的限制。硫酸作为强酸，不仅会破坏设备，而且在均相催化后也会导致产物分离复杂，后处理工艺困难，还会产生大量废水，对环境造成污染。

程威威等（2015）使用了磷钨杂多酸季铵盐非均相催化剂催化制备环氧大豆油，其环氧值可达 6.4%。为了消除水分对环氧化反应的影响，黄旭娟等（2015）先对蓖麻油原料进行了脱水处理，然后采用无机酸磷酸为催化剂催化脱水蓖麻油环氧化反应，制备了环氧值可达 4.82% 的环氧脱水蓖麻油。热稳定性研究表明，脱水蓖麻油经过环氧化反应后，由于形成了环氧基团，提高了其热稳定性。何明等（2015）以市售环氧大豆油为原料，采用酸酐类化合物为固化剂，N,N-二甲基苄胺为催化剂，探讨了固化动力学和固化产物的性能。结果表明，固化反应分为引发和循环两个阶段。引发阶段对反应条件要求较高，主要原因是物质的活化能高于循环阶段的活化能。固化产物的性能随着酸酐和苄胺类化合物用量的适当提高而增强。黄元波等（2014）以非食用木本油脂橡胶籽油为原料，采用无机酸为催化剂，过氧化氢和乙酸为环氧化试剂，制备橡胶籽油基环氧化合物，环氧值达 7% 以上。

此外，有研究通过使用负载了贵金属钛的介孔分子筛非均相催化剂，并以叔丁基过氧化氢为环氧化试剂，成功地制备了橡胶籽油基环氧化合物。为了进一步提高环氧值，采用尿素包埋法分离出油脂中的饱和不饱和脂肪酸，将不饱和脂肪酸进行环氧化反应，去除橡胶籽油中不参与环氧化反应的脂肪酸成分，产物环氧值高达 8.28%。

植物油脂制备环氧化合物技术具有资源丰富、环境友好、成本低廉等优点,广泛应用于涂料、树脂、胶黏剂、塑料等领域。

8.8.2 植物油脂制备多元醇

植物油脂制备多元醇已成为热门技术,可替代石油基多元醇。目前,植物油脂制备多元醇已开始实现工业化生产,在世界经济效益和社会效益方面产生了重要作用。

李楠等(2012)使用 SO_4^{2-}/ZrO_2 固体酸非均相催化剂制备大豆油基多元醇,环氧基团转化率达 98%,多元醇羟值为 203.7mg KOH/g。虽然环氧基团转化率高,但羟值较低。这是因为在环氧化反应过程中,部分环氧基团虽发生了反应,但没有形成羟基。非均相固体酸催化剂的应用,解决了无机酸等均相催化剂易腐蚀设备、产物分离困难和后处理工艺复杂的缺点。

丁炳海和许平(2011)以环氧大豆油为原料,在碱性条件下与生物基杂醇和丙三醇发生酯化反应,合成了大豆油基聚醚多元醇。多元醇羟值约为 420mg KOH/g,数均分子质量约为 600kDa。用该多元醇制备的聚氨酯硬质泡沫材料,其密度、热导率、压缩强度和收缩率等方面与石油基多元醇 SP-4110A 制备的聚氨酯硬质泡沫基本一致。

沈旺华和沈小勇(2016)为提高硬质泡沫材料的疏水性能,以腰果壳油为原料,与二乙醇胺和甲醛发生 Mannich 反应,制备了腰果壳油基多元醇。其羟值达到 400mg KOH/g 以上。当腰果壳油基多元醇用量为 40~45 份时,制备的硬质泡沫材料的疏水性能得到明显改善,吸水率≤1.5%。

张立强(2014)通过将蓖麻油先与丙三醇反应,随后与过氧化氢反应,再与磷酸二乙酯反应,制备出具有阻燃性能的蓖麻油基多元醇。该多元醇的羟值为 420mg KOH/g。使用该多元醇制备的聚氨酯泡沫材料的氧指数随着其质量分数的增加而增大,热性能分析表明,随着植物油基多元醇含量的增加,第二热解阶段最大热解速率降低,残炭率增加,表现出良好的阻燃性能。

8.9 油脂生物炼制制备功能树脂技术

8.9.1 植物油直接聚合树脂

植物油直接聚合树脂是一种可持续发展的新型高分子材料,它可以通过将植物油酸与乙烯基基团化合物共聚合成树脂来制备。这种树脂具有许多良好的性质,如高生物基含量、良好的加工性、低黏度和低收缩率等,可以被广泛应用于各种领域,如涂料、胶黏剂、黏合剂、密封材料和复合材料等。

植物油直接聚合树脂的制备方法通常包括以下步骤。首先,将植物油酸与乙烯基基团化合物进行共聚合反应,得到预聚合物。然后,预聚合物可以通过控制分子量和分子量分布来调整树脂的性质。最后,将预聚合物进行后续处理,如添加交联剂、稳定剂和反应助剂等,以形成最终的聚合物。

相比传统的石油基聚合物,植物油直接聚合树脂具有诸多优势,如低环境影响、可持续性、低成本和易于处理等。此外,由于植物油酸含有多个不饱和键,因此可以通过控制反应条件来改变树脂的物理和化学性质,从而实现对材料的定制化和多样化。

尽管植物油直接聚合树脂具有许多优点,但其性能还需要进一步改进和优化,以满足不同领域的需求。因此,未来的研究将致力于提高其力学性能、耐热性、耐水性和耐化学腐蚀性等方面的性能,以推动其在各种应用领域的广泛应用。

Kundu 和 Larock(2011)使用了桐油和苯乙烯(ST)及二乙烯苯(DVB)等稀释单体进行自由基共聚反应,制备了一种热固性塑料(图 8-10)。该塑料在常温下呈黄色透明状态,玻璃化转变温度(Tg)在 -2~116℃,交联密度为 $1.0×10^3$~$2.5×10^4$mol/m^3,压缩模量为 0.02~1.12GPa,压缩强度为 8~144MPa,最大热分解温度为 493~506℃。

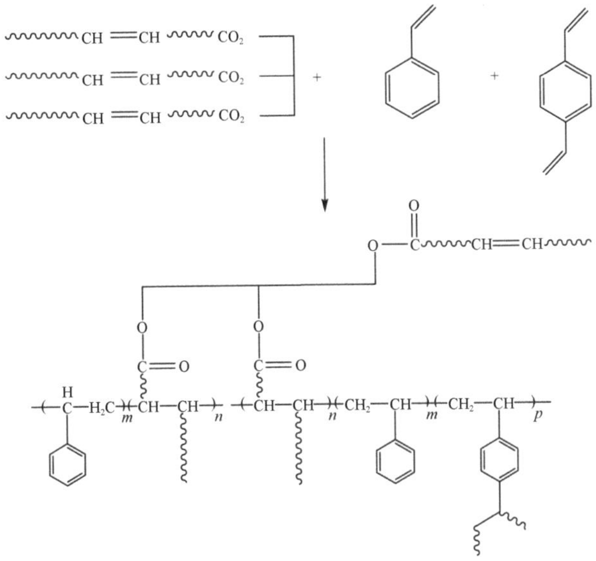

图 8-10　桐油和苯乙烯及二乙烯苯等稀释单体共聚交联制备热固性塑料

Andjelkovic 等（2005）使用了橄榄油、花生油、芝麻油等 12 种油脂，分别与 ST、DVB 等单体进行阳离子共聚反应制备热固性塑料。所得材料的拉伸强度为 1.9～10.9MPa，杨氏模量为 13.0～125.6MPa，交联密度为 600~2270mol/m³，Tg 为 50~66℃。油脂、共聚单体和催化剂的种类和含量会影响材料的性能。油脂中甘油三酯的不饱和度与材料的拉伸强度和杨氏模量呈正比例关系。在总量保持不变的情况下，当共聚单体 DVB 含量增加而 ST 含量减少时，材料的拉伸强度和杨氏模量也会提高。通常情况下，植物油直接聚合所得的热固性材料性能较通用石油基材料（拉伸强度≥60MPa，杨氏模量≈3.0GPa，Tg≥90℃）差，这是因为植物油脂肪酸中 C=C 活性较低，使固化程度不高，脂肪酸链柔软。实验表明，由植物油制得的不饱和聚酯树脂（UPR）可用于涂料、油漆等软材料领域，但不适用于结构性塑料的制备。

8.9.2　油脂基不饱和聚酯

油脂基不饱和聚酯是一种由油脂和不饱和羧酸等单体反应得到的聚合物，通常用于制备涂料、油漆、黏合剂和复合材料等领域。与传统的聚酯材料相比，油脂基不饱和聚酯具有较低的黏度、较高的柔软性和更好的可降解性能。此外，油脂基不饱和聚酯还可以通过不同的单体组合和聚合条件来调节其物理和化学性质，从而扩展其应用范围。

以油脂转化成的多元醇或酸（酐）作为合成原料，采用缩聚方法可以合成线性不饱和聚酯（UPE）。赵亮（2008）通过豆油、亚麻油和蓖麻油等植物油与丙三醇反应，生成单甘酯。再将单甘酯与丙二醇、顺酐和苯酐等发生缩聚反应，制备出了新型油脂基 UPE。合成路线如图 8-11 所示。在反应中加入 20% 单甘酯，制得的油脂基 UPE 的拉伸强度为 9.6～26.5MPa，弯曲强度为 15.1～42.6MPa，弯曲弹性

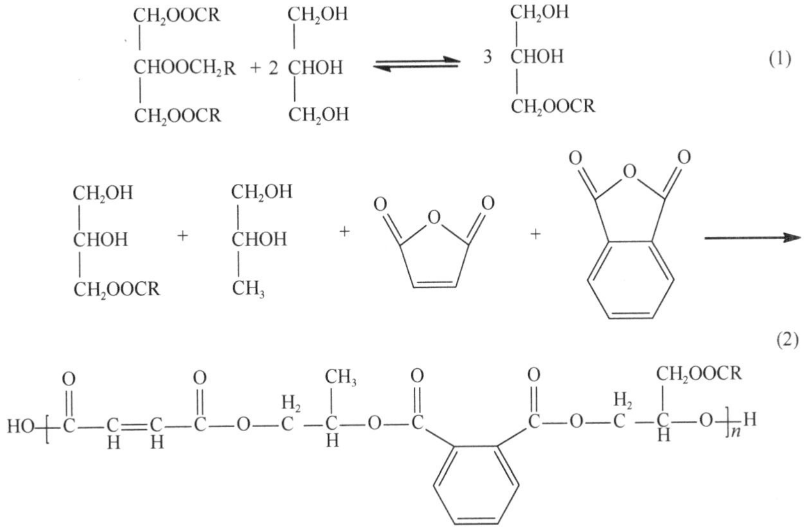

图 8-11　植物油单甘酯（1）及其不饱和聚酯（2）的合成路线

模量为 0.40～0.94GPa，Tg 约 70℃。与石油基 UPE 相比，所得树脂性能较差，主要原因为：①植物油中柔性成分比例较高；②单甘酯中存在丙三醇、二甘酯等非单甘酯成分，导致 UPE 结构中会存在大量支化结构，反应程度降低。蔡碧琼等（2004）通过亚麻油与顺酐发生加成反应生成亚麻酸酐，然后与不饱和聚酯发生缩聚反应制备了气干性和柔韧性能较好的亚麻油改性 UPR。利用缩聚法制备的植物油基 UPR 存在以下缺点：①将植物油转化为二元醇或二元酸的用量较少，仅占原料总量的一小部分，不能有效替代 UPR 中的石油基成分；②UPR 支化严重，相对分子质量低。

8.9.3 油脂基不饱和聚酯树脂

油脂基不饱和聚酯树脂是一种以动物油脂或植物油为原料制备的不饱和聚酯树脂。通常情况下，油脂或植物油中含有大量的不饱和脂肪酸，这些脂肪酸可以通过缩聚反应形成不饱和聚酯单体。这些单体与其他官能团（如丙烯酸）反应，形成具有高分子量的聚酯树脂。

油脂基不饱和聚酯树脂具有许多优点，如低毒性、易于加工、可降解性等，因此在复合材料、建筑材料、涂料、油漆、黏合剂等领域得到广泛应用。此外，油脂基不饱和聚酯树脂也是一种环保型树脂，能够有效替代传统的石油基树脂，有望成为未来树脂材料发展的趋势之一。

油脂脂肪酸链中的 C═C 受限于其与活性稀释单体直接固化交联的难度，但是可以通过化学改性将高活性 C═C 结构引入油脂甘油三酯或其衍生物中，从而最终获得油脂基不饱和酯（UE）大分子单体或低聚物。这种产品类似于线性 UPE，对于生产热固性塑料具有很高的价值。丙烯酸酯化、马来酸酯化、烯丙基酯化等方法是常用的 C═C 官能化方法。

8.9.3.1 丙烯酸酯树脂

通过将丙烯酸类化合物与油脂或其衍生物进行改性，可制备出丙烯酸酯树脂。常用的丙烯酸类化合物包括丙烯酸、甲基丙烯酸和丙烯酸羟乙酯等。环氧丙烯酸酯（EA）是一种丙烯酸酯，也称为乙烯基酯，可以通过丙烯酸类化合物对环氧油脂进行开环反应而制备。

Wool 和 Sun（2005）制备了一种性能良好的刚性材料，其拉伸强度和杨氏模量分别为 21MPa 和 1.6GPa，Tg 为 65℃。这种刚性材料是由环氧大豆油丙烯酸酯（AESO）与 40%苯乙烯共聚后得到的。他们还研究了植物油与苯乙烯交联固化后，材料结构和性能之间的关系。结果表明，预聚体官能度越高，树脂交联密度越高；预聚体官能度增加时，交联密度呈线性增加；随着交联密度的增加，树脂的 Tg、拉伸强度和杨氏模量等性能呈线性或指数关系上升。

Qiu 等（2013）使用含磷马来酸半酯改性 AESO 并发泡树脂，制备了力学性能和阻燃性能优良的硬质泡沫材料。此外，使用植物油基的环氧丙烯酸酯树脂制备复合材料也是研究的热点方向。

Sen 和 Cayli（2010）利用橄榄油酸改性的蒙脱土对 AESO/苯乙烯树脂进行增强处理，制备的复合材料具有优异的刚性和耐热性。Liu 等（2018）使用 AESO、大麻纤维和异氰酸酯丙烯酸酯稀释剂等制备了性能优异的复合材料，当异氰酸酯丙烯酸酯稀释剂用量为 15%时，复合材料的拉伸和弯曲强度以及 Tg 等性能可以与含 30%苯乙烯的复合材料的性能相媲美。

聚氨酯丙烯酸酯（PUA）是一种由羟基化油脂和羟基丙烯酸酯类化合物通过异氰酸酯化反应连接而成的丙烯酸酯预聚体。相较于热固化材料，PUA 的刚硬性较差，因此在光固化材料中得到了更广泛的研究。Rayung 等（2020）通过将麻风树油基 PUA 与不同浓度的碘化锂（LiI）混合来制备麻风树油基凝胶聚合物电解质（GPE），最高室温离子电导率为 $1.88×10^{-4}$s/cm 在质量分数 20%的 LiI 盐下获得了 α-烯烃。此外，GPE 随温度变化的离子电导率表现出 Arrhenius 行为，其活化能为 0.42eV，预指数因子为 $1.56×10^3$s/cm。因此，麻风树油基 GPE 将有希望成为染料敏化太阳能电池（DSSC）中石油衍生的聚合物电解质的替代品。

利用植物油进行一步反应制备丙烯酸酯是一种热门的方法。Zhang 等（2014）利用路易斯酸作为催化剂，将丙烯酸与大豆油中的甘油三酯进一步反应，制备了大豆油基丙烯酸酯。采用酸性催化剂催化丙烯腈和植物油中的甘油三酯发生 Ritter 反应，将植物油进行丙烯化。然后，将制备的大豆油基或葵花籽油基丙烯酸酰胺与苯乙烯共聚，最终得到丙烯酸酯产品。此外，利用 NBS 溴化试剂和丙烯酸对油酸甲酯同时进行溴化和丙烯化的方法，然后利用苯乙烯、甲基丙烯酸甲酯、醋酸乙烯等与制备的溴化丙烯酸酯化油酸甲酯进行共聚，也可得到丙烯酸酯聚合物。

8.9.3.2　马来酸酯树脂

油脂基马来酸酯是一种由马来酸酐与羟基化油脂反应生成的化合物。马来酸酯化是一种将马来酸酯结构引入油脂甘油三酯或其衍生物结构中的改性方法（图 8-12）。Khot 等（2001）提出了三种不同的方法来制备植物油基马来酸酯：第一种方法是将植物油中的双键转化为羟基，然后进行马来酸酯化；第二种方法是对植物油脂进行醇解，制备出植物油基醇解产物，然后将马来酸酐与醇解产物进行反应，生成马来酸半酯；第三种方法是对植物油醇解后产物的不饱和双键进行环氧化和羟基化，制备出油脂基多元醇，再利用马来酸酐进行酯化。第二种方法是最简便、最经济的方法，其优点是无须使用溶剂，生产无废弃物等。在常温常压下，固体状态下的部分马来酸酐会在反应过程中完全酯化，形成低聚物，导致马来酸酐混合物的黏度增大。因此，需要加入稀释剂进行稀释后再使用。

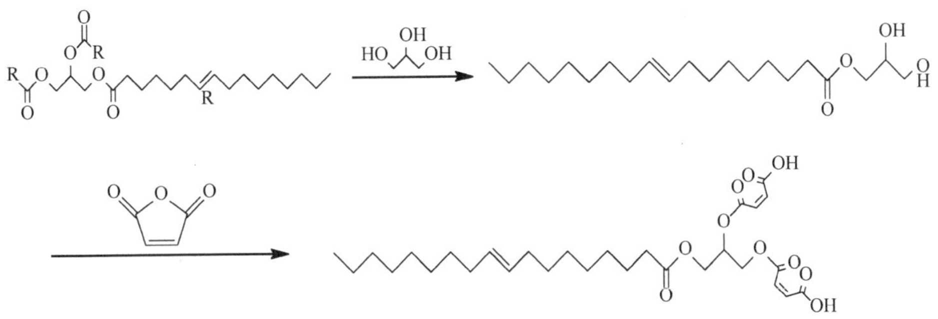

图 8-12　油脂基马来酸酯的典型合成路线

为了获得机械性能和热学性能稳定的马来酸酯，可以通过将马来酸酯与苯乙烯共聚并交联处理。经过固化处理的蓖麻油基马来酸半酯与 33%苯乙烯共聚后，其弯曲强度和弯曲模量均有所提高，可分别达到 105MPa 和 2.17GPa，Tg 为 149℃，表面邵氏硬度为 89.3，可以与石油基 UPR 相媲美。将大豆油、蓖麻油等通过丙三醇醇解，然后进行马来酸酐化，制备成植物油基马来酸酯。该树脂与 20%～50%苯乙烯共聚后，其弯曲强度和弯曲模量分别达到 89MPa 和 1716MPa，Tg 为 72～152℃。有研究利用蓖麻油基马来酸酯与木粉混合，制备了性能优良的蓖麻油基马来酸酯复合材料。首先，将桐油醇解并进行马来酸酐化，得到桐油基马来酸酯，然后与 33%苯乙烯共聚制成材料。研究发现，高分子聚集态结构会影响植物油基不饱和酯树脂的性能。当苯乙烯含量为 20%时，材料中存在大量坑洼、碎片等缺陷，材料的粗糙度和相分离程度最高；当苯乙烯含量分别为 33%、40%和 30%时，所得材料中坑洼或碎片数量逐渐增多，相分离程度逐渐增强；当苯乙烯含量为 33%时，所得材料相分离程度最小，此时材料的拉伸强度、杨氏模量、弯曲强度和弯曲模量等性能最佳。

8.9.3.3　油脂不饱和共酯树脂

如果不饱和脂肪酯中含有两种或更多不同高活性的 C═C 结构，通过对其改性获得的预聚体称为不饱和共酯（Co-UE）。可以通过丙烯酸酯化、马来酸酯化、烯丙基酯化等方法对油脂进行 C═C 官能化改性，从而生成新的 C═C 官能化基团。进一步进行协同 C═C 官能化改性，预聚体官能度会提高，材料的交联密度、刚性和耐热性也会增强。例如，利用丙烯酸对环氧大豆油开环制备 AESO 时，结构中会生成新的羟基基团。Lu 等（2005）使用 N,N-二甲基苄胺催化剂催化 AESO 后，再用马来酸酐对丙烯酸酯邻位上的羟基进行改性，最终制备出马来酸酯化的环氧大豆油丙烯酸酯（MAESO），合成路线如图 8-13 所示。MAESO

与33%苯乙烯进行自由基共聚固化后，其拉伸强度、杨氏模量和 Tg 分别为 44MPa、2.5GPa 和 130℃。相对于石油基 UPR，其力学性能有了显著提高，Tg 也超越了石油基 UPR。进一步研究表明，在合成二聚脂肪酸甲基丙烯酸酯的基础上，继续利用马来酸酐对其进行改性，获得了官能度增加的二聚脂肪酸共酯。该树脂与 40%苯乙烯共聚后，其拉伸强度为 19.5MPa，弯曲强度和弯曲模量分别为 36.3MPa 和 893.6GPa，Tg 为 68.9℃。相对于未改性的树脂，其拉伸强度、弯曲强度、弯曲模量提高了 14%、64%和 26%，Tg 提高了 33%。

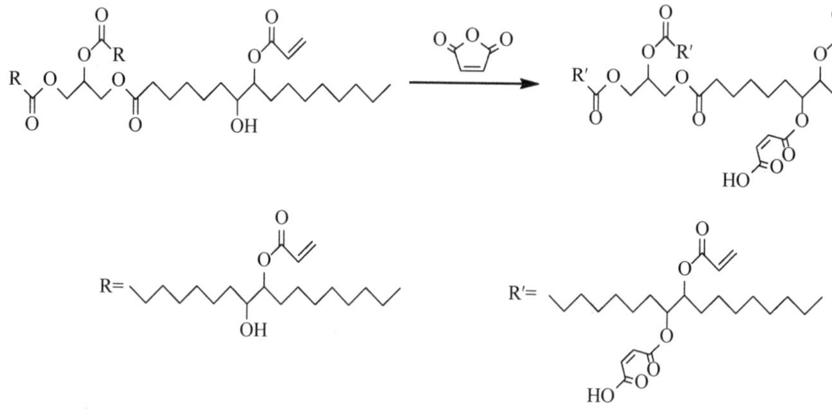

图 8-13　马来酸酯化环氧大豆油丙烯酸酯的合成路线

在制备桐油基马来酸半酯（TOPERMA）的过程中，研究人员发现马来酸酐不仅能够与醇羟基反应，还能与桐油脂肪酸链上的共轭三烯结构发生第尔斯-阿尔德反应（Diels-Alder reaction）。虽然这是一种副反应，但它会导致马来酸酯数量的减少，以及参与共聚的桐油共轭三烯结构数目的减少，从而最终影响反应的产率。为了解决这个问题，研究人员使用丙烯酸羟乙酯、甲基丙烯酸羟乙酯、甲基烯丙醇等物质分别进行第尔斯-阿尔德反应，形成酸酐结构，然后进一步进行开环改性，制得新型的桐油基不饱和共酯（Co-UE）。

这种新型树脂具有优良的性能，经过丙烯酸羟乙酯改性后，与 40%苯乙烯共聚固化，制得材料的拉伸强度、杨氏模量和 Tg 分别为 36.3MPa、1.7GPa 和 127℃。图 8-14 展示了使用丙烯酸羟乙酯、甲基丙烯酸羟乙酯、甲基烯丙醇等物质分别进行第尔斯-阿尔德反应，制备桐油基不饱和共酯树脂的合成路线。

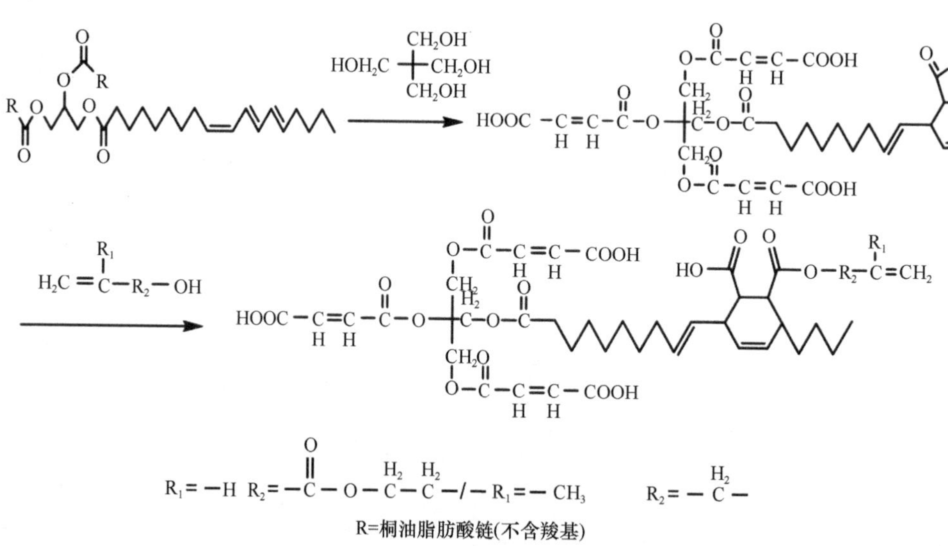

图 8-14　桐油基不饱和共酯树脂的合成路线

8.9.3.4 共混型油脂基不饱和聚酯树脂（UPR）

通过将油脂或其衍生物与石油基 UPR 共混制备成共混型油脂基 UPR，可以提高 UPR 的性能。与纯石油基 UPR 相比，纯油脂基 UPR 的性能较低。例如，有研究人员将大豆油脂肪酸甲酯或亚麻油环氧脂肪酸甲酯加入 UPR 中，制备了可用于建材的 UPR 复合材料。所得材料的抗冲击性能比未加植物油基改性剂材料提高了 90%。另外，将亚麻油和大豆油基环氧脂肪酸甲酯分别与 UPR 共混，制备植物油基 UPR。该产品的冲击强度比未改性 UPR 有所提高，同时储存模量、Tg 和热变形温度等性能也得到一定改善。此外，有研究利用马来酸酯化蓖麻油改性 UPR/粉煤灰体系，结果表明，当加入 5%改性剂之后，所得材料的冲击强度提升了 52%，且无模量损失。在双环戊二烯（DCPD）型 UPR 合成后期加入桐油后，桐油共轭三烯与 UPE 链发生第尔斯-阿尔德反应，制备的桐油改性 DCPD-UPR，其性能得以改善。研究结果表明，当桐油加入量为 UPR 质量的 20%时，改性后 DCPD-UPR 的冲击强度和拉伸断裂伸长率比未改性分别提高了 373%和 875%。向 UPR 中添加油脂基改性剂可以以第二相的形式分散于 UPR 基体中，从而改善材料的韧性。但是，材料的刚硬性会快速下降。为了提高反应后材料的性能，可以采用高官能度蓖麻油基马来酸酯对石油基 UPR 进行共混改性的方法。当蓖麻油基改性剂用量达到 20%时，所得材料的强度略有下降，但模量、Tg 和冲击强度有一定程度增强，材料的综合性能与石油基 UPR 的性能十分相似。

8.9.3.5 苯乙烯替代型油脂基不饱和聚酯树脂

制备 UPR 所使用的稀释剂苯乙烯是一种毒性高且挥发性强的化学物质，会对人体和环境造成危害。为了解决这个问题，可以采用将油脂转化成低挥发性的乙烯基单体来代替苯乙烯的方法。Körpinar 等（2022）以苯乙烯不饱和聚酯为树脂原料，不同比例（10%、20%、30%、40%和 50%）的 $WO_3 \cdot 2H_2O$ 粉末制备复合材料，该材料显示出较好的热和辐射屏蔽性能。Hsu 和 Lee（1991）研究了苯乙烯与不饱和聚酯树脂共聚过程中的结构形成，提出了一种微观结构形成的机理。讨论了反应温度和苯乙烯摩尔分数对反应动力学、样品形态和流变性的影响。

油脂基 UPR 研究涵盖了 UPE、UE 预聚体，以及共混型 UPR 和苯乙烯替代物，这意味着油脂资源将在未来的生物基 UPR 应用中占据非常重要的地位。然而，油脂基 UPR 的发展仍存在一些挑战，主要表现在以下几个方面：首先，油脂基 UPR 研究主要集中在通用性能的提高，对一些具有特殊功能（如阻燃、导电、抗菌、自修复等）的油脂基 UPR 的研究较少，这些功能型或智能型油脂基 UPR 将成为未来研究的主要方向；其次，油脂基 UPR 绝大部分研究只关注交联密度对性能的影响，对相分离的基础研究不够；第三，UPR 树脂固化过程中的规律（如固化机理、固化动力学）研究不够深入和系统；第四，热固性材料难以降解，给环境造成了严重的污染。

8.10 油脂副产物的综合利用技术

8.10.1 天然维生素 E

天然维生素 E（生育酚，VE）是一种脂溶性维生素，是人体正常生命活动所必需的。天然维生素 E 可以按照以下两种方式分类：①根据侧链分子的饱和程度，分为侧链饱和生育酚和侧链上有三个双键的生育三烯酚；②根据分子结构中色满环上甲基数量和位置的不同，分为 α-生育酚、β-生育酚、γ-生育酚、δ-生育酚和 α-生育三烯酚、β-生育三烯酚、γ-生育三烯酚、δ-生育三烯酚，共计 8 种异构体。天然 VE 通常呈淡黄色油状物质，难溶于水、乙醇和丙酮等溶剂，但易溶于氯仿、石油醚等溶剂。VE 在碱性条件下特别容易氧化，但对高温比较稳定。天然 VE 具有多种生理功能，包括抗自由基和提高人体免疫力等功能。除此之外，它在化妆品、食品和饲料添加剂行业中也具有很高的利用价值。

天然 VE 可以从植物脱臭馏出物中提取，而脱臭馏出物的价值高低主要取决于 VE 的含量。棉籽油、大豆油和棕榈油等都是可用于提取天然 VE 的原料，但从不同油脂来源的脱臭馏出物中提取的天然 VE 组

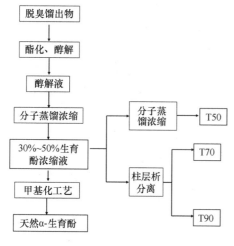

图 8-15　高含量天然 VE 工艺路线

成有所不同。例如,大豆油脱臭馏出物中,α-生育酚含量仅为7%～10%,而γ-生育酚含量却高达 67%～70%;棕榈油中提取的天然 VE 中,α-生育酚和生育三烯酚含量都相对较高。

从油脂脱臭馏出物中提取 VE 的预处理方法包括酯化法、尿素络合法、酶法等。初级浓缩物经过溶剂萃取法、分子蒸馏法、离子交换法、低压柱层析法等方法进一步提纯,得到高纯度的天然 VE。图 8-15 展示了高含量天然 VE 的工艺路线。研究结果表明,将大豆油脱臭馏出物经过酯化、醇解反应和蒸馏浓缩等工艺处理后,可制备出混合生育酚。接着通过甲基化、萃取、蒸馏等步骤,最终得到天然 α-生育酚。另外,还可通过柱层析分离得到含量为 90%的混合生育酚浓缩液,然后再进行甲基化和蒸馏,得到天然 α-生育酚。

天然 VE 市场的产品形式多种多样,包括混合生育酚、天然 α-生育酚衍生物、天然 α-生育酚和混合生育酚/天然 α-生育酚粉末等。混合生育酚的剂型有 T50、T70、T90 等,根据生育酚含量的不同而变化。天然 α-生育酚衍生物包括天然 α-生育酚醋酸酯和天然 α-生育酚琥珀酸酯。天然 α-生育酚醋酸酯是液体（常温下）,具有很强的氧化稳定性和可乳化性,常用于食品强化和化妆品。天然 α-生育酚琥珀酸酯是固体（常温下）,具有很好的氧化稳定性,可直接用于压片和硬胶囊。混合生育酚/天然 α-生育酚粉末是经微胶囊包埋技术制备的水溶性好、稳定性高的应用剂型,可直接用于食品强化、压片和硬胶囊。天然 α-生育酚琥珀酸酯进一步延伸,可制备天然 α-生育酚琥珀酸钙和水溶性 VE 等产品。图 8-16 给出了天然 VE 的产品树。随着技术的不断进步,不仅可以制备高含量的天然 α-生育酚,还可以从混合生育酚中提取分离高纯度的 γ-生育酚和 δ-生育酚单体。

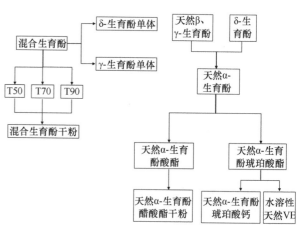

图 8-16　天然维生素 E 的产品树

8.10.2　植物甾醇

植物甾醇主要包括以下几种:β-谷甾醇、菜油甾醇、豆甾醇和菜籽甾醇。它们通常呈片状或粉末状的白色固体,有些甾醇通过溶剂结晶处理后,会呈现鳞片状或针状的晶体。这些晶体的形状取决于溶剂的种类,如在乙醇中结晶形成的是菱片状或针状晶体,而在二氯甲烷溶剂中则会形成针刺状或长棱晶状。实验表明,植物甾醇具有多种生理功能,如免疫调节、清除自由基和降血脂,同时还能预防和治疗心血管疾病,如高血压和冠心病。因此,植物甾醇不仅在医药行业有用途,而且在化工和食品行业也有广泛应用。

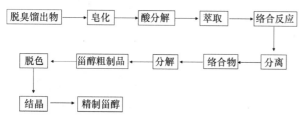

图 8-17　络合法工业化生产植物甾醇的工艺流程

油脂脱臭馏出物富含植物甾醇,从中提取植物甾醇通常需要以下步骤:第一步,从原料中提取主要成分为甾醇的不皂化物（粗甾醇）;第二步,对提取的不皂化物进行精制处理,以得到植物甾醇。实验室中的精制方法包括吸附法、酶法、分子蒸馏法等;而工业精制则通常采用溶剂结晶、络合法或两种方法的组合。络合法工业化生产植物甾醇的工艺流程见图 8-17。

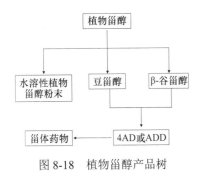

图 8-18 植物甾醇产品树

植物甾醇可以以多种形式出现在市场上（图 8-18）。它可以通过微胶囊化制备成水溶性的产品，也可以进一步分离成 β-谷甾醇和豆甾醇。β-谷甾醇是生产甾体药物的重要中间体，可以通过发酵法生产雄甾-4-烯-3,17-二酮（4AD）和雄甾-1,4-二烯-3,17-二酮（ADD）。豆甾醇可以通过化学法从 C-22 双键处切断，并进行结构修饰，制造出多种甾体皮质激素药物。胆甾醇和 β-谷甾醇可以通过生物降解，切断 C-17 位侧链，生成 4AD 和 ADD。这些化合物可以通过多步合成制造出各种甾体药物，包括口服避孕药和高血压药等。

8.10.3　角鲨烯

角鲨烯是一种分子式为 $C_{30}H_{56}$ 的高度不饱和直链三萜类化合物，化学名称为 2,6,10,15,19,23-六甲基-2,6,10,14,18,22-二十四碳六烯（图 8-19）。这种化合物呈无色或微黄色透明油状液体，易溶于乙醚、石油醚、丙酮和四氯化碳，微溶于乙醇和冰醋酸，但不溶于水。角鲨烯容易氧化，因此在储存时需要添加抗氧化剂。

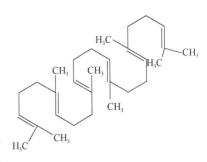

图 8-19　角鲨烯结构式

角鲨烯是一种非常有益的活性物质，对人体健康有着重要的作用。它不仅可以促进新陈代谢和活化细胞，增强内脏功能，还具有强烈的抗氧化作用，可有效地预防细胞老化和癌变，同时也具有抗癌、防癌、抗疲劳、抗心血管疾病和抗感染等作用，有助于提高机体免疫力。

鲨肝油是角鲨烯丰富的来源之一，其中角鲨烯的含量占脂质含量的 90% 以上。此外，少量的角鲨烯也存在于植物油脂脱臭馏出物中，如米糠油脂脱臭馏出物中的角鲨烯含量为 1.9%，棕榈油脂脱臭馏出物中的角鲨烯含量为 0.5%～0.8%，卡诺拉油脂脱臭馏出物中的角鲨烯含量为 1.21% 等。角鲨烯通常以生育酚-角鲨烯和甾醇-角鲨烯聚集化合物的形式存在于植物油脱臭馏出物中。提取角鲨烯的方法通常是先从脱臭馏出物中提取不皂化物，然后通过超临界 CO_2 萃取法、分子蒸馏法或吸附分离法等进一步提取角鲨烯。

角鲨烯是一种重要的生物活性物质，因此在医药、保健品、化妆品等领域中有广泛的应用。目前，角鲨烯的研究重点主要包括以下几个方面。

（1）药理学研究：角鲨烯具有多种生物活性，包括抗氧化、抗炎、抗癌、降脂、降血压等作用。因此，角鲨烯在药物研发中有很大的潜力。目前，已经有一些研究表明，角鲨烯可以作为治疗肝癌、乳腺癌、前列腺癌等癌症的药物。

（2）生物合成研究：角鲨烯的合成途径和代谢途径一直是研究的热点之一。近年来，利用基因工程技术成功地将角鲨烯合成酶基因转化到毛豆中，实现了在植物中高效合成角鲨烯的目标。

（3）抗氧化机制研究：角鲨烯具有较强的抗氧化作用，可以清除自由基，减少氧化应激对机体的损害。目前，角鲨烯的抗氧化机制研究已经取得了一些进展，可以为其在医学和保健品等领域的应用提供理论基础。

（4）应用研究：角鲨烯广泛应用于保健品、化妆品等领域中。目前，已经有一些研究表明，角鲨烯可以作为一种天然的抗皱剂，对保护皮肤有很好的效果。此外，角鲨烯还可以用于动物饲料、食品营养强化剂等领域。

综上所述，角鲨烯是一种非常有价值的生物活性物质，在多个领域中都有广泛的应用前景。未来的研究方向包括深入探究其作用机制、开发新的角鲨烯衍生物、研究角鲨烯在植物中的合成机制等。

8.10.4　皂脚

2007 年，我国植物油年产量已达 1 千多万吨（王瑞元，2008）。由于我国人口众多，对油脂、油料等物质的需求量也较高。作为油脂精炼的副产物，皂脚总量占油脂产量的 5%～6%。在皂脚分离的过程中，会夹带部分中性油、脂肪酸和色素等杂质。皂脚的化学成分包括中性油（甘油酯，占 8%～27%）、皂（脂肪酸钠，占 30%～40%）、水，以及少量游离脂肪酸、磷脂、色素等。随着我国植物油产业的发展，皂脚的回收利用也越来越受到重视。目前，国内已经出现了一些植物油皂脚回收利用的产业化项目，主要的利用途径包括以下几个方面。

（1）提取中性油脂和游离脂肪酸：皂脚中含有一定量的中性油脂和游离脂肪酸，可以通过物理或化学方法进行分离提取，用作工业原料或燃料等。

（2）制备脂肪酸酯：通过酯化反应，将皂脚中的脂肪酸与醇类反应制备成脂肪酸酯，可作为润滑油、乳化剂、油漆溶剂等工业原料，也可用于生产生物柴油等。

（3）制备生物表面活性剂：皂脚中含有丰富的脂肪酸酯和其他脂质，用其制备的生物表面活性剂用途广泛，如洗涤剂、乳化剂、泡沫剂、乳化液、颜料分散剂等。目前，已有人从皂脚中提取到鼠李糖脂类表面活性剂，产量为 1.7g/L，产率达 75%。

总之，植物油皂脚的回收利用已经有了一定的产业化基础，同时还有着广阔的发展前景，可以为节约能源、减少污染、提高资源利用率等方面作出贡献。

8.10.5　饼粕

饼粕的开发利用是一个重要的研究课题。大豆、花生、芝麻等饼粕可以直接用作食品或蛋白质来源。但菜籽饼粕和棉籽饼粕含有抗营养素成分，需要经过脱毒处理后才能作为饲料蛋白质使用。常用的饼粕脱毒方法分为两类，一类是使抗营养素发生钝化、破坏或结合等作用，减轻其负面作用；另一类是将有害物质从饼粕中分离出来。热处理、水洗处理、碱处理和膨化处理是饼粕脱毒的主要技术工艺。

8.10.6　油脚

经过水化精炼的毛油可以得到水化油脚，其中主要成分为中性油脂和磷脂。水化油脚是提取磷脂的重要原料，同时也可回收一部分中性油脂。为了提取磷脂，必须先去除水分和杂质，从而富集磷脂。目前，主要有三种方法来提取磷脂：溶剂萃取法、盐析法及真空干燥法。其中，溶剂萃取法可以获得最高纯度的产品，一般为 69%～74%，用于制取药用磷脂。而对于食品及工业用途的磷脂，纯度要求不太高，一般为59%～63%，因此可以采用盐析法或真空干燥法来提取。

1）盐析法

盐析法是一种分离磷脂的方法，它在高盐、高温的条件下使磷脂油脚中的胶体破坏，析出水和油，同时磷脂保留少量盐。这种方法不仅可以抑制微生物生长繁殖，还可以防止油脚发酵分解。在该方法中，含磷脂的油脚被加热到 80～90℃，然后分三次加入 7%～9%磨细食盐，每次加盐时要剧烈搅拌。盐析时间为40～50min。盐析后，油脚分为三层，上层是油，中层是磷脂，下层是水。通过这种方法得到的粗磷脂浓缩物含有 35%水分、20%油脂、37%磷脂和 7%氯化钠。

2）真空干燥法

真空干燥法的原理是将磷脂油脚溶解于精炼油中，然后加水水化，分离磷脂，并在真空条件下去除磷脂中的水分，最终得到粗磷脂。具体操作过程为：在磷脂油脚中加入 8～10 倍的精炼油，充分搅拌后，加热至 95～100℃，使磷脂溶解 50min。然后过滤或离心分离，去除杂质。在含有磷脂的滤出油中，加入 1～1.5 倍量的水，水化磷脂，析出沉淀。将沉淀析出的含磷脂油脚送入真空干燥器。当真空度达到 106.7kPa时，开进料阀门，将磷脂吸入罐内，干燥开始温度须控制在 80～85℃。待沉淀干燥至半固体状时，泡沫减少，可升温至 90～95℃。干燥后物料水分降至 1%左右，总干燥时间为 5～6h，即可获得磷脂产品。

3）溶剂萃取法

溶剂萃取法是通过使用丙酮这种磷脂不溶性的溶剂，将磷脂中的油脂萃取出来，从而制得磷脂产品。

具体来说，先将油脚放入真空度为 80kPa、温度为 60℃的真空干燥器中脱水约 8h，使水分含量降至 10% 左右。然后将脱水的磷脂油脚装入密闭容器中，加入丙酮并不断搅拌，进行 3 次萃取。第一次加入丙酮量为磷脂质量的 10 倍，第二次、第三次各加入磷脂质量 5 倍的丙酮。萃取完成后，将溶剂倒出，再在高度真空和 30~40℃的条件下蒸发除去残留的丙酮，即可得到成品。在精制磷脂的过程中，温度应控制在 100℃以下，以避免磷脂变色。最终制得的成品为淡黄色细粒状，水分含量约为 2%，磷脂含量达 97%以上，带有一定的芳香气味。

参 考 文 献

蔡碧琼, 林瑞余, 蔡向阳. 2004. 亚麻油改性不饱和聚酯树脂合成工艺研究[J]. 热固性树脂, 4: 5-7.

陈俊英, 马晓建, 冯向应. 2012. 国内外生物航油研究现状[J]. 可再生能源, 30(2): 120-124.

陈迎春, 何寿林, 程健. 2007. 植物油脂超临界 CO₂ 萃取脱酸的研究[J]. 长江大学学报(自然版)理工卷, 4(1): 45-47.

程威威, 刘国琴, 刘新旗, 等. 2015. 相转移催化制备环氧大豆油的工艺研究[J]. 华南理工大学学报(自然科学版), 43(11): 23-29.

丁炳海, 许平. 2011. 植物油与杂醇合成硬质聚氨酯泡沫用的聚醚多元醇[J]. 石油化工, 40(10): 1100-1104.

丁荣. 2010. 固定化脂肪酶催化光皮树油脂合成生物柴油[D]. 长沙: 中南大学硕士学位论文.

何明, 郭莹莹, 朱金, 等. 2015. 环氧大豆油固化动力学及产物性能研究[J]. 中国油脂, 10: 40-44.

胡燕, 袁晓晴. 2017. 食用油脂精炼新技术研究进展[J]. 食品研究与开发, 38(14): 214-218.

黄彬, 吴忠冬, 葛毅, 等. 2020. 桐油脱酸精制工艺优化研究[J]. 云南化工, 47(7): 32-33, 36.

黄旭娟, 刘鹤, 商士斌, 等. 2015. 环氧脱水蓖麻油的制备工艺研究[J]. 林产化学与工业, 35(4): 41-47.

黄元波, 杨晓琴, 杨静, 等. 2014. 橡胶籽油中多不饱和脂肪酸的分离及其环氧化反应研究[J]. 中国工程科学, 16(4): 74.

李昌珠, 张爱华, 肖志红, 等. 2011. 用碱性离子液体催化光皮树果实油制备生物柴油[J]. 中南林业科技大学学报, 31(3): 38-43.

李楠, 亢茂青, 殷宁, 等. 2012. 固体酸 SO₄²⁻/ZrO₂ 催化合成大豆油基多元醇[J]. 中国油脂, 37(6): 67-71.

李秀娟, 薛雅琳, 刘晓辉, 等. 2017. 3 种不同加工工艺汉麻仁油营养组分研究[J]. 中国粮油学报, 32(12): 105-109.

李迅, 李治林, 何晓云, 等. 2008. 全细胞生物催化麻疯树油制备生物柴油的研究[J]. 现代化工, (9): 57-59, 61.

李招, 王建文, 王建辉, 等. 2019. 大鲵油的水酶法提取及精制过程中脂肪酸组成的变化[J]. 天然产物研究与开发, 31(11): 1975-1981.

刘蒙佳, 周强, 黄玲玲. 2019. 微波辅助水酶法提取黑芝麻油脂的研究[J]. 保鲜与加工, 19(1): 95-101.

刘倩茹, 赵光远, 王瑛瑶, 等. 2011. 水酶法提取油茶籽油的工艺研究[J]. 中国粮油学报, 26(8): 36-40.

刘志强, 李堂, 周建红, 等. 2008. 分步加醇脂肪酶催化菜籽油制乙酯生物柴油[J]. 中国粮油学报, 23(2): 81-84.

龙川. 2008. 生物柴油原料树种综合评价及乌桕基 FAME 的开发利用[D]. 福州: 福建农林大学硕士学位论文.

陆交, 张耀, 段庆华. 2018. 生物基润滑油基础油的结构创新与产业化进展[J]. 石油学报(石油加工), 34(2): 203-216.

罗灿选, 李耀光. 2019. 小球藻中油脂的水酶法提取及在卷烟中应用[J]. 食品工业, 40(8): 40-43.

罗明亮. 2014. 水酶法提取蓖麻油工艺研究[D]. 长沙: 中南林业科技大学硕士学位论文.

荣辉, 吴兵兵, 杨贤庆, 等. 2018. 响应面优化水酶法提取裂壶藻油的工艺[J]. 中国油脂, 43(2): 98-103.

沈旺华, 沈小勇. 2016. 腰果壳油生物基多元醇的合成及硬泡领域的应用[J]. 广州化工, 44(16): 96-98.

宋玉卿, 刘春雷, 于殿宇, 等. 2008. 酶法催化大豆油脚脂肪酸制备生物柴油的研究[J]. 食品工业, (4): 58-61.

王庆玲, 蒋将, 刘元法. 2017. 猪油的水酶法提取工艺及其产品品质研究[J]. 食品科学与生物技术, 36(2): 164-171.

王瑞元. 2008. 2007 年的中国油脂工业及油脂市场[J]. 中国油脂, 33(5): 1003-7969.

向娇. 2015. 水酶法提取油茶籽油酶解工艺参数优化研究[D]. 长沙: 湖南农业大学硕士学位论文.

徐华, 张茹, 刘连亮, 等. 2018. 裂殖壶菌油脂水酶法提取工艺优化及其脂肪酸组成分析[J]. 中国粮油学报, 33(2): 44-49.

杨颖. 2007. 麻疯树油制备生物柴油固体酸催化剂的研究[D]. 成都: 四川大学硕士学位论文.

张立佳, 张建新, 王临宾. 2010. 水酶法提取黄粉虫油工艺优化[J]. 食品与发酵工业, 36(1): 166-170.

张立强. 2014. 蓖麻油基磷酸酯阻燃多元醇的合成及聚氨酯泡沫的制备[D]. 北京: 中国林业科学研究院硕士学位论文.

张寿鑫. 2011. 黄连木制备生物柴油的研究[D]. 邯郸: 河北工程大学硕士学位论文.

张雅娜, 齐宝坤, 郭丽, 等. 2019. 水酶法芝麻油与其他工艺芝麻油品质差异研究[J]. 中国油脂, 44(9): 36-40, 46.

赵方方, 毕玉遂. 2010. 以酸化油为原料制备生物柴油[C]//可再生能源中国技术发展会议论文集: 2226-2228.

赵亮. 2008. 植物油醇解法制备单甘酯及不饱和聚酯合成研究[D]. 武汉: 武汉理工大学硕士学位论文.

周慧, 鲁厚芳, 唐盛伟, 等. 2006. 麻疯树油制备生物柴油的酯交换工艺研究[J]. 应用化工, (4): 284-287.

Alwan B A L, Salley S O, Ng K Y S. 2014. Hydrocracking of DDGS corn oil over transition metal carbides supported on Al-SBA-15: effect of fractional sum of metal electronegativities[J]. Applied Catalysis A: General, 485: 58-66.

Andjelkovic D D, Valverde M, Henna P, et al. 2005. Novel thermosets prepared by cationic copolymerization of various vegetable oils-synthesis and their structure-property relationships[J]. Polymer, 46(23): 9674-9685.

Bezergianni S, Kalogianni A, Vasalos I A. 2009. Hydrocracking of vacuum gas oil-vegetable oil mixtures for biofuels production[J]. Bioresource Technology, 99(12): 3036-3042.

Chiaramonti D, Oasmaa A, Solantausta Y. 2007. Power generation using fast pyrolysis liquids from biomass[J]. Renewable and Sustainable Energy Reviews, 11(6): 1056-1086.

Deng B X, Li B, Li X D, et al. 2018. Using short-wave infrared radiation to improve aqueous enzymatic extraction of peanut oil: evaluation of peanut cotyledon microstructure and oil quality[J]. European Journal of Lipid Science and Technology, 120: 17002.

Grubbs H, Chang S. 1998. Recent advances in olefin metathesis and its application in organic synthesis[J]. Tetrahedron, 54(18): 4413-4450.

Hsu C P, Lee L J. 1991. Structure formation during the copolymerization of styrene and unsaturated polyester resin[J]. Polymer, 32(12): 2263-2271.

Hu B, Wang H, He L, et al. 2018. A method for extracting oil from cherry seed by ultrasonic-microwave assisted aqueous enzymatic process and evaluation of its quality[J]. Journal of Chromatography A, 1587(22): 50-60.

Huber G W, O'Connor P, Corma A. 2007. Processing biomass in conventional oil refineries: Production of high quality diesel by hydrotreating vegetable oils in heavy vacuum oil mixtures[J]. Applied Catalysis A: General, 329: 120-129.

Keurentjes J T F, Doornbusch G I, Riet K V. 1991. The removal of fatty acids from edible oil. removal of the dispersed phase of a water-in-oil dispersion by a hydrophilic membrane[J]. Separation Science & Technology, 26(3): 409-423.

Khot S N, LascalA J J, Can E, et al. 2001. Development and application of triglyceride-based polymers and composites[J]. Journal of Applied Polymer Science, 82(3): 703-723.

Körpinar B, Öztürk B C, Çam N F. 2022. Styrene-based unsaturated polyester-tungsten(VI) oxide composites: preparation and investigation of their radiation shielding and thermal properties[J]. Radiation Effects and Defects in Solids, 177: 629-641.

Kumabe K, Sato T, Matsumoto K, et al. 2010. Production of hydrocarbons in fischer-tropsch synthesis with fe-based catalyst: investigations of primary kerosene yield and carbon mass balance[J]. Fuel, 23(5): 569-575.

Kundu P P, Larock R C. 2011. Montmorillonite‐filled nanocomposites of tung oil/styrene/divinylbenzene polymers prepared by thermal polymerization[J]. Journal of Applied Polymer Science, 119(3): 1297-1306.

Lara P V, Park E Y. 2004. Potential application of waste activated bleaching earth on the production of fatty acid alkyl esters using Candida Cylindracea lipase in organic solvent system[J]. Enzyme and Microbial Technology, 34(3-4): 270-277.

Liu W, Fei M, Ban Y, et al. 2018. Concurrent improvements in crosslinking degree and interfacial adhesion of hemp fibers reinforced acrylated epoxidized soybean oil composites[J]. Composites Science and Technology, 160: 60-68.

Lu J, Khot S, Wool R P. 2005. New sheet molding compound resins from soybean oil. I. Synthesis and characterization[J]. Polymer, 46(1): 71-80.

Marinescu C, Schrock R, Mueller P. 2009. Ethenolysis reactions catalyzed by imido alkylidene monoaryloxide monopyrrolide (MAP) complexes of molybdenum[J]. Journal of the American Chemical Society, 131(31): 10840-10841.

Martinello M, Hecker G, Pramparo M C. 2007. Grape seed oil deacidification by molecular distillation: analysis of operative variables influence using the response surface methodology[J]. Journal of Food Engineering, 81(1): 60-64.

Meller E, Green U, Aizenshtat Z, et al. 2014. Catalytic deoxygenation of castor oil over Pd/C for the production of cost effective biofuel[J]. Fuel, 133: 89-95.

Pstrowska K, Walendziewski J, Stolarski M. 2014. Hydrorefining of oil from rapeseed cake pyrolysis over NiMo/Al$_2$O$_3$ catalyst[J]. Fuel Processing Technology, 128: 191-198.

Qiu J F, Zhang M Q, Rong M Z. 2013. Rigid bio-foam plastics with intrinsic flame retardancy derived from soybean oil[J]. Journal of Materials Chemistry A, 1(7): 2533-2542.

Rayung M, Aung M M, Su'Ait M S, et al. 2020. Performance analysis of jatropha oil-based polyurethane acrylate gel polymer electrolyte for dye-sensitized solar cells[J]. ACS Omega, 5(24): 14267-14274.

Sajkowski D J, Oyama S T. 1996. Catalytic hydrotreating by molybdenum carbide and nitride: unsupported Mo$_2$N and Mo$_2$C/Al$_2$O$_3$[J]. Applied Catalysis A: General, 134(2): 339-349.

Sen S, Cayli G. 2010. Synthesis of bio-based polymeric nanocomposites from acrylated epoxidized soybean oil and montmorillonite clay in the presence of a bio-based intercalant[J]. Polymer International, 59(8): 1122-1129.

Sousa L A, Zotin J L, Silva V T D. 2012. Hydrotreatment of sunflower oil using suppoted molybdenum carbide[J]. Applied Catalysis A: General, 449(1): 105-111.

Srifa A, Faungnawakij K, Itthibenchapong V, et al. 2014. Production of bio-hydrogenated diesel by catalytic hydrotreating of palm oil over NiMoS$_2$/γ-Al$_2$O$_3$ catalyst[J]. Bioresource Technology, 98: 163-171.

Susanto B H, Nasikin M, Sukirno, et al. 2014. Synthesis of renewable diesel through hydrodeoxygenation using Pd/zeolite catalysts[J]. Procedia Chemistry, 9: 139-150.

Thomas M, Keitz K, Champagne M. 2011. Highly selective ruthenium metathesis catalysts for ethenolysis[J]. Journal of the American Chemical Society, 133(19): 7490-7496.

Türkay S, Burford M D, Sangün M K. et al. 1996. Deacidification of black cumin seed oil by selective supercritical carbon dioxide extraction[J]. Journal of the American Oil Chemists' Society, 73(10): 1265-1270.

Vonortas A, Kubicka D, Papayannakos N. 2014. Catalytic co-hydroprocessing of gas oil-palm Oil/AVO mixtures over a NiMo/γ-Al$_2$O$_3$ catalyst[J]. Fuel, 116: 49-55.

Wang H, Yan S, Salley S O, et al. 2013. Support effects on hydrotreating of soybean oil over NiMo carbide catalyst[J]. Fuel, 111: 81-87.

Wool P, Sun S. 2005. Bio-based Polymers and Composites[M]. Elsevier: Amesterdam: 88-89.

Yusoff M M, Gordon M H, Ezeh O, et al. 2017. High pressure pre-treatment of *Moringa oleifera* seed kernels prior to aqueous enzymatic oil extraction[J]. Innovative Food Science & Emerging Technologies, 39: 129-136.

Zhang P, Xin J, Zhang J. 2014. Effects of catalyst type and reaction parameters on one-step acrylation of soybean oil[J]. ACS Sustainable Chemistry& Engineering, 2(2): 181-187.

9 木本油料油脂分析检测技术

9.1 木本油料组分和化学成分

9.1.1 木本油料油脂组成

木本油料油脂是一大类天然有机化合物，其化学组成主要包括脂肪和类脂。其既是食用油的重要组成部分（尹丹丹等，2018），又是医药、皮革、纺织、化妆品和油漆等工业的重要原料。食用油中的脂肪酸主要包括饱和脂肪酸（saturated fatty acid，SFA）、单不饱和脂肪酸（monounsaturated fatty acid，MUFA）和多不饱和脂肪酸（polyunsaturated fatty acid，PUFA）（苏蕊等，2012）。SFA 是指无碳碳双键（C═C）的脂肪酸，如棕榈酸（palmitic acid，PA）和硬脂酸（stearic acid，SA）等，过量食用将会提高人体患高脂血症等疾病的风险（Hunter et al.，2010）。MUFA 是碳链中只含 1 个碳碳双键的脂肪酸，如油酸（oleic acid，OA）等，具有调节血脂和降低胆固醇等生理作用（Kinsella et al.，1990），但其所含人体必需脂肪酸的种类较少。PUFA 为碳链中含有 2 个或 2 个以上碳碳双键的脂肪酸，如亚油酸（linoleic acid，LA）和 α-亚麻酸（α-linolenic acid，ALA）等。PUFA 含有人体自身不能合成、必须从食物中摄取的必需脂肪酸，对于维持人体健康及调节身体机能有重要作用，具有较高的医疗保健价值。

我国主要木本油料作物食用油与常见的草本作物食用油相比，其脂肪酸组成差异很大（表 9-1）。由表 9-1 可知，木本油料作物食用油中的 SFA 含量大多不超过 10%。在这些油料作物中，油茶籽油中 OA 含量最高，达 81.88%（刘琦等，2014）。OA 可减少有害胆固醇在血管上的沉淀和积累，有预防心血管疾病和癌症等作用，能促进消化、骨骼生长和神经系统的发育。OA 含量是评定食用油品质的重要指标，选择高 OA 食用油对中老年人的心脑血管健康非常重要，营养界把 OA 称为安全脂肪酸（吴小娟等，2006）。

表 9-1　几种主要木本油料作物食用油脂肪酸组成比较

植物油名称	脂肪酸含量/%					总不饱和脂肪酸含量/%	ω-6/ω-3	参考文献
	棕榈酸	硬脂酸	油酸	亚油酸	α-亚麻酸			
油茶籽油	8.32	2.21	81.88	6.86	0	88.74	—	（廖书娟等，2005）
核桃油	6.25	2.90	25.04	56.48	8.35	89.87	6.76	（许佳敏等，2022）
文冠果油	6.12	3.25	25.34	38.62	0	63.96	—	（汪雪芳等，2017）
牡丹籽油	5.14	1.20	20.80	25.90	45.40	92.10	0.67	（许佳敏等，2022）
星油藤油	4.24	2.50	8.41	34.08	50.41	92.9	0.68	（汪雪芳等，2017）
元宝枫油	4.19	2.40	24.8	36.35	1.85	63	19.65	（于雪莲等，2024）

核桃油、文冠果油和元宝枫油等木本油料作物均能合成大量的 OA 和 LA。LA 与平滑肌的收缩、中枢神经系统的活动、脂类代谢中酶的活性、类固醇激素的生理功能、脉搏与血压的调节、前列腺素的合成及其他生命机能有关（Średnicka-Tober et al.，2016）。除此之外，LA 还具有丰富脑细胞和调节植物神经的作用（王萍等，2008）。牡丹籽油和星油藤油与常规食用大豆油及菜籽油相比，ALA 含量较高（Lee et al.，1998）。牡丹籽油中的 ALA 含量在不同种间以及品种间存在较大差异，变化范围为 26.1%～54.7%。星油藤种子含油率高（40%～60%），其中 ALA 含量为 50.41%（Follegatti-Romero et al.，2009）。ALA 是二十碳五烯酸（eicosapentaenoic acid，EPA）和二十二碳六烯酸（docosahexaenoic acid，DHA）的合成前体，在人体中主要作为必需的 PUFA 参与细胞膜和生物膜合成，在营养界被誉为"植物脑黄金"，具有抗衰老、保护视力和

增强智力等功效（Albert et al.，2005）。因此，富含 ALA 的牡丹籽油和星油藤油除了作为食用油以外，也常常用于高档保健品和化妆品，可见这两种木本作物食用油在高附加值开发利用方面潜力巨大。此外，ALA 和 LA 分别属于 ω-3 和 ω-6 系列脂肪酸，二者具有互惠的生物活性（Simopoulos，2016）。1993 年，联合国粮食及农业组织（FAO）和世界卫生组织（WHO）推荐 ω-6 与 ω-3 系列脂肪酸之间的比例应小于 5（Winkler，2013），这对防治心脑血管疾病、促进智力发育、保护视力、提高免疫力及预防阿尔茨海默病等有重要作用（Simopoulos，2008）。但是，目前人们饮食中普遍缺乏 ω-3 脂肪酸的摄入，两类脂肪酸之间的比例（ω-6/ω-3）已高达 15～20。由表 9-1 可知，牡丹籽油和星油藤油中 ALA 含量较高且 ω-6 与 ω-3 的比值均小于 1。

9.1.2　主要木本油料作物籽油中的伴随物组成

木本油料作物籽油中含有多种活性伴随物，包括脂溶性维生素 E（vitamin E，VE）、甾醇类化合物和角鲨烯等（Khallouki et al.，2003）。其中，植物甾醇是合成维生素 D3 等甾类成分的重要中间体，并具有促进胆固醇降解、预防冠心病和动脉粥样硬化等保健作用（曲丽莎等，2021）。维生素 E 和角鲨烯则是重要的天然抗氧化剂（Kalinova et al.，2006），具有增强机体免疫力、提高体内超氧化物歧化酶（SOD）活性以及抗衰老等多种生理功能。虽然这些活性伴随物在籽油中所占比例不高，但却使这些木本油料作物籽油具有独特的生理功能。

9.1.2.1　维生素 E

维生素 E 即生育酚，是一类重要的生物抗氧化剂，被誉为体内各种生物膜的强大保护神。其可通过清除自由基来改善脑缺血，预防和延缓脑细胞衰老死亡，具有预防冠心病、癌症及促进生育等作用（Dysken et al.，2014），已成为当代药品和营养品研究的热点。我国 6 种木本油料作物种子油的维生素 E 含量见表 9-2。由表 9-2 可知，元宝枫油 VE 含量较高，为 125.2mg/100g，且耐储存，经过 1 次精滤的原油，在常温和避光条件下保存 3 年不会酸败变质，表明其具有较好的抗氧化稳定性（王性炎等，2006）。牡丹籽油和星油藤油中 VE 总含量比较接近，分别为 56.3mg/100g 和 59.6mg/100g，均高于大豆油（18.9mg/100g），且以 γ-生育酚为主要成分（蔡志全，2011）。星油藤油中生育酚总含量可高达 239mg/100g（Follegatti-Romero et al.，2009）。有研究表明，核桃种子油中含有的 γ-生育酚可以抑制肺癌细胞和前列腺癌细胞的生长，还具有抗氧化作用（Jiang et al.，2004）。李大鹏等（2013）测得核桃油中的 γ-生育酚含量为 4.7mg/100g。在未加工的核桃油中，总生育酚含量超过了 50mg/100g，其中 γ-生育酚占 95%（Packer et al.，1999）。油茶籽油中的 VE 含量约为 41.3mg/100g，以 α 型为主，占总 VE 的 85%以上，δ 型 VE 未检测到（Mendes et al.，2002）。高效液相色谱测定结果表明，文冠果油中 VE 含量约为 51.2mg/100g，其中 γ-生育酚含量较多，占总量的 50%以上（赵芳等，2011）。

表 9-2　6 种木本油料作物种子油的维生素 E 含量

木本油料作物种子油	维生素 E 含量/（mg/100g）
元宝枫油	125.2
牡丹籽油	56.3
星油藤油	59.6
文冠果油	51.2
油茶籽油	41.3
核桃油	50

9.1.2.2　甾醇类

甾醇类是一种重要的天然活性物质，广泛存在于生物体内，按其原料来源可分为动物性甾醇、植物性甾醇和菌类甾醇 3 类（Hartmann，1998）。植物性甾醇是一种类似于环状醇结构的物质，主要为谷甾醇、豆甾醇和菜油甾醇等，具有抑制肿瘤形成、预防心血管系统疾病、促进新陈代谢和调节激素水平等药理功能。多数油脂中甾醇的含量为 1～5g/kg，星油藤油中甾醇含量为 2.5g/kg。其中包括胆固醇、豆甾醇、菜油甾醇、菜油甾烷醇、β-谷甾醇和 Δ5-燕麦甾醇等 13 种甾体类化合物，含量较高的是 β-谷甾醇（56.5%）和豆甾醇（27.9%）（Hunter et al.，2010）。王小清（2020）利用气相色谱-质谱联用（GC-MS）从牡丹籽油中分离出了谷甾醇和岩藻甾醇等甾醇类化合物，其主要成分是 β-谷甾醇和 γ-谷甾醇。核桃油中植物甾醇含量为 0.16%～0.18%，其中以 β-谷甾醇为主。严梅和等（1984）从文冠果油不皂化物中的三萜醇中分离出蒲公英塞醇乙酸酯、β-香树精乙酸酯和印棟素前体；在 4-甲基甾醇中分离到 α-菠菜甾醇、Δ7-豆甾烯醇、Δ5,22-豆甾醇和 Δ7-燕麦甾醇。赵茜茜等（2015）通过皂化法提取了文冠果种仁油中的甾醇化合物，总甾醇含量达 0.5%，主要成分是 β-谷甾醇、豆甾醇、麦角甾醇和降柳珊瑚甾醇。抑菌实验表明，文冠果甾醇粗提物对毛霉和青霉无抑制作用，对大肠杆菌和枯草芽孢杆菌有较明显的抑制作用，其中对大肠杆菌的抑制作用尤其显著（曹立强等，2010）。

9.1.2.3 角鲨烯

角鲨烯又名三十碳六烯，是一种高度不饱和烃，为长链状三萜化合物，具有药用价值且无毒。角鲨烯可以恢复细胞活力，抗缺氧和疲劳，具有提高人体免疫力及促进胃肠道吸收的功能。

目前，主要常规植物性商品食用油中角鲨烯含量按照由高到低的顺序排列如下：橄榄油（136～708mg/100g）、米糠油（332mg/100g）、玉米胚芽油（16～42mg/100g）、花生油（8～49mg/100g）、菜籽油（24～28mg/100g）、豆油（5～22mg/100g）以及葵花油（8～9mg/100g）等（殷福珊，2004）。高婷婷等（2013）采用气相色谱-质谱联用技术分析了牡丹籽油，得出其角鲨烯的相对含量较高，为 375.5mg/100g，相当于橄榄油的平均水平，比常见食用油要高出很多。李冬梅等（2006）的研究表明，在茶油的不皂化物中角鲨烯的相对含量可达 36.9%。核桃油中角鲨烯含量为 0.9mg/100g。尚未见有关星油藤油、文冠果油和元宝枫油中角鲨烯含量的报道。

9.1.2.4 其他活性成分

目前，已从成熟牡丹种子中分析鉴定了 31 个化合物，其中包括 11 个芪类成分；木犀草素、芹菜素、槲皮素和山茶酚 4 个类黄酮；芍药苷、氧化芍药苷、8-去苯甲酰芍药苷等 11 个单萜苷类（Li et al.，2015）；以及苯甲酸、蔗糖、对羟基苯甲醛等 5 个其他类。此外，Sarker 等（1999）的研究表明，牡丹籽中还含有其他药理活性成分（如芪类和黄酮类等），这些物质在抗神经毒性、抗自由基损伤和抑制细胞内钙超载方面具有重要作用，也能增强心血管和中枢神经系统的免疫功能。

元宝枫油含有能减缓人脑衰老的特殊功能性脂肪酸——神经酸（nervonic acid），含量为 5.2%。神经酸又名鲨鱼酸，化学名为顺 15-二十四碳烯酸。实验证明，神经酸是一种神经营养因子，对脑细胞间的连接形成和脑神经系统的生长发育具有明显的促进作用，且可以降低脑细胞内脂褐素的积累，起到延缓细胞衰老的作用（薛玉环，2022）。据报道，在 974 种油脂植物中，其油脂含 2% 以上神经酸的木本植物有 10 种，草本植物有 5 种。元宝枫油中神经酸含量在 5% 以上，可作为获得神经酸的宝贵资源。王珂等（2016）以乙醇为提取剂，对文冠果种仁中的总皂苷进行了超声辅助提取，结果表明，提取物总皂苷含量达 2.7%，还原能力强于 VC，对羟自由基的清除作用也大于同浓度的 VC，但是清除 DPPH 自由基的能力和对超氧自由基的清除作用小于 VC。文冠果种仁总皂苷可以抑制人体肝癌细胞 HepG2 的增殖并诱导细胞凋亡；种仁总皂苷在浓度较低的情况下对正常肝细胞的损伤较小，同时呈剂量依赖性，表明文冠果种仁总皂苷在治疗肝癌方面具有良好的应用前景。核桃坚果中含有较高生物活性的褪黑激素。Reiter 等（2005）发现，核桃坚果中含有 2.5～4.5ng/g 的褪黑激素，为人体浓度的数百至数千倍，并证明核桃是褪黑激素的天然来源。在人和动物体内，褪黑激素合成于松果体，俗称脑白金，是一种诱导自然睡眠的物质。饲喂核桃后，动物血液中褪黑激素的含量增加了 3 倍，并增强了抗氧化活性。山茶皂苷属于三萜化合物，是油茶中另一类重要的生物活性物质，具有很强的抗真菌活性，还能有效增加植物体对炭疽病的抗性。李萍等（2000）发现，山茶皂苷对心血管疾病具有较好的预防作用。

9.2 木本油料加工过程中油脂及其伴随物检测技术

9.2.1 油脂的脂肪酸分析

油脂的脂肪酸分析包括脂肪酸总量、饱和脂肪酸、不饱和脂肪酸、反式脂肪酸、sn-2位脂肪酸以及单个脂肪酸含量的测定等。广泛应用的测定脂肪酸含量的方法是气相色谱法，即将油脂的甘油三酯水解为脂肪酸，脂肪酸经甲酯化后注入气相色谱仪。由于不同脂肪酸在碳链长度、饱和度、双键的位置及几何构型等方面存在差异，这些差异使得它们通过气相色谱柱的保留时间不尽相同，从而达到分离分析的目的。通常，如果样品前处理得当，气相色谱条件合适，又有足够多样的标准品，应用气相色谱法可以得到几乎所有单个脂肪酸化合物的含量（表9-3）。

表9-3　木本食用油料脂肪酸组成

| 油料名称 | 脂肪酸含量/% | | | | | | | | | | |
	C16:0	C16:1	C18:0	C18:1	C18:2	C18:3	C20:0	单不饱和脂肪酸	多不饱和脂肪酸	总不饱和脂肪酸	其他特殊脂肪酸
油茶籽油	13.80	0.06	3.10	72.50	9.50	0.60		73.00	10.10	83.10	
核桃油	5.90	0.10	2.60	22.30	60.90	8.00	0.10	22.50	68.90	91.40	
扁桃油	1.90	0.40	—	66.50	29.20	0.80	—	66.90	30.00	96.90	
花椒籽油	20.14	0.30	0.15	29.72	29.65	17.91	0.10	30.02	47.56	77.58	
椰子油	15.57	0.05	5.23	11.04	3.02	—	0.24	11.09	3.02	14.11	C12:0(50.11), C14:0(14.22)
文冠果油	5.27	—	1.92	31.17	44.47	6.46	0.34	33.47	50.93	82.10	C20:3(7.27), C24:1(2.24)
翅果油	5.46	0.07	2.89	40.36	50.38	—	—	40.43	50.38	90.81	C17:0(0.03)
杜仲籽油	6.36	—	1.79	17.99	10.91	62.95	—	17.99	73.86	91.85	C20:1(8.23)
元宝枫籽油	4.19	0.18	2.40	25.80	37.35	1.85	0.25	52.81	39.20	92.01	C22:1 (13.08), C24:1(5.52), C20:1(2.21)
蒜头果仁油	0.55	—	0.20	30.81	1.52	0.82	—	92.43	2.34	94.77	C22:1(15.20), C24:1 (44.21)
美藤果油	3.83	—	3.09	8.39	38.11	45.62	—	8.73	83.73	92.46	C20:1(0.34)
油橄榄油	12.50	1.30	1.60	79.40	4.00	0.60	0.30	81.00	4.60	85.60	
牡丹籽油	10.73	0.54	2.27	27.73	21.40	33.87	—	29.68	55.27	84.95	C17:0(0.51), C15:0(0.11), C20:1(1.41)
山桐子油	7.00	0.36	3.25	6.33	80.12	1.11	0.04	6.75	81.36	88.01	
茶叶籽油	17.36	0.11	3.25	53.31	24.32	0.02	0.09	54.12	24.55	78.67	C20:1(0.70)
棕榈果油	38.30	—	7.40	36.60	12.50	0.40	0.50	36.60	0.40	38.00	C12:0(2.20), C22:2(1.00)
棕榈仁油	11.00		4.40	15.90	2.80			15.90	2.80	18.70	C12:0(41.50), C14:0(16.70)
沙棘果油	29.75	27.01	1.35	26.20	10.22	2.84	0.29	53.21	13.06	66.27	
沙棘籽油	9.47	0.95	2.83	25.03	32.75	27.72	0.34	25.98	60.47	86.45	
油桐油	13.50	0.87	3.90	38.20	42.60	0.27		39.07	40.87	89.94	
杏仁油	4.53	0.32	0.94	66.41	29.93	—	—	66.73	29.93	94.53	
橡胶籽油	8.13	9.71	21.01	40.57	0.70	18.74	0.37	50.28	41.27	91.55	

注："—"表示没有检测到该物质有效含量

气相色谱法无疑是最为经典，也是最为常用的脂肪酸测定方法，但缺点是操作烦琐，对实验人员的要求较高。因此，自从人们发现脂肪酸中的孤立反式双键在红外光谱966cm^{-1}处有特征吸收峰之后，红外光谱法测定反式脂肪酸立刻成为标准方法。

9.2.2 油脂的脂类伴随物分析

9.2.2.1 磷脂检测

磷脂是由甘油、脂肪酸、磷酸和氨基醇所组成的复杂化合物，能溶解在含水很少的油脂中，因此制油时磷脂很容易转移至油中。由于磷脂具有亲水性，能使油脂水分增加，促使油脂水解和酸败；磷脂还具有乳化性，在烹饪加热时会产生大量泡沫；磷脂易氧化，受热会发黑变苦，影响油炸食品品质，所以在制油工业中常用水化法或碱炼法除去油脂中的磷脂。但同时，磷脂又是营养丰富、工业用途很广的物质，是食品、医药、纺织、橡胶等行业的重要原料。因此，测定油脂中磷脂含量对于评定油脂品质和开展综合利用具有重要意义。

磷脂的测定方法很多，包括乙醚及丙酮不溶物测定法、挥发测定法、酸值测定法和色泽测定法等，然而磷脂的精确定量还需要采用紫外分光光度法。磷脂的定量也可以用含磷量间接分析，其原理是基于磷脂灰化后与硝酸反应，再与钼酸铵溶液形成磷钼酸盐，磷钼酸盐的还原产物钼蓝具有显色功能，通过检测 650nm 处钼蓝的吸光值，可以测出磷脂的含量。此外，磷脂的定量也可采用高效液相色谱法，即采用硅胶柱分离后，通过紫外-可见分光光度检测器测定 206nm 波长下的吸光度，得到磷脂的定量结果。

紫外分光光度分析法的测定方法及原理如下。

取约 10g 试样经炭化、灰化后，加酸溶解，调至弱酸性后定容至 100mL。加入钼酸钠在还原剂的存在下加热转变成蓝色络合物。用分光光度计在波长 650nm 下，用水调整零点，测定吸光度。以磷标准溶液含量和对应的吸光度计算建立回归方程，在一定浓度范围，样品吸光度与磷脂含量成正比，通过将样品的吸光度与标准系列的吸光度进行比较，可以计算出样品中磷脂的含量。

按式（9-1）计算磷脂含量。

$$X = 26.31 \times P \times (V_2/V_1) \times [100/(m \times 1000)] \times r \tag{9-1}$$

式中，X 表示试样中磷脂的含量（%），P 表示通过标准曲线查得的磷量（mg），V_2 表示样品灰化后稀释的体积（mL），V_1 表示比色时所取的被测液的体积（mL），26.31 表示每毫克磷相当于磷脂的毫克数，m 表示试样的质量（g），r 表示总重复性因子。

9.2.2.2 维生素检测

油脂中的维生素主要是指脂溶性的维生素 A 和维生素 E。维生素属于不皂化物，因此，其检测方法通常采用皂化提取处理，将不可皂化物收集后注入高效液相色谱分离测定。由于维生素 A 和维生素 E 均有紫外吸收，因此，高效液相色谱的检测器通常为紫外-可见分光光度计，其中维生素 A 的最大吸收波长为 325nm，维生素 E 的最大吸收波长为 294～300nm。图 9-1 是生育酚的化学结构式。

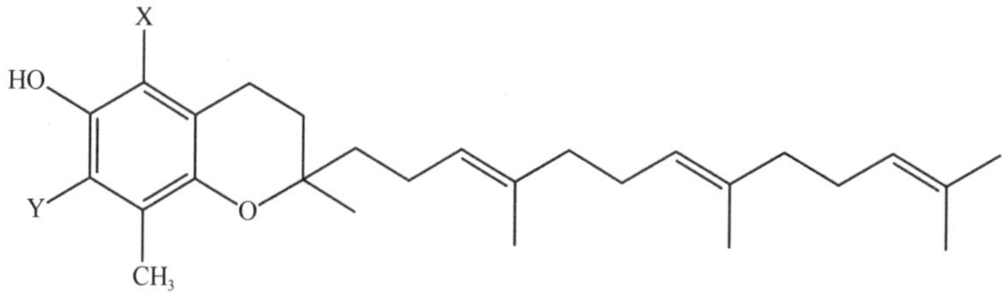

α:X=CH₃ Y=CH₃　　　Γ:X=H Y=CH₃　　　δ:X=H Y=H

图 9-1　生育酚的化学结构式

此外，维生素 E 还具有荧光特性，其正己烷溶液在激发波长 295nm，发射波长 324nm 的条件下表现出较强的荧光特征。因此，油脂中维生素 E 的定量测定可以采用荧光分光光度法。有些方法还利用了维生素 E 的还原特性，通过其与氯化铁（$FeCl_3$）作用，将三价铁离子还原为二价铁离子，然后利用二价铁的显色反应达到定量测定维生素 E 的目的。

1）紫外分光光度法检测

A. 样品皂化处理

振荡皂化处理：称取油样 3.0000g，加入 30mL 无水乙醇，充分振荡溶解油样后，加入 10%抗坏血酸溶液 5mL，加入 1g/L 的 KOH 溶液 20mL，置于 120r/min 的摇床上振荡皂化 1h。将皂化样品倒入分液漏斗，用 50mL 超纯水清洗皂化物 2～3 次。清洗液并入分液漏斗中，用 50mL 乙醚清洗皂化样品 3 次，并入分液漏斗中，轻轻摇动分液漏斗 2min，静置分层后弃去水层，重复萃取 2 次。将萃取液用超纯水洗涤，直至水层用酚酞检验不呈碱性为止。在萃取液中加入 5g 无水 Na_2SO_4，去除痕量的水，减压蒸馏除去乙醚，剩余提取物用无水乙醇溶解，定容到 10mL，静置分层后取上清液 1mL，定容到 10mL。用 0.45μm 的滤膜过滤后，进行检测。回流皂化处理：称取油样 3.0000g，加入 30mL 无水乙醇，充分振荡溶解油样后，加入 10%的抗坏血酸溶液 5mL，加入 1g/L 的 KOH 溶液 10mL，在沸水浴中回流 30min，冷却后用 100mL 乙醚萃取 2 次，余下步骤同摇床振荡皂化。

B. 维生素 E 的定性分析

色谱分析条件：LaChrom C18 反向柱（4.6mm×250mm×5μm），流动相 100%甲醇，检测波长 295nm，柱温 40℃，流速 1.0mL/min，进样量 10μL，检测时间 15min。

维生素 E 同系物的定性分析：将维生素 E 的 4 种同系物配置成标准溶液，按《食用植物油中维生素 E 组分和含量的测定高效液相色谱法》（NY/T 1598—2008）中的方法在指定的检测波长下测定维生素 E 各异构体的吸光度，以 α-维生素 E、β-维生素 E、γ-维生素 E 和 δ-维生素 E 标准品的保留时间定性分析，以样品测得的每种维生素 E 的峰面积进行定量分析，并绘制 4 种维生素 E 同系物混合标准品的色谱图。用比吸光系数计算出标准品的实际浓度。将标准溶液依次稀释成梯度浓度，对其峰面积与维生素 E 浓度用 SPSS 17.0 统计软件进行线性回归分析，求得直线回归方程及其相关系数（r）。

2）荧光分光光度法检测

A. 测定原理

荧光分光光度法是利用物质吸收较短波长的光能后发射较长波长特征光谱的性质，进而对该物质进行定性或定量分析的一种方法。荧光分光光度法测定总维生素含量的原理为，在维生素的化学分子结构中含有一个苯环，且该苯环具有荧光，而维生素的含量与其化学分子结构中的这个苯环所发射的荧光强度呈正线性相关，故可以利用维生素的这一特性，根据荧光分光光度法测定发射的荧光强度与维生素含量之间的线性关系来计算待测试样中的维生素含量。

B. 实验步骤

提取：对经过精制的油，精确称取一定量的样品，直接皂化。市售食用油，所含杂质较多，须经脂肪提取步骤。

皂化：动植物组织中的维生素 E 大都以结合态存在，因此样品经脂肪提取后，需经皂化处理，使之变为游离态。对一些强化食品，维生素 E 的添加量相对于食品本身较高，样品经提取后，可不经皂化。

样品提取液按皂化条件，每克脂肪加无水乙醇 4mL，0.4g 抗坏血酸或 0.5g 苯三酚，60%氢氧化钾 1mL 于沸水浴中，在通氮气条件下，皂化 15min。取出置冰水中冷却。加适量蒸馏水使皂化物溶解。用乙醚 8×20mL 提取，弃去水层，收集乙醚后，用水洗至中性，加无水硫酸钠脱水，放置 5min。在通氮气条件下，蒸出丁醚，残渣用一定量正己烷溶解。

纯化：提取液经皂化后，需进行纯化，主要用硅镁吸附剂层析柱纯化。适用动物性试样的纯化，以除去某些脂溶性维生素、胆固醇等杂质。

荧光测定：分别测定标准液及样品液的荧光强度。激发波长为 295nm，发射波长为 325nm，狭缝为 5nm，扫描速度为 100nm/min。

C. 样品中总维生素 E（α-维生素 E 计）浓度计算

$$C_2=(C_1I_2/I_1m)\times G\times(100/1000)\tag{9-2}$$

式中，C_2 表示样品液的 VE 浓度（mg/100g），C_1 表示 VE 标准液的浓度（mg/100g），I_1 表示 VE 标准液的荧光强度（C），I_2 表示样品液的荧光强度（C），m 表示样品质量（g），G 表示稀释因子，100/1000 表示换算为每百克样品中含 VE 的毫克数。

9.2.2.3　角鲨烯、甾醇及不皂化物的测定

1）角鲨烯的测定

角鲨烯的检测也采用配有紫外检测器的高效液相色谱仪，其检测波长为 215nm。

A. 标准曲线的绘制

角鲨烯标准溶液的制备：准确称量 100mg 角鲨烯标准品放入 50mL 容量瓶中，加入三氯甲烷配成 2mg/mL 的标准溶液。用移液管分别取出 0.5mL、1mL、2mL、3mL、4mL、6mL 标准溶液于 10mL 容量瓶中，分别加入三氯甲烷配成浓度分别为 0.1mg/mL、0.2mg/mL、0.4mg/mL、0.6mg/mL、0.8mg/mL、1.2mg/mL 的角鲨烯标准溶液。

B. 样品的处理

样品为大豆油脱臭馏出物、不皂化物、第一次分子蒸馏重相、第二次分子蒸馏轻相、结晶去甾醇后的产物、萃取后得到的角鲨烯粗品。对于大豆油脱臭馏出物、不皂化物、第一次分子蒸馏重相，取样品 0.1g 于 10mL 容量瓶中用三氯甲烷配成 10mg/mL 的待测溶液；对于第二次分子蒸馏轻相、结晶去甾醇后的产物、萃取后得到的角鲨烯粗品，取样品 0.02g 于 10mL 容量瓶中用三氯甲烷配成 2mg/mL 的待测溶液。

角鲨烯含量的计算如式（9-3）。

$$X=(C_\alpha V)/m\tag{9-3}$$

式中，X 表示角鲨烯质量分数（%），C_α 表示角鲨烯溶液浓度（mg/mL 三氯甲烷）；V 表示配制的待测样品溶液的体积（mL）；m 表示样品质量（g）。

2）甾醇的测定

甾醇也是油脂中的不皂化物，植物甾醇和胆固醇的检测常用气相色谱法。随着分析技术不断进步，气相色谱-质谱联用（GC-MS）与高效液相色谱-质谱联用（HPLC-MS）也常用于植物甾醇和胆固醇的定量分析中。

油脂中的不皂化物是指油脂在一定条件下皂化时，不被碱皂化的成分。油脂中的不皂化物包括矿物油、甾醇、维生素、脂肪醇、色素、角鲨烯等，其中，甾醇是不皂化物的主要成分，一般植物油中的不皂化物含量为 1%～3%。油脂中不皂化物含量的高低也是油脂质量的指标之一，如果油脂中混有矿物油，油脂的不皂化物含量就会增大。因此，有时也需要测定油脂中不皂化物的含量，其测定方法相对简单，即先使油脂发生皂化反应，然后用正己烷等有机溶剂萃取不皂化物，蒸发掉溶剂后的残留物即为不皂化物。由于该方法涉及皂化反应、萃取、称重等几个步骤，操作相对烦琐耗时，且灵敏度较差。

检测甾醇含量广泛应用的方法有气相色谱法和液相色谱法。液相色谱法不能将甾醇完全分离，且灵敏度低；气相色谱法分离效果好、灵敏度高，《动植物油脂　甾醇组成和甾醇总量的测定　气相色谱法》（GB/T 25223—2010）采用的是气相色谱法。

A. 实验原理

样品用氢氧化钾-乙醇溶液回流皂化后，不皂化物以氧化铝层析柱进行固相萃取分离。脂肪酸阴离子被氧化铝层析柱吸附，甾醇流出层析柱。通过薄层色谱法将甾醇与不皂化物分离。以桦木醇为内标物，通过气相色谱法对甾醇及其含量进行定性和定量。

B. 试剂

（1）0.5mol/L 氢氧化钾-乙醇溶液：溶解 3g 氢氧化钾于 5mL 水中，再用 100mL 乙醇（见 9.5.3 节）稀

释，溶液应呈无色或淡黄色。

（2）桦木醇内标溶液：1.0mg/mL 的丙酮溶液。

注：一般不使用其他硅烷化试剂，除非采用特别措施以保证桦木醇的两个羟基被硅烷化，否则在气相色谱分离时桦木醇可能会出现两个峰。

需要注意的是，在橄榄果渣油里可能含桦木醇，推荐用 5α-胆甾烷-3β-醇（胆甾烷醇）为内标物。

（3）乙醇：纯度≥95%（体积分数）。

（4）氧化铝：中性，粒径 0.063～0.200mm，Ⅰ级活性。

（5）乙醚：新蒸馏，无过氧化物和残留物。

警告：乙醚极易燃，可以形成爆炸性的过氧化物。空气中的爆炸极限为 1.7%～48%（体积分数）。使用时应采取特殊的预防措施。

（6）展开剂：V（己烷）+V（乙醚）=1+1。

（7）薄层色谱用标准溶液：1.0mg/mL 胆甾醇丙酮溶液，5.0mg/mL 桦木醇丙酮溶液。

（8）硅烷化试剂：在 N-甲基-N-三甲基硅烷基七氟丁酰胺（MSHFBA）中加入 50μL 1-甲基咪唑。

C. 实验步骤

（1）称量：称取试样约 250mg（精确至 1mg）于 25mL 烧瓶中。对于甾醇含量低于 100mg/100g 的油脂，可用三倍量的试样，并相应地调整试剂用量和相关仪器设备。

（2）测定：氧化铝柱的制备：在 20mL 乙醇中加入 10g 氧化铝，并将悬浮液倒入玻璃柱中，使氧化铝自然沉降，打开活塞放出溶剂，待液面到达氧化铝顶层时关闭活塞。

3）不皂化物的测定

A. 不皂化物的提取

准确吸取 1.00mL 桦木醇内标溶液加入试样烧瓶中，再加入 5mL 氢氧化钾-乙醇溶液和少许沸石。在烧瓶上连接好回流冷凝器，加热并保持混合液微沸，15min 后，停止加热，并趁热加入 5mL 乙醇稀释烧瓶中的混合液，振摇均匀。

吸取 5mL 上述溶液加入准备好的氧化铝柱中。以 50mL 圆底烧瓶收集洗脱液，打开活塞，放出溶剂直到液面到达氧化铝顶层。先用 5mL 乙醇洗脱不皂化物，再用 30mL 乙醚洗脱，流速大约为 2mL/min。用旋转蒸发器去除烧瓶中的溶剂。

警告：此操作中必须采用氧化铝柱，不可用硅胶柱或者其他柱代替，也不可采用溶剂萃取法。

B. 薄层色谱

得到的不皂化物用少量乙醚溶解。用微量注射器吸取该溶液点在距离薄层板下边缘 2cm 处，样液点成线状，线两端距离边缘至少留出 3cm 间隙。吸取 5μL 薄层色谱标准溶液在距边缘 1.5cm 处，左右各点一点。在展开槽中加入大约 100mL 展开剂。将板放入展开槽中展开，直至溶剂到达上边缘。取出薄层板，在通风橱中挥干溶剂。

注：转移得到的残渣到薄层板上是不必定量的。可使用自动点样装置。展开槽不需饱和。

C. 甾醇的分离

在薄层色谱板上喷洒甲醇，直到甾醇和桦木醇区带在半透明（暗色）背景下呈现白色，桦木醇斑点略低于甾醇区带。标记包括标准点上方 2mm 及可见斑点区下方 4mm 的区域。用刀片刮下全部标记部分的硅胶层，并将硅胶全部收集于小烧杯中。图 9-2 是不皂化物中的甾醇的薄层色谱分离示意图。

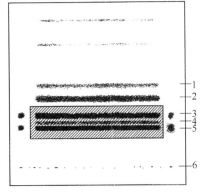

图 9-2 不皂化物中的甾醇的薄层色谱分离示意图

1. 三萜烯类；2. 甲基甾醇；3. Δ5-甾醇；4. Δ7-甾醇；5. 桦木醇；6. 原点

透明背景上呈现白色区带，标记区带（斑点下方 4mm，上方 2mm），刮下阴影线部分。区带的比移值（R_f）为桦木醇 0.30、Δ7-甾醇 0.33、Δ5-甾醇 0.45、三萜烯 0.53。将可见斑点区下方设定为宽于上方（下方为 4mm，上方为 2mm）是为了避免操作过程中桦木醇的损失。葵花籽油可能显示三个带（Δ5-甾醇、Δ7-甾醇和桦木醇）

9.3 木本油料油脂理化性质和分析检测

9.3.1 油脂的物理性质分析

茶籽油油脂的物理性质分析包括油脂的透明度、气味、滋味鉴定（GB/T 5525—2008）、色泽检验（GB/T 5009.37—2003）、相对密度检验（GB/T 5526—1985）、水分及挥发物含量测定（GB/T 5009.236—2016）、不溶性杂质检验（GB/T 15688-2008）、过氧化值检验（GB 5009.227—2016）、酸价检验（GB 5009.229—2016）、含皂量检测（GB/T 5533—2008）、脂肪酸组成检验（GB 5009.168—2016）、溶剂残留量检验（GB 5009.262—2016）、烟点检测（GB/T 20795—2006）和固体脂肪指数测定等。这些物理性质从不同角度表明油脂的性质与质量，如相对密度用于油脂纯度、品质评价和质量体积的换算；透明度和气味、滋味用于鉴定油脂的种类和酸败程度；烟点用于指示油脂的精炼程度等。不同物理指标的检测采用不同的技术方法，如相对密度采用比重瓶，折射率采用阿贝折射仪，固体脂肪指数采用膨胀计或低分辨的核磁共振法检测。分子光谱分析技术在油脂的物理性质分析方面没有突出优势，仅有的应用表现在油脂的色泽测试上。

色泽是油脂的质量指标之一，油料中的叶绿素、叶黄素等色素，油脂酸败劣变等均会加深油脂的颜色。油脂色泽的检测方法有罗维朋比色法，该方法虽然优于感官评定和重铬酸钾比色法，但操作上相对烦琐、费时，且有一定的主观性。于是，人们一直想以紫外-可见分光光度法替代罗维朋比色法，即利用油脂在波长 400～700nm 的吸收曲线，或在固定波长下油脂的吸收值（或透过率）来测定油脂色泽。然而，不同产地或来源的同种油脂色泽和吸收曲线并不完全一致。根据不同厂家对于同种油品的紫外-可见吸收曲线，或固定波长吸收值的汇总结果，尚不能形成一个具有统计学意义的标准方法，因此，目前应用紫外-可见分光光度法检测油脂色泽仍处于研究摸索阶段。不过，对于同一厂家的同一类产品而言，企业内部利用紫外-可见分光光度法检测油脂色泽以评判产品质量，不失为一种简便、有效的方法。

9.3.1.1 透明度的鉴定

透明度主要指可透过光线的程度。鉴定其的主要方法是当油脂样品在常温下为液态时，量取试样 100mL 注入比色管中，在 20℃下静置 24h（蓖麻油静置 48h），然后移置到乳白色灯泡前（或在比色管后衬以白纸）。观察透明程度，记录观察结果。

当油脂样品在常温下为固态或半固态时，根据该油脂熔点溶解样品，但温度不得高于熔点 5℃。待样品溶化后，量取试样 100mL 注入比色管中，设定恒温水浴温度为产品标准中"透明度"规定的温度，将盛有样品的比色管放入恒温水浴中，静置 24h，然后移置到乳白色灯泡前（或在比色管后衬以白纸）。迅速观察透明程度，记录观察结果。

9.3.1.2 气味和滋味的鉴定

油脂的气味、滋味的鉴定主要靠油脂品尝来鉴定，油脂品尝是依靠人的感觉器官评定油脂品质的优劣，因此要求品评人员具有较敏锐的感觉器官和鉴别能力，在开始进行品尝评定之前，应通过鉴别试验来挑选感官灵敏度较高的人员。主要的方法是取少量油脂样品注入烧杯中，均匀加温至 50℃后，离开热源，用玻棒边搅边嗅气味。同时品尝样品的滋味。

1）气味表示

当样品具有油脂固有的气味时，结果用"具有某某油脂固有的气味"表示。

当样品无味、无异味时，结果用"无味""无异味"表示。

当样品有异味时，结果用"有异常气味"表示，再具体说明异味，如哈喇味、酸败味、溶剂味、汽油味、柴油味、热糊味、腐臭味等。

2) 滋味表示

当样品具有油脂固有的滋味时，结果用"具有某某油脂固有的滋味"表示。

当样品无味、无异味时，结果用"无味""无异味"表示。

当样品有异味时，结果用"有异常滋味"表示，再具体说明异味，如哈喇味、酸败味、溶剂味、汽油味、柴油味、热煳味、腐臭味、土味、青草味等。

9.3.1.3 色泽检验

将试样混匀并过滤于烧杯中，油层高度不得小于 5mm。在室温下先对着自然光观察，然后再置于白色背景前借其反射光线观察并按下列词句描述：白色、灰白色、柠檬色、淡黄色、黄色、橙色、棕黄色、棕色、棕红色、棕褐色等。

9.3.2 油茶籽原油质量指标

如表 9-4 所示，以油茶鲜籽为原料，经制浆、压榨、分离等工序制取的油茶籽油即为油茶籽原油。

表 9-4 油茶籽原油质量指标

项目	质量指标
气味，滋味	具有油茶籽原油固有的气味和滋味，无异味
水分及挥发物含量/%	≤0.20
不溶性杂质含量/%	≤0.20
酸价（以 KOH 计）/（mg/g）	≤4.0
过氧化值/（g/100g）	≤0.25
溶剂残留量/（mg/kg）	≤100 按未检出计

9.3.2.1 水酶法压榨油茶籽油质量指标

如表 9-5 所示，油茶籽仁（全脱壳）通过色选除去霉变籽粒，经研磨后，与水混合加热，在特定酶的作用下，释放油脂，离心分离出含水的油茶籽油，脱水干燥，加工制成的油品即为水酶法压榨油茶籽油。

表 9-5 水酶法压榨油茶籽油质量指标

项目	质量指标	
	一级	二级
气味，滋味	具有油茶籽油固有的气味和滋味，无异味	
水分及挥发物含量/%	≤0.10	≤0.20
不溶性杂质含量/%	≤0.05	≤0.05
酸价（以 KOH 计）/（mg/g）	≤2.0	≤3.0
过氧化值/（g/100g）	≤0.25	
色泽	淡黄色至橙黄色	淡黄色至棕黄色
透明度（20℃）	清澈	微浊

9.3.2.2 浸出油茶籽油质量指标

如表 9-6 所示，以油茶籽或茶饼等为原料，用国家规定的有机溶剂浸出后经精炼制取的油茶籽油即为浸出油茶籽油。

表 9-6　浸出油茶籽油质量指标

项目	质量指标		
	一级	二级	三级
色泽	淡黄色至黄色	淡黄色至橙黄色	淡黄色至棕红色
气味、滋味	无异味，口感好	无异味，口感良好	具有油茶籽油固有气味和滋味，无异味
透明度（20℃）	澄清、透明	澄清	允许微浊
水分及挥发物含量/%	≤0.10	≤0.15	≤0.20
不溶性杂质含量/%	≤0.05	≤0.05	≤0.05
酸价（以 KOH 计）/（mg/g）	≤0.50	≤2.0	≤3.0
过氧化值/（g/100g）		≤0.25	
加热试验（280℃）	—	无析出物，允许油色变浅或不变化	微量析出物，允许油色变浅、不变化或变深
含皂量/%	—	≤0.02	≤0.03
烟点/℃	≥190	—	—

注："—"表示不做检测

9.4　分子光谱分析技术

分子光谱分析技术的特点是简单、便捷、谱图信息丰富，适合于气、液、固多种状态物质的分析，分析化学的紫外-可见光谱在油料油脂分析领域的应用最为广泛，是多种理化指标与组分检测的常用方法。近十几年来，随着计算机技术与化学计量学方法的快速发展，近红外光谱、红外光谱、拉曼光谱和分子荧光在油料油脂领域的研究与应用逐渐增多，特别是近红外光谱，发展非常迅猛，已经广泛应用于油料品质及油料、饼粕与油脂组分的快速测定。红外光谱和拉曼光谱则在油脂的定性鉴别、掺伪分析以及组成分析方面表现出突出优势。分子荧光方法的研究与应用相对较少，但在一些特殊的分析需求中表现出独有的特色。

9.4.1　近红外光谱

近红外光谱（near-infrared reflectance spectroscopy，NIRS）是一种波长在 780～2526nm 的高能振动光谱，1800 年由 William Herschel 通过三棱镜分光现象和温度计发现，是人们最早认识的非可见光区域。近红外光谱仪器常用于观测 C—H、N—H、O—H、S—H 等含氢基团中倍频和合频吸收强度高的 X—H 键，结合化学计量学方法对物质进行定性及定量分析。近红外光谱分析技术结合了光谱测量技术、基础测试技术、化学计量学方法和计算机方法，其中基础光谱、仪器、化学计量学是近红外光谱技术的三大支柱。木本油料是我国十分重要的可再生资源，既能提供优质植物油脂，又能维护国家粮油安全。木本油料作物果实的质量是影响农业高产的关键因素之一。目前，业内主要采用传统的化学分析方法对木本油料作物果实内含物和油脂质量进行检测分析，但传统分析方法具有耗时长、劳动力投入高、成本高、易损坏样品等缺点，不适用于昂贵稀有材料的研究和工业化大批量生产。与传统的化学分析方法相比，近红外光谱分析技术快速、精准、无损、环保、操作简单，可实现样本多组分同时分析和大型工业装置实时在线分析。该技术已替代传统分析方法，成为工农业领域重要的分析手段之一。

9.4.2　紫外-可见吸收光谱

紫外-可见吸收光谱法又称紫外-可见分光光度法（UV-Vis），是根据物质分子对 200～800nm 电磁辐射的吸收特性建立起来的一种定性、定量和结构解析的分析方法。紫外-可见吸收光谱法发展历史悠久、仪器价格相对低廉、灵敏度高、操作简便，是最普遍的分子光谱方法。

紫外-可见吸收光谱法是经典的定量分析方法，其分析依据朗伯-比尔定律以及吸光度的加和性，可以对单组分进行定量测定，也可以进行多组分混合物的测定。随着现代化学计量学方法的兴起，利用全谱或特征波段的信息，无须分离便可对复杂体系进行多组分的同时测量或识别，且灵敏度和准确性都有显著提高，大大简化了样品的预处理步骤。同时，紫外-可见吸收光谱法还可以用于分子结构解析，用于分析有机物分子与 π 电子相关的共轭结构信息。由于紫外-可见光谱吸收谱带的数目远远不及中红外光谱的多，不能单独用于结构解析，而是配合化合物的核磁共振、质谱和红外光谱共同解析分子结构。因此，紫外-可见吸收光谱法是分子定性分析的重要工具，可用于提供结构分析参考。

9.4.3 中红外光谱

中红外光谱也称红外光谱，其能量小于紫外-可见吸收光谱，波长范围为 2.5～25μm，通常以波数表示（4000～400cm^{-1}）。为了与近红外光谱相区别，有时也称中红外光谱。红外光谱反映的是分子中原子间的伸缩和弯曲振动（又称变角振动或变形振动）。分子在振动的同时还存在转动，虽然转动涉及的能量较小，处在远红外区，但其影响振动而产生偶极矩变化，因而红外光谱图实际上是分子的振动与转动的加和表现。

红外光谱是现代分析化学和结构分析必不可少的工具。作为化合物结构解析的四大谱（红外光谱、核磁共振波谱、质谱和紫外-可见吸收光谱）之一，红外光谱图中蕴藏着丰富的分子结构信息。因为每一种分子中各个原子之间的振动形式十分复杂，即使是简单的化合物，其红外光谱也是复杂且有特征的。因此，通过分析化合物红外吸收峰的峰位、峰强、峰形以及峰-峰比例等信息，即可获得许多反映分子结构的信息，从而用于测定化合物分子结构、鉴定未知物以及分析混合物组成和含量等。此外，应用红外光谱还可测定分子的键长和键角，可以推断分子的立体构型，判断化学键的强弱等。由于红外光谱具有发展成熟、测试简单、无损快速、环境友好，并且已经积累了大量的谱图数据等优势，使得红外光谱的应用极为广泛。

近年来，随着仪器制造技术，特别是附件技术以及化学计量学方法和计算机的快速发展，红外光谱已经越来越多地与化学计量学方法结合，用于油脂的定性鉴别、掺伪分析与定量测定等。

9.4.4 拉曼光谱

拉曼光谱（Raman spectroscopy）是一种散射光谱，广泛用于物质结构的鉴定，20 世纪 60 年代以后，随着激光光源、CCD 检测器和计算机的发展，拉曼光谱分析的应用领域得到很大的拓展。拉曼光谱被称为红外光谱的姊妹谱，它与红外光谱在结构分析上各有所长，相辅相成，能够提供更多的分子结构信息。与红外光谱相比，拉曼光谱还有如下优势：①由于工作区域在紫外-可见光区或近红外光区，因此，可以采用廉价的玻璃或石英，也可以使用石英光纤实现在线测量；②激光光源使其容易分析微量样品，如表面、薄膜、粉末、溶液和气体等样品；③水的拉曼光谱很弱，可以对水溶液进行直接测量；④利用共振拉曼或表面增强拉曼散射可以提高光谱的灵敏度和选择性，有利于低浓度和微量样品的检测。同时，拉曼光谱也有局限，包括：①激光照射样品会产生热效应，不利于热敏性样品的测量；②存在荧光干扰问题；③由于没有背景测量的绝对强度，容易受到外界因素的干扰，如环境温度、激光功率或样品位置变化等；④目前拉曼光谱的标准谱图库还不丰富，在鉴定有机化合物方面受到一定影响。

9.4.5 分子荧光

荧光是一种光致发光现象，即物质吸收光后发射出较长波长的光。光致发光有荧光和磷光两种，荧光是光激发分子从第一激发单重态的最低振动能级回到基态发出的辐射；磷光是激发分子从第一激发三重态的最低振动能级回到基态发出的辐射。因此，荧光的波长较磷光短，时间短。荧光分析法是根据物质的荧光谱线的位置及其强度进行物质定性和定量分析的方法。

荧光分析的优点是：①灵敏度高，荧光分析通常比紫外-可见分光光度分析高 2～4 个数量级，检测限可以达到 0.1～0.001μg/mL；②选择性强，物质的荧光分析既可依据激发光谱，也可依据发射光谱，如果几种物质的发射光谱相似，则可通过其激发光谱的差异区分，反之亦然；③试样用量少，能够提供多个物理参数，如激发光谱、发射光谱、荧光强度、荧光效率、荧光寿命等物理参数。

荧光分析的缺点是应用范围小。

通常，能够在紫外光照射下发射出荧光的物质均具有共轭芳香结构，如多环胺、萘酚、嘌呤、吲哚、多环芳烃。此外，含有芳环或杂环的氨基酸、蛋白质和维生素（如维生素 A、维生素 B1、维生素 B2、维生素 B3、维生素 B6、维生素 B9、维生素 B12、维生素 C 和维生素 E）也能发射荧光。一般情况下，天然具有荧光发射性质的物质可以直接用荧光法测定。但是，为了提高荧光分析的灵敏度和选择性，很多时候会采用荧光试剂对目标物进行衍生化。由于荧光衍生物具有更大的 π 键系统，可以在较长波长发射荧光，并同时增大荧光强度及量子效率。常用的荧光试剂有荧光胺、邻苯二甲醛、8-羟基喹啉、丹磺酰氯等，这些试剂与分析目标物发生缩合反应或关环反应，增加或延长了分子的共轭体系。

通常，荧光分析法应用于纸色谱或薄层色谱分离的斑点定位、高效液相色谱的荧光检测以及以荧光物质为标记物的免疫分析等。荧光分析的新技术包括激光诱导荧光分析、时间分辨荧光分析、荧光偏振分析、同步荧光分析和三维荧光光谱分析等。

9.5 木本油料油脂污染物检测技术

木本油料脂肪中的有害残留和污染物主要表现在两个方面：一是油料植物在生长过程中接触到的农药、矿物油等；二是油料本身由于储运不当而产生的真菌毒素，如大豆中的赭曲霉毒素、花生中的黄曲霉毒素和玉米中的伏马菌素等。

农药的种类很多，有杀虫剂、杀螨剂、杀菌剂、杀线虫剂、除草剂等。根据化学类型，农药又分为有机磷、有机氯、氨基甲酸酯、拟除虫菊酯等多个种类。农药残留的检测方法大多采用气相色谱法，即采用适当的提取、净化方法后，注入配有相应检测器（如氮磷检测器或硫磷检测器）的气相色谱仪中分离、测定。少数农药残留的定量检测采用高效液相色谱法或比色法，如西维因的检测（检测波长 280nm）。

赭曲霉毒素和黄曲霉毒素是曲霉属和青霉属的某些菌种产生的次级代谢产物。由于这些真菌毒素在紫外光下会产生蓝紫色荧光，因此，其检测大都采用紫外分光光度计，少数采用荧光分光光度计。为了消除检测干扰，检测之前需要进行细致的分离过程，如薄层色谱或免疫柱色谱净化再配合液相色谱检测等。

由于油料中的农药残留和真菌毒素均属于微量甚至痕量物质，其检测方法一般采用分子光谱技术中较为灵敏的紫外-可见分光光度法或荧光分光光度法。红外光谱和拉曼光谱由于特征性不强、灵敏度稍差，无法满足微量或痕量物质的检测。但是，近年来出现的一些研究将分子光谱与化学计量学方法结合，尝试对油料中一些微量物质进行定量分析。

9.5.1 黄曲霉

由表 9-7 可知油料中黄曲霉毒素的限量。目前，现有的黄曲霉毒素 B1 的检测方法有薄层色谱法、高效液相色谱法、酶联免疫吸附测定法。

表 9-7　GB 2761—2017 对油料中黄曲霉毒素的限量

黄曲霉毒素类别	限量/（ug/kg）
黄曲霉毒素 B1	10

1）样品前处理

称取油样品 0.50g（精确到 0.01g）置于 50mL 离心管中，加入 20mL 乙腈饱和正己烷和 5mL 正己烷饱和乙腈，振荡提取 5min 后，于 10 000r/min 离心 5min，移走乙腈层，正己烷层重复提取 1 次，合并乙腈层，用超纯水定容至 10ml，取 1mL 样液采用 0.2μm 的滤膜过滤，待测（B 组物质）。正己烷层经旋转蒸发仪浓缩至干，用乙酸乙酯：环己烷（1：1，*V/V*）的溶剂定容至 10mL，经凝胶渗透色谱除去油脂等杂质，洗脱液经旋转蒸发仪浓缩至干，1mL 乙腈定容后 0.2μm 滤膜过滤，待测（A 组物质）。

2）色谱分析

色谱柱：Agilent Eclipse Plus C18（1.8μm，2.1mm×100mm）；柱温为 25℃；流动相 A 为 0.1%乙酸，B 为甲醇，流速为 200μL/min，流动相 A 的梯度洗脱程序为 0～20min 50%～5%，进样体积为 5μL。

3）质谱分析

电喷雾电离（ESI），正离子模式；毛细管电压 5.5kV；气帘气 30psi（1psi =6.894 76×10³Pa）；雾化气（Gas1）60psi；辅助气（Gas2）50psi；离子源温度 550℃。

采用质谱多反应监测(MRM)方式，母离子/子离子对均设为单位质量分辨。

9.5.2　重金属

重金属是指密度大于 4.5g/cm³ 的金属元素（砷具有金属的部分性质，列为重金属之一），按照这一定义除了食品卫生标准所列的铅、砷、汞、铬、镉（Pb、As、Hg、Cr、Cd）以外，铜、锌、锰、镍（Cu、Zn、Mn、Ni）等也属于重金属。重金属污染具有持久性、隐蔽性和不可逆性，且当它随食品进入人体后能够发生累积，引起慢性损伤，不易察觉，因此即便食品中的重金属含量符合规定的卫生标准，长期摄入也可能存在风险。目前从食品安全方面考虑的重金属污染，最引人关注的是铅、镉、汞、铬，以及类金属砷等有显著生物毒性的重金属。由表 9-8 可知油料中的重金属限量。对于食品中重金属的检测方法通常有比色法、中子活化分析（NAA）法、极谱法、原子吸收光谱法（AAS）、原子荧光光谱法（AFS）和电感耦合等离子体-原子发射光谱/质谱法（ICP-AES/MS）等。

表 9-8　GB 2762—2022 对油料中重金属限量

重金属类别	限量（以 Pb 计）/（mg/kg）
铅	0.1
砷	0.1
镍	1.0

9.5.2.1　铅

铅是一种灰白色金属，铅中毒是一种蓄积性中毒，如果人体内铅蓄积量增加就可能会引起造血、肾及神经系统的损伤。铅中毒是一种慢性中毒，中毒后往往表现为贫血，智力低下，反应迟钝等症状。铅对胎儿和幼儿危害程度很大，会影响胎儿和幼儿的生长发育，儿童更易发生铅中毒，中毒概率远远高于成年人。在我国食品中铅限量标准比国际食品法典委员会（CAC）标准宽松，我国某些食品标准对重金属含量的宽松客观上增加了人群对食品重金属的摄入风险。植物油料和食用植物油脂是人们日常生活的必需品，其中重金属铅含量是关乎到食用油脂品质安全和人类健康的重要卫生指标。这里主要介绍微乳液法作为样品前处理方法与石墨炉原子吸收光谱法（GFAAS）联用测定油脂中的 Pb 含量。

（1）铅标准储备液（1mg/mL）：称取 0.1599g Pb(NO₃)₂（分析纯，天津市科密欧化学试剂有限公司），稀 HNO₃ 溶解后用二次蒸馏水定容至 100mL。实验用各浓度铅标准溶液均由标准储备液逐级稀释而来。

（2）微乳液法用于 Pb 含量测定：移取 2.00mL 食用油于 10mL 玻璃试管中，依次加入 0.20mL 0.01%（*V/V*）的 HNO₃ 溶液，0.10mL 5% OP-乳化剂，最后用正丁醇定容至 10mL，摇匀使其形成均一、透明的微乳液。

（3）干灰化法（GB 5009.12—2023）：移取 2.00mL 食用油或 0.5g 油料于 25mL 坩埚中，小火在电炉上炭化至无烟，再移至马弗炉内（500±3）℃灰化 5h，冷却后用少量 HNO₃ 和 H₂O₂ 在电热板上将灰分溶解，将试样消化液转移至 50mL 容量瓶中，用二次蒸馏水定容至刻度，同时做空白实验。

（4）仪器工作条件：波长283.3nm；灯电流10mA；狭缝宽度0.7nm；进样体积10μL；测量方式峰高积分；背景校正，氘灯扣背景。

采用微乳液进样-石墨炉原子吸收光谱法测定食用油中的铅含量时，首先需要在石墨管表面涂覆一定量的永久性基体改进剂（表9-9）。加入到试样中或涂覆在石墨管上的基体改进剂的作用是，使基体转化为易挥发的化学形态或将被测元素转化为更加稳定的化学形态，这样就可以通过提高灰化温度而消除基体干扰，同时也可以增加被测元素信号的稳定性，对被测元素也不易造成损失。因为食用油组成成分复杂，基体干扰严重，且铅属于易挥发元素，为了完全去除基体，降低干扰，须使用基体改进剂以提高灰化温度，达到去除基体而待测物不损失的目的。以铱-钨（Ir-W）为永久性基体改进剂，表9-9为基体改进剂的涂覆升温程序，先在石墨管上涂覆一定量的Ir（1mg/mL）标准溶液，每次进样50μL，连续进样5次，再按照相同的量重复进样5次1mg/mL的W标准溶液。涂覆Ir-W的石墨管连续工作约50次后，再按照上述方法重新处理石墨管。将10μL食用油微乳液样品直接进样于涂覆Ir-W的石墨管中，用于石墨炉原子吸收光谱检测，石墨炉原子吸收测定铅的升温程序见表9-10。

表9-9　永久性基体改进剂升温程序

步骤	温度/℃	升温时间/s	保持时间/s	氩气流量/（L/min）
1	90	5	30	0.2
2	140	5	30	0.2
3	1000	10	10	0.2
4	200	0	5	0
5	50	0	10	0.2

表9-10　石墨炉原子吸收测定铅的升温程序

元素	干燥	灰化	原子化	净化
Pb	100℃	800℃	1800℃	2100℃
	10/10s	20/20s	0/4s	0/2s

9.5.2.2　砷

植物油料与食用油脂是人们生活的必需品，其中重金属砷含量是关乎到植物油料与食用油脂品质安全的重要卫生指标。在《食品安全国家标准　食用植物油料》（GB 19641-2015）中对植物油料中砷含量作出了相应规定。该标准规定植物油料中砷的限量均为≤0.2mg/kg。

目前，植物油料与食用油脂中砷含量的检测方法主要依据的是《食品安全国家标准　食品中总砷及无机砷的测定》（GB/T 5009.11-2014）。植物油料与油脂具有组分复杂、有机物含量高、难消化、砷含量较低、基体干扰严重等性质。这使得对植物油料与油脂中砷的痕量分析时，样品前处理过程将是影响分析灵敏度和准确性的主要因素。植物油料与油脂样品的组成成分不同，其前处理的工艺条件不同。但是，样品的检测方法是一样的。目前研究报道的，用于植物油料与油脂中砷含量的检测方法主要有等离子质谱法、原子吸收光谱法（AAS）、原子荧光光谱法（AFS）。国内普遍报道的是原子吸收光谱法和原子荧光光谱法。国际上多采用等离子质谱法，检出下限低，可以实现多元素的同时测定。

1）主要试剂

砷标准溶液（0.1mg/mL）（购自中国计量科学研究院），吸取砷标准储备液于容量瓶中，并用体积分数10%的盐酸逐级稀释成标准使用溶液。

1% KBH_4溶液：称取1g硼氢化钾，约0.2g氢氧化钠（稳定剂）倒入塑料瓶中，加二次蒸馏水100mL溶解。室温下可用一周。

过氧化氢（又称双氧水）、抗坏血酸、碘化钾等试剂均为分析纯，盐酸、硝酸为优级纯，玻璃器皿均用稀盐酸溶液浸泡过夜，并用二次蒸馏水洗涤，干燥备用。

2）样品前处理方法

称取 2.0000g 油样于 30mL 分液漏斗中，每次均加入体积分数 10%的 HCl 溶液 15mL，分液漏斗置于摇床震摇萃取三次，时间分别为 15min、10min、10min。待溶液分层后，将三次下层溶液放入 50mL 容量瓶中，用体积分数 10%的 HCl 溶液定容至刻度，混匀备用；同时做试剂空白。

3）样品中砷含量的测定

A. 标准曲线的绘制

吸取砷标准溶液（100ng/mL）0.00mL、0.05mL、0.10mL、0.15mL、0.20mL、0.30mL、0.40mL、0.50mL 分别置于 8 支 10mL 具塞试管中，加入 0.1000g 的 KI 和 0.0500g 的 VC，用体积分数 10%的 HCl 定容至刻度，混匀，沸水浴 10min，冷却备测。

B. 样品测定

取 10mL 具塞试管，加入 10mL 处理样液、0.1000g 的 KI、0.0500g 的 VC，沸水浴 10min，冷却，做试剂空白和平行实验，对照标准曲线对样品进行定量检测。

由于植物油料与油脂中砷含量较低，采用氢化物发生-原子吸收光谱法测定砷含量时，接近检出限。为了提高准确性，进行处理样液中砷含量的测定时，每次需要重做标准曲线，在同样的 As 还原条件与仪器条件下，对样品进行定量检测。每个样品的测定，均需做三个平行实验。

9.5.3 农残

随着我国人民生活水平的提高，对植物油的需求量不断增长。油料作物生产过程中病虫草害的发生在造成作物减产的同时，也会影响木本油料作物的产品质量，农药的使用依旧是防治病虫草害不可或缺的手段。表 9-11 是木本油料中农药最大残留量。病虫草害防治过程中，农药使用带来的残留问题，可能随着油料加工进一步转移到食用油中，给消费者健康带来风险。建立油料作物及其油料制品中农药的残留分析方法，是油料作物中农药残留风险评估的基础。油料作物及其加工制品中含有较多油脂、多种脂肪酸类物质及色素等物质，会干扰农药残留的分析，在仪器检测之前尽量除去影响分析及对检测仪器造成损害的干扰物。国内报道的测定植物油中农药残留的前处理方法主要包括液液萃取（LLE）法、QuEChERS 法、固相萃取（SPE）法、分散固相萃取（dSPE）法、凝胶渗透色谱（GPC）法、基质固相分散（MSPD）法等，这些前处理方法经常联合使用以达到更好的净化效果。液液萃取法操作简单，但是耗时长、易发生乳化、溶剂用量大且难以实现自动化。SPE 法可实现自动化操作、无乳化现象，其中弗罗里硅土（Florisil）固相萃取柱对油脂等干扰物吸附作用较好。dSPE 法具有有机溶剂用量较少，耗时较短，提取效率较高等优点，QuEChERS 法在农药残留分析中广泛应用。油料作物及加工制品中农药残留的仪器检测主要是气相色谱法（GC）和液相色谱法（LC）。GC 是油料作物中农药残留检测中常用色谱技术，具有效率高、灵敏度高、精确度高、重复性好、识别能力强、无液相流动相等优点，尤其适用于可挥发的热稳定性化合物，如有机氯、有机磷和拟除虫菊酯类农药，但相对于 LC，分析时间较长。LC 具有分析时间短、载药量高、分离效率高、柱效高、选择性高和适用范围广等优点，适用于分析非挥发性物质，极性、非极性和热不稳定化合物。

表 9-11　木本油料中农药最大残留量

	橄榄油
倍硫磷/（mg/kg）	1

为了快速、高效、精确地分析油脂样品中的农药残留，这里主要介绍 QuEChERS 法前处理与 UPLC-MS/MS 联用的方式。

准确称取 10.0mg（精确到 0.1mg）农药标准品，分别用色谱纯乙腈定容至 100mL 容量瓶中，分别配制成 100mg/L 的标准溶液，再分别用质谱纯乙腈逐级稀释至 0.005mg/L，0.01mg/L，0.05mg/L，0.1mg/L，0.5mg/L，1.0mg/L 和 2.0mg/L 的标准工作液，将其放在 4℃冰箱冷藏保存备用，有效期为 6 个月。

9.5.4 UPLC-MS-MS 检测农药最大残留量

利用 UPLC-MS-MS 建立检测油脂中农药残留的分析方法。

流动相分别为水相（0.2%甲酸水）和有机相（5mmol/L 乙酸铵甲醇）；梯度洗脱；

色谱柱为 BEHC18（2.1mm×100mm），柱温 35℃；

色谱柱液相条件如表 9-12 所示，其中 A 相为 5mmol/L 乙酸铵甲醇，B 相为 0.2%甲酸水。

表 9-12 色谱柱液相条件

时间/min	流速/（mL/min）	A/%	B/%
0	0.3	10.0	90.0
0.5	0.3	90.0	10.0
3.0	0.3	90.0	10.0
3.1	0.3	10.0	90.0
5.0	0.3	10.0	90.0

9.5.5 食品添加剂

为改善食品品质和色、香、味，以及因防腐保鲜和加工工艺的需要而加入食品中的人工合成或者天然物质即为食品添加剂。食品用香料、胶基糖果中基础剂物质，食品工业用加工助剂也包括在内。表 9-13 是木本油料中食品添加剂的使用标准。分子光谱是分子从一种能态改变到另一种能态时的吸收或发射光谱（可包括从紫外到远红外直至微波谱）。分子光谱包括紫外-可见光谱（UV-Vis）、红外光谱（IR）、拉曼光谱（Raman spectroscopy）和分子荧光光谱（MFS）四大类，主要是通过与化学计量学方法结合应用于食品鉴别真伪与掺假分析中，以及食品中有毒有害物质的快速定性与定量分析，在食品添加剂的检测中有着较为广泛的应用。

表 9-13 GB 2760—2024 的木本油料中食品添加剂使用标准

食品添加剂类别	最大使用量/（g/kg）
丙二醇脂肪酸酯	10.0
茶多酚棕榈酸酯	0.6
刺梧桐胶	按生产需要适量使用
丁基羟基茴香醚（BHA）	0.2（以油脂中的含量计）
二丁基羟基甲苯（BHT）	0.2（以油脂中的含量计）
甘草抗氧化物	0.2（以甘草酸计）
琥珀酸单甘油酯	10.0
抗坏血酸棕榈酸酯	0.2
竹叶抗氧化物	0.5
植酸	0.2
蔗糖脂肪酸酯	10.0
维生素 E	按生产需要适量使用
特丁基对苯二酚	0.2（以油脂中的含量计）
山梨醇酐单月桂酸酯（又名司盘 20），山梨醇酐单棕榈酸酯（又名司盘 40），山梨醇酐单硬脂酸酯（又名司盘 60），山梨醇酐三硬脂酸酯（又名司盘 65），山梨醇酐单油酸酯（又名司盘 80）	15
羟基硬脂精	0.5
迷迭香提取物	0.7
没食子酸丙酯	0.1（以油脂中的含量计）

1）样品前处理

称取油样品 0.50g（精确到 0.01g）置于 50mL 离心管中，加入 20mL 乙腈饱和正己烷和 5mL 正己烷饱和乙腈，振荡提取 5min 后，于 10 000r/min 离心 5min，移走乙腈层，正己烷层重复提取 1 次，合并乙腈层，用超纯水定容至 10mL，取 1mL 样液采用 0.2μm 的滤膜过滤，待测（B 组物质）。正己烷层经旋转蒸发仪浓缩至干，用乙酸乙酯：环己烷（1：1，V/V）的溶剂定容至 10mL，经凝胶渗透色谱除去油脂等杂质，洗脱液经旋转蒸发仪浓缩至干，1mL 乙腈定容后，0.2μm 滤膜过滤，待测（A 组物质）。

2）色谱分析条件

色谱柱为 Agilent Atlantis T3 色谱柱（5μm，6mm×150mm），柱温 35℃；进样体积 5μl。流动相 A 为超纯水，流动相 B 为乙腈，梯度洗脱程序为 0～1min，10%A；1～10min，10%～0%A；10～20min，0%A；20～20.01min，0%～10%A；20.01～24min，10%A。流速 0.50mL/min。

3）质谱分析条件

电喷雾电离（ESI），正离子模式；毛细管电压 5.5kV；碰撞气 10psi，气帘气 25psi，雾化气 50psi，辅助气 40psi，离子源温度 550℃。

参 考 文 献

蔡志全. 2011. 特种木本油料作物星油藤的研究进展[J]. 中国油脂, 36(10): 1-6.

曹立强, 李丹丹, 邓红, 等. 2010. 文冠果油中植物甾醇的提取及其抑菌特性研究[J]. 天然产物研究与开发, 22(2): 334-338.

高婷婷, 王亚芸, 任建武, 2013. GC-MS 法分析牡丹籽油的成分及其防晒效果的评定[J]. 食品科技, 38(06): 296-299.

李大鹏, 王文倩, 王晗琦, 等. 2013. 货架期与 0℃下核桃营养功能成分与品质稳定性比较[J]. 中国食品学报, 13(10):231-238

李冬梅, 王婧, 毕良武, 等. 2006. 提取方法对茶油中活性成分角鲨烯含量的影响[J]. 生物质化学工程, 40(1): 9-12.

李萍, 何明, 黄起壬, 等. 2000. 油茶皂苷对缺氧复氧所致大鼠心脏损伤的保护作用及其机制探讨[J]. 中草药, 31(11): 841-843.

廖书娟, 吉当玲, 童华荣. 2005. 茶油脂肪酸组成及其营养保健功能[J]. 粮食与油脂, 18(6): 7-9.

刘琦, 周军, 晁燕, 等. 2014. 不同产地油茶籽油脂肪酸组成研究[J]. 湖南林业科技, 41(3): 34-37.

曲丽莎, 于文文, 吕雪芹, 等. 2021. 生物-化学法合成维生素 D 的研究进展[J]. 食品与发酵工业, 47(1): 276-284.

苏蕊, 梁大鹏, 李明, 等. 2012. 食用油品质的检测技术进展[J]. 岩矿测试, 31(1): 57-63.

汪雪芳, 杨瑞楠, 薛莉, 等. 2017. 28 种功能性食用油脂肪酸组成研究[J]. 食品安全质量检测学报, 8(11): 4336-4343.

王珂, 张志宇, 赵茜茜, 等. 2016. 文冠果种仁总皂苷的提取纯化及其抗氧化活性[J]. 陕西师范大学学报(自然科学版), 44(2): 116-124.

王萍, 张银波, 江木兰. 2008. 多不饱和脂肪酸的研究进展[J]. 中国油脂, 33(12): 42-46.

王小清. 2020. 核桃杏仁调和油贮藏稳定性及氧化规律研究[D]. 长春: 吉林大学硕士学位论文.

王性炎, 樊金栓, 王姝清. 2006. 中国含神经酸植物开发利用研究[J]. 中国油脂, 31(3): 69-71.

吴小娟, 李红冰, 逄越, 等. 2006. 山茶和油茶种子中脂肪酸的分析[J]. 大连大学学报, 27(4): 56-58.

许佳敏, 佟沛鑫, 王菊花, 等. 2022. 文冠果油的营养成分及功能活性研究进展[J]. 中国油脂, 47(10): 77-82.

薛玉环. 2022. 元宝枫油对多发性硬化症的防治作用及其机制研究[D]. 杨凌: 西北农林科技大学博士学位论文.

严梅和, 李佩文, 熊丽曾. 1984. 文冠果仁油非皂化物中甾醇部分的分离、含量测定和结构鉴定[J]. 林业科学, 20(4): 389-396.

殷福珊. 2004. 2003 年油脂化学工业的回顾[J]. 日用化学品科学, 27(4): 1-4, 7.

尹丹丹, 李珊珊, 吴倩, 等. 2018. 我国 6 种主要木本油料作物的研究进展[J]. 植物学报, 53(1): 110-125.

于雪莲, 杨培艺, 郭娟, 等. 2024. 6 种木本种仁油脂肪酸组成分析及调和优化[J/OL]. https://doi.org/10.19902/j.cnki.zgyz.1003-7969.240087[2024-09-06].

翟文婷, 朱献标, 李艳丽, 等. 2013. 牡丹籽油成分分析及其抗氧化活性研究[J]. 烟台大学学报(自然科学与工程版), 26(2): 147-150.

赵芳, 李桂华, 刘振涛, 等. 2011. 文冠果油理化特性及组成分析研究[J]. 河南工业大学学报(自然科学版), 32(6): 45-49.

赵茜茜, 刘俊义, 王珂, 等. 2015. 文冠果种仁油中总甾醇的皂化法提取及组成分析[J]. 天然产物研究与开发, 27(10): 1737-1742.

Albert C M, Oh K, Whang W, et al. 2005. Dietary α-linolenic acid intake and risk of sudden cardiac death and coronary heart disease[J]. Circulation, 112(21): 3232-3238.

Dysken M W, Sano M, Asthana S, et al. 2014. Effect of vitamin E and memantine on functional decline in Alzheimer disease: the

TEAM-AD VA cooperative randomized trial[J]. Journal of the American Medical Association, 311(1): 33-44.

Follegatti-Romero L A, Piantino C R, Grimaldi R, et al. 2009. Supercritical CO_2 extraction of omega-3 rich oil from Sacha inchi (*Plukenetia volubilis* L.) seeds[J]. The Journal of Supercritical Fluids, 49(3): 323-329.

Hartmann M A. 1998. Plant sterols and the membrane environment[J]. Trends in Plant Science, 3(5): 170-175.

Hunter J E, Zhang J, Kris-Etherton P M. 2010. Cardiovascular disease risk of dietary stearic acid compared with trans, other saturated, and unsaturated fatty acids: a systematic review[J]. The American Journal of Clinical Nutrition, 91(1): 46-63.

Jiang Q, Wong J, Fyrst H, et al. 2004. γ-Tocopherol or combinations of vitamin E forms induce cell death in human prostate cancer cells by interrupting sphingolipid synthesis[J]. Proceedings of the National Academy of Sciences, 101(51): 17825-17830.

Kalinova J, TriskA J, Vrchotova N. 2006. Distribution of vitamin E, squalene, epicatechin, and rutin in common buckwheat plants (*Fagopyrum esculentum* Moench)[J]. Journal of Agricultural and Food Chemistry, 54(15): 5330-5335.

Khallouki F, Younos C, Soulimani R, et al. 2003. Consumption of argan oil (Morocco) with its unique profile of fatty acids, tocopherols, squalene, sterols and phenolic compounds should confer valuable cancer chemopreventive effects[J]. European Journal of Cancer Prevention, 12(1): 67-75.

Kinsella J E, Lokesh B, Stone R A. 1990. Dietary n-3 polyunsaturated fatty acids and amelioration of cardiovascular disease: possible mechanisms[J]. The American Journal of Clinical Nutrition, 52(1): 1-28.

Lee D S, Noh B S, Bae S Y, et al. 1998. Characterization of fatty acids composition in vegetable oils by gas chromatography and chemometrics[J]. Analytica Chimica Acta, 358(2): 163-175.

Li S S, Wang L S, Shu Q Y, et al. 2015. Fatty acid composition of developing tree peony (*Paeonia* section Moutan DC.) seeds and transcriptome analysis during seed development[J]. BMC Genomics, DOI: 10.1186/s12864-015-1429-0.

Mendes M, Pessoa F, Uller A M C. 2002. An economic evaluation based on an experimental study of the vitamin E concentration present in deodorizer distillate of soybean oil using supercritical CO_2[J]. The Journal of Supercritical Fluids, 23(3): 257-265.

Packer L, Weber S U, Thiele J J. 1999. Sebaceous gland secretion is a major physiologic route of vitamin E delivery to skin[J]. Journal of Investigative Dermatology, 113(6): 1006-1010.

Reiter R J, Manchester L C, Tan D X. 2005. Melatonin in walnuts: influence on levels of melatonin and total antioxidant capacity of blood[J]. Nutrition, 21(9): 920-924.

Sarker S D, Whiting P, Dinan L, et al. 1999. Identification and ecdysteroid antagonist activity of three resveratrol trimers (suffruticosols A, B and C) from *Paeonia suffruticosa*[J]. Tetrahedron, 55(2): 513-524.

Simopoulos A P. 2008. The importance of the omega-6/omega-3 fatty acid ratio in cardiovascular disease and other chronic diseases[J]. Experimental Biology and Medicine, 233(6): 674-688.

Simopoulos A P. 2016. An increase in the omega-6/omega-3 fatty acid ratio increases the risk for obesity[J]. Nutrients, DOI:10.3390/nu8030128.

Średnicka-Tober D, Barański M, Seal C J, et al. 2016. Higher PUFA and n-3 PUFA, conjugated linoleic acid, α-tocopherol and iron, but lower iodine and selenium concentrations in organic milk: a systematic literature review and meta- and redundancy analyses[J]. British Journal of Nutrition, 115(6): 1043-1060.

Winkler J T. 2013. Where will future LC-omega-3 come from? towards nutritional sustainability[M]//De Meester F, Watson R R, Zibadi S. Omega-6/3 Fatty Acids: Functions, Sustainability Strategies and Perspectives. Totowa, NJ: Humana Press: 247-265.

10　木本油料蛋白生物炼制技术和产品

　　木本油料植物具有不与人争粮、不与粮争地、产量高、油脂优质、经济效益和生态效益良好等优点，是拥有巨大潜力的油脂植物。开发木本油料资源已成为解决油料短缺的主要渠道和必然趋势（戴奕杰等，2015）。近年来，木本油料植物日益受到重视，木本油料产业迎来了持续且稳定的发展期，其在我国粮油产业中的比重也有所增加（樊金拴，2008）。随着木本油料的年产量不断上升，生产加工过程中产生的副产物也逐年增加，目前对这些副产物的利用率不足20%，大部分被废弃，不仅未能充分发挥资源的潜在价值，还可能对生态环境造成进一步破坏。木本油料植物在加工过程中产生的副产物包括油脚、皂脚、油饼、饼粕等。因此，如何有效开发和利用这些副产物，已成为实现木本油料加工产业绿色可持续发展需要解决的重要问题之一（张盼盼等，2022）。

　　植物蛋白是人类重要的蛋白质来源之一。并且在食品工业中，植物蛋白被广泛用作添加剂，为产品提供了丰富的营养价值和优良的加工性能。研究与开发新的植物蛋白资源，并提高优质蛋白资源的利用率，是食品工业和人类营养工作者的重点关注领域（胡苗苗等，2012）。木本油料饼粕作为重要的可再生蛋白质原料，其蛋白质含量一般在20%以上（周岩民等，1996）（表10-1）。除了需要进行脱毒处理的油桐、橡胶等饼粕外，其他木本油料的饼粕基本可以直接用于饲料生产。然而，由于蛋白质容易变性、存在的抗营养因子可能具有毒性等影响，人类对其开发利用受到了一定的限制。通过应用微生物发酵技术，并结合各类饼粕的特性，对其中的不利成分如抗营养物质及有毒物质等进行酶解，能够在减少浪费的同时有效解决高蛋白饲料短缺的问题。在饼粕的研究中，已经初步实现将其加工成新型的高蛋白含量的微生物发酵饲料，这种新型加工技术可显著提高饼粕的利用率（金青哲等，2015）。此外，一些木本油料饼粕中的必需氨基酸含量较高，具备可观的营养价值（刘理中，1986）（表10-2）。

表 10-1　常见的一些木本油料饼粕成分含量（%）（周岩民等，1996）

饼粕	蛋白质	脂肪	糖类	纤维素	水分	灰分
油茶饼粕	15.44	1.36	39.12	5.44	8.81	2.47
油桐饼粕	43.37	9.63	24.55	4.91	7.49	2.1
核桃饼粕	23.50	1.21	6.63	4.97	9.40	1.92
腰果饼粕	39.580	0.94	38.84	5.12	7.26	2.89
榛子饼粕	21.33	12.72	20.97	3.34	6.81	2.55
山苍子饼粕	22.43	0.77	21.00	7.32	5.71	2.42
棕榈饼粕	16.60	1.1	28.0	8.9	9.4	3.1

表 10-2　几种常见的木本油料饼粕蛋白质的氨基酸含量（%）比较（刘理中，1986）

饼粕种类	赖氨酸	蛋氨酸	组氨酸	精氨酸	苏氨酸	缬氨酸	异亮氨酸	亮氨酸	苯丙氨酸	酪氨酸	谷氨酸	丙氨酸	脯氨酸	胱氨酸	甘氨酸	天冬氨酸	总量
油茶籽饼	0.36	0.14	0.19	0.83	0.68	0.58	0.57	0.78	0.34	0.29	1.54	0.65	0.28	0.21	0.68	1.08	9.2
油茶籽粕	0.29	0.11	0.14	0.79	0.63	0.49	0.44	0.63	0.34	0.24	1.52	0.58	0.19	0.19	0.61	1.08	8.27
油桐籽饼	2.67	1.12	2.01	3.85	2.23	3.16	1.89	3.10	2.31	1.84	3.84	2.68	0.57	0.68	2.06	2.34	36.35
油桐籽粕	2.68	1.06	1.98	3.54	2.23	2.96	1.87	3.00	2.16	1.59	3.64	2.36	0.55	0.69	2.01	2.11	34.43
山苍籽饼	1.01	0.24	1.02	1.57	0.71	0.81	0.44	0.92	0.46	0.50	2.61	1.31	0.28	0.39	1.20	2.22	15.69
棕榈粕	0.49	0.18	0.61	0.76	0.55	0.87	0.34	0.41	0.17	0.69	1.07	0.92	0.12	0.24	0.66	0.77	8.85

木本油料加工后的饼粕蛋白由于高温变性，溶解度和营养价值降低而未得到充分利用，基本上是用作饲料或者肥料，饼粕蛋白资源浪费较大。如何将其变废为宝，综合利用其中的蛋白质，使之产生经济效益，已经成为木本油料产业发展过程中面临的重大课题，因此，对木本油料加工后的饼粕利用进行研究是涉及科学研究、社会效益及当代环境保护等多方向问题的全国性综合工程，有必要以木本油料饼粕为原料进行研究开发，将其充分利用，提高产品附加值（刘晓庚，2003）。本章内容主要介绍油茶饼粕蛋白、油桐饼粕蛋白及亚麻饼粕蛋白三种木本油料饼粕蛋白的产量、提取方法及功效利用研究等方面的研究进展。

10.1　油茶饼粕蛋白

油茶属于山茶科山茶属植物，是我国重要的木本油料树种。油茶籽含油量达 35%，茶油中的单不饱和脂肪酸含量为各种食用植物油之冠（李远发等，2009）。我国是世界上油茶分布最广、品种最多的国家，年产油茶籽量达 100 多万吨，而油茶加工的副产物油茶饼粕年平均产量为 68 万 t（陈永忠等，2013）。油茶饼粕是油茶籽经过加工提取茶油后的一种营养价值较高的加工副产物，油茶籽经提油后剩下的 65% 均为油茶饼粕。我国有着丰富的油茶饼粕资源，但利用率非常低。传统的利用方法是将油茶饼粕去除茶皂素后作为动物饲料直接喂养动物，或者将其投入鱼塘中清塘消毒，油茶饼粕中的营养成分利用率极低。还有大量油茶饼粕甚至直接被焚烧掉或用作肥田或作为废弃物丢弃，造成资源的严重浪费（邓桂兰等，2005）。开展油茶饼粕资源的高值化利用研究将对油茶产业的发展具有重要的促进作用。

10.1.1　油茶饼粕蛋白的提取

油茶饼粕蛋白的提取方法包括传统的碱溶酸沉法、水酶法、酶前处理辅助法、超声提取法和蒸汽爆破辅助法等（刘楚岑等，2020）。采用传统的碱溶酸沉法对油茶籽饼粕蛋白质的提取率为 58.74%。该提取方法的优点是操作简单方便，但其存在 pH 过高或过低都将导致提取的蛋白质容易变性的缺点，且其蛋白质提取率相对偏低（张善英等，2019）。水酶法和酶前处理辅助法对油茶籽饼粕蛋白质的提取率分别为 66.80% 和 80.83%。这两种方法反应条件温和、提取效率高且安全环保，但酶反应对条件有要求，提取成本较高（郭显荣等，2013；张新昌和刘芳，2013）。超声提取法和蒸汽爆破辅助法对油茶籽饼粕蛋白质的提取率分别可达 90.64% 和 71.01%。这两种方法在水酶法和碱溶酸沉法的基础上进行了改进，提高了蛋白质提取率。其中，使用超声辅助法可避免蛋白质有效成分不被破坏，但成本偏高；而蒸汽爆破辅助法则可能对有效成分造成一定程度的破坏（张善英等，2019；吴建宝等，2017）。

10.1.2　油茶饼粕蛋白功效研究及利用

榨油后的油茶饼粕中含有 10%～13% 的蛋白质，其蛋白质中含有 17 种氨基酸成分，其中 8 种是人体必需氨基酸，组氨酸和精氨酸含量也较高（李慧珍等，2013）。组氨酸是许多酶的活性中心组成成分，有助于血管扩张，并对儿童的生长发育具有重要作用，而精氨酸具有促进尿素合成和降低血氨的作用。因此，油茶饼粕蛋白具有较高的营养价值，可作为蛋白质强化剂应用于蛋白质饮料、冲调食品和焙烤食品的生产中。李慧珍等（2013）通过抗氧化实验发现，油茶饼粕蛋白具有较强的抗氧化活性和螯合金属离子的能力，表明其在抗氧化和保健食品方面具有开发潜力。龚吉军（2011）采用碱性蛋白酶与木瓜蛋白酶将油茶饼粕蛋白水解成活性多肽成分，这些成分具有较强的自由基清除能力，并能明显减少活性氧对人体细胞的损伤，展现出显著的抗氧化能力。郭显荣（2015）通过双酶法将油茶饼粕蛋白水解成多肽，并筛选纯化出具有血管紧张素转化酶（ACE）抑制效果的多肽成分，且该成分还具有抗肠道酶消化特性。此外，还有研究表明，来源于油茶饼粕蛋白的 ACE 抑制肽具有预防和治疗高血压的效果（Yao et al., 2019）。

这些研究表明，油茶饼粕蛋白的综合开发利用具有较高的经济价值和社会意义。目前对油茶籽饼粕中蛋白质的研究主要集中在评价所得多肽的生物活性上，而关于如何提高多肽的抗氧化活性及其相关机制的报道还很少。

10.2 油桐饼粕蛋白

油桐属于大戟科油桐属落叶乔木，是我国特有的经济林木，已有两千多年的栽培历史，是著名经济植物之一，可提炼桐油（Shockey et al., 2016）。桐油是良好的干性油，有干燥快、光泽度高、附着力强、绝缘性能好、耐酸耐碱、防腐防锈等优良性能，在工业上具有广泛用途。在国民经济领域中，直接或间接使用桐油的产品有上千种之多，且随着科技的不断发展，桐油的应用将更加广泛（Cui et al., 2018）。油桐饼粕是油桐籽经榨取桐油后所剩余的主要副产物，油桐饼粕中的蛋白质含量为 36.29%～45.00%，与菜籽饼粕相近，且蛋白质中的必需氨基酸含量高于棉籽和菜籽饼粕等。油桐饼粕中含有一定量的皂苷、二萜类、佛波醇等毒素，导致长期以来，人们主要将其用作肥料还田，使得这一对家畜有潜在利用价值的植物性蛋白饲料被大量浪费（Kumar et al., 2017；Zheng et al., 2016；Mann et al., 1954）。李铁军和贺建华（2001）研究了脱毒油桐饼粕蛋白质及其能量和营养价值，结果表明，脱毒油桐饼粕蛋白质的含量在 23%～36%，且随油桐饼粕中桐壳含量的降低而提高，动物对饲料中添加脱毒后的油桐饼粕蛋白质的消化率为 75%左右。用酸水解法测定蛋白质氨基酸组成发现，其中谷氨酸含量最为丰富，其次为天冬氨酸，含量最少的是蛋氨酸，其必需氨基酸含量可达 45.4%（李铁军等，2002）。脱毒油桐饼粕是一种较好的植物蛋白质饲料原料，具有很好的开发价值。我国桐油产量居世界首位，油桐饼粕年产量达 50 万 t。由于油桐饼粕中含有清蛋白、鱼精蛋白、新二萜类酯和皂苷等对人畜有毒的化合物，目前的利用率不足 20%，大部分被废弃，不但没有发挥其资源本身的价值，还给环境造成了很大压力（Lee, 1956）。伴随着我国油桐加工产业的大力发展，油桐饼粕副产品也随之增多，怎样高效利用和开发这些剩余物是油桐加工产业发展道路中一个亟待解决的关键问题，也是促进油桐产业提质增效的重要途径。

10.2.1 油桐饼粕蛋白的提取

油桐饼粕中的蛋白质含量可达 36%，但是对其提取的研究不多。黄诚和尹红（2008）以油桐饼粕为原料，对其蛋白质的提取工艺进行了详细研究，采用碱提酸沉淀法来提取油桐饼粕蛋白，并对其提取工艺参数进行了正交试验优化，得到的最佳提取工艺参数为：料液比 1∶12，碱提 pH 为 10.0，碱提时间 100min，碱提温度 45℃，油桐饼粕粒度为 80 目。在该条件下油桐饼粕蛋白的提取率为 62.8%，其纯度可达 71.2%。

10.2.2 油桐饼粕蛋白的功效研究与利用

目前对油桐饼粕蛋白的研究与利用主要是用作生物有机肥及饲料方面的开发。陈孝珊等（1996）通过对油桐饼粕脱毒等处理后，获得了蛋白质含量为 36.13%的油桐饼粕基饲料，将其用于生长肥育猪的饲养试验，结果表明，在生长肥育猪日粮中添加 8.3%的油桐饼粕基饲料，适口性好，平均日增重 565.99g，料肉比为 3.62∶1，这说明油桐饼粕蛋白是一种效果较好的蛋白质饲料资源。本课题组对利用油桐饼粕蛋白开发富氨基酸生物有机肥开展了深入研究，从自然发酵的油桐饼粕中分离到一株能高效降解油桐饼粕粗蛋白的菌株 *Pseudomonas aeruginosa* LYT-4。如图 10-1 所示，该菌发酵油桐饼粕 5 天后的氨基态氮含量达到 37.3mg/g，相比自然发酵增加了 45%，游离氨基酸的含量从自然发酵的 46.5%增加到 55.5%。此外，与自然发酵相比，该菌发酵后的油桐饼粕中，可用磷和钾的含量均有了显著的提高。盆栽实验表明，发酵后的油桐饼粕可以显著促进植物的生长，且效果甚至优于化学肥料（Ma et al., 2020）。

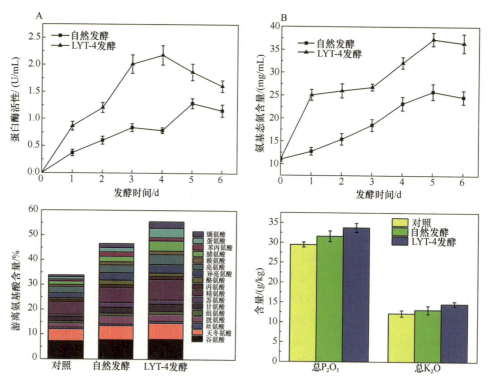

图 10-1　LYT-4 发酵与自然发酵的油桐饼粕蛋白酶活性、氨基态氮含量、游离氨基酸含量
和磷钾含量的比较（Ma et al.，2020）

10.3　亚麻饼粕蛋白

亚麻属于亚麻科亚麻属，又称胡麻，是我国五大油料作物之一。亚麻籽油中含有丰富的不饱和脂肪酸、木质素、维生素等抗氧化物质，具有降血压、降胆固醇的功能（邓乾春等，2010）。亚麻籽提取亚麻籽油和亚麻籽胶后，剩余部分即为亚麻籽饼粕。脱油后的亚麻籽饼粕多被用于饲料工业或作为农业肥料使用，造成了优质蛋白质资源的浪费。亚麻籽饼粕中的蛋白质含量为 32%~49%，其中球蛋白含量为 56%~73%，白蛋白含量为 20%~42%，同时，其蛋白质中含有人体所必需的 8 种氨基酸，是一种优质的蛋白质资源（Marambe et al.，2011）。目前，我国油用亚麻产业比较薄弱，产品仅限于亚麻油，榨油之后的剩余物饼粕一般用于生产动物饲料，导致其营养价值较高的蛋白质没有得到有效利用，不利于亚麻饼粕蛋白资源的高值化开发（孔慧广，2018）。充分利用粮油加工副产物，挖掘亚麻籽饼粕的蛋白质资源潜力，不仅可以开发出新的食品资源，还有利于增加企业的经济效益，推动木本油料产业的发展。

10.3.1　亚麻饼粕蛋白的提取

目前，提取亚麻籽饼粕中的蛋白质常用的方法有碱溶酸沉法、超声波辅助提取法以及酶法等（许光映等，2012）。碱溶酸沉法提取亚麻蛋白质的提取率可达 42%，纯度达到 89.37%，然而，该方法需在较高的碱性环境下进行，会破坏蛋白质的营养特性，并加深产品的色泽（徐江波等，2014）。近年来，酶法提取蛋白质逐渐受到关注，该方法具有反应条件温和、提取时间短、提取率高以及可更多保留蛋白质营养功能等优点。王艳红等（2022）通过优化酶解提取条件，包括酶的种类、添加量、酶解温度、pH、酶解时间及料液比等，获得的提取率达到 67.24%。张慧君等（2013）采用复合酶水解技术结合碱溶酸沉法提取亚麻蛋白，通过单因素和响应面试验对 pH、时间、料液比、温度进行优化，最终提取率达到 64.26%。此外，还有研究者采用超声波辅助的碱溶酸沉法提取亚麻蛋白，其提取率达到 75%。相比碱溶酸沉法，该方法的提取率显著提高，且提取时间缩短了三分之二（胡爱军等，2013）。亚麻籽饼粕蛋白的提取对其蛋白质资源的开发具有决定性影响，因此如何更大程度地将亚麻蛋白提取出来并保留其蛋白质功能特性，还需要开展进一步的深入研究。

10.3.2 亚麻饼粕蛋白功效研究及利用

亚麻饼粕中蛋白质的平均含量为 21%，和亚麻籽油脂一样，蛋白质也主要分布在其子叶中（Rabetafika et al.，2011）。Xu 等（2008）的研究表明，亚麻籽蛋白具有拮抗链格孢属、白色念珠菌和黄曲霉等真菌的活性。亚麻饼粕蛋白中含有较高的支链氨基酸和较低的芳香族氨基酸，这使其成为一种很好的营养补充剂，尤其适合因癌症、烧伤和肝功能受损等引起的营养不良（Cunnane et al.，1995）。亚麻饼粕蛋白与其含有的胶质结合能够促进胰岛素的分泌，从而显著降低血液中葡萄糖的含量。此外，这两种物质的结合也能减少结肠中氨的产生，降低肿瘤发生的概率（林凤英等，2014）。亚麻饼粕蛋白在消化酶的作用下可产生大量生物活性肽，这些活性肽对人体器官功能及免疫力具有促进作用（Möller et al.，2008）。周浩纯等（2020）采用碱性蛋白酶处理亚麻饼粕蛋白，获得的活性肽对 α-淀粉酶的抑制活性可达到 27%。王艳红等（2022）通过酶解法制备的亚麻饼粕蛋白酶解多肽得率可达 67.24%，其对黄嘌呤氧化酶的抑制活性为 60.04%，对羟基自由基和 ABTS 自由基的清除率分别可达 90.65% 和 92.68%。此外，亚麻饼粕中其他成分的存在也增强了亚麻籽蛋白的营养功能，其可以调控人体前列腺素新陈代谢和减少血液中甘油三酯和胆固醇的含量（孔慧广，2018）。亚麻饼粕蛋白与纤维和亚麻胶的交联作用能够刺激胰岛素的分泌、调节血糖水平（Oomah，2010）。张新雪等（2022）利用亚麻饼粕蛋白开发了亚麻饼粕饼干，具有较好的口感及丰富的营养。这些研究表明，亚麻饼粕蛋白具有优良的营养性质和多种生物功能活性，极具开发与利用价值。

参 考 文 献

陈孝珊, 蒋大文, 唐明远, 等. 1996. 去毒桐粕配合日粮饲喂生长肥育猪的效果[J]. 中国饲料, (23): 18-20.

陈永忠, 罗健, 王瑞, 等. 2013. 中国油茶产业发展的现状与前景[J]. 粮食科技与经济, 38(1): 10-12.

戴奕杰, 孙端方, 杨秀华. 2015. 我国木本油料产业现状及发展建议[J]. 粮食与油脂, 28(11): 17-19.

邓桂兰, 彭超英, 卢峰. 2005. 油茶饼粕的综合利用研究[J]. 四川食品与发酵, (3): 41-44.

邓乾春, 禹晓, 黄庆德, 等. 2010. 亚麻籽油的营养特性研究进展[J]. 天然产物研究与开发, 22(4): 715-721.

樊金拴. 2008. 我国木本油料生产发展的现状与前景[J]. 经济林研究, (2): 116-122.

龚吉军. 2011. 油茶粕多肽的制备及其生物活性研究[D]. 长沙: 中南林业科技大学博士学位论文.

郭显荣, 黄卫文, 龚吉军, 等. 2013. 不同提油方法的油茶粕蛋白制备工艺研究[J]. 食品与机械, 29(6): 147-149, 175.

郭显荣. 2015. 不同来源的油茶粕蛋白酶解制备 ACE 抑制肽[D]. 长沙: 中南林业科技大学硕士学位论文.

胡爱军, 田方园, 卢秀丽, 等. 2013. 超声辅助提取亚麻籽粕分离蛋白工艺研究[J]. 粮食与油脂, 26(8): 32-34.

胡苗苗, 杨海霞, 曹炜, 等. 2012. 植物蛋白质资源的开发利用[J]. 食品与发酵工业, 38(8): 137-140.

黄诚, 尹红. 2008. 桐粕蛋白质提取工艺研究[J]. 现代农业科技, (7): 11-12, 21.

金青哲, 王丽蓉, 王兴国, 等. 2015. 木本油料油脂和饼粕产品开发[J]. 中国油脂, 40(2): 1-7.

孔慧广. 2018. 亚麻籽饼粕中蛋白的提取及其理化性质研究[D]. 郑州: 河南工业大学硕士学位论文.

李慧珍, 邓泽元, 李静, 等. 2013. 油茶饼粕蛋白质的分离纯化及体外抗氧化活性研究[J]. 中国食品学报, 13(12): 40-45.

李铁军, 贺建华, 陈孝珊. 2002. 桐饼（粕）资源状况及其应用[J]. 中国畜牧杂志, (1): 50-51.

李铁军, 贺建华. 2001. 桐饼（粕）资源用作畜禽饲料的探讨[J]. 畜禽业, (10): 40-41.

李远发, 胡灵, 王凌晖. 2009. 油茶资源研究利用现状及其展望[J]. 广西农业科学, 40(4): 450-454.

林凤英, 林志光, 邱国亮, 等. 2014. 亚麻籽的功能成分及应用研究进展[J]. 食品工业, 35(2): 220-223.

刘楚岑, 裴小芳, 周文化, 等. 2020. 油茶饼粕中主要成分及其综合利用研究进展[J]. 食品与机械, 36(7): 227-232.

刘理中. 1986. 几种油料饼粕蛋白质及氨基酸的含量[J]. 中国油料, (4): 71.

刘晓庚. 2003. 木本油料饼粕资源及其开发利用[J]. 粮食与油脂, (4): 10-13.

王艳红, 张丽娜, 牛思思, 等. 2022. 亚麻籽多肽制备工艺优化及生物活性研究[J]. 食品研究与开发, 43(13): 66-76.

吴建宝, 马齐兵, 胡传荣, 等. 2017. 超声辅助水相酶法提取油茶籽油及蛋白的工艺优化[J]. 中国粮油学报, 32(6): 91-95, 99.

徐江波, 肖江, 陈元涛, 等. 2014. 响应曲面法优化亚麻籽蛋白提取工艺[J]. 食品研究与开发, 35(20): 36-41.

许光映, 胡晓军, 张清华, 等. 2012. 从亚麻籽仁饼中提取分离蛋白的工艺条件[J]. 山西农业科学, 40(8): 874-877.

张慧君, 孙岩, 王丽娜, 等. 2013. 响应面优化酶解法提取亚麻粕蛋白的工艺研究[J]. 食品工业, 34(8): 67-70.

张盼盼, 褚治强, 焦强, 等. 2022. 木本油料副产物加工利用研究进展[J]. 林产工业, 59(2): 63-68.

张善英, 徐鲁平, 郑丽丽, 等. 2019. 蒸汽爆破辅助提取油茶籽蛋白及其功能性质分析[J]. 中国油脂, 44(9): 47-53.

张新昌, 刘芳. 2013. 酶法优化油茶粕蛋白提取工艺[J]. 粮食与饲料工业, (8): 37-40.

张新雪, 张楷, 程永强, 等. 2022. 亚麻籽饼粕饼干的开发及配方优化[J]. 粮食与油脂, 35(2): 127-132.

周浩纯, 李赫, 赵迪, 等. 2020. 亚麻籽饼粕蛋白提取工艺优化及其水解物抑制 α-淀粉酶活性研究[J]. 食品研究与开发, 41(21): 61-68.

周岩民, 吴迪, 刘峰, 等. 1996. 蛋白质溶解度法评价几种主要油料饼粕品质的研究[J]. 粮食与饲料工业, (6): 36-39.

Cui P, Lin Q, Fang D M, et al. 2018. Tung tree (*Vernicia fordii*, Hemsl.) genome and transcriptome sequencing reveals co-ordinate up-regulation of fatty acid β-oxidation and triacylglycerol biosynthesis pathways during eleostearicacid accumulation in seeds[J]. Plant Cell Physiol, 59(10): 1990-2003.

Cunnane S C, Hamadeh M J, Liede A C, et al. 1995. Nutritional attributes of traditional flaxseed in healthy young adults[J]. The American Journal of Clinical Nutrition, 61(1): 62-68.

Kumar S, Dhillon M K, Singh M, et al. 2017. Fatty and amino acid compositions of *Vernicia fordii*: a source of α-eleostearic acid and methionine[J]. Indian J Exp Biol Indian Journal of Experimental Biology, 55(10): 734-739.

Lee J G. 1956. Animal feed supplements, detoxication of tung meal[J]. Journal of Agricultural and Food Chemistry. 4(1): 67-68.

Ma J S, Jiang H, Li P W, et al. 2020. Production of free amino acid fertilizer from tung meal by the newly isolated *Pseudomonas aeruginosa* LYT-4 strain with simultaneous potential biocontrol capacity[J]. Renewable Energy, 166: 245-252.

Mann G E, Hoffman W H, Ambrose A M. 1954. Oilseed processing, detoxification and toxicological studies of tung meal[J]. Journal of Agricultural and Food Chemistry, 2(5): 258-263.

Marambe H K, Shand P J, Wamasundara J P D. 2011. Release of angiotensin I-converting enzyme inhibitory peptides from flaxseed (*Linum usitatissimum* L.) protein under simulated gastrointestinal digestion[J]. Journal of Agricultural and Food Chemistry, 59(17): 9596-9604.

Möller N P, Scholz-Ahrens K E, Roos N, et al. 2008. Bioactive peptides and proteins from foods: indication for health effects[J]. European Journal of Nutrition, 47(4): 171-182.

Oomah B D. 2010. Flaxseed as a functional food source[J]. Journal of the Science of Food & Agriculture, 81(9): 889-894.

Rabetafika H N, van Remoortel V, Danthine S, et al. 2011. Flaxseed proteins: food uses and health benefits[J]. International Journal of Food Science & Technology, 46(2): 221-228.

Shockey J, Rinehart T, Chen Y C, et al. 2016. Tung (Vernicia fordii and Vernicia montana)[C]//Mckeon T A, Hayes D G, Hildebrand D F. et al. Industrial Oil Crops. Illinois: AOCS Press: 243-273.

Xu Y, Hall C, Wolf-Hall C. 2008. Antifungal activity stability of flaxseed protein extract using response surface methodology.[J]. Journal of Food Science, 73(1): M9-14.

Yao G L, He W, Wu Y G, et al. 2019. Purification of angiotensin-I-converting enzyme inhibitory peptides derived from *Camellia oleifera* Abel seed meal Hydrolysate[J]. Journal of Food Quality, (1): 1-9.

Zheng X T, Zhang J L, Wu F L, et al. 2016. Extraction and composition characterisation of amino acids from tung meal[J]. Natural Product Research, 30(7): 849-852.

11 皂素生物炼制技术和产品

茶皂素是茶籽饼粕中的一种五环三萜类皂苷，含有亲水性的糖体及疏水性的配基团，是一种性能优良的天然非离子表面活性剂，具有乳化、分散、润湿、发泡、去污的性能，在日化行业广泛应用。茶皂素易溶于热水、甲醇、乙醇和正丁醇，与人工合成的表面活性剂相比，茶皂素具有发泡性能好、易降解的特点，且起泡力不受水质硬度的影响。除此以外，茶皂素还有杀虫、抑菌灭菌、消炎、降血脂等作用，故而在农药、建材、化工等方面被广泛地应用。

日本学者青山新次郎在 1931 年首先从茶籽中分离出茶皂素，而工业化提取方法始于 20 世纪 70 年代。茶树体内分布于不同部位的茶皂素含量各异，向形态学下端呈现富集态，即根>茎>叶>籽。熊道陵等在 2015 年的报道中指出，目前我国油茶种植面积为 5500 万亩，油茶籽产量达到 80 多万吨，压榨后茶籽粕产量可达 50 多万吨。茶籽粕中含有 10%～30% 的茶皂素，但绝大部分茶籽粕被用作清塘剂、肥料和燃料，甚至被废弃，造成资源的浪费。1979 年，茶皂素的第一个工业产品被中国农业科学院茶叶研究所开发出来。因此，加强对茶籽粕的综合利用研究，从中提取茶皂素并实现其工业化应用，对提高油茶籽饼粕的经济价值，有着重大的现实意义。

因其独特的结构和特性，茶皂素已广泛地应用到日化、农业等各个领域，特别是近年来研究发现茶皂素具有一系列特殊性质，引起了医药、食品领域研究人员的极大关注，研究和发展前景日趋广阔。基于此，本章对近年来关于茶皂素的理化性质研究、分离纯化方法进行了阐述，同时，结合其性质对皂素衍生产品在食品和医药等领域的应用进行了介绍，以便为相关领域研究人员提供参考。

11.1 木本油料皂素结构和功能

11.1.1 化学组成及结构

茶皂素是从山茶科山茶属植物中提取出来的一类齐墩果烷（Oleanane）型五环三萜皂苷类混合物的统称。茶皂素的分子结构属三萜类皂苷，由糖基、皂苷元及有机酸组成。糖基一端为亲水基团，通过醚键与另一端疏水基相连接，疏水基由以酯键形式相连接的苷元与有机酸构成，因而具备了能起表面活性作用的条件。在水中溶解时并不产生电离，故归属于非离子型表面活性剂。

茶皂素的基本结构是配基（皂苷元）和糖基两部分。茶皂素（$C_{57}H_{90}O_{16}$）是酯皂苷，即配基上羟基与有机酸形成酯，故其结构由配基、糖体和有机酸三部分组成。茶皂素属于五环三萜类，此类结构的化合物较多，它们具有 β-香树素骨架，也可为齐墩果烷（Oleanane）的衍生物，具有多氢蒎五环。据文献统计，茶皂素有 3 种配基，它们之间的区别在于 A 环上 C-23、C-24 与 E 环上 C-21 所接的基团不同。

茶皂素的糖体部分包括葡萄糖醛酸、阿拉伯糖、木糖和半乳糖，它与配基上的羧基则以苷键形式相结合。有机酸与配基的结合形式为配基上的羟基与有机酸形成酯，有机酸包括当归酸、惕各酸、醋酸、肉桂酸、α-甲基丁酸等。

11.1.2 理化性质与光谱特性

11.1.2.1 理化性质

纯茶皂素为白色微细柱状结晶体。活性物含量大于 60% 时，为黄色或棕色粉末，吸湿性极强。pH 为

5.0～6.5，表面张力为 47～51N，熔点为 223～224℃。茶皂素具有苦辛辣味，对甲基红明显酸性，难溶于冷水、无水甲醇和乙醇，不溶于乙醚、丙酮、苯、石油醚等有机溶剂，稍溶于温水、二硫化碳、醋酸酐，易溶于热水、含水甲醇、含水乙醇、正丁醇、冰醋酸、乙酸酐和吡啶，在稀碱性水溶液中溶解度明显增加。茶皂素水溶液能被醋酸铅、盐基性醋酸铅和氢氧化钡所沉淀，析出云状物，但对氯化钡和氯化铁不能产生沉淀。

临界胶束浓度（critical micelle concentration，CMC）、发泡能力、发泡稳定性和乳化性是表面活性剂非常重要的理化性质，红外光谱（IR）和紫外光谱（UV）则反映了不同来源茶皂素的结构差异。

与其他表面活性剂相比，如非离子表面活性剂癸基葡萄糖苷、两性表面活性剂椰油酰胺丙基羟磺基甜菜碱、阴离子表面活性剂月桂基硫酸铵，茶皂素的发泡能力弱于离子表面活性剂，但明显优于两性表面活性剂。虽然茶皂素的发泡能力弱于非离子表面活性剂癸基葡萄糖苷，但它的发泡稳定性明显高于癸基葡萄糖苷和椰油酰胺丙基羟磺基甜菜碱。随着茶皂素溶液浓度的增加，茶皂素的起泡能力增强，但从 0.6% 开始，茶皂素溶液的起泡趋势明显减弱，其起泡稳定性在 0.5% 后趋于稳定；最高的泡沫层达到约 200mm，24h 后下降了 28.0%。

杜志欣等（2015）发现，茶皂素具较优的起泡性和泡沫稳定性，并随温度升高起泡性增强。夏春华等（1990）首次提出茶皂素对疏水性材料的接触角（θ）为 $0° < \theta < 90°$，说明茶皂素为浸渍湿润，证实其不仅具表面活性，还是性能良好的非离子型表面活性剂。黎先胜（2007）在研究中发现，茶皂素溶液的接触角随茶皂素溶液浓度增加而减小，进一步表明茶皂素作为表面活性剂具有良好的湿润性能。

在乙酸乙烯酯、甲苯、色拉油和环己烷中，茶皂素与它们的水分离时间依次减少。水分离时间越长，茶皂素的乳化能力越强，因此，茶皂素对色拉油和甲苯有良好的乳化能力，对乙酸乙烯酯有较强的乳化能力。

11.1.2.2 光谱特性

1）紫外光谱

山茶属植物皂苷配基中 C_{22} 位虽有一个双键，但因是环内孤立双键，紫外吸收峰很弱，而有机酸部分的当归酸为 α、β 共轭双键，从而在 215nm 处有较大的吸收峰。因含有具苯核的肉桂酸，茶叶皂素除在 215nm 处有吸收峰，在 280nm 处还有很大的吸收峰。此峰为茶籽皂素所没有的。

2）红外光谱

山茶属植物皂素为酯皂苷（COOR），并在配基上含有羟基（—OH），具有两个特征吸收带 1720cm^{-1} 和 3400cm^{-1}，各皂苷组分因结构的差异，在 IR 中也得到反映。如山茶籽皂素的 IR（KBr，cm^{-1}）为：油茶皂素 B_1 3430cm^{-1}、1735cm^{-1}、1719cm^{-1}、1660cm^{-1}、1650cm^{-1}、1635cm^{-1}、1078cm^{-1}；油茶皂素 B_2 3432cm^{-1}、1740cm^{-1}、1721cm^{-1}、1680cm^{-1}、1647cm^{-1}、1635cm^{-1}、1076cm^{-1}；油茶皂素 C_1 3416cm^{-1}、1730cm^{-1}、1696cm^{-1}、1648cm^{-1}、1643cm^{-1}、1079cm^{-1}；油茶皂素 C_2 3432cm^{-1}、1736cm^{-1}、1686cm^{-1}、1647cm^{-1}、1645cm^{-1}、1078cm^{-1}。

3）质谱（MS）

根据三萜类特征的 Retro-Diels-Alder 反应形成的质谱裂解碎片，其质谱特征：①（m/z 282）配基 DE 环上有 4 个羟基，即 C_{21} 位为—OH；②（m/z 266）配基 DE 环上有 3 个羟基，即 C_{21} 位无—OH；③（m/z 223）配基 AB 环上有 2 个羟基；④（m/z 207）配基 AB 环上有 1 个羟基（图 11-1）。

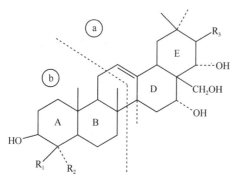

图 11-1　三萜类化合物分子结构

A、B、D、E 用来区分不同的环，便于文中叙述，

ⓐ、ⓑ 分别表示 D、E 环部分和 A、B 环部分

4）核磁共振——1 氢谱(^{1}H-NMR)和 13 碳谱(^{13}C-NMR)

核磁共振对于判断化合物的结构和立体构型起着重要的作用。根据 ^{13}C-NMR，由各峰的化学位移可以判断 C_{23} 的基团：Camellia saponin B 属醛基，化学位移为 209.7；而油茶皂素 C 为—CH_2OH，化学位移为 64.9。

11.1.3 生物活性

油茶皂苷具有山茶属植物皂苷的通性，生物活性表现在许多方面，不仅具有溶血和鱼毒作用，而且还具有杀菌、抗菌、抗炎、抗高血压、抗肿瘤、抗氧化、抗过敏等功效，以及促进植物生长等作用。

1）抗菌

茶皂素在体外、体内均具有抗菌作用，对细菌、真菌均具有良好的抗菌活性。目前，由于抗生素耐药性，使新型抗细菌化合物的需求大增。Hu 等（2012）从油茶饼粕中提取的茶皂素，发现其对大肠杆菌、金黄色葡萄球菌和枯草芽孢杆菌等细菌均具有良好的抑菌活性，最低抑制浓度（MIC）值为 31.3～62.5μg/mL，而且茶皂素对革兰氏阴性菌的抑制活性高于革兰氏阳性菌，其认为原因可能是茶皂素与革兰氏阴性菌的菌膜脂多糖结合，从而达到更好的抑制效果。此外，除了常见的细菌，茶皂素对鱼类细菌也有显著抗菌活性。Boran 等（2005）的研究发现，茶皂素作为膳食补充剂可抑制 5 种虹鳟细菌病，提高其存活率。据侯如燕（2002）的研究，茶皂素对细菌、真菌有良好的抑制作用，且抑菌效果与茶皂素浓度呈正相关。刘蓉等（2013）的研究发现，茶皂素对大肠杆菌抑制作用强，而对金黄色葡萄球菌和枯草芽孢杆菌仅在浓度较高时才具有抑制作用。茶皂素能够有效抑制植物病原菌的活性，如枯萎病菌、油茶炭疽病菌、稻瘟病菌和柑橘青霉病菌等。

2）抗肿瘤

Zhang 等（2021）从茶籽渣中提取的粗皂苷（Tc），经纯化获得总皂苷（T0），将 T0 分为高极性皂苷（T1）、中极性皂苷（T2）和弱极性皂苷（T3）。细胞周期分析表明，T0 和 T2 都可抑制 MCF-7 细胞增殖，诱导 S 期阻滞，还发现两者能显著降低 MCF-7 细胞的侵袭潜能，从而推断提取的 T2 可能具有效的抗肿瘤活性。李国武（2017）研究发现，高纯度茶皂素能防止癌细胞扩散、削弱癌细胞活力甚至杀灭癌细胞。

3）抗高血压

Sagesaka-Mitane 等（1996）用茶叶皂素分别对幼年自发性高血压大鼠（SHR）进行了连续给药和一次性给药降压实验，证明茶叶皂素具有抗高血压作用。对幼年 SHR 连续口服给药 5d 后，有效抑制了幼年 SHR 血压上升；对成熟 SHR 以 100mg/kg 剂量连续口服给药 5d 后，血压比对照组低；以 50mg/kg 剂量一次性给药，实验组出现持久性降压效果。

4）抗氧化

茶皂素作为一种天然还原剂，不仅能够消除外源性氧自由基，同时还可以防止内源性氧自由基的产生。研究发现，它可通过对 CAT、DPPH、谷胱甘肽过氧化物酶（GSH-Px）、MDA、SOD、羟基自由基等含量的调节来发挥其抗氧化作用。刘蓉等（2013）研究了茶渣茶皂素的抗氧化活性，得出茶皂素还原 Fe^{3+} 的能力强于 VC，对羟基自由基（·OH）和超氧阴离子自由基（·O_2^-）有明显的清除作用，说明茶皂素具有良好的体外抗氧化活性。Zhou 等（2012）研究了茶皂素对 GSH-Px、MDA 和 SOD 的作用效果，证实茶皂素可降低血浆中氧自由基的含量；当浓度为 1mg/mL 时，对 DPPH 自由基、羟基自由基和超氧阴离子自由基的清除率分别达到 6.7%、30% 和 53.7%。吕晓玲等（2005）发现，油茶总皂苷不仅抗氧化作用显著，还对脱氧核糖氧化损伤具抑制作用，并对化学反应生成的活性氧自由基清除效果好。刘蓉等（2013）发现，茶皂素的还原能力比 VC 强，对超氧阴离子自由基和羟基自由基有显著的清除作用。茶皂素能有效清除超氧阴离子和羟基自由基，小鼠体内试验发现，茶皂素可提高小鼠缺氧耐受性及其抗氧化能力（血清 MDA 含量减少，SOD 及 GSH-Px 活性增加）。

5）抗过敏

Akagi 等（1997）研究了茶叶皂苷（TLS）的抗过敏作用，发现 TLS 可能是一种有效的抗临床变态反应的保护剂，TLS 对介质释放的抑制作用在一定程度上与其对实验性哮喘和被动皮肤过敏反应（PCA）抑制作用相关。林勇等（2019）研究了茶叶中功能成分茶皂素等的抗过敏作用，发现其对速发型过敏症状具有显著预防与治疗效果。

6）肠胃保护功能

众多学者发现，茶皂素可通过抑制胃黏膜损伤和抑制胃排空并加速胃肠道蠕动的方式保护肠胃。据 Murakami 等（1999，2000）研究，茶树籽皂苷合剂具抑制胃排空和促进胃肠转运的效用。茶皂素 E1 是茶树的主要皂苷，能对乙醇所致大鼠胃黏膜损伤有显著的修护作用。

7）解酒和护肝

李颜（2018）研究发现，茶皂素能抑制酒精吸收，降低血液乙醇浓度，推迟血液乙醇浓度达到峰值的时间；同时，发现茶皂素可有效抑制 ALT、AST 活性，改善小鼠肝的病理形态学变化，起到保护肝的作用。Morikawa 等（2006）研究表明，茶皂素对老鼠的胃黏膜病变有抑制作用，每公斤体重最适用量为 5.0mg，而且它的活性比奥美拉唑更有效。Tsukamoto 等（1993）按一定的时间先后顺序给小鼠口服茶皂素和乙醇，检测小鼠的血液、肝和胃部的乙醇、乙醛和丙酮的含量，结果显示，茶皂素可以降低血液和肝中的乙醇含量，而胃里的乙醇含量增加了 5 倍，这表明茶皂素可以抑制酒精的吸收，缩短其从血液消失的时间；丙酮的含量未受影响；而乙醛在血液、肝和胃中的含量都有所降低，表明茶皂素对肝有保护作用。

8）溶血活性和毒性

茶皂素具有溶血活性，富含茶皂素的油茶粕可用于生产动物饲料，为减少过量茶皂素等抗营养因子的不良作用，脱毒成为必要步骤。Qian 等（2018）研究发现，固态发酵可降低茶皂素的溶血活性，进一步研究表明，茶皂素溶血作用与苷元类型和糖侧链有关，通常情况下糖侧链越长、毒性越大。茶皂素具有鱼毒作用，这种作用主要是因为茶皂素可通过破坏鱼鳃的上皮细胞进入鳃血管和心脏，使红细胞产生溶血；也可能是由于鱼虾携氧载体的差异。陈剑锋等（2006）发现，茶皂素制剂浓度为 2.5mg/L 时，24h 内即可将实验鱼全部杀死；但即使茶皂素浓度高达 50mg/L 时，南美白对虾、河蟹 48h 的存活率分别可达 100%和 90%以上。因此，茶皂素可作为清塘剂应用于水产品养殖，实现"清鱼护虾"的目的。夏春华等（1990）的相关研究表明，茶皂素对红细胞的毒性主要是破坏细胞膜使细胞质外渗，引起红细胞解体。对鱼类的毒性是通过破坏鱼鳃上皮组织，对血液中的红细胞产生溶血作用。此外，还发现以茶皂素类作清塘剂对虾生长无影响，且一定浓度下有促进虾生长的效用，但其对虾的饵料生物沙蚕有毒性。在海水中，其鱼毒活性约 2 天内会自行降解至无效。而以纹缟虾虎鱼和鲫为研究对象，发现茶皂素的毒鱼效果与海水盐度呈正相关，鲫死亡速度与盐度呈抛物线关系，盐度 6%左右时，茶皂素对鲫的致死速度较缓，低于或高于这一临界盐度时，致死速度加快。

9）杀虫活性

茶皂素是一种天然的表面活性剂，并且还具有植物杀虫剂的作用，如果和某些杀虫剂同时使用，将会具有协同、增和的效应。茶皂素对地下田间害虫具有较强的防治作用，其防治效果能够极为有效地起到驱虫效果。陈永军等（1999）研究发现，茶皂素对钉螺有一定杀灭作用。李耀明等（2005）研究发现，茶皂素对苏云金杆菌（Bt）防治小菜蛾具显著增效作用，在生产中具应用价值。茶皂素对菜青虫的主要作用方式是拒食，且在高浓度下对 4 龄幼虫具触杀作用。

11.2 木本油料皂素分离提纯

11.2.1 分离方法

11.2.1.1 辅助提取法

1）超声波辅助提取法

超声波辅助技术主要是利用其空化作用的原理使细胞壁在极大的压力下破裂，因此在很短的时间内可以提取其中的有效成分，从而节约成本。任慧璟（2016）采用超声波辅助乙醇的方法提取了茶皂素，其提取的优化条件为乙醇体积分数82%、固液比1∶8、浸提时间2.3h、超声功率700W、超声时间15min，在此条件下茶皂素提取率可达到14.89%。

2）微波辅助提取法

微波辅助技术主要是利用微波的能量，当被提取物质受到微波能量的辐射时，其细胞内部温度和压力均会增大，从而有利于细胞壁的破裂，加快有效成分的萃取，节约了成本。He等（2014）采用微波辅助乙醇的方法提取了茶皂素，其研究结果表明，在微波辅助提取的情况下，提取时间由6h缩短至4min，同时能节省50%的试剂，提取率也由12.88%提高至14.73%。

11.2.1.2 醇水浸提法

1）水提法

茶皂素具有易溶于热水的特性，它提取时采用的溶剂为水，而水又具有环保、低成本等特点，因此水提法是最早采用的一种从茶籽粕中提取茶皂素的方法。然而，在水提取的过程中会有很多其他的水溶性物质溶解于其中，从而造成水提取物中茶皂素含量与纯度均过低的现象。为了得到纯度较高的产品或者更多的茶皂素，一些学者在水提取的基础上进行了进一步的研究。侯如燕（2002）采用三次浸泡、两次洗涤滤渣的工艺进行茶皂素的提取，结果在产量和纯度上均有一定的提高，产量达到18.92%，纯度达到45.53%。高凯翔等（2010）采用了水提醇沉的提取方法，在乙醇浓度90%、乙醇与浓缩液体积比4∶1、醇沉温度75℃、醇沉时间2.5h的条件下茶皂素的提取率为95.2%，纯度为69.9%，明显提高了茶皂素的纯度。Liu等（2016）采用碱溶液和酸分离相结合的方法，在提取温度为68℃，碱溶液pH为9.1，酸溶液pH为4.1，液料比为15.9∶1的优化条件下，茶皂素的提取率达到76.12%。

2）甲醇提取法

茶皂素易溶解于甲醇水溶液中，根据这个原理，部分学者利用含水甲醇进行了茶皂素提取的研究。刘尧刚（2009）采用含水甲醇的方法提取了茶皂素，其采用的条件为甲醇浓度70%、液固比7∶1、浸提时间2h、pH 10.5、温度55℃，在此条件下得到的茶皂素的提取率为14.45%。但由于甲醇具有很大的毒性，因此其应用受到一定的限制。

3）乙醇提取法

茶皂素易溶解于乙醇水溶液中，乙醇相较于甲醇毒性降低、生产成本降低，并且茶皂素的提取率和纯度也相对较高。全昌云等（2013）采用无水乙醇的方法提取了茶皂素，其提取的条件为液固比为5∶1，提取温度为75℃，浸提时间为1h，在此条件下得到的茶皂素的提取率为13.87%。赵世光等（2010）采用乙醇溶液提取了茶皂素，其提取条件为浸提温度75℃，乙醇浓度为85%，料液比1∶12，浸提时间为3h，在此条件下得到的茶皂素的提取率为18.13%。

4）正丙醇提取法

对于茶皂素的有机溶剂提取方法，一般均采用甲醇或乙醇提取方法，但比较各种提取剂对茶皂素的提取情况以及茶皂素的纯度，正丙醇提取得到的茶皂素外观颜色较浅，纯度相对较高。于辉等（2013）采用正丙醇的方法提取了茶皂素，分别从茶皂素得率和茶皂素纯度两个方面进行考察，研究了原料颗粒大小、正丙醇溶液的体积分数、料液比、浸提时间、浸提温度以及浸提液pH对茶皂素提取的影响。从茶皂素得率方面考虑，其最终提取率为20.13%、纯度为62.78%；从纯度方面考虑，其最终提取率为15.31%，纯度为72.06%。

11.2.1.3 闪式提取法

闪式提取法是由闪式提取器来完成实验的主要部分，即从原料中获取有效成分。与普通的有机溶剂回流提取法相比，该方法不仅简化了实验条件，如温度可从70℃降低至室温，提取时间也从原来的几小时缩短至几十秒，还进一步提高了产物的获得率，为生产工艺带来了便捷，所以采用闪式提取器来获取原料中的茶皂素是一种较为理想的方法。王亚和甘长有（2020）采用闪式提取法，从原料中提取制备了茶皂素，该方法不仅可节约大量的时间和能源，且实验进展完全，快速高效，极大地提高了茶皂素粗品的品质。闪式提取法最突出的特点便是极大地缩短了提取时间，降低了茶皂素的提取温度，使实验条件变得更温和，但在产品得率的提高上略显不足。

11.2.1.4　生物提取法

生物提取法是指利用酶的作用来提高茶皂素的提取率和纯度。利用酶的作用，可加快细胞壁的破裂，加快有效成分的提取，既可以缩短时间又可以提高提取率，绿色环保，是一种行之有效的提取方法。金月庆等（2008）采用生物提发酵法提取了茶皂素，其试验的条件为固液比1∶4，浸提温度80℃，浸提时间4.5h，酶a添加量为0.3%，酶b添加量为0.35%，酵母液与待发酵液体积比为1∶10，在此试验条件下得到的结果为，提取率9.5%，纯度73.1%。

11.2.2　纯化方法

11.2.2.1　层析法

层析法的主要原理是：被分离物质本身的生物、化学或物理性质各不相同，导致它们在某种基质中具有不同的移动速度，从而达到分离和提纯的目的。目前使用的层析法主要是硅胶板层析法和反相柱层析法。在张健文等（2017）的研究中，采用硅胶板层析法对提取的粗茶皂素样品进行纯化分析时，获得的茶皂素纯度较高，适用于作为定量分析中的纯化品。将粗茶皂素样品通过反相柱层析法提纯后，获得的茶皂素样品纯度可达99.2%。由此可见，层析法对于茶皂素粗品的提纯具有很好的效果，获得的产品纯度较高，但同时该方法实验操作的精确度要求高。

11.2.2.2　酶解法

酶解法是将与茶皂素相互作用的多糖分子（半乳糖、阿拉伯糖、木糖等）和蛋白质等物质经专一性的酶水解成单糖小分子后除去，最终得到单一且纯度高的茶皂素的方法。游瑞云等（2013）在考察温度、pH等因素对茶皂素纯化效果的影响时发现，在中性条件、50℃下通过酶解法水解粗品24h后，可获得纯度为98.3%的茶皂素。同样，周红宇和杨德（2016）的研究中利用壳聚糖-蛋白酶联用的方法分离提纯了茶皂素，实验结果显示，茶皂素的获得率有所提升，这与添加纤维素酶有关，粗品经蛋白酶水解后，可减少壳聚糖絮凝蛋白质时造成的茶皂素损失。酶解法的优点是因酶的专一性使获得的产品纯度高、酶用量少，且对环境友好。但为了保证良好的实验效果，酶对底物的作用时间较长。

11.2.2.3　大孔树脂法

大孔树脂法纯化茶皂素的原理是依靠大孔树脂从溶液中有选择性地物理吸附有机物，从而实现对目标物的浓缩和分离作用。该方法的主要优势在于获得的茶皂素产量高且成本低。在大孔树脂法的基础上，张云丰和汪立平（2014）采用响应面法优化了洗脱条件，对粗茶皂素进行了纯化，最终纯度提升到了85.36%。Yang等（2015）用大孔树脂法从茶花饼中分离纯化出了茶籽多糖和茶皂素，并比较了4种树脂（AB-8、NKA-9、XDA-6和D4020）对其分离纯化的效果，结果显示：AB-8大孔树脂具有最佳的分离能力，并通过AB-8树脂柱层析的动态吸附/脱附实验确定出最佳工艺参数，分离的茶籽皂苷的纯度高达96.0%，通过大孔树脂法纯化茶皂素效率高，操作过程简单。现阶段用于纯化茶皂素的大孔树脂品种繁多，研究表明，XR910X型的大孔树脂纯化茶皂素的效果最好，在对实验操作进行优化后，茶皂素的回收率达70%以上，其纯化度也大幅提升，同时茶皂素的表面活性等也有了很大的改善。大孔树脂法纯化茶皂素获得的产品纯度和产量较高，实验成本低，操作简便，但在实验时应选择合适的上样浓度，保证茶皂素分子与树脂作用完全，以达到最佳平衡吸附量。

11.2.2.4 膜分离法

膜分离法的原理主要是根据膜上孔径大小的差异来通过或限制被分离物中的不同成分，以达到纯化样品的目的。依据膜的孔径大小将膜分为微滤膜（MF）、超滤膜（UF）、纳滤膜（NF）和反渗透膜（RO）。顾姣等（2017）采用超滤膜法从油茶籽的副产物中提取出了大量的茶皂素，考察了不同因素对茶皂素提取率和纯度的影响，实验结果显示，超滤膜法纯化后的茶皂素纯度可达 84.16%，对提油后的油茶籽水相副产物实现了二次利用。除使用单种膜进行分离外，也有研究采取多种膜结合的技术，如微滤-超滤组合工艺对粗茶皂素进行纯化，可将茶皂素的纯度从 70% 提高到 91.8%。杜志欣等（2015）在膜分离法的基础上，结合絮凝处理实现了对茶皂素的提纯，将 1% 的壳聚糖作为絮凝剂处理 3h 后可除去 28.32% 的杂质，最终获得的茶皂素纯度为 85.67%。通过膜分离法获得的茶皂素纯度较高，且能耗低，但实验所用膜寿命有限，还需定期清理以保证使用效果。

11.3 木本油料皂素衍生产品及其应用

11.3.1 日化领域

茶皂素在日化行业开发应用广泛，如各类茶皂素洗洁产品具去污力强、冲洗方便、温和无刺激、起泡多且稳定等特点；同时，因其具有能抑制皮肤瘙痒与防晒消炎的药理作用而开发出了花露水及护肤产品。其也被研发为牙膏、抑菌洗手液、防冻护手霜、洗发护理和香皂等产品。

11.3.2 医药领域

茶皂素具有的抗渗消炎和抗肿瘤作用使其在医药领域得以显著应用。抗渗消炎主要表现在茶皂素可以抗白三烯 D4。因白三烯 D4 是一种过敏症慢反应物，可以诱发炎症和哮喘等疾病，因此，茶皂素能有效地抑制生物体内的炎症。此外，茶皂素可以诱导天然奎宁氧化还原酶的活性，从而发挥抗肿瘤作用。

茶皂素除了具有抗渗消炎和抗肿瘤的作用外，还具有降血脂、抗过敏及其他保健作用等，主要表现在茶皂素可降低血液的黏稠度，加强血液循环，以达到预防动脉粥样硬化和抵抗心血管疾病对人体危害的效果。有研究证明，茶皂素可以升高血清中高密度脂蛋白的浓度，具有促进蛋白质合成代谢和降血脂的作用。林勇等（2019）研究了茶叶中功能成分茶皂素等的抗过敏作用，发现其对速发型过敏症状有显著预防与治疗效果。此外，还有研究显示，茶皂素对酒精有一定的抑制效果，可以阻碍生物体对酒精的吸收，以达到保护其肠胃的效果，因此茶皂素可用于医药上生产具有解酒功能的药物。在神经保护作用方面，有研究者通过进一步合成铁皂苷元纳米粒以减轻小鼠神经退化，表明茶皂素可应用于神经保护药物的生产。邱红等（2018）研究了茶油联合蒙脱石散及维生素 C 在百草枯中毒致口腔溃疡治疗中的效果，发现该处理可以减轻口腔溃疡患者的痛苦，降低并发症发生的可能性，是一种值得推广的治疗方法。另外，有报道称茶皂素中酰基的位置对其药理性有重要影响，从茶树种子中提取的皂素混合物对小鼠胃排空有抑制作用，可加速胃肠道的运输。在抗癌药物的开发方面茶皂素也表现出了一定的应用前景，Fu 等（2018）从油茶籽中分离得到了 5 种新的三萜皂苷，并评价了其对人肿瘤细胞的毒理性质，结果显示，化合物 1～5 均表现出不同程度的对人肿瘤细胞系的细胞毒活性。

11.3.3 食品领域

茶皂素可发挥其抑菌效果用作防腐剂来有效控制食品微生物带来的腐败，以起到有效延长食品保质期的作用。何荣荣等（2019）研究了茶皂素对沙门氏菌的抑菌机理，并探讨了其在鸡胸肉保鲜中应用的可能性，结果表明，茶皂素能有效抑制鸡胸肉中沙门氏菌的生长，因此茶皂素有望应用于肉类食品保鲜剂的开发中。通常消费者往往更偏向于天然物质，茶皂素作为一种有效的天然表面活性剂，可替代食品和饮料中的合成表面活性剂，使得产品配方更受消费者的青睐。有研究将皂苷作为天然表面活性剂用于代替合成的表面活性剂来形成和稳定乳液，通过考察均质压力等因素发现，天然皂苷形成的乳液液滴更小。此外，茶皂素还可作为发泡剂用于碳酸饮料或啤酒的生产中，因其稳定性可以赋予食品更加优良的品质。在饮品中添加适量改性后的茶皂素可以有效地抑制酵母生长，起到延长饮料保质期、提高酒品质的效果。与此同时，有研究表明，茶皂素能降低大鼠血液和肝中的乙醇含量，抑制酒精的吸收，可用于醒酒茶等保健食品的生产中。另外，在某些中药成分中也含有一定的皂苷类物质，其具有的祛痰止咳功效有望应用于保健食品的生产中。

11.3.4 饲料领域

11.3.4.1 提高动物生长性能

油茶皂苷在提高动物生长性能方面表现突出，其作为无公害植物提取物，在保证食品安全的条件下，能增加动物产品产出、提高养殖效益，符合现代高效安全养殖的目的。研究指出，油茶皂苷主要通过提高消化酶的分泌能力和激活酶的活性来促进养分吸收，从而提高饲料的消化吸收率。刘长忠等（2020）报道，饲料中添加油茶皂苷 500mg/kg，比添加土霉素 150mg/kg 试验组仔猪的头均日增重高 1.9%，料重比低 6%，同时能提高机体免疫力，起到抗应激作用。在动物生产中，油茶皂苷可以作为土霉素的理想替代品。

瞿明仁和宋小珍（2004）研究发现，肉仔鸡饲料中添加油茶皂苷活性物质能够显著提高日增重和屠宰率，替代常规抗生素会明显促进泰和鸡的饲料转化率和生产性能。陈宝江等（2002）给绿壳蛋鸡饲喂含油茶皂苷的日粮，结果表明，绿壳蛋鸡采食量下降了 2.41%（$P>0.05$），产蛋率提高了 7.9%（$P<0.01$），蛋重提高了 2.1%（$P<0.01$），料蛋比降低了 14.0%，综合经济效益提高了 12.0%，鸡群的健康状况得到显著的改善，发病率由 3.0%降低到 0%。其机理是油茶皂苷中的活性成分三萜皂苷类物质（CN_3、CN_4）能有效刺激雌性蛋鸡卵巢，使其产卵增加，从而提高产蛋率；另外，三萜皂苷类成分（CN_3、CN_4）能增加雌性蛋鸡的肠黏膜通透性，促进其营养物质吸收和蛋白质合成，从而提高蛋重和饲料利用率。

叶均安（2001）报道，在湖羊的日粮中添加 60%茶皂素 0.625g/kg、1.25g/kg、2.5g/kg，湖羊的平均日增重量比空白对照组可分别提高 24.1%、41.4%、44.8%，饲料转化率分别提高 27%、34%、32%。苑文珠（2002）通过试验也得出了类似结论，即在湖羊日粮中添加茶皂素有改善湖羊生长性能、提高湖羊日增重的趋势，同时对采食量无明显影响，以 3g/d 的添加量效益为佳。其机理是基于茶皂素对于瘤胃发酵的调控作用，茶皂素能抑制瘤胃原虫生长，同时能促进瘤胃发酵，增加丙酸产量，抑制甲烷产生；而原虫生长所需的氮源主要是吞噬瘤胃细菌，原虫数量的减少，可增加过瘤胃微生物蛋白的数量，从而提高饲料的转化效率。

11.3.4.2 协同抗生素抗菌、抗病毒

油茶皂苷具有抗菌、抗病毒功能，代谢快、残留少、毒性低，能够在一定程度上协同或替代抗生素，以减少其使用量。徐晓娟等（2011）进行了茶皂素和茶多酚体外抑制未孢子化柔嫩艾美尔球虫卵囊试验，同时通过动物模型试验对各试验组内鸡的存活率、相对增重率、病变值、卵囊值和抗球虫指数进行了观察和记录，发现茶皂素或者茶皂素与茶多酚协同对球虫卵囊孢子化有着明显的抑制作用，为防治鸡球虫病提供了解决方案。

覃国喜（2008）进行了以酶试剂、油茶皂苷、抗生素饲喂仔猪的对比试验，结果表明，相比于添加氟苯尼考 1.5g/kg，断奶仔猪日粮中添加油茶皂苷 400mg/kg，料重比明显下降，且提高了早期断奶仔猪的免疫水平和抗应激能力。

茶皂素可以与相关的抗菌药物联合用药。潘任桃等（2013）采用琼脂稀释法、多孔板-MTT 比色法和棋盘法，分别测定了茶皂素与庆大霉素、氟苯尼考、恩诺沙星、氨苄青霉素对大肠埃希菌、金黄色葡萄球菌的最小抑菌浓度（MIC）及分级抑菌浓度（FIC）指数，结果显示，茶皂素联合用药时的 MIC 为单独用药时的 1/2～1/32，具有明显的叠加作用。分析原因可能是联合用药中茶皂素的表面活性剂性质加大了抗菌药物与细菌接触的表面积，提高了抗菌药物的有效作用浓度；也有可能是其能破坏细菌的抗氧化酶系统，增强了病原菌对抗菌药物的敏感性。所以，作为预防性饲用添加剂油茶皂苷具有某些优于抗生素的功能。茶皂素和抗菌药物联合用药时，扩大了抗菌药物的抗菌谱，减少了抗菌药物使用量。

11.3.4.3　改善动物产品的品质

油茶皂苷在改善动物产品的品质方面有明显的作用。陈宁等（2007）选用 24 头黑白花公犊，随机分成 3 组，研究了日粮中添加植物源营养素对荷斯坦公犊生产性能、血液指标及肉品质的影响。结果表明，公犊日粮中添加糖萜素（活性成分为油茶皂苷）可显著提高日增重（$P<0.05$），糖萜素和牛至油组血液中超氧化物歧化酶（SOD）、脂肪酶和总蛋白含量显著高于对照组（$P<0.05$）；牛至油组总胆固醇含量极显著低于对照组（$P<0.01$）；糖萜素和牛至油组屠宰率、肉骨比、熟肉率和眼肌面积显著高于对照组（$P<0.05$）。

詹勇等（2005）、王安娜等（2012）的研究表明，饲料中添加糖萜素 375～500mg/kg，能改善育肥猪的猪肉产品品质，具体表现在相比对照组（基础日粮+黄霉素 4mg/g），其可改善猪肉产品的肉色（提高红色度值，降低亮度值和黄色度值），提高猪肉中肌苷酸含量以及降低猪肉中胆固醇含量。

11.3.5　建材行业

茶皂素用作发泡剂时所制产品能隔热、隔音、减重。用其制备泡沫混凝土浆体能改善气孔结构，提高制品抗压强度和均匀性能。此外，大型人造板以茶皂素乳化剂进行制胶，提高了纤维板的防水性能、板材质量，且制备不用氨水，减轻了环境污染，无须加热熔化，方便节能。

11.3.6　环保领域

11.3.6.1　土壤及植物修复

Liu 等（2017）研究发现，添加茶皂素（TS）增加了黑麦草生物量，且黑麦草与 TS 联用是修复环戊烯(c,d)芘共污染土壤的一种替代技术。相关研究表明，EDTA 强化茶皂素对土壤中 Cu、Zn、Cd 淋洗修复具有影响，单独使用茶皂素时对土壤中重金属有一定的解吸能力，且茶皂素溶液的浓度对解吸率有明显影响。EDTA 与茶皂素复合作用淋洗土壤后对土壤中弱酸提取态的重金属解吸效果最佳，其次为可还原态，较难被淋洗的为可氧化态和残渣态重金属，弱酸提取态和可还原态重金属的减少显著降低了重金属污染的环境风险。此外，试剂淋洗后的土壤肥力增加，更利于植物生长。

11.3.6.2　新型纺织助剂

茶皂素在纺织品印染行业用于前处理，能去织物中的油脂、果胶质、蜡质等杂物，提高织物品质，在生产工序上能降低能耗，减轻环境污染。缪勤华等（2012）采用茶皂素对黏胶/亚麻混纺织物进行前处理，其麻皮去除效果、白度均可与传统工艺相媲美，且强力损伤小，毛效更优，工艺流程缩短，废水 COD 值明显下降。

我国是农业大国，可种植各种茶籽类的植物。这些茶籽类植物产量大，通常在提取油脂后就被焚烧，不仅对环境造成重大的污染而且也是对资源的浪费。随着技术的发展和人们充分利用资源意识的提高，对茶籽类植物的利用率也在提高，其中就有对茶籽饼中茶皂素的提取展开的研究，此研究具有广阔的前景且对于我国具有重要的意义。目前提取的茶皂素普遍存在许多问题，高品质的茶皂素提取还没有得到大规模开发，在应用上也缺乏足够的基础理论研究，今后的研究可以在现有的提取基础上通过优化来缩短工艺流程或是采用其他萃取技术提取茶皂素，如采用离子液体来萃取茶皂素，还可以对现有的纯化技术进行改进，结合实验室取得的成果运用到工业中来，实现新型、快速、高效等提取目标，同时也要努力开发在其他行业的应用，实现茶饼资源最大化利用。我国茶皂素资源丰富充足、价格低廉、对环境友好，推动茶皂素在各方面的应用具有广阔的前景。

在人们越来越青睐天然洗涤剂的当下，洗涤剂行业逐渐朝着经济、安全、健康、高效的方向发展。而从茶籽饼中提取的油茶皂素作为一种天然的非离子表面活性剂，不仅具有发泡、去污的功能，还不会对环境产生危害，为开发新型肥皂提供了新思路，具有广阔的市场前景。除此之外，随着有关茶皂素研究的不断深入，其在食品、医药等领域的价值逐渐得到证明。有效的分离纯化是保证茶皂素功能和作用效果的前提，因此，茶皂素的分离纯化方法广受关注。在研究人员的不断探索中，各种新的提取纯化方法相继出现并取得了良好的效果。这很大程度上解决了茶皂素提取率低、纯化程度不高等缺陷，有助于茶皂素在医药及食品领域的基础理论及应用研究，克服了茶皂素在市场上推广的又一道难关。

参 考 文 献

陈宝江, 赵学军, 谷子林, 等. 2002. 糖萜素对绿壳蛋鸡生产性能的影响[J]. 饲料研究, (4): 12-14.

陈剑锋, 何晓玲, 李国平, 等. 2006. 油茶皂素鱼毒制剂对常见淡水鱼虾的毒性研究[J]. 淡水渔业, (1): 28-31.

陈宁, 李国庆, 尹君亮, 等. 2007. 植物源营养素对荷斯坦公犊生产性能、血液指标和肉品质的影响[J]. 畜牧与兽医, (10): 35-37.

陈永军, 林邦发, 史天卫. 1999. 茶皂素杀灭钉螺的初步研究[J]. 中国兽医寄生虫病, 7(3): 57-58.

杜志欣, 张崇坚, 万端极. 2015. 茶皂素的提取及膜技术纯化工艺研究[J]. 食品科技, 40(4): 291-295.

高凯翔, 李秋庭, 陆顺忠, 等. 2010. 茶皂素的提取工艺研究[J]. 粮油食品科技, 18(5): 22-25.

顾姣, 杨瑞金, 张文斌, 等. 2017. 超滤膜法提取水相中茶皂素的研究[J]. 食品工业科技, 38(21): 180-185.

何荣荣, 谭运寿, 张美虹, 等. 2019. 茶皂素对沙门氏菌的抑菌机理及对鸡胸肉的保鲜效果[J]. 热带生物学报, 10(4): 360-366.

侯如燕. 2002. 茶皂素提取纯化及其抗菌活性研究[D]. 合肥: 安徽农业大学硕士学位论文.

金月庆, 郑竟成, 桂小华. 2008. 水提发酵法纯化茶皂素的工艺研究[J]. 粮食与食品工业, (4): 34-37.

黎先胜. 2007. 茶皂素表面活性及生物活性的研究与应用[D]. 长沙: 湖南农业大学硕士学位论文.

李国武. 2017. 茶叶籽茶皂素高效制备及体外抗癌活性研究[D]. 长沙: 湖南农业大学硕士学位论文.

李颜. 2018. 茶皂素对酒精中毒小鼠的解酒作用及其保护机制研究[D]. 合肥: 合肥工业大学硕士学位论文.

李耀明, 何可佳, 王小艺, 等. 2005. 茶皂素对 Bt 防治小菜蛾的增效作用[J]. 湖南农业科学, (4): 55-57.

林勇, 黄建安, 王坤波, 等. 2019. 茶叶的抗过敏功效与机理[J]. 中国茶叶, 41(3): 1-6.

刘蓉, 张利蕾, 范亚苇, 等. 2013. 茶渣中粗茶皂素的纯化及其抗氧化和抑菌活性[J]. 南昌大学学报(工科版), 35(1): 17-21, 28.

刘尧刚. 2009. 油茶籽粕中茶皂素提取纯化工艺的研究[D]. 武汉: 武汉工业学院硕士学位论文.

刘长忠, 林义明, 朱丹. 2002. 糖萜素与土霉素对哺乳仔猪生长性能影响的比较研究[J]. 粮食与饲料工业, (1): 35-37.

吕晓玲, 邱松山, 孙晓侠, 等. 2005. 油茶总皂苷的抗氧化及清除自由基能力初步研究[J]. 食品科学, 26(11): 66-70.

缪勤华, 丁建, 徐善如. 2012. 粘胶/亚麻混纺织物茶皂素前处理[J]. 印染, 38(1): 17-18, 21.

潘任桃, 卢素云, 刘兆颖, 等. 2013. 茶皂素与四种抗菌药物的体外联合抗菌效果研究[J]. 动物医学进展, 34(8): 119-122.

邱红, 黄英兰, 曾维兰, 等. 2018. 茶油联合蒙脱石散及维生素 C 治疗百草枯中毒致口腔溃疡的效果[J]. 中国当代医药, 25(13): 138-140.

瞿明仁, 宋小珍. 2004. 泰和鸡绿色预混合饲料配方对比试验[J]. 饲料研究, (1): 6-7.

全昌云, 应哲, 黄小兵, 等. 2013. 无水乙醇提取茶皂素工艺研究[J]. 粮油食品科技, 21(4): 32-35.

任慧璟. 2016. 茶皂素的提取、纯化及在日化产品中的应用[D]. 上海: 上海海洋大学硕士学位论文.

覃国喜. 2008. 糖萜素、酶制剂和抗生素饲喂仔猪对比试验[J]. 广西畜牧兽医, (4): 221-222.

王安娜, 高明琴, 黄波, 等. 2012. 育肥猪日粮中添加糖萜素的效果研究[J]. 黑龙江畜牧兽医, (7): 65-66.

王亚, 甘长有. 2020. 婴幼儿洗涤用品及其市场分析[J]. 中国洗涤用品工业, (6): 91-94.

夏春华, 朱全芬, 田洁华, 等. 1990. 茶皂素的表面活性及其相关的功能性质[J]. 茶叶科学, (1): 1-10.

熊道陵, 张团结, 陈金洲, 等. 2015. 茶皂素提取及应用研究进展[J]. 化工进展, 34(4): 1080-1087.

徐晓娟, 蔡海莹, 卫洋洋, 等. 2011. 茶多酚和茶皂素体外抗柔嫩艾美尔球虫的研究[J]. 中国饲料, (6): 18-21.

叶均安. 2001. 茶皂素对湖羊生产性能的影响[J]. 饲料研究, (6): 33.

游瑞云, 谢绵月, 卢玉栋, 等. 2013. 茶皂素-金属复合抗菌剂的制备及抗菌性能研究[J]. 广州化学, 38(1): 14-18.

于辉, 陈海光, 吴波, 等. 2013. 正丙醇提取茶皂素工艺[J]. 食品科学, 34(2): 58-62.

苑文珠. 2002. 茶皂素对湖羊生产性能及瘤胃发酵的影响[D]. 杭州: 浙江大学硕士学位论文.

詹勇, 黄磊, 沈水昌, 等. 2005. 糖萜素-Ⅱ对猪屠宰性能和肉质影响[J]. 中国畜牧杂志, (3): 32-34.

张健文, 王锦锋, 罗国超, 等. 2017. 茶皂素提取工艺的优化[J]. 广东化工, 44(11): 106-107.

张云丰, 汪立平. 2014. 大孔树脂纯化茶皂素工艺研究[J]. 中国油脂, 39(11): 69-73.

赵世光, 薛正莲, 杨超英, 等. 2010. 茶皂素浸提条件优化及其抑菌效果[J]. 中国油脂, 35(5): 64-67.

周红宇, 杨德. 2016. 茶皂素水酶法提取工艺及纯化方法[J]. 江苏农业科学, 44(5): 362-364.

Akagi M, Fukuishi N, Kan T, et al. 1997. Anti-allergic effect of tea-leaf saponin (TLS) from tea leaves (*Camellia sinensis* var. *sinensis*)[J]. Biological & Pharmaceutical Bulletin, 20(5): 565-567.

Boran T, Lesot H, Peterka M, et al. 2005. Increased apoptosis during morphogenesis of the lower cheek teeth in tabby/EDA mice[J]. Journal of Dental Research, 84(3): 228-233.

Fu H Z, Wan K H, Yan Q W, et al. 2018. Cytotoxic triterpenoid saponins from the defatted seeds of *Camellia oleifera* Abel[J]. Journal of Asian Natural Products Research, 20(5): 412-422.

He J, Wu Z Y, Zhang S, et al. 2014. Optimization of microwave-assisted extraction of tea saponin and its application on cleaning of historic silks[J]. Journal of Surfactants and Detergents, 17(5): 919-928.

Hu J L, Nie S P, Huang D F, et al. 2012. Antimicrobial activity of saponin-rich fraction from *Camellia oleifera* cake and its effect on cell viability of mouse macrophage RAW 264.7[J]. Journal of the Science of Food and Agriculture, 92(12): 2443-2449.

Liu X Y, Cao L Y, Wang Q, et al. 2017. Effect of tea saponinon phytoremediation of Cd and pyrene in contaminated soils by *Lolium multiflorum*[J]. Environmental Science and Pollution Research International, 24(23): 18946-18952.

Liu Y J, Li Z F, Xu H B, et al. 2016. Extraction of saponin from *Camellia oleifera* Abel cake by a combination method of alkali solution and acid isolation[J]. Journal of Chemistry, (10): 1-8.

Morikawa T, Li N, Nagatom O A, et al. 2006. Triterpene saponins with gastroprotective effects from tea seed(the seeds of *Camellia sinensis*)[J]. Journal of Natural Products, 69(2): 185-190.

Murakami T, Nakamura J, Kageura T, et al. 2000. Bioactive saponins and glycosides. XVII. Inhibitory effect on gastric emptying and accelerating effect on gastrointestinal transit of tea saponins: structures of assamsaponins F, G, H, I, and J from the seeds and leaves of the tea plant[J]. Chemical & Pharmaceutical Bulletin, 48(11): 1720-1725.

Murakami T, Nakamura J, Matsuda H, et al. 1999. Bioactive saponins and glycosides. XV. Saponin constituents with gastroprotective effect from the seeds of tea plant, *Camellia sinensis* L. var. *assamica* Pierre, cultivated in Sri Lanka: structures of assamsaponins A, B, C, D, and E[J]. Chemical &Pharmaceutical Bulletin, 47(12): 1759-1764.

Qian B G, Yin L R, Yao X M, et al. 2018. Effects of fermentation on the hemolytic activity and degradation of *Camellia oleifera* saponins by *Lactobacillus crustorum* and *Bacillus subtilis*[J/OL]. FEMS Microbiology Letters, DOI: 10.1093/femsle/fny014.

Sagesaka-Mitane Y, Sugiura T, Miwa Y, et al. 1996. Effect of tea-leaf saponin on blood pressure of spontaneously hypertensive rats[J]. Yakugaku Zasshi, 116(5): 388-395.

Tsukamoto S, Kanegae T, Nagoya T, et al. 1993. Effect of seed saponins of *Thea sinenisis* L. (Ryokucha saponin) on alcohol absorption and metabolism[J]. Alcohol and Alcoholism, 28(6): 687-692.

Yang P J, Zhou M D, Zhou C Y, et al. 2015. Separation and purification of both tea seed polysaccharide and saponin from camellia cake extract using macroporous resin[J]. Journal of Separation Science, 38(4): 656-662.

Zhang X F, Han Y Y, Di T M, et al. 2021. Triterpene saponins from tea seed pomace (*Camellia oleifera* Abel) and their cytotoxic activity on MCF-7 cells *in vitro*[J]. Natural Product Research, 35(16): 2730-2733.

Zhou C S, Xiao W J, Tan Z L, et al. 2012. Effects of dietary supplementation of tea saponins (*Ilex kudingcha* C. J. Tseng) on ruminal fermentation，digestibility and plasma antioxidant parameters in goats[J]. Animal Feed Science and Technology, 176(1/2/3/4): 163-169.

12　木本油料生物炼制平台化学产品

在人们的日常生产和生活中，按照使用场景的不同，可将种类繁多的油脂分为食用油脂和工业油脂，其中常见的食用油脂有茶油、椰子油、橄榄油和棕榈油等，常见的工业油脂有桐油、光皮梾木果油、山苍子油和杜仲油等。根据不同油脂的来源，用于榨油的油料植物可分为木本油料植物和草本油料植物。

具体而言，木本油料植物是指果实或种子能榨油的木本植物。得益于多年生长的优势，木本植物油脂比草本植物油脂成分更加丰富和多样，主要体现在：含量极高的不饱和脂肪酸，丰富的氨基酸、蛋白质和维生素，以及山茶苷等具有特定生理活性的物质，用作食用油脂时具有极高的营养价值，用作工业油脂时则可多层次梯级利用，充分提高副产物的利用价值。因此在实际应用中，木本油料植物除了用于炼制油脂外，还有着丰富的用途。以研究最为广泛的油茶为例，除了油茶籽可以用于榨油外，油茶饼粕中还含有丰富的茶皂素、多糖、单宁、糠醛、茶多酚和植物蛋白，经多层次梯级提取后，可广泛应用于食品工业、农业、化工和采矿业等领域，具有很高的经济价值。

此外，木本油料植物根系发达，对恶劣环境的适应性普遍较强，耐旱、耐贫瘠、抗风沙和病虫害侵袭能力强，易于培育和种植，产量高，收益期长，除了能稳定创造经济价值、有效地防治风沙、保持水土、对土壤中的污染物具有很强的吸收能力外，还可为生态链提供优良的花粉，能与不同的树种混合种植，提高种植地抵抗病虫害和自然灾害的能力，对保持生态系统稳定具有重要的科学价值和经济价值。更重要的是，木本油料植物生命周期内光合作用量远大于草本植物，有利于减少碳排放，在当前"碳中和"的背景下具有重要意义。因此，在当前背景下，基于木本油料植物开发高附加值产品具有重要意义。本章着重阐述基于木本油料植物开发的各类化合物产品，按照碳链长短进行编排，主要包括甲酸、乙醇、乙二醇、乳酸、甘油、糠醛等应用较广泛的产品，并在系统性地总结了各类化合物产品的研究进展及发展动态后，对未来的发展进行了展望。

12.1　C1 体系产品

在所有木本油料生物炼制平台化学产品中，最具代表性的C1体系产品是甲酸，以下将重点介绍甲酸。

12.1.1　性质及应用

甲酸（HCOOH）又名蚁酸，是最简单的有机羧酸。甲酸为无色而有刺激性气味的液体，有腐蚀性，广泛存在于蜂类、毛虫和某些蚁类的分泌物及植物的叶、根和果实中，能与水、乙醇、乙醚和甘油任意混溶，也能和大多数的极性有机溶剂混溶，其结构中一个氢原子直接和羧基相连，因此酸性比其他羧酸强，同时也具备了酸和醛的性质，能发生缩合、加成、酯化和还原等反应，广泛应用于化工、农业、纺织、皮革、染料、食品、制药和橡胶工业等领域（Bulushev and Ross，2018；Zhang and Huber，2018；Deng et al.，2016）。近年来，甲酸凭借其分解能高效产生氢气而被誉为一种很好的储氢化合物（氢在甲酸中的相对质量分数为4.3%），在催化和能源领域也有着极其广泛的应用（牛牧歌等，2015；Xu et al.，2014b；Gao et al.，2013）。

12.1.2　合成路径

当前，工业上生产甲酸主要依赖于化石原料（如甲酸甲酯、甲醇、石脑油和丁烷）。其中，甲酸甲酯水解和甲醇的羧基化反应是制备甲酸最常用的方法（Reymond et al.，2017），石脑油和丁烷的部分氧化也可以制备甲酸（Seyed-Reihani and Jackson，2010）。此外，将二氧化碳还原为甲酸的研究吸引了越来越多的关注（Motokura et al.，2019）。但是，以上合成路径存在着原料不可再生或者反应条件苛刻的问题。因此，采用可再生的生物质资源为原料合成甲酸显得尤为重要。

从报道的文献分析，目前从生物质到甲酸的合成路径主要有脱水-水合策略（Wang et al.，2020a）（图 12-1）和氧化策略（Tang et al.，2014）（图 12-2）。其中，在葡萄糖经脱水-水合策略合成甲酸的路径中，甲酸通常被当成副产物，且很难从反应液中分离出来。因而，生物质的氧化策略是当前甲酸可持续合成的主要方法。

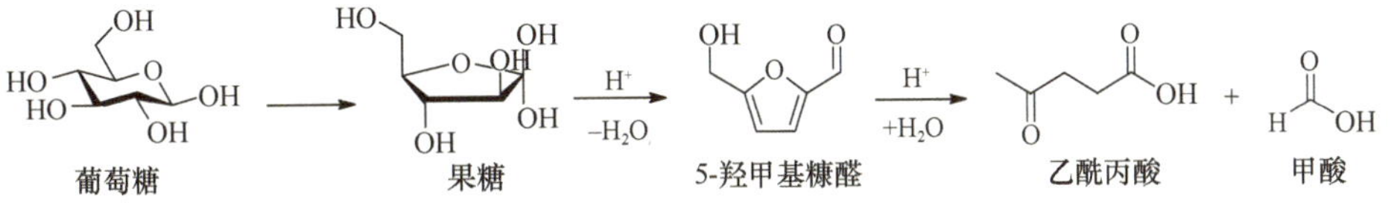

图 12-1　葡萄糖经脱水-水合策略合成甲酸的反应路径（Wang et al.，2020a）

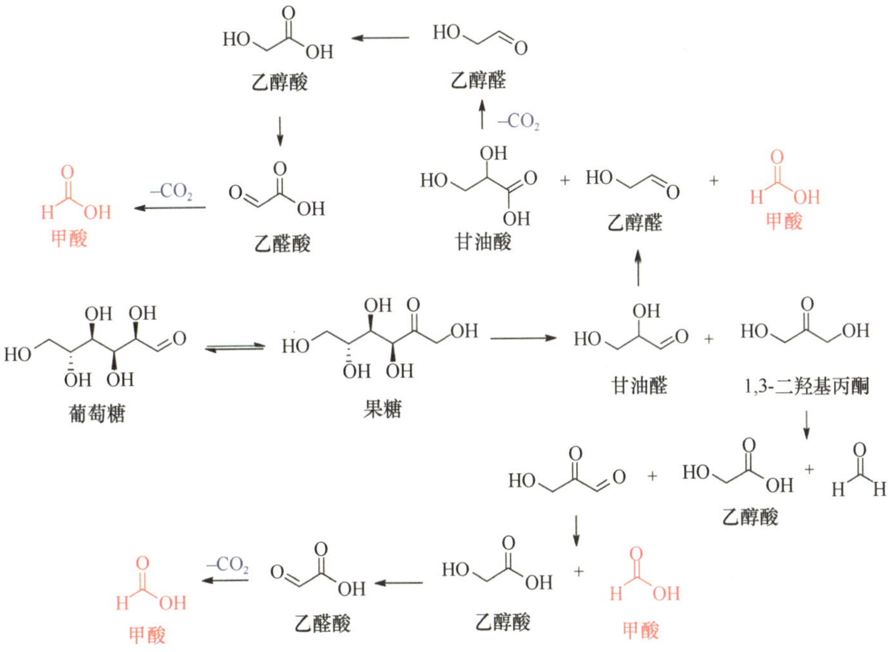

图 12-2　葡萄糖氧化转化为甲酸的可能反应路径（Tang et al.，2014）

12.1.3　当前研究现状及前景

近年来，甲酸研究都集中于低温下催化葡萄糖氧化转化为甲酸（Wesinger et al.，2021；Maerten et al.，2020；Albert et al.，2019；Reichert and Albert，2017；Albert et al.，2016；Reichert et al.，2015；Albert et al.，2014；Li et al.，2012；Wölfel et al.，2011；Jin et al.，2008）（表 12-1）。Albert 等（2014）从一系列 Keggin 型含钒杂多酸（如 $H_3PMo_{12}O_{40}$、$H_4PVMo_{11}O_{40}$、$H_5PV_2Mo_{10}O_{40}$、$H_6PV_3Mo_9O_{40}$、$H_7PV_4Mo_8O_{40}$、$H_8PV_5Mo_7O_{40}$ 和 $H_9PV_6Mo_6O_{40}$）中筛选出 $H_8PV_5Mo_7O_{40}$，其催化葡萄糖氧化转化为甲酸的活性最佳，在 90℃ 下甲酸产率最高，达 57.3%。

随后，Reichert 和 Albert（2017）进行了一系列研究，他们发现 $H_8PV_5Mo_7O_{40}$ 催化葡萄糖氧化的反应速率要比 $H_5PV_2Mo_{10}O_{40}$ 快，是一种高效的催化剂。他们采用 ^{51}V 核磁共振和电子顺磁共振光谱捕捉了 $H_8PV_5Mo_7O_{40}$ 催化葡萄糖氧化为甲酸过程中的含 V 活性位点（Albert et al.，2019）。结果表明，V^{5+} 是葡萄糖氧化为甲酸的活性离子，在氮气氛围中反应，V^{5+} 会被还原为 V^{4+}，甲酸产率会降低，乳酸产率会升高。当向反应体系中加入正己醇（体积比为 1∶1）后，甲酸的产率能提高至 85%（90℃，2.0MPa O_2，48h）（Reichert et al.，2015）。因为加入正己醇后能从水相中原位萃取出生成的甲酸，从而能够缓解甲酸生成过程中水相

pH 的降低，继而能降低二氧化碳的生成（水相 pH 低于 1.5 后，二氧化碳的选择性会提高从而引起甲酸产率降低）。

在此基础上，Maerten 等（2020）在甲醇中探讨 $H_8PV_5Mo_7O_{40}$ 催化葡萄糖氧化转化为甲酸的活性，结果表明，在 90℃、2.0MPa O_2、24h 的条件下，甲酸甲酯产率高达 100%。此外，Wesinger 等（2021）还采用 ^{51}V 核磁共振和电子顺磁共振光谱研究 $H_8PV_5Mo_7O_{40}$ 催化剂在甲醇中的催化行为，发现新形成的氧钒根-甲醇盐活性基团（$[VO(OMe)O_2]^{2-}$）是甲酸甲酯高选择性合成的原因。

表 12-1　葡萄糖氧化转化为甲酸的反应条件及产率

序号	反应底物	催化剂	反应溶剂	反应条件	甲酸产率/%	参考文献
1	葡萄糖	$H_5PV_2Mo_{10}O_{40}\cdot35H_2O$	H_2O	80℃，3.0MPa O_2，26h	47	Wölfel et al.，2011
2	葡萄糖	$H_5PV_2Mo_{10}O_{40}$	H_2O	100℃，5.0MPa 空气，3h	52	Li et al.，2012
3	葡萄糖	$H_8PV_5Mo_7O_{40}$	H_2O	90℃，3.0MPa O_2，8h	57.3	Albert et al.，2014
4	葡萄糖	$H_8PV_5Mo_7O_{40}$	H_2O/1-己醇（质量比＝1/1）	90℃，2.0MPa O_2，48h	85[①]	Reichert et al.，2015
5	葡萄糖	$H_8PV_5Mo_7O_{40}$	甲醇	90℃，2.0MPa O_2，24h	100	Maerten et al.，2020
6	葡萄糖	$Cs_4[V_2W_4O_{19}]$	H_2O	90℃，2.0MPa O_2，24h	39	Albert et al.，2016
7	葡萄糖	V/ZSM-5	H_2O	180℃，3.0MPa O_2，0.5h	45	覃潇雅等，2021
8	淀粉	$Cs_{3.5}H_{0.5}PMo_{11}VO_{40}$	H_2O	180℃，2.0MPa O_2，2h	51	Gromov et al.，2020

注：①甲酸甲酯产率

此外，其他钒基催化剂，如 $Cs_4[V_2W_4O_{19}]$ 和 V/ZSM-5 被开发用于催化葡萄糖氧化转化为甲酸，并得到了较高的甲酸产率（Albert et al.，2016；覃潇雅等，2021）。Gromov 等（2020）研发的 $Cs_{3.5}H_{0.5}PMo_{11}VO_{40}$ 催化剂，在水中能高效催化马铃薯淀粉经水解-氧化转化为甲酸，在 180℃、2.0MPa O_2、2h 的条件下，能得到 51% 的甲酸产率。

生物质中含量最丰富的多糖，即纤维素，也能氧化转化为甲酸（Guo et al.，2021；Gromov et al.，2016；Lu et al.，2016；Niu et al.，2015；Tang et al.，2014；Wang et al.，2014；Xu et al.，2014a）（表 12-2）。相比于葡萄糖氧化转化为甲酸，纤维素转化为甲酸更为复杂，纤维素首先水解生成葡萄糖，然后再氧化转化为甲酸。Tang 等（2014）发现，$VOSO_4$ 能高效催化微晶纤维素转化为甲酸，在 180℃、2.0MPa O_2、2h 的条件下，甲酸产率为 39%。后续的研究发现（Niu et al.，2015），乙酸是纤维素经水解-脱水-水合反应得到乙酰丙酸，再氧化裂解所得到的产物。提高反应温度能促进乙酸的生成，提高 O_2 的压力能促进甲酸的合成，增加硫酸添加量也会促进乙酸的生成。Guo 等（2021）继续对 $NaVO_3$-H_2SO_4 催化纤维素转化为甲酸的体系进行了研究，结果发现加入体积分数为 1% 的二甲基亚砜（DMSO）能进一步将甲酸的产率提高至 68%。加入 DMSO 能促进甲酸生成的原因是 DMSO 与葡萄糖转化得到的具有偕二醇结构的中间体形成的氢键或者乙醇醛和乙二醛的中间产物与水形成了氢键，从而提高了甲酸的选择性。

表 12-2　纤维素、半纤维素和木质素氧化转化为甲酸的反应条件及产率

序号	反应底物	催化剂	反应溶剂	反应条件	甲酸产率/%	参考文献
1	微晶纤维素	$VOSO_4$	H_2O	180℃，2.0MPa O_2，2h	39	Tang et al.，2014
2	纤维素	$NaVO_3$	H_2O	160℃，3.0MPa O_2，2h，质量分数 0.7% 的 H_2SO_4	64.9	Wang et al.，2014
3	纤维素	$NaVO_3$	H_2O	160℃，3.0MPa O_2，3h，质量分数 0.7% 的 H_2SO_4，体积分数 1% 的 DMSO	68	Guo et al.，2021
4	纤维素	$H_5PV_2Mo_{10}O_{40}$	H_2O	180℃，3.0MPa O_2，5min，pH=0.56(使用 H_2SO_4)	61	Lu et al.，2016
5	微晶纤维素	$Co_{0.6}H_{3.8}PMo_{10}V_2O_4$	H_2O	160℃，2.0MPa O_2，5h，pH=1.5(使用 H_2SO_4)	66	Gromov et al.，2016
6	微晶纤维素	$[MIMPS]_3HPMo_{11}VO_{40}$	H_2O	180℃，1.0MPa O_2，1h	51.3	Xu et al.，2014a
7	木聚糖	$K_5V_3W_3O_{19}$	H_2O	115℃，5.0MPa O_2，24h	24.7	Voß et al.，2019
8	木质素	$K_5V_3W_3O_{19}$	H_2O	115℃，5.0MPa O_2，24h	5.6	Voß et al.，2019

含钒杂多酸也被开发应用于催化纤维素转化为甲酸的反应体系（Gromov et al.，2016；Lu et al.，2016）。据 Lu 等（2016）报道，纤维素在 $H_5PV_2Mo_{10}O_{40}$-H_2SO_4 的催化下（用 H_2SO_4 调节反应液的 pH 至 0.56），甲酸产率为 61%。Co 改性的含钒杂多酸，即 $Co_{0.6}H_{3.8}PMo_{10}V_2O_{40}$，也可以有效催化微晶纤维素转化为甲酸，在 160℃、2.0MPa O_2、5h 和 pH 1.5 的条件下，甲酸产率为 66%（Gromov et al.，2016）。杂多酸基离子液体的优势在于不需要添加其他酸性辅助剂（如硫酸），能有效降低生产成本。

Albert（2017）提出了选择性氧化木质纤维素（主要成分为纤维素、半纤维素和木质素）中的半纤维素和木质素转化为甲酸，与此同时分离出未分解的纤维素的新颖观点。例如，Lindqvist 型含钒多金属氧酸盐（如 $K_5V_3W_3O_{19}$）能催化木质纤维素中的半纤维素和木质素氧化转化为甲酸，但是纤维素未分解从而能得到高纯度的纤维素。Voß 等（2019）继续探讨了 Lindqvist 型含钒多金属氧酸盐 $K_5V_3W_3O_{19}$ 催化半纤维素和木质素分别转化为甲酸，通过曲面响应法优化 $K_5V_3W_3O_{19}$ 催化木聚糖转化为甲酸的反应条件，得到的最佳甲酸产率为 24.7%（115℃，5.0MPa O_2，24h）。$K_5V_3W_3O_{19}$ 催化木质素转化为甲酸得到的最佳产率为 5.6%（115℃，5.0MPa O_2，24h）。$K_5V_3W_3O_{19}$ 不能催化纤维素转化的原因是纤维素内存在许多氢键，致使具有高结晶度的纤维素不能接触催化剂活性位点。木糖氧化转化为甲酸的反应路径如图 12-3 所示，木糖首先氧化转化为乙二醛和甘油醛，然后甘油醛再次氧化得到甲醛和乙醇醛，甲醛氧化即得到甲酸。但是木质素因为结构较复杂，其氧化转化为甲酸的反应路径目前不是十分清楚。

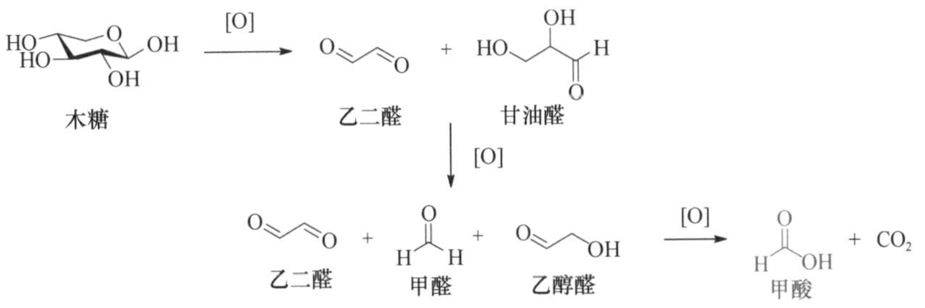

图 12-3　木糖氧化转化为甲酸的反应路径（刘竞等，2019）

刘竞等（2019）利用 NaVO$_3$-DMSO-H_2SO_4 体系催化松木粉转化为甲酸，研究结果表明，松木粉在氧化转化为甲酸的过程中，木质素通过断裂 C—O 键被降解生成众多的小分子碎片（125～900g/mol），而且木质素碎片中的芳环结构被氧化成醌类结构。但是木质素氧化转化为甲酸的反应路径还需更深入的研究。

糖类生物质在转化为 5-羟甲基糠醛反应的过程中会不可避免地产生不溶性的腐黑物（Cheng et al.，2020），腐黑物的高值利用也是当前生物质综合利用的研究重点（Al Ghatta et al.，2021）。$H_8PV_5Mo_7O_{40}$ 被证明能有效催化腐黑物氧化转化为甲酸，得到的甲酸产率约为 10%（90℃，2.0MPa O_2，6h）（Maerten et al.，2017）。与农林废弃物相比，微藻具有较高的繁殖率和生物量生产力，其也可被 $H_5PMo_{10}V_2O_{40}$ 催化转化为甲酸（Gromov et al.，2020）。由此可见，不溶生物质直接转化为甲酸是当前甲酸合成研究的热点，也是大规模利用生物质转化为甲酸的重要突破口。

12.2　C2 体系产品

12.2.1　乙醇

12.2.1.1　性质及应用

乙醇（CH_3CH_2OH）是一种常见的有机试剂，在有机合成中常被用作反应溶剂（Gromov et al.，2020）。乙醇也是一种重要的化工原料，可以转化为多种精细化学品和工业化工产品（Dagle et al.，2020）（图 12-4）。

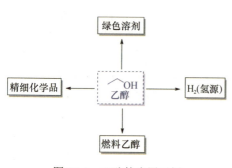

图 12-4　乙醇的应用示例

同时，乙醇也是一种很好的氢供体，其可以通过脱氢转化为乙醛而释放出氢气（Chen et al.，2016a）。利用这一特性，在加氢反应中，乙醇常被用作氢源（氢供体）和反应溶剂，通过转移加氢策略而避开使用易燃易爆的氢气，使得加氢反应能在较温和的条件下进行（Yang et al.，2018b；Hou et al.，2015）。近年来，为减少对不可再生化石燃料的依赖，燃料乙醇作为一种可降低环境污染的新型能源备受关注（Geleynse et al.，2018）。燃料乙醇辛烷值高、燃烧速度快、与汽油有很好的相溶性，而且在汽油发动机中添加燃料乙醇，发动机结构无须改变（孙庆国，2021；韦佳培，2014）。因此，乙醇的合成是当前燃料化学领域研究的热点。

目前，工业上合成乙醇主要有三种方法：①乙烯水合法，即采用石油裂化和热解过程中产生的乙烯经直接水合或间接水合法合成乙醇；②煤基合成气法，即以煤为基础原料，通过化学催化法直接转化为乙醇；③生物质转化为乙醇法。对比原料的来源和可持续性，因为生物质具有可再生、储存量大和分布广泛等优点，以生物质为原料合成乙醇要明显优于乙醇的其他合成方法。

12.2.1.2　生物质乙醇的合成方法

目前，以生物质为原料合成乙醇的方法主要有发酵法和化学催化转化法。发酵法合成乙醇首先将生物质原料糖化转化为糖（葡萄糖），然后经微生物发酵转化为乙醇。而化学催化转化法则是研制催化剂并催化生物质原料（纤维素、纤维二糖和葡萄糖）转化为乙醇。

1）发酵法

A. 合成路径

按照原料分类，生物质发酵制备乙醇主要有 4 条路径（Chen et al.，2021b）（图 12-5）。葡萄糖可以在微生物（如酵母菌）的作用下直接转化为乙醇并释放出二氧化碳。若是以淀粉为原料，淀粉首先借助化学或者生物方法水解转化为葡萄糖，葡萄糖再发酵制取乙醇。若以纤维素为原料，首先通过研磨、挤压、酸处理等手段对纤维素进行预处理，以破坏纤维素的结晶结构，然后水解获得葡萄糖，葡萄糖再发酵产生乙醇。纤维素通过物理法（如研磨、挤压、微波和冷冻预处理）和化学法（酸处理、碱处理、有机溶剂溶解处理和臭氧分解）等前处理，使纤维素更容易水解获得葡萄糖（Ranjithkumar et al.，2017；Haghighi et al.，2013）。如果直接以生物质为原料（如秸秆等农林废弃物），那么第一步是通过一定的手段去除木质素，然后通过预处理破坏纤维素的结晶结构，再水解和发酵制备得到乙醇。

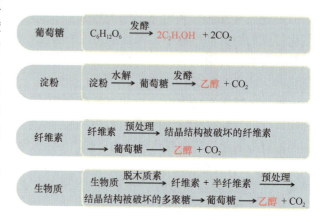

图 12-5　不同生物质原料转化为乙醇的示例图

B. 当前研究现状及前景

生物质发酵制备乙醇的研究目前比较成熟，其制备工艺很多都已在工厂运行，进行了大规模生产。总的来说，首先，通过预处理方法（气爆法、湿氧法和稀酸法）去除木质素或者破坏纤维素、半纤维素与木质素的结构，使之松散；其次，是将纤维素和半纤维素等多聚糖水解得到六碳糖和五碳糖，其中的水解工艺是通过酶法（水解酶）或者酸水解法来实现；最后，通过选用的微生物对六碳糖和五碳糖进行发酵，使之转化为乙醇（孙智谋等，2007）。

在生物质发酵制备乙醇的生产过程中，六碳糖和五碳糖单糖发酵转化为乙醇是关键步骤（Saha et al.，

2014；Lee et al., 1995）。对于葡萄糖发酵转化为乙醇，研究最成熟的是采用酵母菌（Kumar et al., 2016）。酵母菌有许多种类型，很多文献对研究中所采用的酵母菌进行了综述（Dionisi et al., 2015；Lin and Tanaka, 2006；Lee, 1997）。其中，马克斯克鲁维酵母（*Kluyveromyces marxianus*）因能在较高温度下促进葡萄糖发酵转化为乙醇而受到青睐，并广泛应用于发酵生产乙醇（陈小燕等，2014）。

乙醇发酵生产技术可以分为分步糖化发酵、同步糖化发酵、同步糖化共发酵和直接微生物转化等（Nguyen et al., 2017；Shao et al., 2010；South et al., 1993）。而同步糖化发酵是目前工业生产中应用最多的技术（Nguyen et al., 2017）。

2）化学法

虽然生物质发酵合成乙醇取得了长足的进展，也已在工厂中运行生产，但是微生物发酵需要较长的时间，而且生产设备昂贵。此外，葡萄糖在发酵转化为乙醇的过程中会释放出二氧化碳，对环境也会产生负面影响（Liu et al., 2021）。而化学法合成生物质乙醇则能避免生物质发酵遇到的问题。

A. 合成路径

目前，生物质经化学法转化为乙醇的反应路径主要有两条：一是分步法，即首先将纤维素转化为羟乙酸甲酯，然后羟乙酸甲酯氢解转化为乙醇（图12-6）；二是一步法，即纤维素水解转化为葡萄糖，葡萄糖经逆羟醛缩合转化为赤藓糖和乙醇醛，再经乙二醇中间体转化为乙醇（图12-7）。

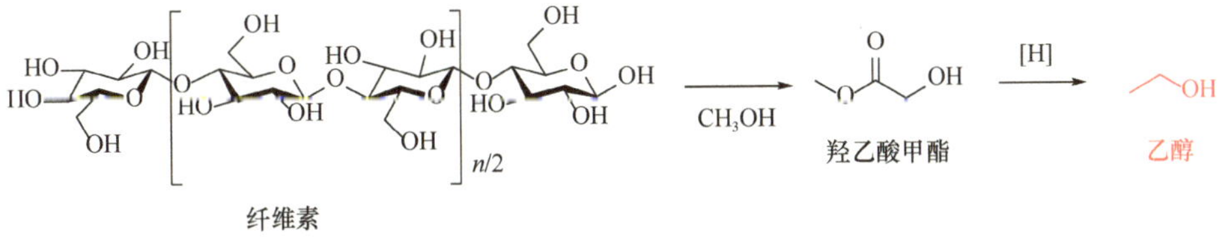

图12-6 纤维素两步法转化为乙醇示意图（Xu et al., 2017；Yang et al., 2018a）

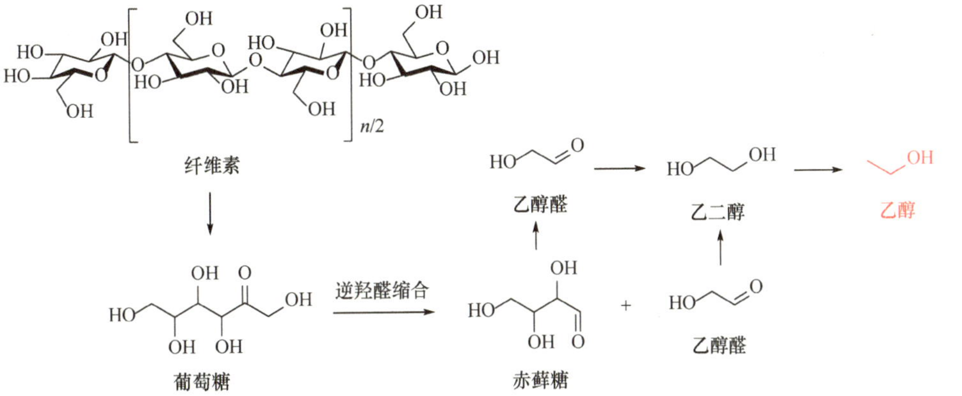

图12-7 纤维素一步法转化为乙醇示意图（Song et al., 2019；Yang et al., 2019a；Liu et al., 2019；Li et al., 2019；Chu et al., 2021）

B. 当前研究现状及前景

Xu 等（2017）首次提出两步法催化纤维素转化为乙醇，即纤维素在 WO_x 催化下转化为羟乙酸甲酯（在240℃、$1MPa\ O_2$ 和 2h 的条件下，得到57.7%产率的羟乙酸甲酯），然后在 Cu/SiO_2 催化下转化为乙醇（在280℃和33.3mL/min H_2 的条件下，乙醇的选择性为50%）。最终，纤维素转化为乙醇所得到的产率约为29%。Yang 等（2018a）继续探讨了此反应体系并对羟乙酸甲酯转化为乙醇这一关键反应步骤进行了优化，结果发现，具有单原子合金结构的 $0.1Pt\text{-}Cu/SiO_2$ 催化剂能在230℃和3MPa H_2 的条件下高效催化羟乙酸甲酯转化为乙醇，得到76.7%产率的乙醇。$0.1Pt\text{-}Cu/SiO_2$ 催化剂的高催化活性一方面源于 Pt 的引入提高了 Cu 的分散性，同时增加了 Cu^+/Cu^0 的比例；另一方面源于单原子 Pt 促进了氢气的活化，与此同时抑制了 C—C 键的裂解反应（Yang et al., 2018a）。

虽然，纤维素经"两步法"能高效转化为乙醇，但是已开发的反应体系都存在一些缺点，比如：大规模生产时，在氧气氛围下采用甲醇作为反应溶剂可能会出现爆炸问题，而且在两步法转化过程中涉及羟乙酸甲酯中间体的分离和提纯，能耗较大。因此，开发"一步法"将纤维素转化为乙醇显得十分迫切。

王野团队采用 H_2WO_4 和 Pt/ZrO_2 在水中联合催化纤维素转化为乙醇，在 250℃、4MPa H_2 和 5h 的条件下，乙醇的产率达到 32%（Song et al., 2019）。他们发现，H_2WO_4 可促进葡萄糖单元中 C—C 键的断裂，而 Pt/ZrO_2 可通过活化 C—O 键促进乙醇的生成，乙二醇是这一反应的关键中间体。Yang 等（2019a）继续研究了生物质乙醇的合成，研发的 $0.1Mo/2Pt/WO_x$ 催化剂能在水中一锅催化纤维素转化为乙醇，在 245℃、6MPa H_2 和 2h 的条件下，能得到 43.2% 的乙醇产率。Liu 等（2019）发现，联合使用 Ni@C 和 H_3PO_4 能高效催化纤维素转化为乙醇，乙醇的产率达到惊人的 69.1%（200℃，5.5MPa H_2，3h），高于葡萄糖发酵转化为乙醇的理论值。

更高产率的乙醇也能从纤维素的转化中得到。傅尧团队联合使用 $Ru-WO_x/HZSM-5$ 和 $Ru-WO_x$，能高效催化低浓度的纤维素（质量分数 1%）转化为乙醇，在 235℃、3MPa H_2、20h 的条件下，乙醇的产率高达 87.5%（Li et al., 2019）。他们还研究发现，若提高纤维素的质量分数（5%）、采用分段加热的方式，$Ru-WO_x/HZSM-5$ 和 $Ru-WO_x$ 也能高效催化纤维素转化为乙醇，即首先在 $Ru-WO_x/HZSM-5$ 的催化作用下反应 24h（205℃，3MPa H_2），然后在 $Ru-WO_x$ 的作用下反应 24h（235℃，3MPa H_2），最终能得到 53.7% 的乙醇产率。

最近，直接将玉米秸秆转化为乙醇也有报道。Chu 等（2021）首先用 1,4-丁二醇从玉米秸秆中萃取出纤维素，萃取出的纤维素在 $Ni-WO_x/SiO_2$ 的作用下转化为乙二醇，然后在 $Au-(Cu-Ni)/SiO_2$ 作用下转化为乙醇，最终乙醇产率为 62.1%。由此可见，采用化学法将纤维素转化为乙醇已取得了非常可喜的成果（表 12-3）。

表 12-3　纤维素在不同催化剂下转化为乙醇的反应条件及产率

序号	反应底物	催化剂	反应条件	产率/%	参考文献
1	纤维素	H_2WO_4+Pt/ZrO_2	250℃，4MPa H_2，5h	32	Song et al., 2019
2	纤维素	$0.1Mo/2Pt/WO_x$	245℃，6MPa H_2，2h	43.2	Yang et al., 2019a
3	纤维素	$Ni@C+H_3PO_4$	200℃，5.5MPa H_2，3h	69.1	Liu et al., 2019
4	纤维素（质量分数 1%）	$Ru-WO_x/HZSM-5+Ru-WO_x$	235℃，3MPa H_2，20h	87.5	Li et al., 2019
5[①]	纤维素（质量分数 5%）	$Ru-WO_x/HZSM-5+Ru-WO_x$	205℃，3MPa H_2，24h+235℃，3MPa H_2，24h	53.7	Li et al., 2019
6	玉米秸秆	$Ni-WO_x/SiO_2+Au-(Cu-Ni)/SiO_2$	245℃，4MPa H_2，2h+300℃，4MPa H_2，10h	62.1	Chu et al., 2021

注：①两步加热程序：首先在 $Ru-WO_x/HZSM-5$ 作用下于 205℃、3MPa H_2、24h 的条件下反应，然后加入 $Ru-WO_x$，在 235℃、3MPa H_2、24h 的条件下继续反应

12.2.2　乙二醇

12.2.2.1　性质及应用

乙二醇是一种最简单的二元醇，分子式为 $(CH_2OH)_2$，别名叫甘醇或 1,2-亚乙基二醇，简称 EG。乙二醇在常温下是无色、无臭、有温和甜味的油状液体，有轻微的生物毒性（Yue et al., 2012）；能和水以任意比例互溶，能和丙酮互溶，但在醚类中溶解度较小，能溶解 $CaCl_2$、$ZnCl_2$、K_2CO_3 等无机物（Mackay et al., 1997；Furter and Cook, 1967）。乙二醇是一种重要的基础有机原料，主要用于汽车防冻液、吸湿剂、增塑剂、润滑剂、化工合成溶剂、表面活性剂、气体脱水剂、软化剂、合成聚对苯二甲酸乙二酯（PET）和聚酯树脂等（许茜等，2007），还可用作合成炸药的原料（李应成等，2002）。

12.2.2.2　合成路径

目前，工业上生产乙二醇的方式主要有三种工艺路线（李凤强，2020），分别是：以煤为基础的煤化工路线，以环氧乙烷或碳酸乙烯酯为原料的石油化工路线，以木质纤维素为基础的生物质路线。虽然煤化工路线工艺简单且成本较低，但是此路线严重依赖催化剂且煤炭总储量有限（靳丽丽，2018），限制了其发展；而石油

化工路线虽然产品收率很高且技术成熟，但是其消耗资源较多（韩开宝和王诗元，2017），不符合当前节能减排的目标；生物质路线以来源广泛的生物质资源替换传统的煤或石油资源，造价低廉且能提高生物质产品的附加值，工艺生产中不会排放污染环境的废气废水等，因而受到了越来越多的关注（炎俊梁和王筠，2018）。

12.2.2.3 当前研究现状及前景

使用生物质制备乙二醇有很悠久的历史，最早的文献报道可追溯到 1933 年（Ribeiro et al.，2021a），但是这期间研究进展缓慢。近年来人们逐渐意识到使用生物质制备乙二醇的巨大潜力，研究进展迅速。目前基于生物质制乙二醇，主要有两条技术路线：一条技术路线（江天诰，2021）是在相关催化剂的作用下，将生物质材料裂解转化为乙醇醛后，在催化剂的作用下加氢裂解即得到乙二醇；另一条技术路线（杨颜如等，2018）是在相关酶的参与下，将生物质材料酶解糖化再依次经过加氢和催化裂解工艺后，对产物进行分馏或精馏处理，即可得到乙二醇。研究者在此基础上，进行了大量的改性研究。

Pang 等（2015）研究了典型的无机杂质对纤维素催化转化乙二醇（EG）的影响，他们发现，大多数杂质对 EG 的产率没有影响，但一些非中性杂质或 Ca、Fe 离子使 EG 产率大大降低，原因在于一些杂质改变了反应溶液的 pH，影响了纤维素的水解率；Ca 和 Fe 阳离子与钨酸盐离子反应，抑制了反醛醇缩合反应。因此，为了获得较高的 EG 产率，应将反应溶液 pH 调至 5.0～6.0，将钨酸盐离子浓度调到 187mg/L 以上，这项研究通过适当的预处理消除了副反应对产率的影响，为纤维素高效制备乙二醇提供了新的思路。Xu 等（2017）通过使用钨基催化剂，在 240℃、1MPa O_2 的条件下在甲醇中进行一锅反应，将纤维素转化为乙醇酸甲酯，收率高达 57.7%，再在 Cu/SiO_2 催化剂上通过氢化反应，在 200℃时定量地转化为乙二醇，在 280℃时定量地转化为乙醇，选择性为 50%。通过这种方法，可以有效地利用可再生纤维素材料生产乙二醇，从而为减轻对化石资源的依赖提供了一条新的途径。

Xu 等（2017）报道了一种从纤维素生物质转化为 EG 的化学催化途径，他们在 200℃下在 Cu/SiO_2 催化剂上通过氢化反应，几乎可以定量地将纤维素转化为 EG。通过这种方法，可以有效地利用可再生纤维素材料生产散装化学品 EG。Ribeiro 等（2018）利用硝酸改性的碳纳米管负载钌催化剂（Ru/CNT1）和未经处理的碳纳米管（W/CNT0）负载钨催化剂的组合，使用一锅法将纤维素转化为 EG，在 205℃和 5.0 MPa H_2 的条件下，5 h 内的 EG 产率为 41%，这一结果远高于在相同条件下使用商业碳纳米管支撑的 Ru-W 双金属催化剂所获得的 EG 产率（35%）。在上述催化物理混合物及相同的实验条件下，潜在的废纤维素材料薄纸和桉树 EG 的产量分别达到了 34%和 36%。这项工作首次提出了催化转化木质纤维素材料，即薄纸和桉树可直接通过环境友好的过程制备 EG，为 EG 的制备提供了新的思路。

Li 等（2019）使用共沉淀法制备的 Cu-Ni-ZrO_2 催化剂，用木糖醇选择性加氢制备 EG，在不添加无机碱的水溶液中，木糖醇转化率为 97.0%，乙二醇的收率为 63.1%。在木糖醇浓度为 20.0%的条件下，乙二醇的总选择性达到了 80%以上。实验结果表明，Cu-Ni-ZrO_2 催化剂具有良好的稳定性，Cu 和 Ni 分别有利于 C—O 键和 C—H 键的断裂。为降低氢气的消耗，原位添加异丙醇作为氢源，木糖醇的转化率为 96.4%，乙二醇的收率达到了 43.6%。2020 年，Jia 等（2020）基于 Pd/ZrO_2 和 ZnO 物理混合物原位开发了一种高效稳定的 PdZn 合金催化剂，用于以 Mg_3AlO_x 为固体碱的山梨醇加氢反应，在 493K 和 5.0MPa H_2 的条件下制得乙二醇的产率为 54.6%，他们发现，ZnO 和 Mg_3AlO_x 的添加量对 PdZn 合金的活性和选择性有很大影响，因为它们影响了竞争金属催化的脱氢/加氢反应和碱催化的反醛醇缩合反应的形成。结果表明，山梨醇脱氢为己糖中间体是山梨醇氢解过程中的动力学相关步骤，该研究为多元醇加氢反应生成乙二醇的催化功能和反应参数提供了新的借鉴。Ribeiro 等（2021b）基于一锅法且只使用水作为溶剂，以商用碳纳米管和氧化碳纳米管为载体，偶联 Ru 和 W 催化剂对林业、农业和城市废料木质纤维素催化转化为乙二醇进行了探究。由于木质生物质具有较高的综纤维素含量，因此乙二醇产量较高，木质生物质（松树、橡树、桉树和悬铃木等）及松果和玉米芯乙二醇的产率比其他材料高 23%，综纤维素在转化 5h 后乙二醇产率最高达到了 32.4%，从林间剩余物中制备乙二醇，产率最高可达 40.7%。除木材废料外，纤维素基材料乙二醇的最高产率仍可略微提高至 41.5%。

Xin 等（2021）以均匀尺寸的 Pd 纳米粒子为核，氧化铝和氧化钨改性后的介孔二氧化硅为壳，制备了一种独特结构的蛋黄-壳催化剂，改性后的 Pd@W/Al-MSiO$_2$ 蛋黄-壳结构纳米球（YSNS）催化剂在纤维素制备乙二醇反应中表现出良好的催化活性：纤维素转化率为 96.1%，乙二醇的选择性达到 56.5%。他们发现，钨的存在会形成更多的额外骨架铝，从而增强了酸的强度；同时，铝使氧化钨低聚物增加，从而增加了钨在催化剂上的分散。两种金属氧化物的相互作用增强了酸度，而氧化钨低聚物的增加是乙二醇选择性更高的原因。由于壳层对 Pd 纳米颗粒具有保护作用，反应过程中 Pd 没有发生烧结和明显的损失，只有少量分布在孔隙和表面的钨和铝损失，因此，催化剂在经过 5 次循环后，乙二醇选择性仍然保持在 48.5%，展示出了极佳的催化性能。

除此以外，为了提高乙二醇的产率，还有研究对制备工艺进行了优化设计。Yang 等（2020）首次提出了一种高效的生物质制备乙二醇工艺，其研究结果表明，生物质气化炉的最佳温度为 1300℃，氧/生物质的最佳比为 0.4t/t，乙二醇合成反应器的最佳反应温度、压力和 H$_2$/碳酸二甲酯（DMC）比分别为 220℃、4.0MPa 和 4.5kmol/kmol。经过碳和㶲分析，计算得出该工艺的碳效率和㶲效率分别为 37.64% 和 38.74%，为使用生物质制备乙二醇提供了新的工艺路线。

还有研究者对生物质材料的酶解糖化等工艺进行了深入研究。Choomwattana 等（2016）提出了一种从生物质中生产 DMC 和 EG 的综合生产工艺，DMC 和 EG 的摩尔分数可以达到 99.5%。该工艺采用生物质燃烧，无须任何外部热源即可自给自足，所有性能指标均在能源自给条件下评估。他们发现，供给气化器与燃烧器的生物质的比率为 0.38:0.62，该过程实现的 C、H 和 O 原子效率分别为 35.83%、53.19% 和 40.31%。当采用换热网络时，该过程的 C、H 和 O 原子效率可以分别提高至 42.49%、61.83%、45.21%，同时进入气化器和燃烧器的生物质比增至 0.46:0.54。由于所有能源都是由生物质本身提供的，该过程被认为是碳中性的，从生物质到化学品的二氧化碳固定比例为 0.31，这项研究为从"碳中和"角度制备 EG 奠定了基础。Wei 等（2021）提出了 5 种酸或碱催化的 EG 有机溶剂预处理方法，并对其用于甘蔗渣制糖进行了比较。结果表明，与单一 EG/H$_2$O 预处理相比，EG/H$_2$O-HCl 预处理对半纤维素（约为 99.3%）和木质素（约为 67.1%）的去除率更高，主要是由于 HCl 与 EG 的协同作用。EG/H$_2$O-NaOH 预处理也有利于木质素的去除（约为 90.9%），但对半纤维素的降解效果较弱（约为 28.8%）。EG/H$_2$O-HCl 和 EG/H$_2$O-NaOH 预处理对预处理固体中纤维素有较好的保留能力。酶解糖化后，EG/H$_2$O-HCl 预处理的最大葡萄糖回收率为 94.3%，略高于 EG/H$_2$O-NaOH 预处理的 92.5%；但其木糖回收率仅为 77.3%，显著低于 EG/H$_2$O-NaOH 预处理的 93.5%。

此外，在上述酸、碱催化的有机溶剂预处理中，通过稀释或酸化预处理后的液体，还可以回收一定数量的木质素。上述研究为从木本油料生物质产品高效制备乙二醇提供了新的依据。总之，基于生物质制备乙二醇的技术经过近十年的发展，基础研究和工业生产都取得了长足的进步和发展，同时也诞生了很多制备技术和分离提纯方法，如双相萃取系统、固定床结合的半间歇式微波加热反应器（Manaenkov et al.，2019）。这些新方法和工艺的加入，极大地推动了乙二醇的工业化生产。以纤维素或生物质为基础，大规模生产乙二醇仍存在许多挑战，包括基质预处理、高效廉价催化剂制备、适中的催化条件、低能耗的产品分离和纯化新技术，以及副产物的高价值利用等，每一步都需要单独研究，以证明这些工艺的可行性。这一领域的研究迫切需要解决上述悬而未决的问题，使其能够在未来成功应用。

12.3　C3 体系产品

12.3.1　乳酸

12.3.1.1　性质及应用

乳酸是一种有机羧酸，分子式为 CH$_3$CH(OH)COOH，属于 α-羟酸，又称为 α-羟基丙酸、丙醇酸或 2-

羟基丙酸（Sánchez et al.，2012）。乳酸具有旋光性（Kitpreechavanich et al.，2016），在常温下是无色澄清或微黄色黏稠状液体，几乎无臭，味微酸，具有吸湿性和强酸位；易溶于水、乙醇和甘油，微溶于乙酸，不溶于氯仿、苯和二硫化碳等。乳酸是三大有机酸之一，广泛应用于食品、材料、化妆品、纺织、环保和医药等行业（Dusselier et al.，2013）。

12.3.1.2 合成路径

目前，乳酸的工业制法主要有化学合成法、酶化法和微生物发酵法（Ghaffar et al.，2014）。其中，化学合成法主要有乳腈法和丙烯腈法。化学合成法虽然制备工艺简单且反应速度快，但是存在原料有毒且污染环境等问题（刘晓飞等，2021；Gao et al.，2011），和当前"碳中和"的背景不符合。酶化法主要有氯丙酸酶和丙酮酸酶转化法。酶化法生产工艺复杂，制备工艺对 pH 和温度要求较为严苛，难以大面积生产（李伏坤等，2019）。微生物发酵法一般以玉米和甘薯等淀粉质为原料，在根霉菌和乳酸菌等工程菌的作用下发酵而成。微生物发酵法产物安全性高、发酵条件温和、发酵产物纯度较高（Díaz et al.，2020），是较为理想的制备工艺。近年来，出于对粮食安全的考量，微生物发酵法逐渐转向以生物质材料为原料制备乳酸（Ajala et al.，2020），并取得了许多突破。

12.3.1.3 当前研究现状及前景

Zhang 和 Vadlani（2015）选择使用短乳杆菌 ATCC 367 生产乳酸，该菌株具有一种松弛的碳分解代谢抑制机制，可以同时利用葡萄糖和木糖；而葡萄糖和木糖混合物的乳酸产率仅为 0.52g/g，且在乳酸生产过程中还能生成 5.1g/L 的乙酸和 8.3g/L 的乙醇。短乳杆菌与胚芽乳杆菌 ATCC 21028 共培养后可显著提高乳酸产量，降低乙醇产量。胚乳杆菌比短乳杆菌消耗了更多的葡萄糖，这意味着短乳杆菌主要将木糖转化为乳酸，而副产物乙醇由于发酵系统中 NADH 的生成较少而减少。短乳杆菌和胚乳杆菌的连续共发酵可使杨树水解液的乳酸产量提高到 0.80g/g，并可使经过碱法处理的玉米秸秆的乳酸产量提高到 0.78g/g，且副产物生成较少。生物质的纤维素和半纤维素组分的有效利用将会提高乳酸的整体产量，并使生产生物可降解塑料的经济过程成为可能。

Zhang 等（2016）以 1%氢氧化钠处理的玉米秸秆和高粱秸秆为底物，分别通过顺序糖化发酵和同步糖化共发酵（SSCF）制备 D-乳酸，商业纤维素酶（Cellic CTec2）用于水解木质纤维素生物质，利用 L-乳酸缺失突变株植物乳杆菌 NCIMB 8826ldhL1 及其含有木糖同化质粒的衍生物（ΔldhL1-pCU-PxylAB）进行发酵。SSCF 过程的优点是避免了从木质纤维素生物质中释放糖的反馈抑制，从而显著提高了 D-乳酸的产量和生产速率。他们利用 ΔldhL1-pCU-PxylAB 和 SSCF 工艺从玉米秸秆中获得 D-乳酸的浓度和产率分别为 27.3g/L 和 0.75g/（L·h），从高粱秸秆中获得 D-乳酸的浓度和产率分别为 22.0g/L 和 0.65g/（L·h）。利用木质纤维素生物质中存在的木糖，重组菌株产生的 D-乳酸浓度高于突变菌株。上述研究表明，利用可再生木质纤维素生物质作为传统原料的替代品，通过代谢工程乳酸菌生产 D-乳酸的潜力巨大。

Müller 等（2017）评估了使用含多糖裂解单加氧酶（LPMO）的纤维素酶混合物与乳酸菌组合从蒸汽闪爆桦木中生产乳酸的效率，研究了单独水解和发酵（SHF）以及同步糖化和发酵（SSF）在生产乳酸中的差异。虽然 SSF 通常被认为更有效，因为它避免了可能抑制纤维素酶的糖积累，但他们的研究中建立的 SHF 产生的乳酸比 SSF 多 26%～32%。这主要是在 SSF 过程中 LPMO 与发酵微生物之间的氧气竞争导致 LPMO 活性降低，从而降低了木质纤维素底物的糖化效率。通过通气的方式，可以激活 SSF 中的 LPMO，但由于代谢途径转向生产乙酸，产生的乳酸较少。Müller 等（2017）的这项研究表明，可以从木质纤维素生物质中有效地生产乳酸，但由于糖化步骤需要氧气，因此在发酵过程中使用含 LPMO 的纤维素酶混合物需要重新考虑传统工艺设置，这为高效生产乳酸提供了新的工艺优化思路。

Shahab 等（2018）以兼性厌氧乳酸菌为研究对象，构建了一种人工跨界共生菌群，并与该菌共培养了一种需氧菌——里氏木霉菌，用于纤维素分解酶的分泌，他们设计了生态位，使其能够形成一个空间结构的生物膜。5%（*W/W*）微晶纤维素可产生 34.7g/L 乳酸。转化预处理木质纤维素生物质的挑战包括抑制剂的存在、乙酸的形成和碳分解代谢产物的抑制。在联合生物加工（CBP）体系中，己糖和戊糖同时被消耗，代谢交叉饲喂使乙酸的原位降解成为可能。实验结果表明，经蒸汽预处理后的山毛榉木材可产生 19.8g/L（最大理论值的 85.2%）乳酸，且乳酸纯度较高。这些结果表明，基于联合体的 CBP 技术在一步从预处理的木质纤维素生物质生产高价值化学品方面具有潜力。

Niccolai 等（2019）研究了以冻干的钝顶节旋藻 F&M-C256 为底物，使用益生菌胚芽乳杆菌进行乳酸发酵，发酵48h 后，细菌浓度为 10.6CFU/mL，乳酸浓度达到了 3.7g/L。冻干的 F&M-C256 生物质被证明是胚芽乳杆菌 ATCC 8014 生长的适宜底物。他们还研究了乳酸发酵对钝顶节旋藻体外消化率和抗氧化活性的影响。发酵后虽然消化率提高了 4.4%，但无统计学意义；抗氧化活性和总酚含量显著提高，分别提高了79%和 320%。他们的研究证明了钝顶节旋藻 F&M-C256 生物质作为基质生产益生菌产品的潜力。2020 年，Azaizeh 等（2020）研究了从不同木质纤维素生物质中生产乳酸，他们使用菌株凝结芽孢杆菌和酵母提取物从香蕉花梗生产乳酸，产率为 26.6g/L，产量为 0.90g/g 糖。用酵母提取物发酵甘蔗生产乳酸，产率为46.5g/L，产量为 0.88g/g 糖。与不添加酵母提取物时的乳酸产率相比[1.95g/(L·h)]，添加酵母提取物后角豆树生物质的乳酸产率可提高 3.2g/(L·h)，虽然两者的乳酸产量相同，但在使用和不使用酵母提取物的情况下乳酸的产率分别为 54.8g/L、51.4g/L。进行 35L 规模中试，在不含酵母提取物的前提下使用角豆生物质发酵，产量为 0.84g 乳酸/g 糖，乳酸产率为 2.30g/(L·h)，这表明未来的乳酸工业生产很有前景。

Pontes 等（2021）分析了两种不同的 *L*-乳酸生产策略，即 SHF 和 SSF。尽管 SSF 的体积生产率为2.5g/(L·h)，高于 SHF 的 0.8g/(L·h)，但两种测定法获得的葡萄糖对乳酸的产量均为 1g/g。因此，他们进一步通过因子设计优化了 SSF 过程，以评估自变量、固体负载（SL）和酶底物比（ESR）对乳酸生产的影响。当固体负载量为 16%和酶基质比为 54FPU/g 时，生产的乳酸的浓度最大。最后，对实验条件优化后，在生物反应器中生产 *L*-乳酸，44h 后得到 61.74g/L 的乳酸，光学纯度为 98%，乳酸产率为 0.97g/g。该研究显示了多种来源的未开发木质纤维素生物质作为 LA 发酵原料的潜力。

12.3.2 甘油

12.3.2.1 性质及应用

甘油别名丙三醇，是一种有机物，分子式为 $C_3H_8O_3$，为无色、无臭、味甜且透明的黏稠液体（Pagliaro and Rossi，2008），广泛存在于烟草和可可中。甘油有一定的吸湿性，能从空气中吸收潮气，也能吸收 H_2S、HCN 和 SO_2，能与水、乙醇、酚类和胺类混溶，不溶于苯、氯仿、四氯化碳、二硫化碳、石油醚和油类等（Christoph et al.，2006）；可燃，遇到二氧化铬等强氧化剂等可引起燃烧和爆炸；化学性质活泼，能发生酯化、酯交换、脱水、羧基化、硝化和乙酰化等反应（Pagliaro et al.，2007），广泛应用于食品工业、医药、化工、涂料工业、纺织和印染工业及能源工业等行业（Wang et al.，2001；Morrison，2000）。

12.3.2.2 合成路径

目前，工业生产甘油的方法主要有：以油为原料，借助水解反应或者通过酯交换反应制得；以丙烯为原料，通过氯化或氧化反应制备（Bagnato et al.，2017）。此外，还可以以淀粉、糖类和农产品等为原料，借助于发酵工程菌（如酿酒酵母、念珠菌、枯草芽孢杆菌等细菌）和杜氏藻等藻类发酵得到（Manosak et al.，2011）。前二者以油和丙烯为原料制备甘油，其工艺涉及较为严苛的反应条件，耗能较高且污染环境，因此以发酵法制备甘油是未来大规模制备甘油的发展方向。

12.3.2.3 当前研究现状及前景

Jojima 等（2015）研究了在缺氧条件下以葡萄糖为原料，利用谷氨酸棒状杆菌制备甘油的反应路径。

结合酶学和遗传学研究，他们提出了如下的反应理论及路径：甘油主要由 1,3-二羟基丙酮（DHA）产生，反应由(S,S)-丁二醇脱氢酶（ButA）催化，该酶本身可以催化 S-乙炔和(S,S)-2,3-丁二醇之间的相互转化。磷酸二羟丙酮（DHAP）被二羟基丙酮磷酸脱磷酸化酶（HdpA）脱磷酸化为 DHA，DHA 随后被 ButA 还原为甘油。

Ji 等（2016）对产甘油假丝酵母的甘油生产能力进行了深入探究。为了评价丝裂原活化蛋白激酶基因 CgHOG1 的多重作用，他们在二倍体原念珠菌中构建了一个基因破坏系统，获得了 CgHOG1 缺失突变体。在非诱导条件下，CgHOG1 突变体的假菌丝生成表明其在形态转变中具有抑制作用。破坏 CgHOG1 将导致渗透性、乙酸和氧化应激敏感性增加，但不影响耐热性。在 CgHOG1 突变体中，NaCl 休克不能刺激细胞内甘油的积累。此外，突变体 CgHOG1 在 YPD 培养基中表现出显著的长时间生长迟滞期，而甘油产量没有下降，但突变体不能在高渗透条件下生长，培养基中也没有检测到甘油。这些结果表明，CgHOG1 在形态形成和多重胁迫耐受中发挥重要作用，渗透胁迫下原念珠菌的生长和甘油过量生产严重依赖于 CgHOG1 激酶。Zohri 等（2017）在含有 30%蔗糖的恰佩克培养基（Czapek medium）上分离到 8 属 22 种嗜渗和/或耐渗丝状真菌，主要包括烟曲霉、黄曲霉和红曲霉。他们利用含 10%NaCl 和 3%亚硫酸氢钠的 Czapek 培养基（Cz10NaCl），筛选了 22 种 55 株分离菌胞外甘油的产率。他们发现所有菌株都能生产甘油，但产量不同（0.03～0.55g/L），产量较高的是克拉维曲霉菌、烟曲霉菌、土曲霉菌、黑曲霉菌和杜克青霉菌，这些菌株产生的细胞外甘油量范围为 0.51～0.55g/L（5.54～5.98mL/mol）。此外，花叶拟单胞菌和棒状拟单胞菌的胞外产甘油量分别达到了 5.98mL/mol、5.87mL/mol，转入无菌蒸馏水 24h 后，甘油的产量分别为 63.84mL/mol、28.90mL/mol。

Hawary 等（2019）通过紫外诱变从海洋沉积物中分离的异常维克汉姆酵母来提高甘油产量。他们还对该突变株的培养条件进行了优化，并对其生长和甘油合成动力学参数进行了分析，未经处理的菌株甘油产量为 66.55g/L，在紫外线中暴露 5min 后，甘油产量明显提高了，达到 80.15g/L。Zhang 等（2020）在马克斯克鲁维酵母菌 NBRC1777 中发现了一个编码磷酸丙糖异构酶（TPI）的 TPI1 基因。TPI1 基因在 KU70 缺陷的马克斯克鲁维酵母菌中被删除，得到了 YZB115。YZB115 能以葡萄糖、果糖或木糖为唯一碳源生长，这与缺失 TPI1 的酿酒酵母菌株相反。在有氧条件下，YZB115 在 42℃下发酵 80g/L 葡萄糖、果糖和木糖，甘油产率分别为 0.84g/（L·h）、0.50g/（L·h）和 0.22 g/（L·h）。当使用己糖为碳源发酵时，产率约为 0.5 g/g，是理论最大值的 98%；当以木糖为碳源时，产率下降到 0.22 g/g。他们的研究表明，马克斯克鲁维酵母菌具有利用纤维素、木质纤维素和菊粉生物质在高温下生产甘油和甘油衍生物的潜力。Rasmey 等（2020）从海洋沉积物中分离出了假丝酵母菌，并以不同的生物质为原料生产甘油。当以葡萄糖为原料且浓度为 225g/L 时，最大比甘油产量（V_{max}）为 0.101g/g（甘油产量/生物量）；而当葡萄糖浓度为 150g/L 时，最大比甘油生长速率（μ_{max}）为 0.211h^{-1}。甘油（Y_P/S）和生物量（Y_X/S）的产量系数分别为 0.3576g/g 和 0.1128g/g。这些结果表明，使用假丝酵母菌在甘油生产中潜力巨大。Rasmey 等（2020）用紫外光诱变的海洋异常维克汉姆酵母菌 HH16-MU15 为工程菌，从果皮中提取甘油。他们分别以香蕉、橘子、杧果和石榴为原料，采用机械和水热两种方法对果皮进行预处理后发酵成甘油。发酵 96h 后，以橙皮为原料，异常维克汉姆酵母菌 HH16-MU15 酶解液的最大纤维素酶活性为 8.911U/mL，总还原糖浓度为 48.59g/L，甘油产率达到的最大值为 35.25g/L^{-1}，他们的研究为从木本油料生物质制备甘油奠定了基础。Ali 和 Zohri（2021）对发酵法生产甘油的工艺进行了深入探究。他们采用响应面法对异常维克汉姆酵母菌 AUMC 11687 进行了甘油生产条件优化。他们使用具有 4 个因素和 3 个水平的 Box-Behnken 设计方法，对 4 个自变量（温度、pH、糖和甘油浓度作为渗透压调节剂）进行了研究，通过统计回归分析和曲面图计算发酵制备甘油的最佳条件。他们发现，最大甘油产量的最佳生产参数是 33.34℃、pH 为 6.9、22.454%的糖和 6.307%的初始甘油作为渗透压调节剂。结果证明了异常维克汉姆酵母菌 AUMC 11687 是一种很有前途的酵母菌，在大规模甘油生产中具有巨大的应用潜力。Sun 等（2021）基于纤维素原料和肺炎克雷伯菌工程菌，研究了提高甘油产量的方法。他们通过敲除肺炎克雷伯菌中编码磷酸三糖异构酶的 tpiA 基因，以阻止糖酵解过程中磷酸二羟丙酮的进一步分解代谢，发现谷氨酸棒杆菌过表达 hdpA 后，工程菌株从葡萄糖中生产二羟基丙酮和甘油的产量显著增加。肺炎克雷伯菌中有两种二羟基丙酮激酶，为了防止磷酸二羟基丙酮和二羟基丙酮之间的低效反应循环，敲除编码甘油醛 3-磷酸脱氢酶同工酶的 *gapA* 后，二羟基丙酮激酶都被破坏，得到的菌株的二羟基丙酮和甘油的产量有了进一步的提高。他们还发现，pH 6.0 和较少的空气补充是肺炎克雷伯菌生产二羟基丙酮和甘油的最佳条件。在补料分批发酵中，培养 91h 后二羟基丙酮和甘油的产率分别为 23.9g/L 和 10.8g/L，葡萄糖总转化率为 0.97mol/mol。

12.4　C4 体系产品

在所有木本油料生物炼制平台化学产品中，最具代表性的 C4 体系产品是琥珀酸，以下将重点介绍琥珀酸。

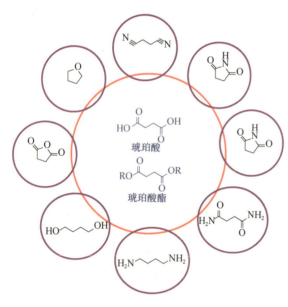

图 12-8　琥珀酸或其酯的衍生物

12.4.1　性质及应用

琥珀酸又名丁二酸，是一类重要的生物质基羧酸化合物，也是合成燃料添加剂、食品添加剂、护肤品、医药、生物聚合物、增塑剂等精细化学品的重要基础原料（Verma et al.，2020；Bechthold et al.，2008）。在当前的化工行业，琥珀酸或其酯的衍生物主要分为四大类（Verma et al.，2020；Abou et al.，2019；Haus et al.，2019；Kang et al.，2016；Bechthold et al.，2008）（图 12-8）：第一类是非环的含氧化合物，如 1,4-丁二醇；第二类是非环的含氮化合物，如 1,4-丁二胺、丁二酰胺和丁二腈；第三类是含氧的杂环化合物，如四氢呋喃和琥珀酸苷；第四类是含氧和氮的杂环化合物，如吡咯烷酮。琥珀酸酯（丁二酸酯）和琥珀酸的性质相似，因而琥珀酸和琥珀酸酯的合成都受到广泛关注。

12.4.2　合成路径

合成琥珀酸的方法主要有生物发酵法和化学合成法。当前国内外研究琥珀酸生产的热门菌种有产琥珀酸厌氧螺菌、产琥珀酸放线杆菌、谷氨酸棒杆菌和大肠杆菌（杨建刚等，2013；Chen et al.，2016b；Liu et al.，2013）。因为大肠杆菌为兼性厌氧菌，具有遗传背景清楚、代谢网络明确、易操作、易调控、培养基要求简单、生长迅速等优点，近年来被广泛用于研究琥珀酸代谢途径和提高琥珀酸产量（沈圆圆等，2017；Akhtar et al.，2014）。但是生物发酵法存在发酵周期长、生产量和效率较低等缺点，不足以生产出满足社会对琥珀酸需求的量。因而，化学合成法合成琥珀酸依然是化工领域研究的重点。

化学合成法又分为以石油资源为原料的传统化学合成法和以生物质资源为原料的可再生化学合成法。但由于石油资源的减少和环境污染日益严重等问题，传统化学合成法的弊端日益显现。而以生物质资源为原料的可再生化学合成法越来越受重视。

从报道的文献看，以生物质资源为原料合成琥珀酸的反应路径可以大致分为以下三种（Thubsuang et al.，2020；Rizescu et al.，2017a；Dutta et al.，2015）（图 12-9）：第一种是以糠醛为底物，经呋喃-2-醇和呋喃-2(3H)-酮中间体转化为琥珀酸；第二种是以乙酰丙酸为底物，经 4-甲氧基-4-丁酮酸中间体转化为琥珀酸；第三种是以葡萄糖为底物，经酒石酸和富马酸中间体转化为琥珀酸。这三种路线都经历了拜耳-维立格（Baeyer-Villiger）氧化裂解反应，因而需要氧化剂（双氧水或氧气）的参与。

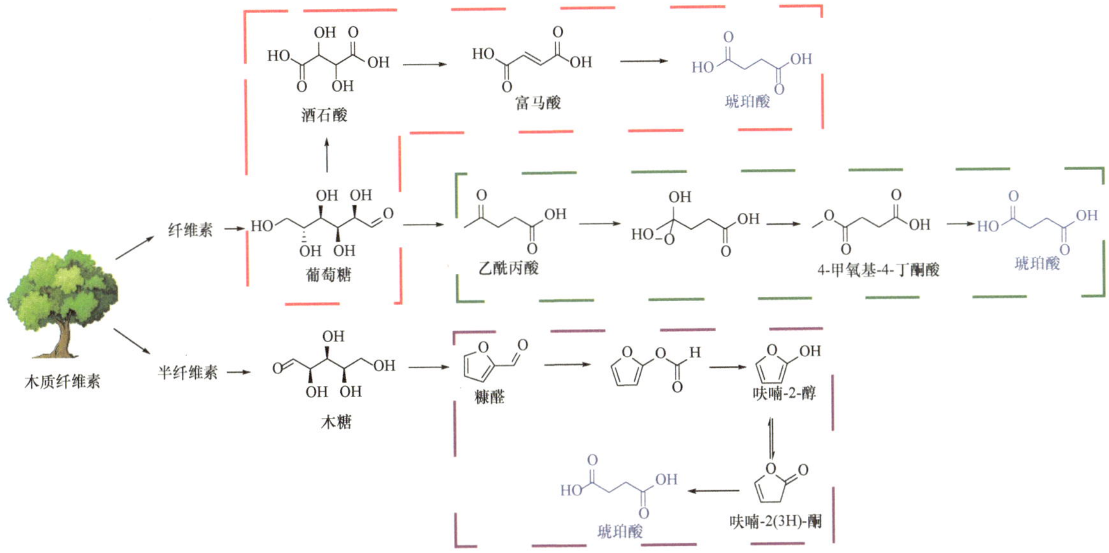

图 12-9 生物质资源转化为琥珀酸的反应路径

12.4.3 研究进展及展望

糖醛是半纤维素的衍生产物，其转化琥珀酸的研究受到了广泛关注并取得可喜的成果（表 12-4）。Fukuoka 及其同事以 Sn-Beta 沸石为催化剂，以 H_2O_2 为氧化剂，在 50℃和 6h 的条件下，将糖醛转化为琥珀酸，并获得 53%的产率（Palai et al.，2022）。试验结果表明，呋喃-2(3H)-酮是糖醛转化为琥珀酸的关键中间体，Sn-Beta 沸石的路易斯酸密度与产物的生成速率是成正比的，且糖醛转化为琥珀酸是路易斯酸催化机制。

表 12-4　糖醛在不同催化剂作用下转化为琥珀酸的反应条件及产率

序号	催化剂	氧化剂	反应条件	产率/%	参考文献
1	Sn-Beta	H_2O_2	50℃、6h	53.0	Palai et al.，2022
2	Amberlyst-15	H_2O_2	80℃、24h	74.0	Choudhary et al.，2013
3	graphene oxide	H_2O_2	70℃、24h	88.2	Zhu et al.，2019
4	SO_3H-CD-carbon	H_2O_2	60℃、1h	81.2	Maneechakr and Karnjanakom，2017
5	Dowex-G26	H_2O_2	80℃、4h	75.7	Kingkaew et al.，2020

除了路易斯酸，布朗斯特酸也能催化糖醛转化为琥珀酸。Ebitani 的研究团队发现，酸性大孔树脂 Amberlyst-15 在以 H_2O_2 为氧化剂、80℃和 24h 的条件下，糖醛能高效转化为琥珀酸，并得到 74%的产率（Choudhary et al.，2013）。因此，以 H_2O_2 为氧化剂，路易斯酸和布朗斯特酸均能促进糖醛转化为琥珀酸。2017 年，Rakshit 及其同事直接以半纤维素水解液为原料来合成琥珀酸（Dalli et al.，2017）。半纤维素水解液的主要成分为低聚木糖（浓度为 52.3g/L）和木糖（浓度为 31.97g/L）。他们采用两步法实现了半纤维素水解液至琥珀酸的高效转化，即首先采用稀硫酸催化低聚木糖和木糖转化为糖醛，然后用甲苯萃取出合成的糖醛，再采用 Amberlyst-15-H_2O_2 催化体系将糖醛转化为琥珀酸，琥珀酸的最终产率为 52.34%。

Zhu 等（2019）研究发现，采用改性 Hummers 法制备的氧化石墨烯（graphene oxide）也能在以 H_2O_2 为氧化剂的体系中高效催化糖醛转化为琥珀酸，在 70℃和 24h 的条件下，琥珀酸的产率高达 88.2%。结果表明，氧化石墨烯的高催化活性与其具有的独特的二维基面结构和边缘带有磺酸基团（—SO_3H）有关，其中二维基面结构可以使催化材料与反应底物有充分的接触率，而磺酸基团能高效催化糖醛转化为琥珀酸。其他磺酸功能化的材料，如 SO_3H-CD-carbon（环糊精首先碳化，然后以羟乙基磺酸为磺化试剂引入磺酸官能团，即得到 SO_3H-CD-carbon 催化剂）（Maneechakr and Karnjanakom，2017），也能高效催化糖醛转化为琥珀酸，在超声作用下和 60℃、1h 的条件下，能获得 81.2% 的琥珀酸产率。此外，其他带有磺酸官能团的酸性树脂如 Dowex-G26 也被报道能催化糠醛转化为琥珀酸（75.7% 的产率）（Kingkaew et al.，2020）。

综上，路易斯酸和布朗斯特酸均能有效促进糠醛转化为琥珀酸，但是布朗斯特酸的促进作用尤为明显。其中，磺酸功能化的催化材料能在温和的条件下实现糠醛至琥珀酸的高效转化。不过将反应底物扩展至糠醛的前驱体（如木糖和半纤维素）的研究有待更深入的探讨。

在生物质衍生物中，除了糠醛，乙酰丙酸也常被用作原料来制备琥珀酸（表 12-5）。在以 H_2O_2 为氧化剂的体系中，三氟乙酸能有效催化乙酰丙酸转化为琥珀酸，琥珀酸的产率为 62%（Dutta et al.，2015）。虽然三氟乙酸对乙酰丙酸转化为琥珀酸具有较好的活性，但是它是均相酸，产物的分离提纯较困难（需要蒸馏才能实现催化剂与产物的分离）。因此，异相催化剂的研制是乙酰丙酸转化为琥珀酸研究领域的热点。

表 12-5　乙酰丙酸在不同催化剂作用下转化为琥珀酸的反应条件及产率

序号	催化剂	氧化剂	反应条件	产率/%	参考文献
1	三氟乙酸	H_2O_2	90℃，2h	62	Dutta et al.，2015
2	Ru(III)/functionalized silica-coated magnetic nanoparticles [Ru(III)-MNP]	1.4MPa O_2	150℃，6h	78.2	Podolean et al.，2013
3	H_2WO_4	H_2O_2	90℃，6h	36	Carnevali et al.，2018
4	I_2-t-BuOK	—	室温，5min	87	Kawasumi et al.，2017

Podolean 等（2013）报道，Ru(III)/functionalized silica-coated magnetic nanoparticles[Ru(III)-MNP]催化剂（即氨基功能化的二氧化硅包裹磁性纳米粒子，然后再负载 Ru^{3+}）能高效催化乙酰丙酸转化为琥珀酸，在 1.4MPa O_2、150℃ 和 6h 的条件下，琥珀酸的产率高达 78.2%。虽然琥珀酸的产量较高，但是所构建的反应体系中需要较高的 O_2 压力，限制了其大规模推广应用。Carnevali 等（2018）研究发现，H_2WO_4 能在温和的条件下（90℃、6h）实现乙酰丙酸至琥珀酸的转化，但是琥珀酸的产率较低（36%）。因此，寻求能在较温和的条件下实现乙酰丙酸至琥珀酸高效转化的异相催化剂仍然是琥珀酸合成领域的难点。

除了常规的氧化剂如 H_2O_2 和 O_2，I_2 也被探讨用于乙酰丙酸氧化转化为琥珀酸的研究（Nandiwale et al.，2021）。Uchiyama 及其同事采用 I_2 与叔丁醇钾，在叔丁醇溶剂中，催化乙酰丙酸氧化脱甲基而转化为琥珀酸。在室温下 5min，即可得到 87% 的琥珀酸产率。此反应机制不同于前面介绍的 Baeyer-Villiger 氧化机制，而是基于碘仿反应中的氧化脱甲基作用机制。效果虽佳，但是此体系为均相体系，反应成分复杂，难以工业化推广应用。

糠醛和乙酰丙酸都是生物质衍生物，可由葡萄糖或果糖转化得到。如果直接以葡萄糖或者果糖为原料合成琥珀酸则能省去中间体的分离提纯，节省生产成本；而且六碳糖是自然界中含量最多的单元糖，直接以六碳糖为原料合成琥珀酸，更有应用前景。因此，以葡萄糖或果糖为原料合成琥珀酸的研究越来越受重视。

Rizescu 等（2017a）报道，氧化石墨烯经胺化和还原而得到的 NH_2-rGO 材料，对催化葡萄糖转化为琥珀酸具有较好的效果，在 1.8MPa O_2、160℃ 和 20h 的条件下，琥珀酸的产率为 67.9%。丙胺功能化的 SiO_2 包裹磁性纳米粒子然后再负载 Ru^{3+}（即 Ru@MNP），在正丁胺的辅助作用下，也能高效催化葡萄糖转化为琥珀酸，能获得 87.5% 产率的琥珀酸（1.0MPa O_2，180℃，1.5h）（Podolean et al.，2016）。此体系虽然效果很佳，但是正丁胺的加入，使得产物提纯难度增加。于是，Podolean 等（2018）设计制备了有机胺（如 2-氨基酚和乙二胺）功能化的纳米碳材料负载 $RuCl_3$（即 Ru@MNP-MWCNT），并用于催化葡萄糖转化为琥珀酸。在 1.0MPa O_2、180℃、4h 的条件下，琥珀酸产率为 86.7%。基于用有机碱（如有机胺）功能化的材料催化葡萄糖转化为琥珀酸的体系可避免有机碱的引入这一策略，Rizescu 等（2017b）设计制备了氮掺杂的石墨烯负载 $RuCl_3$（即 Ru/NH_2-rGO），对葡萄糖转化为琥珀酸也表现出高的催化活性，能得到 87% 产率的琥珀酸（1.8MPa O_2，160℃，20h）。Ventura 等（2018）研制的催化体系因不需有机碱的添加，在产物的分离提纯上具有巨大优势，从而更具工业化的前景。除了有机胺功能化的催化材料，铁修饰改性的碳纳米管负载氧化钒，即 V-Fe@CNT，对葡萄糖转化为琥珀酸也有一定的催化活性（琥珀酸产率为 7.7%）。

综上，对于葡萄糖转化为琥珀酸，目前所开发的异相催化剂中，有机胺功能化的催化材料具有较好的活性。但是都存在一个共同的问题，那就是需要较高压力的氧气。因此，研制常压催化体系用于葡萄糖转化为琥珀酸将是后续研究的重点和难点。

除葡萄糖外，果糖也可以作为原料合成琥珀酸（表 12-6）。例如，He 等（2021b）以 Amberlyst-70 为催化剂，在 1.0MPa O₂、130℃和 4h 的条件下，能获得产率为 31%的琥珀酸二甲酯。在此反应体系中，果糖首先在 Amberlyst-70 的作用下转化为乙酰丙酸甲酯，乙酰丙酸甲酯在 Amberlyst-70 作用下氧化转化为琥珀酸二甲酯（类似于乙酰丙酸至琥珀酸的转化路径）。果糖转化为琥珀酸的反应温度相对较低，但是有关如何进一步提高琥珀酸（或琥珀酸酯）的产率还有待进一步的研究。

表 12-6　葡萄糖或果糖在不同催化剂作用下转化为琥珀酸的反应条件及产率

序号	催化剂	氧化剂	反应条件	产率/%	参考文献
1	NH₂-rGO	1.8MPa O₂	160℃，20h	67.9	Rizescu et al.，2017a
2	Ru@MNP	1.0MPa O₂	180℃，1.5h 0.5mmol 正丁胺	87.5	Podolean et al.，2016
3	Ru@MNP-MWCNT	1.0MPa O₂	180℃，4h	86.7	Podolean et al.，2018
4	Ru/NH₂-rGO	1.8MPa O₂	160℃，20h	87	Rizescu et al.，2017b
5	V-Fe@CNT	2.0MPa O₂	150℃，12h	7.7	Ventura et al.，2018
6[①]	Amberlyst-70	1.0MPa O₂	130℃，4h	31[②]	He et al.，2021b

注：①果糖用作底物；②目标产物为琥珀酸二甲酯

12.5　C5 体系产品

12.5.1　糠醛

12.5.1.1　性质及应用

糠醛是一种有机化合物，又称为 2-呋喃甲醛或 2-糠醛或呋喃甲醛，分子式为 C₄H₃OCHO，有特殊香味，为无色透明油状液体，暴露于空气中会快速变成黄色（Baktash et al.，2015），在光、热、空气和无机酸的作用下颜色很快变为黄褐色，并发生树脂化；微溶于冷水，溶于热水、乙醇、乙醚和苯，与乙醇和乙醚混溶；易与蒸气一同挥发，其蒸气可与空气形成爆炸性混合物。由于分子中有醛基和二烯基醚官能团，糠醛具有醛、醚、二烯烃等化合物的性质，可发生有氧化、氢化、硝化、脱羧和缩合等反应（张军等，2021），广泛应用于化工、食品工业、医药、农业和建筑工业等行业（付延春等，2021；李子黎等，2018）。

12.5.1.2　合成路径

糠醛主要由生物质中半纤维素组分水解转化形成（Zhou et al.，2017b），因而来源广泛且简单易得，工业上糠醛的生产工艺主要是：以无机酸作为催化剂，用一步法或两步法水解工艺产生（Lee and Wu，2021；殷艳飞等，2011）。在两步法工艺中，生物质原料在酸的参与下水解成单糖后进一步脱水形成糠醛；一步法工艺则是在催化剂的作用下，戊聚糖水解并脱水形成糠醛。虽然一步法和两步法使用广泛，但是其工艺中使用的无机酸催化剂难以回收且会对设备造成腐蚀，同时也会对环境造成一定的污染,（付延春等，2021），不符合当前"碳中和"的背景，因此基于新的工艺制备糠醛显得尤为重要。目前基于生物质制备糠醛，研究较多的新的工艺方法主要有水解法（Deng et al.，2015）、热解法（Chen et al.，2019；Chen et al.，2018b）和微波加热技术（Luque et al.，2012），这些技术在实际的应用中展现出了巨大的潜力。

12.5.1.3 当前研究现状及前景

Barbosa 等（2014）通过加氢蒸馏工艺，以硫酸、盐酸和磷酸作为催化剂，从桉木中提取了糠醛。以生物质干重计，糠醛产量为 13.9%。使用来自水解牛皮纸工艺的桉树液产生糠醛的转化效率为 71.5%。Harry 等（2014）研究了以亚麻秸秆为原料，使用高压釜反应器，在亚临界水条件下制备糠醛并研究了其收率和亚麻秸秆液化的动力学，他们发现，表观活化能为 27.97kJ/mol，反应级数为 2.0，当反应条件为 250℃、6.0MPa、质量分数为 5%且达到设定条件后，糠醛的收率最佳，酸催化剂的选择性有利于糠醛的收率，亚麻秸秆转化率为 40%。Cai 等（2014）以枫木为原料，将金属卤化物与一种高度可调的共溶剂系统结合，使用可再生四氢呋喃（THF），以一种能够整合生物质分解和糖催化脱水的单相反应策略，制备糠醛，他们发现，$FeCl_3$ 与 THF 共溶剂的结合对于糠醛的生产特别有效，糠醛产率最高达到了 95%，远高于已有的文献报道。Brazdausks 等（2014）以桦木为原料制备了糠醛并研究了催化剂的量对糠醛收率的影响，他们发现，催化剂的量和原料中纤维素的量对糠醛产率影响较大，当催化剂的量从原料的 1.5%逐渐增加至 4.0%时，经过 90min 预处理后，糠醛的产率从 6.2%增加至 10.8%。

Peleteiro 等（2016）以球状桉木为原料经过热压缩水处理，从以纤维素和木质素为主的固相中分离出半纤维素（可溶性糖类）。将液相脱水，得到的固体（含有戊糖以及由戊糖组成的多糖和寡糖）在含有酸性离子液体（1-丁基-3-甲基咪唑硫酸氢盐）的介质中溶解并反应；以二恶烷为溶剂，在 120~170℃反应 8h 后，59.1%的底物转化为糠醛。Yong 等（2016）通过生物质衍生溶剂（超临界乙醇）和催化剂（甲酸）从油棕生物质中生产糠醛。该工艺 100%以生物质为基础，不添加任何合成化学品，乙醇可以通过生化或热化学转化过程从生物质中生产，甲酸是糠醛生产的副产品。在这项研究中，Yong 等在高压高温间歇反应器中评估了各项反应参数，包括温度（240~280℃）、反应时间（1~30min）、生物质用量（0.4~0.8g）以及醇酸比（1:1 和 1:2），糠醛收率最高达到了 35.8%，与其他商业和常规方法相当。虽然甲酸对糠醛的生成有促进作用，但反应温度对结果有显著影响。超临界乙醇作为溶剂和反应物的重要作用可以解释甲酸作为催化剂在反应中的作用微乎其微。超临界乙醇条件下糠醛的产率高，说明了这种生产方法的巨大潜力。Brazdausks 等（2016）研究了一种新颖的水解方法，可以以大麻屑为原料高产制备糠醛，同时也保留了剩余生物质中的纤维素，可用于其他生物转化过程，他们研究了不同温度范围（140~180℃）、催化剂用量（干生物质质量的 3%~7%）和处理时间（10~90min）对糠醛生成的影响。在 180℃且 $Al_2(SO_4)_3 \cdot 18H_2O$ 为干生物质质量的 5%条件下处理 90min，糠醛的最高收率达到理论收率的 73.7%。从生物炼制的角度来看，最佳水解参数为：160℃，$Al_2(SO_4)_3 \cdot 18H_2O$ 为干生物质质量的 5%，处理 90min。在这样的条件下，糠醛的收率为理论收率的 62.7%，99.2%的半纤维素被去除，95.8%的纤维素被保存并轻微解聚。

Zhang 等（2017b）开发了一种高效的双相预处理工艺，以提高桉树中糠醛和葡萄糖的产量，他们研究了甲酸和 NaCl 对水和各种双相系统中木糖生产糠醛的影响，实验结果表明，甲酸和 NaCl 的添加明显提高了糠醛的收率，其中 MIBK（甲基异丁基酮）/水的双相体系在糠醛的生产中性能最佳，在 MIBK/水体系中对桉树进行预处理，在 180℃处理 60min 后，糠醛的最大产率为 82.0%。Mohamad 等（2017）以油棕叶（OPF）为原料，开发了一种使用亚临界醇制备糠醛的新方法，他们还研究了反应参数（如反应温度、时间和醇的类型）对产率的影响，结果表明，在亚临界条件、较温和的温度和适中的反应时间下，可以实现较高的糠醛收率，所得产率与其他常规方法相当，表明亚临界醇技术在生产糠醛中的巨大潜力。

Lee 等（2019）研究了无水和水性氯化胆碱-二羧酸深共熔溶剂（DES）在不添加任何催化剂的情况下，以油棕叶制备糠醛，他们研究了不同碳链长度的二元羧酸和 DES 中水分含量对糠醛生产的影响。将油棕叶、DES 和水（0~5 mL）混合，在 100℃条件下反应，氯化胆碱-草酸水溶液（质量分数 16.4%）的糠醛产率最高为 26.34%，纤维素组分最高可达 72.79%。氯化胆碱-丙二酸水溶液和氯化胆碱-丁二酸水溶液虽然反应时间合适，但糠醛产率均小于 1%。Widsten 等（2018）以松木片为原料，在高温高压反应釜中使用由 $NaHSO_4/ZnSO_4$ 催化下的 THF/水双相系统或 H_3PO_4 催化下的丙酮/水双相系统制备糠醛（FF），在 160℃的

THF/水的双相系统中处理 90min 后，糠醛得率最高为 58%，而丙酮-水的双相体系的最佳条件为 170℃、30min，此时糠醛的产率为 62%。

Cornejo 等（2019）提出了一种灵活的两步生物质精炼法，用于从三种不同的原料生产葡萄糖和糠醛，他们通过选择预处理条件来推动葡萄糖或糠醛的生产。当以小麦秸秆或杨木为原料，在苛刻的预处理条件下可以得到聚糖含量高的固体，酶解葡萄糖的产率为 100%；而在温和的条件下，木聚糖水解产物可在双相加热条件下，经常规或微波加热后有效转化为糠醛。根据原料、热预处理和环化脱水条件，从原料转化木聚糖的产率为 45%~90%。50kg 的生物质，最多可产生 12.6kg 葡萄糖和 2.5kg 糠醛。虽然目前基于新的工艺制备糠醛未能实现大规模量产，但是这些新的工艺不仅从原料来源上有了更广泛的选择，在制备工艺上也更加经济环保。随着研究者的深入研究，这些新的工艺一定会诞生一批未来制备糠醛的主流工艺，为大规模制备糠醛提供更多理想的选择。

12.5.2 木糖醇

12.5.2.1 性质及应用

木糖醇化学名称为 1,2,3,4,5-戊五醇，分子式为 $C_5H_{12}O_5$，是木糖加氢后的产物，也广泛存在于水果、蔬菜、谷类中，但是含量非常低。对于人类来说，木糖醇也是人类身体正常糖代谢的中间体（葛茵等，2021）。木糖醇是一种备受青睐的甜味剂，广泛应用于低糖饮料、口香糖和巧克力等食品领域。由于木糖醇的代谢不会引起血糖的升高，因而适合作为糖尿病患者的甜味剂。同时，木糖醇具有许多益生功能特性（如防止龋齿的发生、预防呼吸道感染、预防骨质疏松和抗氧化性能），因此在医药行业（如眼药水和止咳糖浆）和日化行业（如牙膏、保湿乳液和抗冻剂）也有着广泛的应用。此外，作为一种多元醇化合物（五碳糖醇），它也是合成众多小分子多元醇（如乙二醇、1,2-丙二醇和甘油）的重要原料，因而在化工行业占据着相当重要的地位（赵伟等，2021；Delgado et al.，2020；申玉民，2014；Sun and Liu，2011）（图 12-10）。

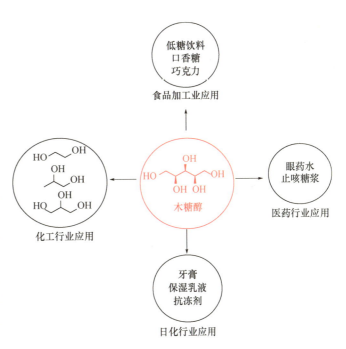

图 12-10 木糖醇的应用示例

12.5.2.2 合成路径

由于木糖醇在食品加工、医药、日化用品和化工领域有着广泛应用，全球对木糖醇的需求量逐年增长，木糖醇的合成也成为生物质资源综合利用研究领域的重点课题。当前，生成木糖醇的方法主要有直接提取法、生物转化法和化学合成法（张超等，2016）。由于自然界果蔬中木糖醇含量较低，直接提取木糖醇成本过高且不能满足社会对木糖醇的需求量，因而在实际生产过程中很少被采用（周龙霞等，2016）。目前研究最多的是生物转化法和化学合成法。

生物转化法又可分为微生物发酵法及酶催化法。其中，微生物发酵法主要是利用微生物在一定的条件下代谢底物生成产物的方法（Winkelhausen and Kuzmanova，1998）。已被报道的生产木糖醇能力最高的菌种是酵母（如 *Candida guilliermondii*）（Silva et al.，2003）。其次，一些细菌和霉菌也可以用来生产木糖醇。

近年来研究最为火热的是改性大肠杆菌被用来生产木糖醇（Su et al.，2016；Nair and Zhao，2010）。酶催化法合成木糖醇主要采用木糖还原酶将木糖还原为木糖醇。虽然生物合成法具有反应条件温和、对环境无污染和无须多步分离纯化等优点，但是由于发酵产物木糖醇含量低，微生物发酵法制备木糖醇的路线尚未在工业上得到实践（王蒙等，2020；杨波等，2017）。

化学合成法合成木糖醇的工艺相对较成熟，主要是将自然界中的半纤维素降解为木糖，然后将木糖加氢转化为木糖醇（Tangale et al.，2019；Morales et al.，2018；Tangale et al.，2018）（图12-11），但是在反应体系中可能会检测到木糖醇的同分异构体阿拉伯糖醇和核糖醇。木糖转化为木糖醇是羰基选择性还原反应，通常需要金属还原位点和氢气氛围。

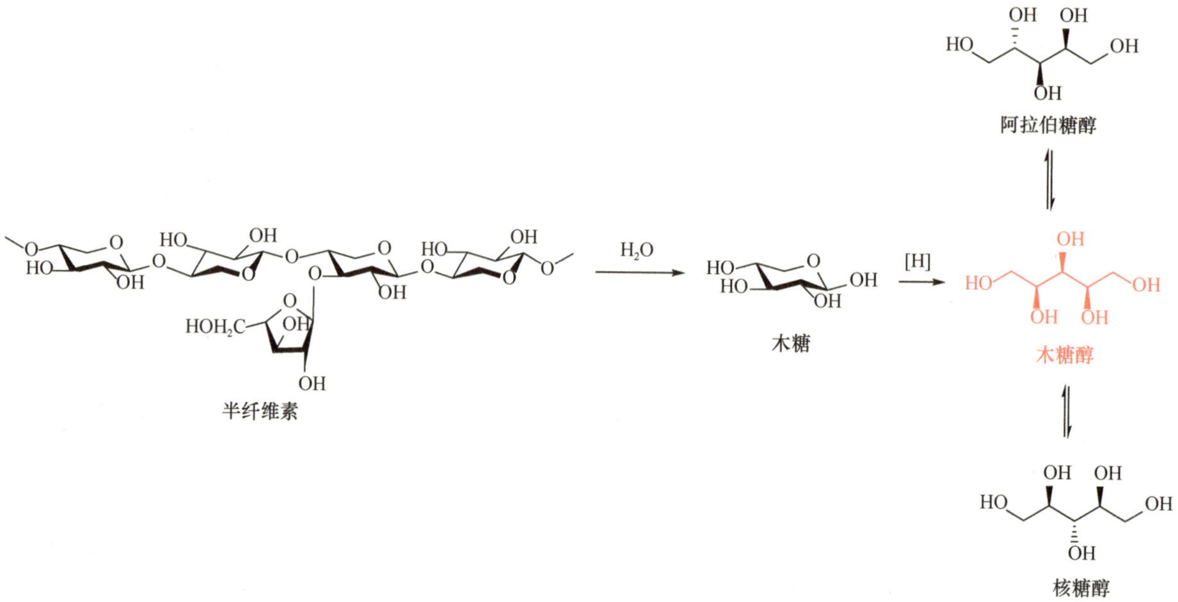

图 12-11　半纤维素或木糖转化为木糖醇的反应路径

12.5.2.3　研究现状及展望

从转化路径可知，木糖转化为木糖醇最为容易，因而研究也最多（表 12-7）。Wang 等（2018）采用 Ru/C 和 Nb$_2$O$_5$ 在水-γ-戊内酯/环己烷两相体系中联合催化木糖转化，在 150℃、4h 和 3.0MPa H$_2$ 的条件下，木糖转化率为 100%，木糖醇的产率为 70.6%。作者在反应体系中同时检测到了 1,2-戊二醇和 1,4-戊二醇，这也解释了木糖醇的选择性不是很高的原因。Ru/C 和 Nb$_2$O$_5$ 的物理混合使用催化效果虽然较好，但是反应后两种固体催化剂分离困难。Sánchez-Bastardo 等（2018）将 Ru 负载在 H-ZSM-5 沸石上，制得 Ru/H-ZSM-5 催化剂，发现该催化剂对木糖加氢表现出较高的活性，在温和条件下（100℃，10min 和 5.0MPa H$_2$），木糖醇和阿拉伯糖醇的总产率约为 70%。

表 12-7　木糖在不同催化剂下转化为木糖醇的反应条件及产率

序号	催化剂	反应温度/℃	反应时间	H$_2$ 压力	产率/%	参考文献
1	Ru/C+Nb$_2$O$_5$	150	4h	3.0MPa	70.6	Wang et al.，2018
2	Ru/H-ZSM-5	100	10min	5.0MPa	约为 70[①]	Sánchez-Bastardo et al.，2018
3	Ru@Dowex-H	120	7h	3.0MPa	99.3	Barbaro et al.，2016
4	Ru/TiO$_2$	120	15min	2.0MPa	98	Hernandez-Mejia et al.，2016
5	Ru/(NiO-TiO$_2$)	120	2h	5.5MPa	99.7	Yadav et al.，2012
6	Co/SiO$_2$	150	2h	5.0MPa	98	Audemar et al.，2020
7	Ni/SiO$_2$	100	2h	4.0MPa	96	Du et al.，2021

注：①木糖醇和阿拉伯糖醇总产率

为进一步提高木糖醇的产率，更多 Ru-基催化剂，如 Ru@Dowex-H（Barbaro et al.，2016）、Ru/TiO$_2$（Hernandez-Mejia et al.，2016）和 Ru/(NiO-TiO$_2$)（Yadav et al.，2012），被开发应用于木糖至木糖醇的转化并获得了高产率的木糖醇。例如，Ru/TiO$_2$ 催化剂在 120℃、15min 和 2.0MPa H$_2$ 的条件下催化木糖转化，能获得高达 98% 的木糖醇产率。

虽然 Ru-基催化剂在木糖转化为木糖醇反应上有很好的催化活性，但是 Ru 是贵金属，价格较为昂贵。因此，为降低生产成本，非贵金属的研发逐渐进入研究者的视野。Audemar 等（2020）发现，SiO$_2$ 负载单层的 Co 金属，对木糖转化为木糖醇的活性很高，在 150℃、2h 和 5.0MPa H$_2$ 的条件下，能产生 98% 产率的木糖醇。由表 12-7 可知，非贵金属 Co 的活性比贵金属 Ru 的活性差，要在较高的反应温度下（如 150℃）才能达到 Ru 基催化剂所获得的木糖醇产率。因此，设法提高非贵金属的催化活性是本领域研究的重点和难点。

Du 等（2021）分别采用氨蒸发法、沉积沉淀法和浸渍法制备了 Ni/SiO$_2$ 催化剂，并探讨了它们在催化木糖转化为木糖醇反应中的活性。对比实验发现，由氨蒸发法制备的 Ni/SiO$_2$ 催化活性最佳，在 100℃、2h 和 4.0MPa H$_2$ 的条件下，木糖醇产率高达 96%，实现了非贵金属催化剂在较温和的条件下（如 100℃）也能获得与贵金属 Ru 相匹配的活性。结果表明，由氨蒸发法制备的 Ni/SiO$_2$ 催化剂中，Ni 是高度分散的，其分散度远高于由沉积沉淀法和浸渍法制备的催化剂中 Ni 的分散度。

在生物质上游转化研究中发现，由半纤维素水解获得的木糖因为不易挥发致使其分离较为困难。而由有机溶剂溶解法处理半纤维素能获得挥发性较好的乙二醛木糖，它的分离比木糖的分离要容易很多。因此，为对接上游转化过程，研究者也尝试探讨了乙二醛木糖转化为木糖醇的可能性（图 12-12）。Luterbacher 研究团队采用 Pt/C 催化乙二醛木糖转化，在重量时空速度（WHSV）0.19mL/h、H$_2$ 流速 50mL/min 和 180℃ 的条件下，木糖醇的产率约为 73%。该研究充分证明，由有机溶剂溶解法处理半纤维素所获得的乙二醛木糖也能高效转化为木糖醇。不过该研究还处在初始阶段，有关采用非贵金属催化剂的探讨还鲜有报道，也是后续研究的发展趋势。

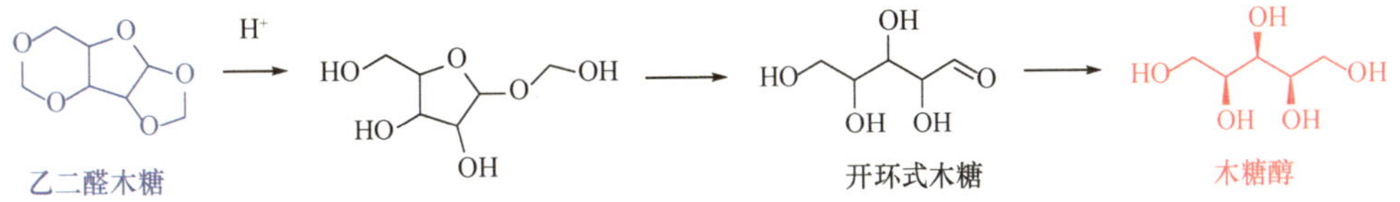

图 12-12　乙二醛木糖转化为木糖醇的反应路径

直接催化木聚糖转化为木糖醇的研究也有报道。例如，Liu 等（2016）联合使用 Ir-ReO$_x$/SiO$_2$ 和 H$_2$SO$_4$ 催化木聚糖转化，在 130℃、12h 和 6MPa H$_2$ 条件下，木聚糖转化率为 97%，木糖醇产率为 79%。该反应体系中 H$_2$SO$_4$ 催化木聚糖水解转化为木糖，Ir-ReO$_x$/SiO$_2$ 催化木糖加氢转化为木糖醇。但是该体系中 H$_2$SO$_4$ 具有强腐蚀性，对生成设备会有腐蚀。因此研制异相催化体系迫在眉睫。Ribeiro 等（2016）将 Ru 负载在碳纳米管上，制备出了 Ru/CNT 催化剂并应用于催化木聚糖转化为木糖醇，在 205℃、0.5h 和 5.0MPa H$_2$ 的条件下，木糖醇产率为 46.3%。目前，木聚糖直接转化为木糖醇的研究比较少，研制新型异相催化剂并进一步提高木糖醇产率是后续研究的重点。

生物质中，纤维素与半纤维素都是多糖类物质，且分离较为困难。如果将纤维素和半纤维素直接催化水解-加氢，就能同时得到五碳醇和六碳醇（纤维素水解-加氢转化为山梨醇，半纤维素水解-加氢转化为木糖醇）（Galán et al.，2021；Musci et al.，2020）。Liu 等（2017b）在这一领域做出了先驱性的探究工作，制备出了一系列 Zr 基催化剂（包括 ZrO$_2$、SiO$_2$-ZrO$_2$、WO$_3$/ZrO$_2$、SO$_4^{2-}$/ZrO$_2$ 和 ZrP），联合商业的 Ru/C 催化狼尾草转化为糖醇，结果表明，ZrP（磷酸锆）和 Ru/C 组合的催化效果最佳，在 200℃、2.5h 和 6MPa H$_2$ 的条件下，五碳醇和六碳醇的总产率达到了 70%。该工作为同时催化纤维素和半纤维素经水解-加氢转化为糖醇（五碳醇和六碳醇）提供了理论研究资料和实验支撑。研究新的催化体系和提高糖醇的总产率以及糖醇的分离提纯将是后续研究的重点。

12.5.3 木糖酸

12.5.3.1 性质及应用

木糖酸（xylonic acid）是半纤维素水解产物（木糖）氧化而得的衍生物，也是维生素 C 的重要代谢产物之一，对维生素 C 在体内代谢有着至关重要的调节作用（黎志勇等，2010）。同时，木糖酸是有机羧酸，酸性较弱，在有机合成中可作为有机酸性催化剂（黄天等，2021；Ma et al.，2016）。木糖酸盐（如木糖酸钠）也是高附加值化学品，其可作为新一代植物生长调节剂和水产养殖中酸性环境必不可少的添加剂（黎志勇等，2010）。此外，木糖酸作为化工原料，还是合成高效水泥黏结剂的主要成分。而木糖酸的衍生物 1,2,4-丁三醇是重要含能材料丁三醇硝酸酯的合成前体（刘敏等，2021）。由于木糖酸被广泛应用于食品、农业、医药和建筑行业（图 12-13），木糖酸被美国能源部誉为排名前 30 的生物质平台化合物。

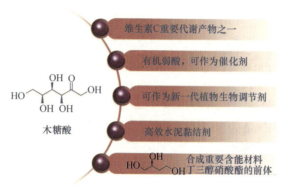

图 12-13　木糖酸的应用

12.5.3.2 合成路径

木糖酸由木糖氧化而获得，木糖是半纤维素的主要结构单元，因此半纤维素可以经水解-氧化而产生木糖酸（图 12-14）。基于木糖酸在食品、农业、医药和建筑行业有广阔的应用前景，其合成也逐渐受到重视。

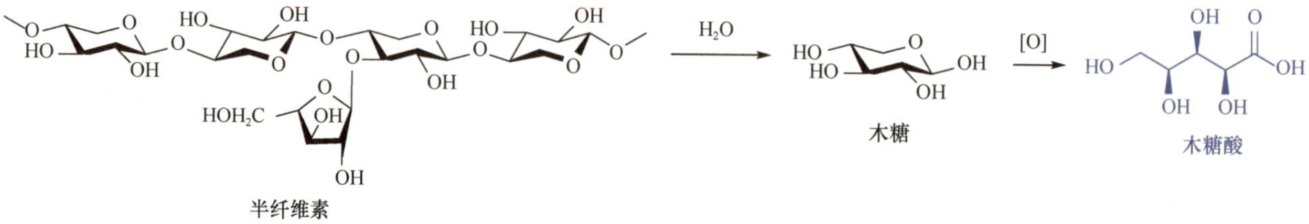

图 12-14　半纤维素及其衍生物转化为木糖醇的反应路径

对于木糖酸的合成，木糖的氧化是关键反应。目前，木糖转化为木糖酸的方法可分为生物氧化法和化学氧化法。生物氧化法主要是采用微生物发酵法合成木糖酸，当前研究已开发出众多微生物用于木糖发酵合成木糖酸（Yao et al.，2017；Zhang et al.，2017a；Zhou et al.，2017c；Zhu et al.，2015；Liu et al.，2012）。从报道文献看，最常用的微生物是氧化葡萄糖杆菌（*Gluconobacter oxydans*），并表现出很好的应用前景（Yao et al.，2017；Zhang et al.，2017a；Zhou et al.，2017c；Zhu et al.，2015）。更重要的是，很多研究团队将木糖酸的合成与生物乙醇的合成耦合在一块，更凸显出氧化葡萄糖杆菌的应用前景。例如，Zhang 等（2017a）开发的高效工艺可以将玉米秸秆同时转化为乙醇和木糖酸。玉米秸秆经稀酸处理、生物降毒后，利用酿酒酵母同时糖化和发酵合成乙醇；从发酵液中提取出乙醇后，蒸馏液中木糖再在氧化葡萄糖杆菌作用下转化为木糖酸。因而，木糖酸和生物乙醇可以同时从玉米秸秆转化中得到。这一工艺也被 Zhu 等（2015）相继报道，充分显示了其优越性。

近年，工程大肠杆菌（engineered *Escherichia coli*）也被开发用于木糖酸的合成（Liu et al.，2012）。虽然生物氧化法具有生产条件温和、环境友好的优点，但生产周期长，且副产物难以分离开来。化学氧化法因具有反应条件可控等优点而越来越受到研究者的喜爱。

12.5.3.3 研究现状及展望

根据报道的文献，化学氧化法合成木糖酸主要有热化学氧化法、电解氧化法和光催化氧化法。目前，热化学氧化法是木糖酸合成最常用的方法（表 12-8）（Qin et al.，2022；Li et al.，2021a；Ma et al.，2018；Sadula and Saha，2018；Tathod et al.，2014；Meng et al.，2020）。Sadula 和 Saha（2018）采用商业 Pt/C 催化剂，在 60℃、10h、0.6MPa O_2、pH 6.8 的条件下即可实现木糖转化为木糖酸，并获得 53% 的木糖酸产率。研究发现，如果反应溶液的 pH 过高（约为 10），会引起 C—C 键的裂解反应，从而会降低木糖酸的产率；同时在反应体系中也会检测到木糖酸的脱羧产物，致使木糖酸的产率不是很高。为进一步提高木糖酸的产率，Tathod 等（2014）将 Pt 负载在水滑石（hydrotalcite）上，然后用于催化木糖氧化。在 50℃、24h、0.1MPa O_2 条件下，木糖酸的产率为 57%。产率虽然有提高，但仍然有大幅度的提升空间。为此，Au 基催化剂被开发用于催化制备木糖酸（Qin et al.，2022；Ma et al.，2018；Meng et al.，2020）。由氨基配体功能化的 Zn/Ni 双金属 MOF 材料包裹 Au 纳米粒子所组成的 Au@Zn/Ni-MOF-2-NH_2 催化剂具有核壳结构，实验表明，该催化剂也能有效催化木糖转化为木糖酸并获得 28% 的产率（130℃，1h，3MPa O_2）（Qin et al.，2022）。并且该催化剂催化木糖酸合成的转化频率（TOF）值高达 76.53h^{-1}，说明在单元活性位点上的反应数是很多的，也证明 Au 纳米粒子是高效的氧化催化剂。虽然 Au 对此反应表现出一定的催化活性，但是木糖酸的产率仍有待进一步提高。彭新文团队将 Au 纳米粒子负载在空心 Al_2O_3 纳米微球上，然后应用于催化木糖氧化转化为木糖酸（Ma et al.，2018）。材料表征表明，在 Au/氧化铝空心纳米球（Au/hollow Al_2O_3 nanospheres）催化剂中，Au 纳米粒子固定在氧化铝空心纳米球内壁上。实验发现，木糖酸的产率能大幅度提高至 83.3%（130℃，1h，3MPa O_2）（Ma et al.，2018）。Meng 等（2020）将 Au 纳米粒子负载在多级孔碳材料后也对木糖氧化转化为木糖酸表现出很高的催化活性，在 100℃、2h、0.3MPa O_2 的条件下，木糖酸产率高达 98.76%。

表 12-8　木糖在不同催化剂作用下转化为木糖酸的反应条件及产率

序号	催化剂	反应条件	产率/%	参考文献
1	Pt/C	60℃，10h，0.6MPa O_2，pH=6.8	53	Sadula and Saha，2018
2	Pt/hydrotalcite	50℃，24h，0.1MPa O_2	57	Tathod et al.，2014
3	Au@Zn/Ni-MOF-2-NH_2	130℃，1h，3MPa O_2	28	Qin et al.，2022
4	Au/hollow Al_2O_3nanospheres	130℃，1h，3MPa O_2	83.3	Ma et al.，2018
5	Au/hierarchical porous carbon	100℃，2h，0.3MPa O_2	98.76	Meng et al.，2020
6	NC-800-5	100℃，30min，1MPa O_2，NaOH 溶液	57.4	Li et al.，2021a

以上研究都采用贵金属作为催化剂，为了降低生产成本，研发非贵金属催化剂显得尤为重要。Li 等（2021a）也在此领域做出了众多尝试，他们制备的氮掺杂改性的碳材料（NC-800-5）在 NaOH 溶液中，对木糖氧化转化为木糖酸有较好的催化活性，在 100℃、30min、1MPa O_2 的条件下，木糖酸的产率为 57.4%。但是，NC-800-5 的催化活性远低于贵金属催化剂的活性。因此，研发更为高效的非贵金属催化剂将是热化学氧化法合成木糖酸后续研究的重点和难点。

除了热化学氧化法，电解氧化法也被开发用于木糖的氧化（Rafaïdeen et al.，2019；Governo et al.，2004；Jokić et al.，1991）。电解氧化法合成木糖酸的研究其实早在 1991 年就有报道（Jokić et al.，1991）。因光电催化是一种清洁的催化体系，因而近年又逐渐受重视。例如，Rafaïdeen 等（2019）采用 Pd_3Au_7/C 电极（阳极）在 0.1mol/L 的 NaOH 溶液中，在 0.4V 电压下，木糖的转化率为 51.5%，木糖酸的产率为 47.4%（20℃、6h）。提高木糖酸的产率是今后木糖电催化氧化研究的焦点。

在可持续和绿色化学合成方面，利用光催化技术可用太阳能来替代化石燃料，其燃烧产生的热能是非常可取的。因而，光催化合成木糖酸是目前研究的热点（表 12-9）（Chen et al.，2021c；Ma et al.，2021；Zhou et al.，2017a）。Zhou 等（2017a）研究发现，TiO_2 负载的 Au 纳米粒子在可见光（λ=420～780nm）或紫外光（λ=350～400nm）照射下，以空气中的氧气为氧化剂，对木糖氧化转化为木糖酸都表现出很高的催化活性，分别能获得98%或96%的木糖酸产率。这也是目前光催化木糖转化为木糖酸产率最高的报道。彭新文课题组也在光催化木糖转化为木糖酸的研究上做出了许多创新性的工作（Chen et al.，2021c；Ma et al.，2021）。例如，为避免使用贵金属Au，该课题组将TiO$_2$负载在Ti$_3$C$_2$上，并在氙气灯照射下催化木糖氧化转化为木糖酸，在0.08mol/L的KOH溶液中，于40℃下反应2h，木糖酸的产率为64.2%（Chen et al.，2021c）。2021年，该课题组针对木糖氧化转化为木糖酸这一反应，继续开展研究工作，设计并制备出磷（P）掺杂的磺酸功能化的碳氮材料（P@CN-SO$_3$H）（Ma et al.，2021），该催化剂在0.1mol/L KOH溶液中催化木糖氧化，在20℃和1.5h的条件下，木糖酸的产率为88.1%。

表 12-9 木糖经光催化氧化转化为木糖酸的反应条件及产率

序号	催化剂	光源	反应条件	产率/%	参考文献
1	Au/TiO$_2$	可见光（λ=420～780nm）	30℃，6h	98	Zhou et al.，2017a
2	Au/TiO$_2$	紫外光（λ=350～400nm）	30℃，6h	96	Zhou et al.，2017a
3	TiO$_2$/Ti$_3$C$_2$	氙气灯照射	40℃，2h，0.08mol/L KOH	64.2	Chen et al.，2021c
4	P@CN-SO$_3$H	模拟太阳光	20℃，1.5h，0.1mol/L KOH	88.1	Ma et al.，2021

光催化木糖氧化转化为木糖酸是当前木糖酸合成研究的热点，设计非贵金属催化剂以及如何进一步提高木糖酸产率值得进一步研究。同时，相关催化机制和反应机理也值得更深入的探究。

12.5.4 乙酰丙酸

12.5.4.1 性质及应用

乙酰丙酸（levulinic acid）亦称戊隔酮酸或果糖酸，是含有羰基官能团的有机羧酸。从生物质转化路径分析，乙酰丙酸可由纤维素或半纤维素经一系列转化而获得，是一个非常活跃的生物质平台小分子，在生物液体燃料和精细化学品合成方面有着广泛的应用（图12-15）（Di Bucchianico et al.，2022；Bhat et al.，2021；Wu et al.，2021；杨佳鑫等，2020）。例如，乙酰丙酸的酮羰基还原后，与脂肪醇醚化可合成表面活性剂和生物润滑油（Garcia-Ortiz et al.，2020）；乙酰丙酸在还原气氛中（氢气）可在金属催化作用下转化为2-丁醇和正丁烷等大宗化工产品（Chen et al.，2021d；Jiang et al.，2020）；乙酰丙酸氧化可以获得琥珀酸、柠苹酸和马来酸酐（Song et al.，2021a；Zhu et al.，2020b）。同时，乙酰丙酸也是合成增塑剂和聚氨酯等重要化工产品的起始原料（Bernhard et al.，2019；Sinisi et al.，2019；Xuan et al.，2019）。此外，乙酰丙酸也是合成理想的汽油添加剂（如戊酸乙酯、2-甲基四氢呋喃和γ-戊内酯）（Muñoz-Olasagasti et al.，2021；He et al.，2020b；Kumaravel et al.，2020）和高值长链烷烃燃料的重要原料（Paniagua et al.，2021；Tan et al.，2018）（图12-15）。基于乙酰丙酸在精细化学品和生物燃料合成中有着广阔的应用前景，乙酰丙酸是美国能源部确定的12种最有价值的平台化合物之一。由于乙酰丙酸酯的性质与乙酰丙酸相似，乙酰丙酸及其酯的合成研究在国内外引起了广泛关注。

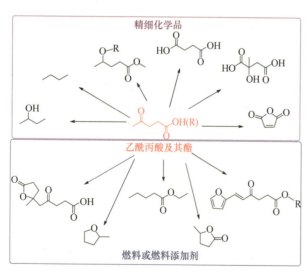

图 12-15 乙酰丙酸或乙酰丙酸酯的应用示例

12.5.4.2 合成路径

总的来说，乙酰丙酸既可从半纤维素转化而获得，也可以从纤维素降解而得到（Xue et al.，2018；Tiong

et al., 2018）（图 12-16）。半纤维素水解后得到木糖，木糖脱水即转化为糠醛，糠醛选择性还原后转化为糠醇，糠醇在水溶液（醇溶液）中在酸性作用下开环即得到乙酰丙酸（或乙酰丙酸酯）。乙酰丙酸（或酯）也可以经纤维素水解、葡萄糖异构化、果糖脱水和 5-羟甲基糠醛水合（醇解）反应而获得。乙酰丙酸（或乙酰丙酸酯）是纤维素和半纤维素共同的衍生物，再加之乙酰丙酸（或乙酰丙酸酯）在燃料、高附加值化学品和聚合物行业的广泛应用，使得乙酰丙酸（或乙酰丙酸酯）的合成特别具有吸引力。

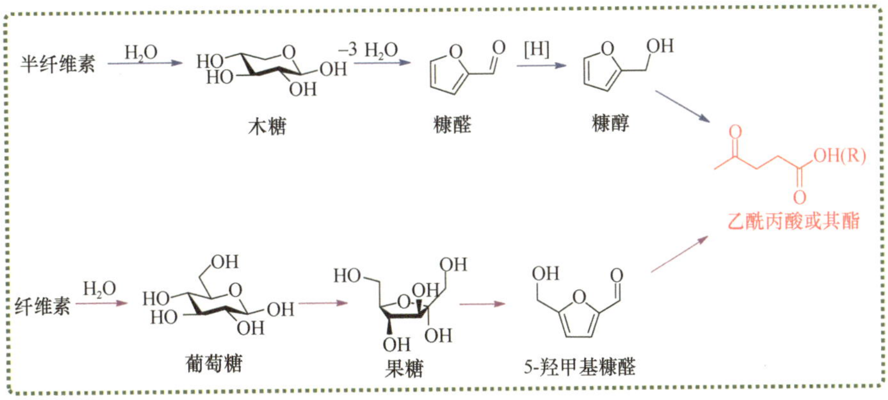

图 12-16 乙酰丙酸或乙酰丙酸酯的合成路径

12.5.4.3 研究现状及展望

木糖和乙酰丙酸均是 5 个碳原子，不存在碳原子数的损失，因而半纤维素衍生的木糖转化为乙酰丙酸非常受重视。木糖转化为乙酰丙酸（或乙酰丙酸酯）需要经历木糖脱水转化为糠醛，糠醛还原转化为糠醇，糠醇再开环转化为乙酰丙酸（或乙酰丙酸酯）（图 12-16）。木糖转化为乙酰丙酸或其酯的反应步骤有很多，致使反应过程较为复杂而使得目标产物产率很低，故也有众多研究聚焦于糠醛至乙酰丙酸的转化（Nandiwale et al., 2021；Gómez et al., 2019；Peng et al., 2019）（表 12-10）。

表 12-10 糠醛或木糖在不同催化剂作用下转化为乙酰丙酸或其酯的反应条件及产率

序号	底物	催化剂	溶剂	反应条件	产率/%	参考文献
1	糠醛	Zr-MCM-41+Amberlyst-15	异丙醇	130℃，24h	85.3	Peng et al., 2019
2	糠醛	$H_3PW_{12}O_{40}/SiO_2$	异丙醇	170℃，10h	51	Nandiwale et al., 2021
3	木糖	Zr(20)-MCM-41+$H_3O_{40}PW_{12}$	仲丁醇	150℃，12h	53	Wang et al., 2020b
4	木糖	Zr-Beta	异丙醇	190℃，2h	69.9	Shao et al., 2019
5	木糖	ZrAl@CS-MSA	正丁醇	170℃，24h	54.3	Peng et al., 2022

Gómez 等（2019）以 $Cu-Fe_3O_4$ 和 Amberlyst-70 为催化剂，采取两步法可以实现将糠醛高效转化为乙酰丙酸酯。首先，糠醛在 $Cu-Fe_3O_4$ 的作用下转移加氢（以异丙醇为氢源和溶剂）转化为糠醇，然后将 $Cu-Fe_3O_4$ 催化剂过滤出来，向富含糠醇的滤液中加入 Amberlyst-70。此法虽然高效，但是存在反应操作较烦琐等问题。研发单一多功能催化剂和"一锅一步"法实现糠醛转化为乙酰丙酸显得尤为迫切。Peng 等（2019）联合使用 Zr-MCM-41 和 Amberlyst-15 催化剂，在异丙醇溶剂中（也作糠醛还原为糠醇的氢源），在 130℃和 24h 的条件下，糠醛可通过"一锅法"高效转化为乙酰丙酸异丙酯（产率为 85.3%）。两种催化剂物理混合虽然能达到很好的催化效果，但是反应后两种催化剂的分离却无法实现，不利于详细探讨相关催化机制。于是，单个含双功能的催化剂 $H_3PW_{12}O_{40}/SiO_2$ 被开发用于催化糠醛转化为乙酰丙酸酯（Nandiwale et al., 2021）。以异丙醇为反应氢源和反应溶剂，在 170℃、10h 的条件下，乙酰丙酸异丙酯产率为 51%。

为提高生物质资源的利用效率，以木糖为底物，转化为乙酰丙酸（或乙酰丙酸酯）更具诱惑力（Peng et al., 2022；Wang et al., 2020b；Shao et al., 2019）（表 12-10）。Wang 等（2020b）联合使用 Zr(20)-MCM-41 和 $H_3O_{40}PW_{12}$ 催化剂，以仲丁醇为反应溶剂和氢源，在 150℃和 12h 的条件下，乙酰丙酸丁酯的产率达到

53%。后来，既含布朗斯特酸又含路易斯酸的 Zr-Beta 催化剂被证实也能高效催化木糖转化为乙酰丙酸（或乙酰丙酸酯），乙酰丙酸和乙酰丙酸异丙酯的总产率可高达 69.9%（190℃和 2h）（Shao et al.，2019）。最近，以玉米秸秆为碳源所制备的多功能催化剂 ZrAl@CS-MSA 在以正丁醇为溶剂和氢源的体系中，能实现木糖高效转化为乙酰丙酸正丁酯（54.3%产率）（Peng et al.，2022）。

综上，木糖转化为乙酰丙酸（或乙酰丙酸酯）的研究仍然是乙酰丙酸合成的重点内容，且研发生物质基功能催化材料是当前研究的重要趋势之一。

除了五碳糖，六碳糖也能转化为乙酰丙酸（或乙酰丙酸酯）。果糖转化为乙酰丙酸要经历果糖在酸性位点下脱水转化为 5-羟甲基糠醛，5-羟甲基糠醛在酸性位点下水合（醇解）即可转化为乙酰丙酸（或乙酰丙酸酯）。从转化路径分析，果糖转化为乙酰丙酸（或乙酰丙酸酯）相对比较容易，且只需要酸性位点即可实现这一转化，获得的产率也是较高的（表 12-11）。大量的研究表明，酸性树脂催化剂能高效催化果糖转化为乙酰丙酸（Ramírez et al.，2021）。Thapa 等（2017）研究发现，聚苯乙烯基磺酸树脂（Dowex 50×8-100）能高效催化果糖转化为乙酰丙酸，在水/γ-戊内酯混合溶剂中，乙酰丙酸产率为 72%（120℃，24h）。另外，全氟磺酸树脂（Aquivion® P98）也被发现能高效催化果糖转化为乙酰丙酸，在 120℃和 12h 的条件下，乙酰丙酸产率高达 96%（Wang et al.，2022b）。其他磺酸类催化剂，如磺化的氧化石墨烯（Lawagon et al.，2021），也能催化果糖转化为乙酰丙酸，获得 61.2%的产率。

表 12-11　葡萄糖或果糖在不同催化剂下转化为乙酰丙酸或其酯的反应条件及产率

序号	底物	催化剂	溶剂	反应条件	产率/%	参考文献
1	果糖	Dowex 50×8-100	水/γ-戊内酯（1∶1）	120℃，24h	72	Thapa et al.，2017
2	果糖	Aquivion® P98	水	120℃，12h	96	Wang et al.，2022b
3	果糖	磺化氧化石墨烯	水	160℃，1h	61.2	Lawagon et al.，2021
4	葡萄糖	H-USY+SnO₂	乙醇	180℃，3h	81	Heda et al.，2019
5	葡萄糖	SiO₂-Al₂O₃	水	180℃，24h	40	Beh et al.，2020
6	葡萄糖	Sn-Al-Beta	甲醇	180℃，5h	49	Yang et al.，2019b
7	葡萄糖	Re-TiO₂	水	210℃，24h	57	Avramescu et al.，2022
8	葡萄糖	Al-蒙脱石	甲醇	220℃，6h	60.7	Liu et al.，2017a

相比于果糖，葡萄糖是自然界中含量最丰富的六碳糖，而且葡萄糖是纤维素的结构单元，因此，研究葡萄糖转化为乙酰丙酸更具实用价值，近年也越来越受重视（表 12-11）。葡萄糖转化为乙酰丙酸的反应路径相对较复杂，葡萄糖首先在路易斯酸位点作用下异构化为果糖，果糖再在酸性作用下脱水转化为 5-羟甲基糠醛，而后 5-羟甲基糠醛在酸性作用下水合（醇解）转化为乙酰丙酸（或乙酰丙酸酯）。因此，从反应路径分析可知，葡萄糖转化为乙酰丙酸（或乙酰丙酸酯）需要布朗斯特酸和路易斯酸的协同催化，因而更具挑战性（Bosilj et al.，2019）。

据 Heda 等（2019）报道，富含布朗斯特酸的 H-USY 沸石和富含路易斯酸的 SnO₂ 物理混合使用，可以在乙醇溶剂中高效催化葡萄糖转化为乙酰丙酸乙酯，在 180℃、3h 的条件下，乙酰丙酸乙酯产率高达 81%，他们发现布朗斯特酸和路易斯酸的协同催化是获得高产率乙酰丙酸乙酯的关键。为避免两种催化剂物理混合使用，一系列布朗斯特酸-路易斯酸双功能催化剂被开发用于催化葡萄糖转化为乙酰丙酸（或乙酰丙酸酯）（Avramescu et al.，2022；Beh et al.，2020；Yang et al.，2019b；Liu et al.，2017a）。无定形态的 SiO₂-Al₂O₃ 在水中可以催化葡萄糖转化为乙酰丙酸，在 180℃和 24h 条件下，乙酰丙酸产率为 40%（Beh et al.，2020），他们发现 SiO₂-Al₂O₃ 中的布朗斯特酸源于 SiO₂ 中的 Si-OH，路易斯酸源于 Al₂O₃ 中的 Al³⁺。Sn 掺杂改性的 Al-Beta 沸石也被证实是布朗斯特酸-路易斯酸双功能催化剂，也能有效催化葡萄糖转化为乙酰丙酸甲酯（产率为 49%）（Yang et al.，2019b）。高价态铼离子（Re⁶⁺、Re⁷⁺）掺杂改性的 TiO₂ 对葡萄糖转化为乙酰丙酸也表现出很好的催化活性，乙酰丙酸产率为 57%（210℃，24h）（Avramescu et al.，2022）。研究表明，高价态铼离子（Re⁶⁺、Re⁷⁺）掺杂改性的 TiO₂ 也是布朗斯特酸-路易斯酸双功能催化剂，这也是其能催化葡萄糖转化为乙酰丙酸的原因。此外，其他布朗斯特酸-路易斯酸双功能催化材料，如 Al 掺杂改性的蒙脱石（Liu et al.，2017a），也能高效催化葡萄糖转化为乙酰丙酸甲酯，在 220℃和 6h 时，产率为 60.7%。

从文献报道可知，布朗斯特酸-路易斯酸双功能催化材料能有效催化葡萄糖转化为乙酰丙酸（或乙酰丙酸酯），但乙酰丙酸（或乙酰丙酸酯）的产率不是很高。如何进一步提高乙酰丙酸（或乙酰丙酸酯）的产率是后续研究的重点。

如果能直接将纤维素转化为乙酰丙酸（或乙酰丙酸酯），更能凸显生物质资源的优势，也能提高生物质能的市场竞争力。近年，纤维素催化转化为乙酰丙酸或其酯的研究引起了广大学者的兴趣（Tao et al.，2021；Wang et al.，2020a；Wen et al.，2020；Xiang et al.，2017；Yu et al.，2017）（表 12-12）。纤维素转化为乙酰丙酸（或乙酰丙酸酯）的反应路径是在葡萄糖转化为乙酰丙酸的反应路径上，再加上纤维素水解转化为葡萄糖，因而比葡萄糖转化为乙酰丙酸更具挑战性。

表 12-12　纤维素在不同催化剂作用下转化为乙酰丙酸或其酯的反应条件及产率

序号	催化剂	溶剂	反应条件	产率/%	参考文献
1	$Al_{2/3}H_2SiW_{12}O_{40}$	乙醇	180℃，4h	56.4	Tao et al.，2021
2	$Al_{2/3}H_2SiW_{12}O_{40}$	甲醇	180℃，12h	65.2	Tao et al.，2021
3	$NbOPO_4$+HZSM-5	$LiCl·3H_2O$（5g）+5mL MIBK	175℃，2h	94.0	Wang et al.，2020a
4	Ni-HMETS-10	水	200℃，6h，6MPa H_2	91	Xiang et al.，2017
5	5-Cl-SHPAO	乙醇	160℃，6h	60	Yu et al.，2017

布朗斯特酸-路易斯酸双功能催化材料能有效催化纤维素转化为乙酰丙酸（或乙酰丙酸酯）。例如，Al^{3+}掺杂改性的硅钨酸（$H_4SiW_{12}O_{40}$），即 $Al_{2/3}H_2SiW_{12}O_{40}$ 催化剂，富含布朗斯特酸和路易斯酸，被证明能有效催化纤维素转化为乙酰丙酸甲酯或乙酯，产率分别为 56.4%（180℃，4h）和 65.2%（180℃，12h）（Tao et al.，2021）。Wang 等（2020a）针对纤维素至乙酰丙酸的转化，以 $NbOPO_4$ 和 HZSM-5 为催化剂，在 5g $LiCl·3H_2O$ 熔盐水合物和 5mL 甲基异丁基酮（MIBK）中能高效催化 0.1g 纤维素转化为乙酰丙酸，在 175℃和 2h 的条件下，乙酰丙酸产率为 94%（Wang et al.，2020a）。此外，具有层级孔结构的 ETS-5 沸石负载金属 Ni，也能高效催化纤维素转化为乙酰丙酸，在 200℃、6h 和 6MPa H_2 条件下，能获得 91%产率的乙酰丙酸（Xiang et al.，2017）。

近年，一种新的反应路线被开发用于纤维素转化为乙酰丙酸酯。Yu 等（2017）研制的以含氯的磺化超支化聚芳炔氧吲哚为催化剂（5-Cl-SHPAO），在乙醇中能催化纤维素转化为乙酰丙酸乙酯，在 160℃和 6h条件下，乙酰丙酸乙酯产率为 60%。本书作者构建的 5-Cl-SHPAO 为布朗斯特酸催化剂，其催化纤维素转化为乙酰丙酸的路径不同于布朗斯特酸-路易斯酸协同催化纤维素转化的路径。Yu 等（2017）认为布朗斯特酸催化纤维素转化为乙酰丙酸酯的路径如图 12-17 所示，首先，纤维素在布朗斯特酸作用下转化为乙基葡糖苷，乙基葡糖苷再在布朗斯特酸作用下转化为乙酰丙酸乙酯。类似的反应路径也被 Wen 等（2020）所报道，他们采用磺酸功能化的水热碳材料也能实现纤维素至乙酰丙酸乙酯的转化。

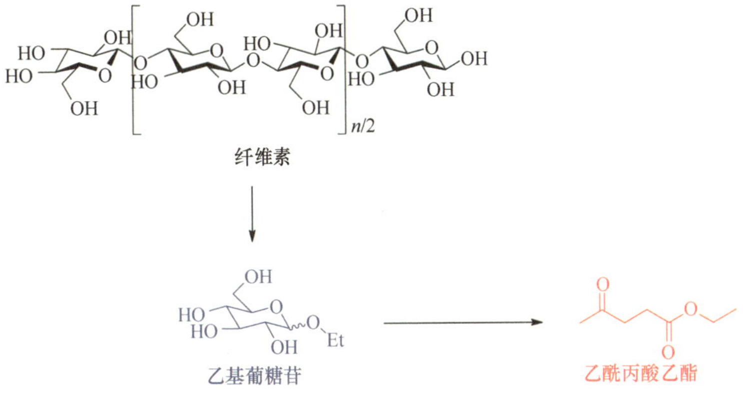

纤维素直接转化为乙酰丙酸（或乙酰丙酸酯）仍然是乙酰丙酸合成研究的难点和热点，高催化活性和高稳定性的含布朗斯特酸-路易斯酸双酸功能异相催化剂或强布朗斯特酸催化剂的研制仍然是后续研究的重点。

图 12-17　纤维素经乙基葡糖苷中间体转化为乙酰丙酸乙酯的反应路径

12.6　C6 体系产品

12.6.1　5-羟甲基糠醛

12.6.1.1　性质及应用

5-羟甲基糠醛（5-hydroxymethyl furfural，HMF）是生物质衍生六碳糖（葡萄糖或果糖）脱水后的产物，被认为是生产新一代生物燃料的平台化合物，美国能源部将其列为 12 种高附加值生物质衍生化学品之一（王彦等，2022；Zhu et al.，2020a）。由于 5-羟甲基糠醛中含有多种不饱和官能团（如 C≡C、C=O、C—O 键和羟基），5-羟甲基糠醛是非常活跃的平台化合物，可通过加氢、氧化、醚化、酯化和胺化等不同类型的化学反应，增值转化为多种精细化学品和高值燃料（方鑫等，2021；Hu et al.，2021a）（图 12-18）。例如，5-羟甲基糠醛可通过还原或氧化转化为许多重要的呋喃衍生物（如 2,5-呋喃二甲醇、2,5-呋喃二甲酸、2,5-呋喃二甲醛和 5-乙氧甲基糠醛）（Kong et al.，2018），也可以转化为对二甲苯、羟甲基环戊酮、乙酰丙酸、己二醇和 γ-戊内酯等高附加值化学品（Rosenfeld et al.，2020a；Galkin and Ananikov，2019）（图 12-18）。同时，5-羟甲基糠醛是合成许多含氮化合物的起始原料，它们是许多药物的中间体（Chandrashekhar et al.，2022；He et al.，2020a）；此外，5-羟甲基糠醛是制备长链烷烃燃料的重要基础原料（He et al.，2021a；Hou et al.，2021）。因此，5-羟甲基糠醛被誉为是连接可再生生物质资源与精细化学品和液体燃料的重要桥梁（Rosenfeld et al.，2020b；Hu et al.，2018b；Yu and Tsang，2017）。

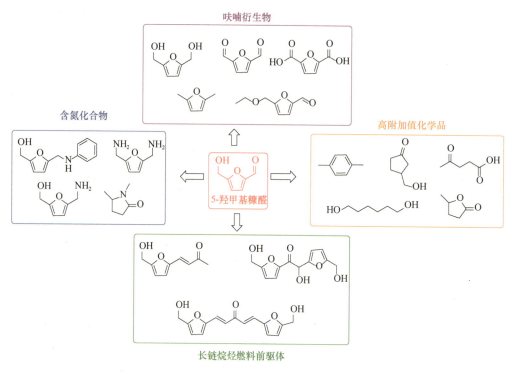

图 12-18　5-羟甲基糠醛的应用

12.6.1.2　合成路径

5-羟甲基糠醛的合成路径如图 12-19 所示：纤维素首先水解得到葡萄糖，葡萄糖异构转化为果糖，果糖再在酸性作用下脱水转化为 5-羟甲基糠醛（Ricciardi et al.，2022）。在此反应过程中，纤维素水解需要布朗斯特酸，葡萄糖异构转化为果糖通常需要路易斯酸，而果糖在布朗斯特酸或路易斯酸作用下均能脱水转化为5-羟甲基糠醛。不过，5-羟甲基糠醛由于含有多种不饱和键性质非常活泼，很容易在酸性作用下发生水合或醇解反应而转化为乙酰丙酸或乙酰丙酸酯（Esteban et al.，2020）。因而，制备具有合适强度的酸性催化剂对5-羟甲基糠醛的合成显得尤为重要。

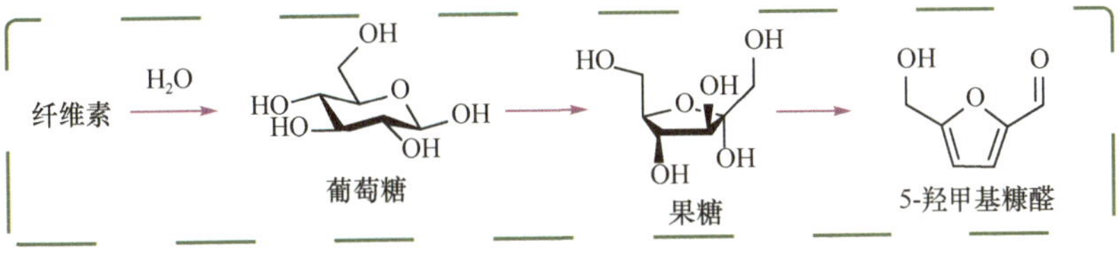

图 12-19　纤维素转化为5-羟甲基糠醛的反应路线示意图

也有文献报道，葡萄糖在仅有布朗斯特酸的情况下也能转化为5-羟甲基糠醛，其首先转化为3-脱氧葡萄糖醛酮，然后再转化为5-羟甲基糠醛（He et al.，2019）（图 12-20）。如图 12-20 所示，葡萄糖转化为5-羟甲基糠醛根据催化剂类型的不同，存在两种反应机理：一种是经果糖转化为5-羟甲基糠醛；另一种是经3-脱氧葡萄糖醛酮转化为5-羟甲基糠醛。

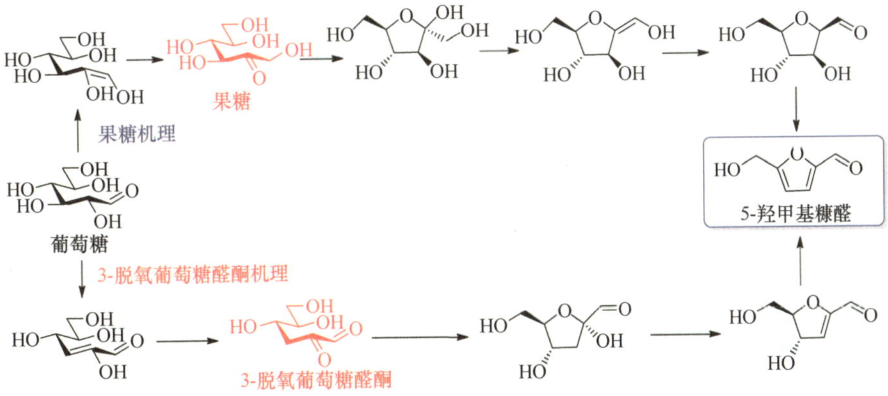

图 12-20　葡萄糖转化为5-羟甲基糠醛的反应机理示意图

12.6.1.3　研究现状及展望

相比于葡萄糖，果糖转化为5-羟甲基糠醛较为容易，并取得了可喜的研究结果（表 12-13）。果糖在布朗斯特酸催化剂作用下均能有效转化为5-羟甲基糠醛（Fu et al.，2020）。且大量研究表明，二甲基亚砜（DMSO）溶剂有利于果糖转化为5-羟甲基糠醛，因为DMSO能与5-羟甲基糠醛相互作用，减少5-羟甲基糠醛发生水合和聚合等副反应（Guo et al.，2020）。例如，在DMSO溶剂中，对苯甲磺酸功能化的活性炭（AC-pTSA）对果糖转化为5-羟甲基糠醛表现出很好的催化活性，在120℃和2h时，5-羟甲基糠醛产率为95.6%（Bounoukta et al.，2021）。虽然在DMSO溶剂中，5-羟甲基糠醛产率较高，但是DMSO的沸点很高，5-羟甲基糠醛很难从DMSO中分离出来。因此在其他溶剂中合成5-羟甲基糠醛受到广泛关注。

表 12-13　果糖在不同催化剂作用下转化为5-羟甲基糠醛的反应条件及产率

序号	催化剂	溶剂	反应条件	产率/%	文献
1	AC-pTSA	DMSO	120℃，2h	95.6	Bounoukta et al.，2021
2	氯化胆碱-乳酸	丙酮/水	140℃，2h（微波加热）	87.2	Mankar et al.，2021
3	$CoSO_4 \cdot 7H_2O$	四氢呋喃	170℃，2h	88	Sun et al.，2020
4	多孔碳负载钛酸盐	乙醇	20℃，4h	92	Wang et al.，2022a
5	Amberlyst-15+[Bmim]Cl	四氢呋喃	100℃，1h	94.6	Song et al.，2021b

Mankar 等（2021）制备出了由氯化胆碱-乳酸组成的低共熔溶剂，在丙酮/水溶剂中可用于催化果糖脱水转化为5-羟甲基糠醛，结果表明，在微波加热条件下，在140℃下反应2h，5-羟甲基糠醛的产率为87.2%。Sun 等（2020）报道，普通常见的 $CoSO_4 \cdot 7H_2O$ 也能高效催化果糖转化为5-羟甲基糠醛，在四氢呋喃溶剂中170℃下反应2h，5-羟甲基糠醛产率为88%。以上研究虽然避开了使用高沸点的 DMSO 溶剂，但均是均相催化体系，产物的分离依然较为麻烦。于是，研发异相催化体系用于果糖至5-羟甲基糠醛的转化越来越受重视。

Wang 等（2022a）研究发现，多孔碳负载钛酸盐对果糖转化为5-羟甲基糠醛表现出很高的催化活性，在乙醇溶剂中，20℃下反应4h，5-羟甲基糠醛的产率高达92%。本书作者认为，具有中等强度的布朗斯特酸、高的比表面积和高分散度的活性位点是催化剂高活性的原因。其中，中等强度的布朗斯特酸可以有效促进果糖脱水转化为5-羟甲基糠醛，从而避免5-羟甲基糠醛进一步通过水合反应转化为乙酰丙酸。

葡萄糖是生物质中含量最多的单元糖，因此，葡萄糖转化为5-羟甲基糠醛更值得深入研究。葡萄糖转化为5-羟甲基糠醛需要经过果糖中间体，而葡萄糖转化为果糖需要路易斯酸，因此布朗斯特酸与路易斯酸的协同催化对葡萄糖转化为5-羟甲基糠醛起着很关键的作用（表12-14）（Oozeerally et al.，2020）。Hao 等（2022）将富含路易斯酸的双金属 MOF 材料 MIL-10（Cr，Sn）和稀硫酸混合使用，在 γ-戊内酯/NaCl 溶液两相体系中有效催化葡萄糖转化为5-羟甲基糠醛，在140℃和1h的条件下，5-羟甲基糠醛产率为60.75%。饱和 NaCl 溶液能促进生成的5-羟甲基糠醛转移至 γ-戊内酯中，进而能减少5-羟甲基糠醛副反应的发生。但是硫酸的使用会给生产设备带来腐蚀，因而研发无腐蚀性的催化体系受到广泛关注。Lin 等（2021）采用 $CaCl_2$ 水溶液实现了葡萄糖至5-羟甲基糠醛的转化。在水/2-甲基四氢呋喃两相体系中，在170℃下反应1h，5-羟甲基糠醛产率为52.1%。除 $CaCl_2$ 外，在金属氯酸盐中，$SnCl_4$ 也被报道是一种高效的催化剂。Zuo 等（2022）以 $SnCl_4$ 为催化剂，在水-氯化胆碱/甲基异丁基酮溶剂体系中，5-羟甲基糠醛产率为64.3%（130℃，2h）。本书作者通过机理验证实验表明，低共熔溶剂中水的存在有益于 Sn^{4+} 向 $Sn(OH)_x(H_2O)_y^{n+}$ 的转化，而 $Sn(OH)_x(H_2O)_y^{n+}$ 具有较强的路易斯酸性，能有效促进葡萄糖异构化为果糖。以上研究虽然均取得了较好的研究结果，但是都属于均相催化体系，5-羟甲基糠醛从反应体系中分离提纯出来较困难。于是，研发异相催化体系用于葡萄糖至5-羟甲基糠醛的转化越来越受重视。

表 12-14　葡萄糖在不同催化剂作用下转化为5-羟甲基糠醛的反应条件及产率

序号	催化剂	反应溶剂	反应条件	产率/%	文献
1	MIL-10(Cr，Sn)+H_2SO_4	Γ-戊内酯/NaCl 溶液（9:1）	140℃，1h	60.75	Hao et al.，2022
2	$CaCl_2$	水/2-甲基四氢呋喃（1:4）	170℃，1h	52.1	Lin et al.，2021
3	$SnCl_4$	水-氯化胆碱/甲基异丁基酮	130℃，2h	64.3	Zuo et al.，2022
4	AD-1:1-SO_3H	DMSO/水（9:1）	180℃（微波加热），0.5h	51.5	Das and Mohanty，2021
5	Sn-HfO_2	甲基异丁基酮/水	170℃，2h	75.5	Qiu et al.，2022

铝工业的副产物赤泥，经盐酸处理、碳层包裹和磺酸功能化后能制得 AD-1:1-SO_3H 异相催化剂，其对葡萄糖至5-羟甲基糠醛的转化表现出较好的催化活性，在 DMSO/水两相体系中，在微波加热180℃下反应0.5h，能获得51.5%的5-羟甲基糠醛产率（Das and Mohanty，2021）。最近，富含路易斯酸的铪-锡混合金属氧化物（Sn-HfO_2）也被报道能高效催化葡萄糖转化为5-羟甲基糠醛，在甲基异丁基酮/水两相体系中，在170℃和2h的条件下，5-羟甲基糠醛的产率高达75.5%（Qiu et al.，2022）。

为了对接工业生产，Souzanchi 等（2021）在连续流管式反应器中探讨了葡萄糖至5-羟甲基糠醛的转化，他们以磷酸铌为催化剂，在甲基异丁基酮-饱和 NaCl 水溶液两相体系中，在150℃下连续进料，能获得45%产率的5-羟甲基糠醛。

综上，葡萄糖转化为5-羟甲基糠醛的研究也取得较好的进展，特别是布朗斯特酸-路易斯酸双功能催化剂被证明能有效催化葡萄糖转化为5-羟甲基糠醛。但是在连续反应装置中探究葡萄糖至5-羟甲基糠醛的转化研究目前较少。因此，为对接工业大规模生产，后续研究将注重于在连续流管式反应器中探究葡萄糖转化为 5-羟甲基糠醛，为大规模生产提供更多理论资料和实验依据。

如果纤维素能直接转化为 5-羟甲基糠醛，那就省去了葡萄糖和果糖等中间体的分离提纯，更具实用价值。纤维素转化为 5-羟甲基糠醛的路径最复杂，需要经历纤维素水解产生葡萄糖，葡萄糖异构化为果糖，果糖再脱水转化为 5-羟甲基糠醛（Liu et al.，2020b）（表 12-15）。Chiappe 等（2017）在离子液体[BMIM]Cl（1-butyl-3-methylimidazolium chloride）中探讨了纤维素至 5-羟甲基糠醛的转化，结果发现，$CrCl_3$ 是一种高效的催化剂，在 120℃和 5h 的条件下，能获得 80%的 5-羟甲基糠醛产率。但是 Cr^{3+} 具有毒性，因而 Chiappe 等（2017）尝试探讨了硫酸氧钛（$TiOSO_4$）在离子液体[BMIM]Cl 中催化纤维素转化为 5-羟甲基糠醛的活性。研究发现，$TiOSO_4$ 也具有较好的催化活性，在 130℃和 3h 条件下，得到 38%的 5-羟甲基糠醛产率。Chiappe 等（2017）还探讨了[MIMC_4SO_3H][HSO_4]离子液体的活性，发现其对纤维素转化为 5-羟甲基糠醛也表现出较好的活性，能得到 59%的 5-羟甲基糠醛产率（130℃和 4h）。以上研究均为均相催化体系，产物 5-羟甲基糠醛的分离提纯较为困难，因而研发异相催化体系备受青睐。

表 12-15 纤维素在不同催化剂作用下转化为 5-羟甲基糠醛的反应条件及产率

序号	催化剂	反应溶剂	反应条件	产率/%	文献
1	$CrCl_3$	[BMIM]Cl	120℃，5h	80	Chiappe et al.，2017
2	$TiOSO_4$	[BMIM]Cl	130℃，3h	38	Chiappe et al.，2017
3	[MIMC_4SO_3H][HSO_4]	[BMIM]Cl	130℃，4h	59	Chiappe et al.，2017
4	$Nb_2O_5 \cdot n H_2O$	水	230℃，2h	7.0	Wen et al.，2019
5	$TiOSO_4$	γ-戊内酯/饱和 NaCl 溶液	170℃，2h	45.4	Hou et al.，2022
6	γ-AlOOH	[BMIM]Cl+DMSO	160℃，2h	58.4	Tang and Su，2019
7	$HfO(PO_4)_{2.0}$	四氢呋喃/饱和 NaCl 溶液	190℃，4h	69.8	Cao et al.，2019

Wen 等（2019）研究发现，铌酸（$Nb_2O_5 \cdot n H_2O$）在水中和高温下（230℃）可以催化纤维素转化为 5-羟甲基糠醛，但是产率相对较低，仅有 7.0%。$TiOSO_4$ 被报道能在 γ-戊内酯/饱和 NaCl 溶液中催化球磨处理后的微晶纤维素转化为 5-羟甲基糠醛，在 170℃和 2h 的条件下，5-羟甲基糠醛产率为 45.4%（Hou et al.，2022）。Hou 等（2022）表明，对微晶纤维素进行球磨处理能破坏纤维素内部氢键和部分 β-1,4-糖苷键，显著降低微晶纤维素的结晶度和分子量。$TiOSO_4$ 是布朗斯特酸-路易斯酸双功能催化剂，这也是能有效催化纤维素转化为 5-羟甲基糠醛的关键。此外，具有布朗斯特酸-路易斯酸双酸性的勃姆石（γ-AlOOH）也被证明能有效催化纤维素转化为 5-羟甲基糠醛，在离子液体[BMIM]Cl 和 DMSO 溶剂中，能获得 58.4%的 5-羟甲基糠醛产率（160℃，2h）（Tang and Su，2019）。

为进一步提高 5-羟甲基糠醛产率，Ying 及其同事以 $HfCl_4$ 和 KH_2PO_4 为原料，通过共同沉淀法制备出了一系列磷酸铪材料[$HfO(PO_4)_x$，x=1.0、1.5、2.0]，并用于催化纤维素转化为 5-羟甲基糠醛（Cao et al.，2019）。其中，$HfO(PO_4)_{2.0}$ 的催化活性最好，在四氢呋喃/饱和 NaCl 溶液中，在 190℃下反应 4h，能获得 69.8%产率的 5-羟甲基糠醛。

综上，纤维素转化为 5-羟甲基糠醛是 5-羟甲基糠醛合成研究的难点和重点，也是当前极具挑战性的课题，研发高效的催化体系依然是纤维素转化为 5-羟甲基糠醛的研究重点。

12.6.2 山梨醇

12.6.2.1 性质及应用

山梨醇别名山梨糖醇、己六醇或 D-山梨糖醇，分子式是 $C_6H_{14}O_6$，是一种不挥发性多元糖醇，化学性质稳定，不易被空气氧化且不易被各种微生物发酵，耐热性好，广泛存在于自然界果实中（向良玉等，2020）；白色吸湿性粉末或晶状粉末、片状或颗粒（李增勇，2018），无臭，有清凉的甜味，易溶于水，微溶于乙醇、乙酸、苯酚和乙酰胺等，是一种可持续的重要平台化学品，广泛应用于食品、日化、医药、化工和聚合物合成等行业（Ochoa-Gómez and Roncal，2017；郭佳星等，2021）。

12.6.2.2 合成路径

目前，工业生产山梨醇的方法主要包括发酵法和催化加氢法（向良玉等，2020）。催化加氢法即在催化剂的作用下，将淀粉和纤维素等生物质材料转化为葡萄糖，再催化裂解加氢而得到山梨醇。虽然催化加氢法应用广泛，各种催化剂也取得了长足的进步，但是催化加氢法能耗较高且制备工艺中有一定的污染。发酵法（Lin et al.，2021）主要利用发酵工程菌催化分解果糖和葡萄糖得到，制备工艺简单、制备工艺条件温和无污染，且能以生物质为原料制备，虽然发展时间较短，但有着巨大的发展潜力。

12.6.2.3 当前研究现状及前景

Aho 等（2015）研究了半间歇式反应器中葡萄糖在负载型钌催化剂上加氢制山梨醇的结构灵敏度，他们制备了不同粒径的钌/碳，并对其加氢性能进行了评估，他们发现当催化剂的平均粒径为 3nm 时，催化剂 TOF 值最高。Li 等（2015）采用共沉淀法制备了 60%Ni/AlSiO 催化剂，其中 AlSiO 为 Al_2O_3 和 SiO_2 质量比不同的复合载体，结果表明，在 Al_2O_3/SiO_2 质量比为 4 的载体中，60%Ni/AlSiO-4 催化剂表现出较高的水热稳定性；适量 SiO_2 的加入抑制了 Al_2O_3 的水合作用，抑制了负载镍颗粒在水热过程中的生长；在 60%Ni/AlSiO-4 中，复合载体结构稳定，镍颗粒高度分散。因此，水热处理后的催化剂保持了对 H_2 和 CO 的高吸热和吸收率，从而保持了葡萄糖在水溶液中氢化成山梨醇的高活性和稳定性，为以葡萄糖为原料高效制备山梨醇提供了良好的借鉴。

Ribeiro 等（2017）研究了从不同的废弃纤维素材料制备山梨醇，他们分别以棉絮、棉织物、薄纸为原料，在 H_2 的条件下，使用 Ru/CNT 催化剂，只使用水作为溶剂且不使用任何酸，直接转化为山梨醇，他们发现底物的转化率高达 38%，山梨醇的产量低于 10%。对材料进行球磨破坏它们的结晶度后，可使棉毛、纺织品和薄纸在 4h 后达到 100%的转化率，山梨醇产率约为 50%。在催化剂的作用下，将这些材料混合研磨，可以大大提高它们的转化率，并在 2h 内有效地转化为山梨醇，产率约为 50%。而球磨和混合研磨后的印刷纸在 5h 后的转化率仅为 50%，山梨醇产率为 7%，从 1g 棉絮、1g 棉织物和 1g 薄纸中可以分别得到 0.525g、0.511g 和 0.559g 山梨醇。

Gao 等（2018a）研究了将球磨微晶纤维素溶解在离子液体中后通过水解氢化过程制备山梨醇。结果表明，最佳球磨时间为 4h，纤维素的结晶指数可由 79.9%降至 3.2%，最佳溶解溶剂为[Amim]Cl。在 Nafion NR50 和 Ru/AC（活性炭）的催化下，在 150℃条件下反应 1h，山梨醇的产率为 34.3%。他们认为，球磨和离子液体溶解都能有效地破坏纤维素内部羟基之间形成的分子间和分子内的氢键网络，由于纤维素在离子液体中的溶解，产生了水溶性离子纤维素，大大增加了纤维素与催化剂的接触。他们的研究进一步丰富了从纤维素高效制备山梨醇的理论基础。Rey-Raap 等（2019）报道了使用低成本的催化剂直接将纤维素转化为山梨醇，他们通过活化和添加碳纳米管（CNT）以制备杂化碳材料（AG-CNT），最终制得了具有特定结构和化学性能的钌/碳纳米管（Ru/AG-CNT，其中碳纳米管由葡萄糖制备得到）。在 205℃、5.0 MPa 的条件下，在比表面积达 1200m²/g（Ru/AG-CNT1200）的催化剂上反应 3 h，纤维素的总转化率为 100%，山梨醇的最高产率为 64.1%；此外，催化剂还能循环使用 4 次。在相同的反应条件下，这些结果都优于其他 Ru/CNT（迄今为止产率最高的碳基催化剂）的催化效果，表明碳纳米管可以被一种来自生物质的低成本载体所取代。他们的这项研究为从木本油料作物制备山梨醇提供了新的思路。

Cai 等（2020）通过调节活性组分和碱的含量，采用分步浸渍法制备了 $Ni/La_2O_3/ZrO_2$ 催化剂。碱性促进剂的引入不仅提高了催化剂的碱性，而且由于 Ni^{2+} 和碱性促进剂之间的强相互作用，改善了 Ni 在催化剂上的分散。Ni 和 La_2O_3 之间的协同作用有利于山梨醇的选择性氢解。在最佳反应条件下，山梨醇转化率接近 100%。Carlier 等（2021）采用单一催化材料对纤维二糖进行加氢/水解两步转化，以高效制备山梨醇。

他们先研究了碳载体上沉积的钌纳米粒子对葡萄糖氢化成山梨醇的作用，并确定了最佳的纳米颗粒尺寸。他们对两种不同类型的碳材料（活性煤和石墨烯纳米片）作了修饰处理，在碳晶格中加入了氮原子。动力学研究表明，经过氢化及之后的双糖分裂途径，碳载体的掺杂增加了 Ru 纳米粒子在纤维二糖氢解为山梨醇反应中的活性，且催化剂能重复使用，没有发现失活的迹象。虽然使用运动发酵单胞菌制备山梨醇是未来发展的趋势，近期也取得了长足的发展，但是在应用中还面临着许多阻碍，如在实际应用中还需要辅助底物才能转化为山梨醇；目前使用的底物 D-葡萄糖成本较高。此外，低成本的分离和纯化工艺还需要进一步优化和发展。因此，未来很长一段时间，山梨醇的工业制备都将是催化加氢法和发酵法长期并存的状态。

12.6.3　2,5-呋喃二甲酸

12.6.3.1　性质及应用

　　2,5-呋喃二甲酸（2,5-furandicarboxylic acid，FDCA）是 5-羟甲基糠醛氧化后的衍生物，含有两个对称的羧酸基团，使得其化学性质非常活泼（Cai et al.，2022；Totaro et al.，2022）。由于 2,5-呋喃二甲酸具有与对苯二甲酸相似的共轭电子特性，结构及性质与对苯二甲酸也相似，因此可以作为对苯二甲酸替代物来取代大宗聚酯材料聚对苯二甲酸乙二醇酯（Zhao et al.，2020；李兴涛等，2016；邹彬等，2016）（图 12-21）。生物基塑料具有可降解、无污染等优点，有望取代石油基塑料。因此，以 2,5-呋喃二甲酸为原料合成生物基聚呋喃二甲酸乙二醇酯来生产塑料等大宗产品，不仅可以降低化工行业对石化资源的严重依赖，还可以有助于解决白色污染问题（林晓清等，2022；Sajid et al.，2018）。近年，许多可降解的生物基聚合材料，如聚酯酰胺（Kluge et al.，2020）、聚酯（Guidotti et al.，2020）、聚碳酸丁二醇酯-呋喃二甲酸丁二醇酯（Hu et al.，2018a），皆可由 2,5-呋喃二甲酸制备得到。此外，2,5-呋喃二甲酸在精细化学品合成和其他材料领域有着很广泛的应用，其也被美国能源部誉为 12 种重要生物基平台化合物之一（Wojcieszak and Itabaiana，2020；Chen et al.，2021a）。

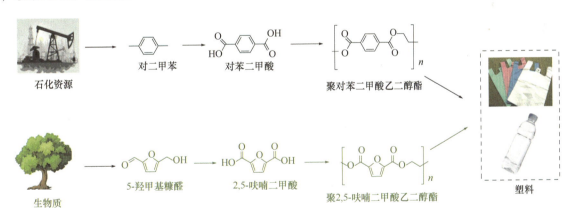

图 12-21　聚对苯二甲酸乙二醇酯和聚 2,5-呋喃二甲酸乙二醇酯的合成过程对比

12.6.3.2　合成路径

　　2,5-呋喃二甲酸是 5-羟甲基糠醛分子中羟基和醛基氧化为羧酸后的产物，所以 5-羟甲基糠醛氧化转化为 2,5-呋喃二甲酸的研究较多。5-羟甲基糠醛氧化为 2,5-呋喃二甲酸的反应路径如图 12-22A 所示：5-羟甲基糠醛首先氧化为 2,5-呋喃二甲醛，然后再氧化转化为 2,5-呋喃二甲酸；或者 5-羟甲基糠醛首先氧化为 5-羟甲基-2-呋喃甲酸，然后再氧化转化为 2,5-呋喃二甲酸（Zhang and Deng，2015）。同时，5-羟甲基糠醛一般由果糖脱水而得到，所以果糖至 2,5-呋喃二甲酸的转化研究也受到广泛关注。最近研究发现，半乳糖也可以转化为 2,5-呋喃二甲酸，即半乳糖氧化得到半乳糖二酸，然后再脱水转化为 2,5-呋喃二甲酸（Trapasso et al.，2022）（图 12-22B）。

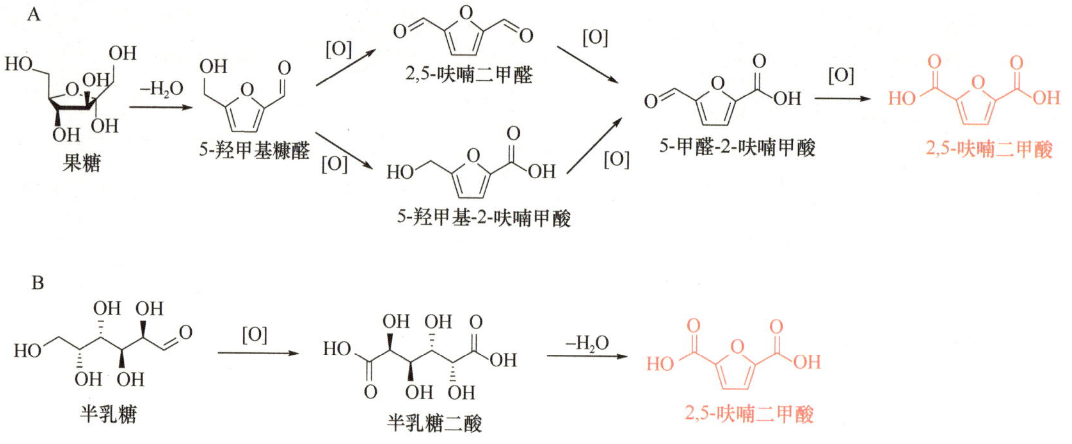

图 12-22 2,5-呋喃二甲酸的合成路径

12.6.3.3 研究现状及前景

5-羟甲基糠醛氧化转化为 2,5-呋喃二甲酸一般都需要氧化剂和金属催化位点，且贵金属对此氧化反应表现出优异的催化活性（Fu et al.，2022；Xie et al.，2022；Guan et al.，2021）（表 12-16）。例如，二氧化铈负载的 CoO_x-Ag（CoO_x-Ag/CeO_2）在以 2MPa O_2 为氧化剂的体系中，对 5-羟甲基糠醛的氧化表现出很好的催化活性，在 130℃、12h 和碱性添加剂（NaOH）存在的条件下，能得到产率为 92.8%的 2,5-呋喃二甲酸（Fu et al.，2022）。结果表明，CoO_x-Ag/CeO_2 催化材料中存在大量的氧空位（O_v），且 Ag^+ 和 O_v-Ce^{3+} 的协同作用造就了 CoO_x-Ag/CeO_2 催化材料的高活性。其中，Ag^+ 能促进 C—H 键的裂解，O_v-Ce^{3+} 不仅能提高底物的吸附、加速 H_2O 的脱离，还能加速吸附 O_2 分子至超氧自由基的转化（Fu et al.，2022）。

表 12-16 5-羟甲基糠醛在不同催化剂作用下氧化转化为 2,5-呋喃二甲酸的反应条件及产率

序号	催化剂	氧化剂	反应条件	碱性添加剂	产率/%	参考文献
1	CoO_x-Ag/CeO_2	2MPa O_2	130℃，12h	NaOH	92.8	Fu et al.，2022
2	Au_1Pd_3/PBN_2C-800	3MPa O_2	100℃，24h	Na_2CO_3	97.6	Guan et al.，2021
3	Ru/C	4MPa O_2	140℃，3h	$NaHCO_3$	98	Xie et al.，2022
4	CoCe-15	3MPa O_2	90℃，56h	NaOH	90.1	Chen et al.，2022
5	CoO_x-MC	0.5MPa O_2	80℃，30h	K_2CO_3	95.3	Liu et al.，2020c

贵金属对 5-羟甲基糠醛氧化表现出高的催化活性，对对接大规模生产需求，探究高浓度 5-羟甲基糠醛转化为 2,5-呋喃二甲酸有着非常重要的意义。最近，Xie 等（2022）采用商业 Ru/C 为催化剂，在 1,4-二氧六环/水溶剂中催化质量分数为 10%的 5-羟甲基糠醛转化，并获得产率为 98%的 2,5-呋喃二甲酸（140℃，3h，4MPa O_2 和以 $NaHCO_3$ 为碱性添加剂）。

为降低生产成本和避免使用贵金属，探究非贵金属催化剂在 5-羟甲基糠醛氧化转化中的应用是当前研究的热点。钴和铈的二元金属氧化物 CoCe-15（Co 与 Ce 的原子摩尔比为 15）被发现可以高效催化 5-羟甲基糠醛氧化转化为 2,5-呋喃二甲酸，在以 NaOH 为碱性添加剂的条件下，可以获得 90.1%产率的 2,5-呋喃二甲酸（90℃，56h，3MPa O_2）（Chen et al.，2022）。结果表明 O_2 以·O_2^- 的形式参与至 5-羟甲基糠醛的有氧氧化（Chen et al.，2022）。

虽然以上研究都取得了很好的 2,5-呋喃二甲酸产率，但是反应体系中都需要添加碱性添加剂（NaOH、Na_2CO_3、$NaHCO_3$），这对大规模生产应用是不利的，因为对设备有腐蚀性而增加了生产成本。因此，在无须碱性添加剂存在下将 5-羟甲基糠醛氧化转化为 2,5-呋喃二甲酸是后续研究的重点和难点。

与传统的热催化相比，电催化具有节能的优势，且能避开贵金属的使用，因而 5-羟甲基糠醛电催化氧化转化为 2,5-呋喃二甲酸是近年研究的热点（Luo et al.，2022；Hu et al.，2021b；Wang et al.，2021；Song et al.，2020；Zhang et al.，2019；Gao et al.，2018b）（表 12-17）。例如，Hu 等（2021b）研究发现，三氧化钨（WO$_3$）负载在 Ni 泡沫上，对 5-羟甲基糠醛电催化氧化表现出很好的活性，在 1.40V 电压下，2,5-呋喃二甲酸的产率为 88.3%，法拉第效率为 88.0%。四氧化三钴（Co$_3$O$_4$）负载在 Ni 泡沫上也被报道可以高效电催化 5-羟甲基糠醛氧化转化为 2,5-呋喃二甲酸，在 1.457V 电压下，可获得产率为 99.8% 的 2,5-呋喃二甲酸，法拉第效率为 100%（Wang et al.，2021）。Co$_3$O$_4$/Ni 泡沫催化剂的高活性与其具有快速的电子转移、高的电化学表面积和低的电荷转移电阻有关。

表 12-17　5-羟甲基糠醛电催化氧化转化为 2,5-呋喃二甲酸的反应条件及产率

序号	催化剂	电压/V	FDCA 产率/%	法拉第效率/%	参考文献
1	WO$_3$/Ni 泡沫	1.40	88.3	88.0	Hu et al.，2021b
2	Co$_3$O$_4$/Ni 泡沫	1.457	99.8	100	Wang et al.，2021
3	NiCo$_2$O$_4$	1.45	90	100	Gao et al.，2018b
4	NiB$_x$-P$_{0.07}$	1.464	90.6	92.5	Song et al.，2020
5	Ni(OH)$_2$-NiOOH/NiFeP	1.435	99	94.0	Luo et al.，2022

金属-非金属杂化物也被证明可高效催化 5-羟甲基糠醛电催化氧化转化为 2,5-呋喃二甲酸。例如，磷化镍铁（NiFeP）也对 5-羟甲基糠醛电催化氧化转化为 2,5-呋喃二甲酸表现出优异的催化活性，在 1.435V 电压下，2,5-呋喃二甲酸的产率为 99%，法拉第效率为 94.0%（Luo et al.，2022）。NiFeP 的高催化活性源于 Ni(OH)$_2$-NiOOH 的动态转换过程，即重构后的 NiOOH 可通过化学（而非电化学）氧化 5-羟甲基糠醛而本身被还原为 Ni(OH)$_2$，外加阳极电势驱动 Ni(OH)$_2$ 氧化为 NiOOH，使 5-羟甲基糠醛氧化过程循环（Luo et al.，2022）。

综上，双金属催化剂和金属-非金属杂化物催化剂均在 5-羟甲基糠醛电催化氧化转化为 2,5-呋喃二甲酸反应上表现出很好的活性。但是具体的反应路线和机理目前不是十分清楚，因此，将先进的原位检测技术应用于 5-羟甲基糠醛电催化氧化为 2,5-呋喃二甲酸的研究有助于阐明反应路径和催化机制，是今后研究的趋势（Zhang et al.，2019）。

除了电催化，光催化作为一种绿色的技术手段也被开发应用于 5-羟甲基糠醛至 2,5-呋喃二甲酸的氧化转化反应中（Li et al.，2021b；Xu et al.，2017）。例如，g-C$_3$N$_4$ 负载的含硫四氮杂钴卟啉（即 CoPz/g-C$_3$N$_4$）在模拟太阳光照射下（发射波长为 300～1000nm）可高效催化 5-羟甲基糠醛氧化转化为 2,5-呋喃二甲酸，在室温、空气流速为 20mL/min 和 pH=9 的条件下反应 14h，产率高达 96.1%（Xu et al.，2017）。新型光催化剂及催化体系的研制依然是 5-羟甲基糠醛氧化为 2,5-呋喃二甲酸研究的重点。

5-羟甲基糠醛虽然能高效转化为 2,5-呋喃二甲酸，但是 5-羟甲基糠醛不稳定，且它从果糖脱水反应液中分离提纯困难；为降低生产成本，直接以果糖为原料合成 2,5-呋喃二甲酸近年来备受青睐（表 12-18）（Liu et al.，2020a；Chen et al.，2018a；Yan et al.，2018）。

表 12-18　果糖在不同催化剂作用下转化为 2,5-呋喃二甲酸的反应条件及产率

序号	催化剂	反应条件	FDCA 产率/%	参考文献
1	HCl+Ni/Ni 泡沫	第 1 步：HCl 催化剂，140℃（微波加热），1min 第 2 步：Ni/Ni 泡沫为电催化剂，0.7V	83	Liu et al.，2020a
2	Amberlyst-15+Pt/C	第 1 步：Amberlyst-15 催化剂，DMSO 溶剂，120℃，1h 第 2 步：Pt/C 催化剂，K$_2$CO$_3$ 水溶液/DMSO 溶剂，100℃，10h，0.1MPa O$_2$	88.4	Chen et al.，2018a
3	Fe$_{0.6}$Zr$_{0.4}$O$_2$+Amberlyst-15	1-丁基-3-甲基咪唑氯盐溶剂，160℃，24h，2MPa O$_2$	46.4	Yan et al.，2018

Liu 等（2020a）采用两步法实现了果糖至 2,5-呋喃二甲酸的转化，果糖首先在 HCl 催化下微波加热脱水转化为 5-羟甲基糠醛（140℃，1min），然后得到的 5-羟甲基糠醛在 Ni/Ni 泡沫电催化下氧化转化为 2,5-呋喃二甲酸（0.7V），最终能得到产率为 83% 的 2,5-呋喃二甲酸。以上体系虽然能实现果糖高效转化为 2,5-呋喃二甲酸，但是均采用两步法，实验操作较麻烦。

　　因而研发新的催化体系以提高果糖"一步法"转化效率成为新的研究热点（表12-18）。Yan 等（2018）采用"一步法"策略实现了果糖转化为 2,5-呋喃二甲酸，联合使用 $Fe_{0.6}Zr_{0.4}O_2$ 和 Amberlyst-15 为催化剂，在离子液体溶剂中（1-丁基-3-甲基咪唑氯盐）催化果糖转化，在 160℃、24h、2MPa O_2 的条件下，可获得 46.4%产率的 2,5-呋喃二甲酸。此法操作简便，具有大规模生产应用的前景。研发新的催化体系以提高果糖"一步法"转化为 2,5-呋喃二甲酸的产率是后续研究的重点和热点。

参 考 文 献

陈小燕, 许敬亮, 袁振宏, 等. 2014. 马克斯克鲁维酵母制备生物质乙醇研究进展[J]. 新能源进展, 2(5): 364-372.

方鑫, 李愈, 刘迎新. 2021. 5-羟甲基糠醛的分离纯化研究进展[J]. 浙江化工, 52(8): 10-13.

付延春, 高腾飞, 张利平, 等. 2021. 糠醛的生物炼制技术研究进展[J]. 生物质化学工程, 55(6): 59-66.

葛茵, 向沙沙, 张亚林, 等. 2021. 木糖醇益生功能研究进展[J]. 食品与发酵工业, 47(5): 267-272.

郭佳星, 李通, 王新承, 等. 2021. 非均相催化法制备异山梨醇的研究现状[J]. 石油化工, 50(9): 952-959.

韩开宝, 王诗元. 2017. 乙二醇生产工艺及市场分析[J]. 中国化工贸易, (6): 66.

黄天, 张晓彤, 赵江琳, 等. 2021. 木糖酸辅助水解木聚糖制备低聚木糖及其分离与回收工艺研究[J]. 林产化学与工业, 41(5): 8-14.

江天浩. 2021. 乙二醇的生产工艺技术研究[J]. 山西化工, 41(5): 52-53, 76.

靳丽丽. 2018. 乙二醇合成工艺研究进展[J]. 煤炭与化工, 41(2): 35-37.

黎志勇, 聂志奎, 纪晓俊, 等. 2010. 木糖酸的合成及应用研究进展[J]. 化工进展, 29(8): 1525-1529, 1561.

李凤强. 2020. 乙二醇生产工艺的研究进展[J]. 化工管理, (31): 97-98.

李伏坤, 张杰, 徐畅, 等. 2019. 化学法催化转化木质纤维素制备乳酸及其酯的研究进展[J]. 应用化工, 48(10): 2440-2443, 2449.

李兴涛, 闫海生, 王磊, 等. 2016. 石墨烯负载钯纳米颗粒催化 5-羟甲基糠醛选择氧化制 2,5-呋喃二甲酸[J]. 材料导报, 30(16): 26-30.

李应成, 何文军, 陈永福. 2002. 环氧乙烷催化水合制乙二醇研究进展[J]. 工业催化, 10(2): 38-45.

李增勇. 2018. 生物质基糖类化合物高值化转化制备山梨醇的研究[D]. 广州: 华南理工大学硕士学位论文.

李子黎, 康富彦, 李琴, 等. 2018. FePO$_4$ 催化茶叶残渣制备 5-羟甲基糠醛[J]. 当代化工, 47(10): 2006-2010.

林晓清, 陶顺辉, 胡蕾, 等. 2022. 生物基聚 2,5-呋喃二甲酸乙二醇酯的改性研究进展[J]. 林产化学与工业, 42(2): 125-136.

刘竞, 朱好婷, 吕微, 等. 2019. 氧化生物质制备甲酸过程中木质素结构变化的表征[J]. 新能源进展, 7(3): 207-215.

刘敏, 汤婷婷, 赵国明, 等. 2014. Pd/C 催化氧化木糖制备木糖酸[J]. 化学反应工程与工艺, 30(4): 352-356.

刘晓飞, 戚月娜, 赵香香, 等. 2021. 乳酸的制备及在养殖业中的研究进展[J]. 饲料研究, 44(10): 141-145.

牛牧歌, 侯玉翠, 任树行, 等. 2015. 含钒催化剂作用下生物质选择性氧化制备甲酸[J]. 科学通报, 60(16): 1434-1442.

覃潇雅, 李佳璐, 丁永祯, 等. 2021. 球磨法合成钒基催化剂及其催化生物质制备甲酸[J]. 农业环境科学学报, 40(1): 211-218.

申玉民. 2014. 木糖醇的功能和应用[J]. 江苏调味副食品, (3): 40-43.

沈圆圆, 陶雪婷, 张雅欣, 等. 2017. 大肠杆菌生产琥珀酸研究进展[J]. 生物技术进展, 7(2): 139-143.

孙庆国. 2021. 浅议燃料乙醇生产工艺及乙醇汽油现状[J]. 广州化工, 49(12): 21-22, 49.

孙智谋, 蒋磊, 张俊波, 等. 2007. 世界各国木质纤维原料生物转化燃料乙醇的工业化进程[J]. 酿酒科技, (1): 91-94.

王蒙, 张全, 高慧鹏, 等. 2020. 生物发酵法制备木糖醇的研究进展[J]. 中国生物工程杂志, 40(3): 144-153.

王彦, 高翔宇, 李飞, 等. 2022. 纤维素催化转化制备 5-羟甲基糠醛的研究进展[J]. 应用化工, 51(3): 781-786, 792.

韦佳培. 2014. 利用制糖废弃物生产生物质乙醇的经济价值研究[J]. 经济与社会发展, 12(3): 45-47.

向良玉, 田保亮, 唐国旗, 等. 2020. 山梨醇的市场前景及其应用研究进展[J]. 合成树脂及塑料, 37(6): 64-68.

许茜, 王保伟, 许根慧. 2007. 乙二醇合成工艺的研究进展[J]. 石油化工, 36(2): 194-199.

炎俊梁, 王筠. 2018. 乙二醇生产工艺流程研究进展[J]. 浙江化工, 49(1): 11-12, 15.

杨波, 许韦, 贾东旭, 等. 2017. 生物法制备木糖醇的研究进展[J]. 发酵科技通讯, 46(2): 113-117, 120.

杨佳鑫, 司传领, 刘坤, 等. 2020. 木质纤维生物质制备乙酰丙酸及其应用综述[J]. 林业科技开发, 5(5): 21-27.

杨建刚, 朱年青, 陈涛. 2013. 生物转化法生产琥珀酸进展与展望[J]. 化学工业与工程, 30(5): 26-32.

杨颜如, 韩旸湲, 闫凤凯, 等. 2018. 生物质化工醇中乙二醇和 1,2-丁二醇精馏分离技术进展[J]. 现代化工, 38(11): 48-52.

殷艳飞, 房桂干, 施英乔, 等. 2011. 生物质转化制糠醛及其应用[J]. 生物质化学工程, 45(1): 53-56.

张超, 张涛, 江波, 等. 2016. 生物转化木糖醇的研究进展[J]. 食品与发酵工业, 42(7): 288-294.

张军, 李丹妮, 袁浩然, 等. 2021. 生物质基糠醛和 5-羟甲基糠醛加氢转化研究进展[J]. 燃料化学学报, 49(12): 1752-1767.

赵伟, 刘晶, 徐丽, 等. 2021. 木糖醇特性及应用研究进展[J]. 农产品加工, (3): 90-92.

周龙霞, 王燕, 郭玉蓉, 等. 2016. 生物转化法生产木糖醇的研究进展[J]. 粮食与油脂, 29(12): 1-4.

邹彬, 陈学珊, 郭静. 2016. 5-羟甲基糠醛催化氧化为 2,5-呋喃二甲酸的研究进展[J]. 应用化工, 45(11): 2130-2134, 2138.

Abou H M, Loridant S, Jahjah M, et al. 2019. TiO$_2$-supported molybdenum carbide: an active catalyst for the aqueous phase hydrogenation of succinic acid[J]. Applied Catalysis A: General, 571: 71-81.

Aho A, Roggan S, Simakova O A, et al. 2015. Structure sensitivity in catalytic hydrogenation of glucose over ruthenium[J]. Catalysis Today, 241: 195-199.

AjalA E O, Olonade Y O, Ajala M A, et al. 2020. Lactic acid production from lignocellulose—A review of major challenges and selected solutions[J]. ChemBioEng Reviews, 7(2): 38-49.

Akhtar J, Idris A, Aziz R A. 2014. Recent advances in production of succinic acid from lignocellulosic biomass[J]. Applied Microbiology and Biotechnology, 98(3): 987-1000.

Al Ghatta A, Zhou X, Casarano G, et al. 2021. Characterization and valorization of humins produced by HMF degradation in ionic liquids: a valuable carbonaceous material for antimony removal[J]. ACS Sustainable Chemistry & Engineering, 9(5): 2212-2223.

Albert J. 2017. Selective oxidation of lignocellulosic biomass to formic acid and high-grade cellulose using tailor-made polyoxometalate catalysts[J]. Faraday Discussions, 202: 99-109.

Albert J, Lüders D, Bösmann A, et al. 2014. Spectroscopic and electrochemical characterization of heteropoly acids for their optimized application in selective biomass oxidation to formic acid[J]. Green Chemistry, 16(1): 226-237.

Albert J, Mehler J, Tucher J, et al. 2016. One-step synthesizable Lindqvist-isopolyoxometalates as promising new catalysts for selective conversion of glucose as a model substrate for lignocellulosic biomass to formic acid[J]. ChemistrySelect, 1(11): 2889-2894.

Albert J, Mendt M, Mozer M, et al. 2019. Explaining the role of vanadium in homogeneous glucose transformation reactions using NMR and EPR spectroscopy[J]. Applied Catalysis A: General, 570: 262-270.

Ali M M A, Zohri A-N A. 2021. Optimization of glycerol production by a new osmotolerant *Wickerhamomyces anomalus* AUMC 11687 yeast strain using response surface methodology[J]. Egyptian Journal of Botany, 61(1): 53-60.

Audemar M, Ramdani W, Tang J, et al. 2020. Selective hydrogenation of xylose to xylitol over Co/SiO$_2$ catalysts[J]. ChemCatChem, 12(7): 1973-1978.

Avramescu S, Ene C D, Ciobanu M, et al. 2022. Nanocrystalline rhenium-doped TiO$_2$: an efficient catalyst in the one-pot conversion of carbohydrates into levulinic acid. The synergistic effect between Brønsted and Lewis acid sites[J]. Catalysis Science & Technology, 12(1): 167-180.

Azaizeh H, Abu T H N, Schneider R, et al. 2020. Production of lactic acid from carob, banana and sugarcane lignocellulose biomass[J]. Molecules, 25(13): 2956.

Bagnato G, Iulianelli A, Sanna A, et al. 2017. Glycerol production and transformation: a critical review with particular emphasis on glycerol reforming reaction for producing hydrogen in conventional and membrane reactors[J]. Membranes (Basel), 7(2): 17.

Baktash M M, Ahsan L, Ni Y. 2015. Production of furfural from an industrial pre-hydrolysis liquor[J]. Separation and Purification Technology, 149: 407-412.

Barbaro P, Liguori F, Moreno-Marrodan C. 2016. Selective direct conversion of C5 and C6 sugars to high added-value chemicals by a bifunctional, single catalytic body[J]. Green Chemistry, 18(10): 2935-2940.

Barbosa B M, Colodette J L, Longue J D, et al. 2014. Preliminary studies on furfural production from lignocellulosics[J]. Journal of Wood Chemistry and Technology, 34(3): 178-190.

Bechthold I, Bretz K, Kabasci S, et al. 2008. Succinic acid: a new platform chemical for biobased polymers from renewable resources[J]. Chemical Engineering & Technology, 31(5): 647-654.

Beh G K, Wang C T, Kim K, et al. 2020. Flame-made amorphous solid acids with tunable acidity for the aqueous conversion of glucose to levulinic acid[J]. Green Chemistry, 22(3): 688-698.

Bernhard Y, Pagies L, Pellegrini S, et al. 2019. Synthesis of levulinic acid based poly(amine-*co*-ester)s[J]. Green Chemistry, 21(1): 123-128.

Bhat N S, Mal S S, Dutta S. 2021. Recent advances in the preparation of levulinic esters from biomass-derived furanic and levulinic chemical platforms using heteropoly acid (HPA) catalysts[J]. Molecular Catalysis, 505: 111484.

Bosilj M, Schmidt J, Fischer A, et al. 2019. One pot conversion of glucose to ethyl levulinate over a porous hydrothermal acid catalyst in green solvents[J]. RSC Advances, 9(35): 20341-20344.

Bounoukta C E, Megías-Sayago C, Ivanova S, et al. 2021. Effect of the sulphonating agent on the catalytic behavior of activated carbons in the dehydration reaction of fructose in DMSO[J]. Applied Catalysis A: General, 617: 118108.

Brazdausks P, Paze A, Rizhikovs J, et al. 2016. Effect of aluminium sulphate-catalysed hydrolysis process on furfural yield and cellulose degradation of *Cannabis sativa* L. shives[J]. Biomass and Bioenergy, 89: 98-104.

Brazdausks P, Puke M, Vedernikovs N, et al. 2014. The effect of catalyst amount on the production of furfural and acetic acid from birch wood in a biomass pretreatment process[J]. Baltic Forestry, 20(1): 106-114.

Bulushev D A, Ross J R H. 2018. Towards sustainable production of formic acid[J]. ChemSusChem, 11(5): 821-836.

Cai C M, Nagane N, Kumar R, et al. 2014. Coupling metal halides with a co-solvent to produce furfural and 5-HMF at high yields directly from lignocellulosic biomass as an integrated biofuels strategy[J]. Green Chemistry, 16(8): 3819-3829.

Cai C, Wang H, Xin H, et al. 2020. Hydrogenolysis of biomass-derived sorbitol over La-promoted Ni/ZrO$_2$ catalysts[J]. RSC Advances, 10(7): 3993-4001.

Cai J, Li K, Wu S. 2022. Recent advances in catalytic conversion of biomass derived 5-hydroxymethylfurfural into 2,5-furandicarboxylic acid[J]. Biomass and Bioenergy, 158: 106358.

Cao Z, Fan Z, Chen Y, et al. 2019. Efficient preparation of 5-hydroxymethylfurfural from cellulose in a biphasic system over hafnyl phosphates[J]. Applied Catalysis B: Environmental, 244: 170-177.

Carlier S, Gripekoven J, Philippo M, et al. 2021. Ru on N-doped carbon supports for the direct hydrogenation of cellobiose into sorbitol[J]. Applied Catalysis B: Environmental, 282: 119515.

Carnevali D, Rigamonti M G, Tabanelli T, et al. 2018. Levulinic acid upgrade to succinic acid with hydrogen peroxide[J]. Applied Catalysis A: General, 563: 98-104.

Chandrashekhar V G, Natte K, Alenad A M, et al. 2022. Reductive amination, hydrogenation and hydrodeoxygenation of 5-hydroxymethylfurfural using silica-supported cobalt- nanoparticles[J]. ChemCatChem, 14(1): e202101234.

Chen A, Li T, Zhang Q, et al. 2022. Selective aerobic oxidation of 5-hydroxymethylfurfural to 2,5-furandicarboxylic acid over nanojunctions of cobalt-ceria binary oxide in water[J]. Catalysis Science & Technology, 12(9): 2954-2961.

Chen B, Lu J, Wu L, et al. 2016a. Dehydration of bio-ethanol to ethylene over iron exchanged HZSM-5[J]. Chinese Journal of Catalysis, 37(11): 1941-1948.

Chen C, Wang L, Zhu B, et al. 2021a. 2,5-Furandicarboxylic acid production via catalytic oxidation of 5-hydroxymethylfurfural: catalysts, processes and reaction mechanism[J]. Journal of Energy Chemistry, 54: 528-554.

Chen G, Wu L, Fan H, et al. 2018a. Highly efficient two-step synthesis of 2,5-furandicarboxylic acid from fructose without 5-hydroxymethylfurfural (HMF) separation: in situ oxidation of HMF in alkaline aqueous H$_2$O/DMSO mixed solvent under mild conditions[J]. Industrial & Engineering Chemistry Research, 57(48): 16172-16181.

Chen J, Zhang B, Luo L, et al. 2021b. A review on recycling techniques for bioethanol production from lignocellulosic biomass[J]. Renewable and Sustainable Energy Reviews, 149: 111370.

Chen L, Huang Y, Zou R, et al. 2021c. Regulating TiO$_2$/MXenes catalysts to promote photocatalytic performance of highly selective oxidation of d-xylose[J]. Green Chemistry, 23(3): 1382-1388.

Chen L, Liu Y, Gu C, et al. 2021d. Selective production of 2-butanol from hydrogenolysis of levulinic acid catalyzed by the non-precious NiMn bimetallic catalyst[J]. ACS Sustainable Chemistry & Engineering, 9(46): 15603-15611.

Chen P, Tao S, Zheng P. 2016b. Efficient and repeated production of succinic acid by turning sugarcane bagasse into sugar and support[J]. Bioresource Technology, 211: 406-413.

Chen X, Che Q, Li S, et al. 2019. Recent developments in lignocellulosic biomass catalytic fast pyrolysis: strategies for the optimization of bio-oil quality and yield[J]. Fuel Processing Technology, 196: 106180.

Chen X, Chen Y, Chen Z, et al. 2018b. Catalytic fast pyrolysis of cellulose to produce furan compounds with SAPO type catalysts[J]. Journal of Analytical and Applied Pyrolysis, 129: 53-60.

Cheng Z, Goulas K A, Quiroz R N, et al. 2020. Growth kinetics of humins studied via X-ray scattering[J]. Green Chemistry, 22(7): 2301-2309.

Chiappe C, Rodriguez D M J, Mezzetta A, et al. 2017. Recycle and extraction: cornerstones for an efficient conversion of cellulose into 5-hydroxymethylfurfural in ionic liquids[J]. ACS Sustainable Chemistry & Engineering, 5(6): 5529-5536.

Choomwattana C, Chaianong A, Kiatkittipong W, et al. 2016. Process integration of dimethyl carbonate and ethylene glycol production from biomass and heat exchanger network design[J]. Chemical Engineering and Processing - Process Intensification, 107: 80-93.

Choudhary H, Nishimura S, Ebitani K. 2013. Metal-free oxidative synthesis of succinic acid from biomass-derived furan compounds using a solid acid catalyst with hydrogen peroxide[J]. Applied Catalysis A: General, 458: 55-62.

Christoph R, Schmidt B, Steinberner U, et al. 2006. Glycerol[C]//Karinen R, Dilla W, Steinberner U, et al. Ullmann's Encyclopedia of Industrial Chemistry. New Jersey: John Wiley and Sons: 67-82.

Chu D W, Xin Y Y, Zhao C. 2021. Production of bio-ethanol by consecutive hydrogenolysis of corn-stalk cellulose[J]. Chinese Journal of Catalysis, 42(5): 844-854.

Cornejo A, Alegria-Dallo I, García-Yoldi Í, et al. 2019. Pretreatment and enzymatic hydrolysis for the efficient production of glucose and furfural from wheat straw, pine and poplar chips[J]. Bioresource Technology, 288: 121583.

Dagle R A, Winkelman A D, Ramasamy K K, et al. 2020. Ethanol as a renewable building block for fuels and chemicals[J]. Industrial & Engineering Chemistry Research, 59(11): 4843-4853.

Dalli S S, Tilaye T J, Rakshit S K. 2017. Conversion of wood-based hemicellulose prehydrolysate into succinic acid using a heterogeneous acid catalyst in a biphasic system[J]. Industrial & Engineering Chemistry Research, 56(38): 10582-10590.

Das B, Mohanty K. 2021. Sulfonic acid-functionalized carbon coated red mud as an efficient catalyst for the direct production of 5-HMF from d-glucose under microwave irradiation[J]. Applied Catalysis A: General, 622: 118237.

Delgado A Y, Valmaña G O D, Mandelli D, et al. 2020. Xylitol: a review on the progress and challenges of its production by chemical route[J]. Catalysis Today, 344: 2-14.

Deng A, Ren J, Li H, et al. 2015. Corncob lignocellulose for the production of furfural by hydrothermal pretreatment and heterogeneous catalytic process[J]. RSC Advances, 5(74): 60264-60272.

Deng W, Wang Y, Yan N. 2016. Production of organic acids from biomass resources[J]. Current Opinion in Green and Sustainable Chemistry, 2: 54-58.

Di Bucchianico D D M, Wang Y, Buvat J-C, et al. 2022. Production of levulinic acid and alkyl levulinates: a process insight[J]. Green Chemistry, 24(2): 614-646.

Díaz A B, González C, Marzo C, et al. 2020. Feasibility of exhausted sugar beet pulp as raw material for lactic acid production[J]. Journal of the Science of Food and Agriculture, 100(7): 3036-3045.

Dionisi D, Anderson J A, Aulenta F, et al. 2015. The potential of microbial processes for lignocellulosic biomass conversion to ethanol: a review[J]. Journal of Chemical Technology & Biotechnology, 90(3): 366-383.

Du H, Ma X, Jiang M, et al. 2021. Efficient Ni/SiO$_2$ catalyst derived from nickel phyllosilicate for xylose hydrogenation to xylitol[J]. Catalysis Today, 365: 265-273.

Dusselier M, van Wouwe P, Dewaele A, et al. 2013. Lactic acid as a platform chemical in the biobased economy: the role of chemocatalysis[J]. Energy & Environmental Science, 6(5): 1415-1442.

Dutta S, Wu L, Mascal M. 2015. Efficient, metal-free production of succinic acid by oxidation of biomass-derived levulinic acid with hydrogen peroxide[J]. Green Chemistry, 17(4): 2335-2338.

Esteban J, Vorholt A J, Leitner W. 2020. An overview of the biphasic dehydration of sugars to 5-hydroxymethylfurfural and furfural: a rational selection of solvents using COSMO-RS and selection guides[J]. Green Chemistry, 22(7): 2097-2128.

Fu G, Cirujano F G, Krajnc A, et al. 2020. Unexpected linker-dependent Brønsted acidity in the (Zr)UiO-66 metal organic framework and application to biomass valorization[J]. Catalysis Science & Technology, 10(12): 4002-4009.

Fu M, Yang W, Yang C, et al. 2022. Mechanistic insights into CoO$_x$-Ag/CeO$_2$ catalysts for the aerobic oxidation of 5-hydroxymethylfurfural to 2,5-furandicarboxylic acid[J]. Catalysis Science & Technology, 12(1): 116-123.

Furter W F, Cook R A. 1967. Salt effect in distillation: a literature review[J]. International Journal of Heat and Mass Transfer, 10(1): 23-36.

Galán G, Martín M, Grossmann I E. 2021. Integrated renewable production of sorbitol and xylitol from switchgrass[J]. Industrial & Engineering Chemistry Research, 60(15): 5558-5573.

Galkin K I, Ananikov V P. 2019. When will 5-hydroxymethylfurfural, the "sleeping giant" of sustainable chemistry, awaken[J]? ChemSusChem, 12(13): 2976-2982.

Gao C, Ma C, Xu P. 2011. Biotechnological routes based on lactic acid production from biomass[J]. Biotechnology Advances, 29(6): 930-939.

Gao K, Xin J, Yan D, et al. 2018a. Direct conversion of cellulose to sorbitol via an enhanced pretreatment with ionic liquids[J]. Journal of Chemical Technology & Biotechnology, 93(9): 2617-2624.

Gao L, Bao Y, Gan S, et al. 2018b. Hierarchical nickel-cobalt-based transition metal oxide catalysts for the electrochemical conversion of biomass into valuable chemicals[J]. ChemSusChem, 11(15): 2547-2553.

Gao P, Li G, Yang F, et al. 2013. Preparation of lactic acid, formic acid and acetic acid from cotton cellulose by the alkaline pre-treatment and hydrothermal degradation[J]. Industrial Crops and Products, 48: 61-67.

Garcia-Ortiz A, Arias K S, Climent M J, et al. 2020. Transforming methyl levulinate into biosurfactants and biolubricants by chemoselective reductive etherification with fatty alcohols[J]. ChemSusChem, 13(4): 707-714.

Geleynse S, Brandt K, Garcia-Perez M, et al. 2018. The alcohol-to-jet conversion pathway for drop-in biofuels: techno-economic evaluation[J]. ChemSusChem, 11(21): 3728-3741.

Ghaffar T, Irshad M, Anwar Z, et al. 2014. Recent trends in lactic acid biotechnology: a brief review on production to purification[J]. Journal of Radiation Research and Applied Sciences, 7(2): 222-229.

Gómez B H, Benito P, Rodríguez-Castellón E, et al. 2019. Synthesis of isopropyl levulinate from furfural: insights on a cascade production perspective[J]. Applied Catalysis A: General, 575: 111-119.

Governo A T, Proença L, Parpot P, et al. 2004. Electro-oxidation of d-xylose on platinum and gold electrodes in alkaline medium[J]. Electrochimica Acta, 49(9/10): 1535-1545.

Gromov N V, Medvedeva T B, Rodikova Y A, et al. 2020. One-pot synthesis of formic acid via hydrolysis-oxidation of potato starch in the presence of cesium salts of heteropoly acid catalysts[J]. RSC Advances, 10(48): 28856-28864.

Gromov N V, Medvedeva T B, Sorokina K N, et al. 2020. Direct conversion of microalgae biomass to formic acid under an air atmosphere with soluble and solid Mo-V-P heteropoly acid catalysts[J]. ACS Sustainable Chemistry & Engineering, 8(51): 18947-18956.

Gromov N V, Taran O P, Delidovich I V, et al. 2016. Hydrolytic oxidation of cellulose to formic acid in the presence of Mo-V-P heteropoly acid catalysts[J]. Catalysis Today, 278: 74-81.

Guan W, Zhang Y, Chen Y, et al. 2021. Hierarchical porous bowl-like nitrogen-doped carbon supported bimetallic AuPd nanoparticles as nanoreactors for high efficient catalytic oxidation of HMF to FDCA[J]. Journal of Catalysis, 396: 40-53.

Guidotti G, Soccio M, García-Gutiérrez M C, et al. 2020. Fully biobased superpolymers of 2,5-furandicarboxylic acid with different functional properties: from rigid to flexible, high performant Ppackaging Mmaterials[J]. ACS Sustainable Chemistry & Engineering, 8(25): 9558-9568.

Guo H, Duereh A, Su Y, et al. 2020. Mechanistic role of protonated polar additives in ethanol for selective transformation of biomass-related compounds[J]. Applied Catalysis B: Environmental, 264: 118509.

Guo Y J, Li S J, Sun Y L, et al. 2021. Practical DMSO-promoted selective hydrolysis-oxidation of lignocellulosic biomass to formic acid attributed to hydrogen bonds[J]. Green Chemistry, 23(18): 7041-7052.

Haghighi M S, Hossein G A, Tabatabaei M, et al. 2013. Lignocellulosic biomass to bioethanol, a comprehensive review with a focus on pretreatment[J]. Renewable and Sustainable Energy Reviews, 27(6): 77-93.

Hao J, Mao W, Ye G, et al. 2022. Tin-chromium bimetallic metal-organic framework MIL-101 (Cr, Sn) as a catalyst for glucose conversion into HMF[J]. Biomass and Bioenergy, 159: 106395.

Harry I, Ibrahim H, Thring R, et al. 2014. Catalytic subcritical water liquefaction of flax straw for high yield of furfural[J]. Biomass and Bioenergy, 71: 381-393.

Haus M O, Louven Y, Palkovits R. 2019. Extending the chemical product tree: a novel value chain for the production of N-vinyl-2-pyrrolidones from biogenic acids[J]. Green Chemistry, 21(23): 6268-6276.

Hawary H, Rasmey A-H M, Aboseidah A A, et al. 2019. Enhancement of glycerol production by UV-mutagenesis of the marine yeast *Wickerhamomyces anomalus* HH16: kinetics and optimization of the fermentation process[J]. 3 Biotech, 9(12): 446.

He J, Chen L, Liu S, et al. 2020a. Sustainable access to renewable N-containing chemicals from reductive amination of biomass-derived platform compounds[J]. Green Chemistry, 22(20): 6714-6747.

He J, Li H, Saravanamurugan S, et al. 2019. Catalytic upgrading of biomass-derived sugars with acidic nanoporous materials: structural role in carbon-chain length variation[J]. ChemSusChem, 12(2): 347-378.

He J, Li H, Xu Y, et al. 2020b. Dual acidic mesoporous KIT silicates enable one-pot production of γ-valerolactone from biomass derivatives via cascade reactions[J]. Renewable Energy, 146: 359-370.

He J, Qiang Q, Liu S, et al. 2021a. Upgrading of biomass-derived furanic compounds into high-quality fuels involving aldol condensation strategy[J]. Fuel, 306: 121765.

He L, Liu L, Huang Y, et al. 2021b. One-pot synthesis of dimethyl succinate from d-fructose using Amberlyst-70 catalyst[J]. Molecular Catalysis, 508: 111584.

Heda J, Niphadkar P, Bokade V. 2019. Efficient synergetic combination of H-USY and SnO$_2$ for direct conversion of glucose into ethyl levulinate (biofuel additive)[J]. Energy & Fuels, 33(3): 2319-2327.

Hernandez-Mejia C, Gnanakumar E S, Olivos-Suarez A, et al. 2016. Ru/TiO$_2$-catalysed hydrogenation of xylose: the role of the crystal structure of the support[J]. Catalysis Science & Technology, 6(2): 577-582.

Hou Q, Bai C, Bai X, et al. 2022. Roles of ball milling pretreatment and titanyl sulfate in the synthesis of 5-hydroxymethylfurfural from cellulose[J]. ACS Sustainable Chemistry & Engineering, 10(3): 1205-1213.

Hou Q, Qi X, Zhen M, et al. 2021. Biorefinery roadmap based on catalytic production and upgrading 5-hydroxymethylfurfural[J]. Green Chemistry, 23(1): 119-231.

Hou T, Zhang S, Chen Y, et al. 2015. Hydrogen production from ethanol reforming: catalysts and reaction mechanism[J]. Renewable and Sustainable Energy Reviews, 44: 132-148.

Hu D, Zhang M, Xu H, et al. 2021a. Recent advance on the catalytic system for efficient production of biomass-derived 5-hydroxymethylfurfural[J]. Renewable and Sustainable Energy Reviews, 147: 111253.

Hu H, Zhang R, Wang J, et al. 2018a. Synthesis and structure-property relationship of biobased biodegradable poly(butylene carbonate-*co*-furandicarboxylate)[J]. ACS Sustainable Chemistry & Engineering, 6(6): 7488-7498.

Hu K, Zhang M, Liu B, et al. 2021b. Efficient electrochemical oxidation of 5-hydroxymethylfurfural to 2,5-furandicarboxylic acid using the facilely synthesized 3D porous WO$_3$/Ni electrode[J]. Molecular Catalysis, 504: 111459.

Hu L, He A, Liu X, et al. 2018b. Biocatalytic Ttransformation of 5-hydroxymethylfurfural into high-value derivatives: recent advances and future aspects[J]. ACS Sustainable Chemistry & Engineering, 6(12): 15915-15935.

Ji H, Zhuge B, Zong H, et al. 2016. Role of CgHOG1 in stress responses and glycerol overproduction of *Candida glycerinogenes*[J]. Current Microbiology, 73(6): 827-833.

JIa Y, Sun Q, Liu H. 2020. Selective hydrogenolysis of biomass-derived sorbitol to propylene glycol and ethylene glycol on in-situ formed PdZn alloy catalysts[J]. Applied Catalysis A: General, 603: 117770.

Jiang J, Li T, Huang K, et al. 2020. Efficient preparation of bio-based n-butane directly from levulinic acid over Pt/C[J]. Industrial & Engineering Chemistry Research, 59(13): 5736-5744.

Jin F, Yun J, Li G, et al. 2008. Hydrothermal conversion of carbohydrate biomass into formic acid at mild temperatures[J]. Green Chemistry, 10(6): 612-615.

Jojima T, Igari T, Moteki Y, et al. 2015. Promiscuous activity of (*S,S*)-butanediol dehydrogenase is responsible for glycerol production from 1,3-dihydroxyacetone in *Corynebacterium glutamicum* under oxygen-deprived conditions[J]. Applied Microbiology

Biotechnology, 99(3): 1427-1433.

Jokić A, Ristic N, Jaksić M M, et al. 1991, Simultaneous electrolytic production of xylitol and xylonic acid from xylose[J]. Journal of Applied Electrochemistry, 21(4): 321-326.

Kang K H, Han S J, Lee J W, et al. 2016, Effect of boron content on 1,4-butanediol production by hydrogenation of succinic acid over Re-Ru/BMC (boron-modified mesoporous carbon) catalysts[J]. Applied Catalysis A: General, 524: 206-213.

Kawasumi R, Narita S, Miyamoto K, et al. 2017. One-step Cconversion of levulinic acid to succinic acid using I_2/t-BuOK system: the iodoform reaction revisited[J]. Scientific Reports, 7(1): 17967.

Kingkaew W, Kaewwiset T, Thubsuang U, et al. 2020. Catalytic oxidation of furfural to succinic acid in the presence of sulfonic resins[J]. Key Engineering Materials, 856: 182-189.

Kitpreechavanich V, Hayami A, Talek A, et al. 2016. Simultaneous production of L-lactic acid with high optical activity and a soil amendment with food waste that demonstrates plant growth promoting activity[J]. Journal of Bioscience and Bioengineering, 122(1): 105-110.

Kluge M, Papadopoulos L, Magaziotis A, et al. 2020. A facile method to synthesize semicrystalline poly(ester amide)s from 2,5-furandicarboxylic acid, 1,10-decanediol, and crystallizable amido diols[J]. ACS Sustainable Chemistry & Engineering, 8(29): 10812-10821.

Kong X, Zhu Y, Fang Z, et al. 2018. Catalytic conversion of 5-hydroxymethylfurfural to some value-added derivatives[J]. Green Chemistry, 20(16): 3657-3682.

Kumar A K, Parikh B S, Shah E, et al. 2016. Cellulosic ethanol production from green solvent-pretreated rice straw[J]. Biocatalysis and Agricultural Biotechnology, 7: 14-23.

Kumaravel S, Thiripuranthagan S, Erusappan E, et al. 2020. Catalytic conversion of levulinic acid under noncorrosive conditions using Ru/Zr/Al-SBA-15 catalysts[J]. Microporous and Mesoporous Materials, 305: 110298.

Lawagon C P, Faungnawakij K, Srinives S, et al. 2021. Sulfonated graphene oxide from petrochemical waste oil for efficient conversion of fructose into levulinic acid[J]. Catalysis Today, 375: 197-203.

Lee C B T L, Wu T Y. 2021. A review on solvent systems for furfural production from lignocellulosic biomass[J]. Renewable and Sustainable Energy Reviews, 137: 110172.

Lee C B T L, Wu T Y, Ting C H, et al. 2019. One-pot furfural production using choline chloride-dicarboxylic acid based deep eutectic solvents under mild conditions[J]. Bioresource Technology, 278: 486-489.

Lee C-Y, Wen J, Thomas S, et al. 1995. Conversion of biomass to ethanol[J]. Applied Biochemistry and Biotechnology, 51(1): 29-41.

Lee J. 1997. Biological conversion of lignocellulosic biomass to ethanol[J]. Journal of Biotechnology, 56(1): 1-24.

Li C, Xu G, Wang C, et al. 2019. One-pot chemocatalytic transformation of cellulose to ethanol over Ru-WO$_x$/HZSM-5[J]. Green Chemistry, 21(9): 2234-2239.

Li J, Ding D J, Deng L, et al. 2012. Catalytic air oxidation of biomass-derived carbohydrates to formic acid[J]. ChemSusChem, 5(7): 1313-1318.

Li S, Chen H, Shen J. 2015. Preparation of highly active and hydrothermally stable nickel catalysts[J]. Journal of Colloid and Interface Science, 447: 68-76.

Li S, Zan Y, Sun Y, et al. 2019. Efficient one-pot hydrogenolysis of biomass-derived xylitol into ethylene glycol and 1,2-propylene glycol over Cu-Ni-ZrO$_2$ catalyst without solid bases[J]. Journal of Energy Chemistry, 28: 101-106.

Li Z, Huang Y, Chi X, et al. 2021a. Biomass-based N doped carbon as metal-free catalyst for selective oxidation of d-xylose into d-xylonic acid[J]. Green Energy & Environment, 7(6): 1310-1317.

Li Z, Zhang M, Xin X, et al. 2021b. Mechanistic studies on the photooxidation of 5-hydroxymethylfurfural by polyoxometalate catalysts and atmospheric oxygen[J]. ChemCatChem, 13(5): 1389-1395.

Lin C, Chai C, Li Y, et al. 2021. CaCl$_2$ molten salt hydrate-promoted conversion of carbohydrates to 5-hydroxymethylfurfural: an experimental and theoretical study[J]. Green Chemistry, 23(5): 2058-2068.

Lin Y, Tanaka S. 2006. Ethanol fermentation from biomass resources: current state and prospects[J]. Applied Microbiology and Biotechnology, 69(6): 627-642.

Liu F, Li J, Yu H, et al. 2021. Optimizing two green-like biomass pretreatments for maximum bioethanol production using banana pseudostem by effectively enhancing cellulose depolymerization and accessibility[J]. Sustainable Energy & Fuels, 5(13): 3467-3478.

Liu H, Valdehuesa K N G, Nisola G M, et al. 2012. High yield production of d-xylonic acid from d-xylose using engineered Escherichia coli[J]. Bioresource Technology, 115: 244-248.

Liu J, Yang B B, Wang X Q, et al. 2017a. Glucose conversion to methyl levulinate catalyzed by metal ion-exchanged montmorillonites[J]. Applied Clay Science, 141: 118-124.

Liu Q, Wang H, Xin H, et al. 2019. Selective cellulose hydrogenolysis to ethanol using Ni@C combined with phosphoric acid catalysts[J]. ChemSusChem, 12(17): 3977-3987.

Liu Q, Zhang T, Liao Y, et al. 2017b. Production of C5/C6 sugar alcohols by hydrolytic hydrogenation of raw lignocellulosic biomass over Zr based solid acids combined with Ru/C[J]. ACS Sustainable Chemistry & Engineering, 5(7): 5940-5950.

Liu R, Liang L, Li F, et al. 2013. Efficient succinic acid production from lignocellulosic biomass by simultaneous utilization of glucose and xylose in engineered *Escherichia coli*[J]. Bioresource Technology, 149: 84-91.

Liu S, Okuyama Y, Tamura M, et al. 2016. Selective transformation of hemicellulose (xylan) into n-pentane, pentanols or xylitol over a rhenium-modified iridium catalyst combined with acids[J]. Green Chemistry, 18(1): 165-175.

Liu X, Leong D C Y, Sun Y. 2020a. The production of valuable biopolymer precursors from fructose[J]. Green Chemistry, 22(19): 6531-6539.

Liu X, Min X, Liu H, et al. 2020b. Efficient conversion of cellulose to 5-hydroxymethylfurfural catalyzed by a cobalt-phosphonate catalyst[J]. Sustainable Energy & Fuels, 4(11): 5795-5801.

Liu X, Zhang M, Li Z. 2020c. CoO_x-MC (MC = mesoporous carbon) for highly efficient oxidation of 5-hydroxymethylfurfural (5-HMF) to 2,5-furandicarboxylic acid (FDCA)[J]. ACS Sustainable Chemistry & Engineering, 8(12): 4801-4808.

Lu T, Niu M, Hou Y, et al. 2016. Catalytic oxidation of cellulose to formic acid in $H_5PV_2Mo_{10}O_{40}$ + H_2SO_4 aqueous solution with molecular oxygen[J]. Green Chemistry, 18(17): 4725-4732.

Luo R, Li Y, Xing L, et al. 2022. A dynamic $Ni(OH)_2$-NiOOH/NiFeP heterojunction enabling high-performance E-upgrading of hydroxymethylfurfural[J]. Applied Catalysis B: Environmental, 311: 121357.

Luque R, Menéndez J A, Arenillas A, et al. 2012. Microwave-assisted pyrolysis of biomass feedstocks: the way forward[J]? Energy & Environmental Science, 5(2): 5481-5488.

Ma J, Jin D, Yang X, et al. 2021. Phosphorus-doped carbon nitride with grafted sulfonic acid groups for efficient photocatalytic synthesis of xylonic acid[J]. Green Chemistry, 23(11): 4150-4160.

Ma J, Liu Z, Song J, et al. 2018. Au@h-Al_2O_3 analogic yolk–shell nanocatalyst for highly selective synthesis of biomass-derived d-xylonic acid via regulation of structure effects[J]. Green Chemistry, 20(22): 5188-5195.

Ma J, Zhong L, Peng X, et al. 2016. *D*-Xylonic acid: a solvent and an effective biocatalyst for a three-component reaction[J]. Green Chemistry, 18(6): 1738-1750.

Mackay D, Shiu W-Y, Ma K-C. 1997. Illustrated handbook of physical-chemical properties and environmental fate for organic chemicals: volume V [M]. Boca Raton: CRC Press.

Maerten S G, Voß D, Liauw M A, et al. 2017. Selective catalytic oxidation of humins to low-chain carboxylic ccids with tailor-made polyoxometalate catalysts[J]. ChemistrySelect, 2(24): 7296-7302.

Maerten S, Kumpidet C, Voß D, et al. 2020. Glucose oxidation to formic acid and methyl formate in perfect selectivity[J]. Green Chemistry, 22(13): 4311-4320.

Manaenkov O V, Kislitsa O V, Matveeva V G, et al. 2019. Cellulose conversion into hexitols and glycols in water: recent advances in catalyst development[J]. Frontiers in Chemistry, 7: 834.

Maneechakr P, Karnjanakom S. 2017. Catalytic transformation of furfural into bio-based succinic acid via ultrasonic oxidation using β-cyclodextrin-SO_3H carbon catalyst: a liquid biofuel candidate[J]. Energy Conversion and Management, 154: 299-310.

Mankar A R, Pandey A, Modak A, et al. 2021. Microwave mediated enhanced production of 5-hydroxymethylfurfural using choline chloride-based eutectic mixture as sustainable catalyst[J]. Renewable Energy, 177: 643-651.

Manosak R, Limpattayanate S, Hunsom M. 2011. Sequential-refining of crude glycerol derived from waste used-oil methyl ester plant via a combined process of chemical and adsorption[J]. Fuel Processing Technology, 92(1): 92-99.

Meng X, Li Z, Li D, et al. 2020. Efficient base-free oxidation of monosaccharide into sugar acid under mild conditions using hierarchical porous carbon supported gold catalysts[J]. Green Chemistry, 22(8): 2588-2597.

Mohamad N, Yusof N N M, Yong T L-K. 2017. Furfural production under subcritical alcohol conditions: effect of reaction temperature, time, and types of alcohol[J]. Journal of the Japan Institute of Energy, 96(8): 279-284.

Morales R, Campos C H, Fierro J L G, et al. 2018. Stable reduced Ni catalysts for xylose hydrogenation in aqueous medium[J]. Catalysis Today, 310: 59-67.

Morrison L R. 2000. Glycerol[M]//Kirk-Othmer. Kirk–Othmer Encyclopedia of Chemical Technology. New Jersey: John Wiley and Sons.

Motokura K, Nakagawa C, Pramudita R A, et al. 2019. Formate-catalyzed selective reduction of carbon dioxide to formate products using hydrosilanes[J]. ACS Sustainable Chemistry & Engineering, 7(13): 11056-11061.

Müller G, Kalyani D C, Horn S J. 2017. LPMOs in cellulase mixtures affect fermentation strategies for lactic acid production from lignocellulosic biomass[J]. Biotechnology and Bioengineering, 114(3): 552-559.

Muñoz-Olasagasti M, López G M, Jiménez-Gómez C P, et al. 2021. The relevance of Lewis acid sites on the gas phase reaction of levulinic acid into ethyl valerate using CoSBA-*x*Al bifunctional catalysts[J]. Catalysis Science & Technology, 11(12): 4280-4293.

Musci J J, Montaña M, Rodríguez-Castellón E, et al. 2020. Selective aqueous-phase hydrogenation of glucose and xylose over ruthenium-based catalysts: influence of the support[J]. Molecular Catalysis, 495: 111150.

Nair N U, Zhao H. 2010. Selective reduction of xylose to xylitol from a mixture of hemicellulosic sugars[J]. Metabolic Engineering, 12(5): 462-468.

Nandiwale K Y, Vishwakarma M, Rathod S, et al. 2021. One-pot cascade conversion of renewable furfural to levulinic acid over a bifunctional $H_3PW_{12}O_{40}/SiO_2$ catalyst in the absence of external H_2[J]. Energy & Fuels, 35(1): 539-545.

Nguyen T Y, Cai C M, Kumar R, et al. 2017. Overcoming factors limiting high-solids fermentation of lignocellulosic biomass to ethanol[J]. Proceedings of the National Academy of Sciences, 114(44): 11673-11678.

Niu M, Hou Y, Ren S, et al. 2015. The relationship between oxidation and hydrolysis in the conversion of cellulose in $NaVO_3$-H_2SO_4 aqueous solution with O_2[J]. Green Chemistry, 17(1): 335-342.

Ochoa-Gómez J R, Roncal T. 2017. Production of sorbitol from biomass[C]//Fang Z, Smith Jr R, Qi X. Production of Platform Chemicals from Sustainable Resources. Singapore: Springer: 265-309.

Oozeerally R, Pillier J, Kilic E, et al. 2020. Gallium and tin exchanged Y zeolites for glucose isomerisation and 5-hydroxymethyl furfural production[J]. Applied Catalysis A: General, 605: 117798.

Pagliaro M, Ciriminna R, Kimura H, et al. 2007. From glycerol to value‐added products[J]. Angewandte Chemie International Edition, 46(24): 4434-4440.

Pagliaro M, Rossi M. 2008. The future of glycerol: New uses of a versatile raw material[M]. London: The Royal Society of Chemistry.

Palai Y N, Shrotri A, Fukuoka A. 2022. Selective oxidation of furfural to succinic acid over Lewis acidic Sn-Beta[J]. ACS Catalysis, 12(6): 3534-3542.

Pang J, Zheng M, Sun R, et al. 2015. Catalytic conversion of cellulosic biomass to ethylene glycol: effects of inorganic impurities in biomass[J]. Bioresour Technol, 175: 424-429.

Paniagua M, Cuevas F, Morales G, et al. 2021. Sulfonic mesostructured SBA-15 silicas for the solvent-free production of bio-jet fuel precursors via aldol dimerization of levulinic acid[J]. ACS Sustainable Chemistry & Engineering, 9(17): 5952-5962.

Peleteiro S, Santos V, Garrote G, et al. 2016. Furfural production from *Eucalyptus* wood using an acidic ionic liquid[J]. Carbohydrate Polymers, 146: 20-25.

Peng L, Gao X, Yu X, et al. 2019. Facile and high-yield synthesis of alkyl levulinate directly from furfural by combining Zr-MCM-41 and amberlyst-15 without external H_2[J]. Energy & Fuels, 33(1): 330-339.

Peng L, Huangfu X, Liu Y, et al. 2022. Natural lignocellulose welded Zr-Al bimetallic hybrids for the sustainable conversion of xylose to alkyl levulinate[J]. Renewable Energy, 193: 357-366.

Podolean I, Cojocaru B, Garcia H, et al. 2018. From glucose direct to succinic acid: an optimized recyclable bi-functional Ru@MNP-MWCNT catalyst[J]. Topics in Catalysis, 61(18): 1866-1876.

Podolean I, Kuncser V, Gheorghe N, et al. 2013, Ru-based magnetic nanoparticles (MNP) for succinic acid synthesis from levulinic acid[J]. Green Chemistry, 15(11): 3077-3082.

Podolean I, Rizescu C, Bala C, et al. 2016. Unprecedented catalytic wet oxidation of glucose to succinic acid induced by the addition of N-butylamine to a Ru^{III} catalyst[J]. ChemSusChem, 9(17): 2307-2311.

Pontes R, Romaní A, Michelin M, et al. 2021. L-lactic acid production from multi-supply autohydrolyzed economically unexploited lignocellulosic biomass[J]. Industrial Crops and Products, 170: 113775.

Qin N, Wu X, Liu X, et al. 2022. Well-arranged hollow Au@Zn/Ni-MOF-2-NH$_2$ core–shell nanocatalyst with enhanced catalytic activity for biomass-derived d-xylose oxidation[J]. ACS Sustainable Chemistry & Engineering, 10(17): 5396-5403.

Qiu G, Chen B, Liu N, et al. 2022. Hafnium-tin composite oxides as effective synergistic catalysts for the conversion of glucose into 5-hydroxymethylfurfural[J]. Fuel, 311: 122628.

Rafaïdeen T, Baranton S, Coutanceau C. 2019. Highly efficient and selective electrooxidation of glucose and xylose in alkaline medium at carbon supported alloyed PdAu nanocatalysts[J]. Applied Catalysis B: Environmental, 243: 641-656.

Ramírez E, Bringué R, Fité C, et al. 2021. Assessment of ion exchange resins as catalysts for the direct transformation of fructose into butyl levulinate[J]. Applied Catalysis A: General, 612: 117988.

Ranjithkumar M, Ravikumar R, Sankar M K, et al. 2017. An effective conversion of cotton waste biomass to ethanol: A critical review on pretreatment processes[J]. Waste and Biomass Valorization, 8(1): 57-68.

Rasmey A-H M, Hawary H, Aboseidah A A, et al. 2020. Glycerol production by the UV-mutant marine yeast *Wickerhamomyces anomalus* HH16-MU15 via simultaneous saccharification and fermentation of fruit peels[J]. Frontiers in Scientific Research and Technology, 1(1): 74-80.

Reichert J, Albert J. 2017. Detailed kinetic investigations on the selective oxidation of biomass to formic acid (OxFA process) using model substrates and real biomass[J]. ACS Sustainable Chemistry & Engineering, 5(8): 7383-7392.

Reichert J, Brunner B, Jess A, et al. 2015. Biomass oxidation to formic acid in aqueous media using polyoxometalate catalysts – boosting FA selectivity by *in-situ* extraction[J]. Energy & Environmental Science, 8(10): 2985-2990.

Reymond H, Vitas S, Vernuccio S, et al. 2017. Reaction process of resin-catalyzed methyl formate hydrolysis in biphasic continuous flow[J]. Industrial & Engineering Chemistry Research, 56(6): 1439-1449.

Rey-Raap N, Ribeiro L S, Órfão J J D M, et al. 2019. Catalytic conversion of cellulose to sorbitol over Ru supported on biomass-derived carbon-based materials[J]. Applied Catalysis B: Environmental, 256: 117826.

Ribeiro L S, Delgado J J, Órfão J J M, et al. 2016. A one-pot method for the enhanced production of xylitol directly from hemicellulose (corncob xylan)[J]. RSC Advances, 6(97): 95320-95327.

Ribeiro L S, Órfão J J D M, Pereira M F R. 2017. Direct catalytic production of sorbitol from waste cellulosic materials[J]. Bioresource Technology, 232: 152-158.

Ribeiro L S, Órfão J J M, Pereira M F R. 2018. Insights into the effect of the catalytic functions on selective production of ethylene glycol from lignocellulosic biomass over carbon supported ruthenium and tungsten catalysts[J]. Bioresource Technology, 263: 402-409.

Ribeiro L S, Órfão J J M, Pereira M F R. 2021a. An overview of the hydrolytic hydrogenation of lignocellulosic biomass using carbon-supported metal catalysts[J]. Materials Today Sustainability, 11-12(2): 100058.

Ribeiro L S, Órfão J J M, Pereira M F R. 2021b. Direct catalytic conversion of agro-forestry biomass wastes into ethylene glycol over CNT supported Ru and W catalysts[J]. Industrial Crops and Products, 166: 113461.

Ricciardi L, Verboom W, Lange J-P, et al. 2022. Production of furans from C5 and C6 sugars in the presence of polar organic solvents[J]. Sustainable Energy & Fuels, 6(1): 11-28.

Rizescu C, Podolean I, Albero J, et al. 2017a. N-Doped graphene as a metal-free catalyst for glucose oxidation to succinic acid[J]. Green Chemistry, 19(8): 1999-2005.

Rizescu C, Podolean I, Cojocaru B, et al. 2017b. RuCl₃ Supported on N-doped graphene as a reusable catalyst for the one-step glucose oxidation to succinic acid[J]. ChemCatChem, 9(17): 3314-3321.

Rosenfeld C, Konnerth J, Sailer-Kronlachner W, et al. 2020a. Current situation of the challenging scale-up development of hydroxymethylfurfural production[J]. ChemSusChem, 13(14): 3544-3564.

Rosenfeld C, Konnerth J, Sailer-Kronlachner W, et al. 2020b. Hydroxymethylfurfural and its derivatives: potential key reactants in adhesives[J]. ChemSusChem, 13(20): 5408-5422.

Sadula S, Saha B. 2018. Aerobic oxidation of xylose to xylaric acid in water over Pt catalysts[J]. ChemSusChem, 11(13): 2124-2129.

Saha P, Baishnab A C, Alam F, et al. 2014. Production of bio-fuel (bio-ethanol) from biomass (Pteris) by fermentation process with yeast[J]. Procedia Engineering, 90: 504-509.

Sajid M, Zhao X, Liu D. 2018. Production of 2,5-furandicarboxylic acid (FDCA) from 5-hydroxymethylfurfural (HMF): recent progress focusing on the chemical-catalytic routes[J]. Green Chemistry, 20(24): 5427-5453.

Sánchez C, Egüés I, García A, et al. 2012. Lactic acid production by alkaline hydrothermal treatment of corn cobs[J]. Chemical Engineering Journal, 181-182: 655-660.

Sánchez-Bastardo N, Delidovich I, Alonso E. 2018. From biomass to sugar alcohols: purification of wheat bran hydrolysates using boronic acid carriers followed by hydrogenation of sugars over Ru/H-ZSM-5[J]. ACS Sustainable Chemistry & Engineering, 6(9): 11930-11938.

Seyed-Reihani S-A, Jackson G S. 2010. Catalytic partial oxidation of n-butane over Rh catalysts for solid oxide fuel cell applications[J]. Catalysis Today, 155(1/2): 75-83.

Shahab R L, Luterbacher J S, Brethauer S, et al. 2018. Consolidated bioprocessing of lignocellulosic biomass to lactic acid by a synthetic fungal-bacterial consortium[J]. Biotechnol Bioeng, 115(5): 1207-1215.

Shao X, Lynd L, Bakker A, et al. 2010. Reactor scale up for biological conversion of cellulosic biomass to ethanol[J]. Bioprocess and Biosystems Engineering, 33(4): 485-493.

Shao Y, Sun K, ZhanG L, et al. 2019. Balanced distribution of Brønsted acidic sites and Lewis acidic sites for highly selective conversion of xylose into levulinic acid/ester over Zr-beta catalysts[J]. Green Chemistry, 21(24): 6634-6645.

Silva S S, Santos J C, Carvalho W, et al. 2003. Use of a fluidized bed reactor operated in semi-continuous mode for xylose-to-xylitol conversion by *Candida guilliermondii* immobilized on porous glass[J]. Process Biochemistry, 38(6): 903-907.

Sinisi A, Degli E M, Toselli M, et al. 2019. Biobased ketal-diester additives derived from levulinic acid: synthesis and effect on the thermal stability and thermo-mechanical properties of poly(vinyl chloride)[J]. ACS Sustainable Chemistry & Engineering, 7(16): 13920-13931.

Song H, Wang P, Li S, et al. 2019. Direct conversion of cellulose into ethanol catalysed by a combination of tungstic acid and zirconia-supported Pt nanoparticles[J]. Chemical Communications, 55(30): 4303-4306.

Song L, Wang R, Che L, et al. 2021a. Catalytic aerobic oxidation of lignocellulose-derived levulinic acid in aqueous solution: a novel route to synthesize dicarboxylic acids for bio-based polymers[J]. ACS Catalysis, 11(18): 11588-11596.

Song X, Liao Y, Zhu Y, et al. 2021b. Highly Effective production of 5-hydroxymethylfurfural from fructose with a slow-release effect of proton of a heterogeneous catalyst[J]. Energy & Fuels, 35(20): 16665-16676.

Song X, Liu X, Wang H, et al. 2020. Improved performance of nickel boride by phosphorus doping as an efficient electrocatalyst for the oxidation of 5-hydroxymethylfurfural to 2,5-furandicarboxylic acid[J]. Industrial & Engineering Chemistry Research, 59(39): 17348-17356.

South C R, Hogsett D A, Lynd L R. 1993. Continuous fermentation of cellulosic biomass to ethanol[J]. Applied Biochemistry and Biotechnology, 39(1): 587-600.

Souzanchi S, Nazari L, Venkateswara R A O K T, et al. 2021. Catalytic dehydration of glucose to 5-HMF using heterogeneous solid catalysts in a biphasic continuous-flow tubular reactor[J]. Journal of Industrial and Engineering Chemistry, 101: 214-226.

Su B, Zhang Z, Wu M, et al. 2016. Construction of plasmid-free *Escherichia coli* for the production of arabitol-free xylitol from corncob hemicellulosic hydrolysate[J]. Scientific Reports, 6(1): 26567.

Sun J, Liu H. 2011. Selective hydrogenolysis of biomass-derived xylitol to ethylene glycol and propylene glycol on supported Ru catalysts[J]. Green Chemistry, 13(1): 135-142.

Sun K, Shao Y, Li Q, et al. 2020. Importance of the synergistic effects between cobalt sulfate and tetrahydrofuran for selective production of 5-hydroxymethylfurfural from carbohydrates[J]. Catalysis Science & Technology, 10(7): 2293-2302.

Sun S, Wang Y, Shu L, et al. 2021. Reverse glycerol catabolism pathway for dihydroxyacetone and glycerol production by *Klebsiella pneumoniae*[OL]. https://doi.org/10.21203/rs.3.rs-152355/v1[2024-3-12].

Tan J, Wang C, Zhang Q, et al. 2018. One-pot condensation of furfural and levulinates: a novel method for cassava use in synthesis of biofuel precursors[J]. Energy & Fuels, 32(6): 6807-6812.

Tang Z, Deng W, Wang Y, et al. 2014. Transformation of cellulose and its derived carbohydrates into formic and lactic acids catalyzed by vanadyl cations[J]. ChemSusChem, 7(6): 1557-1567.

Tang Z, Su J. 2019. Direct conversion of cellulose to 5-hydroxymethylfurfural (HMF) using an efficient and inexpensive boehmite catalyst[J]. Carbohydrate Research, 481: 52-59.

Tangale N P, Niphadkar P S, Joshi P N, et al. 2018. KLTL–MCM-41 micro–mesoporous composite as a solid base for the hydrogenation of sugars[J]. Catalysis Science & Technology, 8(24): 6429-6440.

Tangale N P, Niphadkar P S, Joshi P N, et al. 2019. Hierarchical K/LTL zeolite as solid base for aqueous phase hydrogenation of xylose to xylitol[J]. Microporous and Mesoporous Materials, 278: 70-80.

Tao C, Peng L, Zhang J, et al. 2021. Al-modified heteropolyacid facilitates alkyl levulinate production from cellulose and lignocellulosic biomass: Kinetics and mechanism studies[J]. Fuel Processing Technology, 213: 106709.

Tathod A, Kane T, Sanil E S, et al. 2014. Solid base supported metal catalysts for the oxidation and hydrogenation of sugars[J]. Journal of Molecular Catalysis A: Chemical, 388-389: 90-99.

Thapa I, Mullen B, Saleem A, et al. 2017. Efficient green catalysis for the conversion of fructose to levulinic acid[J]. Applied Catalysis A: General, 539: 70-79.

Thubsuang U, Chotirut S, Nuithitikul K, et al. 2020, Oxidative upgrade of furfural to succinic acid using SO$_3$H-carbocatalysts with nitrogen functionalities based on polybenzoxazine[J]. Journal of Colloid and Interface Science, 565: 96-109.

Tiong Y W, Yap C L, Gan S, et al. 2018. Conversion of biomass and its derivatives to levulinic acid and levulinate esters via ionic liquids[J]. Industrial & Engineering Chemistry Research, 57(14): 4749-4766.

Totaro G, Sisti L, Marchese P, et al. 2022. Current advances in the sustainable conversion of 5-hydroxymethylfurfural into 2,5-furandicarboxylic acid[J]. ChemSusChem, 15(13): e202200501.

Trapasso G, Annatelli M, Dalla T D, et al. 2022. Synthesis of 2,5-furandicarboxylic acid dimethyl ester from galactaric acid *via* dimethyl carbonate chemistry[J]. Green Chemistry, 24(7): 2766-2771.

Ventura M, Williamson D, Lobefaro F, et al. 2018. Sustainable synthesis of oxalic and succinic acid through aerobic oxidation of C6 polyols under mild conditions[J]. ChemSusChem, 11(6): 1073-1081.

Verma M, Mandyal P, Singh D, et al. 2020. Recent developments in heterogeneous catalytic routes for the sustainable production of succinic acid from biomass resources[J]. ChemSusChem, 13(16): 4026-4034.

Voß D, Pickel H, Albert J. 2019. Improving the fractionated catalytic oxidation of lignocellulosic biomass to formic acid and cellulose by using design of experiments[J]. ACS Sustainable Chemistry & Engineering, 7(11): 9754-9762.

Wang C, Bongard H-J, Yu M, et al. 2021. Highly ordered mesoporous Co$_3$O$_4$ electrocatalyst for efficient, selective, and stable oxidation of 5-hydroxymethylfurfural to 2,5-furandicarboxylic acid[J]. ChemSusChem, 14(23): 5199-5206.

Wang J, Cui H, Wang Y, et al. 2020a. Efficient catalytic conversion of cellulose to levulinic acid in the biphasic system of molten salt hydrate and methyl isobutyl ketone[J]. Green Chemistry, 22(13): 4240-4251.

Wang M, Peng L, Gao X, et al. 2020b. Efficient one-pot synthesis of alkyl levulinate from xylose with an integrated dehydration/transfer-hydrogenation/alcoholysis process[J]. Sustainable Energy & Fuels, 4(3): 1383-1395.

Wang N, Chen Z, Liu L. 2018. Acid catalysis dominated suppression of xylose hydrogenation with increasing yield of 1,2-pentanediol in the acid-metal dual catalyst system[J]. Applied Catalysis A: General, 561: 41-48.

Wang S, Wang L, Wang Y, et al. 2022a. Synthesis of boron-doped phenolic porous carbon as efficient catalyst for the dehydration of fructose into 5-hydroxymethylfurfural[J]. Industrial & Engineering Chemistry Research, 61(12): 4222-4234.

Wang W, Niu M, Hou Y, et al. 2014. Catalytic conversion of biomass-derived carbohydrates to formic acid using molecular oxygen[J]. Green Chemistry, 16(5): 2614-2618.

Wang Y, Dou Y, Zhang H, et al. 2022b. Direct conversion of fructose to levulinic acid in water medium catalyzed by a reusable perfluorosulfonic acid Aquivion® resin[J]. Molecular Catalysis, 520: 112159.

Wang Z, Zhuge J, Fang H, et al. 2001. Glycerol production by microbial fermentation: a review[J]. Biotechnology Advances, 19(3): 201-223.

Wei W, Wang B, Wang X, et al. 2021. Comparison of acid and alkali catalyzed ethylene glycol organosolv pretreatment for sugar production from bagasse[J]. Bioresource Technology, 320(Pt A): 124293.

Wen Z, Ma Z, Mai F, et al. 2020. Catalytic ethanolysis of microcrystalline cellulose over a sulfonated hydrothermal carbon catalyst[J]. Catalysis Today, 355: 272-279.

Wen Z, Yu L, Mai F, et al. 2019. Catalytic Cconversion of microcrystalline cellulose to glucose and 5-hydroxymethylfurfural over a niobic acid catalyst[J]. Industrial & Engineering Chemistry Research, 58(38): 17675-17681.

Wesinger S, Mendt M, Albert J. 2021. Alcohol-activated vanadium-containing polyoxometalate complexes in homogeneous glucose oxidation identified with 51V-NMR and EPR spectroscopy[J]. ChemCatChem, 13(16): 3662-3670.

Widsten P, Murton K, West M. 2018. Production of 5-hydroxymethylfurfural and furfural from a mixed saccharide feedstock in biphasic solvent systems[J]. Industrial Crops and Products, 119: 237-242.

Winkelhausen E, Kuzmanova S. 1998. Microbial conversion of D-xylose to xylitol[J]. Journal of Fermentation and Bioengineering, 86(1): 1-14.

Wojcieszak R, Itabaiana I. 2020. Engineering the future: Perspectives in the 2,5-furandicarboxylic acid synthesis[J]. Catalysis Today, 354: 211-217.

Wölfel R, Taccardi N, Bösmann A, et al. 2011. Selective catalytic conversion of bio-based carbohydrates to formic acid using molecular oxygen[J]. Green Chemistry, 13(10): 2759-2763.

Wu G, Shen C, Liu S, et al. 2021. Research progress on the preparation and application of biomass derived methyl levulinate[J]. Green Chemistry, 23(23): 9254-9282.

Xiang M, Liu J, Fu W, et al. 2017. Improved activity for cellulose conversion to levulinic acid through hierarchization of ETS-10 zeolite[J]. ACS Sustainable Chemistry & Engineering, 5(7): 5800-5809.

Xie W, Liu H, Tang X, et al. 2022. Efficient synthesis of 2,5-furandicarboxylic acid from biomass-derived 5-hydroxymethylfurfural in 1,4-dioxane/H_2O mixture[J]. Applied Catalysis A: General, 630: 118463.

Xin Q, Jiang L, Yu S, et al. 2021, Bimetal oxide catalysts selectively catalyze cellulose to ethylene glycol[J]. The Journal of Physical Chemistry C, 125(33): 18170-18179.

Xu G, Wang A, Pang J, et al. 2017. Chemocatalytic conversion of cellulosic biomass to methyl glycolate, ethylene glycol, and ethanol[J]. ChemSusChem, 10(7): 1390-1394.

Xu J, Zhang H, Zhao Y, et al. 2014a. Heteropolyanion-based ionic liquids catalysed conversion of cellulose into formic acid without any additives[J]. Green Chemistry, 16(12): 4931-4935.

Xu J, Zhao Y, Xu H, et al. 2014b. Selective oxidation of glycerol to formic acid catalyzed by $Ru(OH)_4$/r-GO in the presence of $FeCl_3$[J]. Applied Catalysis B: Environmental, 154-155: 267-273.

Xu S, Zhou P, Zhang Z, et al. 2017. Selective oxidation of 5-hydroxymethylfurfural to 2,5-furandicarboxylic acid using O_2 and a photocatalyst of co-thioporphyrazine bonded to g-C_3N_4[J]. Journal of the American Chemical Society, 139(41): 14775-14782.

Xuan W, Hakkarainen M, Odelius K. 2019. Levulinic acid as a versatile building block for plasticizer design[J]. ACS Sustainable Chemistry & Engineering, 7(14): 12552-12562.

Xue Z, Liu Q, Wang J, et al. 2018. Valorization of levulinic acid over non-noble metal catalysts: challenges and opportunities[J]. Green Chemistry, 20(19): 4391-4408.

Yadav M, Mishra D K, Hwang J-S. 2012. Catalytic hydrogenation of xylose to xylitol using ruthenium catalyst on NiO modified TiO_2 support[J]. Applied Catalysis A: General, 425-426: 110-116.

Yan D, Wang G, Gao K, et al. 2018. One-pot synthesis of 2,5-furandicarboxylic acid from fructose in ionic liquids[J]. Industrial & Engineering Chemistry Research, 57(6): 1851-1858.

Yang C, Miao Z, Zhang F, et al. 2018a. Hydrogenolysis of methyl glycolate to ethanol over a Pt–Cu/SiO_2 single-atom alloy catalyst: a further step from cellulose to ethanol[J]. Green Chemistry, 20(9): 2142-5210.

Yang F, Chen J, Shen G, et al. 2018b. Asymmetric transfer hydrogenation reactions of N-sulfonylimines by using alcohols as hydrogen sources[J]. Chemical Communications, 54(39): 4963-4966.

Yang M, Qi H, Liu F, et al. 2019a. One-pot production of cellulosic ethanol via tandem catalysis over a multifunctional Mo/Pt/WO_x catalyst[J]. Joule, 3(8): 1937-1948.

Yang Q, Xu S, Yang Q, et al. 2020. Optimal design and exergy analysis of biomass-to-ethylene glycol process[J]. Bioresource Technology, 316: 123972.

Yang X, Yang J, Gao B, et al. 2019b. Conversion of glucose to methyl levulinate over Sn-Al-β zeolite: role of Sn and mesoporosity[J]. Catalysis Communications, 130: 105783.

Yao R, Hou W, Bao J. 2017. Complete oxidative conversion of lignocellulose derived non-glucose sugars to sugar acids by *Gluconobacter oxydans*[J]. Bioresource Technology, 244 (Pt 1): 1188-1192.

Yong T L-K, Mohamad N, Yusof N N M. 2016. Furfural production from oil palm biomass using a biomass-derived supercritical ethanol solvent and formic acid catalyst[J]. Procedia Engineering, 148: 392-400.

Yu F, Zhong R, Chong H, et al. 2017. Fast catalytic conversion of recalcitrant cellulose into alkyl levulinates and levulinic acid in the presence of soluble and recoverable sulfonated hyperbranched poly(arylene oxindole)s[J]. Green Chemistry, 19(1): 153-163.

Yu I K M, Tsang D C W. 2017. Conversion of biomass to hydroxymethylfurfural: A review of catalytic systems and underlying mechanisms[J]. Bioresource Technology, 238: 716-732.

Yue H, Zhao Y, Ma X, et al. 2012. Ethylene glycol: properties, synthesis, and applications[J]. Chemical Society Reviews, 41(11): 4218-4244.

Zhang B, Ren L, Wang Y, et al. 2020. Glycerol production through *TPI*1 defective *Kluyveromyces marxianus* at high temperature with glucose, fructose, and xylose as feedstock[J]. Biochemical Engineering Journal, 161: 107689.

ZhanG H, Han X, Wei C, et al. 2017a. Oxidative production of xylonic acid using xylose in distillation stillage of cellulosic ethanol fermentation broth by *Gluconobacter oxydans*[J]. Bioresource Technology, 224: 573-580.

Zhang N, Zou Y, Tao L, et al. 2019. Electrochemical oxidation of 5-hydroxymethylfurfural on nickel nitride/carbon nanosheets: reaction pathway determined by *in situ* sum frequency generation vibrational spectroscopy[J]. Angewandte Chemie International Edition, 58(44): 15895-15903.

Zhang X, Bai Y, Cao X, et al. 2017b. Pretreatment of *Eucalyptus* in biphasic system for furfural production and accelerated enzymatic hydrolysis[J]. Bioresource Technology, 238: 1-6.

Zhang Y, Kumar A, Hardwidge P R, et al. 2016. D-lactic acid production from renewable lignocellulosic biomass via genetically modified *Lactobacillus plantarum*[J]. Biotechnology Progress, 32(2): 271-278.

Zhang Y, Vadlani P V. 2015. Lactic acid production from biomass-derived sugars via co-fermentation of *Lactobacillus brevis* and *Lactobacillus plantarum*[J]. J Biosci Bioeng, 119(6): 694-699.

Zhang Z, Deng K. 2015. Recent advances in the catalytic synthesis of 2,5-furandicarboxylic acid and its derivatives[J]. ACS Catalysis, 5(11): 6529-6544.

Zhang Z, Huber G W. 2018. Catalytic oxidation of carbohydrates into organic acids and furan chemicals[J]. Chemical Society Reviews, 47(4): 1351-1390.

Zhao D, Su T, Wang Y, et al. 2020. Recent advances in catalytic oxidation of 5-hydroxymethylfurfural[J]. Molecular Catalysis, 495: 111133.

Zhou B, Song J, Zhang Z, et al. 2017a. Highly selective photocatalytic oxidation of biomass-derived chemicals to carboxyl compounds over Au/TiO₂[J]. Green Chemistry, 19(4): 1075-1081.

Zhou X, Li W, Mabon R, et al. 2017b. A critical review on hemicellulose pyrolysis[J]. Energy Technology, 5(1): 52-79.

Zhou X, Zhou X, Huang L, et al. 2017c. Efficient coproduction of gluconic acid and xylonic acid from lignocellulosic hydrolysate by Zn(II)-selective inhibition on whole-cell catalysis by *Gluconobacter oxydans*[J]. Bioresource Technology, 243: 855-859.

Zhu J, Rong Y, Yang J, et al. 2015. Integrated production of xylonic acid and bioethanol from acid-catalyzed steam-exploded corn stover[J]. Applied Biochemistry and Biotechnology, 176(5): 1370-1381.

Zhu L, Fu X, Hu Y, et al. 2020a. Controlling the reaction networks for efficient conversion of glucose into 5-hydroxymethylfurfural[J]. ChemSusChem, 13(18): 4812-4832.

Zhu R, Chatzidimitriou A, Liu B, et al. 2020b. Understanding the origin of maleic anhydride selectivity during the oxidative scission of levulinic acid[J]. ACS Catalysis, 10(2): 1555-1565.

Zhu W, Tao F, Chen S, et al. 2019. Efficient oxidative transformation of furfural into succinic acid over acidic metal-free graphene oxide[J]. ACS Sustainable Chemistry & Engineering, 7(1): 296-305.

Zohri A-N A, Hussein N A, Abdel-Azim M, et al. 2017. Glycerol Pproduction by osmophilic/osmotolerant mycobiota Aassociated with Mmolasses[J]. Assiut Univ J of Botany, 46(2): 23-43.

Zuo M, Wang X, Wang Q, et al. 2022. Aqueous-natural deep eutectic solvent-enhanced 5-hydroxymethylfurfural production from glucose, starch, and food wastes[J]. ChemSusChem, 15(13): e202101889.

13   果壳和籽壳资源在储能材料领域的应用

木本油料植物果实大多由可用于榨油的籽和外部的壳组成，果壳和籽壳的组成成分中除了丰富的木质素、纤维素和半纤维素等大分子物质外，还有较高含量的皂素、蛋白质和鞣质等小分子物质。在当前的众多应用场景中，果壳和籽壳资源主要用于燃料、堆肥和培养食用菌等，并未得到充分有效的利用，造成了巨大的资源浪费；因而将其应用到储能领域，不仅能产生巨大的经济价值，还能促进储能领域的大力发展，推动节能减排建设，产生不可估量的社会效益。

因此，木本油料植物除了前几章叙述的用途外，研究者也逐步以其果壳和籽壳资源为原料，经过简单的活化和煅烧处理后制得结构丰富多样的碳材料，将其应用于储能领域。本章将从果壳和籽壳资源基生物炭制备技术出发，介绍了不同的活化和煅烧处理工艺，并着重介绍了当前的研究现状，展望了未来的发展趋势。

13.1   果壳和籽壳资源基生物碳制备技术

由于木本油料果壳和籽壳中，除了有丰富的碳基不饱和官能团外，还有丰富的含 N、含 O、含 P 等官能团，经过活化处理后，在保护气氛下，经过煅烧处理热解可得到结构多样、孔隙丰富的多孔碳或活性炭材料，在保持其原有微观结构和形貌的同时，还能引入 S 和 P 等元素，起到掺杂的作用，显著提高了材料的电化学性能，因而可广泛应用于锂、钠、钾、锌等二次离子电池，具有广泛的应用前景。截至目前，研究者基于木本油料果壳和籽壳资源，开发出了一系列生物炭制备技术，按照其具体的制备方法，可分为化学活化法，模板法，热解法和水热碳法等（李虹等，2022）。

13.1.1   化学活化法

化学活化法是最常用的制备方法之一，一般是将生物质原料和活性试剂按照一定的质量比混合均匀后，先在较低的温度下进行水热预活化处理，再在较高的温度下进行煅烧碳化处理制得不同孔径和孔隙的多孔碳材料。目前使用最广泛的活性试剂主要可分为：酸性活性试剂，如 H_2SO_4 和 H_3PO_4 等；碱性活性试剂，如 KOH 和 NaOH 等；盐类活性试剂，如 $ZnCl_2$ 和 $FeCl_3$ 等。本小节将按照活性试剂的分类，分别进行介绍。

（1）酸性活性试剂。酸性活性试剂是活化生物质制备碳材料常用的一类活性试剂，其作用机理可简单概括为：一方面，生物质材料和酸性活性试剂混合均匀后，酸性活性试剂进入生物质材料并分散在材料中，经水热或洗涤后形成孔道；另一方面，在较高的温度下，酸性活性试剂催化生物质中的有机高分子分解，同时也和生物质材料之间发生剧烈的氧化还原反应，在热解过程中产生气体，形成孔隙。伴随着碳框架的催化裂解重整，大块状的碳转化成了具有丰富孔隙的多维框架碳材料，不仅提高了材料的比表面积，还能引入其他元素，为充放电过程提供更多的反应位点，显著提高了材料的电化学性能。基于此反应机理，研究者使用不同的生物质材料开发了一系列碳材料。例如，Shuguang Deng 团队（Chen et al.，2019）以油茶果蒲为原料，H_3PO_4 为活化剂，制备了一种多孔碳材料，并在其表面包覆了一层镍铝层状双氢氧化物。将其应用于锂硫电池时，内层的碳材料为复合材料提供了稳定的骨架及支撑，外层的氢氧化物可以有效地增强对多硫化物的化学吸附和物理限制作用，并作为电催化剂显著提高了氧化还原反应动力学，因而显示出优异的电化学性能；Álvaro Caballero 及其合作者（Benítez et al.，2018）以杏仁壳为原料，用 H_3PO_4 作为活性试剂，制备了一种微孔碳材料并用于锂硫电池负极，该材料有高比表面积（967 m²/g）和高孔隙率（0.49cm³/g），因此能够容纳高达 60%（重量）的硫。Almudena Benítez 实验室（Benítez et al.，2020）以开心果壳为原料，以 H_3PO_4 为活化剂，制备了一种多孔碳材料，该材料具有高比表面积（1 345m²/g）和孔体积（0.67cm³/g），以及由大量微孔和介孔组成的相互连通系统，能容纳大量的 S，并能增强电化学反应的电荷载体迁移速率，因而该材料具有优异的电化学性能。Yunhui Huang 团队（Hong et al.，2014）以柚子皮为原料，用 H_3PO_4 作为活性试剂，制备了一种具有三维互连结构的多孔硬碳材料。得益于丰富的多孔结构和部分碳被含 O 和含 P 基团官能化，材料的比表面积达到了 1272m²/g，用作钠离子电池负极时，纳米孔隙中能储存 Na^+，且表面含氧官能团可发生氧化还原反应，因而电池的循环稳定性和倍率性能有了明显提升。K.Y.Simon Ng 团队（Fawaz et al.，2019）以鳄梨果皮为原料，以 HNO_3 为活性试剂，成功合成了用于锂硫电池的新型介孔碳正极材料，测试结果表明，所形成的碳网络的中孔结构能促进硫的快速通过，同时功能性的—COOH 基团在活性炭表面发挥了巨大作用，因而材料具有良好的循环寿命和倍率性能，100 次循环后容量为每克硫 500mA·h。

（2）碱性活性试剂。碱性活性试剂是制备多孔碳材料使用最广泛的一类活性试剂，主要有 KOH 和 NaOH，其作用机理为（Wang and Kaskel，2012）：当生物质材料和活性试剂混合后，在活性试剂的催化作用下，生物质中的部分碳和氧气反应，生成 CO 和 CO_2，从而在材料中形成孔隙；同时，生物质和活性试剂之间发生剧烈的氧化还原反应，活性试剂被还原并进入到碳骨架中，使用酸清洗后，碳骨架中的游离金属和酸反应与碳骨架分离，并在碳骨架中形成新的孔隙，其中涉及的反应机理（Marichi et al.，2017）如以下反应方程式所示。

$$2KOH \longrightarrow K_2O + H_2O$$
$$C + H_2O \longrightarrow CO + H_2$$
$$CO + H_2O \longrightarrow CO_2 + H_2$$
$$CO_2 + K_2O \longrightarrow K_2CO_3$$
$$K_2CO_3 \longrightarrow K_2O + CO_2$$
$$CO_2 + C \longrightarrow 2CO$$
$$2C + K_2CO_3 \longrightarrow 3CO + 2K$$
$$C + K_2O \longrightarrow CO + 2K$$

在此基础上，不同的生物质材料都可用于碳材料制备。例如，C.Hakim 团队（Bensouda et al.，2022）以橄榄仁为原料，使用 NaOH 作为活性试剂，制得了一种硬碳并将其应用于钠离子电池负极，测试结果表明，NaOH 在硬碳石墨烯层之间形成了更多的钠嵌入活性位点，因此制备的硬碳负极有很高的可逆容量和出色的容量保持率。2018 年，Xu 等（2018）以开心果壳为原料，以 NaOH 为活化剂，制备了一种卷曲硬碳材料，测试结果表明，在 1000℃下碳化的碳材料平均微孔直径达到 0.7398nm，并具有更大的（002）晶面层间距，电荷转移电阻小，容易传输电子和离子，因而材料有优异的长循环稳定性和倍率性能。Tonghua Wang 团队（Liu et al.，2021）以榛子壳为原料，以 KOH 为活性试剂，设计并制备了具有多孔、互连分层框架结构的活性炭材料并将其用于超级电容器电极材料，结果表明，材料中不仅有丰富的、呈梯度分布的互相联通的纳米孔和微孔，除了提高双电层电容和电容保持率外，碳基质表面或边缘碳上还引入了大量的杂原子，增强了赝电容。

（3）盐类活性试剂。除了上述的碱性和酸性活性试剂外，盐类试剂也是常用的活性试剂，其中 $ZnCl_2$、$FeCl_3$、NaCl 和 KCl 最为常用。以路易斯酸 $ZnCl_2$ 为例，$ZnCl_2$ 初始反应温度较低（450～500℃），活化速度较快，有良好的重整作用。盐类试剂作为一种催化剂，能催化生物质材料的脱水反应（Zhao et al.，2022），其作用机理可解释为（Hayashi et al.，2000）：在较低温度下，$ZnCl_2$ 和生物质材料结合，$ZnCl_2$ 进入生物质材料并催化生物质材料脱水；在较高的温度下，生物质中的芳香族官能团发生缩合反应并碳化，产生的 H_2O 和 CO_2 等小分子物质逸出，在材料中形成孔隙；同时，在整个活化过程中，$ZnCl_2$ 充当碳材料的骨架，并在用酸清洗时和酸发生反应,而在材料中形成新的孔隙,增大了材料的比表面积。例如,2015 年 Zhai 等(2016)以油茶果蒲为原料,$ZnCl_2$ 为活化剂,制备了一种氮掺杂的多孔活性碳材料,测试结果表明,材料的石墨化程度较低,氮官能团主要以吡啶氮的形式存在,且石墨烯缺陷处和边缘位点的氧基和碳原子在反应中起重要作用,导致氮原子掺入碳的晶格中。因此,应用于超级电容器时,与纯活性炭相比,氮掺杂的活性炭的比容量是前者的 4 倍(191vs 51F/g)。2021 年,Shi Gaofeng 团队(Yao et al.,2022)以文冠果蒲为原料,制备了一种分级多孔碳,测试表明,活化剂 $ZnCl_2$ 具有良好的扩孔性能,材料的总孔容为 $0.68cm^3/g$,最大比表面积为 $1079.79m^2/g$。2022 年,Fang Wang 及其同事(Gao et al.,2022)以牡丹种壳为原料,在以 $ZnCl_2$ 为活化剂的同时结合球磨的方法,制备了一种具有高微孔和小尺寸中孔的蜂窝状多孔碳材料,该材料具有有序的结构,且从 sp^3 杂化碳转变为 sp^2 杂化碳,提高了所得多孔碳的石墨化程度,此外,氧原子结合到了所制备材料的碳基中,增加了其亲水性,这有利于增大充放电过程中水合电解质离子与电极表面之间的界面接触面积。M.P.Srinivasan 研究团队(Jain et al. 2013)以椰子壳为原料,$ZnCl_2$ 为活性试剂,制备了一种活性炭并将其应用于锂离子超级电容器,得益于材料中丰富的孔隙,尤其是有 60% 的介孔,材料的比表面积有了巨大的提升,高达 $1652m^2/g$。Li Yueming 研究团队(2014)以核桃壳为原料,$ZnCl_2$ 为活性试剂,制备了一种活性炭材料,并将其应用于水系超级电容器中,结果表明,$ZnCl_2$ 具有多种作用,不仅能在水热阶段去除核桃壳中的含氧基团,提高活性炭的比表面积,还能在热处理阶段充当前驱体,热处理后形成新的孔隙,因而,材料的比表面积高达 $1072.7m^2/g$,比未经 $ZnCl_2$ 处理的高 69%。

综上所述,化学活化法活化生物质制备碳材料,其作用机理可归纳为:催化生物质中的大分子脱水重整,或和生物质材料发生氧化还原反应,产生的 H_2O 和 CO_2 等小分子产物在高温煅烧时逸出,从而在碳材料中形成孔隙,增加碳材料的比表面积;活性试剂和生物质材料混合后进入生物质转化的碳骨架中,或在反应中充当碳材料的骨架,用酸或碱清洗后,活性试剂和生物质碳材料分离,产生新的孔隙;引入 N、P、S 等元素,为充放电反应提供了更多的反应活性位点,从而提升了碳材料的电化学性能。

化学活化法制备工艺简单,对不同的生物质材料均可活化,碳材料的结构和形貌及孔径、孔隙分布均能实现可控调节,因而广泛应用于各类二次离子电池材料的制备中。虽然在活化后,需用酸或碱溶液去除活性试剂,并需要用水冲洗,不符合当前"碳中和"的时代主题,但化学活化法仍是当前研究较为广泛的制备方法。此外,开发绿色环保的活性试剂将有助于促进化学活化法的规模化应用,也是未来的发展方向之一。

13.1.2 模板法

模板法是用一系列合成步骤和热处理工序,基于生物质材料,设计并制备形貌独特和性能出色的碳材料的方法之一,能实现生物质碳材料宏观形貌、孔径大小和孔隙分布的有效调控,也是制备纳米材料的重要方法之一,应用于储能领域时,可使电化学性能有极大地提高,因而在储能领域有着广泛的应用。

具体而言,模板法是指引入具 MgO、SiO_2 和 NaCl 等结构特殊且规则的模板材料,将其与生物质材料混合煅烧,在分子间相互作用或氧化还原反应的作用下,生物质前驱体在模板材料表面形成壳状结构,经过高温碳化或刻蚀工艺去除模板材料后,即可得到形貌结构和孔径大小及孔隙分布可控的多孔碳材料。例如,Junyou Shi 团队(Qin et al.,2019)以 MgO 为模板材料,以棉花为生物质材料,以 $ZnCl_2$ 为活化剂,制备了一种成本低廉、比表面积大的生物质多孔碳材料。在制备过程中,纤维素纤维通过吸收 $Mg(NO_3)_2$ 溶液而使得 MgO 在随后的干燥和碳化过程中掺入棉炭中,$ZnCl_2$ 具有脱羟基和脱水作用,可使生物质中的 H 和 O 以 H_2O 的形式释放出来,形成多孔结构,此外,$ZnCl_2$ 会转移到 ZnO 上,当通过酸洗去除所得材料中的 ZnO 颗粒时,在材料中形成了额外的孔隙,因此制得的碳材料比表面积高达 $1990m^2/g$。Rajendra V M 团队(Ajay et al.,2022)以稻壳为原料,MgO 为模板,制备了一种稻壳活性炭,并将其应用于超级电容器电极材料,结果表明,相比未使用模板制备的碳材料,使用 MgO 模板的碳材料表现出结晶性质,因而复合电极的比电容提高了 35.36%。Zhang Kai 团队(Li and Liu,2014)以淀粉为原料,SiO_2 为模板,制备了一种具有均匀中孔、高孔隙率的生物质碳,由于制备过程中形成的大量孔隙,制备的碳材料比表面积高达 949.85m²/g,同时孔体积达到了 3.14cm³/g,应用于锂硫电池正极时,均匀的孔隙有足够的空间适应锂化过程中的体积变化,因而材料显示出极佳的循环和倍率性能。

综上所述,采用不同的模板可以制备复杂形貌和孔径的生物碳,实现结构的精准调控。但是制备过程高度依赖纳米模板材料的选择与制备,因而制备流程烦琐且成本较高,不利于大规模生产制备;此外,通常需要使用强酸去除模板材料,造成的污染较大,因此其规模化应用受到极大的限制。因而开发出易于制备和去除的纳米模板材料,或以生物质材料自身为模板制备生物碳,是未来的发展方向。

13.1.3 热解法

热解法是指在隔绝氧气或惰性气氛的条件下,在较高的温度下煅烧,使生物质中最主要的组成成分纤维素、半纤维素和木质素转变成碳,而蛋白质等小分子则挥发逸出而得到碳材料的过程(郭楠楠等,2020),是生物质材料制备碳材料最传统的方法之一。由于分子量和结构上的区别,生物质中的木质素等大分子热解温度有着巨大的差异,主要区别在于(Yang et al.,2007):在 100℃以下时,主要是生物质材料失去结晶水;当温度继续升高处于 220~315℃时,半纤维素受热裂解;当温度达到 315~400℃时,纤维素发生裂解。而木质素的裂解温度较宽,最低在 200℃就会分解,最高的分解温度为 550℃(张英杰等,2019)。由于热解法制备工艺简单,因而也受到了相当的关注。例如,Vilas G. Pol 实验室(Kim et al.,2018)以开心果壳为原料,制备了一种碳材料并将纳米 MnO_2 装饰到其表面,应用于锂硫电池,由于碳材料有互连的大通道和微孔结构,多硫化物穿梭得到显著抑制,因而电池能稳定循环超过 250 次。Huang Zhang 实验室(Li et al.,2018)以梧桐叶为原料,采用简单的热解法制备了一种碳材料并将其均匀地包覆在 $Li_4Ti_5O_{12}$(LTO)微球的表面,并将其应用于锂离子电池负极,结果显示,该材料具有导电互联的三维结构和丰富的孔隙,提高了电极和电解液的接触面积,同时还缩短了锂离子和电池的传输路径,因此,500 次循环后容量保留率达到 95%。Camélia Matei Ghimbeu 实验室(Nita et al.,2021)以核桃壳和椰子壳为原料,分别制备了硬碳并将其应用于钠离子电池负极,在比表面积相近的前提下,核桃壳制备的硬碳材料结构更有序,具有更少的无机杂质和含氧官能团,因而电池的初始库仑效率更高;而椰子壳制备的硬碳材料中 sp^2 碳含量更高,结构更有序的同时杂质更少,因而循环稳定性和容量保持率更高。

综上所述,从制备过程来看,只需简单煅烧即可得到碳材料,制备过程简单,但是所得碳材料孔隙主要以大孔和微孔为主,储能材料所需的介孔比例很少,比表面积较小,难以满足储能材料对孔隙的需求,需进一步活化处理并调节孔隙分布,因而应用相对较少。

13.1.4 水热碳法

水热碳法也是常用的制备生物碳的方法之一,是指在水热反应釜等密闭的反应容器中,以水为反应溶剂,在高温高压条件下,植物体经过一系列分解和聚合反应,即可得到生物碳材料,其制备过程主要包含 5 个过程(郭楠楠等,2020),即生物质中纤维素的水解,纤维素脱水反应,纤维素脱羧反应,纤维素聚合和纤维素的芳环化反应。在水热反应的初始阶段,生物质中的纤维素被分解,并生成羟甲基糠醛、糠醛类物质及一些有机酸;随着反应的继续进行,羟甲基糠醛发生聚合反应并生成含有呋喃单体结构的物质,糠醛发生缩聚反应得到芳香性更高的稠环芳烃,最后再经过碳化反应得到生物质碳材料(Baccile et al.,2014; Titirici and Antonietti,2010)。由于水热碳法具有普适性,因而不同的生物质材料都可被用于制备生物碳。例如,Ece Unur 团队(2013)以榛子壳为原料,采用水热碳法制备了一种具有微孔结构的多孔碳材料,同时通过采用惰性氛围保护碳材料的结构和形貌特性并控制表面化学反应进一步提高了该材料的热化学稳定性,结果表明,该材料表面官能团少,芳香性和结构的有序性得到了保留,并获得了较大的比表面积以及发达的微孔和中孔网络,因而材料的比表面积达到了 250m²/g,应用于锂离子电池负极时,显示出了极佳的循环稳定性和倍率性能。Abdullah F. Qatarneh 实验室（2021）以河里的浮木为原料，在−180~220℃的温度下水热碳化后，接着在惰性气氛下在 1400℃下进一步热解并最终得到硬碳，将其应用于钠离子电池负极时，显示出了极佳的电化学性能，首次循环的可逆容量为 270~300mA·h/g，库仑效率高达 77%~83%，材料的电化学性能足以和商业硬碳媲美，在解决河流污染时，还能为电池企业提供足够的负极材料。

综上所述，由于水热碳法反应通常在较温和的条件下进行，在高压条件下反应时生物质中的有机物容易分解和缩合，且能生成具有特殊结构和形貌的复合材料，尤其是在复合材料表面有大量的氧，反应活性高，加之制备过程简单快速，产率较高，因此受到了广泛的关注。但是制备的材料通常比表面积较小且芳香化程度较低，应用于新型二次离子电池电极材料时需进一步调控处理，因而未能大规模应用。

13.2　化学活化法制备碳材料的研究现状及前景

如上所述，不同的方法均可以生物质为原料制备碳材料，由于不同的制备方法发展历程和应用领域各不相同，因此应用规模也不相同。但总体而言，目前的研究相对集中在化学活化法，因此本小节将着重论述化学活化法（以 KOH 为活性试剂）制备碳材料的研究现状及前景。

2017 年，He Jianbo 团队（Chen et al.，2017）以椰子壳为原料，以 KOH 为活性试剂，制备了一种具有微孔和介孔的高比表面积的碳材料并将其应用于锂硫电池，该材料展现出优异的充放电比容量、循环稳定性和高倍率性能，在 0.5C 和 2.0C 的倍率下分别实现了 1599m·Ah/g 和 1500mA·h/g 的高放电容量，在 400 次循环后，在 2.0C 时仍保持 517mA·h/g 的高可逆容量。2018 年，Liu Daoqing 及其合作者（Liu et al.，2018）以柚子皮为原料，KOH 为活性试剂，制备了一种多孔碳/石墨烯复合材料并将其应用于锂硫电池，该材料具有三维孔状结构，导电性得到进一步提高，有利于硫的利用和可溶性多硫化物的吸收，因此材料具有优异的电化学性能，在 0.1C 时初始放电容量高达 1368mA·h/g，在 3C 时保持在 638mA·h/g，放电容量高达 664mA·h/g。2019 年，Wu Mengqiang 团队（Leng et al.，2019）以山核桃壳为原料，以 KOH 为活化剂，制备了一种原位氮掺杂的多孔碳材料，材料不仅具有超高表面积（2163.776m^2/g）和总孔体积（1.048cm^3/g），且微尺度的众多孔隙为硫吸附提供了大量的活性位点，并能缓解充/放电循环过程中的体积膨胀。同时，氮掺杂碳能促进多硫化物的吸附，提高碳骨架的导电性，应用于锂硫电池负极时，该材料在 0.1C 和 1.0C 倍率下的初始放电容量分别为 1446.1mA·h/g 和 991.7mA·h/g，每个循环的容量衰减率仅为 0.095%。

2019 年，Zhang Yanlei 团队（2019）以文冠果种皮为原料，以 KOH 为活化剂，制备了一种多孔生物碳材料，材料的比表面积高达 2148m^2/g，除了有大量直径为 0.5~2nm 的微孔紧密有序分布，还有占总比表面积 12%的介孔，这种独特的结构既为电子提供了足够的存储空间，也为电子提供了快速通过的通道。因此应用于水系超级电容器时，多孔碳材料的比容量在 0.5A/g 的电流密度下高达 421F/g，有优异的倍率性能（10A/g 时比容量为 259F/g），并且具有良好的循环稳定性（在 10A/g 大电流密度下循环 5000 次后容量保持率为 90.7%），证明其具有实际应用潜力，是开发超级电容器的理想材料之一。2019 年，Chen Zhongwe 团队（Xiao et al.，2020）以柚子皮为原料，KOH 为活性试剂，制备了一种氮掺杂的多孔碳并将其用于锂硫电池，结果表明，氮掺杂引入的分级多孔结构和极性表面提供了良好的物理和化学硫约束，以及快速的电子/离子转移通道，从而有助于促进和稳定硫电化学。因此，相应的硫复合电极具有 1534.6mA·h/g 的超高初始放电容量，以及 300 次循环后超过 98%的高库仑效率和高达 2C 的良好倍率性能。2020 年，Liu Kaiyu 团队（Cai et al.，2020）以核桃壳为原料，KOH 为活化剂，制备了一种新型多孔碳/硒/氧化石墨烯复合材料，通过控制溶液的离子强度作为工作中的正极材料，硒含量约为 40%，测试结果表明，多孔碳结构与石墨烯的结合可以有效缓解硒在充放电过程中的体积膨胀，提供优异的导电性，应用于钾硒电池时，该复合材料和金属钾之间的一步转化没有形成多硒化物，进一步提高了电池的容量和循环稳定性，因此在 0.5C 的倍率下，在第 2 次和第 150 次循环中分别提供了 426.3mA·h/g 和 316.8mA·h/g 的高放电容量，对开发先进的钾硒电池具有重要的参考作用。同年，Pang Huan 及其同事（Han et al.，2020）以棕榈仁壳为原料，

KOH 为活性试剂，制备了一种杂原子掺杂的多孔活性炭材料并将其应用于锂硫电池，结果表明，N、P 和 S 杂原子的引入新增了大量的活性位点，并改善了材料的吸附性能，因此材料具有极佳的比表面积 $(2760m^2/g)$ 及孔体积 $(1.6cm^3/g)$，电化学性能优异，含硫量为 60% 的电极具有理想的首次放电容量（1045mA·h/g，200mA/g），100 次循环时的放电容量为 869.8mA·h/g。

从当前的研究现状来看，化学活化法仍是当前使用最广泛的一种基于生物质材料制备碳材料的方法，这主要归因于其简单便捷的制备工艺及形貌和结构可控的优势。但随着研究的进一步深入，当前的研究除了扩大了生物质的来源外，还有部分研究者将研究重心转移到不同的制备方法联用上，如模板法和化学活化法联用，或热解法和化学活化法联用，以满足当前经济社会发展对高性能储能器件的要求，这也是未来的发展方向之一。总的来说，当前生物质材料并未得到充分的高值化利用，尤其是油茶果蒲等特色经济作物废弃物。因此，基于现有成熟的制备方法并加以改进，从而促进生物质材料的大规模应用，是切实可行的途径。

参 考 文 献

郭楠楠, 张苏, 王鲁香, 等. 2020. 植物基多孔炭材料在超级电容器中的应用[J]. 物理化学学报, 36(2): 87-107.

李虹, 李豫云, 向明武, 等. 2022. 生物质多孔碳应用于锂硫电池的研究进展[J]. 化工新型材料, 50(9): 6-11, 20.

张英杰, 吴刚, 吴昊, 等. 2019. 生物质衍生碳材料的制备及其在新型电池中的应用[J]. 稀有金属与硬质合金, 47(2): 30-35, 67.

Ajay M, Dinesh M N, Gaurav M, et al. 2022. Performance studies of biomass derived RHAC and MgO nanocomposite electrode materials for supercapacitor applications[J]. ECS Transactions, 107(1): 7607-7618.

Baccile N, Falco C, Titirici M M. 2014. Characterization of biomass and its derived char using 13C-solid state nuclear magnetic resonance[J]. Green Chemistry, 16(12): 4839-4869.

Benítez A, González-Tejero M, Caballero Á, et al. 2018. Almond shell as a microporous carbon source for sustainable cathodes in lithium–sulfur batteries[J]. Materials, 11(8): 1428.

Benítez A, Morales J, Caballero Á. 2020. Pistachio shell-derived carbon activated with phosphoric acid: a more efficient procedure to improve the performance of Li–S batteries[J]. Nanomaterials, 10(5): 840.

Bensouda H, Hakim C, Aziam H, et al. 2022. Effect of NaOH impregnation on the electrochemical performances of hard carbon derived from olive seeds biomass for sodium ion batteries[J]. Materials Today: Proceedings, 51: 2066-2070.

Cai R Z, Chen X X, Liu P G, et al. 2020. A novel cathode based on selenium confined in biomass carbon and graphene oxide for potassium-selenium battery[J]. ChemElectroChem, 7(21): 4477-4483.

Chen S X, Wu Z L, Luo J H, et al. 2019. Constructing layered double hydroxide fences onto porous carbons as high-performance cathodes for lithium–sulfur batteries[J]. Electrochimica Acta, 312: 109-118.

Chen Z H, Du X L, He J B, et al. 2017. Porous coconut shell carbon offering high retention and deep lithiation of sulfur for lithium–sulfur batteries[J]. ACS Applied Materials & Interfaces, 9(39): 33855-33862.

Fawaz W, Mosavati N, Abdelhamid E, et al. 2019. Synthesis of activated carbons derived from avocado shells as cathode materials for lithium–sulfur batteries[J]. SN Applied Sciences, 1(4): 289.

Gao Y H, Wang L, Wang F, et al. 2022. Ball milling combined with activation preparation of honeycomb-like porous carbon derived from peony seed shell for high-performance supercapacitors[J]. Journal of Materials Science: Materials in Electronics, 33(16): 13023-13039.

Han X R, Guo X T, Xu M J, et al. 2020. Clean utilization of palm kernel shell: sustainable and naturally heteroatom-doped porous activated carbon for lithium–sulfur batteries[J]. Rare Metals, 39(9): 1099-1106.

Hayashi J I, Kazehaya A, Muroyama K, et al. 2000. Preparation of activated carbon from lignin by chemical activation[J]. Carbon, 38(13): 1873-1878.

Hong K L, Qie L, Zeng R, et al. 2014. Biomass derived hard carbon used as a high performance anode material for sodium ion batteries[J]. Journal of Materials Chemistry A, 2(32): 12733-12738.

Jain A, Aravindan V, Jayaraman S, et al. 2013. Activated carbons derived from coconut shells as high energy density cathode material for Li-ion capacitors[J]. Scientific Reports, 3(1): 3002.

Kim K, Kim P J, Youngblood J P, et al. 2018. Surface Functionalization of Carbon Architecture with Nano-MnO$_2$ for Effective Polysulfide Confinement in Lithium–Sulfur Batteries[J]. ChemSusChem, 11(14): 2375-2381.

Leng S M, Chen C, Liu J H, et al. 2019. Optimized sulfur-loading in nitrogen-doped porous carbon for high-capacity cathode of lithium–sulfur batteries[J]. Applied Surface Science, 487: 784-792.

Li J, Qin F, Zhang L, et al. 2014. Mesoporous carbon from biomass: one-pot synthesis and application for Li–S batteries[J]. Journal of Materials Chemistry A, 2(34): 13916-13922.

Li K, Zhang Y, Sun Y, et al. 2018. Template-free synthesis of biomass-derived carbon coated $Li_4Ti_5O_{12}$ microspheres as high performance anodes for lithium-ion batteries[J]. Applied Surface Science, 459: 572-582.

Li Y M, Liu X. 2014. Activated carbon/ZnO composites prepared using hydrochars as intermediate and their electrochemical performance in supercapacitor[J]. Materials Chemistry and Physics, 148(1): 380-386.

Liu D Q, Li Q W, Hou J B, et al. 2018.Porous 3D graphene-based biochar materials with high areal sulfur loading for lithium–sulfur batteries[J]. Sustainable Energy & Fuels, 2(10): 2197-2205.

Liu Y, Liu P, Li L, et al. 2021. Fabrication of biomass-derived activated carbon with interconnected hierarchical architecture via H_3PO_4-assisted KOH activation for high-performance symmetrical supercapacitors[J]. Journal of Electroanalytical Chemistry, 903: 115828.

Marichi R B, Sahu V, Sharma R K, et al. 2017. Efficient, sustainable, and clean energy storage in supercapacitors using biomass-derived carbon materials[C]//Martínez L M T, Kharissova O V, Kharisov B I. Handbook of Ecomaterials. Cham; Springer International Publishing: 1-26.

Nita C, Zhang B, Dentzer J, et al. 2021. Hard carbon derived from coconut shells, walnut shells, and corn silk biomass waste exhibiting high capacity for Na-ion batteries[J]. Journal of Energy Chemistry, 58: 207-218.

Qatarneh A F, Dupont C, Michel J, et al. 2021. River driftwood pretreated via hydrothermal carbonization as a sustainable source of hard carbon for Na-ion battery anodes[J]. Journal of Environmental Chemical Engineering, 9(6): 106604.

Qin L Y, Hou Z W, Lu S, et al. 2019. Porous carbon derived from pine nut shell prepared by steam activation for supercapacitor electrode material[J]. International Journal of Electrochem Science, 14(8): 907-908.

Titirici M M, Antonietti M. 2010. Chemistry and materials options of sustainable carbon materials made by hydrothermal carbonization[J]. Chemical Society Reviews, 39(1): 103-116.

Unur E, Brutti S, Panero S, et al. 2013. Nanoporous carbons from hydrothermally treated biomass as anode materials for lithium ion batteries[J]. Microporous and Mesoporous Materials, 174: 25-33.

Wang J, Kaskel S. 2012. KOH activation of carbon-based materials for energy storage[J]. Journal of Materials Chemistry, 22(45): 23710-23725.

Xiao Q H Q, Li G R, Li M J, et al. 2020. Biomass-derived nitrogen-doped hierarchical porous carbon as efficient sulfur host for lithium–sulfur batteries[J]. Journal of Energy Chemistry, 44: 61-67.

Xu S D, Zhao Y, Liu S, et al. 2018. Curly hard carbon derived from pistachio shells as high-performance anode materials for sodium-ion batteries[J]. Journal of Materials Science, 53(17): 12334-12351.

Yang H, Yan R, Chen H, et al. 2007. Characteristics of hemicellulose, cellulose and lignin pyrolysis[J]. Fuel, 86(12): 1781-1788.

Yao R Y, Li Z Q, Gao H L, et al. 2022. Preparation of activated carbon derived from *Xanthoceras sorbifolium* Bunge and its electrochemical properties[J]. International Journal of Electrochem Science, 17(220132): 2.

Zhai Y B, Xu B B, Zhu Y, et al. 2016. Nitrogen-doped porous carbon from Camellia oleifera shells with enhanced electrochemical performance[J]. Materials Science and Engineering: C, 61: 449-456.

Zhang Y L, Li S Y, Tang Z S, et al. 2019. *Xanthoceras sorbifolia* seed coats derived porous carbon with unique architecture for high rate performance supercapacitors[J]. Diamond and Related Materials, 91: 119-126.

Zhao Z Q, Su Z, Chen H L, et al. 2022. Renewable Biomass-derived Carbon-based Hosts for Lithium-Sulfur Batteries[J]. Sustainable Energy & Fuels, 6(23): 5211-5242.

14　油茶油料生物炼制技术

油茶（*Camellia oleifera*）为山茶科（Theaceae）山茶属（*Camellia*）常绿小乔木，原产我国，是优质油料树种（Hanmoungjai et al.，2001）。油茶是我国南方主要的经济林木，与油棕、油橄榄和椰子并称为世界四大木本食用油料植物。油茶主要分布于我国长江流域以南地区，湖南和江西等地是其主要集中产区（表14-1）。据《中国林业统计年鉴2011》，我国油茶种植面积400多万hm^2，年产油茶籽240多万吨，产值770亿元。核桃种植面积约800万hm^2，核桃产量416万t，产值950亿元。油橄榄种植面积约7万hm^2，年产鲜果6.2万t，产值120亿元。

表14-1　2009～2018年湖南省及江西省油茶籽产量

年份	产量/万 t			两省占全国产量比/%
	江西省	湖南省	全国	
2009	26.90	41.90	116.92	59
2010	17.97	39.05	109.22	52
2011	42.72	51.68	148.00	64
2012	44.82	68.14	172.77	65
2013	41.23	72.52	177.65	64
2014	43.46	82.35	202.34	62
2015	42.51	82.43	216.34	58
2016	36.61	87.46	216.44	57
2017	45.41	100.73	243.16	60
2018	45.55	106.81	263.00	58

注：数据来源于《中国林业统计年鉴》

茶油又名山茶油，其不饱和脂肪酸含量高达90%以上，其中油酸含量75%～83%、亚油酸含量7.4%～13%，还含有少量亚麻酸等多不饱和脂肪酸，但不含芥酸。茶油风味独特，耐储藏，易被人体吸收。《本草纲目》记载："茶油性偏凉，有凉血，止血之功效，清热，解毒，主治肝血亏损，驱虫，益肠胃，明目。"《农息居饮食谱》记载："茶油润燥，清热，息风和利头目。"清代赵学敏《本草纲目拾遗》有"茶油可润肠、清胃、解毒、杀菌"。现代中医科学论述，茶油性平，能降低人体中的胆固醇、血纤维蛋白原、血糖，经常食用对高血压、心血管疾病、脑血管疾病、肥胖症等有明显的食疗作用；精制茶油可作为医药注射用油。茶油中含有的不饱和脂肪酸、胡萝卜素、维生素、角鲨烯、山茶苷、皂苷、茶多酚等物质，具有抗氧化、抗肿瘤、降血压、降血糖、抗炎、抗菌、促进药物经皮吸收、抗梗阻性黄疸和护肝等作用，可用于营养食用、调节免疫功能、防治肥胖、产后恢复、预防心血管疾病和皮肤疾病等（Shankar et al.，1997）。油茶还能通过油脂的深加工生产高级保健食用油和天然护肤化妆品等。茶油加工的副产品（茶枯饼）可提取茶皂素、制刨光粉和复合饲料，茶壳可提糠醛、鞣料和制活性炭等，通过以上综合利用可以大大提高油茶经济效益。

油茶主要分布于18°28′～34°34′N、100°0′～122°0′E，垂直分布在海拔100～2400m的广阔区域。主要栽培区域为我国南方的长江流域和珠江流域，其中湖南省、江西省、广西壮族自治区三省（区）占全国总面积的76.2%；越南、缅甸、泰国、马来西亚和日本等国的局部地区有少量栽培。我国具有一定栽培面积和利用历史的主要油茶种有：普通油茶（*Camellia oleifera*）、小果油茶（*Camellia meiocarpa*）、越南油茶

（*Camellia vietnamensis*）、滇山茶（*Camellia reticulata*）、浙江红花油茶（*Camellia chekiangoleosa*）、攸县油茶（*Camellia yuhsienensis*）、广宁红花油茶（*Camellia semiserrata*）、腾冲红花油茶（*Camellia reticulate*）、宛田红花油茶（*Camellia polyodonta*）、茶梨（*Camellia octopetala*）、博白大果油茶（*Camellia gigantocarpa*）、白花南山茶（*Camellia semiserrata* var. *albiflora*）、南荣油茶（*Camellia nanyonggenesis*）13 个种。

除常见品种外的油茶物种均处于野生或半野生状态，所以目前生产上所使用的主要栽培品种大都是从普通油茶中选育出来的。油茶良种选育工作于 20 世纪 60 年代中后期首先在各油茶产区广泛开展起来。从生产、资源和品种类型调查开始，进行优树选择、农家品种和优良类型的评选、优良家系的鉴定、无性繁殖技术研究，进而开展采穗圃营建、优良无性系的鉴定等，选育出了'湘林'、'华硕'、'赣无'、'长林'和'桂无'等油茶良种系列。全国已选育审定油茶良种 375 个，国家重点推广优良品种 162 个，在生产中得到了广泛应用。

油茶油料生物炼制具有典型性和代表性。油茶的主导产品（山茶油）仅占全果质量的 5%～7%，还有约 90% 的生物量未得到有效利用。目前，油料资源加工业产值与总产值比为 1:7.6，深加工率不足 10%，均远低于发达国家水平。总体而言，油茶产业仍然面临效益差、效率低、损耗大问题。需要进行系统设计，走中国特色的油茶油料资源利用技术体系，走中国特色的木本油料资源利用加工技术体系。

油茶从鲜果采摘、采后油料商品化预处理，再到有效成分的分离、提纯和转化利用，须经过鲜果采收、采后预处理、专用装备烘干和储存、高效协同提取油脂和活性物质的绿色生产技术、皮壳资源高效利用、蛋白质资源利用以及功能活性成分利用等一系列流程，涉及物理转化、绿色化学催化和生物催化转化单一技术或者技术协同梯级炼制技术。

目前，油茶籽的油脂制备以物理压榨分离、浸提为主，油脂和油脂伴随物生物催化转化技术正在发展之中；油脂加工剩余物，如皮壳和饼粕的资源转化以化学转化和生物转化工艺技术融合为主，皮壳和饼粕资源主要被转化成材料、基料、肥料、能源和平台化合物。

14.1　油茶籽的采收时期与采收方式

14.1.1　油茶籽采收时期

我国油茶品种较多，果实成熟期一般在 10～11 月。不同油茶品种，采收时间不同，茶籽出油率也不同。即使是同一油茶品种，在不同时间采收，出油率也大有差异。成熟果实特征如下：油茶果色泽鲜艳，发红或发黄，呈现油光，果皮茸毛脱尽，果基毛硬而粗，果壳微裂，籽壳变黑发亮，茶籽微裂，容易剥开。农民群众总结的采收油茶果的重要经验为，"寒露早、立冬迟，霜降采摘正适时"，而且还要求紧紧抓住"前三后七采摘适宜"，即霜降前 3～4 天开始采摘，霜降后 7～8 天摘完为最好。因此，油茶籽采收要把握好以下三个关键点。

1）分时节看品种

我国经营的大都为普通油茶，按其特征、特性及成熟期不同分为三个品种群，即寒露籽、霜降籽、立冬籽。寒露籽树冠小，直立，分枝角度小于 30°，叶小而密，果小皮薄，茶果内含种子 1～3 粒，寒露时成熟、采收；霜降籽树冠较大，开张，分枝角度一般在 40°～60°，叶小稍厚，果大，茶果内含种子 4～7 粒，霜降时成熟、采收；立冬籽树冠大，开张，分枝角度大于 40°，叶大而稀，果大，茶果内含种子 7～10 粒，立冬时成熟、采收。

2）立地观果色

虽然寒露籽在寒露时成熟，霜降籽在霜降时成熟，然而所处的立地条件不同，成熟时间也不一致。一般是高山先熟，低山后熟；阳坡先熟，阴坡后熟；老林先熟，幼林后熟；荒芜油茶先熟，熟土油茶后熟。

3）采样定成熟

根据油茶品种成熟季节，观察茶籽成熟特色。到林内随时采样，剥开，如果茶籽发亮，进一步剥开，其种仁白中带黄，现油亮，则证明球果已充分成熟，可进行全面采收。不同采收时期对茶籽油脂肪酸组成的影响见表 14-2。

表 14-2　不同采收时期对茶籽油脂肪酸组成的影响（%）

脂肪酸	10 月 8 日		10 月 16 日		10 月 23 日		10 月 29 日		11 月 5 日	
	晾晒	烘干	晾晒	烘干	晾晒	烘干	晾晒	烘干	晾晒	烘干
棕榈酸	8.4	8.2	8.6	7.8	8.1	8.0	8.1	7.5	8.1	8.6
硬脂酸	2.1	1.9	2.1	1.9	2.1	2.0	2.1	2.1	2.2	2.3
油酸	81.7	81.2	81.4	81.5	82.0	81.5	81.1	82.8	81.7	81.6
亚油酸	7.0	7.8	7.1	8.0	6.9	7.8	7.8	6.8	7.2	6.8
亚麻酸	0.3	0.3	0.3	0.3	0.3	0.3	0.3	0.3	0.3	0.3
(E)-11-二十烯酸	0.5	0.5	0.5	0.5	0.5	0.5	0.5	0.5	0.5	0.5

14.1.2　油茶采收方式

油茶果的采摘时间直接关系其产量和品质，确保适时采收能够保障油茶籽的产量和品质，并提高出油率。未完全成熟的油茶果，在烘干和晒干处理过程不易开裂，容易出现"死果"，需要人工锤击才能破壳取仁。此外，也应避免过迟采摘，否则，易引起油茶果掉落或开裂，不但油茶籽容易发生霉变变质，且油茶籽散落，收捡困难，易造成不必要的浪费。油茶籽在成熟过程中其含油量的增长过程表现为连续多个"平台期-急升期"的递增过程。平台期为油茶籽中营养物质和油脂合成前体物质的储备过程，当达到一定量时，进入油脂转化期，油脂含量快速增加。8 月下旬至 10 月下旬，果实成熟前为油脂转化积累期，此时果实体积增长极少，但果皮刚毛大量脱落，果实充分成熟，油脂的积累量直线上升并达到高峰。除了油脂含量的极速变化，油茶籽的出仁率、含水率及油脂的脂肪酸组成也在发生着重要变化。过早采收或过晚捡拾落地籽都有造成油脂酸值和过氧化值升高的风险；过早采收还会导致油中油酸、角鲨烯、β-谷甾醇及 VE 等含量偏低。

油茶果采摘难度大，主要是因为其独特的地域分布和花期物候。油茶主要分布区域为山地丘陵，地面高差大，交通运输极为不便，上山采摘收集油茶果，劳动强度大。

目前，油茶果"抢收"现象普遍，甚至还陷入利用长时间晾晒对采收的油茶果进行后熟处理以提高油茶籽含油率及茶油品质的误区。原料质量与产品品质、安全和效益指标直接相关，因此有必要对油茶果采收时间和后处理方式标准化。目前茶籽收摘主要有自然落果收籽、人工摘果收籽和机械摘果收籽三种方式。

1）自然落果收籽

自然落果收籽是让果实完全成熟后，种子与果壳自然分离，其籽从树上剥落掉下后再捡收。自然落果收籽适用于坡度较陡、采摘运输不方便的种植区。此类地区的油茶成熟期不一致，采收时间长，遇到雨天种子易霉烂变质，摘果会影响茶籽质量。

2）人工摘果收籽

人工摘果是油茶果实成熟后直接从树上采摘鲜果，然后集中处理出籽，是目前普遍采用的采收方式。油茶果采后应及时脱掉果蒲取出茶籽，并尽快晒干，遇到阴雨天气时采用脱壳后低温烘干，避免传统的堆沤处理，以防止油脂品质劣变。

3）机械摘果收籽

由于人工采收存在劳动力需求大、成本高、作业效率低下等缺陷，传统的人工采收方式已经无法满足产业化的需求。随着油茶种植面积的不断增长，油茶果的机械化采收和自动化采收成为人们关注的热点。研制和推广油茶果采摘装备与技术对油茶产业的健康发展具有重要的意义。

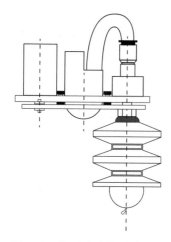

图 14-1 气吸式油茶果采摘机
（摘自专利 CN201520070541.1）

油茶果实的机械化采摘必须充分考虑山区地形、油茶树损伤程度、果实采收率等因素，还要考虑机械制造成本和采收效率。目前，油茶果采摘机械的研究多集中于可升降的采摘平台和末端执行机构的研究，易于推广和轻便的辅助式采摘机也是一个重要的发展方向。

（1）气吸式油茶果采摘机。专利申请号 CN201520070541.1 公开了一种气吸式油茶果采摘机，如图 14-1 所示，其电机安装在连接板上，主动链轮固定于连接板，且其一端与电机连接，另一端与从动轮连接，而从动轮固定在转动轴上；伸缩杆与连接板固定，真空泵通过胶管与轴套连接，轴套与转动轴连接，同时在转动轴下方安装有真空吸盘。采摘油茶果前先将伸缩杆对准待摘油茶果，而后通过真空泵产生负压吸住待摘油茶果，再开启电机带动真空吸盘旋转将油茶果从树上旋脱，具有省力方便、效率高、劳动强度小，且不损伤油茶花苞的特点。

（2）机器人茶果采摘头。高自成等（2019）设计的油茶果振动式采摘机器人的采摘头，由夹紧组件和振动组件构成，如图 14-2 所示。夹紧组件包括小锥齿轮、大锥齿轮、丝杠花键轴、夹紧螺母、夹紧拉杆和夹爪。夹紧机构由伺服电机提供动力，夹紧螺母与夹紧拉杆、夹爪构成以滑块为主动件的曲柄滑块机构，从而驱动夹爪张开或夹紧，达到夹持目的。振动组件为振动曲柄、振动连杆和与振动导轨固连的夹紧组件构成的曲柄滑块机构，工作动力由伺服电机提供。

图 14-2 采摘头 3D 模型
（高自成等，2019）

（3）自走式油茶果采摘机。CN102668817A 公开了一种自走式油茶果采摘机，包括机架，底盘支腿，驱动该机架移动的底盘行驶系统，如图 14-3 所示。底盘行驶系统采用履带式，以适应复杂多变的油茶林地形。机架上装有采摘臂，采摘臂上装有振动采摘头。采摘臂为空间开链连杆机构，具有六个自由度，由液压系统驱动。该发明可满足采摘空间的需要，工作效率高，机构间协调性好，特别是采用电液一体化控制，集成度高，控制方便。

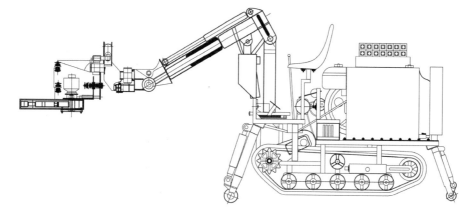

图 14-3 自走式油茶果采摘机

4）胶辊式自主油茶果采收机

CN105940864A 公开了一种胶辊式自主油茶果采收机（图 14-4），该发明基于视觉控制的油茶采收机，利用电荷耦合器件（CCD）摄像头对油茶果定时采集，可对识别到的油茶果连续不断地自动采摘并收集；同时，胶辊式采摘头可实现一次性较大范围油茶果采摘；自动化采摘程度较高，采摘环境适应性好，采摘机构间协调性能优越，能够保证采摘动作连续性，采摘效率高，漏采率低，并且对油茶花苞和枝叶损伤程度低。

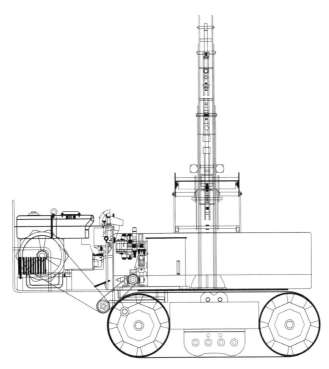

图 14-4 胶辊式自主油茶果采收机

14.2 油茶果采后商品化预处理技术

14.2.1 油茶果剥壳技术

油茶果剥壳清选是茶油加工前期处理的第一个环节。油茶鲜果含水率较高，其中，果壳平均含水率为 72.23%，油茶籽平均含水率为 43.6%，所以油茶果采摘后必须及时进行剥壳、清选及烘干，否则易导致油茶果腐烂、霉变，不但降低了茶油的品质，还会导致出油率降低。果皮和种壳的主要成分为粗纤维，不含油脂，占整个鲜果的 45%～65%，带壳压榨会带走油分，影响出油率，对加工油脂不利，因此油茶果加工利用前需作脱壳清选处理。其主要意义有以下几点：①剥壳后制坯提油能提高出油率、减少油分损失，油茶壳吸油力强，可直接影响机榨法的出油率，同时，油茶壳中的大量色素和杂质也会被提取出来，影响后续精炼工序；②剥壳后提取的油脂品质高、色泽浅、酸价低；③可降低加工过程中的设备磨损、节省动力，使单机原料处理量相应提高；④分离出来的皮壳，还可以对其有效成分加以综合利用，增加经济效益。

14.2.2 茶籽的清理技术

清理的目的是清除杂质、分清优劣、提高品质、增加得率、安全生产。油料清理的主要方法、工作原理及其应用见表 4-3。衡量清理效果的主要指标，通常用清理后油料中的最大含杂率和下脚含籽量来表示（表 14-3）。

表 14-3 油料清理工序的主要指标 （倪培德，2007）

项目	大豆	葵花子	芝麻	花生仁	油菜籽	米糠	棉籽
最大含杂率/%	0.05～0.1	仁中含壳 10	0.1	0.1	0.5	0.05	0.5
下脚含籽量/%	0.5	壳中含仁 0.5	1.5	0.5	1.5	—	0.5
检测筛网/目	12	手拣	30	10	30	28	14
圆孔筛孔/mm	1.7	—	0.7	2	0.7	—	1.4

在分离油料中的杂质时，可以根据杂质与油籽之间物理性质的差别，确定有效的分离方法。这些物理性质包括颗粒度大小、密度差、表面形状、弹性、硬度、磁性以及气流中的悬浮速度（空气动力学性质）等。杂质清理可供选择的主要方法有筛选、风选、磁选与水选四种。其工作原理、应用特点及典型设备详见表 4-3。值得注意的是，组合筛选分级装置因其设备简单，只需要换筛面即可适应各种不同油料的清理，往往是清理工序的首选方案。此外，几种方法的互相结合，也是有效清除油料中杂质的可靠途径。例如，最常用的筛选与风力除尘配套，磁选除铁与筛选相结合以及比重去石、筛选与风力分级相结合等。

14.2.3 机械化油茶果剥壳清选

油茶果的机械化剥壳与清选已成为油茶种植大户和油脂加工企业的普遍需求。然而，油茶机械加工起步较晚，尚未形成完善的采后处理技术。目前，常见的机械脱壳方法包括撞击法、剪切法、挤压法、碾搓法和搓撕法等。涂立新研究了一种基于搓擦原理的油茶果剥壳机，采用螺纹钢条焊接成内外笼式剥壳装置，茶果在内外笼之间受到搓挤作用实现剥壳。该装置存在的问题是螺纹钢条间隙不可调节，且油茶果的大小差异，果实和碎果可能会被挤入内外笼之间，导致无法有效清选茶籽和果壳。王建等人基于剪切原理设计了一种油茶果剥壳机，利用刀片对茶果进行切割剥壳。尽管剥壳速度较快，但果仁容易被刀片挤碎。樊涛等研制的油茶果脱皮机采用挤压原理，通过将果壳挤裂来去皮，脱壳效率较高，但该设备对油茶果大小适应性差，且果仁容易被挤碎。蓝峰等人结合撞击、挤压和揉搓原理，开发了一种油茶果脱壳清选机，采用回转半径不同的脱壳杆，在滚筒内形成楔形脱壳室进行撞击和挤压脱壳，能够适应不同大小的油茶果，并具有较高的脱壳效率。然而，该设备主要适用于堆沤摊晒开裂的茶果脱壳，且结构较为复杂，制作成本较高。总体来看，当前油茶果脱壳设备普遍存在一些问题，主要表现在设备对果实大小的适应性差、籽仁破碎率高以及脱壳效果不理想。这些问题需要进一步优化设备设计，提高适应性和脱壳效果。

1）内外笼式剥壳机

安徽黄山市徽山食用油业有限公司 2010 年研制的油茶果剥壳机主要结构采用内外笼式剥壳装置。内外笼都是用一圈螺纹钢条焊成的，同轴心且相对旋转，内外笼之间形成进料端大、出料端小的一楔形剥壳室，茶果在内外笼之间受搓挤而碎果，内笼的内外壁设有倒料输送螺旋叶片，以输送挤入的茶籽。楔形剥壳室的间隙需根据要处理的茶果大小来进行调整，由于许多籽和壳大小接近，使得清选效果不是很好。

2）挤压撞击剥壳机

广东省某厂 2012 年开发了一种油茶果剥壳机，利用挤压和撞击的方式脱壳，振动筛清选。其脱壳是利用螺旋片将油茶果挤压至甩料转鼓，然后撞到带有锥凸起的栅形挡板上破裂脱壳，接着由双层往复筛清选。这种剥壳机只能脱摊晒后 3 天以上、开裂的油茶果，不能脱含水量较高的鲜果，且处理量小，其原因是破碎后混合物中渣壳和茶籽大小、直径差不多，多次往复筛选也不能有效分离壳与籽。

3）油茶果脱青皮机

中国林业科学研究院林业新技术研究所和国家林业和草原局哈尔滨林业机械研究所 2011 年研制的油茶果脱青皮机采用双辊挤压破碎后柔性抽打使籽壳分离，用筛网清选茶籽。但这种方式没有考虑油茶果大小不一的实情，其挤压辊破壳时，若辊间间距小必然造成较大茶籽破碎，反之间隙大则造成小茶果不能剥壳。因此，可以在脱壳前增加原料茶果分级工序，把茶果分成不同等级分别破碎。

4）6BQY-1500 剥壳清选机

江西省农业机械研究所研制的 6BQY-1500 剥壳清选机，其剥壳原理为，采用旋转的脱壳杆和滚筒构建的锥楔形空间对茶果撞击、挤压、揉搓，实现茶果脱壳。其清选是根据壳与茶籽粒不同的物理特征突破了较难的清选技术，创新性采用较小间隙的齿光棍对转式机构清选。具有可脱大小不一、未开裂果，脱净率高，不伤茶籽，清选率高，效果好，破损率低等优点。

5）揉搓型油茶果分类脱壳分选机

湖南省林业科学院陈泽君等采用揉搓原理，用分类滚动筛筛选大小不同的油茶果进入脱壳装置，在运输带与柔性揉搓板相互配合运动的揉搓作用下进行脱壳，是一种既能有效对油茶进行分类脱壳，而不使茶籽破损，又能将果壳和茶籽分选的集成装置。揉搓型油茶果分类脱壳分选机主要由脱壳机、油茶籽分选机组成。

油茶果在刚采摘下来时含水率高，果壳坚硬，脱壳困难。由于油茶果的直径差别较大，设计的揉搓型脱壳机就要按直径大小分三类来脱壳，分别为直径≤25mm，25mm＜直径≤35mm，直径＞35mm。经批量油茶果大小测量，直径≤25mm和直径＞35mm的油茶果数量相对少些，而中等油茶果（25mm＜直径≤35mm）相对多些。利用分类滚动筛筛分油茶果，大小不同的油茶果分别进入大小不同的搓揉空腔，利用柔性揉搓板和柔性面运输带在油茶果上相对运动进行揉搓去壳。油茶果脱壳后如何将籽粒从壳粒的混合物中分离出来是一个难题。油茶壳与籽的密度相差不大，故不宜采用风选方法。通过研究发现，油茶果脱壳后，籽与果壳的形状及摩擦系数是不同的，果籽圆而厚，表面较光滑，摩擦系数小；果壳薄而有尖角，外表面粗糙，摩擦系数大。籽壳分选机由倾斜向上运动的橡皮输送带及振动托板组成，利用籽与壳的形状及摩擦系数的不同使油茶果壳向上运动而茶籽向下运动，籽与壳产生分离，来实现籽与壳清选的目的。在整个脱壳分选过程中，油茶果含水率、曲轴转速和橡皮履带速度、振动电机振动频率及分选带水平面倾角对脱净率具有关键影响。

通过试验发现，油茶果含水率对设备整体脱壳清选效果有一定影响，含水率越低，设备脱壳清选效果越好，但对设备总体效率影响较小。该设备脱壳清选效率高，且与传统油茶果脱壳机相比，采用挤压和揉搓原理设计的油茶果分类脱壳分选机完全实现了油茶果不伤籽快速脱壳和壳籽快速分离，具有脱壳清选效果好、性能稳定等特点。处理量≥900kg/h，脱净率≥97%，清选率≥97%，碎籽率≤5%，损耗率≤1%。

油茶果脱壳机总体结构如图 14-5 所示，油茶果分选机总体结构如图 14-6 所示。

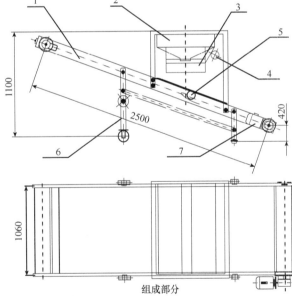

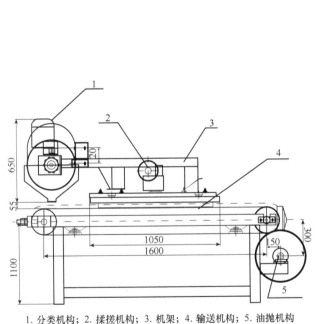

1. 分类机构；2. 揉搓机构；3. 机架；4. 输送机构；5. 油抛机构

图 14-5 油茶果脱壳机总体结构
图中数据的单位是 mm

1. 输送装置；2. 进料斗；3. 布料器；4. 振动点击；5. 振动器；
6. 输送装置；7. AV减速电机

图 14-6 油茶果分选机总体结构
图中数据的单位是 mm

6）未来发展趋势——智能化采摘技术

技术不成熟、研制成本高、效率低下、适应性差等限制了智能化采摘技术的发展，但同时由于是新兴领域，具有很大发展潜力。智能化采摘包括计算机视觉系统、伺服系统、执行部件、控制系统、计算机信息处理系统等，能够实现精确采摘和最佳采摘期采摘。中国农业机械化科学研究院集团有限公司与江苏大学联合研制的苹果采摘机器人在实验室条件下的单果采摘时间为 15s。我国对机器人的研究起步较晚，应以收益高且迫切需求的采摘作业为切入点，把经济性、实用性与先进性相统一，开发适合我国农业现状的智能化采摘技术。此外，建议在推广应用智能化采摘技术的同时，也要加大油茶标准化采摘基地的建设。

14.3　油茶籽干燥

干燥是加工过程中的重要工序之一，是一种被广泛应用于化工、医药、木材、食品等农副产品加工诸多领域的单元操作。近年来，随着科学技术的发展，干燥已不仅仅是对产品实施单元操作的一项技术，它已被作为一种探索新产品、提高产品质量的新方法。

干燥是油茶籽加工利用的第二道工序，对油茶籽品质、出油率和油脂的品质有着重要影响，高水分的油茶籽仁不适宜加工。因此，新鲜油茶籽需要经过干燥降水后才能进入加工环节，或经干燥至安全储存水分（9%左右）后经短暂储存再进入加工环节。传统茶油主要是农户自种、自收、自管，进行作坊式榨油，干燥主要采用自然晒干法，其所需时间长且劳动强度大，加之南方多阴雨，高水分含量的油茶籽容易腐烂，导致油脂酸败，严重影响后续加工过程，成为茶油规模化生产的瓶颈之一。为了适应油茶的产业化生产，提高生产效率，同时遵循国家政策，选择合适的干燥方式至关重要。

14.3.1　油茶籽烘干机的选择与配置

按油茶籽与气流相对运动方向，烘干机可分为横流、混流、顺流、逆流及顺逆流、混逆流、顺混流等型式。不同原理烘干机的性能特点见第 4 章 4.2.2.1 节。

14.3.2　塔式茶籽干燥及工艺计算

目前大型油茶籽加工企业多配备塔式烘干设备。塔式茶籽干燥及工艺计算详见第 4 章 4.2.2.2 节。

14.4　油茶籽储藏

油茶籽作为重要的木本油料资源，其储存特性直接影响后续加工品质和出油率。油茶籽含油量高、种仁富含不饱和脂肪酸，储存过程中容易受到温湿度、氧气含量及生理代谢变化的影响，导致酸价升高、氧化变质、种子丧失活性等问题。因此，科学合理的储存管理是确保油茶籽品质稳定、减少养分损失、延长储存周期的关键。

本部分将围绕油茶籽的储存物理性质、储存生理活动及储存环境控制技术展开讨论。其中，储存物理性质分析油茶籽的密度、水分含量、透气性等对储存稳定性的影响；储存生理活动探讨油茶籽在储存过程中呼吸作用、酶活性及种子活力的变化；储存通风技术侧重于通过空气流动调节温湿度，减少霉变和氧化风险；低温储存技术探讨冷藏条件对油茶籽品质保持的作用及其机制；气调储存技术则关注通过调控氧气、二氧化碳等气体浓度，抑制种子生理活性，延缓品质劣变。本节的研究和讨论将为油茶籽储存提供科学依据，优化储存策略，助力产业高效发展。

14.4.1　油茶籽储存物理性质

油茶籽储存过程中主要存在以下重要物性参数需要明确和注意，详细叙述如下。

（1）比热：使 1kg 的茶籽温度升高 1℃所需的热量。

（2）油茶籽的导热性指物体传递热量的能力，用导热系数衡量。

（3）油茶籽堆保温性与储藏的关系：①对储藏有利（利用油茶籽堆既不容易升温、也不容易降温的特性，进行低温储藏）；②对储藏不利（积热难散，滋生虫霉，危害茶籽品质）；③采取加快湿热气体散发，缩小油茶籽堆各层(点)温差的措施，以利茶籽安全保管。

（4）吸附性：指油茶籽吸附（解吸）各种气体、异味或水蒸汽的能力。

（5）吸湿性：指油茶籽吸附或解吸水汽的特性，是油茶籽吸附性的一种具体表现。

（6）平衡水分：在一定储藏条件下，油茶籽等原料经过充分的吸湿与解吸平衡后，达到的相对稳定的水分值。

（7）吸湿性与储藏过程的关系：①油茶籽储藏期间采取的措施要有利于油茶籽水分解吸，而不利于吸湿，使油茶籽处于较干燥的状态；②利用吸湿平衡原理，判断油茶籽水分的变化趋势或判断通风的可能性，是确定常规保管、通风与密闭的依据；③由于吸附滞后现象的存在，在同一油茶籽堆中干湿粮混装后，油茶籽水分很难达到均匀分布，会给储藏带来麻烦；④干燥要符合降水规律，调整工艺条件，保持油茶籽原有品质。

（8）油茶籽堆的微气流运动：指茶籽堆生态系统中的气体流动，气体流速一般为0.1～1mm/s，速度极其缓慢，故称为微气流。

（9）湿热扩散：指在温差作用下，水分沿热流方向而移动的现象。

（10）微气流、湿热扩散与储藏的关系：①通风降温散湿，提高储藏稳定性，但每次操作要彻底，否则会造成局部结露，导致油茶籽变质；②利用气流扩散原理进行药剂熏蒸；③在不利条件时原则上应密封或压盖，抑制油茶籽堆内外的空气对流，减少外界气流的危害，并在隔流的基础上进行双低、三低储藏；④湿热扩散所带来油茶籽堆内的水分转移也是一个缓慢的过程，在储藏过程中不能掉以轻心。

14.4.2 油茶籽储存生理活动

1）油茶籽的呼吸作用

呼吸是生物吸进氧气，呼出二氧化碳的一种生理现象，是维持生命活动的基础。

有氧呼吸：$C_6H_{12}O_6$（淀粉）$+6O_2 \rightarrow 6CO_2+6H_2O+2822kJ$ 特点：有机物氧化较彻底，同时释放出较多的能量，从维持生理活动看是必需的，但对粮油储藏则是不利的，这就是呼吸作用造成油茶籽发热的重要原因之一。因此，在储藏期间将人为地把有氧呼吸控制到最低水平。

呼吸强度是表示呼吸能力及强弱的大小，指在单位时间内，单位重量的粮粒在呼吸作用过程中所放出的 CO_2 量(Q_{CO_2})或吸收的 O_2 量(Q_{O_2})。

呼吸系数表示呼吸作用的性质，即呼吸时放出的 CO_2 体积与同时吸入的氧 O_2 体积两者的比值。为了解储藏条件是否适宜，常需要了解油茶籽在储藏期间的生理状态，需要测定储藏的呼吸系数。

2）后熟作用

指油茶籽从收获成熟到生理成熟的过程，所经历的时间为后熟期，以发芽率超过80%为完成后熟的标志。后熟期长短随品种、储藏条件而异。

由于后熟期中的油茶籽呼吸旺盛，易"乱温""出汗"，储藏稳定性较差，保管员需不断翻动，通风降温散湿。因此有"新粮入库，保管员忙"的说法。

3）茶籽的萌发与休眠生理

萌发指种子由生命机能萌动到形成幼芽的过程。

休眠指有些具有生命力的种子即使在合适条件下仍处于不能萌发的状态。

影响发芽的因素：温度，氧气，水分，防止发芽的最有效手段是控制水分，发芽是油茶籽质量严重劣变现象——责任事故。

4）陈化

指随储藏时间延长，虽无发热、霉变，其生活力逐渐下降的现象；劣变指在不良条件下，生活力迅速丧失的现象。

14.4.3 油茶籽储存通风技术

通风是为改善储存油茶籽性能而向堆积的原料中压入或抽出经选择或温度调节的空气的操作。

1）机械通风

机械通风指把一定条件的外界气体通过风机送入油茶籽堆，从而改变茶籽堆内的温、湿度等参数，达到茶籽安全储藏或改善加工工艺品质的目的。

2）储存油茶籽机械通风的作用

储存油茶籽机械通风的主要作用：①创造低温环境，改善储存油茶籽性能；②均衡粮温，防止水分结露；③制止油茶籽发热和降低茶籽水分；④排除油茶籽堆异味，进行环流熏蒸或谷物冷却；⑤增湿调质，改进茶籽加工品质。

3）通风技术的应用

通风技术的应用：①新粮入仓的平衡通风；②秋季的防结露通风；③冬季的冷却通风；④夏季的排积热通风；⑤冷芯粮的均温通风；⑥高水分粮的降水通风；⑦低水分粮的调质通风。

4）通风系统组成

通风系统主要由风机、连接管、通风管道、油茶籽堆以及风机控制器等所组成。

单(多)管通风：一台风机与一根或多根风管组成的移动式通风系统。

地上笼风道：进粮前风道安置在仓内地坪上的移动式通风系统，适用于不破坏地坪的仓房、露天垛和筒仓通风。

地槽风道：风道设在仓房地坪下的固定式通风系统，适用于未建地坪的老仓、新建仓房和浅圆仓。

5）送风形式与用途

压入式通风用于房式仓远离风道处的中、上层料温高时通风；吸出式通风用于房式仓如靠近风道处的中、下层料温高时通风；环流通风用于熏蒸杀虫或均衡原料的温度、水分；混合式通风用于厚油茶籽堆的降温或降水通风。

6）选用与布置原则

要选用布置对称，简捷美观，通风阻力小，气流分布均匀，施工或安装、操作管理方便的风道。

通风途径比（K）指气流由风道出来到达茶籽堆表面所经过的最短途径与最长途径的比值；用于确定风道间距的大小。降温：$K \leqslant 1$：（$1.5 \sim 1.8$）；降水：$K \leqslant 1$：（$1.2 \sim 1.5$）。

7）对通风口盖板的要求

盖板应开关快捷、方便，能在风道内投药进行熏蒸；与风机、谷冷机等设备对接方便；通风口结构应气密性好，有隔热保温措施。在储存油茶籽过程中风道表面出现油茶籽霉坏现象都与其隔热与密闭性能较差有关。

通风口的改进：开启方式：方口改圆口或改成双铰链门；紧固形式：蝶型螺母，手轮，搭扣，拉簧，旋转紧固；气密方式：衬垫柔软厚胶条；隔热措施：外壳加保温，孔内塞聚苯板；连接方式：圆口用卡箍、铁丝紧固，方口用卡口紧固。

8）风机安装位置

降仓温可选用轴流风机，每仓廒一般选用 2 台，建议安装在单侧的山墙或南墙上，其位置尽可能要高。这样冷风进仓可以最大限度地降低屋脊下三角地带的高温。

降温可选用离心风机或轴流风机。单侧通风仓房，应将通风进风口设在仓房北侧，风机把温度最低的冷风送入油茶籽堆，以获取最大地油茶籽堆通风的降温效果。同时，冷却机、环流熏蒸设备等在工作时也要避免阳光的直接照射。

9）降低通风费用、减少失水量的途径

在满足通风的前提下，尽可能选择小风量通风；增大出风面，减少通风阻力，提高降温速率；合理选用风机，组合通风，减少耗电量，节约储存油茶籽费用；合理选择通风时机，取得事半功倍效果；适当提高通风的温差值，提高通风效率；及时密闭或压盖冷却粮。

10）针对不同发热原因采取相应措施

发热原因不同，处理不同，从根本上解决问题；后熟作用引起的"乱温"、"出汗"现象，应进行通风降温散湿，并促进油茶籽后熟过程；干热是大量害虫积聚造成的，需先杀虫后通风降温才行；杂质积聚发热是入粮时杂质分级形成局部通风死角造成的，需清理杂质或加导风管解决。湿热是局部水分升高、微生物活动造成的，需先治水分；再抓机会大剂量熏蒸杀虫；然后是利用晚间低温时机，降低油茶籽堆温度，使油茶籽进入稳定储藏状态。

14.4.4 低温储存油茶籽技术

1）低温储存油茶籽的条件

具备保温、密闭性能的仓房，具有符合国家标准的粮质，具有冷却降温的有利时机，具有大堆散装压盖密封材料。储藏温度不超过 15℃的仓库为低温仓，15～20℃为准低温仓，20～25℃为常温仓。

2）对压盖材料要求

导热系数小，价格低廉，容重小，材料本身不能燃烧，不易吸水，不能散发有害的气体，不易霉烂、鼠咬、虫蛀，施工方便；常用材料：稻壳，膨胀珍珠岩，矿渣棉，聚苯乙烯泡沫塑料，硬质聚氨脂泡沫塑料，PEF 隔热保温板。

3）冷却油茶籽堆的方法

①在低温季节组织茶籽入仓；②有风道的仓房采用机械通风方式；③无风道的仓房、包装粮采取自然通风方式，对小量茶籽还可翻动、扒沟等；④在夏季进行应急处理或无低温季节的粮库采用制冷设备冷却茶籽；⑤结合油茶籽质量整治，在低温季节采取倒仓或出仓方式冷却茶籽；⑥利用地（水）下较低的恒温条件，进行低温储藏，也能较好保持油茶籽的品质，但受条件与投资限制。

4）冷却机四部件

冷却机四部件：压缩机、冷凝器、膨胀阀和蒸发器。

5）冷却机的使用特点

直接冷却油茶籽堆，无需建造专门的低温仓；利用散料的保温性，保持低温时间较长；干燥与冷却相结合，有利保持油茶籽的品质；缩小温差，有利防止钢板筒仓结露；及时冷却物料，赢得干燥或晾晒时间；降温快，复冷间隔时间长，耗电量低；合理操作是决定冷却效益的关键点。

6）冷却机与以往冷却设备在使用方面的不同点

冷却机直接把冷风送入油茶籽堆，冷却效率高，费用低，保冷时间长；老设备是通过冷却仓温后间接降低冷却温度，冷却效率低，对仓房隔热性能要求高，费用高。

冷却机一般有后加热装置，可调整进入油茶籽堆的冷风湿度，避免发生结露现象；老设备无此功能，要防止冷却过程中的结露问题。

7）维持油茶籽堆低温的措施

隔热层：应用保温材料，减少外温对建筑物内温度影响的隔热结构。

仓房隔热改造：①屋面设架空隔热层，可降仓温 3～5℃；②仓内吊顶隔热；③屋面设置保温层：找平层、保温层、隔汽层、防水层、保护层；④屋面喷涂反光隔热涂料或白化。

仓墙隔热密闭法：①空心墙（充填隔热材料）隔热；②外墙面涂隔热涂料或白化；③种植冠大杆高乔木或爬墙虎等植物遮盖仓体；④内墙贴隔热板。

仓房（门窗孔洞）隔热密闭法：①双门隔热密闭；②临时砌砖墙密封隔热；③窗户用泡沫塑料板、高密质海绵、PEF 板隔热保温；④用内胎密封孔洞；⑤进风口的隔热密闭。

油茶籽堆表面压盖密闭法：①稻谷加薄膜；②泡沫塑料板加薄膜；③PEF 隔热板加薄膜；④双层薄膜密闭与隔热；⑤油茶籽堆表面压实密闭法；⑥低温包围压盖密闭法。

降低仓温、缓解温度上升的措施：①拱板仓隔层的排热降温（屋顶风机）；②在低温时机，用排风扇降仓温；③屋面温度超过 35℃时，喷水降仓温；④冷风机或谷冷机降仓温；⑤利用茶籽堆冷源，膜下环流，均衡温度；⑥智能通风排积热；⑦用深井冷源或地道风降温。

14.4.5 气调储存油茶籽技术

1）生物降氧依据

以生物学因素为理论根据，即通过生物体的呼吸，将薄膜帐幕或气密库中的氧气消耗殆尽，并积累相应高的 CO_2，达到缺氧的储存茶籽环境。

2）人工气调依据

用催化高温燃料、变压循环吸附、充入或置换等方式以改变茶籽堆原有气体成分，强化密封系统，使环境气体达到高浓度的氮、CO_2 或其他气体。

3）空调与气调区别

前者只改变空气的状态参数不改变成分的组成比例，而后者只改变空气成分的比例而不改变状态参数。

4）气调储藏的要求

气调储藏的要求包括：①凡利用密闭粮仓或用塑料薄膜帐幕进行气控储藏茶籽时，密闭设施应符合气密要求；②为达到杀虫目的，茶籽堆内氧浓度应控制在 2%以下；为达到抑制霉菌的目的，油茶籽堆内氧浓度应控制在 0.2%以下；③根据特殊需要，成品粮、油料、小杂粮等均可采用复合薄膜负压或真空小包装储藏；④油脂应采用密闭储藏。有条件的可以在容器内空间充氮、充 CO_2 或负压储藏。

5）气调储存油茶籽工艺

气调储存茶籽要求仓房具有高度的气密性，当仓房达不到气密要求时，再考虑选用具有一定气密性能的材料来密封油茶籽堆，如采用柔性气囊密封粮面，保证油茶籽堆、仓门和孔洞部分达到气密要求。

主要装置由供气配气系统（集中供气方式）、仓内气体浓度自动监测系统、智能通风控制系统及仓房压力平衡装置等组成。

缺氧状态会对人员造成危害，为确保人员入仓工作安全，需配置氧呼吸器。防毒面具只能过滤有毒气体，不能用于缺氧的场合。

6）密封油茶籽堆方法

密封油茶籽堆方法：①一面封：实际上指粮面的密封，它适用于地坪和墙壁密闭性能较好的仓房；②五面封：指除地坪外，茶籽堆四周和粮面均密封，它适用于仓墙密闭性能不太好的仓房和仓内堆垛储藏；③六面封：即把整个油茶籽堆用薄膜密封起来，此方法适合于地坪需铺垫器材的仓房和成品油茶籽堆垛储藏。

7）气调实现方法

生物缺氧：自然缺氧、微生物降氧、新鲜树叶降氧、异种粮互助脱氧。充氮方法：充液化氮、分子筛富氮、膜分离富氮。充 CO_2 方法：充液化 CO_2、燃烧缺氧、胶实包装（除种子粮外）。脱氧剂是一类能与空气中氧结合成化合物的化学试剂。真空储存油茶籽主要使用真空设备将储存茶籽空间气体抽空形成负压状态，致使空间氧含量降至低氧或绝氧，从而达到抑制虫霉、保持储存茶籽品质的技术。

8）双低三低综合防治措施

双低一般指低氧、低药剂量的密封储藏；"三低"一般指低氧、低温、低剂量磷化氢的统称，是油茶籽储藏的一项综合防治措施。

14.5 茶油的制备

茶油是从油茶籽中提取的脂肪，种仁含油率达 48.18%，其中不饱和脂肪酸含量高达 90%，主要包括油酸、亚油酸、亚麻酸、二十碳烯酸及二十二碳烯酸等，其中油酸含量在 73.40%~81.82%。不饱和脂肪酸对人体有重要的生理功能，能够调节脂代谢、预防心脑血管疾病，与橄榄油相比，茶油的不饱和脂肪酸含量更高。茶油中还含有角鲨烯、维生素 E、维生素 D 和胡萝卜素等，并且茶多酚、皂苷等活性物质是橄榄油不具有的，茶油的食用价值可媲美甚至优于橄榄油。除此之外，由于茶油碘值小，凝固点低，不皂化物含量少，稳定性好，耐储藏，是糖果、烘焙和冷冻食品等的上等原料。茶油还可应用于粉末油脂、色拉调味品、起酥油、人造奶油、蛋黄酱等食品工业。

茶油不仅具有良好的食用价值，而且在保健品，护肤品等方面，也能发挥重要的作用。茶油还具有较强的经皮渗透能力，易穿过角质层，能使其他有效成分穿过角质层的阻力降低，因此，开发出了婴儿护肤油、护肤霜、护手霜等产品。茶油在医用方面也有开发潜力，《中华人民共和国药典（2015 年版）一部》收载了茶油作为注射用油，茶油有温和不刺激的特性，也有用于医用敷料、护理液中的研究。

目前，我国油茶籽制油技术主要有：① 机械压榨制油技术；②溶剂萃取技术；③超临界流体萃取法制油技术；④亚临界萃取技术。其他油脂提取技术有水溶剂法、水酶法。新技术还有反胶束萃取技术、超声波提取技术等。

14.5.1 机械压榨制油技术

机械压榨法制油就是借助机械外力把油脂从料坯中挤压出来的过程。其特点：工艺简单，配套设备少，对油料品种适应性强，生产灵活，油品质量好，色泽浅，风味纯正。但压榨后的油饼残油量高，出油效率较低，动力消耗大，零件易损耗。

14.5.1.1 物理压榨法制油过程

第一阶段为压榨过程：在压榨取油过程中，榨料坯的粒子受到强大的压力作用，致使其中油脂的液体部分和非脂物质的凝胶部分分别发生两个不同的变化，即油脂从榨料空隙中被挤压出来和榨料粒子经弹性变形形成坚硬的油饼。

第二阶段为油脂从榨料中被分离出来的过程：在压榨的开始阶段，料坯粒子发生变形并在个别接触处结合，粒子间空隙缩小，油脂开始被压出；在压榨的主要阶段，料坯粒子进一步变形结合，其内空隙缩得更小，油脂大量压出；压榨的结束阶段，料坯粒子结合完成，其内空隙的横截面突然缩小，油路显著封闭，油脂已很少被榨出。解除压力后的油饼，由于弹性变形而膨胀，其内形成细孔，有时有粗的裂缝，未排走的油反而被吸入。

第三阶段为油饼的形成过程：在压榨取油过程中，油饼的形成是在压力作用下，料坯粒子间随着油脂的排出而不断挤紧，由粒子间的直接接触、相互间产生压力而造成某粒子的塑性变形，尤其是在油膜破裂处将会相互结成一体。榨料已不再是松散体而开始形成一种完整的可塑体，称为油饼。油饼的成型是压榨制油过程中建立排油压力的前提，更是压榨制油过程中排油的必要条件。

14.5.1.2 影响油料压榨制油的因素

在油料被压榨制油的过程中，压力、黏度和油饼成型是压榨法制油的三要素。压力和黏度是决定榨料排油的主要动力和可能条件，油饼成型是决定榨料排油的必要条件。榨料受压之后，料坯间空隙被压缩，空气被排出，料坯密度迅速增加，发生料坯互相挤压变形和位移。这样料坯的外表面被封闭，内表面的孔道迅速缩小。孔道小到一定程度时，常压液态油变为高压油。高压油产生了流动能量。在流动中，小油滴聚成大油滴，甚至呈独立液相存在于料坯的间隙内。当压力大到一定程度时，高压油打开流动油路，摆脱榨料蛋白质分子与油分子、油分子与油分子的摩擦阻力，冲出榨料高压力场之外，与塑性饼分离。压榨过程中，黏度、动力表现为温度的函数。榨料在压榨中，机械能转为热能，物料温度上升，分子运动加剧，分子间的摩擦阻力降低，表面张力减小，油的黏度变小，从而为油迅速流动聚集与塑性饼分离提供了方便。深度压榨取油时，榨料中残留的油量可反映排油深度，残留量越低，排油深度越深。排油深度与压力大小、压力递增量、黏度等因素有关。压榨过程中，必须提供一定的压榨压力使料坯被挤压变形，密度增加，空气排出，间隙缩小，内外表面积缩小。压力大，物料变形也就大。压榨过程中，只有合理递增压力，才能获得好的排油深度。在压榨中，压力递增量要小，增压时间不过短。这样料间隙逐渐变小，给油聚集流动以充分时间，聚集起来的油又可以打开油路排出料外，排油深度方可提高。土法榨油中总结出的"轻压勤压"的道理适用于一切榨机的增压设计。

14.5.2 溶剂萃取技术

油脂浸出过程是油脂从固相转移到液相的传质过程。这一传质过程是借助分子扩散和对流扩散两种方式完成的。

14.5.3 超临界流体萃取法制油技术

超临界流体萃取是用超临界状态下的流体作为溶剂对油料中油脂进行萃取分离的一种技术。处于超临界状态时，气液两相性质非常相近，以至无法分别。常用的超临界流体是 CO_2，具有无毒、不燃烧、对大部分物质不反应、价廉等优点。在超临界状态下，CO_2 流体既具有与气体相当的高扩散系数和低黏度，又具有与液体相近的密度良好的溶解能力。其密度对温度和压力变化十分敏感，且与溶解能力在一定压力范围内成比例，可通过控制温度和压力改变物质的溶解度。

临界点：一般物质，当液相和气相在常压下平衡时，两相的物理特性如密度、黏度等差异显著。随着压力升高，这种差异逐渐缩小。当达到某一温度 T_c（临界温度）和压力 P_c（临界压力）时，两相的差别消失，合为一相，这一点就称为临界点。

超临界流体：在临界点附近，压力和温度的微小变化都会引起气体密度的很大变化。随着向超临界气体加压，气体密度增大，逐渐达到液态性质，这种状态的流体称为超临界流体。

14.5.4 亚临界萃取技术

对于一种合适的萃取溶剂，当温度高于其沸点时以气态存在，对其施以一定的压力压缩使其液化，在此状态下利用其相似相溶的物理性质用做萃取溶剂，这种萃取溶剂称为亚临界萃取溶剂，其萃取工艺称为亚临界萃取工艺。该萃取技术已应用到十几种植物精油提取的工业化生产，本节主要介绍亚临界流体萃取植物油技术。

适合于亚临界萃取的溶剂沸点都低于我们周围的日常环境温度，一般沸点在 0℃ 以下，20℃时的液化压力在 0.8MPa 以下。基本原理：在常温和一定压力下，以液化的亚临界溶剂对物料进行逆流萃取，萃取液在常温下减压蒸发，使溶剂气化与萃取出的目标成分分离，得到产品。气化的溶剂被再压缩液化后循环使用。整个萃取过程可以在室温或更低的温度下进行，所以不会对物料中的热敏性成分造成损害，这是亚临界萃取工艺的最大优点。溶剂从物料中气化时，需要吸收热量（气化潜热），所以蒸发脱溶时要向物料中补充热量。溶剂气体被压缩液化时，会放出热量（液化潜热），该工艺可以通过气化与液化溶剂的热交换达到节能的目的。

14.5.5 其他油脂提取技术

（1）水溶剂法。水溶剂法制油是根据油料特性，水、油物理化学性质的差异，以水为溶剂，采取一些加工技术将油脂提取出来的制油方法。根据制油原理及加工工艺的不同，水溶剂法制油有水代法制油和水剂法制油两种。

（2）水酶法。虽然传统的油料机械压榨和有机溶剂（6#溶剂）浸出制油这两种方法已经实现规模化生产，并具有较高的出油率，但在压榨或浸出前，油料大多需进行湿热处理，这会导致油料中蛋白质等热敏性成分变性而降低其利用价值，不利于油料的综合利用。在水剂法制油工艺的基础上，通过在浸提溶剂中加入不同类型的酶，如纤维素酶、半纤维素酶、葡聚糖酶、果胶酶、聚半乳糖醛酸酶等，来破坏植物种子细胞壁，使其中油脂得以释放，取得了大量具有较高学术价值和应用价值的研究成果，这种制油方法称为水酶法。

（3）其他新技术。其他新技术还有反胶束萃取技术、超声波提取技术等。反胶束是分散于连续有机相中由表面活性剂稳定的纳米尺度的聚集体。反胶束萃取技术的基本原理是表面活性剂在溶液中形成反胶束，非极性基团在外，极性基团则排列在内，形成一个极性核，此极性核具有溶解极性物质的能力，当含有此种反胶束的有机溶剂与蛋白质的水溶液接触后，蛋白质及其他亲水性的物质能够溶于极性核内部的水中，由于周围的水层和极性基团的保护，蛋白质不与有机溶剂接触，从而不会造成失活，有利于水溶性成分的保护和提取。

14.5.6　高压缩比智能传感物理预榨耦合亚临界萃取全程低温制油技术

油茶籽富含茶油、蛋白质、茶皂素、多糖、淀粉、矿物质等物质，其中茶油、多糖、蛋白质、淀粉是主要可食用部分。传统制油技术对木本油料资源造成了巨大的浪费，且不利于后续全资源的高值化利用。以当前油茶籽油、核桃油、光皮树油等加工中占主流地位的物理压榨法和6#溶剂浸提法为例，螺旋压榨法存在榨饼残油率过高（＞6%），榨膛易堵料并产生局部高温等不足（破坏热敏性成分，易产生风险因子）；液压榨油劳动强度大、残油率高；6#溶剂浸提虽然萃取效率高，但油脂及粕脱溶过程中的高温会导致油茶籽中维生素 E、甾醇、角鲨烯等功能成分被破坏，并极易产生苯并芘、反式脂肪酸、多环芳烃、缩水甘油酯等有害成分。超临界萃取设备投资大、效率低、生产成本极高。亚临界流体是指某些化合物在温度高于其沸点但低于临界温度，且压力低于其临界压力的条件下，以流体形式存在的物质。亚临界萃取是一种低温、低压、高效的物理制油方法，能避免生物成分提取过程中的热变性问题，保持萃取成分的高生物活性。

基于以上现状，湖南省林业科学院（木本油料资源利用国家重点实验室）联合河南省亚临界生物技术有限公司等单位，于 2020 年 10 月完成了《木本油料低温预榨-亚临界萃取联程制油关键技术与装备》成果认定。该成果已入库国家林业和草原局成果转化项目名录。该成果系统阐明了预榨耦合亚临界萃取全程低温制备高品质油茶籽油的机理，构建了相应的动力学与热力学模型，开发出成套技术与装备并进行了规模应用和推广。

以低温亚临界高效制备茶油为例，技术路线如图 14-7。

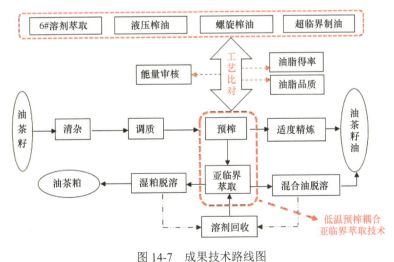

图 14-7　成果技术路线图

14.5.7　高压缩比智能传感物理预榨耦合亚临界萃取全程低温制油技术应用效果

低温预榨和亚临界萃取耦合技术，可以有效解决活性物质失活难题。亚临界萃取茶油具有更高的维生素 E（VE）含量（196.6mg/kg）、角鲨烯含量（104.5mg/kg）和多酚含量（14.2mg/kg），且含量高于超临界 CO_2 萃取法和鲜籽榨油（表 14-4）。

表 14-4　油脂营养成分含量（mg/kg）

指标	亚临界萃取	超临界 CO_2 萃取	物理压榨	溶剂浸提	鲜籽榨油
VE	196.6±0.9	174.6±1.1	146.3±1.6	188.8±1.6	168.5±2.5
多酚	14.2±0.8	13.8±0.7	11.7±0.4	14.5±0.6	13.7±0.5
角鲨烯	104.5±1.1	98.2±1.0	94.8±0.91	100.3±1.2	99.2±2.3
甾醇	413.6±1.1	435.6±1.6	395.4±1.2	421.5±0.8	439.8±1.1

亚临界萃取制油技术可以在得到高品质油产品的同时，有效解决高含油油料制油过程中高残油、高能耗等问题，并获得高附加值饼粕资源，是一种非常有前景的加工技术。

1）同工艺获得的茶油饼粕的品质

通过对 5 种加工方法得到的饼粕中茶皂素、蛋白质和总糖进行测定和对比研究（表 14-5），结果表明：经亚临界萃取和超临界 CO_2 萃取得到的饼粕蛋白质变性较少，物理压榨次之，溶剂浸提在高温脱溶过程中蛋白质变性较为严重。

表 14-5　不同工艺获得的饼粕的品质

工艺	总茶皂素质量分数/%	氮溶解指数/%	总糖质量分数/%
亚临界萃取	18.42±0.73	2.18±0.17	16.54±0.87
超临界 CO_2 萃取	17.61±0.62	2.42±0.08	17.14±0.46
物理压榨	14.25±0.15	1.25±0.12	16.73±0.59
溶剂浸提	17.92±0.56	0.48±0.05	16.42±0.22
鲜籽榨油	8.54±0.28	0.85±0.06	9.58±0.71

2）风味成分

通过 FlavourSpec 风味分析仪比较了 5 种不同方法得到的茶油中的挥发性有机物的差异，发现其共有的特征挥发性有机物主要有 2-丁酮、2,4-庚二烯醛、2-辛酮、3-辛酮、丁酸甲酯、2-己酮、2-庚酮、2-戊酮、1-辛烯-3-醇、3-甲基-3-丁烯-1-醇和丁醛等。

3）经济效益和节能减排效果

上述成果经推广应用，预期实现油品加工过程节水 40%、节能 55%～70%，油品得率预计提升 10%，油品因变质产生的损失程度预计降低 20%。以油茶加工为例，通过本成果的实施，可以有效提升油茶籽油中维生素 E、甾醇、角鲨烯等功能成分含量，同时降低油茶饼粕中的残油率，并有效避免油茶籽饼粕中蛋白质等活性组分变性。按每年产油茶籽约 260 万 t，采用传统冷榨技术可以获得油茶饼 200 万 t 左右。按饼残油率 10%计算，采用亚临界萃取制油可以多获得高品质的茶油 20 万 t 左右（相当于油茶年产量新增 70 万 hm^2 左右）。按茶油 10 万元/t 计，每年可增加 200 亿元以上的效益。此外，通过油茶饼粕质量的提升，也可以进一步撬动油茶产业的倍增计划实施。

14.6　油茶籽油伴随物的生物炼制

（1）茶籽蛋白。油茶籽经榨油后茶籽饼粕中蛋白质的含量在 16%左右，其所含蛋白质由 17 种氨基酸组成，其中色氨酸、苯丙氨酸、苏氨酸、亮氨酸、异亮氨酸、赖氨酸、缬氨酸和蛋氨酸 8 种氨基酸是人体必需氨基酸，其氨基酸的组成和含量均符合联合国粮食及农业组织（FAO）与世界卫生组织（WHO）的推荐值，是一种优质的蛋白质资源。茶籽蛋白可开发成蛋白粉，蛋白饮料、焙烤或冲调食品的蛋白质强化剂，能作为酱油等发酵产品的蛋白质原料。

（2）茶籽多糖。多糖是一种极具开发潜力的天然功能性活性物质，有超过 100 种植物多糖被提取分离，由于来源广泛和没有细胞毒性，植物多糖的应用是热门研究领域。据研究报道，茶籽多糖主要由葡萄糖、半乳糖、甘露糖、阿拉伯糖、鼠李糖、木糖 6 种单糖组成，分子质量范围在 186kDa～458kDa，茶籽多糖具有抗氧化、降血糖、降血脂、抗肿瘤、调节免疫等生物活性。目前，尚无含有油茶籽多糖的产品上市，但其产品的研究开发已有报道，如油茶籽多糖具有降血糖的生理活性、无毒副作用等优点，已被开发成具有辅助降血糖功能的茶多糖口服泡腾片。植物多糖的研究及产品开发已有多年，技术相对成熟，因此，将技术应用到茶籽多糖的开发上，使油茶籽多糖在保健食品、医药和添加剂等行业得以应用是未来的发展方向。

（3）淀粉。粉是食物中主要碳水化合物的来源，油茶籽中也含有淀粉，含量达 6.94%左右，仅次于脂肪，茶籽中的淀粉经榨油后主要保留在茶枯中。我国 2018 年产茶籽 243 万 t，榨油后茶枯产量高，可获取大量的淀粉，用于制作食品、发酵工业、药用辅料等。韦思庆等（2015）研究发现，茶枯通过粉碎→石灰水浸泡→静置分层→湿淀粉→干燥等工艺制得的淀粉具有透光率、吸水率和凝沉性均低于玉米淀粉和小麦淀粉，膨胀率高于玉米淀粉和小麦淀粉等优点，可用于糖果生产改善其透明度；添加在糕点中可提高膨松度；生产成食用淀粉膜可用于包裹其他食物等。

14.7 油茶活性功能成分的医药价值

油茶籽除茶油外，还富含茶皂素、黄酮类、多肽等生物活性物质，在医药和化妆品领域具备一定的应用前景。

（1）茶皂素。茶皂素又名油茶皂苷、茶皂苷，油茶籽中茶皂素的含量在 6.19%～19.12%，其在山茶属植物中普遍存在，由苷元、糖体和有机酸三部分组成，糖链部分以由鼠李糖、木糖、半乳糖、葡萄糖及葡萄糖酸组成的低聚糖为主，有机酸部分则连接在 C-16、C-21 及 C-22 位上，常见的有乙酸、当归酸和肉桂酸等，以齐墩果烷型为苷元，构成五环三萜类皂苷。药学研究发现，茶皂素具有抗凝血、抗血栓、保护心肌细胞、抑菌杀菌、抑制乙醇吸收、抗生育等生物活性。茶皂素在治疗心脑血管疾病方面也有作用，很多药学方面的专家开展了其在治疗心脑血管疾病和预防血栓形成的药物方面的研究；由于其良好的发泡和抗菌止痒的作用，现已有将茶皂素作为洗发剂的添加剂，也可将茶皂素作为抑菌剂添加至医护用洗液中；茶皂素还具有止咳化痰、抗炎的功效，在医药上可用作祛痰止咳剂；同时，茶皂素还有抑制脂肪酶活性和降脂作用，有将其制成减肥产品的开发空间；此外，茶皂素还有抑制乙醇吸收，加速其分解的作用，具有解酒的功能，有开发为解酒药的潜力；茶皂素还能抑制男性精子活力，具有杀精作用，是潜在的男性用避孕药。油茶籽皂素生物炼制技术详见第十一章介绍。

（2）黄酮。黄酮类化合物在植物中广泛存在，是中草药中重要的活性物质之一。油茶作为中国特有的油料作物，其黄酮类物质的活性备受关注。油茶籽中黄酮类化合物主要存在于经榨油后的茶籽饼粕上，其结构已得到初步确认，黄酮类化合物以山柰酚为苷元，糖基由葡萄糖、半乳糖、鼠李糖等组成。经研究发现，油茶籽中的黄酮类化合物具有抗氧化、降血脂、抑制血栓形成、抗菌等生理活性。油茶中黄酮类化合物的开发利用较少，多为提取工艺的考察，产品开发仅有制备成保健饮料的报道，但含山柰酚及其苷类化合物的一些中药已开发成复方制剂用于临床，如已上市的具有扩张心脑血管、改善微循环的舒血宁注射液（国药准字 Z14021963）。陈岚等（2020）将山柰酚与唑类或多烯类抗真菌药联用作为抗真菌药的增效剂，不仅能减少用药量，并能使抗真菌药物恢复对耐药真菌的作用。因此，油茶籽中黄酮类化合物还有较大的开发空间和利用前景，可开发成具有辅助降血脂功能的药品或功能性食品；深入抗血栓作用机制的研究，开发成具有抗血栓作用的药物；也可开发成具有抗氧化作用的保健品或天然食品保鲜剂。

（3）多肽。油茶籽多肽是茶籽蛋白在一定条件下形成的水解物，丁丹华等（2010）使用中性蛋白酶水解茶籽蛋白后发现茶籽多肽相对分子质量主要集中在 1000 以下，占比高达 83.73%，氨基酸组成与茶籽蛋白相比未发生改变。李振华（2012）通过急性毒性试验、遗传试验和亚慢性毒性试验，对油茶籽多肽进行了安全性评价，通过试验结果初步判定油茶籽多肽为无毒物质。目前茶籽多肽生物活性的研究较少，龚吉军等（2013）

的研究发现，油茶多肽可抵消环磷酰胺致小鼠免疫功能降低，低、中、高（250mg/kg、500mg/kg、1000mg/kg）剂量均能显著提高免疫正常小鼠的特异性细胞免疫功能，具有增强免疫力的作用。同时，龚吉军等（2012）通过建立 SD 大鼠高血脂模型，研究了不同剂量油茶粕多肽的降血脂效果，结果表明，用 250mg/（kg·bw）的油茶粕多肽就能显著降低高血脂模型 SD 大鼠血清中总胆固醇与甘油三酯的含量、动脉硬化指数 AD（$P<$ 0.05），还能有效提高高密度脂蛋白胆固醇（HDL-C）的水平，说明油茶粕多肽具有良好的降血脂功效。许多蛋白质水解后产生的多肽易被人体消化吸收，具有多种生物活性，如能促进免疫调节、激素调节、抗病毒、抗氧化、降血压、降血脂、降低胆固醇等。因此，油茶籽活性多肽也是筛选药物、制备食品添加剂的天然宝库。茶籽多肽还可进行更深入的基础研究，以便于有基础理论去支撑它的开发利用。

14.8　茶油在工业上的用途

茶油在工业上可制取油酸及其酯类，也可通过氢化制取硬化油生产肥皂和凡士林等，还可经极度氢化后水解制硬脂酸和甘油等工业原材料；油茶壳是油茶果加工茶油的副产物，包括茶果壳和茶籽壳两部分。目前，国内对油茶壳的利用研究多见于糠醛、木糖醇与活性炭的制备，利用果壳中的多缩戊糖在一定条件下水解生成木糖，再经高压加氢即可制得木糖醇，而木糖醇具有与甘油相似的作用，是一种用途很广的多元醇，广泛应用于牙膏、卷烟、玻璃、油漆、表面活性剂以及食品等工业；茶皂素可用于制备加气混凝土的气泡稳定剂和稳泡发气剂，也可制成沥青乳化剂、洗涤添加剂，还可用于道路施工、绝缘材料等。

（1）制造硬化油。硬化油是茶油经精炼后在 260℃高温下氢化而成，亦名氢化油，是白色至浅黄色蜡状固体，按用途可分为极度硬化油及皂用硬化油。控制茶油一定程度氢化，可制成人造奶油。硬化油的用途：皂用硬化油是制造肥皂的主要原料；极度硬化油主要用于生产硬脂酸，亦用于制造香皂。

（2）制造硬脂酸。硬脂酸是以十八碳为主的一元直链饱和脂肪酸，是白色晶状固体。主要用于国防及精密铸造、食品、医药、化妆品、工业等。硬脂酸是将茶油或其他植物油脂加工成极度硬化油后，经水解蒸馏等而制得。

（3）制造甘油。甘油又名丙三醇，是茶油等天然油脂组分之一，是无色或淡黄色透明带甜味的黏性液体。甘油可从肥皂厂使用硬化油制肥皂的副产品稀甘油及油脂水解副产物稀甘油经精制、处理而制得，100t 茶油加工（氢化）除可得 70～80t 硬脂酸外，还可得 8～10t 精甘油。甘油可用作工业抗冻剂、增塑剂、吸湿剂等。

14.9　油茶的其他用途

生产生物农药。茶粕提取物——茶皂素黏附性强，对生物体表气门具有堵塞作用，继而使生物窒息死亡，因而其本身就是一种很好的生物农药，表现在对菜青虫具有胃毒和忌避作用，且浓度越高，忌避作用越强；也可用于毒杀福寿螺、蜗牛和钉螺；在园林花卉上常用作杀虫剂防治地下害虫，如地老虎、线虫等。以茶皂素作为主要原料制备的系列杀虫剂、杀菌剂可用于柑橘、水稻的大面积杀虫，其对柑橘红蜘蛛、糠片蚧、矢尖蚧的防治效果可达到 25%倍乐霸、25%优乐得农药同样的效果。如果将茶皂素与农药混合使用还能改善农药的理化性能，提高某些农药在植物叶片表面的沉积量，有助于农药有效成分在虫体和植物体内的渗透，杀虫效果更佳，如茶皂素与杀虫单、马拉硫磷、灭多威、功夫菊酯、尼索朗、速螨酮、烟碱、乐果、鱼藤酮混配用于防治菜缢管蚜、小菜蛾、柑橘全爪螨等，有明显的增效作用。

生产生物饲料。茶粕内含物的 40%～50%是蛋白质和糖类，它们属于优质的植物饲料。渔业中常利用茶粕中的茶皂素（具有溶血性能）作为毒鱼的清塘剂，从而造成了资源的极大浪费。但已有研究表明，茶粕中适量的茶皂素对温血动物具有安全性，经脱毒（脱酯脱皂）处理后的茶粕作为饲料原料是可行的，而且饲料中添加适量的茶皂素配比，对鱼类、家畜的生长有明显的促进作用，还能增强机体免疫功能，抗应激抗氧化，改善畜禽产品品质，提高畜禽生产性能。孙志秀等（2023）曾报道，低剂量的茶皂素能够增加鱼类肉质产量并增强抗病能力，并且随着茶皂素量的增加，罗氏沼虾的增重率呈现上升的趋势。原因可能是茶皂素对动物机体的免疫系统起到刺激或增加肠道黏膜通透性的作用，这种刺激使动物的各种生理活动加强，营养物质吸收加快，从而提高了免疫机能，起到了促生长的作用。

用于美容护肤。油茶籽油是化妆品常用的植物油之一，在我国民间油茶籽油是妇女最佳的养颜美容品，油茶籽油对 310nm 波长处的中波紫外线（UVB）有很强的吸收能力，所以可作为一种优质的天然高级美容护肤品原料。因此，油茶籽油在功能性化妆品中扮演着重要角色。研究发现，经过加工后的冷榨茶籽油是一种优质的天然美容护肤品用油。冷榨茶籽油渗透力强，易于被皮肤吸收；能够调节皮肤水油平衡，改善皮肤老化的状况，且油茶籽油中含有的角鲨烯能够改善皮肤，增强皮肤抵抗力，茶多酚能够吸收放射性物质，阻挡紫外线、清除紫外线诱导的自由基，防止皮肤衰老和雀斑的生成。

参 考 文 献

陈合, 杨辉, 贺小贤. 1999. 超临界流体萃取方法的研究及应用[J]. 西北轻工业学院学报, 17(3): 66-72.

陈岚, 沈娟, 严万年, 等. 2020. 山柰酚对白假丝酵母生物被膜抑制作用的研究[J]. 药学实践杂志, 38(5): 413-417, 430.

程能林. 2008. 溶剂手册[M]. 北京: 化学工业出版社.

丁丹华, 彭光华, 何东平. 2010. HPLC 法测定油茶籽多肽相对分子质量分布及氨基酸组成[J]. 中国油脂, 35(11): 68-71.

端木折. 1997. 我国木本食用油资源利用发展前景[J]. 热带林业, 25(2): 29-33.

高自成, 李晓东, 王春玲, 等. 2019. 悬挂振动式油茶果采摘执行机构设计与试验[J]. 农业工程学报, 35(21): 9-17.

龚吉军, 黄卫文, 钟海雁, 等. 2013. 油茶粕多肽对小鼠免疫调节功能的影响[J]. 中国食品学报, 13(12): 21-27.

龚吉军, 钟海雁, 黄卫文, 等. 2012. 油茶粕多肽降血脂活性研究[J]. 食品研究与开发, 33(10): 24-28.

何东平, 张效忠. 2016. 木本油料加工技术[M]. 北京: 中国轻工业出版社: 1-18.

黄挺. 2001. 中国油桐业前景广阔[J]. 世界农业, (8): 18-19.

李昌珠, 蒋丽娟. 2013. 工业油料植物资源利用新技术[M]. 北京: 中国林业出版社.

李昌珠, 蒋丽娟. 2020. 植物油与健康[M]. 长沙: 中南大学出版社: 1-18.

李育才. 1996. 面向 21 世纪的林业发展战略[M]. 北京: 中国林业出版社.

李振华. 2012. 油茶粕多肽的生物活性及其安全性评价[D]. 长沙: 中南林业科技大学博士学位论文.

刘玉兰. 1999. 植物油脂生产与综合利用[M]. 北京: 中国轻工业出版社.

龙秀琴. 2003. 贵州木本食用油料资源及其开发利用[J]. 资源开发与市场, 19(4): 243-245.

罗学刚. 1997. 农产品加工[M]. 北京: 经济科学出版社.

倪培德. 2007. 油脂加工技术[M]. 北京: 化学工业出版社.

齐景杰. 2011. 我国基础油脂化工工艺[J]. 河南化工, 28(4): 13-14.

祁鲲. 液化石油气浸出油脂工艺[P]. 中国, 90108660. 1993.

孙志秀, 王冬梅, 陈旭, 等. 2023. 茶麸在克氏原螯虾养殖中的应用[J]. 江西水产科技, (1): 49-51, 56.

王海, 胡青霞. 2013. 我国的油脂市场及未来趋势[J]. 日用化学品科学, 36(5): 4-9.

韦思庆, 熊拯, 黄泰溢. 2015. 茶籽粕淀粉的提取工艺及物理性质研究[J]. 食品研究与开发, 36(10): 26-29.

武汉粮食工业学院. 1983. 油脂制取工艺与设备[M]. 北京: 中国财经出版社.

徐卫东. 2005. 四号溶剂浸出工艺影响溶剂消耗因素[J]. 粮食与油脂, (6): 35-36.

杨志玲. 2001. 几种野生木本油料及其经济价值的研究[J]. 经济林研究, 19(4): 36-37.

张勇. 2008. 油脂化学工业市场分析[J]. 日用化学品科学, 31(12): 4-9.

Hanmoungjai P, Pyle D L, Nianjan K. 2001. Enzymatic process for extracting oil and protein from rice bran[J]. Journal of the American Oil Chemists' Society, 78(8): 817-821.

Li C Z, Xiao Z H, He L N, et al. 2020. Industrial oil Plant-Application Principles and Green Technologies[M]. Berlin: Springer Nature.

Shankar D, Agrawal Y C, Sarkar B C, et al. 1997. Enzymatic hydrolysis in conjunction with conventional pretreatments to soybean for enhanced oil availability and recovery[J]. Journal of the American Oil Chemists' Society, 74(12): 1543-1547.

Sosulski K, Sosulski F W. 1993. Enzyme-aided vs. two-stage processing of canola: Technology, product quality and cost evaluation[J]. Journal of the American Oil Chemists' Society, 70(9): 825-829.

Tano-Debran K, Ohta Y. 1995. Application of enzyme-assited aqueous fat extraction to cocoa fat[J]. Journal of the American Oil Chemists' Society, 72(11): 1409-1411.

15   核桃油料生物炼制技术

15.1   核桃油料资源概述

15.1.1   国外核桃产业发展现状

核桃资源分布和栽培遍及亚洲、欧洲、美洲、非洲和大洋洲五大洲的 50 多个国家和地区，早在 2003 年总规模就达到 200 万 hm² 以上，年产量约 150 万 t。其中亚洲、欧洲和北美洲的栽培面积较大，产量较高，其年产量约占五大洲总产量的 97.14%，年产万吨以上的国家有 17 个（亚洲的中国、土耳其、伊朗、印度、巴基斯坦，欧洲的乌克兰、罗马尼亚、法国、希腊、奥地利、意大利、西班牙、白俄罗斯，北美洲的美国、墨西哥，南美洲的智利，非洲的摩洛哥等）。其中中国、美国、土耳其、伊朗、乌克兰和罗马尼亚为世界核桃六大生产国，但年产 20 万吨以上的国家仅有中、美两国，占世界总产量的 77%。

美国可谓是核桃生产的王国，1867 年始建第一个核桃园，截止 2024 年栽培历史已有 150 余年。美国 20 世纪 70 年代实行了品种化栽培，仅用了 30 年的时间就一跃成为世界核桃的产销大国，并奠定了世界核桃贸易的霸主地位。其他核桃主产国在核桃生产和科研上也都有各自的成就，如土耳其核桃产量在 20 世纪 70 年代曾为全球第一，其后也一直保持着第三、第四的地位。土耳其十分重视核桃良种选育工作，从 10 个省的核桃树中初选 323 株高产树，复选 48 株优树，决选 20 株优树，经过稳定性和适应性观察，最终选出'塞宾'等 8 个优良品种，主要采用嫁接苗在全国推广。罗马尼亚是欧洲栽培核桃最早的国家之一，主要分布在丘陵山区，以核桃园、公路行道树和零散树、核桃用材林三种模式栽培，由于罗马尼亚人喜欢核桃木材，树体一般都培育得比较高大，而且进行林粮间作和生草栽培，很注重科学规划、合理布局，研究重点突出，研究人员、机构和经费相对稳定，以生产、科研、加工、销售一体化机制运作。法国培育的著名品种'福兰克蒂'已被引种到世界上的许多国家。保加利亚培育的'德育诺沃'等 3 个优育品种已在保加利亚全国推广。英国的研究发现，乙烯利能明显降低一周内核桃树高和树干的生长量，促使幼树提前结果。其他国家如南斯拉夫、波兰、捷克、斯洛伐克都进行了大量实生树的选育工作等。

15.1.2   国内核桃产业现状

核桃是我国重要干果之一，栽培历史十分悠久，分布范围也很广。由于核桃广适性强，在我国分布区域极为广泛，全国有 20 多个省（区、市）都有核桃种植，但由于核桃喜湿润温暖的环境条件，在高寒干旱地区极易发生抽条和空苞现象，在南方高温地区易发生日灼现象，因此核桃分布具有明显的地域性。从核桃的区域分布来看，中国核桃有三大栽培区域：一是大西北，包括新疆、青海、西藏、甘肃、陕西；二是华北，包括山西、河南、河北及山东；三是西南，包括云南、贵州。目前，我国核桃产量主要集中在云南、新疆、四川、陕西等，其中云南是我国最大的核桃产地。随着我国核桃种植规模和产量的稳步扩大，核桃加工业也取得了巨大的进步。目前，核桃加工产品分为初级产品和深加工产品，其中，初级产品包括核桃仁、糕点、饮料等；深加工产品包括核桃油、核桃蛋白、核桃粉、核桃乳等。截至 2017 年，我国核桃加工量 238.8 万吨，从事核桃储藏加工的企业超过 1000 个，占全国储藏加工企业数量的 3.68%，年产值千万以上的企业有 234 个。仅云南从事核桃种植、加工、销售的合作社就有 737 个，从事核桃产品加工、销售的企业有 500 多家，产品涉及 6 大系列 20 多个品种。

我国现有胡桃科植物种类约 7 个属 28 个种，目前被开发利用的有胡桃属的 5 个种 1 个变种，分别是普通核桃、泡核桃、麻核桃、胡桃楸、野核桃、葡萄状核桃。从 20 世纪 50 年代，我国就开始对核桃资源进行调查，并进行了国外核桃引种和杂交育种工作，以早实、薄皮、矮化、优质、丰产等优良特性为育种目标，利用中国丰富的核桃种质资源，进行核桃新品种的培育和生产推广应用。通过实生选种、引种和杂交育种获得了大量的核桃优良种质和核桃优良品种，尤其在早实核桃育种上获得了创造性成果（表 15-1～表 15-3）。

表 15-1 中国实生选优的主要核桃品种

序号	品种（系）	选育单位	来源	年份
1	北京 861	北京市林业果树研究所	新疆核桃实生后代	1990
2	晋香	山西省林业研究所	核桃实生后代	1991
3	晋丰	山西省林业研究所	核桃实生后代	1990
4	西林 1 号	西北林学院	新疆核桃实生后代	1984
5	西林 2 号	西北林学院	新疆核桃实生后代	1989
6	西林 3 号	西北林学院	新疆核桃实生后代	1984
7	西扶 1 号	西北林学院	隔年核桃实生后代	1989
8	西扶 2 号	西北林学院	隔年核桃实生后代	1984
9	西扶 3 号	西北林学院	隔年核桃实生后代	1984
10	陕核 1 号	陕西省果树研究所	隔年核桃实生后代	1989
11	新早丰	新疆林业科学院林业研究所	新疆核桃实生后代	1989
12	温 185	新疆林业科学院林业研究所	卡卡孜实生后代	1989
13	扎 343	新疆林业科学院林业研究所	新疆核桃实生后代	1989
14	绿波	河南省林业研究所	新疆核桃实生后代	1989
15	薄壳香	北京市林业果树研究所	新疆核桃实生后代	1984
16	北京 746 号	北京市林业果树研究所	晚实核桃实生后代	1986
17	西洛 1 号	西北林学院	核桃实生后代	1984
18	西洛 3 号	西北林学院	核桃实生后代	1987
19	礼品 1 号	辽宁省经济林研究所	新疆纸皮核桃实生后代	1989
20	礼品 2 号	辽宁省经济林研究所	新疆晚实纸皮核桃实生后代	1989
21	晋龙 1 号	山西省林业科学研究所	汾阳县晚实核桃实生后代	1991
22	晋薄 1 号	山西省林业科学研究所	孝义县晚实核桃实生后代	1991
23	元丰	山东省果树研究所	新疆早实核桃实生后代	1979
24	薄丰	河南省林业科学研究所	新疆核桃实生后代	1989
25	绿岭	河北农业大学、河北绿岭果业有限公司	香玲芽变	2005
26	岱辉	山东省果树研究所	香玲实生后代	2003
27	金薄香 1 号	山西省农科院果树研究所	新疆薄壳核桃实生后代	2004
28	金薄香 2 号	山西省农科院果树研究所	新疆薄壳核桃实生后代	2004
29	冀丰	河北省农林科学院粮油作物研究所	核桃实生后代	2001
30	里香	河北省农林科学院昌黎果树研究所	核桃实生后代	2001
31	岱丰	山东省果树研究所	丰辉实生后代	2000
32	新巨丰	新疆林业科学院林业研究所	和春 4 号实生后代	1989

注：以上材料部分来源于《中国果树志-核桃卷》

表 15-2 中国引进的主要核桃品种

序号	品种（品系）	引种人	来源	引种时间（年份）
1	爱米格（Amigo）	奚声珂	美国	1984
2	彼德罗（Pedro）	奚声珂	美国	1984
3	契可（Chico）	奚声珂	美国	1984
4	强特勒（Chandler）	奚声珂	美国	1984
5	特哈玛（Tehama）	奚声珂	美国	1984
6	维纳（Vina）	奚声珂	美国	1984
7	希尔（Serr）	奚声珂	美国	1984
8	哈特利（Hartly）	奚声珂	美国	1984
9	清香	郗荣庭	日本	1983

表 15-3　中国杂交育成的主要核桃品种

序号	品种（系）	研究者	亲本	发布年份
1	丰辉	王钧毅	上宋 5 号×阿克苏 9 号	1978
2	鲁光	王钧毅	卡卡孜×上宋 6 号	1978
3	香玲	王钧毅	上宋 5 号×阿克苏 9 号	1978
4	辽核 1 号	刘万生	河北昌黎大薄皮（晚实）优株 10103×新疆纸皮核桃实生后代的早实单株 11001	1980
5	中林 1 号	奚声珂	涧 9-7-3×汾阳串子	1989
6	中林 3 号	奚声珂	涧 9-19-15×汾阳穗状核桃	1989
7	中林 5 号	奚声珂	涧 9-11-12×涧 9-11-15	1989
8	寒丰	刘万生	新疆纸皮核桃实生后代的早实单株 11005×日本心形核桃	1992
9	鲁香	张美勇	上宋 6 号×新疆早熟丰产	2001
10	云新 7914	方文亮	云南薄壳核桃×新疆核桃	2001
11	云新 7926	方文亮	云南薄壳核桃×新疆核桃	2001
12	云新 8034	方文亮	云南薄壳核桃×新疆核桃	2001
13	云新 8064	方文亮	云南薄壳核桃×新疆核桃	2001
14	云新 85227	方文亮	云南薄壳核桃×新疆核桃	2001
15	云新 90301	范志远	三台核桃×新早 13 号	2002
16	云新 90303	范志远	三台核桃×新早 13 号	2002
17	岱香	张美勇	辽核 1 号×香玲	2003
18	鲁丰	张美勇	上宋 6 号×阿克苏 9 号	2003
19	元林	侯立群、王钧毅	元丰×强特勒	2007

15.2　核桃油组分和理化性质

核桃油是以核桃仁为原料通过制油工艺得到的植物油，属于食用油脂。核桃的油脂含量高达 65%～70%，有"树上油库"的美誉，并且核桃油脂也因其营养丰富而被誉为"东方橄榄油"。由核桃仁提炼的核桃油脂，除了具有核桃仁绝大部分的营养保健及药理功效，还具有核桃油脂的独特功效，对心血管疾病具有良好的预防和保健作用（王海清等，2003）。核桃油脂中的不饱和脂肪酸含量高达 90%，长期食用不但能降低人体内胆固醇，还能减少肠道对胆固醇的吸收，很适合高血压、冠心病和动脉硬化的患者食用。同时有试验表明，核桃油脂能够有效降低突然死亡的风险，并减少患癌症的机会，即使在钙摄入量不足的情况下，也可以有效降低骨质疏松症的发生，核桃油脂中的亚麻酸还具有减少炎症的发生和血小板凝聚的作用（张丽，2010）。

15.2.1　核桃油组分

核桃油是将核桃仁通过榨油、精炼、提纯而制成的，色泽为黄色或棕黄色，是人们日常生活中理想的高级食用烹调油，核桃仁的含油量高达 65%～70%，每 100kg 带壳核桃仁可榨油 25～30kg（马莺等，2009）。核桃油的主要成分是亚油酸甘油三酯、亚麻酸及油酸甘油三酯，这些都是人体必需的脂肪酸，其中不饱和脂肪酸含量≥92%、亚油酸（ω-6 脂肪酸）≥56%、亚麻酸（ω-3 脂肪酸）≥14%，富含天然维生素 A（VA）、维生素 D（VD）等营养物质。

15.2.2　核桃油的脂肪酸组成

核桃油中主要含有棕榈酸（C16:0）、硬脂酸（C18:0）、油酸（C18:1）、亚油酸（C18:2）和亚麻酸（C18:3）等脂肪酸，不同国家核桃油中的主要脂肪酸组成略有差异，结果见表 15-4（潘学军等，2013）。

表 15-4　不同国家的核桃油脂肪酸组成（%）

国家	C16:0	C18:0	C18:1	C18:2	C18:3
西班牙	6.10～7.41	1.51～2.75	11.70～19.71	59.81～64.71	11.11～15.65
葡萄牙	6.32～7.48	2.22～2.77	14.26～18.09	57.46～62.50	9.64～12.98
突尼斯	7.28～8.95	3.01～3.98	13.21～19.94	60.42～65.77	7.61～13.00
希腊	10.40	3.90	未检测	74.00	10.00
塞尔维亚	6.30～7.70	1.60～2.20	15.90～23.70	57.20～65.10	9.10～13.60
加拿大	5.59～5.87	2.83～3.24	15.73～16.39	57.29～60.96	12.11～15.75
阿根廷	6.38～8.15	0.93～2.16	16.10～25.40	55.30～58.90	11.40～16.50

从表 15-4 中可以看出，核桃油中含有大量人体必需脂肪酸，是一种健康的食用油。不同国家的核桃油主要脂肪酸组成差异较大，除上述脂肪酸外，核桃油中还含有棕榈油酸、花生酸、花生烯酸和山嵛酸等微量脂肪酸。

15.2.3　核桃油中的微量元素及维生素含量

核桃油中含有人体必需微量元素，含量较高的有 K、Na、Zn、Ca、P、Fe，含量适中的有 Cu、Mn，并含有多种对人体有益的维生素，包含 VA、VE、VD、VK 等，但是核桃油的理化性质因品种、产地不同而有所差别（表 15-5，表 15-6）（管伟举等，2010）。

表 15-5　核桃油中的微量元素含量（μg/g）

序号	元素	含量
1	Ca	138.500
2	Zn	25.317
3	Pb	0.050
4	P	254.468
5	Na	123.538
6	Ni	0.976
7	K	654.450
8	Cu	2.365
9	Cr	1.130
10	Fe	15.327
11	Mn	3.265

表 15-6　核桃油中的维生素含量（μg/g）

	VA	VE	VD	VK	VF
含量	82.30	385.60	45.20	314.60	15.60

15.2.4　核桃油的微量伴随物组成

核桃油中除了甘油三酯以外，还含有具有生理活性的微量伴随物（俞乐等，2018），主要的微量伴随物包括生育酚、多酚类物质、植物甾醇和角鲨烯。

1）生育酚

核桃油中的生育酚主要包括 α-生育酚、β-生育酚、γ-生育酚和 δ-生育酚四类同系物单体，这些生育酚在结构上不同，其一端的双环上甲基的位置和数量存在差异，其结构如图 15-1 所示。

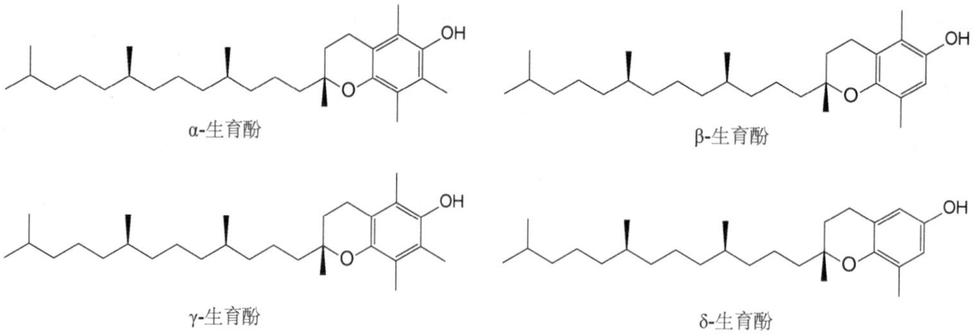

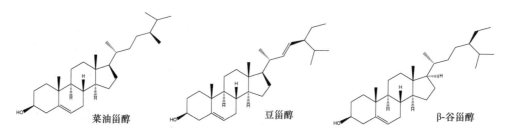

α-生育酚　　　　　　　　　　　　β-生育酚

γ-生育酚　　　　　　　　　　　　δ-生育酚

图 15-1　生育酚结构图

2）多酚类物质

多酚类物质具有多个酚基团结构，大分子的酚类主要是单宁，又分为酸酯类的水解单宁和黄烷醇类或原花色素的缩合单宁；小分子酚类化合物是指儿茶素、熊果酸、鞣花酸、没食子酸、花青素等天然酚类，其结构如图 15-2 所示。

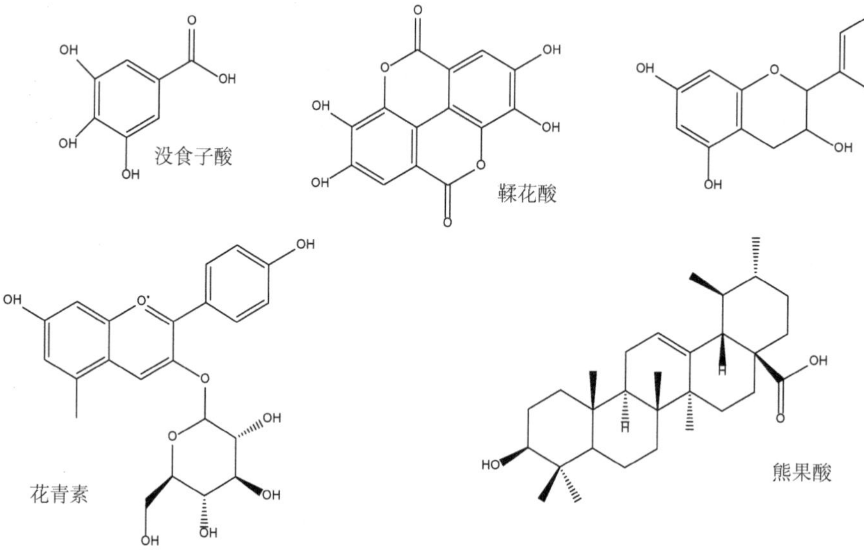

没食子酸　　　　　　　　鞣花酸　　　　　　　　儿茶素

花青素　　　　　　　　　　　　熊果酸

图 15-2　多酚结构图

关于核桃油中多酚的报道较少，因为核桃多酚多为水溶性酚类，大多残留在核桃饼粕中，核桃油中多酚含量偏低，目前关于核桃油中多酚的具体结构尚不清楚。

3）植物甾醇

植物甾醇是食用油中不皂化物的主要部分，也是一种非常重要的天然活性物质。植物甾醇根据结构可分为三类：4-无甲基甾醇、4-甲基甾醇、4,4′-二甲基甾醇。食用油中常见的植物甾醇都为 4-无甲基甾醇。核桃油中主要含有菜油甾醇，豆甾醇和 β-谷甾醇，其结构如图 15-3 所示。

菜油甾醇　　　　　　　　豆甾醇　　　　　　　　β-谷甾醇

图 15-3　植物甾醇结构图

4）角鲨烯

角鲨烯因从鲨肝油中提取而得名，是一类由 6 个异戊二烯连接而成的不饱和三萜类化合物，其结构如图 15-4 所示。

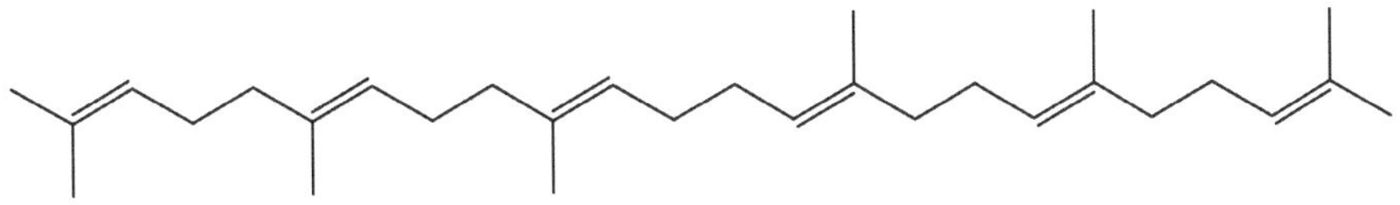

图 15-4　角鲨烯结构图

随着海洋保护观念深入人心，海洋来源的角鲨烯受限，膳食来源的角鲨烯前景广阔。核桃油富含角鲨烯，开发其作为角鲨烯的膳食新来源，既能拓宽供应渠道，又可发挥其营养价值（高盼，2019）。

15.3　核桃油料油脂加工工艺技术

核桃油的提取方法主要有：机械压榨法、溶剂浸出法、超临界 CO_2 萃取法、水代法、水酶法等，不同的提取方法对核桃油特性有一定的影响。压榨法无溶剂残留，油脂品质较好，但油脂产率低，饼的再利用价值低；溶剂浸出法出油率高，易实现大规模生产，但存在油脂色泽深及溶剂残留等问题；超临界 CO_2 萃取法提取率高、不饱和脂肪酸含量高且没有溶剂残留，但其设备一次性投资较大、能耗大（张郁松，2014）。目前，机械压榨法是工业中核桃油生产最常用的方法（刘广和陶长定，2010）。

15.3.1　压榨法

压榨法是利用机械压榨原理将核桃中的油脂挤出，核桃蛋白变性温度为 67.5℃（张庆祝等，2003），根据核桃蛋白在压榨过程（前处理及榨膛压榨）中的变性程度，将机械压榨法分为热榨和冷榨两种（李子明等，2009）。一般来说，热榨法使用螺旋式榨油机压榨制油，冷榨法则使用液压式榨油机，也有用螺旋式榨油机实现冷榨的工艺方法，可以用于生产蛋白质变性程度较低的产品。

15.3.1.1　冷榨法

冷榨法是运用液压式榨油机进行压榨的方法，对核桃进行压榨是在低于65℃的条件下进行的，不仅可以保留核桃油中完整的营养成分，还可以使油饼中的蛋白质不发生变质（王海燕，2022）。与其他提油方法相比，能耗更低，对环境更友善。冷榨法是一种广泛用于从各种基质中提取油的方法。为了在低温下制造高质量的油，可以使用冷榨工艺，其不使用任何溶剂，因此对环境安全。换句话说，在冷榨提取中既不会造成油脂营养损失也不会产生化学物质残留（Masoodi et al.，2022）。但是所得油脂气味较差，且劳动强度大，生产效率相对较低，无法实现产业化生产（连文香等，2021）。

核桃仁冷榨通常采用间歇压榨方式，其主流机型为液压榨油机。在液压榨油机压榨取油过程中，油料蛋白不会发生热变性。国内也有将螺旋榨油机用于冷榨，属于连续压榨方式，但是油料蛋白有不同程度的变性，适用于对蛋白质变性率要求不高的产品方案。

核桃仁冷榨的主要工艺技术参数为：核桃仁无须含壳，入榨水分含量5%～6%，入榨温度为室温，在压榨过程中几乎没有温度上升，入榨前也无须进行蒸炒、调质（李子明等，2009）。

15.3.1.2　热榨法

热榨一般需要将油料进行蒸炒，这一过程主要是使油料蛋白发生热变性。热榨工艺的主流机型为螺旋榨油机，在螺旋榨油机压榨取油过程中，油料蛋白也会发生热变性。核桃仁热榨的主要工艺技术参数为：蒸炒温度为125～135℃，入榨水分含量为5%～6%，入榨温度为75～85℃，核桃仁中含壳率为30%左右。

核桃仁需要带壳压榨是螺旋热榨的一个重要特征。这是因为核桃仁是高含油油料，无法在螺旋榨油机的榨膛中建立起压力，因而无法实现压榨取油的目的。经过生产实践摸索，添加30%左右的核桃壳可以实现螺旋榨油机对核桃仁压榨取油（李子明等，2009）。

热榨法生产核桃油的加工工艺流程为：核桃仁→预处理→压榨→毛油→精炼提取→成品核桃油。

15.3.2　溶剂法

15.3.2.1　有机溶剂浸出法

有机溶剂浸出法（王海燕，2022）是利用油脂能够和有机溶剂相互溶解的性质，将核桃油料破碎压成胚片或者膨化后，用常用的正己烷等有机溶剂将核桃油料中的油脂萃取溶解出来的一种方法。这种方法生产效率较高，适用于工厂大批量的生产，但容易引起蛋白质变性，且得出的毛油普遍含有磷脂、游离脂肪酸及农药残留物，不能直接食用，必须通过一系列精炼工序后才能够得到可供人们食用的核桃油。丁烷和丙烷浸出法则是一种较为温和的制油工艺，其成油的品质较好，且脱脂蛋白利用率高，适用于规范化地进行核桃油的生产。

预榨-浸出法是将压榨法与浸出法结合在一起的一种方法，即首先在压榨过程中榨出一部分的油，再用溶剂进行浸出，使油料中的油脂能够充分溶出。这种方法将压榨法和浸出法的优点充分结合在一起，已经被广泛应用于现代制油工艺中。

浸出法生产核桃油的加工工艺流程为：核桃仁→预处理→溶剂提取→脱除溶剂→毛油→精炼提取→成品核桃油。

15.3.2.2　超声波辅助浸提法

超声波强化技术主要是利用超声波具有的机械效应、空穴化效应和热效应，增加细胞壁的通透性，增大介质分子的运动速度和穿透力，促进有效成分的分离（孟春玲等，2008），与常规提取法相比，超声波辅助浸提法具有提取时间短、可降低提取温度、节省溶剂和提取率高等优点，目前广泛应用在油脂加工方面。

15.3.2.3　微波辅助浸提法

微波辅助萃取的原理是，细胞壁和细胞器上的高压会引起基质的物理变化，导致溶剂在样品基质中扩散，从而将溶质从样品基质释放到溶剂中，提高萃取效率。

超声波、微波等强化方法使提油率有所提高，同时所得到的油的质量和感官品质也有明显提高。但其主要在实验室研究阶段，大规模生产还有待于进一步的研究。

15.3.3　超临界流体萃取法

超临界流体萃取法（王海燕，2022）是利用超临界流体作为溶剂，一般以 CO_2 为超临界流体，从固体或液体中萃取出某种有效组分，并进行分离的一种方法。运用超临界流体萃取法具有物料不会发生相变、节约能源、生产流程简单、萃取效率高且产出油质量好、无环境污染等优点，克服了压榨法产油率低，制作工艺烦琐且成品油质量不理想等缺点。但也有其局限性，超临界流体萃取设备属于高压设备，投资成本较高，目前只处于实验室研究阶段，大规模的生产使用仍然有限。

在运用超临界流体萃取法萃取核桃油的过程中，萃取率可达到93%，生产出来的核桃油澄清透明、色泽淡黄，并且无溶剂残留，不需要进行下一步的精炼提取，就可以获得可以食用的核桃油。

超临界流体萃取核桃油的加工工艺流程为：核桃仁→除杂→清洗→烘干→粉碎→过筛→称量→装料→萃取→减压分离→成品核桃油。

15.3.4　水酶法

水酶法提取技术是一种比较新兴的技术，在机械破坏油料的基础上利用生物酶（蛋白酶、维生素酶等）使油料中的油脂降解释放（Karki et al.，2010）。水酶法目前已经被应用到多种油料作物的油脂提取，在核桃油的提取中也有应用，但是相关研究比较少，仍然处于起步阶段（刘瑞兴等，2012）。水酶法的主要工艺流程有调温、酶解、乳化和离心等，因此，酶的选择以及成本、酶解的时长和乳化液的分离往往是制约水酶法的因素。但是与传统工艺相比，水酶法有更多的优点，其简化了提取工艺、保证了生产的安全性、提高了提取效率、提高了得油率、对环境污染较小，符合"绿色、环保、高效"的制取要求（杨建远和邓泽元，2016；王晓峰，2018）。由于没有使用有机溶剂，且不需要高温高压条件，与传统提油工艺相比，具有处理条件温和，体系中的降解物一般不会与提取物发生反应，可以有效地保护油脂、蛋白质以及胶质等可利用成分的质量的优点（季泽峰，2018）。

15.3.4.1　油料粉碎度

油料的粉碎度对水酶法提油量的大小有很大的影响。粉碎可以打破细胞组织，不仅可以使其中的油脂释放出来，还可以增大酶与油料的接触面积，而且有利于水溶性成分的扩散以提高酶的扩散速度（李大房和马传国，2006）。但是有关的实验研究表明，过于细小的油料在反应中容易形成乳化液，会增加后续油脂提取的难度。现行的粉碎方法主要分为水磨和干磨，具体方法的选择由油料的含水率、化学组成和结构等性质决定（Cater et al.，1974）。

15.3.4.2　酶的种类和浓度

要想提取油料组织中的油，必须破坏细胞的细胞壁以及细胞内与油脂形成的脂多体，这样才能使更多的油释放出来。由于酶具有专一性，结合细胞壁的组成和细胞内的大分子，一般选用果胶酶、蛋白酶、纤维素酶、半纤维素酶、淀粉酶。为了得到更多的油，越来越多的研究开始使用复合酶来提取油脂。对于酶的浓度，一般而言浓度越大，提油率越高。但考虑到酶的价格和工艺的经济效益，应充分考虑酶的用量，能与油料充分反应就好（季泽峰，2018）。

15.3.4.3　酶解工艺条件

由酶的生物特性可知，酶解温度、pH、反应时间是水酶法提油当中需要着重考虑的工艺条件（洪丰和朱向菊，2009）。酶解温度随油料的不同而异，酶解温度应以既适合酶解，又不影响最终产品质量为宜。温度过高，酶的活性被破坏，温度过低，酶的作用没有充分体现出来，影响提油率。pH主要是影响酶的活性，如果是单一酶，则pH好控制，但如果是混合酶则需要考虑的因素更多，需要通过试验的方法来获得最优的pH。反应时间也要有充分的考虑，既要有较高的提油率，也要有效率，不能浪费过多的时间，影响成本（季泽峰，2018）。

15.3.4.4　破乳

原料中的蛋白质在水酶法提油的过程中会不可避免地形成乳状液，包裹在里面的油不能进一步被释放出来，这就需要破乳来使其释放出来。破乳的方法分为物理方法和化学方法。炼熬法、机械破乳法、转相法、冻溶法等属于物理方法（季泽峰，2018）。

15.3.4.5　其他因素

除上述提到的因素外，还有其他一些因素会对提油率有所影响，如在整个工艺中还应考虑是否有搅拌，因为搅拌的速度大小能影响提油率，还有在进行离心的时候，离心机的离心力大小也会影响最终油的产量（季泽峰，2018）。

15.3.4.6　存在的问题及展望

虽然水酶法（季泽峰，2018）提油有很多优点，但仍有很多问题需要进一步研究。例如，复合酶提取油脂时很少提及各组成酶的具体比例，这需要进一步的研究。此外，水酶法提油的成本问题，由于酶的价格较高，所以相比于其他提油方法水酶法成本更高，在这一方面水酶法没有优势。已有相关研究得出，可以回收酶，以进一步利用，但是提取量太少，有待进一步研究。同时，水酶法工艺需要大量的水，并且在提取油脂后处理水相时对水相中的淀粉和蛋白质等物质造成很大的浪费，如何能回收这一部分有用的营养，有待研究。

尽管水酶法存在很大的问题，但由于它具有很多明显的优势，依然有着很大的发展潜力，相信随着科技的发展，水酶法会得到很大的发展。

15.3.5　水代法

水代法即"以水代油"法，就是把热水加到磨成浆状的油浆中，由于蛋白质亲水性强，油脂憎水性强，蛋白质微粒吸水膨胀，同时借助水、油密度的不同，采用震荡方式分离出油脂的方法（关地，1995），水代法是小磨香油的经典制作方法。

随着生物工程技术的发展、酶制剂成本的降低及酶品种的增加，酶制剂逐渐被引入水代法中用以提高出油率和蛋白质的利用率（孟庆飞和温其标，2006）。

15.4　核桃油精炼技术及其产品

15.4.1　核桃油精练技术

只经过压榨或浸出的第一步加工工艺得到的油叫毛油，毛油是不能直接食用的，必须通过化学精炼才能食用（丁福祺，2005）。核桃油精炼技术是采用物理和化学的方法去除毛油中的杂质，使产出的毛油可以提炼为可食用的核桃油，毛油精炼一般包含除杂、脱胶、真空干燥、脱色、脱臭、脱蜡、脱酸等流程。

15.4.1.1　除杂

除杂是采用物理的方法除去机械杂质，使核桃油保持澄清的外观，目前大多采用离心和过滤的方法（张有林等，2015b）。

15.4.1.2　脱胶

脱胶是利用物理和化学相结合的方法去除毛油中的磷脂成分，磷脂具有易溶于水、难溶于油的性质，因此采用水化脱胶的方法，使胶质先与水结合，再利用油脂与水的密度不同的特点，将胶质去除，从而提炼出可食用的核桃油（王海燕，2022）。

15.4.1.3　脱酸

脱酸是指除去毛油中游离的脂肪酸，运用物理的手段是在一定的温度下采用真空蒸馏的方法，使游离脂肪酸从毛油中挥发出来；运用化学的手段是在毛油中加入适当的碱，运用酸碱中和的原理，使游离脂肪酸与碱发生反应，从而将游离脂肪酸分离出来（王海燕，2022）。

15.4.1.4　脱色

脱色的目的是除去核桃毛油中的色素，可以采用活性炭吸附的方法（王海燕，2022）。

15.4.1.5 脱臭

脱臭主要是除去毛油中非甘油三酸酯的成分，比如酮类、醛类、烃类等物质，是利用甘油三酸酯与挥发性臭味物质挥发度的差异，让水蒸气通过有臭味组分的毛油，从而产生汽－液表面接触，水蒸气最终被挥发的臭味组分所饱和，按照其分压的比例排除，最终达到给毛油脱臭的目的（王海燕，2022）。

15.4.1.6 脱蜡

脱蜡是指在低温条件下，蜡质结晶，与油脂分离，再采用过滤、离心等方法将蜡质除去（张有林等，2015b）。

15.4.1.7 真空干燥

干燥的目的是脱除油脂中的水分，利用真空干燥，可避免高温对油脂中营养元素的破坏（张有林等，2015b）。

核桃油精炼加工工艺流程为：核桃原料→脱壳→破碎→加热→压榨→核桃毛油→粗滤→脱胶→脱酸→脱色→真空干燥→精滤→抗氧化处理→灌装→成品核桃油。

15.4.2 核桃油产品

核桃油是一种珍贵的营养油，但由于价格昂贵，没有像其他油一样广泛用于食品制备中。它颜色浅，气味和香味美妙，具有奇妙的坚果特质。尽管有时用于煎炸，但大部分厨师不将其用于高温烹调，因为加热可以损失大部分香味，并产生轻微苦涩味。它主要作为冷盘的原料之一，如色拉调味汁。因为这样香味比较容易接受，另外，油中的抗氧化成分很容易在烹调过程中破坏（张敏等，2010）。

15.4.2.1 食用油

核桃油集核桃之精华，在制油过程中带入了核桃仁中多种生理活性物质，不但具有核桃仁绝大部分的营养保健及药理功效（李大房和马传国，2006）。核桃油中含有多种维生素、矿质元素和生理活性物质，对人体的细胞修复、消炎、抗病毒、抗血栓等方面有特效（周伯川和高洪庆，1994）。核桃油中的亚油酸、亚麻酸等为人体必需脂肪酸，是前列腺素合成的前驱物质，可调节血压、促进新陈代谢。

15.4.2.2 核桃油特种食品

1）粉末核桃油

迪庆香格里拉舒达有机食品有限公司采用冷榨法生产了野生纯生核桃油冲剂（即粉末核桃油），把野生纯生核桃油配以玉米糖浆等，经过进一步加工，把液体核桃油进行乳化，经喷雾干燥使之成为粉末状，可用80℃以上的开水冲调饮用，也可根据个人喜好添加咖啡、奶粉、糖等冲饮，便于携带食用，也有利于人体吸收（赵声兰等，2008）。粉末核桃油主要由糖浆、核桃油、酪酰酸钠、乳化剂等成分组成。粉末核桃油富含人体所需的钙、磷和铁等矿物质及各种维生素、氨基酸。粉末核桃油具有良好的水溶性和乳化分散性，可在水中形成均匀的乳糜状。粉末核桃油能改善食品的内部组织，增香增脂，口感细腻，润滑厚实，并富有奶味；又是咖啡制品的好伴侣，也可用于速溶麦片、蛋糕、饼干等，使蛋糕组织细腻，弹性提高。粉末核桃油可满足不同食品领域的加工需要，易储存，不易氧化，稳定性好，风味不易散失，可替代牛奶脂肪、可可脂或部分乳蛋白（和明生等，2006）。

2）核桃油软胶囊

据报道，可由95.5%～96.5%的核桃油，3.0%～4.0%的山梨糖醇，0.2%～0.5%的碘盐混合后经颗粒氧化；也可取核桃油、大豆卵磷脂、维生素 E 以各占 89.7%、10%、0.3%的比例调配成软胶囊内容物，加上辅料后制成核桃油软胶囊。或者将核桃油与酸枣仁、白果、何首乌、天花粉、天冬、麦冬、维生素 C 混合搅拌均匀成油状混合物，再由软胶囊机制成软胶囊。通过上述方法可将核桃油加工成即食食品，可小份包装，方便携带（钟小兵，2007a）。云南开窍绿色生物有限公司以核桃油为主，配以酸枣仁或五味子、牛磺酸、神经酸等制成了健脑益智软胶囊（王先德等，2004；孙顺文和吴艳丽，2004；沈璐，2007）。

3）核桃油微咀嚼片

纯生核桃油的营养成分中，人体不能合成的亚麻酸和亚油酸的比值和母乳相似，极易吸收，能促进婴幼儿神经和骨骼的生长发育。吉林省小山神生物制品有限责任公司以野生核桃油和紫苏籽油为主要原料，生产出了主要供孕妇食用的片剂，可改善失眠及神经衰弱，防治动脉硬化，并可润肺强肾、降低血脂，预防冠心病；适合孕妇口服使用，可促进胎儿智力发育。迪庆香格里拉舒达有机食品有限公司还研制出了可直接咀嚼的核桃油干吃片，以粉末核桃油等辅料制成，易于吸收，便于携带，口感好（钟小兵，2007b）。

15.4.2.3 核桃油药物制剂及其营养制剂

1）碘化油

碘为甲状腺素的主要成分，缺碘时可致甲状腺素水平异常，影响多种生理功能。我国约有 3.2 亿人口生活于缺碘地区，碘缺乏症可致胎儿死产、早产、低体重、畸形，可致新生儿、婴儿、幼儿甲状腺功能低下（甲低），可致儿童、少年、成人地方性甲状腺肿及甲低，从而导致躯体、智力发育障碍甚至残疾。碘化油（唐镜波和田春华，2003）是由碘结合于不饱和脂肪酸的双链而获得的。因核桃油不饱和脂肪酸含量较高，含十八碳二烯酸或十八碳三烯酸，以核桃油（精制）通碘化氢制取可得碘化核桃油，《中华人民共和国药典》（2005 年版）中有碘化油注射液（诊断用）、碘化油胶丸（补碘药）、碘化油（诊断用药、补碘药）。特需人群（婴儿、孕妇、乳母、个别偏僻地区）可注射碘化油，肌肉注射 1 次可使 4～5 年不发生碘缺乏症（0～1 岁者 0.5mL，1～45 岁者 1mL，孕妇 2mL），碘化油补碘亦有试用口服者。特需人群补碘必需按医师处方权限负责实施。通碘化氢后加上的碘原子数越多碘化油越不稳定，为增强其稳定性，可制成碘化油丸，即将碘化油胶囊化。另外，碘化油还可制成油乳，是结合临床配制的造影剂，用于支气管扩张、肺癌、细支气管病变等肺部疾病的诊断。

2）核桃油脂肪乳静脉注射液

核桃油脂肪乳（陈朝银和赵声兰，2008）是模拟血液中存在的天然乳糜颗粒制备的一种人造乳糜产品，可作为"肠外营养液"静脉注射抢救一些危重患者（如严重烧伤患者、车祸受伤者、接受大手术者、晚期肿瘤兼恶液质患者等）的生命及辅助治疗一些营养障碍性疾病。其配方为精纯核桃油 100～300g/L、精制卵磷脂 11～13g/L、无水甘油 16～22g/L。制造的基本流程是将精纯核桃油、精制卵磷脂、甘油、水混合后强烈搅拌形成初级乳，用少量的氢氧化钠溶液调节初级乳的 pH 至 7.5～8.5，然后高压均质、滤器过滤、灌装、密封、灭菌即得。

核桃油脂肪乳是一种理想的提供能量、生物合成中的碳原子及必需脂肪酸的静脉注射剂，具有热量高，不需胰岛素参与代谢，无高渗性利尿等优点。能为机体提供生物膜和生物活性物质代谢所需的 ω-3 多不饱和脂肪酸，防止和纠正机体必需 ω-3 脂肪酸的缺乏，有降血糖、抗氧化损伤、抗过敏、抗细胞衰老和抗心血管硬化等多种治疗作用，为食药兼用的核桃功效成分进入人体提供了新的、直接的和便捷的新途径。

3）核桃油滴耳剂

卫生部药品标准中也有核桃油滴耳剂的记载。该药品由 600.0g 核桃油，45.0g 黄柏，45.0g 五倍子，4.5g 薄荷油，75.0g 冰片组成，黄柏、五倍子用核桃油炸至焦黄时，去渣、过滤，药油冷却后，加入冰片细粉及薄荷油搅匀，即得核桃油滴耳剂。核桃油滴耳剂为棕黄色澄清液体，具冰片香气，味辛、凉，具有清热解毒、消肿止痛的功效，主要用于治疗肝经湿热上攻、耳鸣耳聋、耳内生疮、肿痛刺痒、破流脓水、久不收敛等病征（史鹏和常月梅，2015）。

15.4.2.4 核桃油化妆品

核桃油还广泛用于油脂化学工业等部门，如用其制作洗发水、防晒霜、按摩油等。核桃油用于化妆品具有舒缓及软化的作用，能增加皮肤光泽，并可滋润保湿，营养皮肤，延缓皮肤衰老，因此被广泛添加于化妆品中；用于发用洗剂可使头发光滑柔软，长期使用还有生发、黑发之功效，可以和皂荚、何首乌等媲美（赵声兰等，2008）。

（1）核桃油护肤霜。核桃油护肤霜的组份和含量（重量）为：核桃油 15%～20%、甘油 3%～5%、丙二醇 7%～10%、去离子水 55%～65%、山梨醇酐单油酸酯 9%～12%、对羟基苯甲酸甲酯 0.2%～0.3%、对羟基苯甲酸丙酯 0.2%～0.3%、香料 0.2%～0.4%。野生核桃油护肤霜的制备方法为冷法制备和热法制备。本产品不仅可以使皮肤保持弹性和润泽，还是一种能使皮肤充分吸收的营养型美容护肤霜，能有效抗击紫外线对皮肤的伤害，防止皮肤癌，是一种对人体无任何副作用并且老少皆宜的美容护肤霜（和明生等，2007）。

（2）核桃油洗发膏。该洗发膏的组分和含量（重量）为：十二烷基硫酸钠 1%～20%、水玻璃 0.5%～5%、碳酸钠 0.5%～5%、皂片 0.5%～5%、单硬脂酸甘油酯 0.8%～8%、氯化钠 0.6%～6%、苯甲酸钠 0.1%～5%、羧甲基纤维素钠 0.05%～5%、聚乙二醇 0.1%～6%、核桃油 0.05%～3%、香精 0.05%～3%、蒸馏水 32%～94%。所用的核桃油采用低温萃取方法制取，使其中易挥发的营养成分得到保留，有益于营养头发和皮肤，长期使用还有生发黑发之功效（李笃信等，2003）。

15.4.2.5 核桃油护理剂及高档绘画合剂

（1）核桃油护理剂。作为家具的养护剂，核桃油在很早的时候就已经开始被人们应用。古人最早是用布包裹着核桃仁碾碎进行擦拭，后来为了取用方便，有了专门的核桃油。因为核桃本身有着极大的油性，而且属于干性油，擦在硬木家具上可以晾干，适用于用打蜡方式处理的家具。用核桃油擦拭木质家具，可保证家具表面光洁明亮如镜，并具有防腐、防虫咬损的作用，可使家具华贵永存。核桃油还可用于制造上等油漆，该油漆用于漆刷高档家具时光亮度好，而且不变色（孙平，1995）。

（2）核桃油绘画合剂。核桃油作为创作油画艺术品的必备调和色彩的原料，不仅能使油画艺术品杰作历经数百年保持鲜艳光彩而不脱色、不裂纹，还能使其不被虫咬水蚀。世界名画瑰宝"蒙娜丽莎"即为核桃油调色而成，世纪绝伦，美妙不朽。15 世纪初期的尼德兰画家凡·爱克兄弟是油画技法的奠基人，他们在前人尝试用油溶解颜料的基础上，用核桃油作为调和剂作画，致使描绘时运笔流畅，颜料在画面上干燥的时间适中，易于作画过程中多次覆盖与修改，形成丰富的色彩层次和光泽度，干透后颜料附着力强，不易剥落和褪色。他们运用这种油画材料创作的作品，在当时的画坛很有影响。当代画家还用核桃油作为古典油画的调和剂。颜料用核桃油是由毛油经过脱酸、脱水、脱色、氧化等工艺处理精制，得到的透明的液体核桃油，存放时间越长，油色越清纯、透明，是绘画最佳调合油之一。该专用核桃油也可与生核桃油混合使用；或与绘画用松节油混合使用；另外，也可加入多种调和油起催干、速干作用。颜料用核桃油可分为以下两种：冷榨纯生核桃油，是非常优质的调色油之一，可用此油加松节油起稿，也可以自配三合油或直接调色；熟化冷榨核桃油，在不隔绝空气的状态下，由冷榨的生油，经一氧化铅加温氧化而成，其中含有氧化铅，供自制调色剂时使用，干燥速度较快，不能食用。孙平采用生核桃油、熟核桃油、颜料粉及具有透明性质的介质材料，制成了一种新型透明油画颜料。其制作方法是将生熟核桃油混合后加入颜料粉和具有透明性质的介质材料，经搅拌后再研磨成微细颗粒的膏状物。其配方比例（重量%）为：冷榨生核桃油 4%～16%，熟核桃油 4%～16%，颜料粉 25%～40%，透明介质材料 60%～75%。这种绘画颜料细度好、油膜韧固、色彩柔和、透明度高，为透明艺术绘画的色彩罩染和丰富表现提供了最理想的新型颜料。也有将冷榨核桃油加添加剂，经蒸汽加热并吹氧氧化，然后加熟核桃油，经过滤清除渣后再加入颜料粉，经高速搅拌后进行研磨制成微细颗粒的颜料（孙平，2000）。

15.5 核桃蛋白利用技术及其产品

核桃是公认的优质植物蛋白资源，核桃蛋白的营养价值与动物蛋白相近（刘玲等，2009）。核桃仁中的主要营养成分为脂肪和蛋白质，脂肪含量大约为65%，蛋白质的含量高达20%，可以作为丰富的蛋白质资源（谭博文，2018；杨书民，2016）。核桃蛋白是植物蛋白的良好来源，核桃蛋白的研究集中在核桃蛋白的功能特性和核桃蛋白的分类上。核桃蛋白以谷蛋白为主，清蛋白、醇溶蛋白、球蛋白的含量都很少（谭博文，2018）。核桃蛋白含有18种氨基酸，除含有人体必需的8种氨基酸外，精氨酸和谷氨酸的含量也比较高（郝艳宾等，2003），接近联合国粮食及农业组织（FAO）和世界卫生组织（WHO）规定的标准氨基酸配比，具有很高的食用价值和保健功能（王丰俊等，2011）。核桃蛋白由于其营养价值高、成本低、功能特性好等优点，已成为人们关注的重点植物蛋白资源。

15.5.1 核桃蛋白提取方法

目前，核桃蛋白提取方法主要有酸沉法、超声波辅助法、反胶束法、离子交换法和膜分离法等。

（1）盐溶酸沉法。盐溶酸沉法是提取蛋白质的传统方法之一，其原理是以低浓度的盐溶液（常用盐溶液是氯化钠溶液和六偏磷酸钠溶液）作提取溶剂，用酸调提取液 pH 至蛋白质等电点，使蛋白质沉淀，此法虽然提取率高、操作简便、成本低，但所得蛋白质纯度不高，杂质较多。

（2）碱溶酸沉法。碱溶酸沉法是利用混合物中各组分酸碱性差异而进行分离，将总提取物溶于亲脂性有机溶剂，用碱水提取，调节 pH 后用有机溶剂萃取，还可用 pH 梯度法进一步分离各碱度或酸度不同的成分，此法是提取核桃蛋白应用最广的一种方法，其主要受浸提方式、时间、料液比、碱提 pH、碱提温度和酸沉 pH 等要素影响。

（3）超声波辅助法。近年来超声波技术在天然物质提取方面逐渐崭露头角，超声波辅助法提取核桃蛋白是以碱溶酸沉法为基础，利用超声波产生的强烈振动、空化效应、搅拌作用等加速核桃蛋白进入溶剂，从而提高蛋白质提取率。目前有关超声波辅助提取核桃蛋白的研究报道颇多。

（4）反胶束法。反胶束法是近几年蛋白质提取行业新兴起的一项生物技术，反胶束体系是表面活性剂溶解在有机溶剂中，形成的纳米级聚集体。反胶束制备蛋白质因工艺条件温和，降低了蛋白质失活与变性风险，且对环境的污染较小而被广泛采用。反胶束应用于提取大豆及花生蛋白已有相关研究，而用来提取核桃蛋白的研究鲜有报道。

（5）离子交换法。离子交换法是以离子交换树脂为吸附介质，将提取液浓缩后，过离子交换柱，用 pH 不同的盐溶液洗脱，使其在离子交换树脂上的吸附分配能力发生变化，进而使蛋白质溶出并沉淀，得到纯度相对较高的蛋白质，此工艺得到的分离蛋白纯度较高、成色好、杂质少，缺点是生产周期较长。

（6）膜分离法。膜分离法（超滤膜过滤法）在蛋白质的提取方面具有非常广阔的应用前景，并正在向工业化发展。此方法的主要优点是无相变，能耗低，装置规模能根据处理量的要求可大可小，而且具有设备简单，操作方便安全，启动快，运行可靠性高，不污染环境，投资少，用途广等优点。但由于此法尚未成熟，仅局限于实验室研究，在实际生产中超滤膜容易被污染，生产效率低下，致使许多企业不愿采用此法。

15.5.2 核桃蛋白产品

为了充分利用核桃蛋白资源，并提高它的经济价值，需要全面了解核桃蛋白的组成和特性。目前，核桃蛋白资源的开发和利用引起了越来越多研究者的关注，因此核桃蛋白得到了较为全面的开发和利用，但目前对核桃蛋白的分级提取和纯化及结构的研究不够深入和全面，核桃各类蛋白功能性质的系统研究和其在食品上的应用也为数不多，尤其是占比高达70%以上的谷蛋白的利用尚未发现，因此为了更好地利用核桃蛋白这一优质资源，需要全面系统地研究核桃蛋白的结构与功能的关系，进一步提高其在食品加工工业上的应用（王青华等，2022）。

（1）核桃蛋白饮料。现阶段是植物蛋白饮料快速发展的一个黄金时期。植物蛋白饮料能够在我国迅速发展，主要原因是人们的生活品质得到了改善，对营养产品的需求有所提升，消费趋势开始向营养、保健、纯天然转变；其次是企业逐渐涉足植物蛋白领域，并生产出了品种多样的蛋白质产品。植物蛋白饮料有着很好的应用前景，不但营养丰富，还有研究发现，饮用植物蛋白饮料可以增强饱腹感，对体重管理大有益处。核桃蛋白饮料是利用核桃的种仁为主要加工原料，经过原料的前处理、润透、胶磨、过滤、混合后，再经过灌装和杀菌处理得到的饮料（王文杰，2016；Vanhanen and Savage，2006）。然而核桃粕中也含有大量的核桃蛋白。对于核桃蛋白饮料的加工，谭博文（2018）和郝艳宾等（2003）采用核桃仁作为原料，并通过白砂糖、黄原胶和蔗糖酯等进行配制，但得到的核桃蛋白饮料容易产生脂肪沉淀和蛋白胶体粒子悬浮等不稳定现象。王文杰（2016）采用酶解法得到的核桃蛋白饮料抑制了脂肪上浮和胶体粒子聚集，并且该方法提高了蛋白质的产率。随着人们对核桃粕中蛋白质的了解和认识的逐渐提高，充分利用资源，以及其高蛋白质的优势，进行深加工，核桃粕也可以用来制作蛋白质饮料。白雪（2020）以核桃粕为原料提取核桃蛋白，制备核桃蛋白乳液，对制得的核桃蛋白乳液分别进行普通均质和纳米微射流均质处理，制备出了不同均质方式的核桃蛋白饮料，并得到了优化后的核桃粕蛋白饮料稳定剂配方。为了能将核桃蛋白饮料的营养成分大程度地保留，祝兆帅等（2018）对核桃进行物理冷榨后制备了核桃蛋白固体饮料，并对试生产工艺进行了优化，该工艺保证了较高的出油率，并制备了蛋白质含量较高的核桃固体蛋白饮料，为今后工业化生产提供了依据。

（2）核桃蛋白水解物——多肽。利用蛋白酶水解核桃蛋白，研究其水解产物的功能活性，可以为核桃蛋白的综合利用提供理论支持。许多研究表明，由坚果蛋白酶酶解产生的生物活性多肽比蛋白质具有更好的功能（Jamdar et al.，2010）。Wang 等（2016）采用碱性酶和胰酶在最佳条件下对核桃蛋白进行酶解，对两种酶生成的核桃蛋白水解物活性功能进行比较研究得出，核桃蛋白水解物具有较高的理化性质、较强的抑制活性和较高的稳定性，在检测性能方面，胰酶生成的核桃蛋白水解物比碱性酶更有效，该研究结果将有助于核桃资源的综合利用。核桃粕蛋白具有几乎平衡的氨基酸组成，可通过用于生产营养强化食品的水解技术，将其作为一种食品配料提高其经济利用率，而不是仅用作动物饲料（Wang et al.，2016）。为了提高核桃粕蛋白的利用率，Golly 等（2019）研究了超声波辅助预处理对核桃粕蛋白的蛋白分解的影响，该技术提高了坚果类食品和油料饲料中植物蛋白的含量。目前发现和鉴定的蛋白多肽能与钙进行结合形成多肽螯合钙，该螯合作用不仅能提高钙的生物利用率还能成为一种潜在的补钙新产品（Dai et al.，2020）。分析核桃蛋白的活性肽序列，筛选合适的蛋白酶切割特定的位点，制备具有不同生物活性的核桃功能肽将是未来核桃蛋白研究的热点（Saria et al.，2022）。

（3）核桃蛋白-黄原胶复合胶黏剂和多糖复合 Pickering 乳液。低糖高蛋白胶黏剂具有广阔的市场应用前景，而天然植物蛋白因其黏附性差而面临技术瓶颈。Lei 等（2021）研究了不同浓度乙醇对核桃分离的蛋白-黄原胶（WNPI-XG）复合胶黏剂黏结性能的影响，结果表明，经 40%乙醇处理表现出最佳的流变性能和织构性能，此外，处理还促进了二级结构从 β 折叠到 α 螺旋的构象转换，促进了蛋白质分子的充分展开。植物蛋白黏合剂被添加到食物中，可以保持食物的质地、形状并增强风味和营养价值；与传统的黏合剂产品相比，核桃蛋白基黏合剂是一种具有低糖、高黏度的营养又健康的植物蛋白基胶黏剂。为了制备稳定的食品级乳状液，万文瑜等（2023）将核桃粕蛋白与黄原胶复配从而制备了一种蛋白质-多糖复合的 Pickering 乳液，并对该制备工艺进行了优化确定，制备出了体系较稳定的核桃蛋白-黄原胶复合 Pickering 乳液。对于既能通过绿色方法制成且得到高度利用，并能得到稳定又优良的 Pickering 乳液，Liu 等（2021）从脱脂核桃粉中设计颗粒型乳化剂作为新型食品级 Pickering 稳定剂，为提高核桃粕蛋白的利用率和高附加值提供了一定的理论基础和思路。

（4）核桃蛋白能量棒。能量棒是一种营养全面、方便携带且食用简洁的棒状食品，其能快速为人体提供所需能量、提高人类运动耐力（刘文斌和王炎，2019）。考虑到核桃粉和辣木叶粉的整体健康益处和消费者需求，刘俐彤等（2022）拟以二者相复配，经配方、工艺优化，开发了一种方便、营养、即食的能量棒产品。

（5）蛋白粉。蛋白产品根据蛋白质质量分数的不同，主要分为蛋白粉、浓缩蛋白和分离蛋白。蛋白粉的蛋白质质量分数一般小于 60%，浓缩蛋白要求高于 70%，分离蛋白要求高于 90%。根据所需蛋白质质量分数的不同，制备方法也各不相同，蛋白粉通常先除去冷榨粕里的残油，再经超微粉碎或喷雾干燥后制得；浓缩蛋白常用的制备方法有乙醇浸洗法、酸沉法，以及醇洗与酸沉结合法；分离蛋白一般均采用碱溶酸沉法制备（沈敏江，2014）。核桃蛋白粉分为脱脂核桃蛋白粉和全脂核桃蛋白粉。核桃仁常用来制备全脂核桃蛋白粉，但全脂型含油过高，货架期短，速溶性不好（李笑笑，2017）。脱脂核桃蛋白粉主要采用冷榨核桃饼制备，核桃饼经过脱脂处理后生产的蛋白粉具有较好的流动性和溶解性。但高盼等（2022）采用超声波辅助正己烷提取了核桃蛋白，并通过正交实验优化了以核桃饼和核桃仁制备脱脂核桃蛋白粉的工艺条件，比较了它们的脱脂率和多分散性指数（PDI），检测了最佳条件下制备的脱脂核桃蛋白粉的氨基酸组成，以期为优质脱脂核桃蛋白粉的生产提供指导依据。

（6）核桃蛋白发酵乳。发酵核桃乳是一种以核桃为原料，经磨浆、发酵、后熟等步骤制得的乳酸菌发酵植物蛋白饮品。发酵核桃乳作为一种植物蛋白发酵乳，具有一定的营养优势和来源优势，探讨其发酵菌株的选择、发酵工艺的优化及发酵过程中营养物质的转化等研究内容及进展，其发展潜力巨大（秦明和贾英民，2020）。刘瑞芳（2015）选用适宜的乳酸菌并进行驯化育种，优化发酵条件，建立发酵新工艺，将核桃蛋白制备成发酵乳，为市场提供了一种具有保健功能的核桃蛋白乳酸菌饮料新产品。李栋等（2022）采用自选乳酸菌发酵核桃乳，并通过响应面优化法得到了两种乳酸菌发酵核桃乳的最佳工艺，为发酵核桃乳饮料工业化生产奠定了理论基础。斯梦（2022）研究了核桃乳配方对其发酵乳品质的影响，考察了5 种蛋白酶酶解核桃蛋白对核桃乳发酵特性及发酵乳质构等的影响，并对制成的核桃发酵乳风味改善进行了探索。

（7）核桃蛋白可食用涂层。可食用涂层是一种薄层的可生物降解的包装材料，作为一种涂层形成在各种食品上，在质量、安全、运输和储存方面具有重要作用。这些类型的涂层可以从具有成膜能力的材料中制备，如蛋白质、多糖、海藻酸盐和其他亲水胶体。可食用涂层在食品中具有不同的功能，其中包括防止水分损失和机械损伤，减少氧气扩散，促进添加剂（具有抗氧化和抗菌活性的试剂）的运输。因此，不同类型的食品和原材料的质量可以通过应用可食用涂层来保持（Grosso et al.，2018）。从核桃油行业获得的残留物是一种富含蛋白质的核桃粉（Rabadan et al.，2018），可用于不同的目的，如开发可食用涂层。在核桃仁上添加可食用涂层有助于保持核桃仁的储藏感官和化学品质。此外，还可以利用以蛋白质为主要成分的涂层来丰富不同的食品。Grosso 等（2020）为了提高核桃储藏期间的品质，研究了采用核桃粉蛋白为基础的可食性涂层延长核桃货架期，并评价了其对核桃仁的保护作用。因此，在同一来源的核桃仁上涂覆涂层可以帮助延长其货架期，而不需要加入过敏原和合成化合物。

（8）核桃分离蛋白作纳米载体。许多具有抗氧化、抗炎和抗癌活性的天然营养化合物，在食品中应用的主要障碍之一是它们的低水溶解度和低生物利用度，此外，还有一些是高度不稳定的，特别是在中性或碱性环境中，所以，这些不稳定的天然化合物需要载体运送。现阶段，低成本高利用的植物蛋白已经被报道为有效的天然载体，用于运送疏水性生物活性分子。蛋白质的疏水区通常为许多生物活性分子提供了足够的结合部位（Tang，2020）。目前广泛应用于植物蛋白分离的碱提酸沉法也可应用于核桃分离蛋白的生产，但碱提核桃分离蛋白的低溶解性和较差的分散性限制了其作为蛋白质载体输送包括姜黄素在内的难溶营养食品的应用。Ling 等（2022）则采用磷酸化修饰改变了核桃分离蛋白的功能性质，磷酸化核桃分离蛋白具有良好的溶解性和包封性，有望成为姜黄素的纳米载体。这种纳米载体对促进在功能食品配方中加入难溶营养食品具有重要的意义。

（9）核桃蛋白酱。核桃蛋白酱是核桃加工生产的一种产品，而优质产品是由优质的原料、科学的加工工艺和先进的生产设备决定的。核桃蛋白酱加工工艺流程如下：精选→浸泡→去皮→入味→炒制→磨浆→均质→灌装→灭菌。该生产工艺流程和加工设备符合食品生产的要求，通过生产工艺选择和设备选型，已生产出理想的核桃蛋白酱产品，生产的核桃蛋白酱基本保持了核桃原有的自然风味，产品质量达到了国家相关行业标准。该生产工艺为核桃深加工与加工设备的升级提供了有力的技术支撑（周鸿升等，2010）。

15.6 核桃油料产业发展展望

核桃作为世界四大坚果之一，是重要的木本油料树种，在我国分布地域广泛，发展空间广阔，产业优势明显，具有巨大的发展潜力，是极具发展优势的木本油料和保健果品树种，是继油茶之后，极具产业开发价值的优势产业树种。核桃果实含有丰富的营养成分，具有较好的医疗保健功能，有长寿果之美誉，特别是核桃仁含油率高达 60%～70%，在中国食用油料安全方面可发挥重要作用（张有林等，2015a）。进入 20 世纪 80 年代以后，受我国食用油市场供不应求和国家对木本油料作物扶持政策的影响，我国核桃产业发展迅速，种植面积和产量稳步增加。

我国是世界上最大的食用植物油需求国，据 2009 年国家粮食局信息中心测算，我国植物油对外依存度已达到 63%。针对这一严峻形势，党中央、国务院高度重视油茶、核桃等木本油料产业的发展，并将其作为保障食用油安全的国家战略选择。2008 年，《国家粮食安全中长期规划纲要（2008—2020 年）》中明确指出要大力发展木本粮油产业。尽管国家加大了对大豆和油菜主产区的补贴力度，也基本稳定了油料的年产能力，但是仍然无法扭转国内植物油的供需矛盾，进口量大幅增加。因此，合理利用山区资源，大力发展木本粮油产业，建设一批名、特、优、新木本粮油生产基地。积极培育和引进优良品种，加快提高油茶、油橄榄、核桃、板栗等木本粮油品种的品质和单产水平。积极引导和推进木本粮油产业化，促进木本粮油产品的精深加工，增加木本粮油供给。

随着我国核桃种植面积的扩大和产量的提高，目前以销售核桃坚果为主的经营方式将可能出现核桃价格下滑，由此核桃加工业将显得尤为重要。目前，核桃加工体量远远不够，大多产品还局限于初级加工状态，附加值低。采用高新技术对核桃进行精深加工，可使核桃资源产生更大的效益。在众多深加工方向里，核桃油加工是一种不可多得的优良高效益加工方式。目前，国际市场上核桃油身价倍增，深受欢迎。在国际食用油市场上价格高达 8000～10 000 美元/t，是普通大豆油、菜籽油价格的十几倍，且供不应求。随着人们对核桃油的营养保健功能和经济生态效益的了解和重视，以及生活水平的不断提高，对核桃油的需求量也将越来越大，从而促使核桃油价格不断攀升。长远来看，我国核桃资源丰富，但尚未综合开发利用，核桃油的开发也还处于起步阶段，将现代加工、检测技术应用到核桃油的高效加工中，可提高产品品质，明确核桃功能成分的功效作用，生产以核桃为原料的核桃油等功能食品，将具有广阔的市场前景。

参 考 文 献

白雪. 2020. 纳米微射流均质对核桃粕蛋白饮料稳定性及贮藏品质的影响研究[D]. 北京: 北京林业大学硕士学位论文.

陈朝银, 赵声兰. 2008. 核桃油脂肪乳剂及其制造方法[P]: 中国, CN101167793.

丁福祺. 2005. 食用油压榨法和浸出法工艺的区别[J]. 中国油脂, (1): 5-6.

高盼. 2019. 我国核桃油的组成特征及其抗氧化和降胆固醇功效评估[D]. 无锡: 江南大学博士学位论文.

高盼, 胡博, 王澍, 等. 2022. 脱脂核桃蛋白粉制备工艺优化及其氨基酸组成[J]. 中国油脂, 47(9): 50-54.

关地. 1995. 水代法制取核桃油技术[J]. 四川粮油科技, (3): 43-42.

管伟举, 陈钊, 谷克仁. 2010. 核桃油研究进展[J]. 粮食与油脂, (5): 39-41.

郝艳宾, 王淑兰, 王克建, 等. 2003. 核桃油和核桃蛋白饮料系列产品工艺的研究[J]. 食品科学, (2): 103-104.

和明生, 刘蜀治, 肖玉英, 等. 2006. 一种粉末核桃油及其制备工艺[P]: 中国, CN1718028.

和明生, 张虹, 李继春, 等. 2007. 野生核桃油护肤霜及其制备方法[P]: 中国, CN1903165.

洪丰, 朱向菊. 2009. 酶法提油技术应用[J]. 粮食与油脂, (6): 1-3.

季泽峰. 2018. 山核桃水酶法制取工艺及其对油脂品质影响研究[D]. 杭州: 浙江农林大学硕士学位论文.

李大房, 马传国. 2006. 水酶法制取油脂研究进展[J]. 中国油脂, (10): 29-32.

李栋, 宋佳宝, 牟德华. 2022. 响应面法优化自选乳酸菌发酵核桃乳饮料的工艺条件[J]. 食品研究与开发, 43(2): 71-75.

李笃信, 韩秀英, 李俊芬, 等. 2003. 一种洗发膏及其制备方法[P]: 中国, CN1411797.

李笑笑. 2017. 核桃内种皮多酚的提取及核桃油与核桃蛋白粉的稳定性研究[D]. 无锡: 江南大学硕士学位论文.

李子明, 徐子谦, 王也. 2009. 核桃制油及深加工技术的比较研究[J]. 农业工程技术(农产品加工业), (8): 31-36.

连文香, 席海亮, 展靖华, 等. 2021. 青核桃脱皮技术及装备发展研究[J]. 机械研究与应用, 34(4): 214-218.

刘广, 陶长定. 2010. 核桃油的生产工艺探讨[J]. 粮食与食品工业, 17(4): 11-12, 15.

刘俐彤, 钟俊麟, 赵存朝, 等. 2022. 响应面优化辣木核桃蛋白能量棒配方[J]. 食品工业, 43(1): 144-148.

刘玲, 韩本勇, 陈朝银. 2009. 核桃蛋白研究进展[J]. 食品与发酵工业, 35(9): 116-118.

刘瑞芳. 2015. 核桃蛋白发酵乳的生产工艺研究[D]. 太原: 山西大学硕士学位论文.

刘瑞兴, 张智敏, 吴苏喜, 等. 2012. 水酶法提取油茶籽油的工艺优化及其营养成分分析[J]. 中国粮油学报, 27(12): 54-61, 68.

刘文斌, 王炎. 2019. 运动食品能量棒的研究进展[J]. 食品安全质量检测学报, 10(19): 6592-6597.

马莺, 王振宇, 于殿宇. 2009. 野生食用植物资源加工技术[M]. 北京: 中国轻工业出版社: 6.

孟春玲, 王建中, 王丰俊, 等. 2008. 响应面法优化超声波辅助提取沙棘籽油的工艺研究[J]. 北京林业大学学报, (5): 118-122.

孟庆飞, 温其标. 2006. 磷脂酶C水解大豆油磷脂提高油脂精炼率的研究[J]. 中国油脂, (1): 36-38.

潘学军, 张文娥, 李琴琴, 等. 2013. 核桃感官和营养品质的主成分及聚类分析[J]. 食品科学, 34(8): 195-198.

秦明, 贾英民. 2020. 发酵核桃乳研究现状及展望[J]. 食品工业科技, 41(14): 354-360.

沈璐. 2007. 一种核桃油保健软胶囊[P]: 中国, CN101028335.

沈敏江. 2014. 核桃蛋白粉的制备及其溶解性研究[D]. 北京: 中国农业科学院硕士学位论文.

史鹏, 常月梅. 2015. 核桃油的质量评价及综合开发利用[J]. 山西林业科技, 44(1): 37-40.

斯梦. 2022. 核桃发酵乳的制备及其品质影响因素的研究[D]. 无锡: 江南大学硕士学位论文.

孙平. 1995. 装饰油漆及其制作方法[P]: 中国, CN1097443.

孙平. 2000. 新型透明油画颜料及其制作方法[P]: 中国, CN1255520.

孙顺文, 吴艳丽. 2004. 一种以核桃油、番茄红素为主要原料制成的产品[P]: 中国, CN1518881.

谭博文. 2018. 核桃油提取及蛋白乳饮料工艺的研究[D]. 武汉: 武汉轻工大学硕士学位论文.

唐镜波, 田春华. 2003. 碘化油与补碘问题[J]. 药物流行病学杂志, (3): 113-114.

万文瑜, 闫圣坤, 孔令明, 等. 2023. 核桃蛋白-多糖复合pickering乳液的制备工艺优化[J]. 中国油脂, 48(7): 85-89.

王丰俊, 杨朝晖, 马磊, 等. 2011. 响应面法优化核桃蛋白提取工艺研究[J]. 中国油脂, 36(3): 33-37.

王海清, 何川, 赵敏生. 2003. 功能性低热量油脂食用品质评价[J]. 中国油脂, (4): 28-29.

王海燕. 2022. 核桃机械深加工工艺与关键技术研究[J]. 农业开发与装备, (5): 34-36.

王青华, 路敏, 邢世松, 等. 2022. 核桃蛋白的制备、特性及研究进展[J]. 衡水学院学报, 24(1): 22-28.

王文杰. 2016. 酶法核桃蛋白饮料的工艺研究[D]. 乌鲁木齐: 新疆农业大学硕士学位论文.

王先德, 赵声兰, 吴艳丽, 等. 2004. 一种以核桃油、酸枣仁或五味子为主要原料制成的软胶囊[P]: 中国, CN1504204.

王晓峰. 2018. 水酶法提取油茶籽油的优劣势与工艺研究[J]. 粮食科技与经济, 43(4): 80-82, 89.

杨建远, 邓泽元. 2016. 水酶法提取植物油脂技术研究进展[J]. 食品安全质量检测学报, 7(1): 225-230.

杨书民. 2016. 核桃剥壳及核桃仁制取油脂工艺的研究[J]. 食品科学, 41(10): 156-159.

俞乐, 黄健花, 王兴国, 等. 2018. 食用植物油中的有益微量伴随物[J]. 粮食科技与经济, 43(2): 99-101.

张丽. 2010. 核桃油脂提取及其稳定性的研究[D]. 石河子: 石河子大学硕士学位论文.

张敏, 王勇, 姜元荣. 2010. 核桃及核桃油的综合开发利用[J]. 农业机械, (4): 69-72.

张庆祝, 丁晓雯, 陈宗道, 等. 2003. 核桃蛋白质研究进展[J]. 粮食与油脂, (5): 21-23.

张有林, 原双进, 王小纪. 2015a. 中国核桃加工产业现状与对策[J]. 陕西林业科技, (1): 1-6.

张有林, 原双进, 王小纪, 等. 2015b. 基于中国核桃发展战略的核桃加工业的分析与思考[J]. 农业工程学报, 31(21): 1-8.

张郁松. 2014. 核桃油脂不同提取方法的比较[J]. 食品研究与开发, 35(21): 63-65.

赵声兰, 唐嘉, 葛锋, 等. 2008. 核桃油的几种新产品的开发研究[J]. 云南中医学院学报, 31(1): 61-63.

钟小兵. 2007a. 一种核桃油软胶囊[P]: 中国, CN101073343.

钟小兵. 2007b. 一种核桃油微咀嚼片[P]: 中国, CN101036517.

周伯川, 高洪庆. 1994. 核桃的特性及其制油工艺的研究[J]. 中国油脂, (6):3-5.

周鸿升, 王希群, 郭保香, 等. 2010. 核桃蛋白酱加工工艺和设备选型研究[J]. 经济林研究, 28(3): 122-124.

祝兆帅, 王钰森, 毛吾兰, 等. 2018. 核桃油和核桃蛋白固体饮料中试工艺优化[J]. 农产品加工, (19): 23-25, 29.

Cater C M, Rhee K C, Hagenmaier R D, et al. 1974. Aqueous extraction-an alternative oilseed milling process[J]. Journal of the American Oil Chemists' Society, 51(4): 137-141.

Dai J H, Tao L, Zhou Y, et al. 2020. Chelation of walnut protein peptide with calcium absorption promotion in vivo[J]. IOP

Conference Series: Earth and Environtal Science, 512: 012067.

Golly M K, Ma H L, Duan Y Q, et al. 2019. Enzymolysis of walnut (*Juglans regia* L.) meal protein:Ultrasonication‐assisted alkaline pretreatment impact on kinetics and thermodynamics[J]. Journal of Food Biochemistry, 43: e12948.

Grosso A L, Asensio C M, Grosso N R, et al. 2020. Increase of walnuts' shelf life using a walnut flour protein-based edible coating[J]. LWT‐Food Science and Technology, 118: 108712.

Grosso A L, Asensio C M, Nepote V, et al. 2018. Quality preservation of walnut kernels using edible coatings[J]. Grasas Aceites, 69(4): 281.

Jamdar S N, Rajalakshmi V, Pednekar M D, et al. 2010. Influence of degree of hydrolysis on functional properties，antioxidantactivity and ACE inhibitory activity of peanut protein hydrolysate[J]. Food Chemistry, (121): 178-184.

Karki B, Maurer D, Kim T H, et al. 2010. Comparison and optimization of enzymatic saccharification of soybean fibers recovered from aqueous extractions[J]. Bioresource Technology, 102(2): 1228-1233.

Lei Y Q, Gao S H, Xiang X L, et al. 2021. Physicochemical,structural and adhesion properties of walnut protein isolate-xanthan gum composite adhesives using walnut protein modified by ethanol[J]. International Journal of Biological Macromolecules, 192: 644-653.

Ling M, Yan C J, Huang X, et al. 2022. Phosphorylated walnut protein isolateas a nanocarrier for enhanced water solubilityand stability of curcumin[J]. Journal of the Science of Food and Agriculture, 102: 5700-5710.

Liu Q R, Zhang D J, Huang Q R. 2021. Engineering miscellaneous particles from media-milled defatted walnut flour as novel food-grade Pickering stabilizers[J]. Food Research Internaronal, 147: 110554.

Masoodi L, Gull A, Masoodi F A, et al. 2022. An overview on traditional vs. green technology of extraction methods for producing high quality walnut oil[J]. Agronomy,12(10): 2258.

Rabadan A, Pardo A R, Pardo J E, et al. 2018. Evaluation of physical parameters of walnut and walnut products obtainedby cold pressing[J]. LWT‐Food Science and Technology, 91: 308-314.

Saria T P, Sirohi R, Krishnnia M, et al. 2022. Critical overview of biorefinery approaches for valorization of protein richtree nut oil industry by-product[J]. Bioresource Technology, 10(362): 127775.

Tang C H. 2020. Nanocomplexation of proteins with curcumin: from interaction to nanoencapsulation (a review)[J]. Food Hydrocolloids, 109: 106106.

Vanhanen L P, Savage G P. 2006. The use of peroxide value as a measure of quality forwalnut flour stored at five different temperatures using three different types of packaging[J]. Food Chemistry, (99): 64-69.

Wang X M, Chen H X, Li S Q, et al. 2016. Physico-chemical properties，antioxidantactivities and antihypertensive effects ofwalnut protein and its hydrolysate[J]. Journal of the Science of Food and Agriculture, 96: 2579-2587.

Wang X M, Chen H X, Li S Q, et al. 2022. Polypeptide profile and functional properties ofdefatted meals and protein isolates of canola seeds Rotimi E[J]. Journal of the Science of Food and Agriculture, 102: 5700-5710.

16 油桐油料生物炼制技术

16.1 油桐油料资源概述

16.1.1 油桐种质资源的现状

油桐（*Vernicia fordii*）为大戟科油桐属落叶乔木，原产于中国，在中国有上千年的种植历史，主要分布于我国长江中下游地区，它与油茶、乌桕和核桃并称为我国四大木本油料树种。油桐适应性强，性喜温暖，多生于山丘沟壑地带，耐高温，抗干旱，并且有一定的耐寒性；对土壤要求也不高，不与粮争地，在阳光充沛、土层深厚、有机质含量较多的普通沙质土壤中便能生长良好，在很多贫困山区曾经是一种很好的致富树。

我们通常提到的油桐指的是三年桐，而广义上的油桐是大戟科油桐属植物的总称，包含三年桐、千年桐（*Vernicia montana*）和日本油桐（*Vernicia cordata*）3 种。三年桐和千年桐因其种子含油率较高，油质也较好，从而成为人工栽培的主要品种。

我国油桐品种众多，分类方法也不一。在长期的栽培实践中，人们根据油桐生物学特征或突出的性状特征对油桐的地方品种、类型进行了分类，如四川的柿饼桐、贵州的高脚桐、广西的对年桐等。20 世纪30 年代以来，国内学者曾根据油桐产地、花果性状、树形等对油桐进行过多次分类。很多名称仍然被沿用，但在一定程度上出现了分类混乱。蔡金标等（1997）提出将三年桐分为小米桐品种群、大米桐品种群、五爪桐品种群、对年桐品种群、窄冠桐品种群 5 个品种群和柿饼桐类型、柴桐类型两个类型，千年桐分为雌雄同株和雌雄异株两个类型，这一分类方式容易检索区分，被广泛接受。20 世纪 70 年代，我国很多地方都曾经涌现出一批优良的地方品种，如湖北来凤的金丝油桐，以其为原料生产的桐油质量曾为全国之冠。

我国油桐资源丰富，分布遍及 17 个省（区、市），其中四川、贵州、湖南及湖北是油桐的四大主要种植地区。四川油桐品种资源丰富，主要分为包括小米桐、葡萄桐、大米桐、柿饼桐、柴桐等在内的 7 个油桐品种。20 世纪 80~90 年代，四川省的油桐产量居于全国首位；全省范围内有三大栽培区，即中心栽培区、一般栽培区和边缘栽培区；以桐农间作或桐粮混作的方式经营，而千年桐以零星种植为主。贵州气候湿润温暖，属于亚热带湿润性季风气候，冬暖夏凉、雨量充沛且土壤土层深厚，是油桐的最佳适生省份之一。贵州 1999 年的桐油产量占全国总产量的 25.33%，且贵州产桐油中桐酸含量最高，品质最佳。龙秀琴等（2003）根据贵州省各地区的油桐产量将贵州省分为 4 个油桐产区，分别为黔西南、黔南、铜仁和黔东南。贵州省内油桐根据其生育特性、树形高矮、分枝习性等特点可分为 7 个品种，其中对年桐、小米桐及大米桐是主要栽培品种。目前贵州已培育出黔桐 1 号、黔桐 2 号、贵桐 1 号、贵桐 2 号、贵桐 3 号等多个油桐优良家系、无性系，并在全国范围内推广。湖南油桐栽培历史悠久，境内的湘西地区是我国传统桐油的中心产区之一。湖南油桐品种资源丰富，除有 16 个主栽品种外，还有一些地方变异类型品种，如青皮桐、红毛籽等。16 个主栽品种中栽培面积较大、分布较广的均是常见的油桐品种，如小米桐、五爪桐、球桐、葡萄桐等，适合全省推广的油桐品种为五爪桐、小米桐、大米桐及葡萄桐；其次为球桐、尖桐及满天星等。湖北具有丰富的油桐种质资源。全国范围内以湖北来凤出产的金丝油桐油质量最佳，金丝油桐是与贵桐 2 号齐名的全国知名品种，但较之具有更为明显的优势及开发利用潜力；来凤除金丝油桐外，大米桐、小米桐及五爪桐的栽培也较为广泛。湖北十堰具有得天独厚的自然条件，是我国重点油桐产区之一。周伟国等（1986）研究湖北油桐品种资源后发现：湖北九子桐、五爪桐及景阳桐各有优缺点及适栽范围。鄂西南、鄂西北地区主要栽种九子桐；五爪桐分布于全省；而景阳桐为湖北郧西的一个优良地方品种。除四大油桐主产区外，云南、安徽和浙江也有较为丰富的油桐资源。云南气候类型丰富多样，对油桐生长极为有利，主要有 5 个主栽品种，分别为云南高脚桐、云南球桐、云南矮脚米桐、厚壳桐以及云南丛生球桐。安徽主要油桐品种有 9 种，仅桐城一地就分布有 6 个，分别为大扁球、小扁球、五爪桐、独果桐、丛果桐和周岁桐（对岁桐）。林刚等（1981）发现，五爪桐、座桐、柿饼桐、满天星等是浙江省内的主要油桐品种。在日本、韩国等其他亚洲国家和美国、巴西等美洲国家及一些太平洋岛屿也有少量油桐种植。

20 世纪 80 年代以来，受桐油价格下跌的影响，油桐树大量被砍，致使桐油产量锐减，更严峻的是许多地方品种枯萎消失，严重威胁我国油桐产业的发展（刘轩，2011）。为了保存我国的油桐种质资源，为油桐优良品种选育提供丰富的材料，一些科研机构和学者对我国油桐种质资源进行了抢救性收集和保存。位于湖南省的国家油桐种质资源保存库于 2007 年通过国家林业局的验收，保存有 213 份来自湖南、湖北、广西、贵州、四川、重庆、河南、江西、陕西等省（区、市）的油桐种源。中国科学院武汉植物园总共收集有来自四川、湖南、湖北、贵州、陕西、安徽、浙江、福建、江西、广东、广西和重庆等地的 430 余份油桐种质资源，并建立了武汉植物园油桐种质资源圃（尚海等，2021）。这些举措为我国油桐种质资源保存和油桐恢复生产奠定了坚实的基础。

16.1.2 桐油油料资源情况

油桐种子富含油脂，其压榨后得到的油脂为桐油，是植物油中最优质的干性油，具有干燥快、附着力强、比重轻、富光泽、耐酸、耐碱、耐高温、抗冻裂、防水、防腐、绝缘、抗辐射、抗渗透等优良特性。桐油传统上主要用于油漆、防腐剂、涂料等产品的生产，历史上曾与蚕丝、茶叶并列为我国三大传统出口商品，在国际市场上具有很高的声誉。20 世纪 80 年代末，因受化学合成油漆价格低廉等冲击，油桐产业便一蹶不振。但 21 世纪以来，随着人们环保意识的增强，意识到化学油漆会挥发大量有机物给环境造成严重的污染，会给人们健康带来巨大的危害，使用桐油等天然材料开发而成的环保型油漆的需求量被激发。杨焰等（2018）认为，以桐油等生物基质为原料制成的环保型油漆将会是未来油漆产业发展的趋势，而油桐产业将会因此而重新崛起。目前，桐油广泛应用于电子工业、机械工业、民用建筑、生物医药等领域，可直接或间接开发的产品逾 1000 种。

2007～2018 年世界油桐籽产量维持在 41.32 万～50.06 万 t，2007～2011 年整体表现为稳步增加趋势，增幅 18.77%，随后产量持续减少，2018 年达最低值（41.32 万 t），较 2011 年下降 17.46%。我国油桐籽产量与世界油桐籽产量变化趋势相同，2007～2018 年维持在 34.82 万～43.77 万 t，2011 年最高（43.77 万 t），随后持续减少至 2018 年的最低值（34.82 万 t），较 2011 年降低 20.45%；我国油桐籽产量占世界油桐籽产量的比例保持在 84.27%～87.95%，由此可见，我国一直是世界油桐籽主要产区，在确保桐油原料供应上发挥着重要作用（表 16-1，图 16-1）。

表 16-1 2007～2018 年世界油桐籽产量及我国油桐籽产量占比情况

年份	世界产量/万 t	我国产量/万 t	我国产量占世界产量比例/%
2018	41.32	34.82	84.27
2017	43.54	37.01	85.00
2016	47.39	40.85	86.20
2015	47.79	41.20	86.21
2014	48.13	41.61	86.45
2013	48.40	41.89	86.55
2012	49.19	42.70	86.81
2011	50.06	43.77	87.44
2010	49.58	43.36	87.45

年份	世界产量/万 t	我国产量/万 t	我国产量占世界产量比例/%
2009	42.87	36.73	85.68
2008	43.08	37.10	86.12
2007	42.15	36.13	85.72

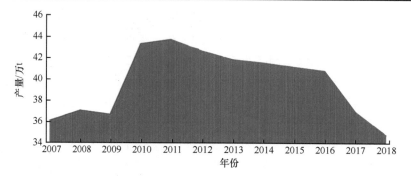

图 16-1　2007～2018 年我国油桐籽产量

2018 年安徽省油桐籽产量达 1729t，相较于 2017 年的 1894t 有所下降。2007～2018 年平均值为 2432t，产量最高值出现于 2010 年，达 3054t，而历史产量最低值则出现于 2018 年，为 1729t（图 16-2）。

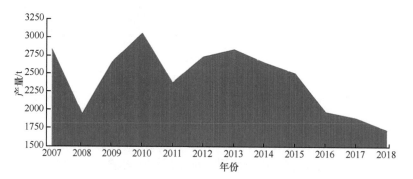

图 16-2　2007～2018 年安徽省油桐籽产量

2018 年重庆市油桐籽产量达 4318t，相较于 2017 年的 4310t 有所增长。2007～2018 年平均值为 12 132t，产量最高值出现于 2008 年，达 23 432t，而历史产量最低值则出现于 2017 年，为 4310t（图 16-3）。

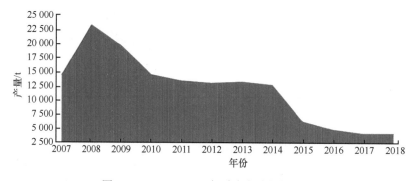

图 16-3　2007～2018 年重庆市油桐籽产量

2018 年福建省油桐籽产量达 26 329t，相较于 2017 年的 26 972t 有所下降。2007～2018 年平均值为 23 333t，产量最高值出现于 2017 年，达 26 972t，而历史产量最低值则出现于 2014 年，为 20 756t（图 16-4）。

2018 年甘肃省油桐籽产量达 2t，相较于 2017 年的 52t 有所下降。2007～2018 年平均值为 132t，产量最高值出现于 2007 年，达 593t，而历史产量最低值则出现于 2018 年，为 2t（图 16-5）。

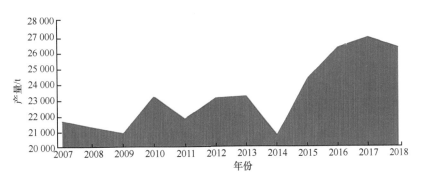

图 16-4　2007～2018 年福建省油桐籽产量

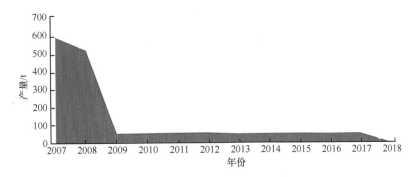

图 16-5　2007～2018 年甘肃省油桐籽产量

2018 年广东省油桐籽产量达 8701t，相较于 2017 年的 7469t 有所增长。2007～2018 年平均值为 7010t，产量最高值出现于 2018 年，达 8701t，而历史产量最低值则出现于 2007 年，为 5449t（图 16-6）。

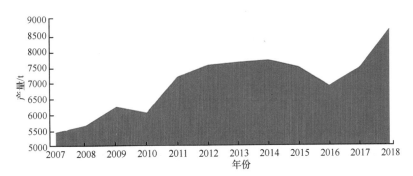

图 16-6　2007～2018 年广东省油桐籽产量

2018 年广西壮族自治区油桐籽产量达 85 617t，相较于 2017 年的 83 676t 有所增长。2007～2018 年期间平均值为 77 133t，产量最高值出现于 2018 年，达 85 617t，而历史产量最低值则出现于 2007 年，为 66 332t（图 16-7）。

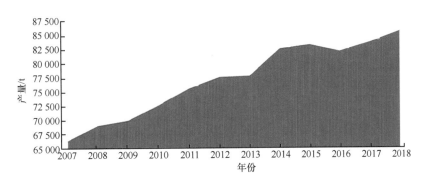

图 16-7　2007～2018 年广西壮族自治区油桐籽产量

2018 年贵州省油桐籽产量达 44 470t，相较于 2017 年的 65 902t 有所下降。2007～2018 年平均值为 65 682t，产量最高值出现于 2012 年，达 77 675t，而历史产量最低值则出现于 2018 年，为 44 470t（图 16-8）。

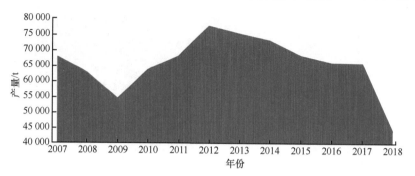

图 16-8　2007～2018 年贵州省油桐籽产量

2018 年河南省油桐籽产量达 66 397t，相较于 2017 年的 68 173t 有所下降。2007～2018 年平均值为 81 967t，产量最高值出现于 2010 年，达 120 701t，而历史产量最低值则出现于 2007 年，为 48 602t（图 16-9）。

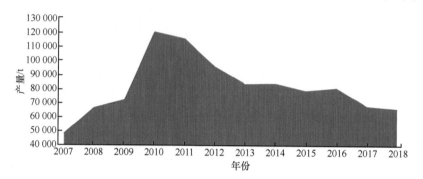

图 16-9　2007～2018 年河南省油桐籽产量

2018 年湖北省油桐籽产量达 21 400t，相较于 2017 年的 21 593t 有所下降。2007～2018 年平均值为 19 558t，产量最高值出现于 2013 年，达 25 290t，而历史产量最低值则出现于 2008 年，为 13 175t（图 16-10）。

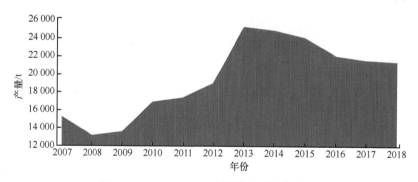

图 16-10　2007～2018 年湖北省油桐籽产量

2018 年湖南省油桐籽产量达 26 663t，相较于 2017 年的 33 347t 有所下降。2007～2018 年平均值为 36 549t，产量最高值出现于 2011 年，达 43 400t，而历史产量最低值则出现于 2018 年，为 26 663t（图 16-11）。

1999～2010 年江苏省油桐籽产量平均值为 23t，产量最高值出现于 2003 年，达 195t，产量最低值则出现于 2005～2010 年，为零（图 16-12）。

2018 年江西省油桐籽产量达 13 563t，相较于 2017 年的 12 644t 有所增长。2007～2018 年平均值为 12 992t，产量最高值出现于 2016 年，达 22 299t，而历史产量最低值则出现于 2008 年，为 7 848t（图 16-13）。

2018 年陕西省油桐籽产量达 26 905t，相较于 2017 年的 21 436t 有所增长。2007～2018 年平均值为 21 880t，产量最高值出现于 2014 年，达 29 114t，而历史产量最低值则出现于 2007 年，为 11 576t（图 16-14）。

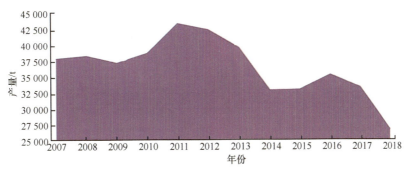

图 16-11　2007～2018 年湖南省油桐籽产量

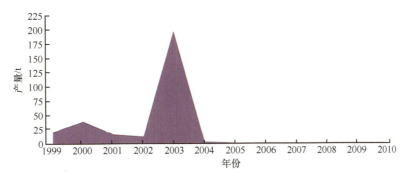

图 16-12　1999～2010 年江苏省油桐籽产量

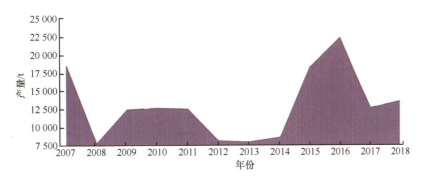

图 16-13　2007～2018 年江西省油桐籽产量

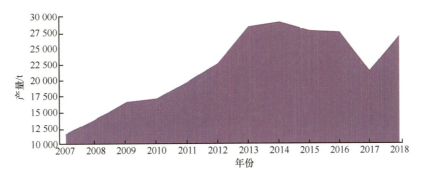

图 16-14　2007～2018 年陕西省油桐籽产量

　　2018 年四川省油桐籽产量达 5 238t，相较于 2017 年的 6 972t 有所下降。2007～2018 年平均值为 18 615t，产量最高值出现于 2007 年，达 31 352t，而历史产量最低值则出现于 2018 年，为 5 238t（图 16-15）。

　　2018 年云南省油桐籽产量达 15 766t，相较于 2017 年的 15 475t 有所增长。2007～2018 年平均值为 18 045t，产量最高值出现于 2010 年，达 22 029t，而历史产量最低值则出现于 2017 年，为 15 475t（图 16-16）。

　　2018 年浙江省油桐籽产量达 178t，相较于 2017 年的 168t 有所增长。2007～2018 年平均值为 107t，产量最高值出现于 2018 年，达 178t，而历史产量最低值则出现于 2008 年，为 62t（图 16-17）。

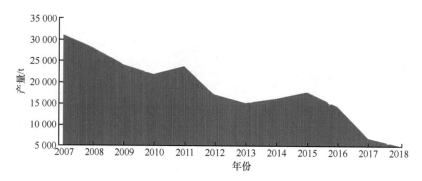

图 16-15　2007~2018 年四川省油桐籽产量

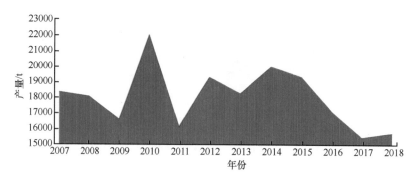

图 16-16　2007~2018 年云南省油桐籽产量

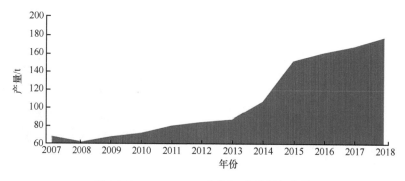

图 16-17　2007~2018 年浙江省油桐籽产量

16.2　油桐油料化学组成和理化性质

桐油是一种暗黄色的液体，是从油桐树的种子中提取出来的天然油脂，是一种干性油（碘值 157~170），高温（200~250℃）加热，可因自行聚合而成凝胶，甚至完全固化。此特殊性质是由于其主要成分 α-桐油精的聚合，这是其他干性油所未有的特性。这种油脂带有严重毒性，不能内服，多以外用为主，是一种药用功效极为出色的中药材。

李水芳等（2017）对油桐 100 个优良家系种子含油率及脂肪酸组成的分析研究表明，油桐含油率主要分布在 50.00%~60.00%，最大值为 62.55%，最小值为 46.95%，平均值为 55.24%；桐油基本由桐酸、亚油酸、油酸、硬脂酸、棕榈酸和亚麻酸组成，含量范围依次为 75.23%~87.19%(α-桐酸 69.83%~84.11%，β-桐酸 1.66%~10.14%)、5.40%~9.03%、3.20%~9.42%、1.71%~3.64%、1.86%~2.96%、0.28%~0.79%，平均值依次为 81.97%(α-桐酸 78.07%，β-桐酸 3.91%)、6.88%、5.88%、2.41%、2.30%和 0.56%，油桐优良家系种子均有较高含油率，不同家系的含油率及桐油的 α-桐酸、β-桐酸、亚油酸、油酸含量差异较大，而硬脂酸、棕榈酸和亚麻酸的含量差异较小（图 16-18）。

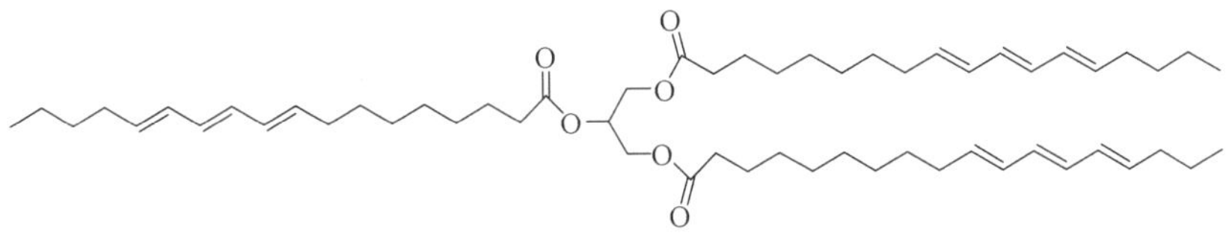

图 16-18 桐油的分子结构式

16.3 油桐油脂加工主要工艺技术

目前，我国油脂清洁、节能提质制备技术研究日益活跃。为提高和改善油脂与饼粕的品质，油料制油方法出现了多样化的趋势，目前主要有低温压榨法、浸出法、水酶法、蒸煮法、超临界流体提取法、超声波提取技术等，为附加值高和功能性特种油脂的加工开发提供新途径。

（1）低温压榨法。采用机械挤压的方式把油脂从油料中挤压提取出来的方法叫压榨法。这种方法的优点是纯天然、无污染；缺点是出油率低，油的颜色深，加热时泡沫多，方法原始。低温压榨法（邓乾春等，2011）一般为全机械过程，有的为提高出油率，原料先经纤维素酶及果胶酶处理，然后经螺旋压榨机压榨，再经板式过滤机过滤，与传统制油压榨工艺相比，具有以下优势：①低温压榨油的质量显著优于预榨毛油，较好地保留了油脂中的天然维生素 E、植物甾醇等活性物质，后续不需或者仅需简单的炼制即可，是纯天然原生态食用油脂；②物料处理温度低，蛋白质有效氨基酸破坏小，特别是饼粕中限制性氨基酸几乎完全保留，显著提高了饼粕的营养效价；③滋味为特有的柔和且带坚果味，消除了由叶绿素和单宁所引起的微苦味；④省去了传统工艺中的轧胚、蒸炒工序，显著降低了加工能耗。

（2）浸出法。使用化学溶剂（一般为正己烷，俗称轻汽油）浸泡油料，将原料中的油脂萃取出来，再利用不同液体其气化温度不同的原理，通过后续工艺把毛油和溶剂分开的制油方法叫浸出法（任力民等，2013）。浸出法制油的优点是出油率高、饼粕残油低、生产自动化程度高、工人劳动强度低。由于经过高温高压处理，毛油中的脂溶性维生素被部分破坏，成品油中有浸出溶剂残留，但只要残溶符合国家标准，对人体就是无害的。

（3）水酶法。水酶法是在机械破碎的基础上，使用酶降解植物细胞壁，破坏其结构后，促使植物细胞内的油料释放出来，该提取方法反应条件温和，对油脂中的天然抗氧化成分影响小，可使其得以最大化保留，提高了油脂的抗氧化能力（武丽荣，2004）。

（4）蒸煮法。蒸煮法提取是以加热的方式破坏物料的组织细胞，比如对于鱼油、猪油、牛油等动物油脂的分离、提取。蒸煮法包括隔水蒸煮和间接水蒸气蒸煮。但是该提取方式的缺陷在于对脂质物和蛋白质物质的分离有效性不高，为提高提取效率需要升高温度，但温度过高时，油脂更容易氧化（于金平，2020）。

（5）超临界流体提取法。超临界流体提取法是一种新型的提取方式，将临界流体作为溶剂，利用其在临界状态下的高渗透、高溶解能力，对混合物进行分离、提取。超临界 CO_2 提取方法是目前使用频率较高的一种。在进行该提取操作时，其环境温度低，且为隔氧状态，能够保护不饱和脂肪酸，这也是该方法能够用于精炼工艺的重要原因之一（黄晓冠和宋仲康，2017）。

（6）超声波提取技术。由于大能量超声波的作用，媒质粒子将处于约为其重力 10^4 倍的加速度交替周期波动中，波的压缩和稀疏作用使媒质被撕裂成很多小空穴。这些小空穴瞬时生成、生长、崩溃，会产生高达几千个大气压的瞬时压力，即空化现象。这种空化现象对界面扩散层的作用，使扩散层上的分子扩散速度急剧加快，从而使动、植物中的油脂加速渗透出来，以提高出油率（郭孝武，1996）。分别利用超声波法和常规索氏提取法获得的小油桐油，其密度、碘值、折光率、皂化值等理化性质没有明显差异，这说明超声波法在提取过程中基本没有破坏小油桐油脂结构（王兆玉等，2008）。小油桐油的超声波提取法相比传统索氏提取法，具有经济、高效、便捷等优点，可极大地缩短提取时间，提高浸出率、节约原料，在常温、常压下即可操作，且溶剂挥发少、易回收，工艺简单。

综合比较几种提取方法的优缺点发现，传统的压榨法和水煮法所需温度高，对酚类和类胡萝卜素等抗氧化成分的保留低，影响油脂氧化稳定性。改进后的冷榨法、水酶法优于水煮法，提取条件比较温和、无溶剂残留、操作安全，而且经过挤压膨化处理后再进行水酶法处理的油脂中维生素 E 含量受到的影响会降低（郑翠翠等，2014）。而超临界流体萃取法作为新兴的油脂提取方法，不仅提取率高而且可以提高油脂的品质，最大程度地保留抗氧化活性成分，增强油脂抗氧化活性，但由于其生产成本高等因素，使其在工业生产中应用并不多见，而超声波提取技术利用超声波产生的强烈振动、空化效应、击碎作用、化学效应等多种形式的作用可提高效率、改善油脂品质、节约原料、提高出油率。

16.4　油桐油脂精炼和产品

16.4.1　油桐油脂精炼技术与工艺

油脂精炼主要是为了增强油脂储藏稳定性、改善油脂风味和色泽，为油脂深加工制品提供合格的原料。毛油中绝大部分为混合脂肪酸甘油酯的混合物，即油脂，只含有极少量的杂质（或称为脂质伴随物）。这些杂质虽然量小，但会影响油脂品质和稳定性。主要包含有悬浮杂质，如泥沙、料胚粉末、饼渣；水分；胶溶性杂质，如磷脂、蛋白质、糖及它们的低级分解物；脂溶性杂质，如游离脂肪酸（FFA）、甾醇、生育酚、色素、脂肪醇、蜡；其他杂质，如毒素、农药。针对这些不同的杂质，现已形成了不同的操作工序来处理，主要包括脱胶、脱酸、脱色和脱臭。

1）脱胶

油脂胶溶性杂质不仅影响油脂的稳定性，而且影响油脂精炼和深度加工的工艺效果。油脂在碱炼过程中，会促使其乳化，增加操作困难，增大炼耗成本和辅助剂的耗用量，并使皂脚质量降低；在脱色过程中，增大吸附剂耗用量，降低脱色效果。

脱除毛油中胶溶性杂质的过程称为脱胶。我们在实际生产中使用的方法是特殊湿法脱胶，是水化脱胶方法的一种。油脂的胶质中以磷脂为主，水化脱胶是利用磷脂等胶溶性杂质的亲水性，将一定量电解质溶液加入油中，使胶体杂质吸水、凝聚后与油脂分离。在水分很少的情况下，油中的磷脂以内盐结构形式溶解并分散于油中，当水分增多时，它便吸收水分，体积增大，胶体粒子相互吸引，形成较大的胶团，由于比重的差异，从油中可分离出来。

影响水化脱胶的因素主要有水量、操作温度、混合强度与作用时间、电解质。电解质在脱胶过程中的主要作用是中和胶体分散相质点的表面电荷，促使胶体质点凝聚。磷酸和柠檬酸可促使非水化磷脂转化为水化磷脂。磷酸、柠檬酸螯合、钝化并脱除与胶体分散相结合在一起的微量金属离子，有利于精炼油气味、滋味和氧化稳定性的提高。使胶粒絮凝紧密，降低絮团含油量，加速沉降。

2）脱酸

植物油脂中总是有一定数量的游离脂肪酸，其量取决于油料的质量。种子的不成熟性，种子的高破损性等，乃是造成高酸值油脂的原因，尤其在高水分条件下，对油脂保存十分不利，这样会使得游离酸含量升高，并降低了油脂的质量，使油脂的食用品质恶化。脱酸的主要方法为碱炼法和蒸馏法。

蒸馏法又称物理精炼法，应用于高酸值、低胶质的油脂精炼。

碱炼法的原理。由于烧碱能中和粗油中的绝大部分游离脂肪酸，生成的钠盐在油中不易溶解，成为絮状物而沉降。生成的钠盐为表面活性剂，可将相当数量的其他杂质带入沉降物，如蛋白质、黏液质、色素、磷脂及带有羟基和酚基的物质。甚至悬浮固体杂质也可被絮状皂团携带下来。因此，碱炼具有脱酸、脱胶、脱固体杂质和脱色素等综合作用。烧碱和少量甘油三酯的皂化反应引起炼耗增加。因此，必须选择最佳的工艺操作条件，以获得碱炼油的最高得率。

3）脱色

植物油中的色素成分复杂，主要包括叶绿素、胡萝卜素、黄酮色素、花色素以及某些糖类、蛋白质的分解产物等。油脂脱色常用吸附脱色法。吸附脱色法的原理是利用吸附力强的吸附剂在热油中能吸附色素及其他杂质的特性，在过滤去除吸附剂的同时也把被吸附的色素及杂质除掉，从而达到脱色净化的目的。

吸附剂主要有漂土、活性白土、活性炭和凹凸棒土。

（1）漂土学名膨润土，是一种天然吸附剂。多呈白色或灰白色。天然漂土的脱色系数较低，对叶绿素的脱色能力较差，吸油率也较大。

（2）活性白土是以膨润土为原料，经过人工化学处理加工而成的一种具有较高活性的吸附剂，在工业上应用十分广泛。对于色素及胶态物质的吸附能力较强，特别是对于一些碱性原子团或极性基团具有更强的吸附能力。

（3）活性炭是由木屑、蔗渣、谷壳、硬果壳等物质经化学或物理活化处理而成。具有疏松的孔隙，比表面积大、脱色系数高，并具有疏水性，能吸附高分子物质，对蓝色色素和绿色色素的脱除特别有效，对气体、农药残毒等也有较强的吸附能力。但价格昂贵，吸油率较高，常与漂土或活性白土混合使用。

（4）凹凸棒土是一种富镁纤维状土，主要成分为二氧化硅。土质细腻，具有较好的脱色效果，吸油率也较低，过滤性能较好。

影响吸附脱色的因素如下。

（1）吸附剂：不同的吸附剂有不同的特点，应根据实际要求选用合适的吸附剂。油脂脱色一般多选用活性度高、吸油率低、过滤速度快的白土。

（2）操作压力：吸附脱色过程在吸附作用的同时，往往还伴有热氧化副反应，这种副反应对油脂脱色有利的方面是，部分色素因氧化而褪色；不利的方面是，因氧化而使色素固定或产生新的色素，以及影响成品的稳定性。负压脱色过程由于操作压力低，热氧化副反应较弱，一般采用负压脱色，真空度为 0.096MPa。

（3）操作温度：吸附脱色中的操作温度决定于油脂的品种、操作压力以及吸附剂的品种和特性等。脱除红色较脱除黄色用的温度高；常压脱色及活性度低的吸附剂需要较高的操作温度；减压操作及活性度高的吸附剂则适宜在较低的温度下脱色。常用脱色温度为 105℃左右。

（4）操作时间：吸附脱色操作中油脂与吸附剂在最高温度下的接触时间决定于吸附剂与色素间的吸附平衡，只要搅拌效果好，达到吸附平衡并不需要过长时间，过分延长时间，甚至会使色度回升。工业上一般将脱色时间控制在 20～30min。

（5）搅拌：脱色过程中，吸附剂对色素的吸附，是在吸附剂表面进行的，属于非均相物理化学反应。良好的搅拌能使油脂与吸附剂有均匀的接触机会。现生产中采用直接蒸汽搅拌。

（6）粗油品质及前处理：粗油中的天然色素较易脱除，而油料、油脂在加工或储存过程中的新色素或因氧化而固定的新色素，一般较难脱除。脱色前处理的油脂质量对油脂脱色效率的影响也甚为重要，当脱色油中残留胶质和悬浮物或油溶皂时这部分杂质会占据一部分活性表面，从而降低脱色效率。一般脱色前处理的油脂质量应满足如下条件：P（磷的含量）$\leqslant$10ppm、残皂含量$\leqslant$100ppm（1ppm=10^{-6}）。

4）脱臭

各种植物油都有它本身特有的风味和滋味，经脱酸、脱色处理的油脂中还会有微量的醛类、酮类、烃类、低分子脂肪酸、甘油酯的氧化物以及白土、残留溶剂等的气味，除去这些不良气味的工序称脱臭。

脱臭方法：脱臭的方法有真空汽提法、气体吹入法、加氢法等。最常用的是真空汽提法，即采用高真空、高温结合直接蒸汽汽提等措施将油中的气体成分蒸馏除去。

脱臭机理：脱臭的机理是基于相同条件下，臭味小分子组分的蒸汽压远大于甘油三酯的蒸汽压，即臭味物质更容易挥发。因此应用水蒸气蒸馏的原理进行汽提脱臭。水蒸气蒸馏脱臭的原理，系水蒸气通过含有臭味组分的油脂时，汽-液表面相接触，水蒸气被挥发的臭味组分所饱和，并按其分压的比率逸出，从而达到了脱除臭味组分的目的。

影响脱臭的因素如下。

（1）温度：汽提脱臭时，操作温度的高低，直接影响到蒸汽的消耗量和脱臭时间的长短。在真空度一定的情况下，温度增高，则油中游离脂肪酸及臭味组分的蒸汽压也随之增高。但是，温度的升高也有极限，因为过高的温度会引起油脂的分解、聚合和异构化，影响产品的稳定性、营养价值及外观，并增加油脂的损耗。因此，工业生产中，一般控制蒸馏温度在 245～255℃。

（2）操作压力：脂肪酸及臭味组分在一定的压力下具有相应的沸点，随着操作压力的降低而降低。操作压力对完成汽提脱臭的时间也有重要的影响，在其他条件相同的情况下压力越低，需要的时间也就越短。蒸馏塔的真空度还与油脂的水解有关联，如果设备真空度高，能有效避免油脂的水解所引起的蒸馏损耗，并保证获得低酸值的油脂产品。生产中一般为 300～400Pa，即 2～3mmHg（1mmHg ≈ 1.33322×10²Pa）的残压。

（3）通汽速率与时间：在汽提脱臭过程中，汽化效率随通入水蒸气的速率而变化。通汽速率增大，则汽化效率也增大。但通汽的速率必须保持在油脂开始产生飞溅现象的限度以下。汽提脱臭操作中，油脂与蒸汽接触的时间直接影响到蒸发效率。因此，欲使游离脂肪酸及臭味组分降低到产品所要求的标准，就需要有一定的通汽时间。但同时应考虑到脱臭过程中油脂发生的油脂聚合和其他热敏组分的分解。脱臭时间也与脱臭设备结构有关，现通常为 85min。

（4）脱臭设备的结构：脱臭常用设备有层板式、填料式、离心接触式几种，现车间常用的是层板式塔。

（5）微量金属：油脂中的微量金属离子是加速油脂氧化的催化剂。其氧化机理是金属离子通过变价（电子转移）加速氢过氧化物的分解，引发自由基。因此，脱臭前需尽可能脱除油脂内的铁、铜、锰、钙和镁等金属离子。

16.4.2 油桐油脂产品

桐油在我国有悠久的应用历史和广泛的应用范围，桐油的传统应用主要用于点灯的燃料油、家具和农具的表面保护涂抹、山区木板房的防腐和木质船表面的保护涂抹等（李文莹等，2018）。近代，更多的是将桐油熬制成光油，作为雨具篷布涂料、船舶底板的防水防锈涂料和木制品防水防腐涂料；也可配制成清油，用作涂漆家具等木制品时的厚漆稀释剂；还可配制成一系列化工产品，如配制成腻子，用于处理木质和钢材等的裂痕和凹处；配制成防潮涂料，常用于建筑施工行业中；配制成油膏，用在钢筋混凝土装配或结构接缝上，使之不透气、不漏水；或制成矽钢片漆，用于绝缘等等。桐油在国外也有很高的知名度。马可·波罗在《东方见闻录》中就记述了中国利用桐油与石灰、麻混合以填塞船缝。1516 年我国桐油第一次被输入国外，桐油进入国际市场后，欧美社会对桐油用途的认识也有限，因此，很长一段时间，桐油只用作制漆的原料。1875 年法国科学家 Cloez 发现，桐油具有强烈的干燥性及可代替亚麻油制造油漆。美国占末臣博士（Dr.G.S.Jamerson）发现，桐油中含有 94.1%的桐油酸甘油化合物，是干燥速度最快的植物油品种。此后，中国桐油开始大量出口到欧美国家，以满足这些国家在机械、飞机、轮船、武器等制造业的需要，桐油成为我国大宗出口商品，20 世纪上半叶，我国成为桐油生产第一大国。20 世纪 80 年代，我国油桐栽培面积达到 180 万 hm²，桐油出口占全球的 70%～80%。

橡胶。20 世纪 60 年代以前，由于我国的经济基础薄弱，桐油在我国直接作为生产橡胶的廉价原料一直使用，其效果也十分理想。

涂料。桐油可作为涂料用于渔具、家具及船舶制造、汽车制造和建筑行业，同时，由于桐油的抗热防潮性能极好，除了涂在一般工业机器上，在国防上还有特殊用途。目前，桐油的应用还处于粗犷应用阶段，如何在保持桐油纯天然生物质特性的前提下，通过改善桐油涂料的性能、提高产品品质来扩大桐油在现代涂料工业中的应用比例，将是桐油环保涂料产业及油桐产业发展的重中之重。

生物柴油。桐油作为一种新原料用于生产生物柴油，已被广大学者所接受。研究发现，油桐作为生物柴油原料树种有许多的优势：其一，油桐种仁含油量较油菜和大豆高，且脂肪酸含有较长直链，适合生产生物柴油；其二，油桐作为非食用型植物油料，有较强抗性，能在各种环境下生长，包括一些贫瘠土壤，不与粮食争地；其三，油桐是目前少数的有一定种植规模的油料树种，原料有保证。但由于是干性油，主要成分是桐酸（80%），含三个双键，转化效率较低，加工处理可能需要更复杂的工艺、更长的时间和更高的成本，因此，重点开展高效加工和转化技术的研发与优化是今后的发展方向。

彩色油墨。日本从我国进口的桐油中 70%用于油墨生产（占志勇，2013）。在生产油墨过程中，亚麻油对桐油虽具有一定的代替作用，但不能全部代替桐油。因为在印刷行业中，油墨干燥性是决定印刷品质的关键，而使用亚麻油代替桐油生产的油墨干燥性不如使用桐油所生产的油墨干燥性好。

电子产品。桐油具有良好的防水性、耐热性和绝缘性，可用于电视机、半导体和收音机的制造；同时，用桐油改性后的酚醛树脂制成的印刷电路板性能良好，成本低廉，目前已经主要用于家用电子产品的层压电路板制造。此外，桐油可用作改性剂，混合其他材料后，能提高原材料的品质，在除虫、耐水性、抗张性及腐蚀性等方面对原材料具有优化功能。

肥料。桐油为甘油三酯的混合物，其脂肪酸含 α-桐酸 74.5%，亚油酸 9.7%，油酸 8.0%，饱和脂肪酸和不皂化物仅占 3.4%。α-桐酸是决定桐油性质的主要成分（刘凤娇等，2022），分子中含有 3 个共轭双键，化学性质活泼。在发酵过程中，其开键结构利于引入腐植酸中的羟基、酚羟基、醌基、羧基等多类官能团，将植物源快速腐解"合成"可溶性生化腐植酸和水溶性的生化黄腐酸及其他有效养分，具有化肥无法比拟的多种优良肥效。桐油还是一种优良的干性油，具有干燥快、比重轻、光泽度好、附着力强等优良性质，特别适宜做包膜物。桐油按比例与玉米种子拌和后再行播种，禾苗出土块，长势旺，叶色浓绿，茎秆茁壮，此外，还可以杀死地老虎、土狗子等地下害虫。用桐油给玉米涂荗、烤烟打顶，能收到奇特效果。

16.5　油桐油料产业发展

油桐在我国已有几百年的种植历史，且桐油经济价值高，油桐产业的发展得到了政府的支持。从明朝开始政府开始大力提倡油桐的种植，1937 年我国桐油出口量超过 10 万 t，创下历史最高纪录。从新中国成立初期开始，党和政府就十分重视油桐的生产工作，20 世纪 50 年代是我国油桐的黄金年代。1960 年、1962 年和 1964 年国家先后召开了 3 次全国油桐会议，对我国油桐产业的发展进行了部署，推动了我国油桐产业的发展。我国油桐种植面积在 20 世纪 80 年代达到了 189.53 万 hm^2，桐油出口量占到全球的 70%～80%。但自 20 世纪 90 年代以来，价格低廉的人工合成油漆大量上市给桐油价格造成了冲击，严重打击了桐农的生产积极性，造成大量油桐被砍，桐油产量大幅下降（周静等，2021）。1998 年我国油桐种植面积下降到 66.66 万 hm^2，许多地方品种消失。目前，仅有四川、湖南、贵州、重庆和湖北少数地区还有一部分油桐种植，桐油年产量不足 5 万 t。

21 世纪以来，人们意识到化学合成油漆对环境的破坏和对人体健康的威胁，对桐油等天然油漆涂料的需求逐步增强，基于桐油生产的绿色环保油漆越来越受消费者的青睐。目前，国内外每年对桐油的需求量在 15 万 t 左右，严重供不应求，油桐的价格从 1.4 元/kg 涨到了 4 元/kg 左右。一些地方政府也积极推动油桐产业的发展，重庆市梁平区在 2016 年共发展了 1470hm^2 油桐，目前已经进入盛产期，年产值高达 8000 万元。我国科技部门也增加了对油桐科技研发的资助力度，油桐高效栽培与精细开发产业升级技术示范研究课题也因此入选国家重点研发项目子课题，这些举措将为油桐产业现代化发展提供科技保障。因此，在油桐原产区以市场为导向，地方政府适时引导油桐产业发展，未来我国油桐产业的发展前景将是十分诱人的。

参 考 文 献

蔡金标, 丁建祖, 陈必勇. 1997. 中国油桐品种、类型的分类[J]. 经济林研究, (4): 47-50.

邓乾春, 李文林, 杨湄, 等. 2011. 油料加工和综合利用技术研究进展[J]. 中国农业科技导报, 13(5): 26-36.

郭孝武. 1996. 超声波技术在油脂加工提取中的应用[J]. 中国油脂, (5): 36-37.

黄晓冠, 宋仲康. 2017. 油脂在精炼过程中氧化稳定性的高精度控制方法研究[J]. 科技通报, 33(4): 83-87.

李水芳, 贺舍予, 龙洪旭, 等. 2017. 油桐 100 个优良家系种子含油率及脂肪酸组成分析[J]. 中国油脂, 42(8): 123-127.

李文莹, 刘美兰, 张琳, 等. 2018. 油桐 4 个优良家系主要经济性状分析[J]. 经济林研究, 36(2): 29-34.

林刚, 黎章矩, 夏逍鸿. 1981. 浙江油桐品种调查与良种选择初报[J]. 浙江林学院科技通讯, (1): 2-14.

刘凤娇, 于笄, 郑志民, 等. 2022. 中国主要木本油料作物油脂合成代谢研究进展[J/OL]. https://kns.cnki.net/kcms/detail/46.1068.S.20220518.1327.008.html[2022-11-07].

刘轩. 2011. 中国木本油料能源树种资源开发潜力与产业发展研究[D]. 北京: 北京林业大学硕士学位论文.

龙秀琴, 许杰, 姚淑均. 2003. 贵州油桐生产现状及其发展对策[J]. 中国林副特产, (1): 53-54.

任力民, 房创民, 邓时荣. 2013. 油脂加工及产品安全的探讨[J]. 粮食与食品工业, 20(6): 61-64.

尚海, 黄瑞春, 米小琴, 等. 2021. 中国油桐主产区种质资源考察报告[J]. 湖北农业科学, 60(21): 87-90.

王兆玉, 林敬明, 李晓东, 等. 2008. 超声波强化提取能源及药用植物小油桐种子的油脂[J]. 南方医科大学学报, (9): 1712-1713.

武丽荣. 2004. 水酶法提取植物油脂技术通过专家鉴定[J]. 中国油脂, (12): 17.

杨焰, 廖有为, 谭晓风. 2018. 我国油桐产业与未来环保型涂料产业协同发展之探讨[J]. 经济林研究, 36(4): 188-192.

于金平. 2020. 油脂加工工艺及其对油脂氧化稳定性的影响[J]. 现代食品, (9): 109-111.

占志勇. 2013. 油桐种仁不同发育时期表达蛋白质组学研究[D]. 北京: 中国林业科学研究院博士学位论文.

郑翠翠, 刘军, 邹宇晓, 等. 2014. 油脂加工过程中氧化稳定性的研究进展[J]. 中国油脂, 39(7): 53-57.

周静, 韩杰铖, 涂洲溢, 等. 2021. 我国油桐籽的生产及发展对策[J]. 中国油脂, 46(4): 118-122.

周伟国, 欧阳绍湘, 安仲, 等. 1986. 湖北省油桐品种资源调查研究报告[J]. 湖北林业科技, (2): 1-8.